U0200366

半导体科学与技术丛书

太阳电池基础与应用（第二版）

（下册）

朱美芳　熊绍珍　主编

科 学 出 版 社
北 京

内 容 简 介

本书较系统地介绍与阐述太阳电池的物理基础及运作原理、各类电池的研究进展及光伏发电应用的基本问题。全书共分12章，第1章详细介绍太阳电池的发展以及由此引出的物理思考。第2章就光伏材料基本性质、电池工作原理、参数表征及理论模拟进行基础性讲解。随后各章分别介绍各类电池的基本结构、技术特点、产业化与展望。其中包括：晶体硅电池（第3章）；Ⅲ-Ⅴ族化合物电池（第4章）；各种薄膜电池如硅基薄膜电池（第5章）；CIGS电池（第6章）；CdTe电池（第7章）及染料敏化与有机电池（第8章，第9章）。第10章介绍了高效“新概念”电池的基础理论与技术进展。第11章和第12章分别就太阳电池、组件以及光伏系统性能测试与光伏发电等相关应用问题，结合实际进行了较为全面与系统的介绍。

本书可作为高等院校高年级本科生、研究生、相关教师的教材或参考书，也可作为从事光伏与光电子器件领域科研人员与工程技术人员的参考书。

图书在版编目(CIP)数据

太阳电池基础与应用．下册/朱美芳，熊绍珍主编.—2版.—北京：科学出版社，2014.3

（半导体科学与技术丛书）

ISBN 978-7-03-039880-2

Ⅰ.①太… Ⅱ.①朱…②熊… Ⅲ.①太阳能电池 Ⅳ.①TM914.4

中国版本图书馆CIP数据核字(2014)第036363号

责任编辑：钱 俊 / 责任校对：蒋 萍

责任印制：吴兆东 / 封面设计：陈 敬

科学出版社出版

北京东黄城根北街16号

邮政编码：100717

http://www.sciencep.com

北京虎彩文化传播有限公司印刷

科学出版社发行 各地新华书店经销

*

2009年10月第 一 版 开本：720×1000 1/16

2014年 3 月第 二 版 印张：25 1/4

2022年 2 月第十次印刷 字数：483 000

定价：148.00元

（如有印装质量问题，我社负责调换）

《太阳电池基础与应用(第二版)》编撰人员名录

第 1 章　熊绍珍　南开大学
第 2 章　朱美芳　中国科学院大学
　　　　熊绍珍　南开大学
第 3 章　施正荣　尚德电力控股有限公司
第 4 章　向贤碧　中国科学院半导体研究所
　　　　廖显伯　中国科学院半导体研究所
第 5 章　阎宝杰　胜华电光公司(Wintek Electro-Optics Corporation)
　　　　廖显伯　中国科学院半导体研究所
第 6 章　李长键　南开大学
　　　　张　力　南开大学
第 7 章　刘向鑫　中国科学院电工研究所
第 8 章　戴松元　中国科学院等离子体研究所
第 9 章　朱永祥　华南理工大学
　　　　陈军武　华南理工大学
　　　　曹　镛　华南理工大学
第 10 章　朱美芳　中国科学院大学
第 11 章　李长键　南开大学
　　　　翟永辉　中国科学院电工研究所
第 12 章　王斯成　国家发展和改革委员会能源研究所
　　　　王一波　中国科学院电工研究所
　　　　许洪华　中国科学院电工研究所

《半导体科学与技术丛书》编委会

《半导体科学与技术丛书》出版说明

半导体科学与技术在20世纪科学技术的突破性发展中起着关键的作用，它带动了新材料、新器件、新技术和新的交叉学科的发展创新，并在许多技术领域引起了革命性变革和进步，从而产生了现代的计算机产业、通信产业和IT技术。而目前发展迅速的半导体微/纳电子器件、光电子器件和量子信息又将推动本世纪的技术发展和产业革命。半导体科学技术已成为与国家经济发展、社会进步以及国防安全密切相关的重要的科学技术。

新中国成立以后，在国际上对中国禁运封锁的条件下，我国的科技工作者在老一辈科学家的带领下，自力更生，艰苦奋斗，从无到有，在我国半导体的发展历史上取得了许多“第一个”的成果，为我国半导体科学技术事业的发展，为国防建设和国民经济的发展做出过有重要历史影响的贡献。目前，在改革开放的大好形势下，我国新一代的半导体科技工作者继承老一辈科学家的优良传统，正在为发展我国的半导体事业、加快提高我国科技自主创新能力、推动我们国家在微电子和光电子产业中自主知识产权的发展而顽强拼搏。出版这套《半导体科学与技术丛书》的目的是总结我们自己的工作成果，发展我国的半导体事业，使我国成为世界上半导体科学技术的强国。

出版《半导体科学与技术丛书》是想请从事探索性和应用性研究的半导体工作者总结和介绍国际和中国科学家在半导体前沿领域，包括半导体物理、材料、器件、电路等方面的进展和所开展的工作，总结自己的研究经验，吸引更多的年轻人投入和献身到半导体研究的事业中来，为他们提供一套有用的参考书或教材，使他们尽快地进入这一领域中进行创新性的学习和研究，为发展我国的半导体事业做出自己的贡献。

《半导体科学与技术丛书》将致力于反映半导体学科各个领域的基本内容和最新进展，力求覆盖较广阔的前沿领域，展望该专题的发展前景。丛书中的每一册将尽可能讲清一个专题，而不求面面俱到。在写作风格上，希望作者们能做到以大学高年级学生的水平为出发点，深入浅出，图文并茂，文献丰富，突出物理内容，避免冗长公式推导。我们欢迎广大从事半导体科学技术研究的工作者加入到丛书的编写中来。

愿这套丛书的出版既能为国内半导体领域的学者提供一个机会，将他们的累累硕果奉献给广大读者，又能对半导体科学和技术的教学和研究起到促进和推动作用。

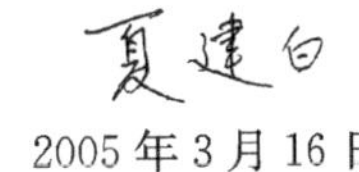

2005年3月16日

第二版前言

光伏发电作为洁净的可再生能源，在改变现有能源结构、改善生态环境，以及未来能源中将占据重要地位，已成为世界各国极为关注的领域。自贝尔实验室的第一个晶体硅太阳电池起，太阳电池的研发至今已半个世纪有余，但从未像现在这样受到高度重视与蓬勃发展。

《太阳能电池基础与应用》一书于 2009 年 10 月出版。在本书出版后的这几年中，以提高电池效率、降低电池成本为主要目标的技术取得了大发展。太阳电池的新技术成果不断涌现，各类太阳电池的世界纪录不断刷新，特别是产业化中太阳电池组件效率与成本明显下降；光伏发电应用市场得到迅速的发展，成为新能源市场不可或缺的领域；有机太阳电池的高速进展，是由电池新材料研发带动的新技术、新工艺与出现新型太阳电池为典型代表；过去纯属“新概念”的高效太阳电池的实验研究，其理论模型亦得以部分验证。为能反映光伏技术领域的快速发展，本书作者本着实时更新的觉悟，决定编写第二版。为规范对太阳电池的称谓，第二版的书名为《太阳电池基础与应用》。

本书旨在全面、深入地介绍光伏器件的工作原理及特性参数、各类电池的结构与制备技术及发展前景，并涉及光伏器件的应用及新型电池的基本概念，同时希望尽可能地反映目前科研和生产的最先进水平和技术，力求写成一本既具有较深基础理论又有实用价值，既有实际指导意义又具有科学前瞻性的光伏书籍，使读者对未来光伏器件发展的新概念和新技术有所启示，能够成为有参考价值的教科书与光伏研究人员的参考书。

本书第二版对各类电池进行了全面的介绍。基于“既具有扎实基础理论又有实用价值，既有实际指导意义又有科学前瞻性的光伏书籍”的宗旨，各章作了必要的修改，特别是跟进太阳电池的新概念、新技术、新成果与光伏各领域的新进展。在第二版中，我们增添了三章；CdTe 薄膜太阳电池列为第 7 章。将发展极为迅速的有机聚合物太阳电池从原来的染料敏化电池章节中分出，作了充实与展开，独立为第 9 章。为了增加与光伏应用有关的内容，将测试部分与应用分开，增设第 11 章太阳电池与组件的测试以及第 12 章光伏发电系统及应用。希望改版后的内容能给读者提供更为全面与有益的帮助。

本书第二版上、下册共 12 章，从内容而言分四个方面：

(1) 太阳电池的发展史与基础理论(第 1 章，第 2 章)；

(2) 各类电池的基本结构、技术特点、产业化与展望(第 3 章～第 9 章)；

(3) 新概念电池的详细阐述及进展(第 10 章);

(4) 光伏电池测试与光伏发电应用的基本问题(第 11 章,第 12 章)。

本书各章主笔均是长期工作在光伏领域第一线的专家,他们不仅就太阳电池的原理以及相关技术深入浅出地进行概括与阐述,并总结了在第一线进行科研与生产指导的丰富经验,提供了及时的参考文献。十分感谢他们对本书付出大量的伏案工作,为提高本书的质量提供了保证。

特别感谢陈文浚研究员对本书第 4 章的审阅,孙云教授对本书第 6 章的审阅,吴选之研究员对本书第 7 章的审阅,肖志斌研究员对测试有关部分的审阅。

在编写过程中,作者力求物理图像表述清晰、数学推导准确、文字叙述流畅。但由于时间紧迫,作者学识有限,不足与疏漏难免,衷心希望得到广大读者和同行的批评、指正。

作　者

2013 年 12 月

第一版序言

当今，越来越多的人认为，不论是通过光热途径还是光伏途径，直接应用太阳能不可避免地将成为人类使用能源的方式，特别是，这种方式将成为人类最终使用能源的重要组成部分。太阳能将在21世纪(或者可能在22世纪内)世界范围内直接替代数十亿吨人类现在主要使用的化石能源。太阳能具有环境友好特性，当前太阳能的一些直接应用，特别是前面提到的“光明前景”，驱使人们在言论中、在宣传上、在各国政策方面、在直接或风险投资方面都给予太阳能事业越来越强烈的支持。世界各国也确立了更多的太阳能项目，其中有一些在十万千瓦以上。这些情况的确使人激动，也将以前所未有的力量与速度推动整个太阳能事业，使太阳能大规模的使用更早到来。就拿我国来说，未来如果十几亿人都能过上“小康”的现代生活；如果我国要有与其他发达国家相比的生产能力与防卫能力；如果我国要承担在世界上应承担的责任，即便节能水平能与美、欧、日相当，到2050年左右我国能耗也将达到40亿～50亿吨标煤以上，我国发电能力也将达十几亿千瓦电功率。有些人还认为这些是比较保守的估计，因为到那时我国人均年能耗也只约是美国的1/3，西欧和日本的一半。长期支撑这样大的能耗，并考虑到我国资源情况及国际环境和我国的环境状况，到22世纪初如果不能用非化石能源，如核能、太阳能，替代相当一部分化石能源，我们国家、我们民族的发展都会受重大影响。因此，大规模推进太阳能的发展和应用，对我国尤为重要。这里特别强调的是着眼于为大规模发展太阳能、使太阳能在我国整个能源结构中占相当比重而去工作、去布局。在上述背景下，出版该书是非常有意义的。该书比较公正、全面介绍各主要光伏太阳能的途径，它们的基本过程及主要技术，它们各自的特点及发展前景。该书各章的作者基本上都是我国在各光伏太阳能途径上研究、开发的领军人物，因此各章除了介绍各途径外，对途径发展的分析和讨论，也是有很多亲身体会和真知灼见的。应该说，这些体会和见解是我国多年来发展太阳能工作的收获，在某种程度上的凝练。这是该书与其他介绍太阳能书籍的一个区别。对于今后越来越多投身太阳能事业的年轻科技工作者来说，阅读该书应该有可能得到更多的收益，产生一些真正的潜移默化。

从该书的结构也可以看出，在今后很多年内，发展大规模太阳能源都将是非常艰巨的工作和事业，当今也还只能看成是事业的起始。对所涉及的各种光伏太阳能，各有各的优点，也各有各的问题，尽管都发展多年，但都还未能确切地判断其是否适合于大规模发展。此外，由于太阳能的一些特点，如何在国家能源网络中接纳一定比例的太阳能，是从现在开始就必须考虑或准备的。例如，是否要发展大规模氢能系统，作为存储及传送太阳能及其他非均匀产能能源（如风能等）的调整、分配，或作为整个能源系统中的储能系统；如果以光伏太阳能途径为主，则发展和建设一个能接纳一定比例非均匀光伏电能输入的电网，其难度也不亚于建设相应规模的光伏电站。这些问题，通常的“环保人士”是不太会提及的，但却是从事太阳能事业的科技工作者、从事当前光伏应用的人士所必须考虑、必须反映的。

相信该书的出版，将会促进我国太阳能事业的发展与扩大。

霍裕平
中国科学院院士　郑州大学教授
2009年7月1日

第一版前言

面临严峻的能源形势和生态环境的恶化，改变现有能源结构、发展可持续发展的绿色能源已成为世界各国极为关注的课题。太阳能电池是从太阳获得洁净能源的主要途径之一，虽然从太阳能电池的发明到现在已有半个世纪，但从来没有像现在这样受到重视和获得高速的发展。《太阳能电池基础与应用》一书受到这样的大环境的推动，成为科学出版社的《半导体科学与技术丛书》之一。

本书旨在全面、深入地介绍光伏器件的工作原理及特性参数、各类电池的结构与制备技术及发展前景，并涉及光伏器件的应用及新型电池的基本概念。同时希望尽可能地反映目前科研和生产的最先进的水平和技术。力求写成一本既有较深基础理论又有实用价值，有实际指导意义又有前瞻性科学意义的光伏书籍，使读者对未来光伏器件发展的新概念和新技术有所启示，并能够成为有参考价值的教科书与光伏电池研究人员的参考书。

本书共分 9 章。从内容而言分 4 个层面：

- 太阳电池的发展史与基础理论(第 1 章，第 2 章)；
- 各类电池的基本结构、技术特点、产业化与展望(第 3～7 章)；
- 光伏应用的基本问题与示例(第 8 章)；
- 新概念电池的详细阐述，现状与展望(第 9 章)。

本书各章的主笔均是长期工作在光伏领域第一线的研究人员与工程技术人员。以他们在进行科研与生产指导时的丰富学识和专业经验，就太阳能电池的原理、相关技术，系统地进行了概括与阐述。

其中第 1 章由熊绍珍编写，该章详细介绍了太阳能电池的发展史，以及由此引出的物理与发展前景的思考。第 2 章由朱美芳和熊绍珍编写，主要内容为光伏电池的物理基础，包括半导体材料与物理的基本性质、太阳能电池工作原理、参数表征及模拟计算等。该章为后续各章提供了必要的基础知识。第 3 章由施正荣编写，主要介绍晶体硅太阳能电池及其组件，特别讨论了高效晶体硅电池产业化前沿中的重要问题。第 4 章由向贤碧及廖显伯编写，主要叙述高效Ⅲ-Ⅴ族化合物电池的发展和展望。第 5 章由阎宝杰与廖显伯编写，该章全面介绍了硅基薄膜材料与电池的基本性质，硅基薄膜电池的不同结构与工艺，并深入讨论了产业化中的关键问题。第 6 章是由李长健编写的铜铟镓硒化合物薄膜电池，该章全面介绍了铜铟镓硒薄膜材料的基本性质，电池结构与制备技术，讨论了该电池的发展动向。第 7 章由戴松元与李永舫编写，该章对染料敏化电池与有机电池进行了比较系统深入的介绍。第 8 章由王斯成与李长健编写，该章系统地介绍了太阳能电池实际应用中的相关技术，并结合实际，给出了有意义的示例。最后，第 9 章由朱美芳编写，该章主要介绍了太阳能电池的理论极限效率，以及为获得高的光电转换效率所提出的各类新概念太阳能电池，电池的基本物理过程及技术展望，给读者于深入思考的空间。

我们特别感谢王占国院士、耿新华教授、孙云教授、林原研究员和翟永辉研究员分别对本书第 4 章，第 5 章，第 6 章，第 7 章与第 8 章的审阅。该书受到国家重点基础研究发展计划项目（2006CB202600）的资助。特别感谢 973 项目首席专家戴松元研究员与赵颖教授对本书编写过程中的多方面支持。

在编写过程中，作者力求物理图像表述清晰，数学推导准确，文字叙述流畅。主编最后对全书各章进行了仔细评阅与校对。但由于作者学识有限，时间紧迫，错误及遗漏难免。特别是，本书的出版与近年光伏电池的许多创新性的结果，尤其是与光伏产业年均增长 50％以上的高速发展相比，仍有不够全面与完善之处。衷心希望能得到广大读者和同行的批评、指正，以便在后续再版中不断完善。

作　者

2009 年 5 月

目　　录

（下册）

第 7 章　碲化镉薄膜太阳电池

刘向鑫

7.1　CdTe 薄膜基本物理特性

碲化镉(CdTe)是一种黑色、高密度的固体化合物，属立方晶体结构，密度为 5.87 g/cm^3。常温下的蒸气压基本为零(图 7.1)，温度高于 400℃时发生升华。CdTe 的升华和蒸发以 CdTe$\Longleftrightarrow$Cd+1/2Te_2的全等气化反应平衡方程形式进行。CdTe 是一种不溶于水的固体，但是遇酸可分解。与单质镉和碲以及其他镉的化合物相比，CdTe 更稳定，呈现相对的离子性。其熔点和溶解度的对比见表 7.2。

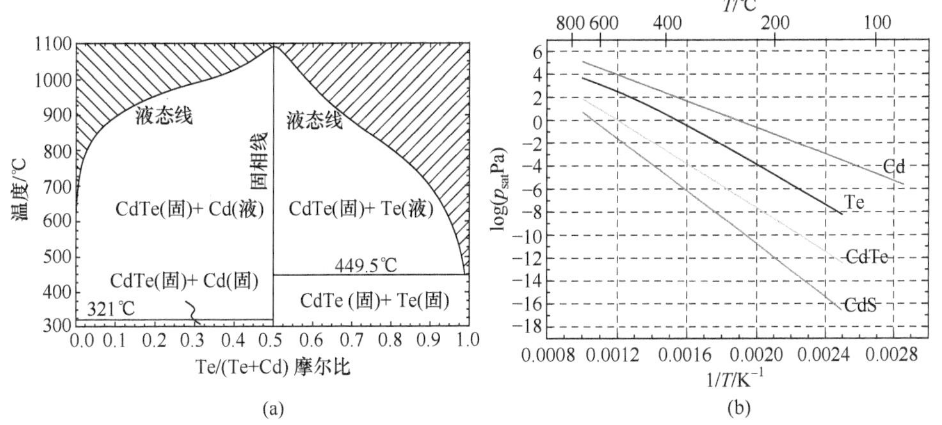

图 7.1　$Cd_{1-x}Te_x$的伪二元相位图(1 个大气压)(a)[5]；CdTe、CdS、Cd、Te 的饱和蒸气压 p_{sat}与 $1/T$ 的关系图(b)[2,6,7]

$Cd_{1-x}Te_x$体系在 1 个大气压下的温度-成分(T-x)相图如图 7.1 所示。在常温常压下，$Cd_{1-x}Te_x$体系只以固态 CdTe(Cd∶Te=1∶1)和多余的单质存在，没有其他化学计量配比的化合物[1]。CdTe 的熔点是 1098℃[2]，远高于单质 Cd 的 321℃和单质 Te 的 449.5℃(表 7.2)。CdTe 的热稳定性高，其气化过程为全等气化，除了 Cd 和 Te_2，无新的反应物生成。而单质 Cd 和 Te 相对化合物具有更高的蒸气压(图 7.1)，这些特性使得在生产 CdTe 的反应中，任何多余的单质都更容易在加热时先于化合物气化，而且从固态化合物生成气体后再凝聚获得单一的 CdTe 也变得很方便。因此有许多种方法可以用于制备理想化学计量配比的 CdTe 薄膜。McCandless 曾对 CdTe 制备工艺过程中的热化学特性作过详细的讨论[3,4]。由于 CdTe 是 $Cd_{1-x}Te_x$ 体系中唯一存在的化合物，因此 CdTe 薄膜的生产工艺窗口宽，其半导体薄膜物理性质对制备过程的环境和历史比较不敏感。CdTe 的这些特性为制备均匀的薄膜提供了便利，因此易于获得高的良品率，适合大规模工业化生产。

表 7.1 CdTe 薄膜的物理性质

材料特性	符号	数值或范围	参考文献
熔点	T_m	1098 ℃	[2]
熔解热(生成焓)	ΔH_f^0	−100 kJ/mol	[2]
熵	S^0	94(2) J/(K·mol)	[2]
饱和蒸气压	p_{sat}	$\log p(\mathrm{Pa}) = 11.496 - 9580/T$	[2]
结构		闪锌矿	[2]
相对分子质量		240	
溶解度(g/cm³水)		不可溶	[11]
空间群		$F\bar{4}3m$	[12]
晶格常数		6.481 Å	[12]
Cd—Te 键长		2.806 Å	[4]
热膨胀系数		5.4×10^{-6} mm/(mm·K)	[2]
热导率 (T:−253～147 ℃)	α	$\alpha(K^{-1}) = 4.932\times10^{-6} + 1.165\times10^{-9}T + 1.428\times10^{-12}T^2$	[2]
	α	5.3 ppm/K	[13]
密度 (4 K)	ρ	5.87 g/cm	[2]
光学带隙 (300 K)	E_g	1.5 eV	[14]
带隙温度系数(70～300 K)	dE_g/dT	−0.3 MeV/K	[15]
电子亲和势	χ_e	4.28 eV	[4]
功函数	ϕ	4.86 eV	[16]
电离能($E_{vac}-E_{vmax}$)		5.78 eV	[16]
电子有效质量(300 K)	m_n^*/m_0	0.11	[2]
空穴有效质量(300 K)	m_p^*/m_0	0.63	[2]
电子迁移率(300 K)	μ_n	～1000 cm²/(V·s)	[2]
空穴迁移率(300 K)	μ_p	60 cm²/(V·s)	[2]
电学介电常量(300 K)	$\varepsilon/\varepsilon_0$	10.4	[2]
光学介电常量(300 K)	$\varepsilon_\infty/\varepsilon_0$	7.1	[2]

续表

材料特性	符号	数值或范围	参考文献
折射率(600nm)	N	3.0	[2]
吸收长度(600nm)	$L_{\alpha 0}$	0.18μm	[8]
体材料扩散系数(500℃)	D	CdTe:3×10^{-7}	[17]
		Cu: 5×10^{-9}	[18]
		S: 4×10^{-15}	[19]
		Cl: 8×10^{-11}	[20]
		In: 2×10^{-11}	[21]
		Na: $\sim10^{-9}$	[22]
		Zn: 8×10^{-12}	[23]
		Au: 6×10^{-12}	[24]

表 7.2 与 CdTe 相关的其他各种化合物的物理性质[2,11,25]

化合物	相对分子质量	密度/(g/cm³)	熔点/℃	沸点/℃	溶解度/(g/cm³ 水)
CdS	144.48	4.82	1750		不可溶
Cd	112.40	8.65	321	767	不可溶
$Cd(OH)_2$	146.41	4.79	130	300	2.6×10^{-4}
$CdCl_2$	182.32	4.08	568	970	1.4
$CdSO_4$(无水)	208.46	4.69	1000		0.72
Te	127.6	6.24	450	988	不可溶
H_2Te	129.6	5.69	−49	−2	7×10^{-3}
TeO_2	159.6	5.90	733	1245	不可溶
TeO_3	175.6	5.07	430		

CdTe 是一种 II^{B}-VI^{A}(美式标记法)族化合物半导体,为直接带隙材料,对可见光的吸收系数高达 $10^4\mathrm{cm}^{-1}$。如图 7.2 所示,在 200～800nm 的波长范围内,其吸收系数均超过 $2\times10^4\mathrm{cm}^{-1}$。只需要 1μm 就可以吸收 90%以上的可见光,制作薄膜电池时所需的吸收层厚度薄,继而材料的用量少,生产成本和能耗明显降低。

CdTe 带隙 $E_g=1.5\mathrm{eV}$,太阳电池理论转换效率与带隙关系的计算[9]表明 CdTe 与地面太阳光谱匹配得非常好,如图 7.3 电池理论效率与材料带隙的关系所示。CdTe 的理论效率高达 29%,目前实验室小面积电池最高效率为 19.05%[10],仍有 10%左右的提升空间。

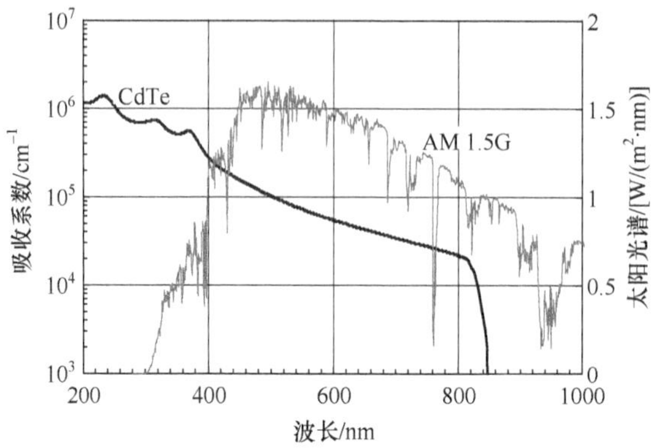

图 7.2 CdTe 晶体的吸收系数与 AM 1.5G 太阳光谱[8]

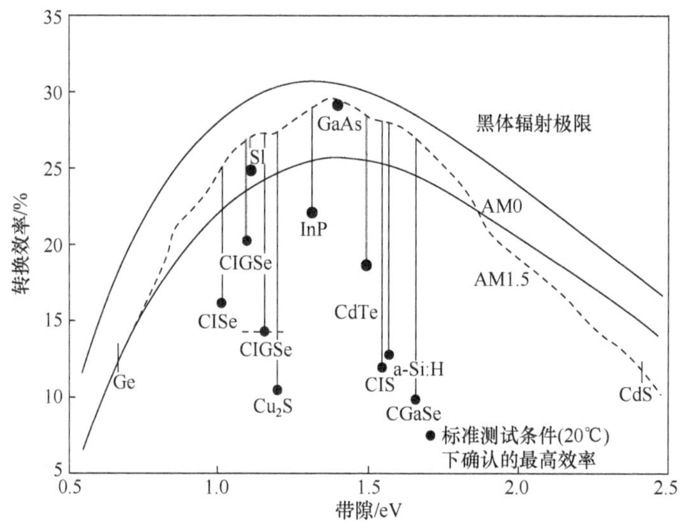

图 7.3 单结太阳电池的理论转换效率与吸收层带隙的关系曲线①
虚线为 AM 1.5G 的理论最高效率曲线，实心点为各电池实验室最高效率(2011 年)，实线为实际最高效率与理论效率的差距

电池组件正常使用时一般不会超过 100℃，远低于 CdTe 熔点，因此在常规使用中 CdTe 不会分解扩散。且 CdTe 不溶于水，因此在使用过程中稳定安全。但是当 CdTe 遇酸时会发生反应而溶解。在真空环境中温度高于 300℃时，CdTe 会升华，由固态直接变成气态；但是温度低于 300℃，或者环境气压升高时，升华迅速减弱，直至凝聚，由气态直接变成固态。这一特性，不但有利于实现真空快速薄膜制备，如近空间升华(CSS)、气相输运(VTD)；而且保证了 CdTe 薄膜制备过程中

① 该图摘自文献[9]，并根据最新的发展作了调整。

的安全性，一旦设备的真空或高温环境被破坏，CdTe 蒸气迅速凝结成固体颗粒附着在腔壁或管壁上，不易扩散而危害人体。

7.2　CdTe 薄膜电池技术的发展历史

以下回顾一下 CdTe 电池技术的发展历史。

1) CdTe 同质 p/n 结

1956 年，RCA 的 Loferski 首先提出将 CdTe 应用于光伏转换器件中[26]。1959 年，Rappaport 在 p 型 CdTe 晶体中扩散 In 得到了转换效率大约为 2%的 CdTe 单晶电池[27]。1979 年，法国的 CNRS 小组采用近空间气相输运沉积法在 n 型晶体上沉积了砷掺杂的 p 型 CdTe 薄膜，获得了大于 7%的转换效率[28]。之后又报道了转换效率大于 10.5%的电池[29]。此后，CdTe 同质 p/n 结的工作则很少再见报道。

2) 单晶 CdTe 异质结太阳能

自 1960 年以来，CdTe 异质结太阳电池则分为在 n 型和 p 型 CdTe 单晶两个方向上展开研究。最先大量研究的是 n 型 CdTe 单晶或多晶薄膜，与 p 型 Cu_2Te 组成的异质结电池。在 20 世纪 60 年代早期，类似于 CdS/Cu_2S 结构的 n-CdTe/p-Cu_2Te器件，是通过 n 型 CdTe 单晶或多晶薄膜在含有 Cu 盐的酸性水溶液里的表面化学反应制备而成。到 70 年代早期，Justi 等[30]报道的最好的 CdTe/Cu_2Te 薄膜太阳电池，得到的效率高于 7%。由于难以控制 Cu_2Te 的形成过程，Cu 容易向 CdTe 内部扩散和 Cu_2Te 本身的不稳定导致电池的不稳定性，以及缺乏 p 型透明导电层等诸多因素，最终迫使研究的中心转移到采用 p 型 CdTe 的异质结结构上来。

单晶 p 型 CdTe 与稳定的 n 型氧化物，如 In_2O_3 ∶ Sn(ITO)、ZnO、SnO_2 和 CdS 形成的异质结电池随之被更加广泛地研究。1977 年，Stanford 研究小组在 p 型 CdTe 单晶上使用电子束蒸发的 ITO 作窗口层取得了 10.5%的效率[31]。1987 年，通过在 p 型 CdTe 单晶上反应沉积 In_2O_3 的电池，效率达到了 13.4%，其V_{OC}=892mV[32]。这种电池的开压一直保持了最高纪录，直到 2013 年才被打破。

在 20 世纪 60 年代中期，Müller 等首先在 p 型单晶 CdTe 上蒸镀 n 型 CdS 薄膜，开始时电池转换效率不到 5%[33,34]。至 1977 年，Yamaguchi 等在 p 型磷掺杂 CdTe 单晶上沉积 0.5μm 厚 CdS 薄膜的电池，则得到了 11.7%的效率[35]。

3) 多晶薄膜 CdTe 异质结太阳能

CdTe 电池的一个重要转折点是从单晶异质结器件向多晶薄膜异质结器件的转变。1969 年，Adirovich 第一次实现了上衬底结构(superstrate，衬底为受光面)的多晶 CdTe/CdS 异质结薄膜电池，通过将 CdTe 蒸发到“CdS/SnO_2/玻璃”上，得到了大于2%的转换效率[36]。Bonnet 和 Rabenhorst 于1972年报道了效率5%～6%的"CdS/CdTe/Mo"下衬底结构(substrate,衬底不作为受光面)电池[37],其CdTe薄膜采用化学气相沉积,而CdS薄膜则采用真空蒸镀法制备。

由于CdTe比其单质或化合物前驱体具有更高的化学稳定性,薄膜品质对沉积工艺不敏感,20世纪80年代和90年代期间CdTe/CdS太阳电池的制备工艺不再对特定的沉积方法精益求精,而以改进结构设计、后处理和制备低电阻电极为主。奇特的是,用许多薄膜制备工艺沉积的CdTe,都可以得到转换效率在10%～16%的CdTe电池。

4) 上衬底结构和氯处理对提高现代CdTe薄膜电池效率的贡献

尽管CdTe/CdS薄膜电池对沉积方法具有明显的宽容性,但目前为止制备高效率器件仍离不开两种基本工艺:使用上衬底结构和在含Cl和O气氛中的热处理工艺。20世纪80年代初,上衬底结构多晶薄膜CdTe/CdS电池引起了研发人员的极大关注,并在各种CdTe基太阳电池中获得了最高转换效率。这段时间CdTe薄膜电池性能方面突出的成果主要是通过对上衬底结构器件制备工艺参数的优化来实现的,如沉积温度、退火处理、薄膜沉积或者后处理的化学环境和前后电极等。进入20世纪90年代初,CdTe薄膜电池性能改良的转折点则来自CdTe/CdS结构覆盖$CdCl_2$涂层后在空气中加热退火处理工艺的应用,如图7.4所示[38,39]。此工艺不仅显著提高了电池的性能,同时提高了器件对工艺过程的宽容性。$CdCl_2$处理工艺,结合低电阻电极制备的改进,使得近空间升华法制备的CdTe电池在1993年取得了大于15%的转换效率[40]。在透明导电前电极与CdS窗口层之间插入高阻缓冲层的工艺[41]和气相$CdCl_2$处理工艺的结合[42]进一步改

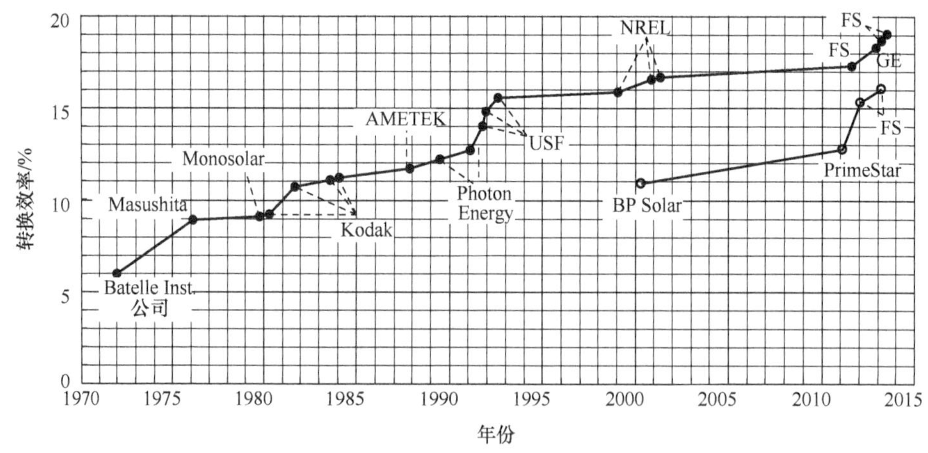

图7.4 美国可再生能源国家实验室(NREL)发布的CdTe薄膜电池实验室最佳效率(•)和组件最佳效率(◦)发展历史[43,45]

善了电池性能。美国可再生能源国家实验室(NREL)于 2001 年报道了 16.7%转换效率[43,44]。这一纪录此后一直保持到 2011 年,被美国 First Solar (FS)公司超过,达到 17.3%[43]。很快于 2012 年,再次被美国 GE 公司提高到了 18.3%[43]。2013 年 2 月和 5 月 First Solar 又相继将效率提高到 18.7%和 19.05%[10]。效率 19.05%的电池,其 V_{OC}=872mV,J_{SC}=28mA/cm^2,FF=78%。以上历史发展历程可以从图 7.4 得到展现。然而,值得注意的是,CdTe 薄膜电池的 V_{OC}一直没有突破 900mV,直到 2013 年 First Solar 在组件上采用新技术实现 16.1%的转换效率时才有了实质性突破。可见这种材料的许多基础性问题仍未解决,包括如何提高掺杂浓度、降低复合速度、提高载流子寿命等。

7.3　CdTe 薄膜太阳电池的典型结构

上衬底结构的 CdTe 薄膜电池结构从迎光面开始分别包括了透明衬底、透明导电氧化物(TCO)前电极层、缓冲层、窗口层、吸收层和背电极接触层。图 7.5 展示了一个磁控溅射方法制备的实际电池的断面结构。此电池未经 $CdCl_2$ 处理,因此 CdTe 吸收层中的柱状小晶粒清晰可见,并伴有明显的晶界;且未采用缓冲层。

当前的 CdTe 薄膜电池采用的是一种由几层不同掺杂薄膜构成的异质结构。最早时只是简单的 CdS/CdTe 异质结[46],CdS 在其中起到 n 型掺杂窗口层的作用。之后,电池的透明前电极的作用被透明导电氧化物(TCO)所取代,而 CdS 则往往被视为 TCO 和 CdTe 之间的一层缓冲层。实际上 CdS 薄膜本身是 n 型的,而且它的存在对电池 pn 结的品质起到了不可替代的作用,因此我们仍然称为窗口层。

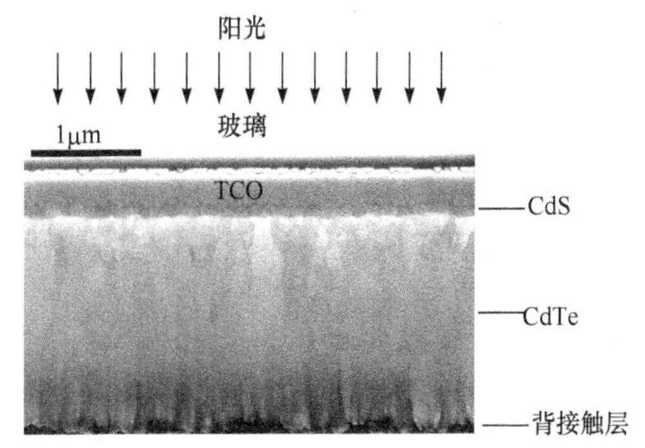

图 7.5　上衬底结构的 CdTe 薄膜太阳电池的断面 SEM 和结构示意图

CdTe 电池的 pn 结主要在 CdTe 吸收层和 CdS 之间形成,然而电池的性能还需要考虑一些其他的复杂因素。例如为了减少 CdS 吸收引起的电流损失需要减薄其厚度,同时为了维持足够的 pn 结品质需要在 CdS/TCO 之间插入一层高阻氧化物,以弥补由于 CdS 在某些微观区域的缺失而导致的局部结场减弱;CdTe 多晶层质量的改善和结品质的提高需要在 $CdCl_2$ 和有氧的气氛中热处理,这个工艺同时又会导致 CdS 和 CdTe 之间的互扩散,消耗掉一部分甚至全部 CdS 层;CdTe 与背接触层之间的势垒,及其对电池性能的影响。这些问题都将在下面几节中详细阐述。

7.3.1 衬底

薄膜 CdTe/CdS 异质结太阳电池可以采用上衬底(superstrate)和下衬底(substrate)两种不同的结构。在这两种结构中,光皆穿过 n 型透明导电氧化物(TCO)前电极层和 CdS 窗口层进入电池。只是在上衬底电池中,TCO、CdS、CdTe 依次沉积在作为电池机械支撑的衬底(如玻璃)上,光必须先通过透明衬底才能到达 CdS/CdTe 结界面。目前,高效的 CdTe 电池基本上都采用上衬底的结构。其结构的示意图如图 7.5 所示。电池制备过程中各层的沉积顺序是沿着光进入的方向逐个完成。而另一种可供选择的结构为下衬底(substrate),即将"TCO/CdS/CdTe/接触层"沉积在某种衬底上。各层的沉积顺序则与上衬底结构刚好相反,亦即背电极和 CdTe 吸收层必须依次先沉积在合适的衬底上,然后再依次沉积 CdS 和 TCO。至今下衬底结构的电池并不太成功,效率往往不高。主要是因为高品质的 CdTe/CdS 结和与 CdTe 之间良好的欧姆接触在下衬底结构中都难以获得。特别由于 p 型 CdTe 是一种功函数很高的半导体,与其形成良好的欧姆接触需要精细的工艺控制;特别是,CdTe 层沉积后必须经过高温氯处理,在此工艺过程中背接触层中的金属会向 CdTe 中快速扩散而损失掉。因此背接触层的制备需放在最后为宜。

作为电池的机械支撑结构,CdTe 电池的衬底往往需要满足以下要求:①稳定性好,包括热稳定性、机械稳定性和化学稳定性;②良好的绝缘性;③与薄膜之间的热膨胀系数差距小;④廉价;⑤轻质(可选项);⑥柔性(可选项);⑦透明(视电池结构而定)。当然,不可能找到能满足以上所有要求的衬底材料。但对于不同的衬底位置,某些要求是必须的,例如上衬底电池必然要求衬底是透明的。同时,像钠钙玻璃、高硼硅玻璃和铝硅酸盐玻璃等热膨胀系数差别很大的不同玻璃都曾被成功用于高效的上衬底结构 CdTe 电池,然而考虑到规模化应用的需要,钠钙玻璃的廉价性成为比热膨胀系数更需要注重的因素。

钠钙玻璃是目前 CdTe 电池生产所用的主流衬底材料,用于典型的上衬底结构电池的生产和研究。然而这种玻璃中含有一定浓度的 FeO_x 杂质,是一种添加剂。这种杂质会增加钠钙玻璃的光吸收,与高透的高硼硅玻璃相比可以导致 CdTe 电池约 $2mA/cm^2$ 的 J_{SC} 损失[47]。显然这种光吸收引起的损失可以通过低铁的钠钙玻璃,即白玻璃,来避免。另外,钠钙玻璃的软化温度较低也给大面积衬底的生产提出了挑战,特别是在采用自下而上的薄膜沉积方式时,如经典的近空间升华(CSS)法。即使在自上而下的薄膜沉积中,若温度控制在接近玻璃软化温度附近,大面积玻璃板仍有可能由于温场不均匀而出现翘边,甚至卷曲。目前多数效率在 16%以上的 CdTe 电池都是在高硼硅玻璃(1mm 厚 7059)上获得的，如 Ferekides[47] 和吴选之[43] 等所报道的。铝硅酸盐玻璃也是一种适用于制备高效 CdTe 电池的高透玻璃，Compaan 等在 1mm 的这种玻璃上获得了所有膜层都用磁控溅射方法沉积的高效 CdTe 电池，达到 14%的效率[48]。

同时，在柔性材料衬底上制备 CdTe 的研究也吸引了越来越多的关注。这是因为这类衬底材料制备的薄膜电池具有柔性、轻质、便携性好、用途更广的特点。并具有高达～2.5 kW/kg 的质量功率密度[49]，可应用于太空领域。目前，柔性 CdTe 电池的研究主要集中在多分子薄膜和金属箔上。

聚酰亚胺多分子薄膜可用于上衬底结构的柔性电池。虽然 Kapton 和 Upilex 两种品牌的聚酰亚胺薄膜都可承受不高于 450℃ 的温度，但早期这些薄膜都呈黄色，对可见光波段吸收较明显。近些年，杜邦(DuPont)公司开始供应无色透明的光伏级高温 Kapton ® 薄膜，2011 年瑞士联邦材料科学和技术实验室(EMPA)报道了在这种透明 Kapton 衬底上获得的 13.8% CdTe 电池[50]，是目前效率最高的柔性 CdTe 电池。

如果采用下衬底结构，CdTe 电池也可以制备在柔性的金属箔衬底上。钼箔就是其中被研究得比较多的一种。Mo 与 CdTe 之间不会形成高的势垒[51]。也有使用不锈钢片的报道，但由于串联电阻过大，效率往往难以突破 7%[52]。廉价金属箔的一个主要问题是表面粗糙度过高，这是由金属箔的生产工艺决定的。薄膜的附着力在其表面的凹陷和坑洞中会变差。而且粗糙表面由于清洗困难也容易附着微粒，在薄膜电池生产过程中脱落的微粒将可能导致电池短路。如果不考虑增加工序和生产成本，可以通过表面抛光解决这个问题。

表 7.3　可用于 CdTe 电池的不同衬底材料的物理性质

衬底	均方根粗糙度/nm	热膨胀系数/(300K;ppm/K)	退火温度/℃	描述(重量%)	CdTe 电池
钠钙玻璃(浮法玻璃)	0.5[53]	8.3	548	含有～14% Na_2O，6.4% CaO，4.3% MgO[54]	[55]
高硼硅玻璃(7059)	0.5	4.6	639	含 10% Al_2O_3，15% B_2O_3，25% BaO	[43,47]
铝硅酸盐玻璃		3.8	722	含～36% Al_2O_3	[48]
Kapton		4～15(50～350℃)		聚酰亚胺	[50]
Upilex S		12～20(20～200℃)		聚酰亚胺	[56]
Mo		4.8～5.9			
不锈钢片	20[57]	13.0			

7.3.2 透明前电极层和缓冲层

大多的高效 CdTe 电池都采用了双层窗口层，即透明前电极层和缓冲层。其中透明前电极层通常采用低电阻的透明导电氧化物(transparent conductive oxide，TCO)，是上衬底 CdTe 薄膜电池整个制备过程中的第一层。既是电池的前电极层，也是可见光的窗口层，其厚度在几百纳米到几微米之间；缓冲层(buffer layer)也称为高阻透明层(high resistance transparent，HRT)，是 CdS 与 TCO 之间的过渡层。两层材料既可以是同种氧化物，也可以不同。

1) 透明前电极层(TCO)

CdTe 电池所广泛使用的上衬底结构暗示了其透明前电极层不但需要具有光学透过率高和电阻率低的性质，而且需要满足以下要求：①较高的热稳定性，可以在随后的高温工艺中保持其光学和电学性质的稳定；②化学性质稳定，在腐蚀性强的含氯气氛中被加热时物理性质稳定；③与玻璃衬底之间的热膨胀系数匹配，以获得足够的附着力。当然，由于是沉积在毫米级别厚度的玻璃上，CdTe 电池的 TCO 层比较不易受湿气影响而退化，因此对 TCO 层的水分抵抗性要求大为降低。由于高光学透过只需要维持到 900nm，因此 TCO 层可以允许更高的载流子浓度，由此产生的红外波段自由载流子吸收不会影响电池效率。CdTe 电池的 TCO 有多种选择，SnO_2：F(FTO)、In_2O_3：Sn(ITO)、ZnO：Al(AZO)、Cd_2SnO_4(CTO)以及 $CdIn_2O_4$[58]都可采用。这些材料都是光电子器件中常用的透明导电层，其物理特性可在其他著作中详见介绍。

作为 CdTe 电池的 TCO 层，最常见的是 FTO(掺 F 的 SnO_2)，因为这种材料的化学和机械性质都非常稳定，且已大规模应用在钠钙玻璃上生产成建筑用低辐射(low-e)玻璃，因此很适合工业化生产。工业化生产的 SnO_2 薄膜采用四甲基锡源通过低气压化学气相沉积(LPCVD)方法制备，掺 F 的 SnO_2 的电阻率可低至 $4\times10^{-4}\Omega\cdot cm$，n 型载流子浓度达 $4\times10^{20}\sim5\times10^{20}cm^{-3}$。薄膜具有优异的热稳定性，在氧气中 500℃退火不会出现光学性能退化。CTO 则是 TCO 家族中相对较新的成员，经 NREL 证实同样具有～10Ω/sq 的方阻，CTO 和 FTO 相比，CTO 的透过率比 FTO 高，且在红外波段的透过率也更高，更适合将来在开发叠层电池上应用[59]。ITO 虽然透过率和导电性俱佳，但是在高温时会分解；而且使用 In 这种稀有元素，会造成 CdTe 电池生产与平板显示器等其他光电子产业争夺资源，不利于 CdTe 光伏技术的推广应用。AZO 在低温下的透过率和导电性也优于 FTO，但与腐蚀性化学成分容易发生反应，且会吸水生成 $Zn(OH)_2$，会影响其光学和电学性能。

2) 缓冲层

采用这种结构是由于 CdS 窗口层不能对电池的电流作出贡献，需要尽可能减小其厚度。但又必须维持足够厚的CdS以保证其均匀性。解决此矛盾的一个有效途径是在TCO和CdS之间加入一层高阻的透明氧化物缓冲层(buffer)。这种缓冲层需要具备:①高透过率;②足够的电阻率——1～10Ω·cm;③很低的表面粗糙度;④热稳定性和化学稳定性好,可经受后续的热处理;⑤热膨胀系数与CdS、CdTe相匹配。

在2001年NREL报道的最佳CdTe电池中,采用了高阻的Zn_2SnO_4缓冲层与导电的Cd_2SnO_4透明前电极层的双层结构[43]。CdS与Zn_2SnO_4之间的互扩散会消耗部分CdS,导致电池的短路电流加大[60]。其他的缓冲层材料还有In_2O_3和SnO_2[61],以及ZnO[62]。值得注意的是,虽然新制备的ZnO和Zn_2SnO_4电阻率均达到10^4Ω·cm,理论上可作为良好的旁路阻隔材料[63,64],但经过$CdCl_2$处理后电阻率降低到了1～10Ω·cm。缓冲层的一个首要作用是改善了CdS薄膜的黏着性,因而允许电池在更高的温度进行$CdCl_2$处理,得到更好的V_{OC}和FF[59]。另一个显著作用是改善了电池性能的均匀性和良品率,因而使用更薄的CdS不但可获得一致性更高的V_{OC}和FF,而且允许更多的可见光进入CdTe被吸收。因此电池的整体性能都得到提高。

2011年美国EPIR公司与NREL联合报道了迄今为止在钠钙玻璃(NSG-Pilkington的TEC ®系列产品)上获得的最高效率CdTe电池,即面积为0.25cm^2的电池效率达到了15.33%[65]。其CdS和CdTe沉积分别使用了化学水浴(CBD)和近空间升华(CSS)方法。能在钠钙玻璃上实现如此高的效率,其关键在于使用了金属有机化学气相沉积(MOCVD)法制备的高品质SnO_2缓冲层。EPIR的电池仅比NREL的纪录电池稍低,差别主要来自钠钙玻璃的吸收。两者的QE谱线非常接近,如图7.6所示,在波长范围从350～850nm都具有80%左右的外量子效率,而且没有像组件电池一样在λ<510nm部分的损失。说明EPIR的电池同样采用了非常薄的CdS窗口层,在获得较高的J_{SC}的同时,通过采用高品质的SnO_2缓冲层来维持V_{OC}。可见多种透明氧化物都可作为缓冲层用于高效电池,关键是在薄膜品质、转换效率与生产成本之间做到适当的平衡。

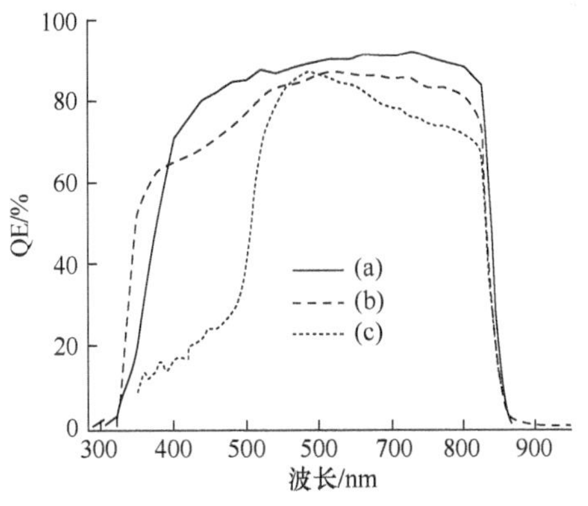

图7.6 QE比较

(a) NREL制备的最佳实验室电池(η=16.7%);(b) EPIR在TEC ®玻璃上制备的最佳电池(η=15%);(c) 生产线出品的电池[65]

7.3.3 CdS 窗口层

迄今为止有关硫系的同质结太阳电池器件发展得并不成功，均需要结合包含了多层结构的异质结发射层(emitter)来获得高的转换效率。所谓的发射层指“前电极层/窗口层”，其中前电极层本身就可能包含了两层或更多层，正如上节介绍的。本节将主要介绍 n 型窗口层对 CdTe 器件性能的贡献及其原理。

可供选择的 CdTe 电池窗口层材料有 CdS、ZnSe、ZnS 和 $Zn_xCd_{1-x}S$ 等，见表 7.4。其中 n 型 CdS 仍然是高效 CdTe 器件的首选。CdS 晶体最常见的结构是六方晶系的纤锌矿(wurtzite)结构(空间群 $P6_3mc$)，另外两种结构为面心闪锌矿(zincblende)结构(空间群 $F\bar{4}3m$)和高压下出现的如 NaCl 的立方晶体结构。而 CdS 立方相结构并不稳定，在 20～900℃范围会转变成六方结构[2]。稳定的 CdS 六方相结构与 CdTe 立方相之间的晶格失配是 9.8%，在几种适合的窗口层材料中是最小的(表 7.4)。然而其带隙只有 2.42eV，也是最小的。这会造成电池电流一定程度的损失。普遍认为，CdS 中产生的光生载流子会全部复合而不能被电池收集，这主要是由于 CdS 的载流子寿命短或界面复合速度高所致。因此为了减少电池的蓝光损失，需要尽量减小 CdS 窗口层的厚度，使得能量高于其带隙的大部分光子也能透过并到达 CdTe 吸收层，从而产生更大的光电流。

表 7.4 可供高效 CdTe 电池选择的窗口层材料

缓冲层材料	E_g/eV	与 CdTe 的晶格失配系数*/%
CdS	2.42	9.8
ZnSe	2.69	12.6
ZnS	3.70	16.6
$Zn_xCd_{1-x}S$	2.42～3.70	9.8～16.6

* 晶格失配系数$=d_{底层}/d_{覆盖层}-1$，其中纤锌矿结构取(001)晶向，$d_{wz}=a$；面心闪锌矿结构取(111)，$d_{zb}=a/\sqrt{2}$。晶格常数 a 取自文献[2]。

常规 CdS 层的制备可以采用所有与 CdTe 相同的沉积方法(7.4 节)，但从高效率、低成本的概念上来说，选择哪种方法往往取决于与其前后薄膜工艺的兼容性。另一种 CdS 使用的特殊沉积方法是化学水浴法(chemical bath deposition，CBD)。这种方法生长的 CdS 由于沉积温度更低，能获得比其他方法更精细的晶粒，可提供对前电极层更均匀的覆盖。因此，容易获得高效的 CdTe 电池效率。这种方法也同样被广泛应用于制备高效铜铟镓硒(CIGS)多晶薄膜电池。CBD 法通过水溶液反应获得 CdS 薄膜，有多种组合配方，这里仅提供一个作为参考[66]：$(0.5\sim20)\times10^{-3}[Cd(CH_3COO)_2]$，$(1\sim4)\times10^{-3}[SC(NH_2)_2]$，$(8\sim12)\times10^{-3}$

$[NH_4CH_3COO]$，(0.2～0.5)$[NH_4OH]$(单位：摩尔/升)；温度 70～90℃。其氧化还原反应方程式如下：

$$Cd^{2+} + SC(NH_2)_2 + 2OH^- \longrightarrow CdS(s) + H_2NCN + 2H_2O$$

CBD 法也曾被应用于 BP Solar 电镀沉积生产 CdTe 组件的工艺中。但需要注意的是，这种工艺会产生大量含 Cd 的废液；而且会在基板两面都镀上 CdS，需要增加一道化学去除多余 CdS 的工序。这是应用于规模化生产时所需要考虑到的问题。

7.3.4　CdTe/CdS 的互扩散

由于高效 CdTe 电池需要进行 $CdCl_2$ 处理(7.3.5 节)，在这种高温退火处理过程中 CdS 和 CdTe 之间会出现互扩散[67,68]。因此实际电池中 CdS 会被部分消耗掉，特别是沿着晶界处，这里 S 的扩散更快[68,69]。如果 CdS 层的厚度不够，在局部地方，CdS 可能被完全消耗，导致吸收层和窗口层直接接触，从而开启器件内部的旁路通道。太薄的 CdS 可直接导致开路电压和填充因子这两个可测量量的降低[70]。因此不同工艺制备的 CdS 都有一个厚度下限，低于这个厚度，电池的效率会迅速下降。在后续的 CdTe 沉积过程中适当提供 O，或 $CdCl_2$ 处理前对 CdS/CdTe 结构作加热处理，都有助于抑制 S 的扩散[71]。理论上，这个多晶薄膜光伏器件等效于众多极性方向一致、并联的微型光电二极管，而局部 CdS 耗尽的区域会形成相对更弱的二极管。在与周围正常的 CdS/CdTe 结并联情况下，处于同样偏压条件的这些弱二极管可能处于正向导通状态而可以大量消耗电池产生的光生电流[64]。这是导致电池开压和填充因子降低的内在原因。

考虑 CdS(001)与 CdTe(111)晶面之间的晶格关系，可计算得到晶格失配系数为 9.8%(表 7.4)。这可以产生非常高的界面缺陷态密度。因此有观点认为高温 $CdCl_2$ 处理时发生的 CdS、CdTe 之间互扩散，有助于降低界面缺陷态密度。另外，在温度高于 350℃的有 O_2气氛中 $CdCl_2$处理时发生 CdS 和 CdTe 的互扩散会形成 $CdTe_{1-x}S_x$和 $CdS_{1-y}Te_y$合金，它们对于电池的性能也有直接的影响，因此曾被详细研究过。B. McCandless 等采用 XRD 研究 400～700℃的 CdTe-CdS 伪二元体系相图表明[73]，在 $CdCl_2 : O_2 : Ar$ 气氛下加热足够长时间，CdTe 和 CdS 的混溶有固定的混溶度间隙(图 7.7)。这种混溶间隙表明，从热力学角度看中低温不利于 CdTe 与 CdS 的混溶，这是由于纤锌矿 CdS 与闪锌矿 CdTe 结构的显著差异所致。在混溶极限允许的合金形态中，$CdTe_{1-x}S_x$(富 Te)固溶体的晶格形态是闪锌矿($F\bar{4}3m$)，$CdS_{1-y}Te_y$(富 S)固溶体是纤锌矿($P6_3mc$)结构。物理气相方法沉积的 $CdTe_{1-x}S_x$合金薄膜的光学带隙随混合比的变化遵守如下的带隙弯曲规律[72]：

$$E_g(x) = 2.36x + 1.54(1-x) + bx(1-x)$$

其中，$b = (1.88 \pm 0.07)\,eV$。

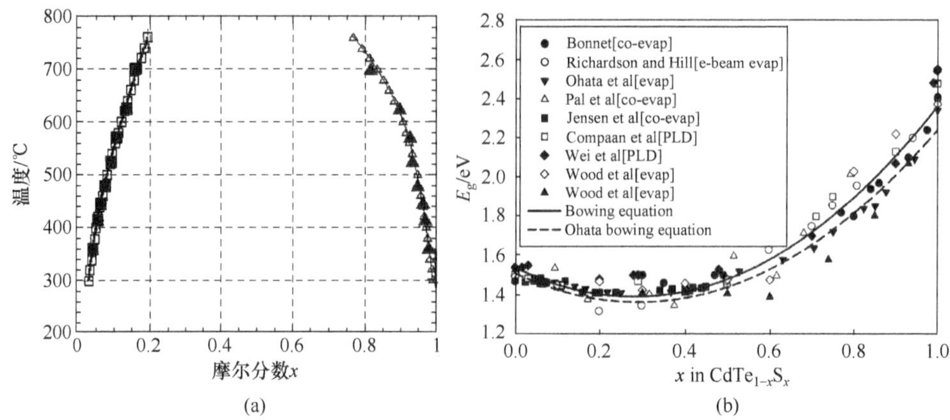

图 7.7　CdTe 和 CdS 混溶度极限的测量值(■/▲)、混溶性模型(□/△)和经验模拟曲线(实线)(a)[73]；各种物理气相法生长的 $CdTe_{1-x}S_x$ 合金薄膜的带隙 E_g(b)

co-evap——CdTe、CdS 共蒸发；e-beam evap——CdTe、CdS 电子束蒸发；

evap—$CdTe_{1-x}S_x$ 热蒸发；PLD——CdTe-CdS 混合粉末的激光脉冲沉积[72]

因此，CdTe 扩散进入 CdS 形成 $CdS_{1-y}Te_y$ 会降低 CdS 窗口层在 500～650nm 的透过率，而 CdS 扩散进入 CdTe 形成 $CdTe_{1-x}S_x$ 会造成 CdTe 吸收边的红移；同时消耗 CdS 层的厚度，增加电池对 λ<510nm 光子的收集。这些都有助于提高 CdTe 电池的 J_{SC}(详细阐述请见 7.5.1 节)。

另外值得注意的是，也有证据显示 CdTe 表面覆盖 CdS，即使在没有 $CdCl_2$ 处理和 S 扩散的情况下也可以延长吸收层的少子寿命[74]。因此有理由相信，CdS 缓冲层起到了 CdTe 表面钝化的作用。

7.3.5　CdTe 吸收层和氯处理

在 7.1 节，我们曾介绍过 CdTe 薄膜的生产工艺窗口宽、物理性质对制备过程不敏感的几个原因：CdTe 是 $Cd_{1-x}Te_x$ 体系相图中唯一存在的化合物(图 7.1(a))，并具有高生成焓(表 7.1)。单质 Cd 和 Te_2 的蒸气压比 CdTe 高至少一个数量级，而熔点和沸点却远低于 CdTe(表 7.1、表 7.2)。另一个重要原因则是 CdTe 可以通过退火处理去除其本身的缺陷而不发生分解，而且这个退火处理可以通过在含氯的气氛中进行，从而实质性地降低退火所需的温度。以上这些原因使得多种沉积方法都可以用于制备合理效率(>12%)的 CdTe 薄膜电池。

氯退火处理是制备高效 CdTe 电池所需的前提条件。氯可以在 CdTe 薄膜沉积的过程中作为掺杂引入(原位引入)，也可以在 CdTe 薄膜沉积完再引入(后引入)。原位引入方法不常见，通常在电沉积 CdTe 工艺中使用，通过在电解液中加入氯离子来实现掺杂。后引入方法可在 CdTe 表面覆盖一层 $CdCl_2$，也可在升温处理过程中引入含氯的气氛。在 CdTe 表面覆盖 $CdCl_2$ 的方法有多种，可以通过物理气相沉积精确地控制 $CdCl_2$ 厚度，也可以使用在 $CdCl_2$ 的甲醇或水溶液中浸润或滴涂再烘干的方法，这样可以在 CdTe 表面留下一层 $CdCl_2$ 涂层。在处理过程中引入含氯的气氛则可以使用 $CdCl_2$、HCl 甚至 Cl_2 气体作为氯源。无论哪种引入氯的方法，氯处理都必须在加热条件下进行。

无论是原位引入还是后引入，这种氯退火处理对于电池的结构和电学性能的影响都是相似的。首先，可以促进低温沉积的 CdS 和 CdTe 多晶薄膜的再结晶和晶粒生长[75,76]。这种再结晶可以导致 CdTe 薄膜的(111)择优取向被部分消弱，而导致更随机的取向[75,77]。也可以促进 CdTe 和 CdS 之间在处理过程中的互扩散。因此硫向 CdTe 中的扩散不仅形成带隙更低的 $CdTe_{1-x}S_x$，增加红外吸收，也消耗了 CdS 窗口层的厚度，增加电池对 $\lambda<510$nm 光子的收集。这两方面都可以增加电池的电流。

对于高温生长的薄膜，氯处理引起的再结晶结构变化并不明显。但是 CdS-CdTe 的互扩散和其他显著的电学性能增强却与低温薄膜是类似的，结果都促进了电池性能的改善。这种电学性能的增强首先体现在 CdTe 薄膜的 p 型掺杂浓度和导电率的提高，明显表现在电池串联电阻的降低[78,79]。理论计算[81]和光致发光分析发现氯掺杂可在 CdTe 中形成 Cl_{Te} 深能级施主和($V_{Cd}{}^{2+}$-$Cl_{Te}{}^{-}$)复合态浅能级受主。低温光致发光分析不但证实氯掺杂后这两种掺杂能级的形成，而且发现非辐射复合受到大幅抑制[81]。这说明 CdTe 的载流子寿命明显提高，这与时间分辨光致发光[43]证实 $CdCl_2$ 处理后少子寿命从约 200ps 提高到约 2ns 的结果相吻合[82]。就器件性能来讲，氯处理后 J_{SC}、V_{OC}、FF 都得到提高。氯处理消耗了部分 CdS 层，增加电池的蓝光和紫外响应，同时使 CdTe 吸收边红移，因此总体提高 QE 并扩展 QE 响应范围，导致 J_{SC} 的显著增加。同时由于氯处理增加了吸收层受主浓度[83]，因此增加了结电场强度。结电场强度和少子寿命的提高都直接促进了 V_{OC} 的增加。

7.3.6　背电极接触层

背电极在 CdS/CdTe 电池制备中是非常重要的。非欧姆接触的电极可以导致电池 *I-V* 曲线的“反转”(rollover)现象[84]，这会降低电池的填充因子和开压。由于 p 型 CdTe 的功函数($\phi<5.78$eV)高，多数金属与其接触会形成与 CdS/CdTe 结相反的肖特基势垒，限制自由空穴从 CdTe 向背电极的输送。制备与 CdTe 之间无整流接触所选的金属，最常用的是铜。然而，通常情况下，沉积 Cu 之前，需要使用化学刻蚀的方法在 CdTe 获得富 Te 的表面。Te 会与 Cu 反应形成 Cu_xTe($1\leqslant x\leqslant 2$)化合物[85-88]。这样的欧姆接触不是直接与 Cu 之间形成的，而是与表面的 Cu_xTe[89]。然而，Cu_xTe 不稳定[90]，会分解释放出铜。Cu 在 CdTe 中是一种快速

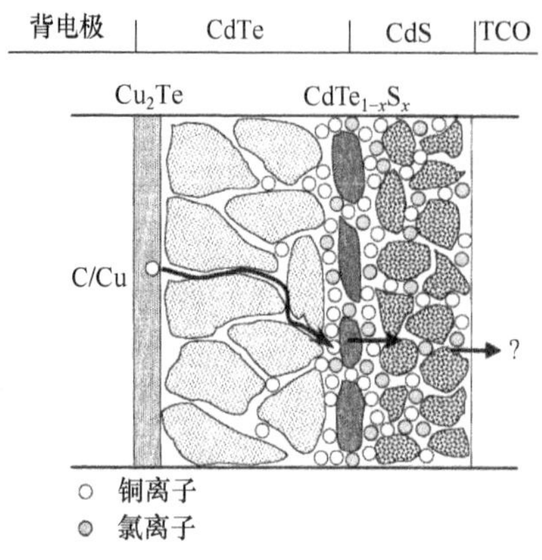

图 7.8 Cu 和 Cl 在 CdTe/CdS 电池结构中的行为示意图[93]

扩散的元素，它在 CdTe 晶体中的扩散系数(D)达到～3×10^{-12} cm^2/s [91,92]，沿 CdTe 晶界的扩散更快。Cu 在 CdTe 电池中的扩散行为可以以图 7.8 的示意图为例来表示。以石墨和铜的混合物背电极层(C/Cu)与化学刻蚀过的 CdTe 表面之间会形成 Cu_2Te 或 Cu_xTe 接触层，这层接触层中的 Cu 容易沿着 CdTe 薄膜的晶界向 CdTe 内部和 CdTe/CdS 界面扩散。其在 CdTe 中的扩散会导致两方面的问题：首先，Cu 原子沿晶界扩散容易形成旁路通道；其次当 Cu 到达 CdTe/CdS 界面，甚至在 CdS 中累积，可以在 CdS 中形成深能级，成为电子陷阱、提供复合中心，并增加 CdS 的电阻率。

许多研究都发现[92,94-96]，Cu 还可在 CdTe 中形成晶格间隙离子(Cu_i^+)的浅能级施主态或替代 Cd 原子位置形成深能级受主，一般认为也可以形成(Cu_i^+-Cu_{Cd})和(Cu_i^+-$V_{Cd^+}^{2-}$)复合态。已有实验证明快速扩散的是 Cu_i^+ [92,96]，且是在室温下唯一可移动的铜杂质。正离子 Cu_i^+ 在 CdTe/CdS 结构中的扩散受结内建电场的影响，或者说受电池的工作条件，即外偏压或光照强度的影响。其机理是 Cu_i^+ 离子在电池的内建电场中的漂移方向与扩散方向相反，正向偏压有效降低电场强度，因而加速了 Cu 向异质结的扩散[97]。器件的性能衰退在 60℃以上、几个太阳的光照或者正向偏压情况下都会得到加速，这些环境对器件产生的直接影响都是提高 Cu 的扩散速度、减弱内建电场所致。

由此可见，Cu 在 CdTe 电池中的作用既可以是提高电池性能，也可能加速电池的衰退。其现象具体体现在以下几个方面：①增加 CdTe 的 p 型掺杂浓度。可增加空穴浓度 1 个数量级[98]。②亦可降低背电极与 CdTe 之间的接触势垒。这两方面对电池的直接影响都可以体现在开路电压和填充因子的提高上[99]。目前尚不清楚是由于 p 型掺杂浓度增加导致的，还是由于直接降低了背接触势垒高度。③减小 CdTe 的载流子寿命。采用时间分辨光致发光发现，Cu 可以进一步减少 CdTe 多晶薄膜的载流子寿命达半个数量级[98]，并增加缺陷态浓度。④对 CdS 的补偿掺杂，降低 n 型 CdS 掺杂浓度，破坏结晶质，导致电池开路电压下降。可见 Cu 在 CdTe/CdS 中的正面作用都是针对 CdTe 的，而负面作用是针对 CdS 的。因此在使用其作为欧姆接触时，需要非常注意工艺优化以避免 Cu 向 CdTe/CdS 界面的扩散[100]。

7.4 CdTe 薄膜的制备方法

CdTe 是一种对薄膜沉积和工艺窗口宽容性高的材料。从物理性质来看，II^{B}-VI^{A}化合物的合成受益于其化合物具有比各单质更低的能态和蒸气压的特性，即当单质相遇时更倾向于形成化合物且以固体形态存在，如 CdTe 的饱和蒸气压为 $p_{sat}(400℃)=1.3\times10^{-8}$大气压。CdTe 固体与 Cd 和 Te 气体的平衡反应为(生成焓见表 7.1)：$Cd+1/2Te_2 \Longleftrightarrow CdTe$。

因此可以有许多方法用来沉积制备 CdTe 薄膜吸收层。这些方法按化学概念又可分为三类：①Cd 和 Te_2 蒸气在表面的凝聚/反应——物理气相沉积(physical vapor deposition，PVD)，气相输运沉积(vapor transport deposition，VTD)，近空间升华(closed space sublimiation，CSS)和磁控溅射；②Cd 和 Te 离子在表面的电还原——电沉积(electrodeposition)；③化学前驱物在表面的反应——金属有机化学气相沉积(metal organic chemical vapor deposition，MOCVD)，丝网印刷(screen print deposition)和喷雾沉积(spray deposition)。CdTe 组件的规模化生产直到 2002 年后才得以实现，主要是基于 VTD 技术。经过全世界多个团队和公司的努力，发展至今，VTD、CSS 和磁控溅射这几种物理气相沉积技术路径成为了目前得以广泛应用的规模化生产技术。第二类电沉积法于 2003 年被 BP Solar 搁置，但仍有团队在努力恢复使用。早期的其他所谓低成本技术(丝网印刷、喷雾沉积)至少到目前为止都不再使用，那些技术的早期应用者之所以放弃可能更多的是出于商业战略考虑，而不是技术障碍。因此本节重点介绍前两类。

7.4.1 物理气相法

1. 物理气相沉积(PVD)

这种沉积方法制备 CdTe 薄膜是通过直接升华二元化合物源来获得。二元化合物的升华发生时会分解生成气态的 Cd 和 Te_2，然后遇到基片表面化合生成 CdTe，冷却后形成固态 CdTe 薄膜。CdTe 二元化合物蒸气压比相同温度下 Cd 和 Te 的要低一至三个数量级(图 7.1)，这保证了高温时化合物的充分共同升华，因此确保了来自 CdTe 源的气相成分与源的一致性。而 CdTe 二元化合物的熔沸点高于单质 Cd 和 Te，则保证了在足够高的气压环境下，有很宽的温度窗口可以合成稳定的 CdTe 薄膜。同时，CdTe 合成相(图 7.1)的单一性则保证了生产 CdTe 薄膜的化学配比，及其半导体光学和电学性质的一致性和均匀性。因此在足够高的气压下，人们可以在一个很宽的基片温度范围内沉积获得单一化学计量配比的 CdTe 固态薄膜。这些性质使得简单的物理气相沉积法适用于 CdTe 薄膜的制备。

基于相同的考虑，其他的 $Ⅱ^B$-$Ⅵ^A$ 族二元化合物的合金，例如 $Cd_xZn_{1-x}Te$ 和 $CdTe_{1-x}S_x$，也可采用两种二元化合物源的共蒸发方法获得。

采用二元化合物蒸发的物理气相沉积法制备 CdTe 可以使用敞口的坩埚或束流瓶来实现，束流瓶对气流量和角度分布具有更佳的控制能力，因而利用率更高。具体的制备参数见表 7.5。虽然 Cd 的蒸气压比 Te 和 CdTe 高，更易在 CdTe 中形成镉空位缺陷(V_{Cd})，但是从二元化合物源获得的 CdTe，基本都具有理想的化学配比。然而，当温度高于 450℃，薄膜会再蒸发。因此当背景真空度很高时，薄膜的净生长速度随衬底温度升高而降低。特别是在物理气相沉积中，通常使用 10^{-4} Pa（表 7.5）的高真空。为了避免 CdTe 蒸气压（图 7.1）高于背景压强的情形，基片温度则受到了一定的限制。瑞士联邦材料科学与技术实验室（EPMA）的 A. N. Tiwari 团队[105]在此方面开展了大量研究。

表 7.5　几种制备高效 CdTe 薄膜太阳电池的沉积方法

	物理气相沉积(PVD)	近空间升华(CSS)	气相输运沉积(VTD)	溅射沉积	电沉积	金属有机化学气相沉积(MOCVD)	喷雾热解法	丝网印刷
沉积气压/Pa	$\sim10^{-4}$	$\sim10^{3}$	$10^{3}\sim10^{4}$	$\sim10^{-2}$	常压	常压	常压	常压
沉积气氛	真空	N_2,Ar,He	N_2,Ar,He	Ar	水溶液	惰性气体	空气,惰性气体	空气
基片温度/℃	400	600	～600	200～400	～80	200～400	～600	25
源温度/℃	700～900	650～750	～700		～80			
沉积速率/(μm/min)	0.01～0.5	1～5	0.1～1	0.02～0.1	0.01～0.1	0.01～0.1	～1	
吸收层典型厚度/μm	1～15	1～15	3～4	2～3	1～2	1～4	1～20	5～30
最高小面积效率	10%	18.3%[43]	19.05[10]	14.0%	12.7%	13.3%	14.7%	12.8%
最高组件效率		12.8%[101]	16.1%[102]		11%[103]		10.5%[104]	11%[103]

2. 近空间升华沉积(CSS)

为了避免高温沉积时 CdTe 的再蒸发，需要大幅提高沉积环境气压。在此情况下，Cd 和 Te_2 向基片表面的扩散受到工作气体分子的散射而呈现比物理气相沉积更分散的角度分布，为了提高利用率和沉积速率，则必须大幅减小蒸发源与基片之间的距离（简称源基距）。这种小源基距的要求可以在近空间升华沉积和气相输运沉积这两种方法中得到满足，正因此，这两种方法是真空制备 CdTe 薄膜工艺路径中基片温度最高的。

近空间升华的实现方法通常是将盛有 CdTe 源的高温容器朝上，基片透明窗口层面对源朝下，源基距维持在 2～20mm。从源蒸发出来的沉积成分向基片的输送靠扩散完成。为了提高基片温度，源的温度维持在比基片高出 50～200℃的范围[106,107]。这种方法得到的沉积速率可以达到每分钟几微米。由于高温得到的薄膜晶粒大，近空间升华法制备的 CdTe 薄膜厚度存在最薄 4～5μm 的下限。虽然也可以沉积更薄的 CdTe 薄膜，但是由于针孔的出现，超薄电池往往不能获得合理的转换效率[108]。沉积过程的环境气氛通常为惰性气体，如 N_2、Ar、He，压强约 10^3 Pa。CdTe 源通常使用纯度为 5N 的颗粒[109]，也可使用较大的熔块[110]，并通过电加热或辐射加热至 650～750℃。由于采用颗粒状或粉末状的源材料，通常采用基片朝下的设计。因此往往需要适当的支持结构将基片悬吊于源上方，如果用于生产则使用滚轮与基片边缘接触以保证基片的输送。虽然在实验室中可以采用耐高温的高硼硅玻璃以达到 600℃[40,43]，但是工业生产倾向于使用廉价的钠钙玻璃，这种基板朝下的结构则限制了生产中玻璃基板的温度，必须远低于 511℃(钠钙玻璃的应变温度)。因此生产上采用近空间升华方法时，基片温度则一直是必须首要面对的问题。需要在玻璃变形和沉积温度之间取得一定的平衡。另外，近空间升华也可用于沉积 CdS 和 $CdCl_2$。但出于晶粒尺寸和薄膜均匀性的考虑，一般不采用此方法制备电池的 CdS 窗口层。

3. 气相输运沉积(VTD)

气相输运法是美国太阳电池公司(Solar Cell, Inc., First Solar, Inc. 的前身)[112]开发的一种将高温和高速沉积结合的 CdTe、CdS 薄膜沉积工艺。其设计原理如图 7.9所示，使用粉末加料器向真空腔室中添加 CdS 或 CdTe 粉末，并由预热的惰性气体作为载气喷射进入圆柱形的蒸发室。渗透膜制成的蒸发室被加热，半导体粉末在 700℃以上的蒸发室中蒸发后分解成 Cd 和 Te_2气体(也用于 CdS)。载气将其承载透过半透膜进入外层圆柱形的加热腔室。载气的成分可以和近空间升华相同。Cd 和 Te_2 气氛随同载气从外层加热腔室底部的开口向下喷出，并沉积在～600℃的基板上。单质 Cd 和 Te_2 气氛在基板表面反应化合生成 CdTe 薄膜。和近空间升华相同，这种工艺可以在高温下实现高速薄膜生长，达到每分钟两块 60cm×120cm 组件的生产速度。由于使用了基板朝上的设计，玻璃可以放置在传送带上输送并被加热到略高于其软化温度。这种工艺路径获得的 CdTe 电池的最高实验室效率已经达到 19.05%[10]，组件效率则达到 16.1%[102](表 7.5)。First Solar, Inc. 已经采用此工艺路径实现了 2GW 的年产能。同时 Univ. of Delaware[113]和 Colorado School of Mines[114]仍在继续针对气相输运法制备 CdTe 电池开展研究工作。

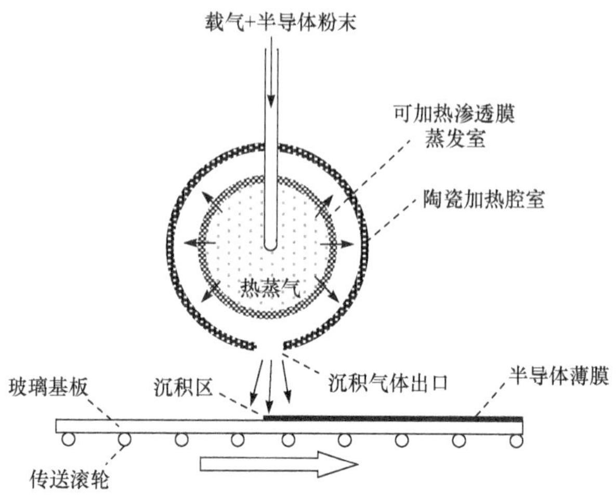

图 7.9　First Solar 第一代 VTD 沉积技术原理图[111]

4. 射频磁控溅射

近空间升华和气相输运法都是专门针对 CdTe 这种材料的热力学特性开发的蒸发沉积方法，与其相比，射频磁控溅射法则是一种在设备和技术更为通用的物理气相方法。射频磁控溅射可以实现从透明窗口层直到背电极全部薄膜的沉积，全部使用溅射方法沉积各层制备的 CdTe 电池已经达到了 14%的转化效率[48]，最突出的是这种工艺路径采用了高温法不能使用的 ZnO∶Al 透明导电层。射频磁控溅射沉积 CdTe 可以在 200～400℃的中等温度范围进行[48,115]，相对较低的沉积温度，不但可以保证高品质 ZnO∶Al 透明导电层的光学和电学性能在电池制备过程中没有显著衰退，而且可用于在聚酰亚胺薄膜衬底上实现卷对卷的生产。通常认为这种工艺沉积 CdTe 的一个缺陷是通常速率只有 0.1μm/min，但是可以通过延长溅射区来获得部分补偿。然而降低的沉积速率与可获得 0.5～1.0μm 的精细晶粒相结合，却使得磁控溅射成为非常适合制备吸收层厚度小于 1.0μm 超薄电池的方法。因为不但可以精确地控制吸收层厚度，而且 1.0μm 以下薄膜的微观均匀性也比高温法制得的薄膜要高。最近美国 Univ. of Toledo[116] 采用溅射法制备了 CdTe 厚度仅为 0.5μm 和 0.75μm 的电池，转换效率已经分别达到了 11%和 12.5%。NREL 的研究小组[117]也曾研究磁控溅射技术。意大利的 Univ. of Pama[118] 也采用射频磁控溅射法制备 CdS，并应用在生产上[119]。

7.4.2　化学反应沉积

1. 化学电还原反应沉积

化学电还原反应沉积简称为电沉积。CdTe 电沉积通过使用含有 Cd^{2+} 和 $HTeO_2^+$ 的酸性水电解液，进行电化学还原反应，在 TCO 涂层表面进行电荷交换还原得到 Cd 和 Te，并在原位直接化合构成 CdTe 化合物薄膜。反应温度约为 70℃。这些离子的电化学还原反应的方程式如下：

$$HTeO_2^+ + 3H^+ + 4e^- \longrightarrow Te^0 + 2H_2O, E_0 = +0.559V \tag{7.1}$$

$$Cd^{2+} + 2e^- \longrightarrow Cd^0, E_0 = -0.403V \tag{7.2}$$

$$Cd^0 + Te^0 \longrightarrow CdTe \tag{7.3}$$

由于 Cd 和 Te 还原电势的差异很大，需要在生产过程中精确控制带正电物质——Te 的浓度来保持沉积时的化学计量配比。由于 Te 在生长薄膜表面的溶液以及反应溶液中的消耗，导致 Te 浓度的降低，且水溶液中离子的扩散速度远低于真空，这限制了 CdTe 的生长速率。为了克服这个缺点，需要对电解液剧烈地搅拌，并持续地补给 Te。同时为了获得所需的薄膜厚度和沉积面积，必须在制备过程中在薄膜整个表面维持足够的电势，以确保反应持续进行。同时，通过计算反应电荷的累积量可实时确定 CdTe 薄膜的厚度。另外，使用电沉积法新制备的 CdTe 薄膜可以制备成 CdTe(Cd ∶ Te=1 ∶ 1)、富 Te(通过增加容器中 Te 的浓度)和富 Cd(通过低电势和减少 Te 浓度)等不同化学计量配比的薄膜，因此便于获得高效光伏组件所需的高品质薄膜。电镀法制备 CdTe 电池，通常与化学水浴沉积法(CBD)制备的 CdS 相结合制备电池(参见 7.3.3 节)。

新制备电沉积 CdTe 微晶薄膜具有明显的(111)取向，柱状晶粒的平均横向直径只有 100～200nm。但是退火后晶粒尺寸有显著的增大，且晶格取向更加随机。新制备的 n 型薄膜的电阻率为 $10^4 \sim 10^6 \Omega \cdot cm$，且组分沿厚度方向的分布是均匀的，然而椭偏仪分析显示“CdTe/基片”界面附近是富 Te 的[120]。

Monosolar[121,122]、Univ. of Southern California (USC)[123]、Ametek [124,125]和 Univ. of Texas[126]都深入地研究过电沉积 CdTe 技术。在 20 世纪 80 年代，Monosolar 工艺被转移给 SOHIO，随后 SOHIO 被英国石油公司 BP 兼并，该工艺在 BP Solar 公司位于加利福尼亚州 Fairfield 的工厂进行商业化开发。2003 年，BP Solar 的所有薄膜光伏工作被停止。在 90 年代早期，Ametek 的工艺被转移给科罗拉多州黄金谷的科罗拉多矿业大学，至今尚未见有商业化生产的报道。

2. 化学前驱体反应沉积——喷雾沉积

喷雾沉积法通过在～600℃的高温衬底上发生的热分解反应可以获得

1μm/min的 CdTe 薄膜沉积速率。这种方法将含有 Cd 和 Te 的前驱物的混合溶液雾化后喷涂在高温基片上。含 Cd 的前驱物可以是 $CdCl_2$，而含 Te 的前驱物可以是 TeO_2 或 Te 的有机源。溶剂挥发后留下掺 Cl 的 CdTe 在基片表面。喷雾法得到的薄膜晶粒尺寸在微米量级，且晶格取向随机。这种方法得到的薄膜厚度不易控制，往往会超过 10μm。由于这种工艺方法只需在常压下进行，因此在降低设备成本方面具有相当的吸引力。喷雾法制备的小面积电池效率曾达到 14.7%，组件效率则超过了 10%[104]（表 7.5）。这种技术曾被美国 Golden Photon Inc. 公司大量研究开发过，以上效率都是这家公司创造的。

7.5 CdTe 薄膜太阳电池的器件性能

7.5.1 太阳电池的表征

1. 电流-电压曲线

理解薄膜太阳电池的性能参数，可以通过电池在光照和暗态条件下测得的输出电流-电压（J-V）特性曲线来表征。电池的光照 J-V 测试是在“标准测试条件”（standard test condition，STC）下进行的，即 AM 1.5 光谱、光功率密度 1000W/m^2（也称为 1Sun）和电池温度 25℃。从电池 J-V 曲线中可获得三个等级的参数指标[127]：第一级——功率转换效率，直接比较不同电池之间的效率，或比较电池效率与理论效率之间的差距；第二级将效率分解为短路电流密度（J_{SC}）、开路电压（V_{OC}）、填充因子（FF）；第三级从 J-V 特性曲线分解出可明确测量并具有明确物理含义的参数。最常见的太阳电池性能讨论的都是第一和第二级指标，然而实际的 CdTe 薄膜光伏器件是带有寄生电阻的，要了解这种器件本身的品质和效率损失机制则需要进行第三级指标的分析。第三级性能参数指标指的是电池的串联电阻——R_s、并联电导——G（或并联电阻 $R_{sh}=1/G$）、二极管品质因子——A、光生电流密度——J_L、反向饱和电流——J_0 等。

带有寄生电阻的薄膜太阳电池的等效电路如图 7.10 所示。图中用恒流源表示光照在 pn 上时产生的光生电流 J_L，与之并联的二极管上的电流代表太阳电池的暗电流 J_D，该二极管导通方向与恒流源方向相反。与恒流源和二极管并联的电阻代表电池的并联电阻 R_{sh}，而与这三者串联的是电池的串联电阻 R_s。薄膜太阳电池的输出电流 J-电压 V 之间的关系可描述为

$$J=J_0\left[\exp\left(\frac{q(V-R_sJ)}{AkT}\right)-1\right]-J_L+G(V-R_sJ) \tag{7.4}$$

其中，A 是二极管品质因子，J_0 为二极管反向饱和电流。对此方程作进一步数学处理可以得到

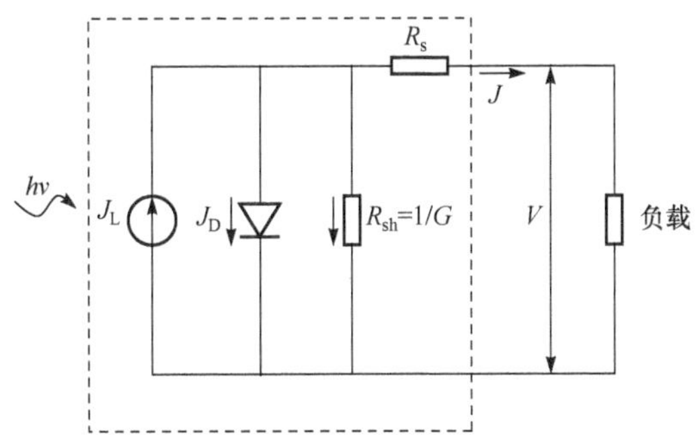

图 7.10　薄膜太阳电池的等效电路图

$$g(V)=\frac{\mathrm{d}J}{\mathrm{d}V}=J_0\left[\frac{q\left(V-R_s\dfrac{\mathrm{d}J}{\mathrm{d}V}\right)}{AkT}\right]\exp\left[\frac{q(V-R_sJ)}{AkT}\right]+G \tag{7.5}$$

$$r(V)=\frac{\mathrm{d}V}{\mathrm{d}J}=R_s+\frac{AkT}{q}(J+J_L-GV)^{-1} \tag{7.6}$$

$$\ln(J+J_L-GV)=\ln J_0+\frac{q(V-R_sJ)}{AkT} \tag{7.7}$$

下面以一个普通 CdTe 薄膜电池的 J-V 特性曲线为例，简单阐述获取电池的第三级性能参数指标的分析步骤。

(1) 获得电池的光照和暗态条件下的标准 J-V 曲线。需包括第一和第三象限内足够的数据(图 7.11(a))，以反映理想二极管 J-V 方程(7.4)所没有考虑的某些非理想因素，例如电流阻挡、光暗曲线在正向偏压区域的交叉、反向击穿等薄膜电池常见的现象。

(2) 在 J_{SC}附近以及反向偏压区域的部分画出导数 $g(V)\equiv \mathrm{d}J/\mathrm{d}V$ 与电压 V 关系曲线，这个区域中 $\mathrm{d}J/\mathrm{d}V$ 的二极管项可忽略。同时若 J_L 不随 V 变化，此区域的 $g(V)$为水平线，其反向偏压区域的值就是 G。例如，图 7.11(b)中 CdTe 电池的 $g(V)$曲线显示其暗态 $G=0$，光照 $G=0.4\mathrm{mS/cm^2}$。实际的 J-V 曲线在这个区域斜率很小，因此 $g(V)$中会有一些噪声，特别是在光照条件下。

(3) 再画出导数 $r(J)\equiv \mathrm{d}V/\mathrm{d}J$ 与$(J+J_L)^{-1}$的关系曲线。因为 J_L 不随 V 变化，此曲线与纵轴的交点即为电池串联电阻 R_s。更实用的方法是用第二级指标 J_{SC}替代 J_L，画出 $r(J)$与$(J+J_{SC})^{-1}$的关系曲线。并对曲线作线性拟合以获得纵轴交点 R_s 和二极管品质因子 A(来自斜率 AkT/q)。这样处理数据的前提是 G 可忽略，若 G 不可忽略，则需将横轴改为$(J+J_{SC}-GV)^{-1}$。至于暗态曲线则有 $J_{SC}=J_L=0$。如图 7.11(c)中 CdTe 电池 $A=1.7$，$R_s=1.2\Omega\cdot\mathrm{cm^2}$。

(4) 利用以上步骤获得的 G 和 R_s 画出 $\ln(J+J_{SC}-GV)$与$(V-RJ)$。此时在

二极管效应明显的区域(V 接近并大于 V_{MPP}),曲线与二极管方程较吻合,呈线性。对这个区域线性拟合后与横轴的交点即可得到 $\ln J_0$ 和斜率 q/AkT。由此可得反向饱和电流密度 J_0 和二极管品质因子 A。

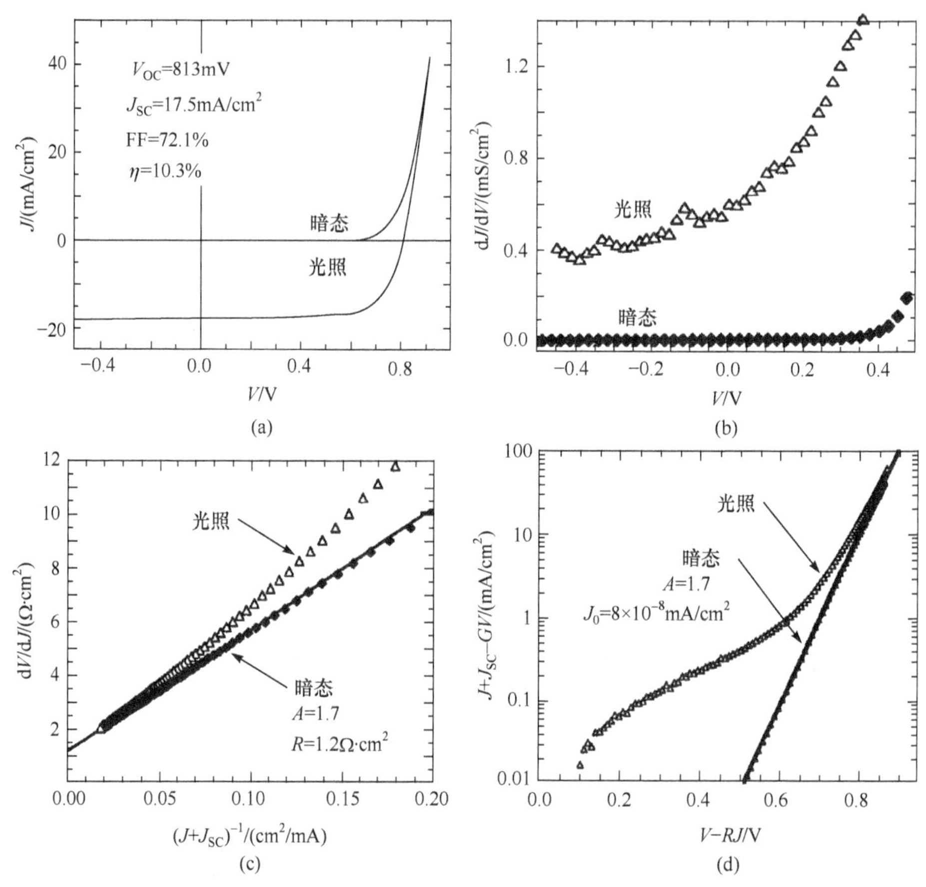

图 7.11　典型 CdTe 器件的光暗 J-V 特性曲线

(a)标准 J-V 曲线;(b)并联电导特性曲线 $G(V)$;(c)$r(J)=\mathrm{d}V/\mathrm{d}J$ 曲线,可从暗态曲线拟合获得器件串联电阻 R_s 和二极管品质因子 A;(d)$\ln(J+J_{SC})$曲线,可从暗态曲线拟合获得 A 和反向饱和电流密度 J_0[128]

2. 量子效率(QE)与电流损失分析

量子效率(QE)是一个量化分析太阳电池光生电流的参量,可用于确定电池 J_{SC} 损失的来源,是个无量纲参数。其定义为某一波长的入射光照射条件下,电池收集到的光生电子-空穴对数与入射到电池表面的该波长的光子数之比。通常所说的量子效率准确地说应该指的是外量子效率(EQE)。这是因为 EQE 与 AM1.5 光谱光子流密度乘积的积分可直接得到电流密度 J

$$J(V) = q\int_0^{\infty} F_{AM1.5} \cdot EQE(V) \cdot d\lambda \tag{7.8}$$

其中，q 是基本电荷电量，$F_{AM1.5}$ 是 AM1.5 光谱的光子流密度，即 $F_{AM1.5}(\lambda) = dn_{ph}(\lambda)/d\lambda$。

通常情况下，QE 是在短路（零偏压）和暗态（无光偏压）条件下测量的。但是为了分析 CdTe 吸收层不同深度位置对光子的吸收和光生载流子的收集，可在电池两极施加正向或反向偏压，即所谓的偏置电压。零偏压时，在吸收层耗尽区内产生的光生载流子（特别是电子）会在结电场内被迅速分离；而在耗尽区外产生的光生载流子需要先扩散到耗尽区，在扩散过程中容易被薄膜中的复合中心捕获而不能最终在两极被收集到。当电池两极施加反向偏压并逐渐增大时，CdTe 吸收层的耗尽区边界向背接触层界面靠近，pn 结电场强度增强。而当施加正向偏压并增大时，耗尽区边界向结界面靠近，且结电场强度减弱，直至耗尽区消失。因此可以通过外加偏压的方式调节耗尽区边界到达吸收层的不同位置，再通过比较分析 QE 来研究背接触界面附近、吸收层中间和结界面附近等区域的复合损失情况。另外，QE 测量时通常用波长范围狭窄的单色光照射电池，这样的光子流密度比 AM1.5 照射条件小了两个数量级左右（取决于选取的波长范围和光源的强度）。为了使 QE 测量时电池各层的导通状态与标准测试条件一致，或避免测试电池的弱光效应对 QE 测量结果的影响，也可以用独立的白光或单色光照射电池，即所谓的偏置光。一般偏置光的强度选取 1000 W/cm^2，白光光源可以通过将卤素灯光源聚焦在电池上得到，而单色光光源可以使用半导体激光器。

CdTe 薄膜太阳电池的多层结构决定了入射光照射到电池上需通过玻璃衬底、TCO 透明电极层、CdS 窗口层，才能到达吸收层被吸收。而 CdTe 电池的光电流主要由吸收层产生。因此可以定义内量子效率（IQE）为某一波长入射光照射下，太阳电池收集到的光生电子-空穴对数与该波长入射光进入吸收层中的光子数之比。IQE 取决于吸收层的吸收系数 α、厚度 d 和少子扩散长度，已经扣除了入射光进入吸收层之前的损失。则 EQE 与 IQE 之间存在如下关系

$$EQE(\lambda,V) = T_G \cdot [1-R_F(\lambda)] \cdot [1-A_{TCO}(\lambda)] \cdot [1-A_{CdS}(\lambda)] \cdot \Gamma(\lambda,V,I) \cdot IQE(\lambda,V) \tag{7.9}$$

其中，T_G 是电池的受光有效面积比；$R_F(\lambda)$ 是入射光到达吸收层之前各界面的总反射率；$A_{TCO}(\lambda)$ 和 $A_{CdS}(\lambda)$ 分别是 TCO 透明前电极层和 CdS 窗口层的光吸收率；$\Gamma(\lambda,V,I)$ 是 QE 测量时的偏置电压和偏置光条件下的增益系数。CdTe 电池前电极一般不采用栅线，$T_G=1$。

理想 CdTe 电池（EQE＝100%）的 J_{SC} 可达 30.5mA/cm^2[127]。图 7.12 给出了效率为 16.7% 的电池（来自 NREL）和效率为 9.6% 的组件（来自 First Solar）的 EQE 曲线，下面以此为例讨论如何分析 CdTe 电池中的光学损失。如图所示，玻

璃与空气界面(图中(1)部分)的反射导致了 1.9mA/cm² 的电流损失。钠钙玻璃(图中(2)部分)和 TCO(图中(3)部分)对光的吸收在组件中引起的电流损失分别达到了 1.8mA/cm² 和 1.1mA/cm²。其中钠钙玻璃在 600～850nm 范围的吸收导致 CdTe 组件的 QE 随波长增大而降低,此外玻璃对紫外线的吸收导致 CdTe 电池吸收不到 λ<350nm 的光。而在 NREL 的纪录效率电池中,玻璃和 TCO 吸收引起的电流损失合计只有 0.7mA/cm²,这是由于使用了透过率高的高硼硅玻璃和 Cd_2SnO_4。图中(4)部分表明的 CdTe 电池在 350～510nm 波长范围的 QE 损失来自 CdS 窗口层的吸收,因为 CdS 中产生的光生载流子会全部复合而不能被电池收集。同时,由于在 CdS 和 CdTe 的界面处存在富 S 的 $CdS_{1-y}Te_y$ 合金层,导致了图中(5)部分的损失,QE 谱线在 510～600nm 波长范围出现类似肩膀状。富 S 的 $CdS_{1-y}Te_y$ 合金是在氯处理过程中因 CdS 和 CdTe 互扩散形成的,具有与 CdS 一样的纤锌矿结构,其中产生的光生载流子也不能被电池收集。这两部分的电流损失在组件达到了 4.6mA/cm²,是占比最大的部分;而在 NREL 的纪录效率电池中,由于使用了更薄的 CdS,这两部分损失只有 1.4mA/cm²。可见降低 CdS 层的厚度来提高的 J_{SC},是提高 CdTe 电池 J_{SC} 的一条必然途径。同时通过使用高透玻璃和低吸收率的 TCO 等方法也可提高 CdTe 电池的 J_{SC}。这些是近几年 CdTe 纪录效率提高的主要方法,不难从这些电池的 QE 中发现[43]。因此已经不是限制 CdTe 效率的根本问题。

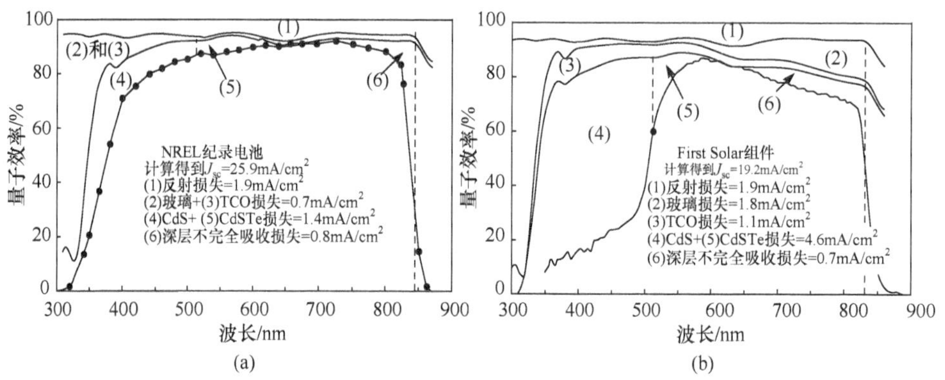

图 7.12　效率为 16.7%的电池(a)和效率为 9.6%的组件(b)的量子效率和光子损失占比[127]

3. 电压损失分析

一个性能合理的二极管器件在光照下的电流-电压特性可以描述为

$$J \approx J_0 \exp\left[\frac{q(V-V_{bi})}{AkT}\right] - J_L \tag{7.10}$$

其中,J_0 是器件的饱和电流,V_{bi} 是内建电势。假设 CdTe 电池的 J_0 以空间电荷区

的复合电流为主，那么 $J_0=qpv_r$（p 是空穴浓度，v_r 是复合速度）。由此电池的开压为

$$V_{OC}=V_{bi}-\frac{AkT}{q}\ln\left(\frac{qpv_r}{J_L}\right) \tag{7.11}$$

而内建电势 V_{bi} 与带隙 E_g 相关，$V_{bi}=\frac{E_g}{q}-\frac{kT}{q}\ln\left(\frac{N_V}{p}\right)$，其中 N_V 是 CdTe 的价带等效态密度。因此当 A 取 2 时

$$V_{OC}=\frac{E_g}{q}-\frac{kT}{q}\ln\left(\frac{q^2N_Vpv_r^2}{J_L^2}\right) \tag{7.12}$$

显然 V_{OC} 随载流子复合速度 v_r 增加而减小。图 7.13 给出了同样掺杂浓度情况下不同的复合速度时的 J-V 仿真曲线[127]，其中 $v_r=0$ 为理想电池模拟 J-V 曲线，此时的空穴浓度 p 可达 $2\times10^{17}\text{cm}^{-3}$。以载流子复合速度与 300K 时载流子热运动速度 v_{th}（$\approx10^7\text{cm/s}$）的比值（v_r/v_{th}）作为唯一变化的参量来分析电池的电压损失。从理想电池情况（$v_r/v_{th}=0$）开始，逐渐增大复合速度，并假设随着复合速度 v_r 的增加，空穴浓度 p 随之减小，直至 C-V 测量获得实际 CdTe 电池典型浓度（$\sim2\times10^{14}\text{cm}^{-3}$）。注意这里的掺杂浓度和实际电池是相同的而且不变，空穴浓度的不同是由于复合速度的变化引起的。器件仿真表明，理想电池 CdTe（$v_r=0$）的 V_{OC} 略高于 1V，这与 GaAs 电池的开压（1.122V）是一致的[43]。随着（v_r/v_{th}）从 0 增加到 10^{-4}，V_{OC} 迅速减小到低于 0.9V；然而（v_r/v_{th}）继续增加两个数量级至 10^{-2}，V_{OC} 只缓慢降低到 0.8V 左右，此时空穴浓度进入实际 CdTe 电池的范围。可见，提高 CdTe 电池的 V_{OC} 必须解决降低复合速度的问题。发现新的表面和晶界钝化工艺、降低吸收层的厚度都是值得考虑的方向。

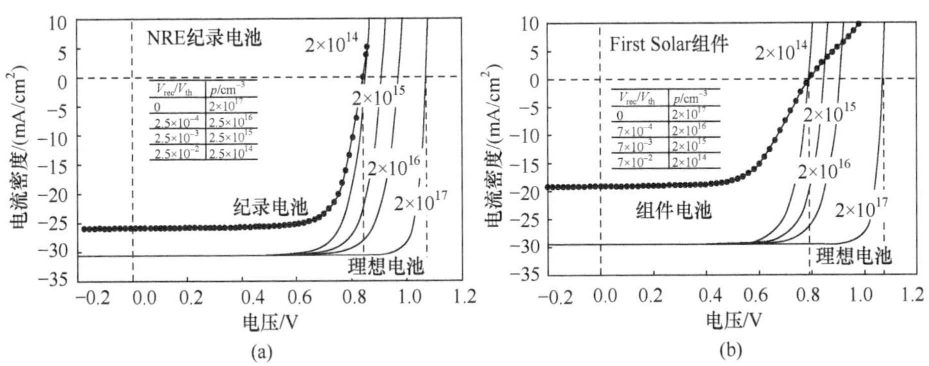

图 7.13　效率为 16.7%的电池(a)和效率为 9.6%的组件(b)的 V_{OC} 与理想电池的仿真对比分析[127]

4. CdTe 电池的电容-电压—结特性分析

导纳（admittance）测量是一类检测 pn 结自由载流子浓度、耗尽层厚度、深层

陷阱浓度和势垒的成熟技术，其中最具代表性的是电容-电压(C-V)测量。C-V 通常可用于获取 pn 结器件轻掺杂一侧的掺杂浓度分布信息。分析标准的突变 pn 结时，一般假设空间电荷密度的分布是均匀的，而空间电荷是由均匀分布的浅能级施主或受主电离后产生的。在许多教科书中都能找到针对这种简单情况的空间电荷电学分析。由于光照条件下的 CdS/CdTe 电池中，n 型 CdS 的自由电子浓度比 p 型 CdTe 的空穴浓度高至少两个数量级，即 $N_D(\mathrm{CdS}) \gg N_A(\mathrm{CdTe})$，因此 C-V 测量主要反映的是 CdTe 层中的载流子浓度。这种情况下单位面积电容 C 的表达式可简化为

$$C(V)=\frac{\varepsilon}{W}=\left[\frac{\varepsilon q}{2(V_D-V)}\cdot\frac{N_A N_D}{N_A+N_D}\right]^{1/2}=\left[\frac{\varepsilon q N_A(W)}{2(V_D-V)}\right]^{1/2} \tag{7.13}$$

$$C(V)^{-2}=\frac{2(V_D-V)}{\varepsilon q N_A(W)} \tag{7.14}$$

$$W=\frac{\varepsilon}{C}=\left[\frac{2\varepsilon(V_D-V)}{qN_A(W)}\right]^{1/2} \tag{7.15}$$

其中，$N_A(W)$是 CdTe 层的耗尽区边缘处的空间电荷密度，W 为耗尽区厚度，V_D 是载流子扩散电势(或结区的能带弯曲度)，ε 是 CdTe 的介电常量。以下以两种不同方法制备但是效率相同的 CdTe 电池为例，说明如何通过 C-V 曲线分析 CdTe 电池的掺杂浓度分布 N_A、载流子扩散电势 V_D、吸收层耗尽区厚度 W。

经典单边突变结的 $C(V)^{-2}$ 与 V 的关系曲线应该是条直线，其斜率与 $1/N_A(W)$ 成正比，与横轴的交点则是 V_D。然而，这种情况在 CdTe 电池中并不完全适用。图 7.14 是两种不同工艺制备的 CdTe 电池，效率都是 11%。两种电池在 100kHz、暗态条件下测得的 C-V 曲线都不是直线。而 1 号电池是明显的 p-i-n 结构。在从反向偏压到正向偏压接近 V_D 值之前 $C(V)^{-2}$ 维持一个常数不变，因为 $C(V)=\varepsilon/W$，这表明在这么宽的偏压范围内 CdTe 侧的耗尽区厚度始终维持不变；并且由于 $C(V)^{-2}$-V 曲线在此区域的斜率接近零，表明在耗尽区边缘的 N_A 很大。而在正向偏压 V_D附近 C 突然变大，$C(V)^{-2}$-V 斜率陡增(接近垂直)，说明耗尽区厚度 W 突然变小，而在 W 变化的这个区域内的 N_A 很小，是完全耗尽的本征层(i)。根据 $C(V)=\varepsilon/W$，可以用反向偏压区域的 C 值计算出 CdTe 测的 W 值为 2.2μm，与 CdTe 的实际厚度非常吻合。而 2 号电池的暗态曲线的斜率随 V 变化，反映了 $N_A(W)$在不同深度的变化。在正向偏压 V_D 附近，$C(V)^{-2}$-V 曲线的斜率相对较大、N_A 较小(但不为零)，说明结界面附近的掺杂浓度较小；随着偏压变为反向且逐渐增大，$C(V)^{-2}$-V 曲线的斜率逐渐减小、N_A 增大，说明越接近背电极接触层，CdTe 的掺杂浓度越大。在光照条件下，2 号电池的曲线则变为直线，获得的 $N_A(W)=5\times10^{14}\mathrm{cm}^{-3}$，$V_D=0.56$V。暗态条件测得的 CdTe 薄膜电池空间电荷密

度一般在$(1\sim6)\times10^{14}\mathrm{cm}^{-3}$的范围，这反应了 CdTe 技术的一个关键性难题，即难以将实际电池中 CdTe 层的 p 型掺杂提高到足够的浓度。

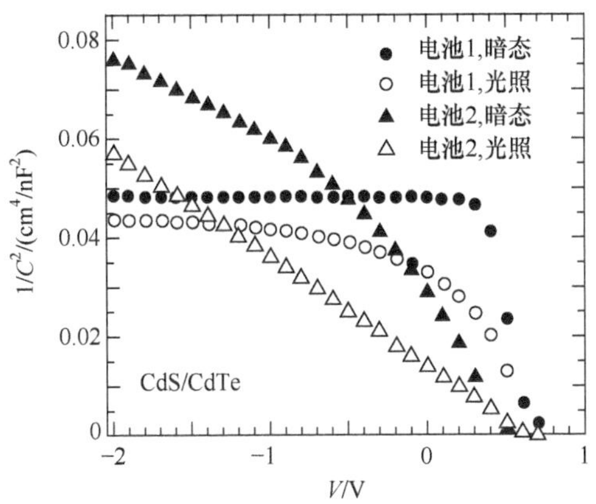

图 7.14　两种不同工艺制备的 CdTe 电池在 100kHz 的光暗条件 $C(V)^{-2}$与 V 关系的曲线[128]

同时值得注意的是，$C(V)^{-2}$-V 曲线与横轴的交点 V_D往往被误解为电池的内建电动势或结势垒高度 $V_B=\Phi_b/q$。但实际上 $qV_B=\Delta E_F+qV_D$，其中 ΔE_F 是费米能级与价带顶之间的距离。在单晶硅电池中，由于 $E_F\sim kT$，所以 V_B 和 V_D 数值上相差不大。但在薄膜电池中，E_F 往往可以达到 0.1～0.8eV，因此实际上二者差别较大，不能近似相等。

5. 其他表征方法

以上这些方法只是 CdTe 薄膜电池最常用的器件性能表征方法，可以直观简洁地发现所制备电池有待改善的工艺条件。然而，对 CdTe 这种半导体材料许多物理性质的研究远不如 Si、Ge、GaAs 等常见半导体深入。而在多晶薄膜中，特别是有掺杂或合金情况存在时，还需要结合更多的测试手段进行研究。这涉及众多的半导体材料和器件的表征技术，已经远远超出了本书能涵盖的范围。因此只能将一些常用的技术简单罗列在表 7.6 中，仅供读者参考。

表 7.6　常用的多晶薄膜太阳电池表征技术

表征方法	可测物理量	优点	限制
电学性质			
四探针法[129]	薄膜导电率	快速、简单、用途广泛	信息量少
霍尔效应[129]	薄膜电阻率、多子的类型和浓度、迁移率	量化、直接	接触电极制作困难、操作难、不适用于高阻材料

续表

表征方法	可测物理量	优点	限制
电流-电压(J-V)[4]	功率密度、光 JV、暗 JV、串联并联电阻、理想因子、温度变化 JV(测背接触势垒)、反向击穿机理		
光谱响应/量子效率(IPCE/QE)[4]	暗 QE、光偏压 QE、电偏压 QE		
光诱导导电率(OBIC)[130]			
电子束诱导电流(EBIC)[131]			
电容-电压(C-V)[132]	多子浓度分布、内建电势/肖特基势垒、缺陷深能级位置	简单、便宜、快捷、非破坏性、适用于两边掺杂浓度相差较大的器件	要求反向击穿电压高且漏电流小，非理想二极管较难解释
深能级瞬态谱(DLTS)[132]	电容随温度和时间的关系、深能级电子逃逸率	非破坏性、合理的量化测量、可分析禁带中陷阱态	耗时(需低温)，当晶界、位错等缺陷存在时较难解释，受结区陷阱态的影响，相近的多陷阱态重叠难区分
光学性质			
吸收/透射/反射[133]	吸收边、带尾	量化结果，适用于直接和间接跃迁，非破坏性	
椭偏仪(SE)[134]	介电常量(ε_0、ε_1、ε_2)、膜厚	非破坏性、量化、无真空要求、实时测量	
光致发光(PL)[135,136]	光学带隙，带间辐射复合，施主-受主间跃迁，束缚激子复合	非破坏性，量化，表征浅能级位置及其浓度，表征材料总体品质	高品质数据需要低温，较难解释复合的来源
时间分辨光致发光(TRPL)	少子寿命		需高速脉冲激光(皮秒)和高速电子电路
阴极发光(或电子激发光)(CL)[137]	辐射复合的空间和深度分布	位置以及一定程度的深度敏感性，探测深度由电子能量控制，可进行光谱分析	

续表

	表征方法	可测物理量	优点	限制
	电致发光(或场致发光)(EL)	少子辐射复合率，器件缺陷分布，不同复合路径随电流和温度的变化	可用于大面积器件的器件品质检测，设置简单	
	表面光电压(SPV)[132]	少子扩散长度	适用于电池的常规分析过程，非破坏性，量化，可变温测试	假设耗尽层厚度远小于吸收长度，对多数 CdTe 电池不适用
微观化学				
	扫描电镜(SEM)[138]	表面形貌、组分分析(配合能量色散谱 EDS)、光学性质(配合 CL)	操作和分析方便，较低廉，解析度只受电子源限制(LaB_6 源～100nm，场发射源～10nm)	需要真空，比光学显微更贵、更复杂，EDS 需结合较复杂的 ZAF 修正，不导电样品需作表面防止静电处理
	俄歇电子能谱(AES)[139]	元素分析、深度分布分析(配合离子刻蚀)、平面分布分析	对轻质元素最敏感，可变温，操作与 SEM 相似	表面灵敏(10～30 Å)，灵敏度～0.1 at%，分析较复杂
	X 射线光电子能谱(XPS)[140,141]	元素及其化学键分析，价带结构	量化的化学成分分析，灵敏度大于 0.1 at%，对重原子更灵敏，提供化学键数据，近表面非破坏性信息，可实现深度分布分析	需超高真空，样品表面污染会影响结果，数据分析复杂，样品静电可导致峰位移动
	二次离子质谱(SIMS)[142,143]	高达 10ppb 的元素灵敏度，同位素，深度分布	各种微量分析技术中灵敏度最高	溅射速率随元素变化，量化困难，需真空
微观结构				
扫描探针显微镜(SPT)	原子力显微镜(AFM)[144]	表面形貌	可选接触模式、非接触模式或轻敲模式，适用于各种硬度的表面	
		近场扫描光学显微镜(NSOM)	样品光学特性的微观分布，远小于光源波长的分辨率(25～100nm)	

续表

表征方法	可测物理量	优点	限制
X 射线衍射谱(XRD)[145]	晶格结构、相位、晶格择优取向、平均晶粒尺寸(小晶粒)、应力、组分	易操作、廉价、易分析、量化、通用、高穿透性、适用于晶体和多晶薄膜、可变温分析、可真空测量	只提供平均信息(不能作分布分析),X 射线有害,无化学信息,X 射线源强度限制测试速度和灵敏度
透射电镜(TEM)[146]	相和缺陷的分布、微观结构信息(纳米级)、微观化学成分分布、晶格图像	原子级分辨率、延伸测试技术多、信息丰富	样品预备困难,技术复杂、昂贵

7.5.2 温度特性

实际运行数据表明,CdTe 光伏组件的温度系数为−0.18%～−0.36%/K[148]。组件供应厂商 First Solar[147]的数据也显示这个值为−0.25%/K,与之相符。而晶硅组件的温度系数为−0.37%～−0.52%/K[147],比 CdTe 高了近两倍。图 7.15 是多晶硅组件与 CdTe 组件对比不同温度的直流输出功率与"标准测试条件"(STC)下输出功率的相对值[149]。在典型的高辐照度地区,组件在峰值运行条件下其本身的温度往往能达到 65℃甚至更高。65℃时(比 STC 高 40℃),传统晶硅组件的输出功率降低 20%左右,而 CdTe 组件只降低不到 10%。如图 7.15(b)所示[150],在沙漠地区实际运行条件下,组件的发电量是集中在 40～65℃的环境中产生的。因此 CdTe 组件的全年发电量在高温、高辐照度气候条件地区比同样标称功率的晶硅组件更高[151]。

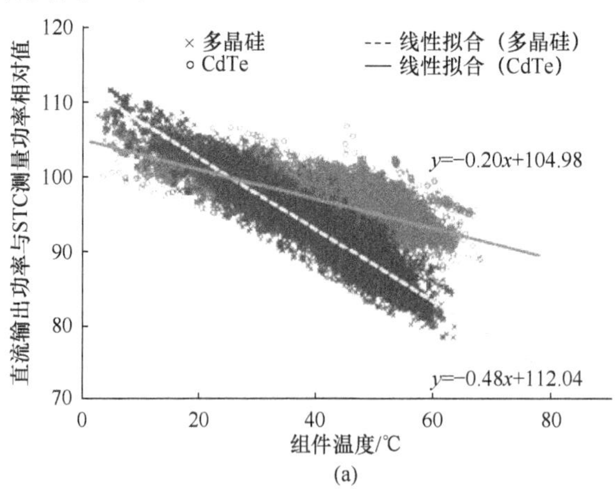

(a)

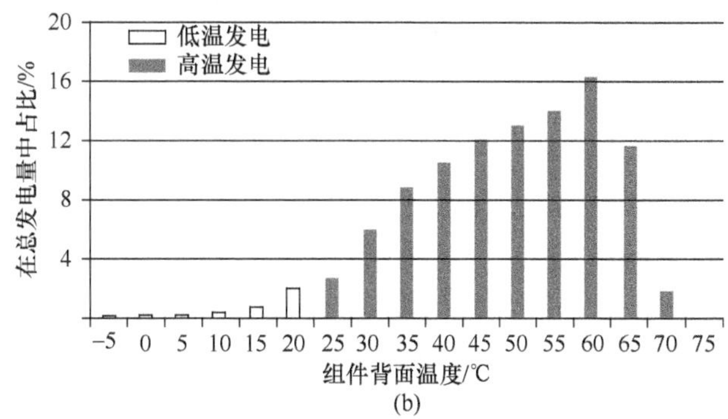

图 7.15　CdTe 和多晶硅组件的直流输出功率随温度变化关系(a)(根据文献[149]提供的数据调整)；在沙漠地区 CdTe 组件全年发电量随组件背面温度的分布(b)(根据文献[150]提供的数据调整)

由于 CdTe 的弱光特性好，可以更好地吸收早晚小角度入射的阳光以及多云、阴天被云层和浮尘散射后到达组件的光。同时 CdTe 电池有更低的温度系数，在高温运行时，输出功率降低量比同样标称功率的晶硅电池小。这些因素综合，使得 CdTe 薄膜电池的全年发电量在相同气候条件地区比同样标称功率的晶硅组件平均高多出 3%～6%[151]。

7.5.3　稳定性

各种不同的光伏产品大多呈现某种程度的效率非线性衰减，往往是由于多种机理引起的。CdTe 薄膜电池也有类似的现象。CdTe 光伏组件的衰退可分为非线性趋稳过程和线性衰退过程两个阶段；如图 7.16(a)所示。其中非线性趋稳过程发生在 CdTe 组件运行的最初 1～3 年，而线性衰退过程往往伴随着组件整个运行周期。

虽然由于器件中某些纳米尺度物理结构和化学态的变化引起的器件衰退机制仍未完全认识清楚，但人们普遍认为 Cu 从背电极附近沿晶界向 CdTe 吸收层的扩散，并在 CdTe/CdS 界面附近的富集是器件衰退的重要原因。这个过程已经在 7.3.6 节详细介绍过，由于 Cu 离子在器件内建电场力作用下漂移的方向与其从背电极向 CdTe/CdS 界面扩散的方向相反，在正向外偏压作用下，电池内部电场强度降低。此时扩散成为主导因素，导致 Cu 在结界面和 CdS 层中的富集。也有二次离子质谱(secondary ion mass spectroscopy，SIMS)分析发现 Cu 和 Cl 等其他杂质在 CdS 层和 CdS/CdTe 界面附近富集，CdTe 和 CdS 的晶界可以提供这些杂质的快速扩散通道，特别是 CdS 层和 CdTe 接近结界面部分的晶粒较小、晶界界面面积比靠近背接触的部分更多。SIMS、PL[93] 和 TEM[152] 数据表明在标准背接触层工艺完成时 Cu 和 Cl 已经富集在 CdS 和 CdS/CdTe 界面附近，此时 Cu 应该主要富集在晶界表面。而电池在加速条件下的性能衰退则是这些杂质进入 CdS 晶粒内部的结果。图 7.8 给出了这些杂质在 CdTe 电池中的移动示意图。Cu 在 CdS 中是受主杂质，Cu 进入 CdS 晶粒中会导致窗口层的 n 型掺杂浓度降低，结果破坏器件的结晶质。

类似机理引起的效率衰减在 CdTe 组件中也可以观察到。当 CdTe 组件在光照环境下处于开路状态时，其自身偏压超过最大功率点电压 V_{mpp}。因此通常建议尽量缩短 CdTe 组件处于开路的状态。这种电池初期的相对效率损失一般可达到 4%～7%，在一至三年时间完成（视气温、光照时间等因素而定），并呈非线性过程。在高温气候条件下运行，可以加速初期的趋稳过程，而适中气候则会延长此过程，导致比较难以从长期线性衰退过程中明显地区分出来。因此 CdTe 组件供应厂商通常从在线测量的组件效率中扣除估计的初期非线性趋稳过程损失，给出一个稍低的组件标称效率。这个被扣除的效率部分称为设计性能余量（engineered performance margin，EPM）。

CdTe 器件的长期衰退基本呈线性，如图 7.16（b）所示。在组件级别，这种衰退的相对效率损失速率一般低于 −1%/年，视运行的气候而定[153-155]。例如 NREL 对 First Solar 组件观察 17 年的结果显示，其长期衰退的相对效率损失速率为−0.53%/年[156]。一般认为有两方面的机制在起作用。首先，组件封装的完好会影响稳定性，这是所有光伏技术都需要面对的。CdTe 组件可以成功地通过 IEC 61646 标准的加速老化测试，这种测试包括苛刻的湿度/热度测试，即 85%相对湿度、85℃、1000h、黑暗条件。CdTe 电池湿热不稳定性的问题并不严重，即使没有封装的小组件也能通过这样的湿度/热度测试[157]。然而实际野外应用时组件会面临更多的苛刻环境，例如光照、偏压等。因此在光浸润（light soaking）、升温和加偏压的条件下的加速衰退研究是 CdTe 电池稳定性研究的重点。这样的测试往往针对的是另一类衰退机制，即器件本身因素对稳定性影响。研究表明电池在以下两种偏压条件下的衰退行为有明显不同：在开路或正偏压条件下，电池的 V_{OC} 和 FF 会减小，同时会出现 I-V 曲线的反转（roll-over）[158,159]；在短路或反偏压条件下，衰退较少[160]，但仍会出现 V_{OC} 和 FF 的降低，以及类似的反转[158,159]。虽然 Cu 对电池的衰退有明确的影响[158,160]，但其他制备工艺参数也起了明显的作用，如化学腐蚀、CdTe/CdS 的厚度以及 $CdCl_2$ 处理过程的氧含量[161]。另外需要指出的是，在电池和组件性能优化工艺条件下制备出来的器件，即使含有 Cu，也可以在适中温度（65℃）实现基本无衰退[154,162,163]。而且，人们发现封装组件在野外应用时往往比敞露的电池在加热衰退测试中表现更稳定[164]。有研究发现这是因为氧在加热衰退测试中对电池稳定性起了决定性影响。如果含 Cu 的电池在测试中排除氧与电池的接触，电池性能是稳定的[165]。氧透过背电极层进入 CdTe/背接触界面，很可能形成了绝缘的氧化层，如 $CdTeO_3$[166]。由于隧穿几率降低，空穴电流从 p 型 CdTe 层向背电极的传导也降低。器件仿真表面，这种氧化层在背接触界面形成的空穴势垒，同样和电池的“反转”行为有关[167]。

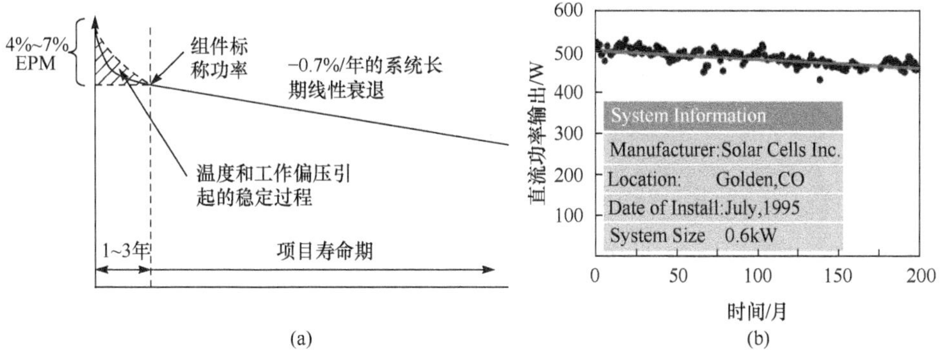

图 7.16　CdTe 光伏系统的衰退概括示意图(a)[150]；CdTe 组件的实际运行输出功率(b)[168]

7.6　CdTe 电池的经济与环境效应

7.6.1　Te 的供应与 CdTe 电池产能极限

CdTe 光伏电池中含有的关键元素碲(Te)在单质状态时呈类似锡的银白色，具有轻度毒性。其熔点为 449℃，沸点为 988℃。碲在地壳中的平均含量仅为 1～2ppb，属于最稀有的元素之一，却明显低于其宇宙丰度一9ppb。这可能与其低沸点以及易与氢结合成挥发性氢化物有关，在地壳形成初期的高温环境中已大量挥发。

然而，关于碲在地球上的分布数据非常稀少，也引起了对其丰富程度和供应能力的争议。不少特例已经表明，碲在地壳中的含量可能被低估，或者碲还有独特的沉积过程未被充分认识。例如植物和其初级消费者(如人类)体内的碲含量就高达 700ppb，远高于一般认为的地壳平均含量。我国四川省石棉县大水沟地区已经发现了高品位的碲铋矿床，矿石中碲的含量达到了 0.2%～10%[169]。其成矿物质被发现来自地壳深层甚至地幔，受来自大渡河水的地表水冷却成矿[170]。2008 年在墨西哥也发现了以碲为主的碲金矿，报道的含量达到 0.4%[171]。J. Hein 等[172]也发现，在太平洋海底采集的铁锰结核中的碲竟然高达 6000～52000ppb。各大陆河水被认为是其主要来源，河水带来的碲被铁锰结核吸附浓缩。据 Martin Green[173]统计，含碲矿石的品位从 10%到 1ppm 都存在，然而品味越高，储量越少。

碲目前在全球的总产量在 400～500t/a，按照美国能源部的统计数据是 450t/a，而由于市场需求不足存在的未利用产能是 2000t/a[174]。现有的碲供应几乎完全从铜矿和铅矿精炼过程产生的副产品——阳极泥中提炼获得。Ojebuoboh 认为可以通过更多的使用电解法提炼铜而实现碲的提取率由目前的约 40%提高到 80%，现实产量则可以从 500t/a 增加到 1500t/a[175]。Fthenakis[176]通过假设 3.1%/年的铜产量增长和 80%的碲提取率，预测到 2020 年可以实现 1450t/a。另外，除铜之外，碲也是其他贵金属如金、银、钛、钯的伴生矿[176]，其提取率仅为 12%；碲也可以从锌和铅的矿石中被提炼出来。这些都是经济可行的金属级碲供应来源。而 M. Green 对此提出了异议[177]，认为以上两位作者将高提取率应用在了品位非常低而无经济开发价值的矿渣原料上，得出过于乐观的预计。他认为铜的阳极泥中有提炼价值的碲在 460～920t。

虽然有碲供应量的限制，CdTe 电池仍可以通过降低碲的使用量来提高极限产能。这一点不仅仅可以从提高生产中的原材料使用率来实现，更重要的是从 CdTe 的物理性质本身出发来解决。CdTe 是一种高吸收率的光伏材料，只需要 0.1μm 就可以吸收 63%的可见光；配合器件限光结构的设计，可以使用不到 1μm 厚的 CdTe 得到同样的效率。美国 Univ. of Toledo[178,179]已经报道了这种“超薄” CdTe 电池技术，0.75μm 和 0.5μm 厚 CdTe 吸收层分别实现了 12.5%和 11.0%的效率。他们发现这种器件在 CdS/CdTe 的结界面处出现了特殊的多孔散光层，可增加在超薄吸收层中的光程[180,181]。较为现实的估计是，在近期，生产线上将很可能出现采用 1.5μm 厚 CdTe 的组件生产技术。这样的电池中碲含量是 49t/GW_p(或平均 4.9g/m^2)，实际消耗碲应为 55～70t/GW_p(VTD 生产技术、原材料利用率 70%～90%)。以 M. Green 提出的最保守估计碲供应能力 460～920t/a 来计算，也能实现 7～17GWp/a 的生产规模。而按美国能源部的统计每年共 2450 吨碲的潜在产能，应该可实现至少 25GWp/a 的产能。K. Zweibel[182]乐观的估计，通过进一步的技术创新，0.67μm 厚、10%效率的 CdTe 组件技术也是可以实现的，这样只需使用碲 22t/GWp，可实现 21～42GWp/a 的产能。更乐观的预计，只用 0.2μm 厚 CdTe、效率 15%的组件生产技术，则完全依赖于革命性的技术突破。这样在不增加碲供应量的情况下也能实现 140GWp/a 的产量。2012 年美国 EPIR 公司也报道了在普通 TEC 玻璃上制备出面积 0.25cm^2、效率大于 15%的电池，而 First Solar 于 2013 年更报道了 16.1%的组件效率纪录。当然如何在显著减少 CdTe 厚度的情况下维持这样的效率，不但可以直接扩大 CdTe 组件的生产规模，而且可以降低原材料成本，仍然需要大量的研究工作和技术创新。目前这已经成为 CdTe 研究的一个热点。

7.6.2 能量回报周期

能量回报周期(EPBT)指的是光伏系统发电产生出可完全补偿生产该光伏系

统本身所耗总电量需要的时间。M. Raugei 等[183]曾对 CdTe 薄膜组件作了较为初步的分析发现，仅考虑组件本身的耗电只有 7600MJ/kWp，是多晶硅的三分之一；其 EPBT 只有 6 个月，如果包括平衡系统(BOS)则提高到 18 个月。他们的分析采用了组件效率 9%的数据，并假设组件运行环境的年辐照度为 1700kW · h/m^2，线路、逆变器和尘埃阻挡引起的总损失率为 25%，且不考虑报废组件召回分解所需的能量。然而 M. Wild-Scholten[184] 对同样辐照度下运行的 210～960MW、11.3%的商用 CdTe 组件分析后得出结论，即使考虑 BOS 和召回回收利用的能耗，CdTe 光伏系统的 EPBT 也不超过 1 年。其中层压部分包含了加边框之前组件各层薄膜的沉积，因此若只考虑组件本身的 EPBT 只有 6 个月。由于采用了近期(2010 年)安装的系统实际运行数据，而且考虑了组件报废后循环利用，因此这个结果更完整、更能反映实际情况。

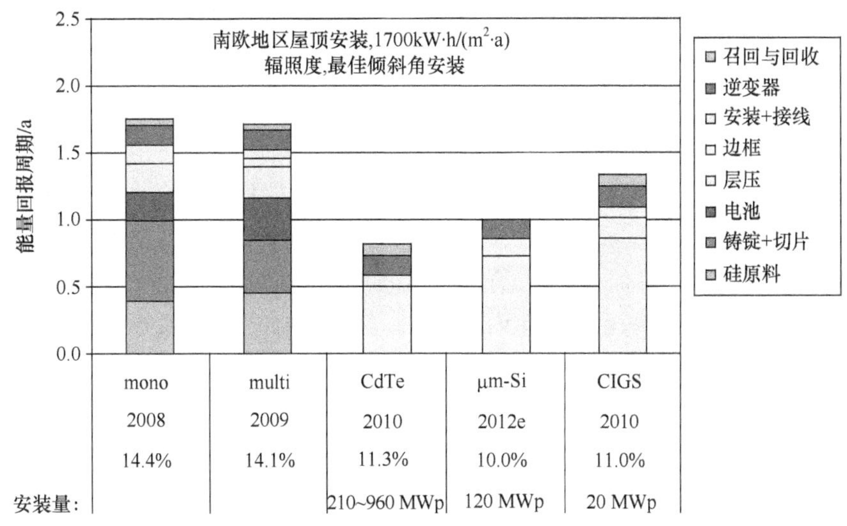

图 7.17　商用光伏系统的能量汇报周期比较与分析[184]

数据采集自辐照度 1700kW · h/(m^2 · a)的地区，组件以最佳倾斜角在屋顶安装，其中微晶硅(μ-Si)组件的数据是估计值

7.6.3　CdTe 的毒性、环境污染与解决对策及各国政策

单质镉 Cd 是已知的有毒重金属元素，然而，关于碲化镉 CdTe 化合物的毒理学及其与单质镉的比较的数据很有限。基于 CdTe 较单质 Cd 更稳定，可溶性更低的事实，碲化镉可能较单质镉毒性更小。一般认为 CdTe 的毒性只有在食入、吸入，或者没有适当的处理情形下才会对人体起作用[185]。碲化镉的毒性不能仅仅认为是由于镉的成分造成的。例如，有研究发现虽然碲化镉量子点对细胞膜、线粒

体及细胞核会造成大面积的破坏，但仅仅是由于其高活性表面的氧化性引起的。在伴随强的抗氧化剂的环境下，碲化镉量子点对人体细胞组织的破坏作用可以减弱甚至完全消除[186]。加拿大的 Zayed 等[187]通过针对小白鼠的毒理性实验发现，CdTe 的气体吸入急性毒性的半数致死浓度为 2.71mg/L，单质镉是它的 8.9 倍(225mg/L)；CdTe 的经口急性毒性的中位数口服致命剂量大于 2.0g/kg。美国 Brookhaven 国家实验室和美国能源部已申请将碲化镉列入国家毒理学计划(NTP)，作为人体长期暴露研究的对象，收集客观数据。美国 CdTe 光伏产业界对暴露于镉化合物光伏生产线设施的工人实施严格的工业卫生控制和定期进行医疗检查，没有发现明显的镉中毒现象[188]。

2006 年 7 月 1 日生效的欧盟《关于限制在电子电器设备中使用某些有害成分的指令》(Restriction of Hazardous Substances，RoHS)[189]对含镉的电子产品有严格的限制，要求其中镉在材料中的含量不得超过 0.01%(或 100ppm)。这意味着，即使假设 CdTe 涂层与玻璃板之间是不可分隔的，也需要将 CdTe 的厚度降低到 0.5μm 以下才可以达到这个标准。使用这种厚度的碲化镉的电池板远未进入实际生产阶段。有欧盟国家的政策分析家指出，RoSH[190]管制对象为家用电器商品，光伏组件不在受限之列，同时 CdS 和 CdTe 因为是非金属形态也不在被禁之列。而且，由于 CdTe 光伏组件以其发电过程的零碳排放和全生产使用周期的低镉排放等方面的环保功能，已经符合获得 RoSH 豁免的条件。

2005 年 8 月生效的欧盟 WEEE 则要求含有受限之列元素产品的厂家提供资金用于召回，并回收报废的产品。CdTe 光伏生产商以其成功的回收处理保险策略而得以在德国等主要欧盟市场被广泛接受。这使得建立第三方保证的回收机制已成为全球各 CdTe 光伏组件厂商进入市场的必备条件。2010 年 6 月，欧盟议会环境委员会分别将可再生能源产品和光伏组件分别从 RoSH 与 WEEE 的禁运清单中排除出去。这使得 CdTe 和 CIS 等含镉的光伏产品不再是被禁止的对象。

欧盟关于镉的管理政策已经对其他国家和地区起到了有力的示范作用，并使得类似的政策在中国、韩国、日本以及美国加利福尼亚州得以实施。以中国为例，目前中国对含镉产品采取的限制标准[191]与欧盟的 RoHS 相同。其管理模式是制定《电子信息产品污染控制重点管理目录》，若含有危害元素的产品，其替代产品在技术和经济上已经可行，则放入目录进行限制。进入该目录的产品需要通过“中国强制性产品认证制度”认证方可入市。不在目录所列的产品，或出口和军工产品则不受限制。最新颁布的《目录》[192]暂未将含 CdTe 和 CdS 的光伏产品列入此目录中。但是 CdTe 已经被列于《中国严格限制进出口的有毒化学品目录》(2010 年)中，其进口和出口需向中国环境保护部申请。

7.6.4 镉排放

虽然 21 世纪初以来 CdTe 电池的生产规模和应用发展迅速，但是由于其中使用了重金属元素镉 Cd，人们一直对其存在一些疑虑。无论是在生产还是使用过程中镉的排放及其对环境的影响一直以来是这种技术是否应该推广的争论焦点。这是因为单质镉 Cd 是一种肺部致癌物质。人类长期暴露在其中，可能对肾、肝和骨骼产生不利影响。被镉污染的空气和食物对人体危害严重，日本曾因镉中毒出现"痛痛病"。但是，正如上节所述，CdTe 化合物的化学和物理性质与单质镉 Cd 是不同的，它们的毒理性也需要区别对待。

Fthenakis[193]曾详细的讨论过碲化镉电池在美国生产和使用的全周期镉排放，并得出大气排放率 0.3g/(GW · h)的结论，而其中生产使用电网电力经火电煤烟排放间接引起的排放率就占了 90%。鉴于中国的火力发电占全电网发电总量的比例远高于美国，刘向鑫等[194]针对中国的实际情况就 CdTe 光伏产品的镉排放问题进行了重新分析。其结果与 Fthenakis 针对美国的数据对比见表 7.7。直接排放部分只有 17.6mg Cd/(GW · h)，与美国的情形相当。直接排放中最大的部分是碲生产、镉提纯和 CdTe 原料合成这三个环节。其中后两者的类似之处在于都是在真空密封环境中进行，造成的大气排放都是镉随尾气进入大气，但可以通过使用高效微粒过滤器(HEPA)而得到有效的控制，技术上是可行的。而碲的生产引起的镉排放也达到了 6.48mg Cd/(GW · h)，是不能忽略的。对于光伏组件的生产，由于使用了 First Solar 公布的尾气镉排放测量数据作为计算依据，只有 0.29mg Cd/(GW · h)，比 Fthenakis[193]估算的值更低。至于组件运行环节，只需考虑意外破损，这里只考虑了遇到火灾的情况。由于 CdTe 薄膜封装在两层玻璃之间，遇到火灾高温环境时外层玻璃软化并含镉的薄膜封在其中[194,195]，这使得火灾引起的排放率只有 0.043mg Cd/(GW · h)。而考虑我国酸雨影响面积和 CdTe 在酸中的可溶性，机械破碎时 CdTe 的浸润渗出引起的镉排放则仍有待专门的测试数据。至于报废组件的回收安置环节，在充分使用水循环处理技术的情况下可以使排放率低至 1.04mg Cd/(GW · h)。另外，由于生产使用电网电力经火电煤烟排放的间接排放率则达到 347 mg Cd/(GW · h)，占了总排放率(364.6mg Cd/(GW · h)的 95%。而我国火力发电的镉排放率为 4900mg Cd/(GW · h)，由此可以推算出我国 2012 年的火力发电产业共向大气排放了大约 17.5 t 镉。这里假设了我国的燃煤平均含镉量为 5 ppm(与美国相同)。由此可见，就我国的现实状况，以 CdTe 光伏发电取代部分火力发电，其环保效益比在欧美发达国家更高。

这里的分析假设了 CdTe 组件中含镉薄膜的厚度只有 1.5μm，而不是传统的 3～4μm。同时采用中国的平均日照强度为 1600kW · h/(m^2 · a)，美国为 1800kWh/(m^2 · a)[193]。

表 7.7 CdTe 光伏组件全周期引起的镉排放数据，与 Fthenakis[193] 数据对照表

生产使用过程	大气排放/(g Cd/t Cd)		Cd 排放分配/%		大气排放率					
					(g Cd/t Cd)		(mg Cd/m²)		[mg Cd/(GW·h)]	
1. 锌矿石开采	2.7		0.58	**0.26**	0.0157	**0.007**	0.0001	**4×10^{-5}**	0.02	**0.01**
2. 锌冶炼/精炼	40		0.58	**0.26**	0.232	**0.104**	0.0016	**6×10^{-4}**	0.3	**0.11**
3. 镉提纯	6		100	**100**		**6**	0.042	**0.033**	7.79	**6.44**
4. 碲的生产		**5317**		**0.07**		**3.72**		**0.022**		**6.48**
5. CdTe 原料合成	6	**3**	100		6	**3**	0.042	**0.017**	3.9	**3.22**
6. CdTe 光伏生产	3		100		3	**0.25**	0.021	**0.0014**	3.9	**0.29**
7. CdTe 组件运行	0		100		0		0		0.0	**0.043**
8. CdTe 组件回收	0		100		0		0	**0.005**	0.0	**1. 04**
当前总直接排放					15.25	**12.25**	0.11	**0.08**	19.80	**17.6**
当前总间接排放								**1.9**	234	**347**
当前总排放率									254	**364.6**

注：黑体字数据为本书根据中国实际情况和目前 CdTe 光伏组件的近期发展趋势所作的重新计算，以上计算的假定条件与 Fthenakis 不同之处为：

(1) 51.5t Cd/GWp，等价于 5.15g Cd/m²；58.5t Te/GWp，等价于 5.85g Te/m²。

(2) 光伏组件中 CdTe 薄膜厚度为 1.5μm。

(3) 10%转换效率；30 年光伏组件使用寿命；中国的平均日照辐射量[1600kW·h/(m²·a)]。因此，1t Cd 生产的组件全寿命周期可产生 932GW·h 的电力。

(4) 单位面积 CdTe 组件的全周期发电量为 4800kW·h/m²。

(5) 间接排放只涉及组件生产，而未考虑矿石开采、冶炼、提纯、合成和回收安置等环节消耗的电力。

(6) 当前总排放，并不包含组件的回收处理环节，以便与 Fthenakis 的结果进行比较，因为出现在 25～30 年之后；但是在总排放中，这部分有包含。

从另一方面来考虑镉排放的问题，会发现即使不推广 CdTe 光伏技术，大规模的镉排放或处置问题也已经存在。镉在自然界中的主要存在形态是硫镉矿。由于镉具有与锌相似的化学特性，因而常小量出现在闪锌矿中。因此镉主要是锌矿冶炼的副产品。根据 USGS(美国地质调查局)[196] 的数据，全球精炼镉的总年产量 20 世纪 20 年代开始逐年增加直到 80 年代，稳定在 20 000t 的水平直到现在(图 7.19)，2008 年可以经济开采的储量为 590 000t。而中国的年产量从 80 年代开始直线增长，到 2008 年已达 4300t，且没有减缓的趋势。这主要是由于锌产量的增加产生的副产品。因此，由于锌的需求存在，由此带来的镉副产品产量是无法避免的。以欧洲莱茵河地区为例[198]，20 世纪 80 年代中期尚未禁止使用镉时(图 7.18(a))，该地区自产的镉为 580t/a，进口 570t/a；在整个镉的生产使用流向中基本可忽略向环境的直接排放量。90 年代末该地区禁止使用镉后(图 7.18(b))，自产的镉仍是 580t/a，但是由于找不到下游应用且经济价值低(图 7.19)，每年有 425t 通过矿渣和冶炼烟尘进入了环境中。

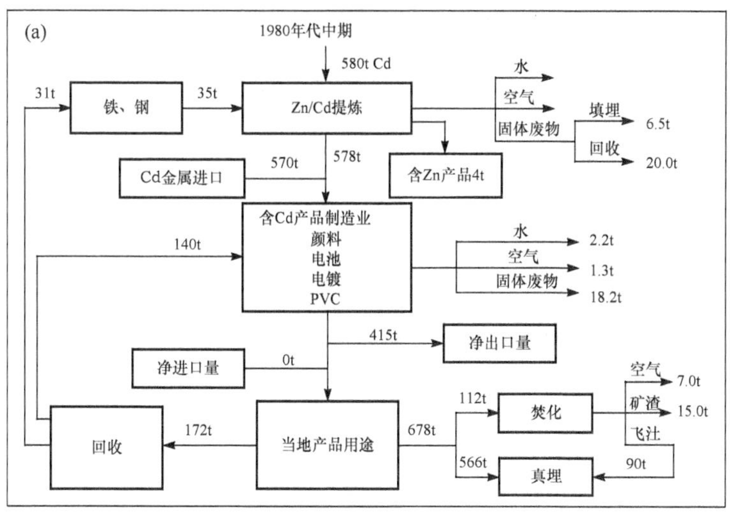

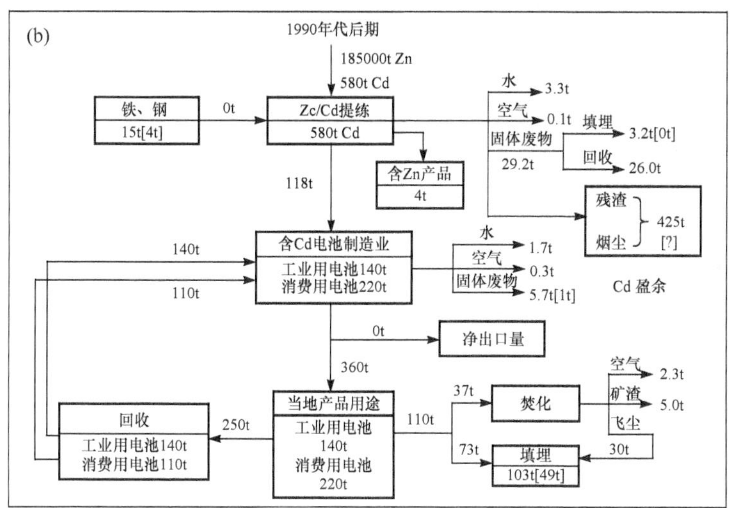

图 7.18　禁用镉之前(20 世纪 80 年代中期)(a)和禁用镉之后(90 年代末期)欧洲莱茵河流域的镉流向示意图(b)

这是因为除非停止铅锌矿的开采、冶炼和应用,否则镉必然会进入并影响人类生活的环境。然而这是不可能的,因为锌的使用量巨大,而且镉产业链产生的镉产品的经济价值在其中所占的比重非常低,只有 0.26%[194,197]。可见仅仅通过禁用来防止镉的影响是难以奏效的,需要为其找到安全的使用途径,并赋予合理的经济价值以鼓励从尾矿和废品中的提炼、回收,才能最终达到保护环境和人类不受其侵害的目的。

我国生产的金属镉主要使用在镍镉(Ni-Cd)电池行业,占镉锭消费总量的

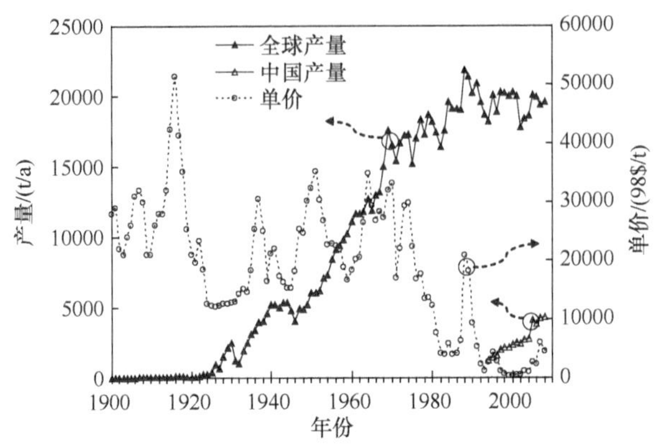

图 7.19 全球和中国镉年产量比较，以及市场价格波动曲线

70%～80%[197]。另外也用于锌镉合金饰品、颜料、荧光粉、稳定剂等。这些应用，正呈下降趋势。自 20 世纪 90 年代初以来国际镉价格一直在历史低点附近徘徊(图 7.19)。这使得如何妥善处理和安置这些具有毒性的单质镉变得越来越迫切，而将其转变成 CdTe 这一稳定的化合物形态，并用于光伏清洁发电，反而成为缓解镉副产品处置难题的可行路径。而且这种应用不必直接接触人类日常生活，容易实施集中管理和有效的安全回收措施，且技术含量和产品附加值高。未能使用的镉不但不能产生经济价值，还需要投入资金专门处置保存，否则会在锌的生产提炼过程中直接排放掉。因此 CdTe 薄膜光伏的大规模生产和应用，为科学处置多余的金属镉副产品提供了一条安全和经济的解决途径。

7.7 CdTe 组件及产业化

单片集成的 CdTe 组件生产的工序示意图如图 7.20 所示。基于上衬底的基本结构，TCO 与玻璃之间的防扩散层和组件的 TCO 层是最先沉积的，也可以直接使用已经镀好 FTO 或 ITO 的低辐射玻璃。CdS、CdTe、氯处理过程可以设计在一个真空腔室中完成。CdTe 组件生产工序中的各个步骤都可以达到较高的生产能力，特别是物理气相沉积制备 CdTe 可以达到每分钟 1.5 块 0.72 m^2 组件的高产率[198]。

相邻电池间的电学连接可以通过外部电极，但更常采用的是通过单片集成来实现。对于低成本的商用组件，可以通过在工艺流程的不同阶段在沉积的薄膜上刻划分隔线，并通过其他背电极层与暴露的前电极层部分重叠来实现前后子电池的互连，如图 7.21(a)所示的 P_2 刻线。这种采用刻线构建单片集成薄膜组件的方法同时适用于上衬底或下衬底结构的太阳能电池。根据图 7.20 这种工艺流程，需要使用图 7.21(a)所示的传统三线单片集成模式。采用高温沉积 CdS/CdTe 结构

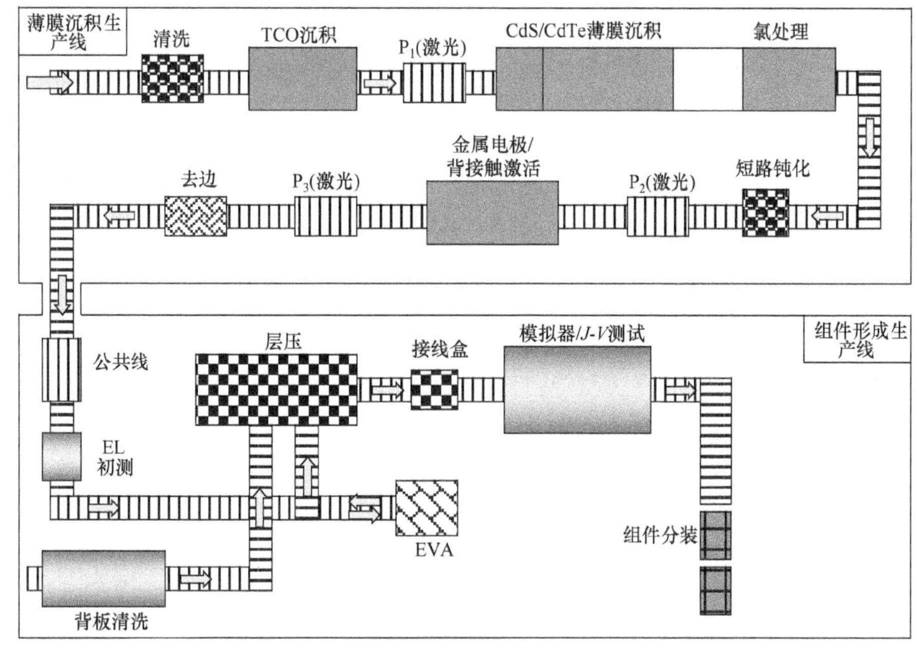

图 7.20 传统 CdTe 薄膜组件商业化生产线的布局示意图

的厂商往往会选择图 7.21(b)的集成模式，即 P_1 刻线后用绝缘材料填充[199]。而图 7.21(c)的三线重叠集成模式可以减少组件表面死区的面积，提高输出功率和材料利用率，但是对于刻线的精度和稳定性、重复性提出了很高的要求。特别是当三道刻线中间间隔了其他工序时，例如 P_1、P_2 之间间隔了 CdS、CdTe 薄膜沉积和

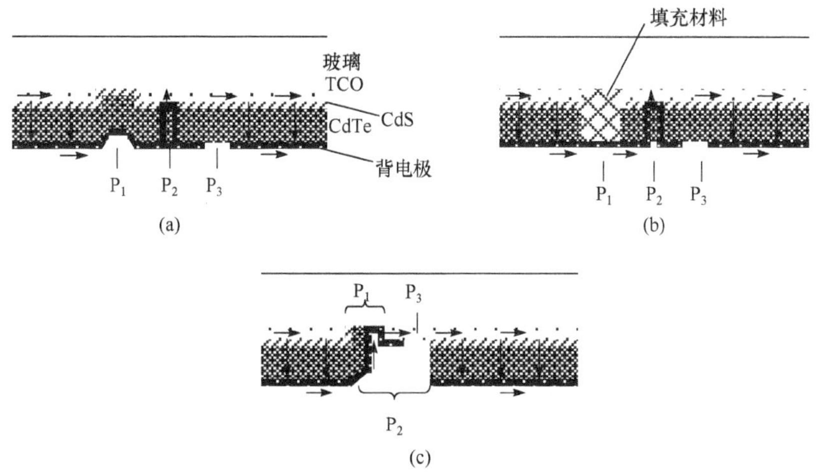

图 7.21 上衬底结构组件几种可能的串联集成示意图

(a) P_1-P_3 分开；(b) P_1 刻线后作绝缘材料填充；(c) P_2 与 P_1 重叠，P_3 与 P_2 重叠

氯处理，而 P_2、P_3 之间间隔了金属背电极层沉积。这样对激光刻线机的定位准确性要求非常高，因此会增加设备成本。无论采取哪种集成模式，P_1 刻线都要求完全分割 TCO 薄膜，P_2 刻线需要贯穿中间的 CdS 和 CdTe 层，为相邻串联子电池的前后级提供接触通道，P_3 刻线要求完全分割背电极层。

CdTe 组件使用背板玻璃进行保护，并使用夹层薄膜层压封装（图 7.22）。层压薄膜一般采用乙烯醋酸乙烯酯（EVA）或聚乙烯醇缩丁醛（PVB）。其他的层压薄膜材料还有热塑性聚氨酯（TPU）、离子交联聚合物（ION）、热塑性硅胶（TSI）。其中 ION 水蒸气穿透率最低，杜邦公司的 PV5400 可低至 0.66（mm g/m^2 d）。EVA 仅次之，同时 EVA 的透明度在紫外线照射下的衰退率是最低的[200]。如果组件不采用边框保护，需要采取特别工艺保护玻璃边缘的完整性，以防微观裂纹可能导致整块玻璃的破碎。

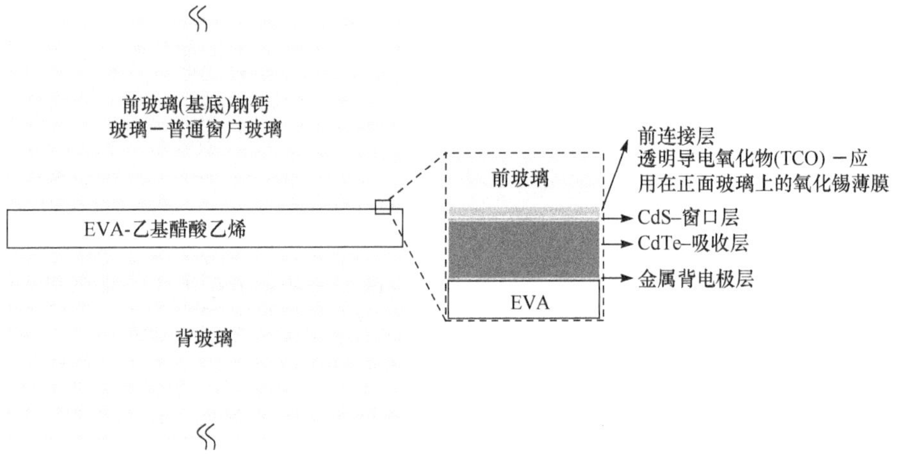

前玻璃(基底)钠钙
玻璃－普通窗户玻璃
EVA-乙基醋酸乙烯
背玻璃
前玻璃
前连接层
透明导电氧化物(TCO) －应
用在正面玻璃上的氧化锡薄膜
CdS–窗口层
CdTe–吸收层
金属背电极层
EVA

图 7.22　厚度按真实比例绘制的 CdS/CdTe 电池板横截面结构示意图

包含前玻璃板上衬底（3mm）、SnO_2：F 层（～500nm）、CdS 窗口层（50～200nm）、CdTe 吸收层（3～4μm）、金属背电极层（<1μm）、EVA 封装层（0.1～1mm）、背玻璃（3mm）。其中 CdS/CdTe 两层的总厚度占整个电池厚度的 0.05%。标准组件的尺寸为 60×120×0.6cm^3

目前具有规模化生产能力的仍以美国的 First Solar[199] 为代表，其组件使用 VTD 方法在移动的衬底上连续沉积（图 7.9），使用 Libby Owens Ford 和 NSG-Pilkington 的 SnO_2：F 玻璃为衬底，单条生产线可实现 2.9m^2 的出品速度。根据该公司 2010 年第二季度的财务报表[201]，该公司的生产成本降至 0.76＄/Wp，最先实现低于 1＄/Wp 生产成本[202]。2012 年，更进一步降至 0.67＄/Wp[203]。截止 2011 年其生产能力已经达到 2376MWp/a[204]，成为全球薄膜组件产能最大的厂家。而当年的产量为 1981MWp/a，组件平均效率实现了 12.2%。并于 2013 年分别获得了小面积电池 19.05%和组件 16.1%的效率纪录。

另一家具有代表性的是美国 Abound Solar 公司[205]，采用的是从 CSS 方法改良的热盒沉积(heated pocket deposition)法。生产线出品组件的平均全面积效率可达 10%[206],NREL 测试的组件最高效率为 11.5%。

表 7.8 列举了一些国外 CdTe 光伏组件的生产厂家及其主要技术路线。目前主流的生产技术路线仍然是气相输运沉积和近空间升华。

表 7.8　不完全统计的国外 CdTe 组件生产厂家

公司	国家	主要技术路径
First Solar (前身为 Solar Cell Inc.)	美国	VTD
Prime Star Solar(GE 的子公司)	美国	CSS
Abound Solar	美国	CSS
W&K Solar Group	美国	CSS
Calyxo USA (前身为 Solar Field)	美国	APVD
Lucintech(前身为 Xunlight 26)	美国	溅射,柔性衬底和透光组件
Solexant	美国	纳米晶粒成膜,柔性卷对卷
Arendi SRL	意大利	溅射和 CSS
Antec Solar Energy AG	德国	CSS
Calyxo	德国	APVD

中国在 CdTe 组件的规模化生产方面也于近年取得了相当发展。杭州龙焱科技有限公司[207]于 2012 年报道了一条自动化的 30MWp CdTe 薄膜 PV 组件生产线,所生产的 0.6m×1.2m 组件平均效率达到了 11.4%。图 7.23 为杭州龙焱的常规 CdTe 组件和建筑幕墙用透光组件。

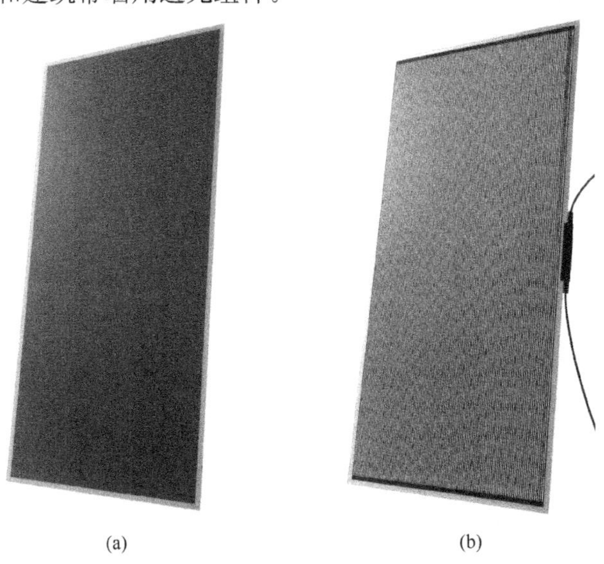

(a)　(b)

图 7.23　杭州龙焱生产的 0.6m×1.2m CdTe 薄膜 PV 常规组件(a)和建筑幕墙用透光 CdTe 组件(b)

7.8 CdTe 基太阳电池的发展趋势

7.8.1 CdTe 薄膜太阳电池技术面临的挑战

以技术而论，CdTe 薄膜电池是效率提升空间最大的现有商业化技术之一。当前单结电池最高纪录效率为 19.05%[10]，而理论效率可达 29%(图 7.3)，尚有约 10 个百分点的提升空间。而量产的大面积组件产品平均效率一般在 9%～14%，与实验室效率又有一个比较大的距离，同样存在较大的技术提升空间。

考虑到目前 CdTe 电池研究已经获得的各种电池性能参数，实现 V_{OC} = 900mV，J_{SC}=26mA/cm^2，FF=80%，效率达到 19%是合理的期望。这一点，也确实被最近的进展所证实(表 7.9)。然而，将高效率电池转变成高效率组件，则需要对整个制造工艺过程有更多的理解。这些包括各道工艺的宽容性、大面积工艺的热和化学不均匀性以及电池的集成和封装等。同时考虑到薄膜电池的生产成本，某些在实验室可以采取的精细、昂贵或者耗时的工艺技术，虽然能获得较高的电池性能，却不能应用于生产，需要寻找低成本、快速的替代工艺。

当然要进一步提高 CdTe 电池的效率，则需要对该材料的某些基本性质进行更深入的研究。2012 年经确认的最高效率 CdTe 晶体和薄膜电池性能参数统计在表 7.9 中。其中最高效晶体 CdTe 的 n 型发射层采用了 In_2O_3，而最高效率薄膜 CdTe 电池则采用的是 $Cd_2SnO_4/Zn_2SnO_4/CdS$[43]。多晶 CdTe 薄膜电池的效率虽然已经达到了 18.3%[43]，也只有理论效率的约 63%。从提高电池电流的角度考虑，Stollwerch 曾量化分析了电池的各项光学损失[44,208]，如果去除所有光学损失，J_{SC}的极限值可达 30.5mA/cm^2(见 7.5.1 节)。如前所述，通常电池会存在反射、玻璃吸收、TCO 吸收、CdS 吸收、深层不完全吸收等光学或光生电流收集方面的损失，当然这些损失可以通过改进工艺或使用昂贵的替代材料予以降低。正是采用这些工艺目前已报道的最高效率电池的电流已达了 27mA/cm^2 左右，可提升的空间已经不多。

表 7.9 2012 年确认的 GaAs 和 CdTe 薄膜太阳电池在标准测试条件下的最佳效率

电池种类	η/%	面积/cm^2	V_{OC}/mV	J_{SC}/(mA/cm^2)	FF/%
GaAs(外延薄膜)[43]	28.8±0.9	0.9927	1.122	29.68	86.5
GaAs(多晶薄膜)[43]	18.4±0.5	4.011	0.994	23.2	79.7
CdTe(单晶)[32]	13.4	0.02	0.892	20.1	74.5
CdTe(多晶薄膜)[43]	18.3±0.5	1.005	0.857	26.95	77.0*

注：参考文献中的 $V_{OC} \cdot J_{SC} \cdot$ FF 与效率值不符。

而由 CdTe 和 GaAs 两类电池的对比(表 7.9)不难发现,开路电压(V_{OC})是 CdTe 电池效率偏低的最主要因素。2012 年之前单晶 CdTe 电池报道的 V_{OC}最高为 0.892 V[32],不到热力学极限值的 77%[209];而多晶薄膜 CdTe 电池的开压最高也只有 0.857 V[10]。二者均比外延薄膜 GaAs 电池低了约 20%,比多晶 GaAs 分别低了 10%和 14%,而 GaAs 的带隙只有 1.43eV,比 CdTe 略低。通常认为阻碍进一步提高 CdTe 电池 V_{OC}的因素主要有三个方面:①难以获得高掺杂的 p 型 CdTe(通常掺铜的 CdTe 薄膜电池空穴浓度只有 $10^{14}\sim10^{15}\text{cm}^{-3}$,属弱 p 型);②多晶 CdTe 薄膜中的少子寿命短($\tau<10$ns);③以及 CdTe 的功函数高达约 4.86eV(电离能=5.78eV),在 p 型 CdTe 上难以获得好的欧姆电极。pn 结光伏器件的 V_{OC}取决于 p 层和 n 层的准费米能级差,即 $qV_{OC}=E_{Fn}-E_{Fp}$。而 p 型 CdTe 层的空穴浓度难以提高,限制了该层的准费米能级 E_{Fp}向价带靠近,从而限制 V_{OC}。而使用功函数比 CdTe 小的金属作为背电极层时,会形成与 CdS/CdTe 结相反的肖特基结,空穴穿过"CdTe/金属"界面向金属传导时需要消耗能量,从而降低了电池的输出电压。另外 CdTe 电池的 FF 也稍低,目前为止最高只有 77%。主要是由于高效电池必须采用上衬底结构,不适于使用高导电率的栅线电极帮助收集电流。

2013 年 4 月,First Solar 报道了他们新开发的 CdTe 电池组件,其全面积组件效率达到了 16.1%[102]。特别令人鼓舞的是,NREL 证实其开路电压达到了 903.2mV。虽然目前未见报道是组件上的单个子电池的 V_{OC}还是各子电池的平均 V_{OC}达到了这么高,但足以证明 CdTe 电池的 V_{OC}突破 900mV 已经实现,通过提高开路电压进一步提高效率实际上是可以做到的。

7.8.2 CdTe 薄膜太阳电池的发展动向

1. 异质结 PIN 结构与超薄器件结构结合

由于难以获得高掺杂的 p 型 CdTe,目前的 CdTe 电池结构中 CdTe 层的厚度比 n 型 CdS 窗口层大几十倍(2~10μm)。而且由于电池中 CdTe 层的 p 型很弱,通常空间电荷区可以延伸至 2~4μm,这样的器件设计是为了使光生载流子产生的区域都在耗尽区内。也就是说 CdTe 电池中光生载流子的收集是依靠电场漂移而不是扩散来实现的。

为了充分利用 CdTe 薄膜的少子寿命短和难掺杂的性质,进一步提高这种电池的转换效率,最近几年美国的 Sites 研究组[210,211]提出了一种新的思路,即在背接触层使用电子被反射势垒的结构,同时减小 CdTe 厚度,如图 7.24(a)所示。这种器件结构实际上是一种异质结 PIN 结构与超薄本征吸收层结合的器件。实际上异质结 PIN 器件早在 1986 就由 Meyer 等[38]提出来过,然而当时提出的结构是以 CdS 和 ZnTe 分别作为 n 型和 p 型层,而且没有仔细研究过 CdTe 本征吸收层

(i层)的厚度对器件效率的影响。通过器件仿真,Sites 等不仅研究了 CdTe i 层的厚度对器件性能的影响,而且分析了 p 层与 i 层之间带隙差所形成的电子背反射势垒(ϕ_e)高度的影响,并提出使用 CdZnTe 或 CdMgTe 合金来获得合适的电子背反射势垒。超薄异质结 PIN 器件结构有利于提高吸收层中的内建电场强度和分布均匀性,增强光生载流子的场助收集。

Sites 等[212,213]通过器件仿真研究发现,如果在 CdTe 电池的背接触界面形成高度为 $\phi_e=0.2$eV 的电子背反射势垒,可以将厚吸收层(10μm CdTe)电池的 V_{OC} 从目前的～860mV 提高到 900mV;减小 CdTe 的厚度至 2μm 可以将 V_{OC} 提高到 940mV 以上,如图 7.24(b)所示。如果进一步减小 CdTe 厚度至 1μm 左右,并使用反射率为 100%的光学背反射结构,即使 CdTe 的空穴浓度小于 10^{14} cm^{-3},V_{OC} 也可能提高到 1 V,同时效率达到 20%,如图 7.25 所示。

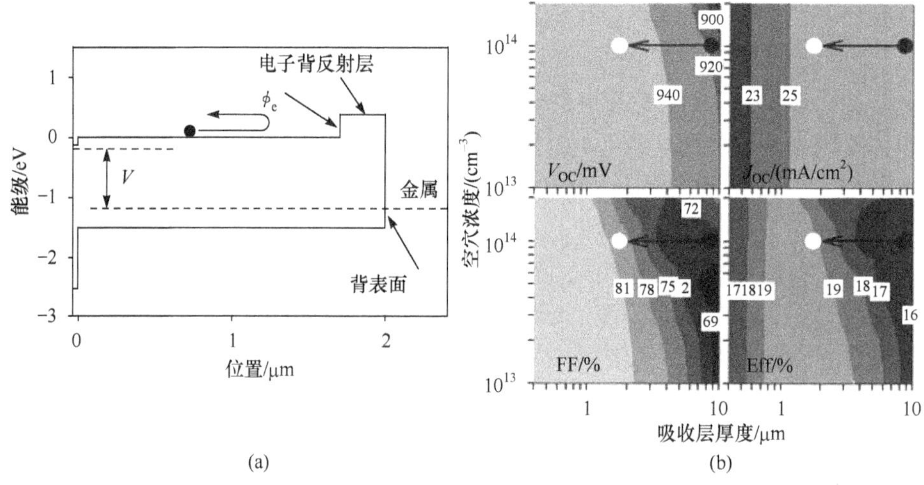

图 7.24 James Sites 设想的具有电子背反射层的 CdTe 器件在正向偏压下的能带图(a);采用电子背反射势垒和光学反射的背接触,即电子反射势垒高度 $\phi_e=0.2$eV、背接触界面光学反射率 $R_b=20\%$时载流子浓度和吸收层厚度的电池性能等高线图(b)

黑点代表 16.7%的 NREL 纪录电池性能,白点代表超薄电池可能达到的性能

CdTe 是直接带隙半导体,对可见光的吸收率高,只需要 1μm 的吸收层就可以吸收几乎全部的可利用光,从材料角度把吸收层的厚度进一步降低到 1μm 以下没有问题。但是这种超薄器件也可能带来新的物理问题。首先随着吸收层厚度降低,薄膜中形成针孔的几率变大,需要更严格的工艺来控制基片清洗和沉积过程微尘的形成及其附着;其次,由于薄膜厚度的非均匀性造成的弱二极管效应会变得更加突出[212,213];由于 CdTe 掺杂浓度低,容易出现吸收层处于完全耗尽状态,会更进一步降低电池的 V_{OC};背接触肖特基结与 pn 结区部分重叠,也会降低 pn 结内建电

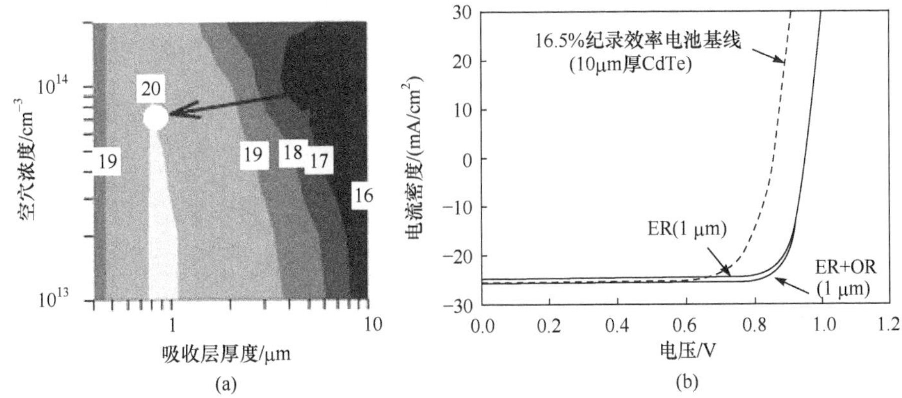

图 7.25　采用电子背反射势垒时，即电子背反射势垒高度 ϕ_e＝0.2eV、背接触界面光学反射率 R_b＝100％时载流子浓度和吸收层厚度的电池效率等高线图(a)(黑点代表 16.7％的 NREL 纪录电池性能，白点代表超薄电池可能达到的性能)；采用 0.2eV 的电子背反射势层(ER)和 100％光学反射背接触(OR)的 1μm 厚 CdTe 电池的 J-V 曲线，与 16.7％纪录电池的对比(b)

势，导致 J-V 曲线出现“反转”，降低 V_{OC} 和 FF；Cu 沿晶界向 CdS 扩散的距离更短，可能引起更严重的电池衰退。当然最明显的问题是不完全吸收引起的电流下降。因此，Sites 等提出的这种技术路线除了需要寻找合适的电子背反射层，还需要首先在超薄器件方面进行深入研究，以确保 1μm 以下厚度的多晶 CdTe 薄膜作为吸收层的可行性。

正是预见到了超薄异质结 PIN CdTe 电池将面临的这些器件物理问题，近几年超薄 CdTe/CdS pn 结构器件作为向这个方向努力不可或缺的基础工作，已经成为国际上的一个研究热点。美国 Univ. of Toledo 的 Compaan 等[116,214,215]采用磁控溅射的方法制备的 CdTe 厚度仅为 0.5μm 和 0.75μm 的电池，转换效率已经分别达到了 11％和 12.5％。由于多晶薄膜中的漏电流的存在，这样薄的电池，其 V_{OC}、电池均匀性以及成品率必然受到影响。Compaan 等同时发现，使用磁控溅射制备的电池，只需将 CdTe 厚度保持在 1.0μm 以上，可以将电池性能和稳定性都维持在与传统厚度器件相当的水平。而 McCandless 等[216]对 VTD 方法生长的器件研究也发现可以将 CdTe 的厚度减少到 1.0μm 而维持相同的电池性能。Compaan 等将这些成果总结比较，如图 7.26 所示。特别值得注意的是 Compaan 研究组[116]在 0.75μm 厚度的 CdTe 上也获得了 800mV 的开路电压，证明器件的结品质仍然保持良好。说明通过适合的工艺优化可以有效避免超薄电池的弱二极管效应等物理问题，因此应用在异质结 PIN 器件结构中是现实合理的技术途径。

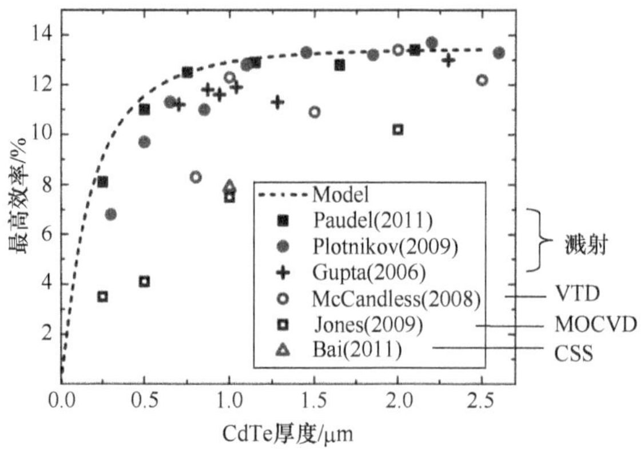

图 7.26　各种技术制备的超薄 CdTe 电池效率比较[116]

2. 柔性 CdTe 电池

瑞士联邦材料科学与技术实验室(EPMA)的 A. N. Tiwari 团队[217]于 2011 年报道了最高效率达到 13.8%的柔性衬底 CdTe 电池。这种电池是在杜邦公司的一种无色 Kapton ® 聚酰亚胺薄膜上制备的。同样采取的是上衬底结构，自制的 ZnO∶Al/ZnO 双层 TCO 薄膜是用射频磁控溅射沉积的；CdS 窗口层和 CdTe 吸收层则采用高真空蒸发(HVE)法制备；衬底温度为 350℃[105]。

国际上开展这方面研究的还有美国 Univ. of Toledo、Univ. of Kentucky 与 Univ. of Texas 合作、National Autonomous Univ. of Mexico。以上这些研究团队在柔性 CdTe 方面的研究都有一个共同特点，就是都从钼 Mo 膜或不锈钢片为机械支撑的(不透光)下衬底结构开始，后转而研究以高透过率的聚合物多分子薄膜为机械支持的(透明)上衬底结构电池，并获得了接近玻璃上衬底结构的效率。究其原因，还是 CdTe 电池 V_{OC} 的关键取决于背电极的制备工艺，因此高效 CdTe 电池都需要将背电极制备放在 $CdCl_2$ 处理之后，否则难以同时获得足够高的 V_{OC} 和 FF。例如，Singh 和 McClure[218]采用对 Mo/CdTe/CdS 结构氯退火处理后二次沉积 CdS 的方法，虽然获得了 824mV 的开压，但 Mo/CdTe 界面的接触电阻却高达 10.6Ω · cm^2。

参 考 文 献

[1] Jianrong Y, Silk N J, Watson A, et al. Calphad: Comput. Coupling Phase Diagrams Thermochem. 1995, 19: 399

[2] 数据来源于 SpringerMaterials-The Landolt-Börnstein Database (http://www. springermaterials. com). DOI: 10.1007/10681719_621

[3] McCandless B. Thermochemical and kinetic aspects of cadmium telluride solar cell process-

ing in II-VI Compound Semiconductor Photovoltaic Materials (eds R Birkmire, et al), MRS, Warrendale, PA, 2001, H1.6

[4] McCandless B E, Sites J R. Cadmium telluride solar cells, in Handbook of Photovoltaic Science and Engineering (eds A Luque and S Hegedus), John Wiley & Sons, Ltd, Chichester, 2003: 617-662

[5] 数据来源于 FactSage"集成热力学数据库系统"(www. factsage. com)

[6] Paule R C, Mandel J. Analysis of interlaboratory measurements on the vapor pressure of cadmium and silver. Pure Appl Chem, 1972, 31(3): 397-431

[7] Paule R C, Mandel J. Analysis of interlaboratory measurements on the vapour pressure of cadmium and silver. National Bureau of Standards Special Publication 26021, 1971

[8] Johs B, Herzinger C M, Dinan J H, et al. Development of a parametric optical constant model for $Hg_{1-x}Cd_xTe$ for control of composition by spectroscopic ellipsometry during MBE growth. Thin Solid Films, 1998, 313:137

[9] Kazmerski L. Solar photovoltaics R&D at the tipping point: a 2005 technology overview. J Electron Spectrosc, 2006:105-135

[10] Gloeckler M, Sankin I, Zhao Z. CdTe Solar Cells at the Threshold to 20% Efficiency. Conference Proceedings of the 39th IEEE Photovoltaic Specialist Conference, 2013, in press

[11] Nomination of Cadmium Telluride to the National Toxicology Program. United States Department of Health and Human Services, 2003-04-11

[12] International Committee for Diffraction Data, card number 15-770

[13] Browder J S, Ballard S S. Low temperature thermal expansion measurements on optical materials. Appl Opt, 1969, 8:793

[14] Sobolev V V, Maksimova O G, Kroitoru S G. Reflectivity spectra and band structure of the ZnTe-CdTe system. Phys Status Solidi (b), 1981, 103: 499

[15] Camassel J, Auvergne D, Mathieu H, et al. Temperature dependance of the fundamental absorption edge in CdTe. Solid State Commun, 1973, 13: 63

[16] Chiang T C, Himpsel F J. 2129 References for 21 Goldmann, A, Koch, E-E (ed). SpringerMaterials-The Landolt-Börnstein Database (http://wwwspringermaterialscom)

[17] Grill R, Turjanska L, Franc J, et al. Chemical self-diffusion in CdTe. Phys Status Solidi A, 2002, 229: 161

[18] Dzhafarov T D, Yesilkayass, Yilmaz Canli N, et al. Diffusion and influence of Cu on properties of CdTe thin films and CdTe/CdS cells. Sol Energy Mater Sol Cells, 2005, 85: 371

[19] Lane D W, Conibeer G J, Wood D A, et al. Sulphur diffusion in CdTe and the phase diagram of the CdS-CdTe pseudo-binary alloy. J Cryst Growth, 1999, 197: 743

[20] Malzbender J, Jones E D, Shaw N, et al. Studies on the diffusion of the halogens into CdTe. Semiconduct Sci Technol, 1996, 11:741

[21] Watson E, Shaw D. The solubility and diffusivity of In in CdTe. J Phys C, 1983, 16: 515

[22] Ivanov Y M, Pavlova G S, Kanunova E L. Diffusion of indium and sodium in chlorine-doped CdTe. Inorg Mater, 1988, 24: 1681

[23] Dzhafarov T D, Ongul F. Modification of CdTe thin films by Zn reactive diffusion. J Phys D, 2005, 38: 3754

[24] Teramoto I, Takayanagi S. Behavior of gold in cadmium telluride crystals. J Phys Soc E, 1962, 17(7): 1137

[25] 数据来源于 http://www.webelements.com

[26] Loferski J. Theoretical considerations governing the choice of the optimum semiconductor for photovoltaic solar energy conversion. J Appl Phys, 1956, 27: 777-784

[27] Rappaport P. The Photovoltaic Effect and Its Utilization. RCA Rev, 1959, 20: 373-397

[28] Mimilya-Arroyo J, Marfaing Y, Cohen-Solal G, et al. Electric and photovoltaic properties of CdTe pn homojunctions. Sol Energy Mater, 1979, 1: 171

[29] Cohen-Solal G, Lincot D, Barbe M. Conf Rec 4th ECPVSC, Stresa, Italy, 1982, 621-626

[30] Ponpon J, Siffert P. Barrier heights on cadmium telluride schottky solar cells. Rev Phys Appl, 1977, 12: 427-431

[31] Mitchell K, Fahrenbruch A, Bube R. Evaluation of the CdS/CdTe heterojunction solar cell. J App Phys, 1977, 48: 829-830

[32] Nakazawa T, Takamizawa K, Ito K. High efficiency indium oxide/cadmium telluride solar cells. Appl Phys Lett, 1987, 50: 279-280

[33] Muller R S, Zuleeg R. Vapor-deposited, thin-film heterojunction diodes. J Appl Phys, 1964, 35: 1550-1556

[34] Dutton D. Fundamental absorption edge in cadmium sulfide. Phys Rev, 1958, 112: 785-792

[35] Yamaguchi K, Matsumoto H, Nakayama N, et al. CdS-CdTe solar cell prepared by vapor phase epitaxy. Jpn J Appl Phys, 1977, 16: 1203-1211

[36] Adirovich E, Yuabov Y, Yugadaev D. Sov Phys Semicond, 1969, 3: 61-65

[37] Bonnet D, Rabenhorst H. Conference Proceedings of 9th IEEE Photovoltaic Specialist Conf, 1972, 129-132

[38] Meyers P, Liu C, Frey T. Heterojunction p-i-n photovoltaic cell. US Patent 4,710,589, 1987

[39] Birkmire R. Conf. Record NREL ARD Rev. Meeting, 1989, 77-80

[40] Britt J, Ferekides C. Thin-film CdS/CdTe solar cell with 15.8% efficiency. Appl Phys Lett, 1993, 62: 2851-2852

[41] Wu X, Asher S, Levi D H, et al. Interdiffusion of CdS and Zn_2SnO_4 layers and its application in CdS/CdTe polycrystalline thin-film solar cells. J Appl Phys, 2001, 89: 4564-4569

[42] McCandless B, Hichri H, Hanket G, et al. Conf Rec 25th IEEE Photovoltaic Specialist Conf, 1996, 781-785

[43] Green M A, Emery K, Hishikawa Y, et al. Solar Cell Efficiency Tables (version 27-41). Prog Photovolt: Res Appl, 2000-2013

[44] Wu X, Keane J C, Dhere R G, et al. 16. 5%-Efficient CdS/CdTe polycrystalline thin-film solar cell. Conference Proceedings of 17th European Photovoltaic Solar Energy Conference, Munich, 2001, 995-1000

[45] David G. Progress trends and challenges for PV towards the terrawatt challenge. American Physics Society Conf, 2010

[46] Bonnet D, Rabenhorst H. New results on the development of a thin-film p-CdTe-n-CdS heterojunction solar cell. Conference Proceedings of the 9th IEEE Photovoltaic Specialist Conference, 1972, 129

[47] Ferekides C S, Marinskiy D, Viswanathan V, et al. High efficiency CSS CdTe solar cells. Thin Solid Films, 2000, 361: 520

[48] Gupta A, Compaan A D. All-sputtered 14% CdS/CdTe thin-film solar cell with ZnO : Al transparent conducting oxide. Appl Phys L, 2004, 85(4): 684-686

[49] Khrypunov G, Romeo A, Kurdesauc F, et al. Recent developments in evaporated CdTe solar cells. Sol Energy Mater Sol Cells, 2006, 90: 664-677

[50] EMPA media release. Jun. 9, 2011

[51] Matulionis I, Han S, Drayton J A, et al. Cadmium telluride solar cells on molybdenum substrates. Mater Res Soc Symp Proc, 2001, 668: H823

[52] Feng X, Singh K, Bhavanam S, et al. Cu effects on CdS/CdTe thin film solar cells prepared on flexible substrates. Conference Proceedings of the 38th IEEE Photovoltaic Specialist Conference, 2012, 000843

[53] Tiwari M K, Modi M H, Lodha G S, et al. Non-destructive surface characterization of float glass: X-ray reflectivity and grazing incidence X-ray fluorescence analysis. J Non-Cryst Solids, 2005, 351: 2341

[54] Dussauze Marc. How does thermal poling affect the structure of soda-lime glass. J Phys Chem C, 2010, 114: 12754-12759

[55] Meyers P V. First Solar polycrystalline CdTe thin film PV. Condference Proceedings of the 31st IEEE Photovoltaic Specialist Conference, 2006, 2024

[56] Romeo A, Khrypunov G, Kurdesau F, et al. High-efficiency flexible CdTe solar cells on polymer substrates. Sol Energy Mater Sol Cells, 2006, 90: 3407

[57] Wuerz R, Eicke A, Frankenfeld M, et al. CIGS thin-film solar cells on steel substrates. Thin Solid Films, 2009, 517: 2415

[58] Mamazza R, et al. Thin films of $CdIn_2O_4$ as transparent conducting oxides. Conference Proceedings of the 29th IEEE Photovoltaic Specialist Conference, 2002, 616

[59] Wu X. High-efficiency polycrystalline CdTe thin-film solar cells. Solar Energy, 2004, 77: 803-814

[60] Wu X, Asher S, Levi D H, et al. Interdiffusion of CdS and Zn_2SnO_4 layers and its application in CdS/CdTe polycrystalline thin-film solar cells. J Appl Phys, 2001, 89: 4564

[61] Ferekides C S, Balasubramanian U, Mamazza R, et al. CdTe thin film solar cells: device

and technology issues. Sol Energy, 2004, 77: 823

[62] Mahabaduge H, Wielamd K, Carter C, et al. Sputtered HRT Layers for CdTe solar cells. Conference Proceedings of the 37rd IEEE Photovoltaic Specialists Conference (PVSC), Seattle, WA, 2011

[63] Rau U G, et al. Resistive limitations to spatially inhomogeneous electronic losses in solar cells. Appl Phys Lett, 2004, 85(24): 6010

[64] Karpov V G, et al. Random diode arrays and mesoscale physics of large-area semiconductor devices. Phys Rev B, 2004, 69: 045325

[65] Gilmore C, Gessert T, et al. Polycrystalline CdTe Solar Cells on buffered commercial TCO-coated glass with efficiencies above 15%. Codnference Proceedings of the 37rd IEEE Photovoltaic Specialists Conference (PVSC), Seattle, WA, 2011

[66] Ferekides C, Britt J, Ma Y, et al. High efficiency CdTe solar cells by close spaced sublimation. Conference Proceedings of the 23rd IEEE Photovoltaic Specialist Conference, IEEE, 1993, 389

[67] Edwards PR, et al. Conference Proceedings of the 14th European Photovoltaic Solar Energy Conference. HS Stephens & Associates, Barcelona, 1997, 2083

[68] McCandless B, Engelmann M G, Birkmire R W. Interdiffusion of CdS/CdTe thin films: modeling X-ray diffraction line profiles. J Appl Phys, 2001, 89(2): 988

[69] McCandless B. Thermochemical and kinetic aspects of cadmium telluride solar cell processing. in II-VI Compound Semiconductor Photovoltaic Materials (eds R Birkmire et al), MRS, Warrendale, PA, 2001, H16

[70] Ferekides C S, et al. Transparent conductors and buffer layers for CdTe solar cells. Thin Solid Films, 2005, 480/481: 224

[71] McCandless B E, Youm I, Birkmire R W. Optimization of vapor post-deposition processing for evaporated CdS/CdTe solar cells. Prog Photovolt: Res Appl, 1999, 7: 21

[72] Lane D W. A review of the optical band gap of thin film CdS_xTe_{1-x}. Sol Energy Mater Sol Cells, 2006, 90: 1169-1175

[73] McCandless B E, et al. Phase behavior in the CdTe-CdS pseudobinary system. J Vac Sci Technol A, 2002, 20(4): 1462-1467

[74] Metzger W K, et al. $CdCl_2$ treatment, S diffusion and recombination in polycrystalline CdTe. J Appl Phys, 2006, 99: 103703

[75] McCandless B E, Moulton L V, Birkmire R W. Recrystallization and sulfur diffusion in $CdCl_2$-treated CdTe/CdS thin films. Prog Photovoltaics, 1997: 5, 249

[76] Durose K, et al. Grain boundaries and impurities in CdTe/CdS solar cells. Thin Solid Films, 2002, 403/404: 396

[77] Gibson P N, et al. Investigation of sulphur diffusion at the CdS/CdTe interface of thin-film solar cells. Surf Interface Anal, 2002, 33: 825

[78] Ringel S A, et al . The effects of $CdCl_2$ on the electronic properties of molecular-beam epi-

taxially grown CdTe/CdS heterojunction solar cells. J Appl Phys, 1991, 70(2): 881

[79] Gilmore A S, et al. Treatment effects on deep levels in CdTe based solar cells. Conference Proceedings of the 29th IEEE Photovoltaic Specialist Conference, IEEE, Las Vegas, 2002, 604

[80] Wei S, Zhang S B. Chemical trends of defect formation and doping limit in II-VI semiconductors: the case of CdTe. Phys Rev B, 2002, 66: 155211

[81] Liu X, Compaan A D. Photoluminescence from Ion Implanted CdTe Crystals. Mater Res Soc Symp Proc, 2005, 865: F525

[82] Metzger W K, Gloeckler M. The impact of charged grain boundaries on thin-film solar cells and characterization. J Appl Phys, 2005, 98: 063701

[83] Niemegeers A, et al. A simple model for the effects of the $CdCl_2$ treatment on the performance of CdTe/CdS solar cells. Proceedings of the 14th European Photovoltaic Solar Energy Conference, HS Stephens & Associates, Barcelona, 1997, 2079

[84] Bonnet D, Meyers P V. Cadmium telluride-material for thin film solar cells. J Mater Res, 1998, 13: 2740-2753

[85] Miles D W, Li X, Albin D, et al. Evaporated Te on CdTe: a vacuum-compatible approach to making back contact to CdTe solar cell devices. Prog Photovolt: Res Appl, 1996, 4: 225-229

[86] Donaher W J, Lyons L E, Morris G C. Thin film CdS/CdTe solar cells. Appl Surf Sci, 1985, 22-23: 1083-1090

[87] Rohatgi A, Sudharsam R, Ringel S A, et al. Growth and process optimization of CdTe and CdZnTe polycrystalline films for high efficiency solar cells. Sol Cells, 1991, 30: 109-122

[88] Rose D H, et al. Fabrication procedures and process sensitivities for CdS/CdTe solar cells. Prog Photovolt, 1999, 7: 331-340

[89] Niles D W, Li X, Sheldon P, et al. A photoemission determination of the band diagram of the Te/CdTe interface. J Appl Phys, 1995, 77 (9): 4489-4493

[90] Wu X, et al. Phase control of Cu_xTe film and its effects on CdS/CdTe solar cell. Thin Solid Films, 2007, 515(15-31): 5798-5803

[91] Woodbury H H, Aven M. Some diffusion and solubility measurement of Cu in CdTe. J Appl Phys, 1968, 39: 5485

[92] Lyubomirsky I, Rabinal M K. Room-Temperature detection of mobile impurities in compound semiconductors by transient ion drift Cahen D. J Appl Phys, 1997, 81: 6684

[93] Dobson K D, et al. Stability of CdTe/CdS thin-film solar cells. Sol Energy Mater Sol Cells, 2000, 62: 295-325

[94] Chamonal J P, Molva E, Pautrat J L. Identification of Cu and Ag acceptors in CdTe. Solid State Commun, 1982, 43: 801

[95] Laurenti J P, Bastide G, Rouzeyre M, et al. Localized defects in p-CdTe:Cu doped by copper incorporation during Bridgman growth. Solid State Commun, 1988, 67: 1127

[96] Monemar B, Molva E, Dang L S. Optical study of complex formation in Ag-doped CdTe.

Phys Rev B, 1986, 33: 1134

[97] Corwine C R, Pudov A O, Gloeckler M, et al. Copper inclusion and migration from the back contact in CdTe solar cells. Sol Energy Mater Sol Cells, 2004, 82: 481-489

[98] Demtsu S H, et al. Cu-related recombination in CdS/CdTe solar cells. Thin Solid Films, 2008, 516: 2251

[99] Feldman SD, et al. Effects of Cu in CdS/CdTe solar cells studied with patterned doping and spatially resolved luminescence. Appl Phys Lett, 2004, 85: 1529

[100] Romeo N, Bosio A, Romeo A . An innovative process suitable to produce high efficiency CdTe/CdS thin-film modules. Sol Energy Mater Sol Cells, 2010, 94: 2

[101] Press Release, GE, 7 April 2011

[102] Press Release, First Solar, 9 Aprial 2013.

[103] Ullal H. Polycrystalline thin-film photovoltaic technologies: progress and technical issues. Proceedings of the 19th European Photovoltaic Solar Energy Conference, HS Stephens & Associates, Paris, 2004, 1678

[104] Kester J J, et al. CdTe solar cells: electronic and morphological properties. AIP Conf Proc, 1996, 394: 162

[105] Romeo A, Khrypunov G, Kurdesau F, et al. High efficiency flexible CdTe solar cells on polymer substrates. Technical Digest of the 14th International Photovoltaic Science and Engineering Conference, Bangkok, Thailand, 2004, 715-716

[106] Rose D H, et al. Fabrication procedures and process sensitivities for CdS/CdTe solar cells. Prog. Photovoltaics: Res. Appl. , 1999, 7:331

[107] Bonnet D. Manufacturing of CSS CdTe solar cells. Thin Solid Films, 2000,361/362:547

[108] Bai Z, Yang J, Wang D. Thin film CdTe solar cells with an absorber layer thickness in micro- and sub-micrometer scale. Appl. Phys. Lett. , 2011,99:143502

[109] Emziane M, et al. Effect of purity of CdTe starting material on the impurity profile in CdTe/CdS solar cell structures. J. Mater. Sci. ,2005, 40:1327

[110]Romeo N, et al. Recent progress on CdTe/CdS thin film solar cells. Sol. Energy, 2004, 77:795

[111] Meyers P, Abken A, Bykov E, et al. NCPV program review meeting. 2005

[112] Luque A, Hegedus S. Handbook of Photovoltaic Science and Engineering. 2003, Hoboken, NJ: Wiley

[113] Hanket G M, et al. Design of a vapor transport deposition process for thin film materials. J. Vac. Sci. Technol. , A, 2006,24(5):1695

[114] Kestner J M, et al. An experimental and modeling analysis of vapor transport deposition of cadmium telluride. Sol. Energy Mater. Sol. Cells, 2004,83:55

[115] Shao M, et al. Radiofrequency-magnetron-sputtered CdS/CdTe solar cells on soda-lime glass. Appl. Phys. Lett. ,1996,69:3045

[116] Paudel N R, Wieland K A, Compaan A D. Ultrathin CdS/CdTe solar cells by sputtering.

Sol Energy Mater Sol Cells,2012, 105:109-112

[117] Abou-Elfoutouh F,Coutts T. RF planar magnetron sputtering of polycrystalline CdTe thin-film solar cells. Int J Sol Energy, 1992,12:223-232

[118] Romeo N, Bosio A, Romeo A. An innovative process suitable to produce high-efficiency CdTe/CdS thin-film modules. Sol Energy Mater Sol Cells, 2010,94:2-7

[119] Romeo N, Bosio A, Romeo A, et al. A CdTe thin film module factory with a novel process. Mater Res Soc Symp Proc, 2009,1165:M07-02

[120] Paulson P D, Mathew X. Spectroscopic ellipsometry investigation of optical and interface properties of CdTe films deposited on metal foils. Sol Energy Mater Sol Cells,2004, 82: 279-290

[121] Basol B, Tseng E, Rod R L. 1981, U. S. Patent 4,388,483

[122] Basol B. High-efficiency electroplated heterojunction solar cell. J Appl Phys,1984, 55: 601-603

[123] Kroger F A,Rod R L. Photovoltaic power generating means and methods. UK patent 1532616, Feb (1979); FA Kroger, RL Rod, MPR Panicker, 1983, US patent 4400244, Aug (1983)

[124] Fulop G, et al. U. S. Patent 4,260,427

[125] Fulop G, et al. High-efficiency electrodeposition cadmium telluride solar cells. Appl Phys Lett. 1982,40:327-328

[126] Bhattacharya R, Rajeshwar K. Electrodeposition of CdTe thin films. J Electrochem Soc, 1984,131:2032-2037

[127] Demtsu S H,Sites JR. Quantification of losses in thin-film CdS/CdTe solar cells. Proceedings of the 31st IEEE Photovoltaic Specialist Conference, IEEE, 2005

[128] Hegedus S S, Shafarman W N. Thin-film solar cells: device measurements and analysis. Prog Photovolt: Res Appl,2004,12:155-176

[129] Glaser A B, Ggerald E. Subak-Sharpe Integrated Circuit Engineering Design, Fabrication, and Applications Addison-Wesley, 1979

[130] Dobson K, et al. Mat Res Soc Symp Proc,2001,668:H8241-H8246

[131] Galloway S, Edwards P, Durose K. Sol Energy Mater Sol Cells,1999,57:61-74

[132] Cohen D J, Pankove J I. Semiconductors and Semimetals. edited by Willardson R K, Beer AC, Orlando: Academic Press, 1984

[133] Heavens O S. Optical Properties of Thin Films, Dover, 1965

[134] Azzam R M A, Bashara N M. Ellipsometry and Polarizaed Light. North Holland, 1977

[135] Grecu D, et al. Photoluminescence of Cu-doped CdTe and related stability issues in CdS/CdTe solar cells. J Appl Phys,2000,88:2490-2496

[136] Okamoto T, et al. J Appl Phys, 1998, 57: 3894-3899

[137] Durose K,Edwards P, Halliday D. Materials aspects of CdTe/CdS solar cells. J Cryst Growth,1999,197:733-740

[138] Nakayama N, et al. Ceramic Thin film CdTe solar cell. Jpn J Appl Phys, 1976,15:2281

[139] Duke C B. J. Vac. Sci. Tech., 1978, 15:157

[140] Nordgren E J, Butorin S M, Duda L C. Soft X-ray emission and resonant inelastic X-ray scattering spectroscopy. in Handbook of Applied Solid State Spectroscopy, edited by Vij DR, New York: Springer-Verlag, 2006

[141] Nilsson A, Pettersson L G M. Chemical bonding on surfaces probed by X-ray emission spectroscopy and density functional theory. Surface Science Reports, 2004,55: 49-167

[142] Dobson K, Visoly-Fisher I, Hodes G, et al. Adv. Mater., 2001, 13, 1495-1499

[143] Wu X, et al. Interdiffusion of CdS and Zn_2SnO_4 layers and its application in CdS/CdTe polycrystalline thin-film solar cells. J Appl Phys., 2001,89: 4564-4569

[144] Ballif C, Moutinho H, Al-Jassim M. Cross-section electrostatic force microscopy of thin-film solar cells. J Appl Phys, 2001,89:1418-1424

[145] Klug H P, Alexander L E. X-ray diffraction procedures for polycrystalline and amorphous materials. 2nd edition. New York: John Wiley and Sons, 1974

[146] Williams D B, Carter C B. Transmission Electron Microscopy: A Textbook for Materials Science Basics, Diffraction, Imaging, Spectrometry. 2nd edition. Springer, 2009

[147] Mohring H D, Stellbogen D. Annual Energy Harvest of PV Systems- Advantages and Drawbacks of Different PV Technologies. 23R European Photovoltaic Solar Energy Conference, Valencia, Spain, 2008

[148] First Solar 2012, First Solar FS Series 3 Datasheet, 2

[149] First Solar Competitive Array 2006-2007, Perrysburg, Ohio, USA

[150] Strevel N, Trippel L, Gloeckler M. Performance characterization and superior energy yield of First Solar PV power plants in high-temperature conditions. Photovoltaics International, 3rd, 2012

[151] Collins F. Field performance of thin-film. PHOTON 2nd Thin-Film Conf, 2010

[152] Liu X, Compaan A D, Sun K, et al. XRF and high resolution TEM studies of Cu at the back contact in sputtered CdS/CdTe solar cells. Proceedings of the 33rd IEEE Photovoltaic Specialist Conference, IEEE, 2008

[153] Sasala R A, et al. Recent progress in CdTe solar cell research at SCI. AIP Conf Proc., 1997,394:171

[154] Sampath W S, Enzenroth A, Barth K. Manufacturing process optimization to improve stability, yield and efficiency of CdS/CdTe PV devices. NREL, 2009

[155] Ross M, et al. Improvement in reliability and energy yield prediction of thin-film CdS/CdTe PV modules. Proceedings of the 4th World Conference on Photovoltaic Solar Energy Conversion, 2006

[156] NREL & SCI (Solar Cells Inc). NREL module performance report. First Solar Application Note PD-5-615, 2012

[157] Carlsson T, Brinkman A. Identification of degradation mechanisms in field-tested CdTe

modules. Prog Photovoltaics: Res Appl,2006, 14: 213-224

[158] Meyers P V, Asher S, Al-Jassim M M. A search for degradation mechanisms of CdTe/CdS solar cells. Mater Res Soc Symp Proc,1996, 426: 317

[159] Hegedus S S,McCandless B E, Birkmire R W. Analysis of stress-induced degradation in CdS/CdTe solar cells. Proceedings of the 28th IEEE Photovoltaic Specialist Conference, IEEE, 2000

[160] Erra S, et al. An effective method of Cu incorporation in CdTe solar cells for improved stability. Thin Solid Films,2007,515:5833

[161] Albin D S,Demtsu S H, McMahon T J. Film thickness and chemical processing effects on the stability of cadmium telluride solar cells. Thin Solid Films,2006, 515:2659

[162] Del Cueto J A, von Roedern B. Long-term transient and metastable effects in cadmium telluride photovoltaic modules. Prog Photovoltaics: Res Appl,2006,14: 615

[163] Barth K L, Enzenroth R A, Sampath W S. Advances in continuous, in-line porcessing of stable CdS/CdTe devices. Proceedings of the 29th IEEE Photovoltaic Specialist Conference, 2002

[164] Cunningham DW, et al. Progress in Apollo technology. Proceedings of the 29th IEEE Photovoltaic Specialist Conference, 2002

[165] Dobson K D, Visoly-Fisher I, Hodes G, et al. Stabilizing CdTe/CdS solar cells with Cu-containing contacts to p-CdTe. Adv Mater,2001,13(19):1495-1499

[166] Singh V P, Erickson O M, Chao J H. Analysis of contact degradation at the CdTe-electrode interface in thin film CdTe-CdS solar cells. J Appl Phys, 1995, 78: 4538

[167] McMahon T J, Fahrenbruch A L. Insights into the nonideal behavior of CdS/CdTe solar cells. Proceedings of the 28th IEEE Photovoltaic Specialist Conference, 2000

[168] NREL & SCI (Solar Cells Inc) . NREL module performance report. First Solar Application Note PD-5-615, 2012

[169] 骆耀南,等. 四川大水沟碲(金)矿床地质和地球化学. 1994

[170] Mao J,Chen Y,Wang P. Geology and geochemistry of the Dashuigou tellurium deposit, western Sichuan, China. Inter Geo Rev,1995,37(6):526-546

[171] Mexivada Mining Corp Press Release, 12 June 2008. Mexivada Stakes New Gold-Tellurium Property in Mexico

[172] Hein J R,Koschinsky A,Halliday A N. Global occurrence of tellurium-rich ferromanganese crusts and a model for the enrichment of tellurium. Geochimica et Cosmochimica Acta,2003, 67(6):1117-1127

[173] Green M. Estimates of Te and in prices from direct mining of known ores. Progress in Photovoltaics: Research and Applications,2009,17: 347-359

[174] PV FAQS US DOE Office of Energy Efficiency and Renewable Energy. http://www1eereenergygov/solar/pdfs/35098pdf

[175] Ojebuoboh F. Selenium and tellurium from copper refinery slimes and their changing applications. World of Metallurgy - ERZMETALL - Heft 1/2008, 2008,61(1):1

[176] Fthenakis V. Sustainability of photovoltaics: the case for thin-film solar cells. Renewable and Sustainable Energy Reviews. 2009,3 (9): 2746-2750

[177] Green M. Price and supply constraints on Te and in photovoltaics. Conference Record of the 35th IEEE Photovoltaic Specialists Conference, 2010

[178] Plotnikov V,Liu X, Compaan A D, et al. Thin-film CdTe cells: reducing the CdTe. Thin Solid Films, 2010

[179] Paudel N R,Wieland K A, Compaan A D. Proceedings of 37rd IEEE Photovoltaic Specialists Conference (PVSC), Seattle, WA, 2011

[180] Liu X,Paudel N R, Compaan A D, et al. Proceedings of 37rd IEEE Photovoltaic Specialists Conference (PVSC), Seattle, WA, 2011

[181] Liu X, Compaan A D NR Paudel, IP No: WO 2011/150290 A2, Dec 1, 2011

[182] Ken Zweibel. The Impact of Tellurium Supply on Cadmium Telluride Photovoltaics. Science, 2010,328 : 699-701

[183] Raugei M,Bargigli S,Ulgiati S. Life cycle assessment and energy pay-back time of advanced photovoltaic modules: CdTe and CIS compared to poly-Si. Energy,2007,32:1310-1318

[184] Wild-Scholten M. Environmental profile of PV mass production: globalization. 26th European Photovoltaic Solar Energy Conference, Hamburg, Germany, 2011

[185] Zayed J, Philippe S. Acute oral and inhalation toxicities in rats with cadmium telluride. Int J Toxicol,2009,28: 259-265

[186] Lovrić J, Cho S J, Maysinger D, et al. Unmodified cadmium telluride qquantum dots induce reactive oxygen species formation leading to multiple organelle damage and dell death. Chem Biol,2005,12 (11):1227-34

[187] Zayed J, Philippe S. Acute oral and inhalation toxicities in rats with cadmium telluride. Int J Toxicol, 2009, 28(4): 259-265

[188] Fthenakis V, Morris S, Morgan D, et al. Toxicity of cadmium telluride, copperindium diselenide, and copper gallium diselenide. Progress in Photovoltaics,1999,7: 489-497

[189] Directive 2002/95/EC of the european parliament and of the council of 27 January 2003 on the restriction of the use of certain hazardous substances in electrical and electronic equipment

[190] Wild-Scholten M de, Wambach K, Jäger-Waldau A, et al. Implications of EU environmental legislation for PV. 20th EuropeanPhotovoltaic Solar Energy Conference, Barcelona, Spain, 2005

[191] 电子信息产品污染控制管理办法(信息产业部第 39 号令),自 2007 年 3 月 1 日起施行

[192] 电子信息产品污染控制重点管理目录(第一批). 中华人民共和国工业和信息化部 2009

年 10 月 9 日发布

[193] Fthenakis V M . Life cycle impact analysis of cadmium in CdTe PV production. Ren & Sus En Rev, 2004,8:303-334

[194] 刘向鑫,杨兴文. 中国国情环境下 cdse 光伏的全周期镉排放分析. 科学通报,2013,58(19):1833-1844.

[195] Steinberger H. Health and environmental risks from the operation of CdTe and CIS thin film modules. 2nd World Conference on PV Solar Energy Conversions, 1998, Vienna, Austria

[196] Fthenakis V M, Fuhrmann M, Heiser J, et al. Emissions and encapsulation of cadmium in CdTe PV modules during fires. Prog in Photovolt: Res App, 2005, 13: 713-723

[197] USGS, Mineral Commodity Summaries 1996-2010, US Dept of the Interior, Geological Survey, Reston, 1996-2010

[198] Stigliani WA, Andderberg S. Industrial Metabolism at the Regional Level: The Rhine Basin, 1994.

[199] http://www.asianmetal.cn/report/2008ge.pdf.

[200] First Solar financial report, 2011, Q4. (www.firstsolar.com)

[201] Rose D, et al. R & D of CdTe absorber photovoltaic cells, modules, and manufacturing equipment: plan and progress to 100 MW/yr. Proceedings of the 28th IEEE Photovoltaic Specialist Conference

[202] Swonke T,Hoyer U. Diffusion of moisture and impact of UV irradiance in photovoltaic encapsulants. Proceedings of the 24th European Photovoltaic Solar Energy Conference, 2009

[203] http://investor.firstsolar.com

[204] PV Technology, Production and Cost Outlook: 2010-2015, Green Technology Media Research, 2010

[205] First Solar financial report, 2013 Q1. (www.firstsolar.com)

[206] First Solar financial report, 2011 Q4. (www.firstsolar.com)

[207] Barth K L. Abound solar's CdTe module manufacturing and product introduction. Proceedings of the 34th IEEE Photovoltaic Specialist Conference, 2009

[208] Barth K L. Production ramping of Abound Solar's CdTe thin film manufacturing process. Proceedings of the 37th IEEE Photovoltaic Specialist Conference, 2011

[209] 吴选之. 碲化镉薄膜太阳电池的产业化. 第 12 届中国光伏大会,北京,2012

[210] Stollwerck G, M S Thesis, Colorado State University, 1995

[211] Carmody M, et al. Single-crystal II-VI on Si single-junction and tandem solar cells. Appl Phys Lett,2010, 96:153502

[212] Hsiao K, Sites J R. Electron reflector strategy for CdTe solar cells. Proceedings of 34th IEEE Photovoltaic Specialist Conference, 2009

[213] Hsiao K, Sites J R. Electron reflector to enhance photovoltaic efficiency: application to

thin-film CdTe solar cells. Prog Photovolt: Res Appl, 2012, 20: 486-489

[214] Karpov V G, Compaan A D, Shvydka D. Effects of nonuniformity in thin-film photovoltaics. Appl Phys Lett, 2002,80: 4256-8

[215] Karpov V G, Cooray M LC, Shvydka D. Physics of ultrathin photovoltaics. Appl Phys Lett,2006, 89:163518

[216] Plotnikov V,Kwon D, Compaan AD, et al. 10% Efficiency solar cells with 0. 5 μm of CdTe. Proceedings of the 34th IEEE Photovoltaic Specialist Conference, 2009

[217] Plotnikov V,Liu X, Compaan A D, et al. Thin-film CdTe cells: reducing the CdTe. Thin Solid Films,2010,519:7134-7

[218] McCandless B,Buchanan W. High throughput processing of CdTe/CdS solar cells with thin absorber layers. Proceedings of the 33th IEEE Photovoltaic Specialist Conference,2008

[219] Efficiency Record Set for Flexible CdTe Solar Cell, 2011, http://www.photonics.com/Article.aspx? AID=47412

[220] Singh V P, McClure J C. Design issues in the fabrication of CdS-CdTe solar cells on molybdenum foil substrates. Sol. Energy Mater. Sol. Cells, 2003, 76: 369

第 8 章　染料敏化太阳电池

戴松元

本章简要介绍了染料敏化太阳电池的发展历史、结构与组成以及工作原理，重点阐述了染料敏化太阳电池的衬底材料、纳米多孔薄膜电极、染料、电解质和对电极等关键材料的物理化学特性和性能表征方法。同时本章还对染料敏化太阳电池界面电化学性能、电池稳定性和大面积电池性能改进等方面进行详细介绍，并对其产业化前景进行展望。

8.1　引　　言

8.1.1　染料敏化太阳电池的发展历史

1839 年，Becquerel 发现把两个相同的涂覆卤化银颗粒的金属电极浸在稀酸溶液中，当光照一个电极时会产生光电流，首先意识到光电转换的可能性。1883 年，Vogel 发现用染料处理过卤化银颗粒的光谱响应从 460nm 拓展到红光甚至红外线范围，这一研究奠定了所谓“全色”胶片的基础，是有机染料敏化半导体的最早报道。1887 年，Moser 在赤藓红染料敏化卤化银电极上观察到光电响应现象，并将染料敏化的概念引入到光电效应中。1949 年，Putzeiko 和 Trenin[1] 将罗丹明 B、曙红、赤藓红、花菁等有机染料吸附于压紧的 ZnO 粉末上，观测到光电流响应，从此染料敏化半导体成为光电化学领域的研究热点。人们认识到，要想获得最佳的光电效率，染料必须以一种紧密的单分子层吸附在半导体表面，但对染料敏化半导体本质的认识仍不清楚。

系统地研究光诱导有机染料与半导体之间的电荷转移反应是从 1968 年开始的。Gerischer 等[2] 采用玫瑰红、荧光素及罗丹明 B 敏化单晶 ZnO 电极，发现敏化电极光电流谱和染料吸收光谱在外形上基本一致。此后，科学家们根据光诱导下有机染料与半导体间的电荷转移反应，提出染料敏化半导体在一定条件下产生电流的机理，成为光电化学电池的重要基础。

20 世纪 70 年代初，Fujishima 和 Honda 成功地利用 TiO_2 进行光解水制氢，将光能转换为化学能储存起来[3]。该实验成为光电化学发展史上的一个里程碑，使人们认识到 TiO_2 在光电化学电池领域中是比较重要的半导体材料。由于所使用的单晶 TiO_2 半导体材料在成本、强度及制氢效率上的限制，该种方法在此后的一段时间内并没有得到很大的发展。

进入 20 世纪 80 年代，光电转换研究的重点转向人工模拟光合作用，除了自然界光合作用的模拟实验研究外，还有光能-化学能（光解水、光固氮和光固二氧化碳）和光电转换等应用研究。美国 Arizona 州立大学的 Gust 和 Moore 等报道在三元化合物 C-P-Q 类胡萝卜素（carotenoid）-卟啉（porphyrin）-苯醌（quinone）上第一次成功模拟了光合作用中光电子转移过程[4]。在这以后，他们又进行了四元、五元化合物的研究，并取得了一定的成绩。利用有机多元分子的光电特性制作光电二极管，是 80 年代以来光电化学领域里取得的又一大成就。Fujihira 等将有机多元分子用 LB 膜组装成光电二极管，获得了 0.28mA/cm^2 的短路电流[5]，成为该领域开拓性工作。经过几年来的研究，短路电流已提高了一个量级。

自 20 世纪 70 年代至 90 年代初，有机染料敏化宽禁带半导体的研究一直非常活跃，Memming、Gerischer、Hauffe、Bard、Tributsch 等大量研究了有机染料与半导体薄膜间的光敏化作用。这些染料包括玫瑰红、卟啉、香豆素和方酸等，半导体薄膜主要包括 ZnO、SnO_2、TiO_2、CdS、WO_3、Fe_2O_3、Nb_2O_5 和 Ta_2O_5 等。Fujihara 等报道罗丹明 B 上的羧基能与半导体表面上的羟基脱水形成酯键。Goodenough 等把这个化学反应扩展到联吡啶钌配合物上，希望能够有效地进行水的光氧化，虽然氧化产率很低，但他们的工作阐明了含有羧基的联吡啶配合物与金属氧化物之间的有效结合方式。早期在这方面的研究主要集中在平板电极上，由于平板电极表面只能吸附单分子层染料，其光电转换效率始终在 1%以下，远未达到实用水平。1991 年，瑞士洛桑高等工业学院（EPFL）Grätzel 教授在该研究领域中取得了突破性进展[6]，他们用高比表面积的纳米多孔 TiO_2 电极代替传统的平板电极引入到染料敏化太阳电池的研究中，得到国际上广泛的关注和重视。经过近几年的研究，染料敏化太阳电池的光电转换效率已经超过了 12%。图 8.1 列出近 20 多年来实验室染料敏化太阳电池在光电转换效率上取得的进展情况。

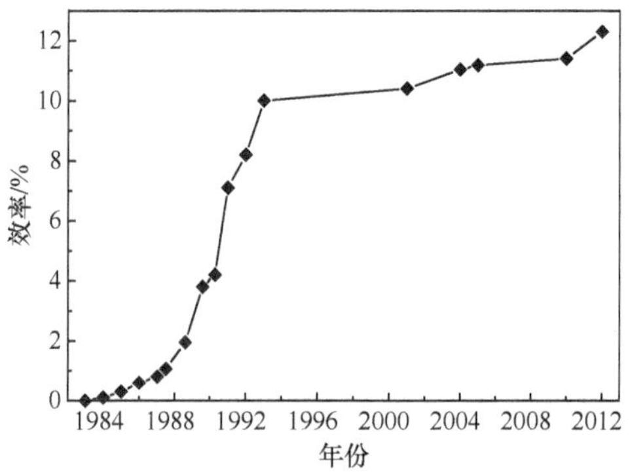

图 8.1　小面积染料敏化太阳电池的光电转换效率

8.1.2　染料敏化太阳电池的结构和组成

染料敏化太阳电池主要由以下几部分组成:导电基底材料(透明导电电极)、纳米多孔半导体薄膜、染料光敏化剂、电解质和对电极。其结构如图 8.2 所示。以下分别简要介绍各部分组成和性能要求。

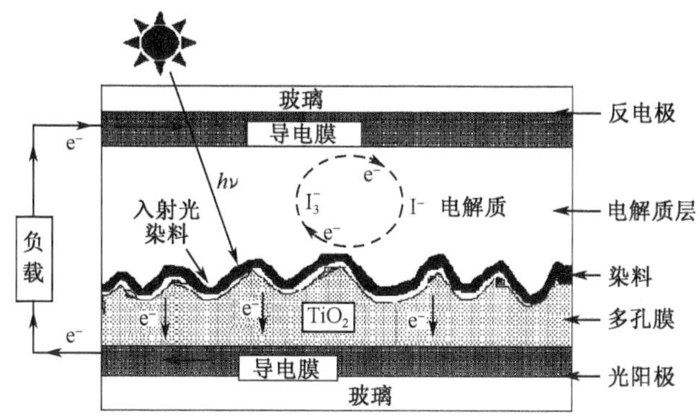

图 8.2　染料敏化太阳电池结构示意图

1. 导电基底材料

导电基底材料又称导电电极材料,分为光阳极材料和光阴极(或称反电极)材料。目前用作导电基底材料的有透明导电玻璃(transparent conducting oxides,TCO)、金属箔片、聚合物导电基底材料等。一般要求导电基底材料的方块电阻越小越好(如小于 20Ω/□的导电玻璃),光阳极和光阴极基底中至少要有一种是透明的,透光率一般要在 85%以上。用于制备光阳极和光阴极衬底的作用是,收集和传输从光阳极传输过来的电子,通过外回路将电子传输到光阴极并提供给电解质中的电子受体。

2. 纳米多孔半导体薄膜

应用于染料敏化太阳电池的半导体薄膜主要是纳米 TiO_2 多孔薄膜。它是染料敏化太阳电池的核心之一,其作用是吸附染料光敏化剂,并将激发态染料注入的电子传输到导电基底。除了 TiO_2 以外,适用于作光阳极半导体材料的还有 ZnO、Nb_2O_5、WO_3、Ta_2O_5、CdS、Fe_2O_3 和 SnO_2 等,其中 ZnO 因来源比较丰富、成本较低、制备简便等优点,在染料敏化太阳电池中也有应用,特别是近年来在柔性染料敏化太阳电池中的应用取得了较大进展。

制备半导体薄膜的方法主要有化学气相沉积、粉末烧结、水热反应、RF 射频溅射、等离子体喷涂、丝网印刷和胶体涂膜等。目前,制备纳米 TiO_2 多孔薄膜的主要方法是溶胶-凝胶法。制备染料敏化太阳电池的纳米半导体薄膜一般应具有以下显著特征。

(1) 具有大的比表面积,使其能够有效地吸附单分子层染料,更好地利用太阳光;

(2) 纳米颗粒和导电基底以及纳米半导体颗粒之间应有很好的电学接触,使载流子在其中能有效地传输,保证大面积薄膜的导电性;

(3) 电解质中的氧化还原电对(一般为 I_3^-/I^-)能够渗透到纳米半导体薄膜内部,使氧化态染料能有效地再生。

3. 染料光敏化剂

染料光敏化剂是影响电池对可见光吸收效率的关键,其性能的优劣直接决定电池的光利用效率和光电转换效率。应用于染料敏化太阳电池的染料光敏化剂一般应具备以下条件。

(1) 具有较宽的光谱响应范围,其吸收光谱尽量与太阳的发射光谱相匹配,有高的光吸收系数;

(2) 应能牢固地结合在半导体氧化物表面并以高的量子效率将电子注入到导带中;

(3) 具有高的稳定性,能经历 10^8 次以上氧化-还原的循环,寿命相当于在太阳光下运行 20 年或更长;

(4) 它的氧化还原电势应高于电解质电子给体的氧化还原电势,能迅速结合电解质中的电子给体而再生。

经过 20 多年来的研究,人们发现卟啉和第Ⅷ族的 Os 及 Ru 等多吡啶配合物能很好地满足以上要求,后者尤其以多吡啶钌配合物的光敏化性能最好。

4. 电解质

电解质是染料敏化太阳电池的一个重要组成部分,其主要作用是在光阳极将处于氧化态的染料还原,同时自身在对电极接受电子并被还原,以构成闭合循环回路。根据电解质的状态不同,用于染料敏化太阳电池的电解质可分为液态电解质、固态电解质和准固态电解质三大类。从现阶段染料敏化太阳电池的研究和发展状况看,基于液体电解质的太阳电池已经在中试规模实验中获得初步成功,在澳大利亚 STA 公司、荷兰 ECN 研究所和中国科学院等离子体物理研究所等单位的大面积染料敏化太阳电池研发中得到了充分的应用,且已在电池稳定性实验中证明了其长期稳定性,并有望在近期内投入工业化和商业化生产。笔者研究组通过解决液体电解质对电池密封和电极材料的不良影响,成功研制了大面积电池组件和商业化电池板,获得了较高性能的电池参数,为商业化应用打下了良好的基础。

5. 对电极

对电极又称光阴极或反电极，它是在导电玻璃等导电基底上沉积一层金属铂（5～10mg/cm^2）或碳等材料，其作用是收集从光阳极经外回路传输过来的电子并将电子传递给电解质中的电子受体使其还原再生完成闭合回路。对电极除了收集电子外，还能加速电解质中氧化-还原电对与阴极电子之间的电子交换速度，起到催化剂的作用。目前最常用的对电极材料为铂和碳。铂可以大大提高电子的交换速度，另外厚铂层还能反射从光阳极方向照射过来的太阳光，提高太阳光的利用效率。目前可以采用多种途径来获得铂对电极，如电子束蒸发、DC 磁控溅射以及氯铂酸高温热解等方法。

8.1.3　染料敏化太阳电池的工作原理

染料敏化太阳电池的工作原理与自然界中的光合作用类似。光合作用是绿色植物通过叶绿素，利用光能，把二氧化碳和水转化为储存能量的有机物，并且释放出氧的过程。染料敏化太阳电池模仿绿色植物光合作用把自然界中光能转换为电能。

液体电解质染料敏化太阳电池主要是由光阳极、液态电解质和光阴极组成的“三明治”结构电池（图 8.3）。光阳极主要是在由导电衬底材料上制备一层多孔半导体薄膜，并吸附单分子层染料光敏化剂；光阴极主要是在导电衬底上制备一层含铂或碳等催化材料。在光阳极中，电极主要材料如 TiO_2，带隙为 3.2eV，不吸收可见光。当 TiO_2 表面吸附单分子层可见光吸收性能良好的染料光敏化剂时，基态染料吸收光后变为激发态，接着激发态染料将电子注入到 TiO_2 的导带而完成载流子的分离，再经过外部回路传输到对电极，电解质溶液中的 I_3^- 在对电极上得到

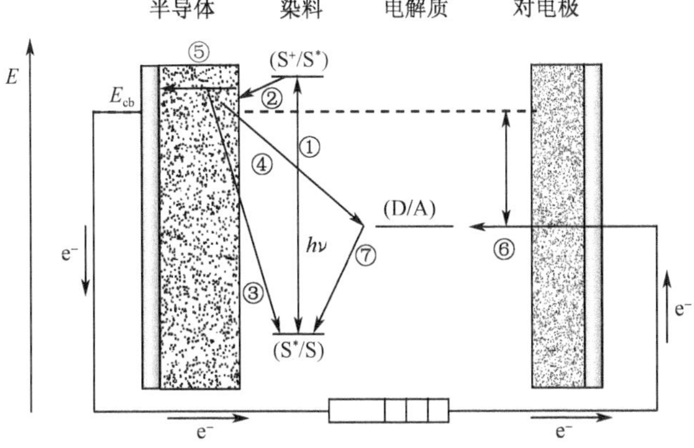

图 8.3　液体电解质染料敏化太阳电池

电子被还原成 I^-，而电子注入后的氧化态染料又被 I^- 还原成基态，I^- 自身被氧化成 I_3^-，从而完成整个循环。电池内发生的所有过程基本可以用下面表达式来描述表示。

(1) 染料受光激发由基态 S 跃迁到激发态 S^*

$$S + h\nu \longrightarrow S^* \tag{8.1}$$

(2) 激发态染料分子 S^* 将电子注入到半导体的导带 cb 中

$$S^* \longrightarrow S^+ + e^-(cb) \tag{8.2}$$

(3) 导带电子与氧化态染料的复合

$$S^+ + e^-(cb) \longrightarrow S \tag{8.3}$$

(4) 导带电子与 I_3^- 的复合

$$I_3^- + 2\,e^-(cb) \longrightarrow 3I^- \tag{8.4}$$

(5) 导带电子在纳米薄膜中传输至导电玻璃导电面(bc：背接触面)，然后流入到外电路

$$e^-(cb) \longrightarrow e^-(bc) \tag{8.5}$$

(6) I_3^- 扩散到对电极上得到电子变成 I^-

$$I_3^- + 2\,e^- \longrightarrow 3I^- \tag{8.6}$$

(7) I^- 还原氧化态染料而使染料再生完成整个循环

$$3I^- + 2S^+ \longrightarrow 2S + I_3^- \tag{8.7}$$

为了保证电池能够正常工作，应满足以下要求：

(1) 光敏化染料分子能够在较宽的光谱范围内吸收太阳光，尽可能充分利用太阳能；

(2) 染料分子的激发态能级与半导体的导带底能级相匹配，尽可能减少电子转移过程中的能量损失；

(3) 电解质中的氧化还原电位和染料分子的氧化还原电位能级匹配，保证染料分子通过电解质中的电子给体或空穴材料中的电子再生。

8.2　染料敏化太阳电池及材料

8.2.1　衬底材料

目前用作染料敏化太阳电池的导电基底材料主要是透明导电玻璃。它是在厚度为 1～3mm 的普通玻璃表面镀上导电膜制成的。其主要成分是掺氟的透明 SnO_2 膜(FTO)，在 SnO_2 和玻璃之间还有一层几个纳米厚度的纯 SiO_2 膜，其目的是防止高温烧结过程中普通玻璃中的 Na^+ 和 K^+ 等离子扩散到 SnO_2 导电膜中去。此外，氧化铟锡(ITO)也可作为该电池的导电衬底材料。ITO 相对于 FTO 导电膜的透光率要好，但 ITO 导电膜在高温烧结过程中电阻急剧增大，较大地影响了染料敏化太阳电池的性能。

由于普通玻璃容易碎裂，安装不便，金属箔片或聚合物薄膜基底等也被广泛应用于染料敏化太阳电池中，制作柔性太阳电池。金属箔片有不锈钢、镍、钛等，其优点是耐高温，可以采用高温烧结的方法来将多孔膜沉积在基底上，且电阻小，但由于其不透明，太阳光只能从对电极一侧照射，光利用率较低。聚合物薄膜基底有聚对苯二甲酸乙二醇酯(PET)和聚对萘二甲酸乙二醇酯(PEN)等，与金属箔片相比，聚合物基底材料具有柔韧性好、透光率高等优点，但基底的耐热温度较低，不适合高温烧结法制备纳米半导体薄膜。

8.2.2　纳米半导体材料

在染料敏化太阳电池中应用的半导体薄膜材料主要有纳米 TiO_2、ZnO、SnO_2 和 Nb_2O_5 等半导体氧化物。其主要作用是利用其巨大的表面积来吸附单分子层染料，同时也是电荷分离和传输的载体。这些材料中，基于纳米 TiO_2 的染料敏化太阳电池光电转换效率已超过 12%，基于纳米 ZnO 材料的电池光电转换效率也达到了 4.1% (AM 1.5)。

1. 纳米多孔薄膜在染料敏化太阳电池中的应用

首先，纳米 TiO_2 在电池中起着重要作用，其结构性能决定染料吸附量的多少。虽然薄膜表面只能吸附单层分子染料，但海绵状的 TiO_2 多孔薄膜内部却能吸附更多的染料分子。内部表面积的大小主要取决于 TiO_2 颗粒的大小，为使染料分子和电解质能进入到多孔薄膜内部，TiO_2 的颗粒又不能太小；随着膜厚的增加，光吸收效率显著增加，但界面复合反应也增大，电子损耗增加，因而纳米 TiO_2 薄膜存在着一个最优化问题。我们研究表明，膜厚在 10～15μm 将是一个最优化的厚度，其光电转换效率能达到最大值。

其次，纳米 TiO_2 对光的吸收、散射、折射产生重要影响。光照下太阳光在薄膜内被染料分子反复吸收，大大地提高染料分子对光的吸收效率。

再次，纳米 TiO_2 薄膜对染料敏化太阳电池中电子传输和界面复合起着很重要的作用。在染料敏化太阳电池中，并不是所有激发态的染料分子都能将电子有效地注入到 TiO_2 导带中，并有效地转换成光电流，有许多因素影响着电流输出，从染料敏化太阳电池的工作原理可以看出，主要有以下三方面产生的暗电流影响着电流的输出：

(1) 激发态染料分子不能有效地将电子注入到 TiO_2 导带，而是通过内部转换回到基态；

(2) 氧化态染料分子不是被电解质中的 I^- 还原，而是与 TiO_2 导带电子直接复合；

(3) 电解质中 I_3^- 不是被对电极上的电子还原成 I^-，而是被 TiO_2 导带电子还原。

因此，纳米 TiO_2 多孔薄膜在很大程度上决定了电池的光电转换效率。纳米 TiO_2 制备工艺对 TiO_2 多孔薄膜表面形貌、导电特性有至关重要的影响，而纳米 TiO_2 薄膜电极性能的优劣又直接影响到染料的吸附量、吸光效率和电子转移，从而影响到电池的效率。

2. 纳米多孔薄膜电极的制备

纳米 TiO_2 薄膜可以通过化学气相沉积、电沉积、磁控溅射、等离子体喷涂和溶胶-凝胶法等方法在导电玻璃或其他导电基底材料上制备，然后经 450～500℃的高温烧结除去表面活性剂即可。制备纳米 TiO_2 薄膜的方法是采用溶胶-凝胶法，是以钛酸酯类化合物为前驱体水解制备出 TiO_2 溶胶，经高压热处理、蒸发去除溶剂、加表面活性剂研磨制备 TiO_2 浆料，或者将商业级的纳米 TiO_2 粉体(如 P25)加表面活性剂和适量溶剂研磨制备 TiO_2 浆料，然后经丝网印刷、直接涂膜或旋涂等方法在导电基底上淀积 TiO_2 薄膜，经高温烧结后即可得到纳米 TiO_2 多孔电极。下面以溶胶-凝胶法为例，详细介绍制备纳米 TiO_2 多孔薄膜的实验过程。

溶胶-凝胶法制备纳米 TiO_2 时是以钛酸四异丙酯[$Ti(i\text{-}OC_3H_7)_4$]、硝酸、去离子水等为原料。具体过程为：在室温下，将一定量的钛酸四异丙酯滴加到强力搅拌下的硝酸溶液中(可根据需要控制硝酸溶液 pH 在 1.5～6)，同时还可以用三乙胺或氨水溶液(pH 随着颗粒的要求控制在 8～13)来调节水解反应的 pH。随着钛酸四异丙酯的加入，立刻有白色沉淀物出现。将溶液充分搅拌后，水浴加热到 80℃，恒温并保持强力搅拌 5～12h，获得透明的 TiO_2 胶体。如果溶液混浊，可以适当延长恒温搅拌时间，得到透明的 TiO_2 溶胶。

将溶胶或处理好的溶液放入高压釜内，热处理温度一般在 190～250℃，热处理时间为 8～24h，不同实验条件下获得的纳米 TiO_2 颗粒大小和晶形可参阅文献[7]。从高压釜取出的溶液是呈白色、有团聚颗粒沉淀的乳浊液。充分搅拌，使溶液均匀，最好采用超声的方法尽可能粉碎团聚颗粒，以便获得分散性较好的纳米 TiO_2 颗粒。经超声分散后，将胶体溶液进行真空蒸发除水，使溶液浓缩，最终使 TiO_2 质量百分含量在 10%～15%。蒸发除水后，再通过高速离心沉降纳米 TiO_2 颗粒。如果制作纳米 TiO_2 粉末，将去水离心后的纳米 TiO_2 湿团块放入马弗炉中烘干，然后充分研磨，即可得到纳米 TiO_2 粉末。制作 TiO_2 浆料时，将离心后的团块加入一定量的高分子聚合物(如聚乙二醇 20000)和表面活性剂等，充分研磨后，就可以得到均匀的纳米 TiO_2 浆料。

纳米多孔薄膜的制备是采用丝网印刷技术将浆料均匀印刷在导电玻璃上，制成纳米 TiO_2 多孔薄膜。在纳米 TiO_2 浆料中加入一定比例的表面活性剂，这样不仅可以防止纳米 TiO_2 薄膜在烧结过程中龟裂，又可调节多孔薄膜的孔洞率。将印

刷有纳米 TiO_2 薄膜的 TCO 放入红外烧结炉进行 450℃高温烧结 30 min，即可得到纳米 TiO_2 多孔薄膜，膜厚可通过丝网的目数等条件来控制，一般控制在 4～20μm。

3. 纳米多孔薄膜电极研究

应用于染料敏化太阳电池的半导体薄膜材料主要是纳米 TiO_2、ZnO、SnO_2、$SrTiO_3$、Nb_2O_5 等半导体氧化物，主要作用是利用其巨大的表面积来吸附单分子层染料，同时也是电荷分离和传输的载体。到目前为止，电池光电转换效率最高的仍是以纳米 TiO_2 半导体为材料的电极。近几年来，有关染料敏化太阳电池中纳米半导体薄膜方面的研究主要集中在以下三个方面：薄膜的制备方法、薄膜的物理-化学处理以及其他半导体薄膜的应用。

在纳米 TiO_2 薄膜制备方法上，目前有两大热点：一个是在柔性衬底上制备纳米 TiO_2 薄膜；另一个是规整有序纳米 TiO_2 薄膜制备方面的研究。在柔性衬底上制备纳米 TiO_2 薄膜研究上，Dürr 将经过高温烧结过的纳米 TiO_2 多孔层从镀金的玻璃上转移到涂有胶黏剂的 ITO/PET 柔性导电基底上，获得了 5.8%（AM1.5）的高光电转换效率[8]，但由于该方法制备工艺复杂而很难得以大规模应用。2006 年，Grätzel 所在研究组开发出一种基于钛箔柔性基底的高温法 TiO_2 光阳极和基于 ITO/PEN 导电基底的镀铂对电极柔性太阳电池，效率达到 7.2%[9]，这也是目前柔性电池光电转换效率的最高值。这些研究成果使人们看到了柔性太阳电池应用的希望，但柔性电池的光电极与导电基底的附着强度和电接触等问题仍需要作更深入的研究。在规整有序纳米结构 TiO_2 薄膜研究上，孟庆波等[10]利用不同粒径纳米粒子的纳米晶三维周期孔组装而制作的染料敏化太阳电池，开路电压达到了 0.9V。目前 TiO_2 纳米管的研究和应用也广受关注，将其应用于染料敏化太阳电池电极材料，获得了较好的光电转换效率。总之，利用半导体复合体系（如 TiO_2、Nb_2O_5、ZnO、SnO_2 和 Al_2O_3 等）组装复合半导体多孔薄膜电极也是纳米半导体研究的一个重要方向。

纳米结构的半导体在太阳电池中通过其巨大的表面积，吸附大量的单分子层染料，提高了太阳光的收集效率，同时，纳米半导体将激发态染料分子注入的电子传输到电极。半导体电极的巨大表面积也增加了电极表面的电荷复合，从而降低太阳电池的光电转换效率。为了改善电池的光电性能，人们采用了多种物理化学修饰技术来改善纳米 TiO_2 电极的特性，这些技术包括 $TiCl_4$ 表面处理、表面包覆和掺杂等。

采用 $TiCl_4$ 水溶液处理纳米 TiO_2 光阳极，可以在纯度不高的 TiO_2 核外面包覆一层高纯的 TiO_2，增加电子注入效率；同时和电沉积一样，在纳米 TiO_2 薄膜之间形成新的纳米 TiO_2 颗粒，增强了纳米 TiO_2 颗粒间电接触。研究发现，$TiCl_4$ 处理后，尽管纳米 TiO_2 薄膜的比表面积下降，但单位体积内 TiO_2 的量增加，从而增大了 TiO_2 薄膜的表面积和电池的光电流。$TiCl_4$ 处理纳米 TiO_2 光阳极提高光电流的可能机理是改变 TiO_2 的导带边位置，增大光电子的注入效率。与 $TiCl_4$ 表面处理作用类似的方法有酸处理、表面电沉积等。盐酸处理有机染料敏化的 TiO_2 薄膜，电池的光电流和光电压及效率均有大幅提高，处理效果较其他无机酸好。

同时，表面包覆是纳米 TiO_2 电极表面修饰的又一个重要方法。由于纳米 TiO_2 多孔薄膜电极具有较高的比表面积，TiO_2 粒子的尺寸又比较小，多孔薄膜内表面态数量相对单晶材料来说比较多，导致 TiO_2 导带电子与氧化态染料或电解质中的电子受体复合严重[11]。为此人们在纳米 TiO_2 表面包覆具有较高导带位置的半导体或绝缘层形成所谓的核-壳结构的阻挡层来减小复合几率。在 TCO 和纳米 TiO_2 界面引入一层 TiO_2 或 Nb_2O_5 致密层，用以减少 TCO 与电解质的直接接触面积，电池的开路电压、填充因子和光电转换效率均有较大提高。也有研究表明阻挡层在短路条件下可以很好地阻止导带电子和电解质溶液中的 I_3^- 的背反应，但在开路条件下，电子在 TiO_2 阻挡层表面积聚，从而使得 TiO_2 阻挡层的阻挡效果受到限制。

单一纳米多孔薄膜电池的光电转换性能并不是很理想，而适当的掺杂则可以增强其光电性能。研究发现，金属离子掺杂单晶或多晶 TiO_2 可以减少电子-空穴对的复合，延长电荷寿命，从而提高电池的光电流[12]。如 ZrO_2 掺杂 TiO_2 纳米薄膜可以增大电池的开路电压、短路电流密度和光电转换效率[13]。TiO_2 与其他半导体化合物复合制备半导体复合膜可改善电池的光电性能，常用的半导体化合物有 ZrO_2、CdS、ZnO 和 PbS 等。复合膜的形成改变了 TiO_2 薄膜中的电子分布，抑制载流子在传输过程中的复合并提高电子传输效率，可能成为今后复合膜研究的一个重点。

在其他可替代 TiO_2 半导体材料研究方面，ZnO 半导体电极在染料敏化太阳电池，特别是在柔性太阳电池上的应用研究有了很大进展。Lee 采用曙红-Y 染料敏化 ZnO 半导体，组装的太阳电池光电转换效率达到 2.4%[14]。日本岐阜大学开发的基于二氢吲哚类有机染料敏化的电沉积纳米氧化锌薄膜的塑性彩色电池效率达到 5.6%[15]。日本 TDK 公司采用改进的染料和 ZnO，获得了 7.9%的光电转换效率。

采用合适的制备方法制备颗粒尺寸均匀、比表面积大、空隙呈垂直于导电基底的纳米半导体多孔薄膜，是提高染料敏化太阳电池性能的关键之一。此外，为了提高染料敏化太阳电池的便携性能和使用范围，基于柔性衬底的光阳极制备技术是当前纳米半导体的一重要研究方向。如何在低温条件下制备高效纳米半导体光阳极，是当前柔性太阳电池研究的一个亟待解决的问题。

4. 纳米多孔薄膜性能表征

实验过程中，常用的纳米 TiO_2 微粒性能分析方法有：X 射线衍射法（XRD）、透射电子显微镜观察法（TEM）、扫描电子显微镜（SEM）、比表面积、孔隙测量分析法（BET）以及电化学方法等。

为了了解纳米 TiO_2 样品的晶相组成及晶粒尺度，采用 X 射线衍射仪对纳米 TiO_2 粉末进行物相分析，同时根据衍射峰的半高宽，用谢乐（Scherrer）公式计算纳米 TiO_2 粉末的晶粒尺寸。谢乐公式为

$$D_{hkl}=\frac{k\lambda}{\beta\cos\theta} \tag{8.8}$$

其中，D_{hkl} 为（hkl）晶面法线方向上晶粒的尺寸，常数 k 与晶体的形状、晶面指数、β 以及 D_{hkl} 有关，常数 k 的值取 0.89；λ 为 X 射线的波长，约为 0.15406nm；β 为衍射峰的半高宽，单位为弧度；其中 θ 为衍射角，是经过各项校验后，纯粹由晶粒大小而引起的衍射线条变化时衍射线峰的半高宽或者是积分宽度，计算中常用的是衍射峰的半高宽。

同时由公式

$$X_R=\frac{1}{1+0.8\cdot\left(\frac{I_A}{I_R}\right)} \tag{8.9}$$

$$X_A=1-X_R \tag{8.10}$$

可以计算出金红石相 TiO_2 在粉体中所占的比例。其中，X_R 为金红石相 TiO_2 的百分比，I_A 和 I_R 分别是锐钛矿相和金红石相 TiO_2 的[101]和[110]衍射峰的强度。X_A 为锐钛矿相 TiO_2 的百分比，可以由 X_R 计算出。

另外，为了观察纳米 TiO_2 晶体粉末颗粒的形貌，用 TEM 观察粉末颗粒的微观形状和颗粒大小，同时，通过 FE-SEM 观察薄膜表面及截面形貌图。图 8.4 和图 8.5 分别给出 TEM 和 FESEM 照片，结合纳米多孔 TiO_2 薄膜的比表面积、孔

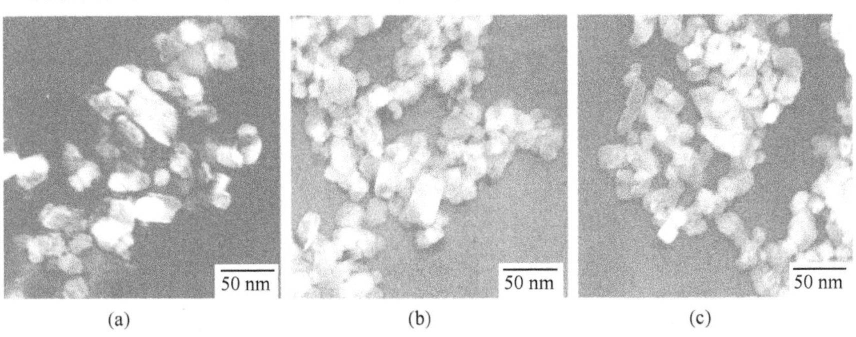

(a)　(b)　(c)

图 8.4　不同颗粒大小的纳米 TiO_2 颗粒 TEM 图

洞直径、孔洞分布情况和孔洞率，便于分析染料吸附和电解质中离子传输等情况。

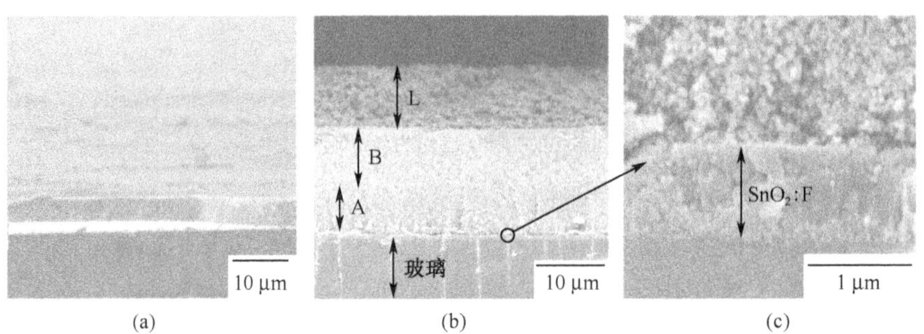

图 8.5　纳米 TiO_2 多孔薄膜 FESEM 截面形貌图

除了晶体结构及形貌测试外，目前涉及纳米 TiO_2 薄膜测试的手段还有电化学手段，包括循环伏安特性（CV）、电化学阻抗谱（EIS）以及调制光电流/电压谱（IMPS/IMVS）等。

三电极系统组成的循环伏安方法可以研究电荷传输动力学过程。根据不同的扫描速率和返回电压，采用常用的多孔薄膜内模拟等效电路，可以得到电子在多孔薄膜内传输时的转移电阻以及多孔薄膜内的电容特性。

EIS 是一种以小振幅的正弦波电位（或电流）为扰动信号的电化学测量方法。以小振幅的电信号对体系扰动，一方面可避免对体系产生大的影响；另一方面也使得扰动与体系的响应之间近似呈线性关系，这就使测量结果的数学处理变得简单。同时，电化学阻抗谱方法又是一种频率域的测量方法，它以测量得到的频率范围很宽的阻抗谱来研究电极系统，因而能比其他常规的电化学方法得到更多的动力学信息及电极界面结构的信息。对于简单的电极系统，也可以从测得的一个时间常数的阻抗谱中，在不同的频率范围得到有关从参比电极到工作电极之间的溶液电阻、双电层电容以及电极反应电阻的信息。

EIS 在染料敏化太阳电池方面目前已有很多的研究，包括直接用铂黑电极来研究染料敏化太阳电池电解质的电化学性能，以导电玻璃为衬底的铂黑电极来研究电解质溶液中 I^-/I_3^- 的氧化还原行为，同时还可以较为直观地得到不同纳米多孔薄膜中的电荷传输电阻。这些方法可以帮助我们从电化学方面了解染料敏化太阳电池中内部的电荷传输、复合以及界面电极过程，具体的内容及在染料敏化太阳电池上的应用将在后面章节内容加以详细的阐述。

8.2.3　染料光敏化剂

染料光敏化剂作为染料敏化太阳电池的光吸收剂，其性能直接决定染料敏化太阳电池的光吸收效率和电池的光电转换效率。理想的染料光敏化剂应能够吸收尽可能多的太阳光产生激发态，染料的激发态能级应比纳米半导体氧化物的导带底位置略高以使激发态染料的电子能够顺利地注入到纳米半导体氧化物的导带中。目前应用于染料敏化太阳电池的染料光敏化剂根据其分子结构是否含有金属可以分为无机染料和有机染料两大类。无机类的染料光敏化剂主要集中在钌、锇等金属多吡啶配合物、金属卟啉和酞菁等；有机染料包括合成染料和天然染料。

1．无机染料

无机金属配合物染料具有较高的热稳定性和化学稳定性，其金属配合物敏化剂通常含有吸附配体和辅助配体。吸附配体能使染料吸附在 TiO_2 表面，同时作为发色基团。辅助配体并不直接吸附在纳米半导体表面，其作用是调节配合物的总体性能。目前应用前景最为看好的是多吡啶钌配合物类染料光敏化剂。多吡啶钌染料具有非常高的化学稳定性、良好的氧化还原性和突出的可见光谱响应特性，在染料敏化太阳电池中应用最为广泛，有关其研究也最为活跃。这类染料通过羧基或膦酸基吸附在纳米 TiO_2 薄膜表面，使得处于激发态的染料能将其电子有效地注入到纳米 TiO_2 导带中。多吡啶钌染料按其结构分为羧酸多吡啶钌、膦酸多吡啶钌和多核联吡啶钌三类，其中前两类的区别在于吸附基团的不同，前者吸附基团为羧基，后者为膦酸基，它们与多核联吡啶钌的区别在于它们只有一个金属中心。羧酸多吡啶钌的吸附基团羧基是平面结构，电子可以迅速地注入到 TiO_2 导带中。这类染料是目前应用最为广泛的染料光敏化剂，目前开发的高效染料光敏化剂多为此类染料。在这类染料中，以 N3、N719 和黑染料为代表，保持着染料敏化太阳电池的最高光电转换效率。近年来，以 Z907 为代表的两亲型染料及以 K19 和 C101 为代表的具有高吸光系数的染料光敏化剂是当前多吡啶钌类染料研究的热点[16]。图 8.6 为几种有代表性的多吡啶钌配合物的分子结构示意图。表 8.1 列出了这些染料的紫外光谱及其敏化太阳电池的光伏性能数据。

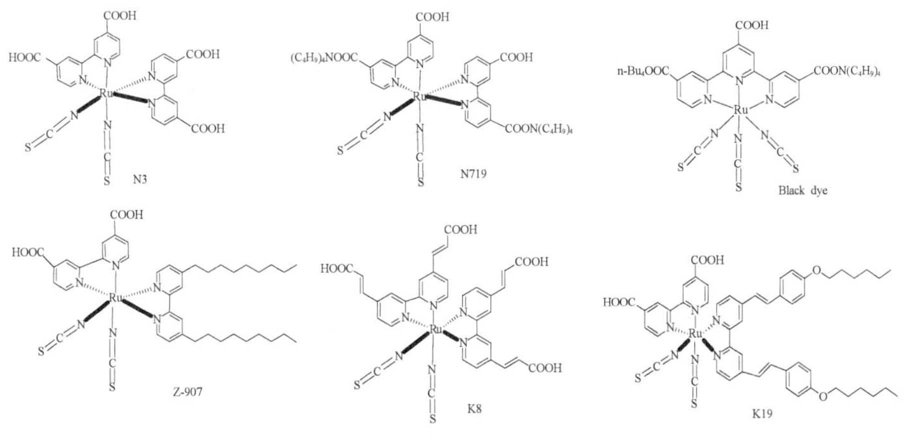

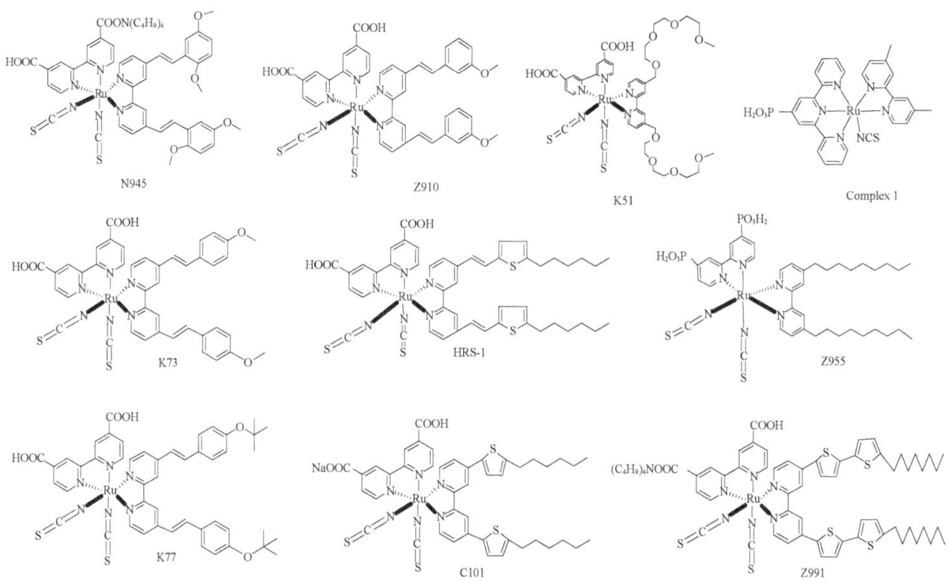

图 8.6　几种具有代表性的无机染料结构示意图

表 8.1　多吡啶钌(Ⅱ)配合物的吸收光谱和光电性能

染料	abs/nm ($\varepsilon/10^3\ m^2/mol$)	IPCE/%	J_{SC}/ (mA/cm^2)	V_{OC}/mV	FF	η/%
N3	534(1. 42)	83	18. 12	720	0. 73	10. 0[17]
N719	532(1. 4)	85	17. 73	846	0. 75	11. 18[18]
Black dye	605(0. 75)	80	20. 53	720	0. 704	10. 4[19]
Black dye		80	20. 9	736	0. 722	11. 1[20,21]
Z907	526(1. 22)	72	13. 6	721	0. 692	6. 18[22,23]
Z907	526(1. 22)	72	14. 6	722	0. 693	7. 3[23]
K8	555(1. 80)	77	18. 0	640	0. 75	8. 6[24]
K19	543(1. 82)	70	14. 61	711	0. 671	7. 0[25]
N945	550(1. 89)	80	16. 5	790	0. 72	9. 6[26]
Z910	543(1. 70)	80	17. 2	777	0. 764	10. 2[27]
K73	545(1. 80)	80	17. 22	748	0. 694	9. 0[28]
K51	530(1. 23)	70	15. 40	738	0. 685	7. 8[29]
HRS-1	542(1. 87)	80	20. 0	680	0. 69	9. 5[30]
Z955	519(0. 83)	80	16. 37	707	0. 693	8. 0[31]
C101	547(1. 68)	80	17. 94	778	0. 785	11. 0[16]

注：abs 为染料吸收峰峰值波长。

羧酸多吡啶钌染料虽然具有许多优点，但在 pH>5 的水溶液中容易从纳米半导体的表面脱附。而膦酸多吡啶钌的吸附基团是膦酸基，其最大特性是在较高的 pH 下也不易从 TiO_2 表面脱附。单就与纳米半导体表面的结合能力而言，膦酸多吡啶钌是比羧酸多吡啶钌优越的染料光敏化剂。但膦酸多吡啶钌的缺点也是显而易见的，由于膦酸基团的中心原子磷采用 sp^3 杂化，为非平面结构，不能和多吡啶平面很好的共轭，电子激发态寿命较短，不利于电子的注入。Péchy 等[32]开发第一种膦酸多吡啶钌染料(图 8.6 中 Complex 1)，其激发态寿命为 15ns，而在 TiO_2 上的 Langmuir 吸附常数约为 8×10^6，大约是 N3 染料的 80 倍，其 IPCE (incident photo-current conversion efficiency) 在 510nm 处达到了最大值 70%。Grätzel 组[31]开发了结构与 Z907 类似的膦酸多吡啶钌染料 Z955，利用其作敏化剂，电池获得了大于等于 8%的光电转换效率。

多核联吡啶钌染料是通过桥键把不同种类联吡啶钌金属中心连接起来的含有多个金属原子的配合物。它的优点是可以通过选择不同的配体，改变染料的基态和激发态的性质使其吸收光谱更好地与太阳光谱匹配，增加其对太阳光的吸收效率。根据理论研究，这种多核配合物的一些配体可以把能量传递给其他配体，具有“能量天线”的作用。Grätzel 等[33]的研究认为，天线效应可以增加染料的吸收系数。可是，在单核联吡啶钌染料光吸收效率极低的长波区域，天线效应并不能增加光吸收效率。此类染料分子由于体积较大，比单核染料更难进入纳米 TiO_2 的孔洞，而且合成复杂，限制了其在染料敏化太阳电池中的应用。

2. 有机染料

有机类染料具有种类多、成本低、吸光系数高和便于进行结构设计等优点。近年来，基于有机染料的染料敏化太阳电池发展较快，其光电转换效率与多吡啶钌类染料敏化太阳电池相当。有机染料光敏化剂一般具有“给体(D)-共轭桥(π)-受体(A)结构”。借助电子给体和受体的推拉电子作用，使得染料的可见吸收峰向长波方向移动，有效地利用近红外线和红外线，进一步提高电池的短路电流。基于 D-π-A结构的有机染料已经广泛用于染料敏化太阳电池中，图 8.7 分别列出了几种具有较高摩尔消光系数的高效有机染料的结构及其相应敏化电池的效率。黄春辉等[34]以半花菁染料 BTS 和 IDS 作敏化剂的 TiO_2 电极经盐酸处理之后，电池效率分别达到 5.1%(BTS)和 4.8%(IDS)。Yang 等[35]合成了两种包含并噻吩基和噻吩基共轭结构单元的有机染料，用 D-SS(结构式如图 8.7 所示)作敏化剂的太阳电池获得了 6.23%的光电转换效率。Yanagida 组[36]和 Arakawa 组[37]分别用多烯染料或称苯基共轭寡烯染料作敏化剂，获得了 6.6%和 6.8%的光电转换效率。

Hara 及其合作者[38]合成了系列香豆素衍生物染料作敏化剂，获得了与 N719 染料接近的光电转换效率。Uchida 组[39]用二氢吲哚类染料 D149 作敏化剂，在没有反射层的情况下获得了 8%的光电转换效率，对 TiO_2 膜等进行优化后，得到了 9%的光电转换效率。近年来，基于有机染料的染料敏化太阳电池发展较快，最高的电池效率已经超过 10%[40]。

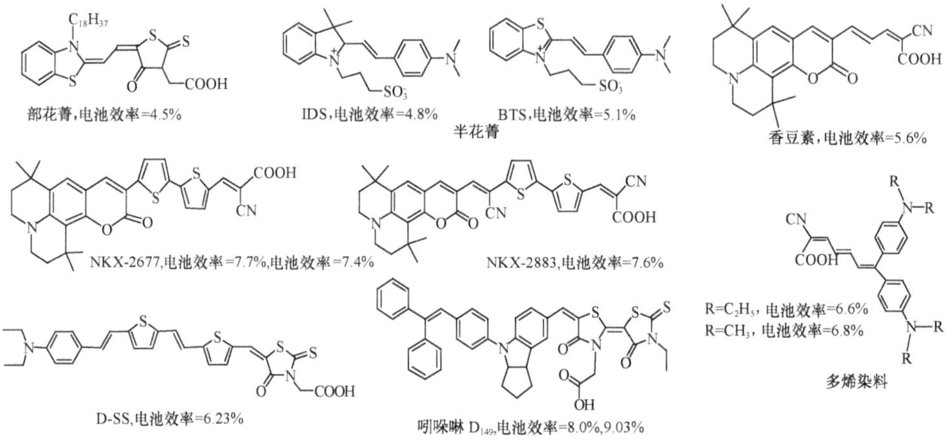

图 8.7　几种有代表性有机染料的结构示意图

3. 协同敏化

单一染料敏化受到染料吸收光谱的限制，很难与太阳发射光谱相匹配。人们采用光谱响应范围具有互补性质的染料配合使用，取得了良好的效果。张宝文等[41]设计合成了系列方酸菁染料，它们的吸收光谱与钌配合物有非常好的互补性，在 600～700nm 呈现一个非常强的吸收带，消光系数较 N3 染料高一个数量级，最大吸收峰较 N3 染料红移了 100nm。图 8.8 为三种方酸菁染料的结构及其与不同比例的 N3 染料协同敏化的光电流谱[41]。表 8.2 列出了三种染料单独敏化及其与 N3 染料协同敏化太阳电池的光伏性能数据。利用该类染料与 N3 染料以一定的比例协同敏化 TiO_2 纳米电极的 IPCE 最大值超过 85%，电池光电转换效率较 N3 染料单一敏化时提高了 13%。通过方酸菁和羧酸多吡啶钌染料按照一定比例的协同敏化，拓宽了羧酸多吡啶钌染料的光谱响应范围，获得了较理想的电池参数。陆祖宏等[42]研究了四羧基酞菁锌和 CdS 协同敏化的 TiO_2 电极，发现协同敏化与单一染料敏化相比，不仅拓宽了四羧基酞菁锌的光谱响应范围，使吸收光谱红移，而且提高了太阳电池的量子效率。

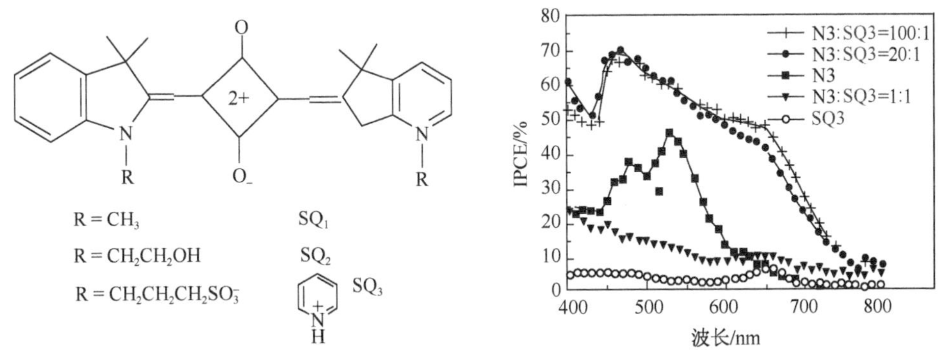

图 8.8　三种方酸菁染料的结构图及其与 N3 染料协同敏化的光电流谱

表 8.2　三种方酸菁染料及其和 N3 染料协同敏化的染料敏化太阳电池的光电性能数据[41]

Dye	V_{OC}/V	J_{SC}/(mA/cm^2)	FF/%	η/%
SQ_1	0.47	2.1	53.1	0.84
SQ_2	0.45	2.8	52.6	1.07
SQ_3	0.54	4.4	56.7	2.17
N3	0.55	15.0	44.1	5.87
SQ_3 ∶ N3＝1 ∶ 1	0.52	10.5	46.5	4.10
SQ_3 ∶ N3＝1 ∶ 100	0.60	15.2	45.0	6.62

8.2.4　电解质

在染料敏化太阳电池中，电解质起到在工作电极和对电极之间输运电荷的作用，并且电解质也是影响电池光电转换效率和长期稳定性的重要因素之一。电解质可分为有机溶剂电解质、离子液体电解质、准固态电解质和固态电解质几个部分，以下将对其逐一介绍。

1. 有机溶剂电解质

有机溶剂电解质由于其扩散速率快、光电转换效率高、组成成分易于设计和调节、对纳米多孔膜的渗透性好等优点，一直被广泛应用和研究。目前在制备高效率的染料敏化太阳电池中，有机溶剂电解质仍然是无可替代的。

有机溶剂电解质主要是由三个部分组成：有机溶剂、氧化还原电对和添加剂。用作液体电解质中的有机溶剂常见的有：腈类，如乙腈(ACN)、甲氧基丙腈(MePN)等；酯类，如碳酸乙烯酯(EC)、碳酸丙烯酯(PC)和 γ-丁内酯(GBL)等。与水相比，这些有机溶剂对电极是惰性的，不参与电极反应，具有较宽的电化学窗口，不易导致染料的脱附和降解，其凝固点低，适用的温度范围宽。此外，它们也具有较高的介电常量和较低的黏度，能满足无机盐在其中的溶解和离解，且溶液具有较高的电导率。如乙腈溶剂，对纳米多孔膜的浸润性和渗透性很好，其介电常量大、黏度很低、介电常量和黏度的比值高，对许多有机物和无机物的溶解性好，对光、热、化学试剂等十分稳定，是液体电解质中一种较好的有机溶剂。1991 年，Grätzel 研究小组首先在这种电解质系统中取得了突破。它主要是由三个部分组成：有机溶剂、氧化还原电对和添加剂。近年来，日本 NIMS 研究小组和瑞士 EPFL 采用这种系统，利用黑染料和锌卟啉染料分别获得光电转换效率为 11.4%和 12.3%的电池[21,43]。

液体电解质中的氧化还原电对主要是 I^-/I_3^-，I^-/I_3^- 氧化还原电对能够很好地与纳米半导体电极能级、氧化态及还原态染料的能级相匹配。在氧化还原电对 I^-/I_3^- 中，由于 I_3^- 在液体有机溶剂中的扩散速率较快，通常 0.1mol/L 的 I_3^- 就可满足要求。但氧化态染料是通过 I^- 来还原的，因此 I^- 的还原活性和碘化物中阳离子性质强烈影响染料敏化太阳电池的性能。

对于 I^-/I_3^- 扩散速率的测量通常采用超微圆盘电极的稳态伏安法。常规电极在电极表面反应物浓度较低时，电容电流大于法拉第电流，限制了电化学测定中的检出限，同时也歪曲了电极在较短的时间内的循环伏安和计时电流特征。而微电极由于面积很小，双电层电容正比于电极面积，因此微电极双电层电容非常低，电极极化电流的衰减时间低于 1 μs，能够快速响应。由于超微圆盘电极上极化电流随时间而衰减的速度很快，迅速达到稳态，即电流不再随时间而变化。测量电解质中氧化还原电对的扩散系数常用以下公式

$$I_{ss}=4ncFaD_{app} \tag{8.11}$$

其中，I_{ss}代表稳态扩散电流，c 为氧化还原电对的本体浓度，a 表示电极的半径，D_{app}为表观扩散系数，F 为法拉第常数，n 为电化学反应的电子得失数。

用于电解质中的阳离子通常是咪唑类阳离子和 Li^+，如碘化 1,2-二甲基-3-丙基咪唑(DMPII)和碘化锂。咪唑类阳离子不但可以吸附在纳米 TiO_2颗粒的表面，而且也能在纳米多孔膜中形成稳定的 Helmholtz 层，阻碍了 I_3^- 与纳米 TiO_2膜的接触，有效地抑制了导带电子与电解质溶液中 I_3^- 在纳米 TiO_2颗粒表面的复合，从而大大提高了电池的填充因子和光电转换效率。此外，咪唑类阳离子的体积大于碱金属离子的体积，导致阳离子对 I^- 的束缚力减弱。这样，一方面可提高碘盐在有机溶剂中的溶解度，从而可提高 I^- 的浓度；另一方面因阳离子对 I^- 的束缚力减弱，I^- 的还原活性和在有机溶剂中的迁移速率将会增强。这样有利于提高氧化态染料再生的速率，有利于染料在光照条件下光吸收和光稳定，所以咪唑类阳离子在染料敏化太阳电池中的应用是十分重要的。

当电解质溶液中加入 Li^+ 时，如果 Li^+ 浓度很小，主要是 Li^+ 在 TiO_2膜表面的吸附；增大 Li^+ 的浓度，则 Li^+ 在 TiO_2 膜表面的吸附和 Li^+ 嵌入 TiO_2膜内这两种

情况共存,吸附在表面的 Li^+ 和嵌入在 TiO_2 膜内的 Li^+ 均可与导带电子形成偶极子 Li^+-e^-[44]。表面的 Li^+-e^- 偶极子既可在 TiO_2 膜表面迁移,也有可能脱离 TiO_2 膜表面迁移,其结果是缩短了导带电子在相邻的或不相邻的钛原子间传输的阻力和距离;而且,吸附在表面的 Li^+ 一定程度地引起 TiO_2 带边正移,因此,电解质溶液中加入 Li^+,可明显改善电子在 TiO_2 膜中的传输和光生电子注入动力,从而提高太阳电池的短路电流。同时,形成的 Li^+-e^- 偶极子与溶液中 I_3^- 复合反应的速率也快,会导致太阳电池的开路电压和填充因子下降。

染料敏化太阳电池电解质溶液中常用的添加剂是 4-叔丁基吡啶(TBP)或 N-甲基苯并咪唑(NMBI)。由于 TBP 可以通过吡啶环上的 N 原子与 TiO_2 膜表面上不完全配位的 Ti 原子配合,阻碍了导带电子在 TiO_2 膜表面与溶液中 I_3^- 复合,可明显提高太阳电池的开路电压、填充因子和光电转换效率。在吡啶环上引入叔丁基等大体积基团,以增大导带电子与溶液中 I_3^- 在 TiO_2 膜表面复合的空间位阻,从而减小导带电子与 I_3^- 的复合速率。此外,叔丁基的给电子诱导效应强,可促进吡啶环上的 N 原子与 TiO_2 膜表面上不完全配位的 Ti 原子配合。

虽然有机溶剂电解质具有诸多优点,但同时也存在一些不足。例如有机溶剂如腈类具有一定的毒性,某些有机溶剂在光照下容易降解,使用有机溶剂制备的染料敏化太阳电池内部蒸气压较大,不利于电池的长期稳定性等。因此研究人员尝试采用其他类型电解质来获得更稳定的电池。

2. 离子液体电解质

离子液体电解质是近年来发展起来的一类新型液态电解质。与基于有机溶剂的液态电解质相比,离子液体电解质具有非常小的饱和蒸气压、不挥发、无色无嗅;具有较大的稳定温度范围,较好的化学稳定性及较宽的电化学稳定电位窗口;通过对阴阳离子的设计可调节其对无机物、水及有机物的溶解性等一系列突出的优点。以离子液体介质为基的染料敏化太阳电池中构成离子液体的有机阳离子常用的是二烷基取代咪唑阳离子,如碘化 1-甲基-3-丙基咪唑(MPII)和碘化 1-甲基-3-己基咪唑(HMII)。这两种离子液体相比较,MPII 的黏度低,对许多有机物和无机物的溶解性好,工作物质在其中的扩散速率较高;Kubo 等经过实验证实 HMII 中的长脂肪链可有效抑制导带电子在 TiO_2 膜表面与溶液中 I_3^- 的复合[45],用其制备的电池效率要高于 MPII。但总体来说这两种离子液体的黏度都较大,目前应用这两种离子液体制备的电池光电转换效率达到 5.5%。

染料敏化太阳电池适用的离子液体其阴离子主要有 I^-、$N(CN)_2^-$、$B(CN)_4^-$、$(CF_3COO)_2N^-$、BF_4^-、PF_6^- 和 NCS^- 等。虽然离子液体在室温下呈液态,但其黏度远高于有机溶剂电解质,I_3^- 扩散到对电极上的速率慢,质量传输过程占据主导地位,因此降低离子液体的黏度,增大扩散速率成为研究人员选择离子液体的主要依据。虽然离子液体的黏度与结构之间的关系尚未完全清楚，但采用大阴离子可以显著降低阴阳离子的离子间作用力，从而降低黏度。基于上述原因人们开发和研究了多种低黏度离子液体。采用低黏度离子液体和 MPII 混合溶剂制备离子液体电解质，获得了很好的结果，最近王鹏工作组[46]采用混合离子液体基电解质，配合 Z907 染料，获得了 8.2%的效率。图 8.9 为可应用到太阳电池中的一些离子液体的结构和黏度[47]。

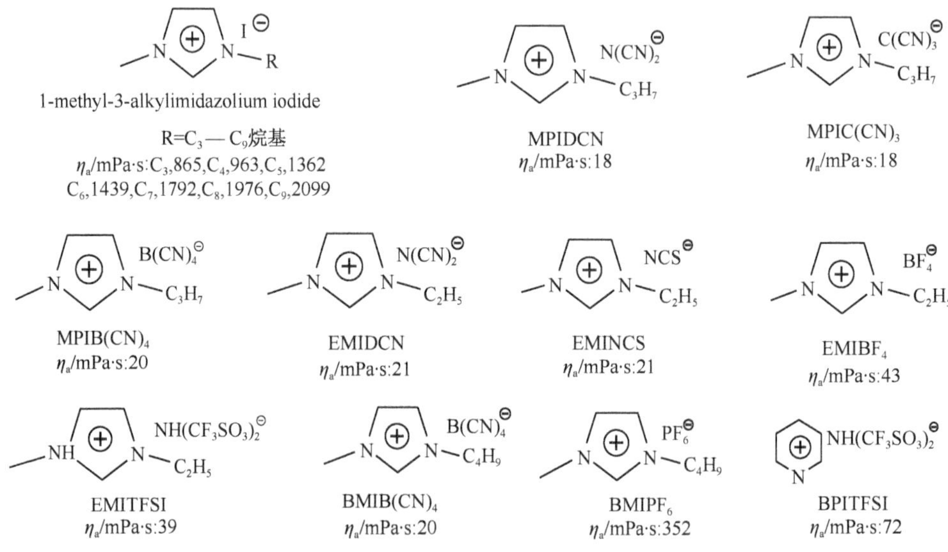

图 8.9　几种离子液体的结构及黏度(η_a 为黏度)

除了烷基咪唑类阳离子，人们还尝试开发了烷基吡啶类和三烷基锍类离子液体。Paulsson 等[48]研究了基于三烷基锍离子液体，用 1% I_2 的(Bu_2Me)SI 离子液体作电解质，获得了 3.7% (10 mW/cm^2)的光电转换效率。Watanabe 等[47]开发了烷基吡啶类离子液体，将其应用于染料敏化太阳电池，获得了 2%的光电转换效率。除 I^-/I_3^- 电对外，Wang 等[49]利用不含有机溶剂的基于$(SeCN)_3^-/SeCN^-$电对的 EMISeCN 离子液体电解质，获得了 7.5%的光电转换效率，说明该电对在离子液体电解质中的性能已与 I^-/I_3^- 电对相当。鉴于 Se 在地球上含量稀少，成本较高，该电对还很难取代 I^-/I_3^-。值得一提的是，Matsui 等[50]将离子液体电解质应用于大面积电池，获得了 2.7%的光电转换效率，使人们看到离子液体电解质在大面积染料敏化太阳电池中应用的可行性，为大面积染料敏化太阳电池的应用打下了良好基础。

3. 准固态电解质

准固态电解质是染料敏化太阳电池未来发展的一个方向。准固态电解质主要是在有机溶剂或离子液体基液态电解质中加入胶凝剂形成凝胶体系，从而增强体系的稳定性。准固态电解质按照胶凝前的液体电解质不同，可以分为基于有机溶剂的准固态电解质和基于离子液体的准固态电解质。根据胶凝剂的不同，分为有机小分子胶凝剂、聚合物胶凝剂和纳米粒子胶凝剂。准固态电解质近年来发展很快，人们开发出不同的胶凝体系。

在有机溶剂电解质中加入有机小分子或聚合物胶凝剂，形成凝胶网络结构而使得液态电解质固化，得到准固态的凝胶电解质。已有研究的基于有机溶剂介质的凝胶电解质染料敏化太阳电池光电性能归纳在表 8.3 中。基于有机溶剂介质的有机小分子胶凝剂，主要包括氨基酸类化合物、酰胺（脲）类化合物、糖类衍生物、联（并）苯类化合物和甾族衍生物等，其中最为典型的是含有酰胺键和长脂肪链的有机小分子。通过酰胺键之间的氢键和在有机液体中伸展开的长脂肪链之间的分子间力，能够使液态电解质固化形成准固态的凝胶电解质。有机小分子胶凝属于物理胶凝型，该凝胶化过程是热致可逆的。用于胶凝液态电解质的有机小分子胶凝剂还可以通过胺与卤代烃形成季铵盐的反应在有机液体中形成凝胶网络结构而使得液态电解质固化。Murai 等[62]利用各种多溴代烃和含杂原子氮的芳香环（如吡啶、咪唑等）的有机小分子或有机高分子这两者之间能形成季铵盐的反应，也能够胶凝有机溶剂液态电解质，得到准固态电解质，这类胶凝属于化学胶凝型，其凝胶化过程是热不可逆的。用于有机溶剂电解质胶凝的聚合物胶凝剂可以分为高分子胶凝剂和齐聚物胶凝剂。其中高分子胶凝剂常见的有聚氧乙烯醚（PEO）、聚丙烯腈（PAN）和聚硅氧烷、聚（偏氟乙烯-六氟丙烯）（P（VDF-HFP））等，这些有机高分子化合物在液态电解质中形成凝胶网络结构而得到准固态的聚合物电解质。在有机溶剂电解质中加入有机小分子胶凝剂或聚合物胶凝剂，虽然能使其固化得到准固态的凝胶电解质，有效地防止电解质的泄漏和减缓有机溶剂的挥发，但随着时间的延长，这类电池依然会存在有机溶剂的挥发损失问题。

表 8.3　基于不同胶凝剂和有机溶剂的准固态电解质的光电性能

电解质组成	胶凝剂	染料	效率
DMPII，LiI，I_2，TBP，MePN	有机小分子	N719	7.4%[45]
DMPII，LiI，I_2，TBP，MePN	有机小分子	N719	5.91%[51]
DMPII，I_2，NMBI，MePN	山梨糖衍生物	Z907	6.1%[52]
NaI，I_2，EC，PC，ACN	PAN	N3	3%～5%[53]
KI，I_2，EC，PC	聚硅氧烷	N3	3.4%[54]
NMPI*，EC，PC	PAN-PS 共聚物**	N719	3.1%[55]
DMPII，LiI，I_2，TBP	PVDF-HFP	N719	6.61%[56]
MPII，NMBI，I_2，PC	纳米 SiO_2	N3	5.4%[57]

续表

电解质组成	胶凝剂	染料	效率
DMPII, I_2, NMBI, MePN	PVDF-HFP	Z907	6.1%[22]
PMII, I_2, NMBI, MePN	PVDF-HFP*** 和纳米 SiO_2	Z907	6.7%, 6.6%[58]
KI, I_2	聚氧丙烯齐聚物	N3	5.3%[59]
DMPII, LiI, I_2, EC, GBL	聚(氧乙烯-共-氧丙烯)三(甲基丙烯酸酯)齐聚物	N3	8.1%[60]
MPII, LiI, I_2, TBP, PC, ACN	PEO, PPO**** 和 PPO-PEO-PPO 共聚物	N3	4.7%～5.0%[61]

* NMPI：*N*-甲基吡啶碘；* * PAN-PS 共聚物：苯乙烯和丙烯腈的共聚物；* * * PVDF-HFP：聚(偏氟乙烯-六氟丙烯)；* * * * PPO：聚氧丙烯醚，PEO：聚氧乙烯醚。

基于离子液体介质的太阳电池电解质溶液的胶凝，与有机溶剂电解质溶液的胶凝相似，可以采用有机小分子和聚合物来胶凝。此外，无机纳米粒子也可用作离子液体介质的电解质溶液胶凝剂。表 8.4 列出了基于离子液体介质的准固态电解质的胶凝体系及电池的光电性能。Kubo 等[45]和 Wang 等[64]分别采用有机小分子和无机纳米粒子作为离子液体基电解质溶液的胶凝剂，得出了胶凝前后太阳电池光电性能基本不变的结论。Yanagida 等[68]研究了不同无机纳米粒子胶凝离子液体电解质，发现纳米 TiO_2 粒子作胶凝剂时电池性能理想。Jovanovski 等[66]合成了一种 3-丙基末端被三甲氧基硅烷取代的碘化 1-甲基-3-丙基咪唑衍生物(TMS-PMII)，在加入碘后能通过自身溶胶-凝胶缩合作用，形成凝胶电解质，获得了 3.2%的光电转换效率。Stathatos 等[57,59]开发基于脲代硅酸酯的 SiO_2 前驱体，采用酸作催化剂，通过溶胶-凝胶生成 Si—O 键连接的三维网络来制备凝胶电解质。离子液体电解质胶凝前后电池光电性能稳定，可以有效地防止电解质的泄漏和挥发，是值得关注的研究方向之一。

表 8.4　基于不同胶凝剂和离子液体的准固态电解质的光电性能

电解质组成	胶凝剂	染料	效率
HMII, I_2	有机小分子	N719	5.01%[45]
MPII, I_2, NMBI	PVDF-HFP	Z907	5.3%[63]
MPII, I_2, NMBI	纳米 SiO_2	Z907	6.1%[64]
EMINCS, PMII, I_2, GuSCN*, NMBI	有机小分子	K-19	6.3%[65]
EMImI, LiI, I_2, TBP, EMITFSA	PVDF-HFP	N3	3.8%[50]
PMII, I_2	离子液体自身胶凝	N3	3.2%[66]
LiI, I_2, TBP, MPII	琼脂糖	N719	2.93%[67]

续表

电解质组成	胶凝剂	染料	效率
LiI, I_2, TBP, DMPII, EMIDCA**	琼脂糖	N719	3.89%[67]
EMII, LiI, I_2, TBP, EMITFSI	纳米 SiO_2 和纳米碳管	N3	4.57%～5.00%[68]
PMII, EMINCS, I_2, GuSCN, NMBI	有机小分子	K19	6.3%[65]

* GuSCN：硫氰酸胍；** EMIDCA：1-乙基-3-甲基咪唑双氰胺。

4. 固体电解质

采用固体电解质，发展固态染料敏化太阳电池，可以克服液态染料敏化太阳电池存在泄漏、不易密封等缺点。固态染料敏化太阳电池电解质包括离子导电高分子电解质、空穴导电高分子电解质、无机 p 型半导体电解质和有机小分子固态电解质等。

导电高分子有着相对高的离子迁移率和较易固化等优点，因而逐渐成为近年来固态电解质的一个研究热点。用于固态电解质的离子导电高分子可以采用多种方法进行合成。Paoli 等[69]将环氧氯丙烷和环氧乙烷的共聚物溶于丙酮溶液中与 9% NaI(w/w)和 0.9% I_2(w/w)混合后制成的聚合物固体电解质，组装成固态染料敏化太阳电池，其光电转换效率达 2.6%(10mW/cm^2)。与液态染料敏化太阳电池相比，其效率还是很低，主要原因是室温下全固态电解质的电导率很低，并且电解质与电极的界面接触不充分。为了提高电解质的电导率并改善界面接触，人们对聚合物和盐组成的复合体系进行改进，提出了无机复合型聚合物固体电解质的概念。无机复合型聚合物固体电解质是由聚合物、盐和无机粉末组成的多组分体系。与单纯的 PEO/盐复合物相比，研究表明加入纳米无机粉末后，体系的离子传导率有较大幅度的提高，可以抑制 PEO 的结晶，增大电解质与电极界面的稳定性。聚环氧乙烷(PEO)是一种常见的高分子，其醚氧链中的氧原子 O 可以与 Li^+ 配位，常用于锂电池电解质，但由于室温下聚合物电解质的黏度大、流动性小、易结晶，导致其室温下离子电导率较低，不能满足电池电解质的需要。向 PEO 电解质中加入无机氧化物最初目的是为了提高聚合物电解质的机械和界面性能，但当加入纳米或微米的无机氧化物(TiO_2、SiO_2 和 $LiAlO_2$ 等)添加剂时，发现室温下能抑制 PEO 的结晶，增大电解质的电导率。Katsaros 等[70]在高分子聚环氧乙烷(PEO，MW 2 000 000)中加入纳米 TiO_2 作为增塑剂，组装成固态染料敏化太阳电池，得到的电池光电转换效率也有明显的提高。

高分子空穴导电材料主要有聚(3,4-二氧乙基噻吩)(PEDOT)、聚苯胺 (PANIs)、聚(3-十一烷基磷酸二乙酯噻吩)(P3PUT)、聚(4-十一烷基-2,20-二噻吩)(P4UBT)和聚(3-十一烷基-2,20-二噻吩)(P3UBT)等。Yanagida 等[71]采用原位聚合方法合成聚合物电解质 PEDOT 组装的空穴传输固态电池，其光电转换效率达 0.53%，电池稳定性有了一定的改善。朱道本等[72]合成导电性较好的高分子 PANIs 用于染料敏化太阳电池，电池的光电转换效率达 0.1%；Smestad 等[73]采用 P3PUT 组装的空穴导电固态电池其效率只有 0.04%。高分子空穴导电材料作为染料敏化太阳电池的全固态电解质，研究十分活跃，但由于纳米多孔膜存在着孔径大小、分布和形貌等许多复杂性因素，如何改善高分子空穴导电材料和纳米多孔膜的接触，提高空穴传输的速率，降低有机空穴传输材料电阻，提高固态电解质太阳电池的光电转换效率等许多问题尚需进一步深入研究。

无机 p-型半导体电解质，包括 CuI、CuSCN 等[74-76]。在 120℃ 的热板上滴加 CuI 的乙腈溶液(0.15mol/L)于 TiO_2/Dye 的导电玻璃上得到的 CuI 表面电阻小于 100Ω，组装的固态太阳电池的光电转换效率达 4.7%。在 70～85℃ 的热板上滴加 CuSCN 的$(CH_3CH_2CH_2)_2S$ 饱和溶液于 TiO_2/Dye 的导电玻璃上组装的固态太阳电池其光电转换效率达 2%。Tennakone 等[75]研究了 p-CuI 固态染料敏化太阳电池，他们发现用 CuI 乙腈溶液制备的固体电池短路光电流 J_{SC} 和开路光电压 V_{OC} 衰减很快，若在 CuI 的乙腈溶液中加入少量的 1-乙基-3-甲基咪唑硫氰酸，电池的稳定性显著增加。其原因可能是 CuI 晶体生长使纳米 TiO_2 与 CuI 之间产生的松散结构造成的。如果 CuI 晶体长大，则不能穿透到 TiO_2 介孔中，在纳米 TiO_2 介孔外形成松散结构；体积小些的 CuI 晶体可以在纳米介孔内生长，但破坏了纳米 TiO_2 薄膜结构。EMISCN 的作用是抑制 CuI 晶体的生长，有利于孔洞的填充形成紧密结构，形成良好的导电接触面从而提高电池的光电性能。无机 p-型半导体材料作为染料敏化太阳电池中的固态电解质，如何解决其稳定性，尽快提高空穴传输的速率，是提高这类固态电解质太阳电池光电转换效率所必须解决的问题。

采用有机小分子固态电解质能较好地渗入到纳晶 TiO_2 介孔中，可以克服聚合物等渗入纳晶 TiO_2 介孔的困难，导致电解质与电极的界面接触不充分等问题，进一步提高了电池的光电性能。近年来，采用有机小分子 2，2′，7，7′-四(N，N-二对甲氧基苯基氨基)-9，9′-螺环二芴(OMeTAD)作为空穴传输材料[77]，和 N-甲基-N-叔丁基吡咯烷碘盐($P_{1,4}I$)[78]以及纳米 SiO_2/LiI(3-羟基丙烯腈)$_2$[79]等具有 3-D 传输通道的小分子化合物组装成固态电解质电池，减小了界面电阻，改善了电解质与电极界面性能，明显提高电池的光电转换效率。目前固态染料敏化太阳电池的效率与液态电池还有较大的差距，电池稳定性还不是很理想，因此有待开发新型高效的固体电解质。

8.2.5　对电极

对电极也是染料敏化太阳电池的重要组成部分，用作对电极的材料主要是铂、碳等。目前，广泛应用于染料敏化太阳电池的对电极是表面镀有一层 Pt 膜的导电玻璃，其中 Pt 用作 I_3^- 还原反应的催化剂。铂对电极的制备方法主要有磁控溅射、溶液热解和电镀等。Fang 等[80]研究了溅射铂层的厚度对太阳电池性能的影响，发现铂层的厚度大于 100nm 后，铂层的厚度对电阻和电池性能的影响很小，但出于成本考虑，一般溅射层厚度为 10nm。Wei 等[81]采用室温下两步浸泡包覆方法制备聚乙烯基吡咯烷酮包覆的铂纳米簇作为对电极，获得 2.8%的光电转换效率，该方法不需要高温条件，制备容易且载铂量少。铂对电极由于其电阻小和催化效果好在太阳电池中应用最为广泛，然而由于其为贵金属，成本高，人们尝试了采用其他材料替代铂作太阳电池的对电极材料。成本低廉的碳成为人们研究的一个热点，许多基于碳的对电极被开发出来。采用碳纳米管作为对电极材料，获得与普通铂对电极相当的光电转换效率[82]。为增强碘还原催化性能，在 PEDOT-PSS 的水-乙醇分散相中加入一定量的纳米 TiO_2 颗粒制成浆料，通过压印包覆的方法制备出半透明的对电极，将柔性太阳电池的效率提高到 4.4%；Hino 等[83]采用电解胶束破裂方法和二茂铁基表面活性剂，在 ITO 导电玻璃上沉积一层 C_{60} 富勒烯及其衍生物作为对电极材料，这些都是寻求替代贵金属铂的有益尝试。

8.3　染料敏化太阳电池性能

染料敏化太阳电池性能研究主要包括电化学性能研究和光电性能研究，通过电化学阻抗、调制光电压谱/光电流谱、开路光电压衰减和阶跃光诱导瞬态光电流(压)等方法深入讨论电池内载流子传输和电极界面电化学性能；通过分析电池光电性能来阐述大面积电池性能改进方法及其稳定性等。

8.3.1　界面电化学性能

染料敏化太阳电池半导体电极与电解质接触的界面上，半导体表面氧原子等与电解质中阳离子作用形成亥姆霍兹双电层，阳离子紧密排列在电极表面附近形成紧密层，其余则由于热运动向界面周围扩散形成扩散层。电极界面结构是影响电池界面性能的决定因素，半导体材料、电解质的组成和性质，特别是工作电池中吸附染料的解吸附、半导体表面缺陷态以及界面电解质组成变化，是电池光生电子注入动力和界面复合改变的主要原因。

传统的研究染料敏化太阳电池中电子传输与界面电化学性能的实验方法主要包括电化学阻抗谱(EIS)、强度调制光电流谱(IMPS)和强度调制光电压谱(IMVS)等。它们的特点是对稳态进行小幅微扰，扩散系数、电子寿命等动力学参数在小幅微扰的情况下都可以看为常数，而且描述电子传输的连续性方程可以用一级动力学方程来线性近似，大大简化了实验数据的处理。近年来，在传统的电化学方法基础上，研究者又发展了一些更加简单的新技术，下面首先对电化学阻抗谱和强度调制光电流(压)谱等方法进行介绍,然后着重介绍开路光电压衰减、阶跃光诱导瞬态光电流(压)等方法的原理与应用。

1. 电化学阻抗

电化学阻抗是电化学测试技术中一类十分重要的研究方法,先对研究体系施加一小振幅的正弦波电位(或电流),收集体系的响应信号并且测量其阻抗谱,然后根据数学模型或等效电路模型对测得的阻抗谱进行分析、拟合,来研究界面电化学特征反应的方法。由于所施加的扰动信号很小,不会对样品体系的性质造成不可逆的影响。界面电化学阻抗近几十年来得到迅速发展,其应用范围已经超出传统的电化学领域,已被广泛地用来研究电极过程动力学、界面双电层电容、金属腐蚀机理和耐蚀性能、缓蚀剂性能评价和生物膜的性能等。

电化学阻抗对研究电解质和电池暗态及工作条件下的性能具有非常重要的意义,近年来人们越来越多地利用交流阻抗法以研究、分析电池的界面反应动力学问题,包括扩散系数等的测定。以下将以实例说明交流阻抗方法在染料敏化太阳电池中的应用。

1) 电解质/铂电极界面电化学阻抗特征研究

图 8.10 为含不同浓度 MPII 和 I_2的 MePN 溶液在 25℃时的铂黑电极表面的电化学阻抗谱研究测试图,表 8.5 是用等效电路(图 8.11)对实验数据进行拟合的结果。其中 R_s 反映溶液的电阻,其大小与用电导率仪测量出的溶液电导率的结果相一致。当溶液中[I_2]为 0.1 mol/L 时,低浓度 MPII 溶液的电导率低;当 MPII 的浓度为 1.40 mol/L 时,增大 I_2 的浓度,溶液电导率略有增大。电解质界面传输

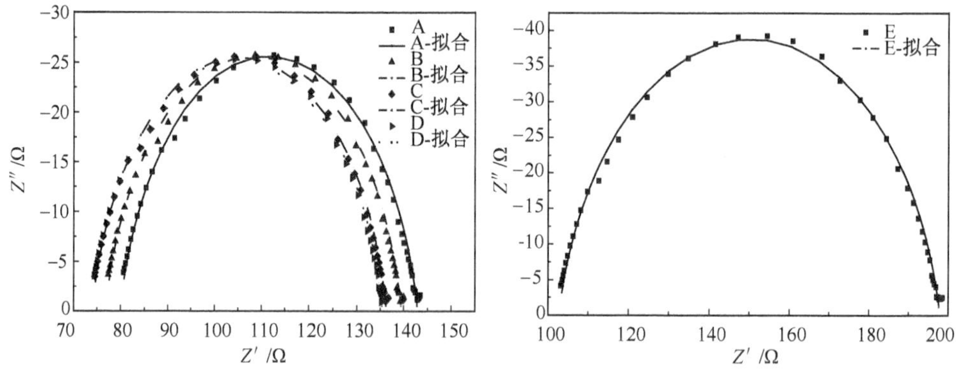

图 8.10 不同浓度 MPII 和不同浓度 I_2的 MePN 溶液在 25℃时的 Nyquist 图[84]

A (1.40mol/L MPII,0.10 mol/L I_2),B (1.40 mol/L MPII,0.135 mol/L I_2),C (1.40 mol/L MPII,0.17 mol/L I_2),D (1.40 mol/L MPII,0.20 mol/L I_2),E (0.60 mol/L MPII,0.10 mol/L I_2);实验数据用符号表示,拟合数据用实线表示

电阻 R_{ct} 反映了 I_3^- 和 I^- 扩散到铂黑电极上得失电子的难易程度，当增大 I^- 的浓度时，界面传输电阻 R_{ct} 减小；当增大 I_3^- 的浓度时，界面传输电阻 R_{ct} 也减小，这与其阳极和阴极稳态扩散电流的结果是相一致的。结果表明适当提高 I_3^- 和 I^- 的浓度，对提高染料敏化太阳电池的光电性能是有利的。

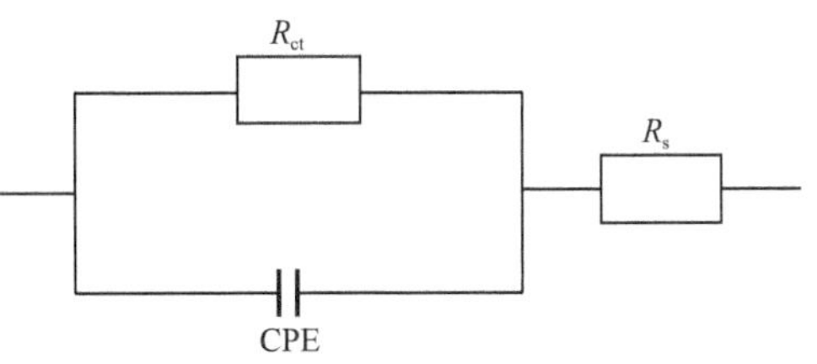

图 8.11　电化学阻抗谱的等效电路

表 8.5　电化学阻抗谱的拟合结果

溶液	A	B	C	D	E
R_s/Ω	79.88	76.78	73.92	73.72	102.70
R_{ct}/Ω	63.05	62.76	62.43	61.78	95.29
$Y_0/(\mu F\cdot s^{n-1})$	20.90	21.00	22.30	22.10	21.30
N	0.87	0.87	0.87	0.87	0.87

电解池界面双电层电容可通过常相位角元件 CPE 反映，其导纳公式为：$Y_Q = Y_0(j\omega)^n$，指数 $n(0\leqslant n\leqslant 1)$ 反映 Pt 黑电极表面的粗糙程度，即偏离平板电容的程度。Y_0 的数值反映 Pt 黑电极与电解质溶液界面的双电层电容大小。表 8.5 中所有 Y_0 的数值变化不大，说明 MPI^+ 阳离子在 Pt 黑电极表面的吸附已达到饱和。值得注意的是烷基咪唑阳离子在 TiO_2 电极表面上的吸附，能有效地抑制 I_3^- 与 TiO_2 导带电子的复合，这对提高染料敏化太阳电池的填充因子是十分有利的。研究烷基咪唑阳离子中的脂肪链发现，较长脂肪链的烷基咪唑阳离子比短链烷基咪唑阳离子能更好地抑制电极界面的复合反应。

2）染料敏化太阳电池的电化学阻抗特征研究

电池内部的电化学特征反应可以通过交流阻抗（EIS）方法来研究。恒电位仪给电池施加一个合适的负偏压，通过小振幅的正弦交变信号检测电池界面反应，从而提供传质和电荷转移特征等大量信息。图 8.12 是染料敏化太阳电池的电化学阻抗谱图，图中表明电池中至少有 4 个电阻，高频 1～100kHz 的阻抗定义为 Z_1，中频 1Hz～1kHz 的阻抗为 Z_2，低频 20mHz～1Hz 的阻抗定义为 Z_3；电池阻抗的实部对应的内阻分别是对电极界面跃迁电阻 R_1、电子在纳米 TiO_2 半导体中输运和界面跃迁电阻 R_2 和 I^-/I_3^- 在电解质中传输电阻 R_3。由于仪器噪声的原因，对频率超过 100kHz 的电阻，阻抗仪器不能检测，这部分频率范围的电阻为电池的系统电阻 R_h，包括导电玻璃、电解质等的电阻。减小电池的内阻，特别是减小对电极界面跃迁电阻 R_1，能明显提高电池在光照下的光电转化效率。

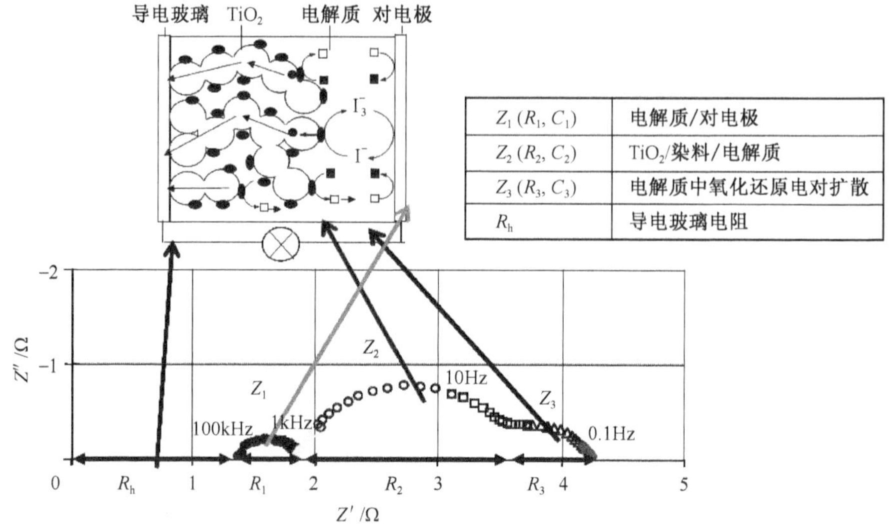

图 8.12　含 I^-/I_3^- 电解质染料敏化太阳电池的电化学阻抗谱图

Z_1,Z_2 和 Z_3 为阻抗;R_1,R_2,R_3 和 R_h 是电池内阻元件。其中 R_1,R_2,R_3 和 R_h 分别为 0.9Ω,2.0Ω,0.6Ω 和 0.8Ω(频率范围:20mHz～1MHz)

由于 EIS 只是向被测体系加一个小振幅的正弦交变信号,所以电化学阻抗技术与直流电化学技术相比,对体系的破坏作用甚小,可以对样品反复进行长时间的测试而不改变电池的性能,从而能在不同频率范围内分别得到电池内部传质和电荷转移特征信息。但是,阻抗谱反映的是整个表面的平均信息,无法提供局部信息。

2. 调制光电流谱/光电压谱

强度调制光电流/光电压谱(IMPS/IMVS)是一种非稳态技术,激励半导体的入射光由背景光信号和调制光信号两部分组成,其中调制光信号强度按照正弦调制对半导体进行激励,通过不同频率下光电流/光电压响应来研究界面动力学过程[85]。对于染料敏化太阳电池内部电子的产生、运输、复合可以建立一个数学模型,将输入的光强和输出的电流密度或电压联系起来。模型中的各种参数代表实际染料敏化太阳电池内部过程中相应事件的发生,这样可以由实验测量的结果与理论数值进行拟合,得到各种反应电子传输参数。

染料敏化太阳电池中,从光生载流子产生到扩散至收集基底需要一段时间,输出光电流/光电压的波动分量相位将滞后于入射光的调制分量而反映在 IMPS/IMVS 图谱中。IMPS 的测量是在短路状态下调制信号的光电流响应,提供了电池在短路条件下电荷传输和背反应动力学的信息,可以得到有效的电子扩散系数

D[85]。IMVS 是与 IMPS 相关的一种技术，测量的是在开路状态下调制信号的光电压响应，可以得到电池在开路条件下电子寿命 τ_n[86]。IMPS/IMVS 为认识染料敏化太阳电池内载流子的传输和复合过程提供了全新的视角。目前有关 IMPS/IMVS 在染料敏化太阳电池研究中的应用相当广泛[87]。

3. 开路光电压衰减

开路光电压衰减是用于分析界面复合和薄膜内电子传输的一种重要实验方法[88]，首先对开路状态的电池光照一段时间后，使电池中光电子的产生与复合达到平衡，然后迅速关闭入射光，暗态下电池的开路电压将随着时间逐渐衰减，衰减过程中对任意时间电池进行短路并测得电流值，将短路电流对时间积分即可得到电池中电子电量随时间的衰减关系。不需要进行另外的假设，根据这种方法可以得到染料敏化太阳电池内 TiO_2 导带电子与电解液中氧化态复合以及半导体薄膜内电子陷阱的能态分布。

Zaban 等[89]提出，基于染料敏化太阳电池中开路电压与导带电子浓度的指数关系，利用相似的装置，只需要通过简单的开路光电压衰减即可得到电子寿命

$$\tau_n = -\frac{k_B T}{e}\left(\frac{dV_{OC}}{dt}\right)^{-1} \tag{8.12}$$

式中，V_{OC} 为电池的开路电压。利用这种方法测量电子寿命具有这样一些优点：①能够得到随开路电压连续变化且对电压有较高分辨的电子寿命数值；②实验方法和实验数据处理相对简单。利用该方法对染料敏化太阳电池的电子寿命进行了实验测量，观测到电子寿命随着开路电压增大呈指数衰减，当 V_{OC} 降低约 0.6V 时，电子寿命从 20ms 增大到 20s，这与强度调制光电压谱的测量结果相符[90]。电子与电解质中氧化态物质复合反应的级数随光电压变化，平均值为 1.4，级数随光电压变化表明有比 IMVS 所揭示更复杂的机理。

4. 阶跃光诱导瞬态光电流(压)

瞬态光电流常用来测量半导体中电子扩散系数。Solbrand 等[91,92]指出瞬态光电流是由扩散电流和静电斥力两部分共同组成，扩散电流 I_{diff} 随时间 t 增大，静电斥力使电流像 RC 回路一样发生衰减。Kopidakis 等[93]考虑到当载流子扩散超过电池一半厚度时即可认为一半电荷被提取，可以用下式计算扩散系数

$$D = (L/2)^2 / t_H \tag{8.13}$$

式中，D 为扩散系数，L 是电极厚度，t_H 是提取一半电子的时间。假设瞬态电流可以用指数函数 $\exp(-t/\tau_C)$ 来拟合，那么 $t_H = 0.693\tau_C$，扩散系数为

$$D = L^2 / (2.77\tau_C) \tag{8.14}$$

Nakade 等[94]为简化实验的光学装置，缩短测量时间，对传统的瞬态光电流方法作了改进。短路条件下，初始的光电流值对应初始的入射强度，当入射光强发生阶跃时，初始光电流也立即开始衰减，直至达到对应阶跃后新光强的光电流数值，光电流达到稳定时间依赖于电子的扩散系数。开路条件下，建立了阶跃光诱导瞬态光电压的方法，其中电子浓度 $n(x,t)$ 与时间 t 的关系为

$$\mathrm{d}n(t)/\mathrm{d}t=G(t)-n(t)/\tau \tag{8.15}$$

式中，$G(t)$ 是电子产生速率，τ 是电子寿命，在小幅变化下，电子浓度随时间指数衰减，又因为开路电压 V_{OC} 与 $\ln(n/n_0)$ 成正比，即可以根据阶跃光诱导瞬态光电压的变化求出电子寿命。

利用阶跃光诱导瞬态光电流(压)方法，Nakade 等[95]通过系统研究溶剂的黏度、阳离子种类和电解质浓度的影响，发现染料阳离子的还原速率是限制高黏度电解质体系电池性能提高的因素，利用阶跃光诱导瞬态光电流(压)方法进行扩散系数和电子寿命的快速测定有助于优化电解质体系。

8.3.2 大面积电池光电性能

染料敏化太阳电池经过 20 多年的发展，实验大面积电池的研究已取得突破性进展，显示其较好的应用前景。太阳电池光伏发电时，需要考虑太阳辐射强度和环境温度等因素的影响；目前对广泛采用的并联大面积电池来说，由于金属栅极引起的遮阴光损失与光电子的收集损失存在着矛盾，如果电池结构设计不合理，金属栅极引起的遮阴光损失将达到 50%甚至更高，因此，在大面积染料敏化太阳电池的制作中需要对电极结构进行最优化设计。

1. 测试原理

为了保证电池的测量精度并消除导线电阻和夹具接触电阻引入的影响，太阳电池一般采用四线测试法，其原理如图 8.13 所示，当电子负载给电池施加一个由负到正的电压时，被测电池与电流线的回路中便有一个变化的电流产生，其值通过电流测量线测出，再用测量仪表经电压线测出对应每一个电流值的电池端电压。依次改变电子负载值，测出相应的电压与电流值，便得到电池伏安曲线的测量数据。四线测试法用一对电流线和一对电压线将驱动电流回路和感应电压回路分开，并采用高阻抗的测量仪表对电压值进行测量，所以几乎没有任何电流流经电压线，这样电压测量不会受接触电阻及导线电阻的影响而产生误差，从而使测量精度大大提高。上面所述的是电压源，电流源测试原理与电压源相同，图 8.14 是采用四线法获得的不同面积染料敏化太阳电池的光伏测试曲线。

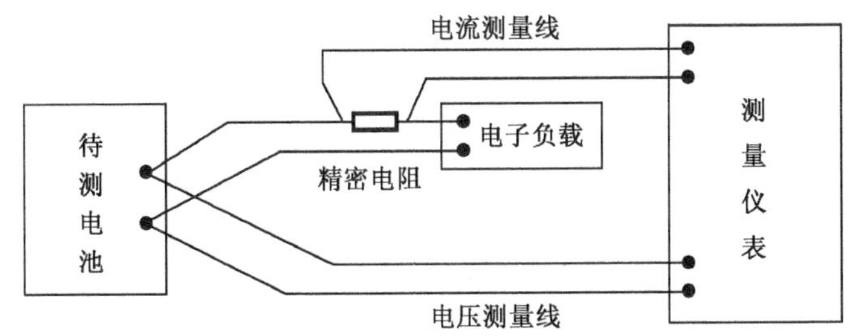

图 8.13　四线测试法原理图

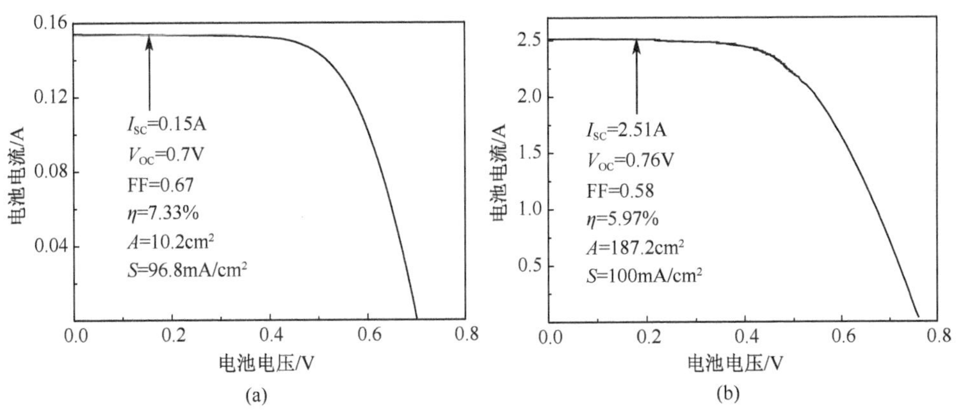

图 8.14　不同面积染料敏化太阳电池的光伏曲线

(a) 电池有效面积为 10.2cm²(96.8mW/cm²)；(b) 电池有效面积为 187.2cm²(100mW/cm²)

I_{SC}:短路电流；V_{OC}:开路电压；FF:填充因子；η:光电转换效率；A:有效面积；S:光强

2. 测试环境对电池性能的影响

染料敏化太阳电池的测试方法与硅太阳电池相比，既有相似点，又存在着一定的特殊性。它与硅太阳电池一样，需要进行测试的参数有开路电压 V_{OC}、短路电流 I_{SC}、最佳工作电压 V_m、最佳工作电流 I_m、最大输出功率 P_m、光电转换效率 η、填充因子 FF 和伏安特性曲线等。伏安特性曲线能直接反映出电池的各个特征(I_{SC}、V_{OC}、FF、η)，是太阳电池的主要测试项目。由于染料敏化太阳电池自身的某些特征，电池在测试上有一些特殊的要求，如染料敏化太阳电池对光谱的响应速度较慢，无法采用脉冲光源，必须采用具有高稳定度的光源；同时考虑到光照时间对电池性能的影响，电池的恒温也很重要；染料敏化太阳电池较硅电池有更强的电容性质，数据采集更易受电池电容性质的影响。因此，在染料敏化太阳电池性能测试中，需注明详细的测试条件，最好采用染料敏化太阳电池定标。

1）染料敏化太阳电池的光谱响应[96]

染料敏化太阳电池对太阳光的吸收主要取决于其中敏化染料的吸收光谱。图 8.15是应用于染料敏化太阳电池上的常用染料（$RuL_2(NCS)_2$，其中 L 为 2，2′-联吡啶-4，4′-二羧酸）的吸收光谱图。可以看出，在可见线（400nm≤λ≤760nm）区域，染料敏化太阳电池与晶硅太阳电池类似，但在紫外线（λ<400nm）区域，染料敏化太阳电池还有一个次吸收峰。虽然电池中的导电玻璃能够吸收波长低于320nm 的紫外线（图 8.16），但波长在 320nm 以上的紫外线依然可以进入电池中，并对电池的电流和效率产生不可忽视的影响。因此，正确选用标准光源是决定电池性能测试准确性的主要条件之一。

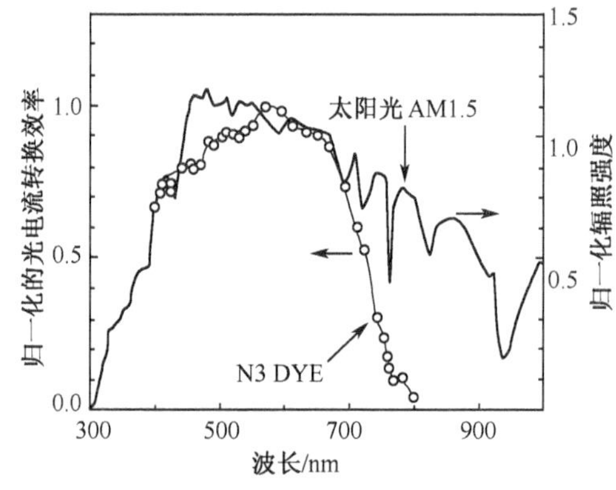

图 8.15　染料的吸收光谱图

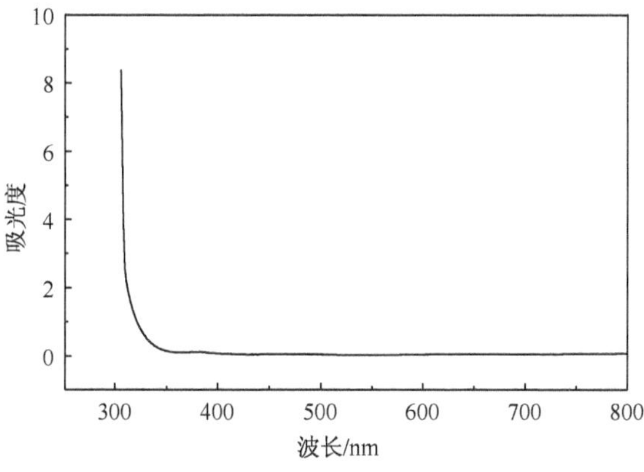

图 8.16　导电玻璃的吸收曲线

2）扫描速度与扫描偏压对电池性能的影响[97]

染料敏化太阳电池性能与硅电池存在差别，其测试性能受扫描速度和扫描偏压的影响，其中扫描速度由采样延迟时间（T_d）、测量积分时间（T_m）和施加偏压步幅(ΔV)等因素决定(图 8.17)。表 8.6 是在不同采样延迟时间(不同扫描速度)下测得的电池数据，从表中可以看出，随着采样延迟时间的增加，电池短路光电流基本不变，开路电压和填充因子增大，导致电池效率提高。这是因为染料敏化太阳电池具有电容性，给电池加扫描偏压时，瞬时有过冲电流出现，当采样延迟时间过短时电池内部光电子传输还没有达到平衡，不能准确反应出电池的真实特性。另外，不同方向的偏压同样对染料敏化太阳电池性能测试产生影响。图 8.18 是以 1ms 的采样延迟时间，分别给电池加从−0.1V 到 0.9V 和 0.9V 到−0.1V 正反两个方向扫描偏压，测得电池的 I-V 曲线。图中显示反向扫描测试获得的开路电压、填充因子和效率都明显高于正向扫描所获得的电池参数。这是因为正向测试时，受过冲电流的影响，使得被测出的光电流提前到达零点，测得的开路电压稍小(图 8.19)；而反向加偏压与之相反，测得的开路电压偏大。

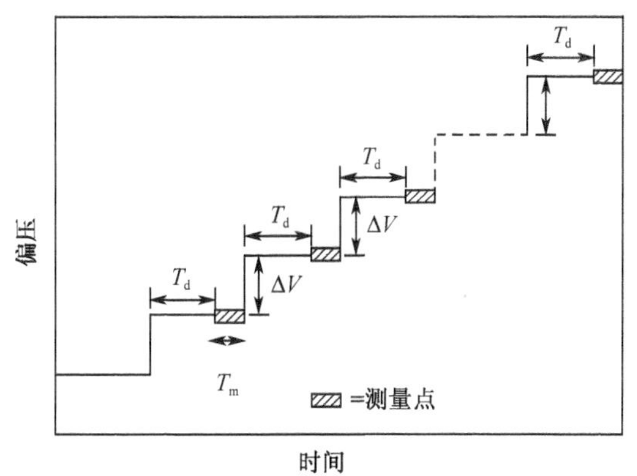

图 8.17　电池 I-V 测量外加偏压随时间逐步变化示意图

T_d 为采样延迟时间，T_m 为测试积分时间，ΔV 为偏压步幅

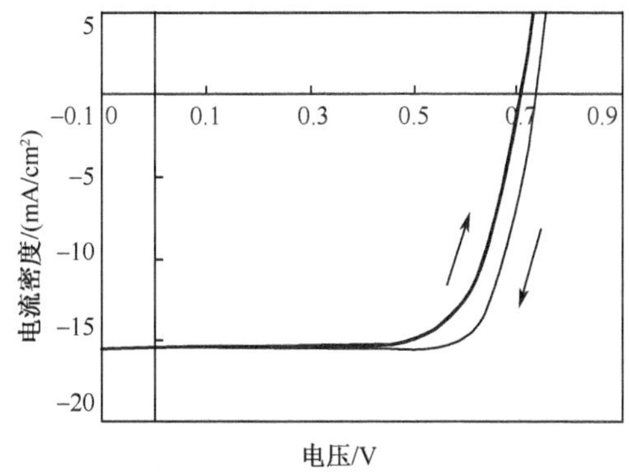

图 8.18　正负偏压下电池 I-V 曲线图

粗线为正偏压扫描，细线为负偏压扫描，采样延迟时间为 1ms

表 8.6　正偏压下不同采样延迟时间测得的电池光电性能数据

电池类型	T_d/ms	J_{SC}/(mA/cm²)	V_{OC}/V	FF	η/%
DSC	1	15.5	0.714	0.717	7.94
	10	15.5	0.719	0.731	8.13
	40	15.5	0.722	0.733	8.19
	100	15.5	0.724	0.733	8.22

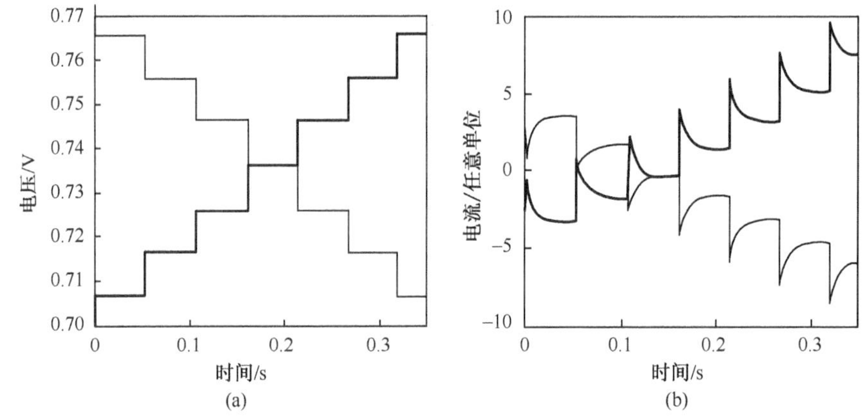

图 8.19　正负偏压下电池瞬态光电流图

(a)所加偏压图;(b)电池瞬态光电流图

其中粗线为正偏压测试,细线为反偏压测试,采样延迟时间为 1ms

3) 温度对电池性能的影响[98]

染料敏化太阳电池测试的环境温度同样影响着电池的光伏性能参数,由于材料与反应过程对温度的变化响应差异,电池性能随温度变化差别较大。由于电解质溶剂的黏度随温度的升高而减小,离子在溶剂中的传输速率也相应的增加,所以填充因子与短路电流都上升(图 8.20);但当温度上升到一定程度,溶剂黏度变化

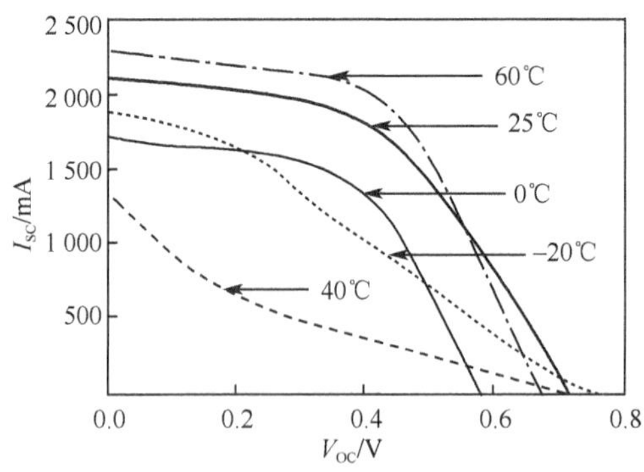

图 8.20　染料敏化太阳电池不同温度下的电压-电流曲线

很慢，电解质的电导却变化很快，暗电流迅速增加，使得染料敏化太阳电池开路电压开始下降。

4）光强对电池性能的影响[99]

由于染料敏化太阳电池属于弱光电池，染料敏化太阳电池的效率随着光强的减弱上升很快。图 8.21 为小面积染料敏化太阳电池随入射光强变化的光伏曲线[100]。染料敏化太阳电池在弱光下，被激发的染料分子数少，I^-/I_3^- 的传输足够还原被太阳光激发的染料分子。而当太阳光强度增大时，被激发的染料分子数增多，I^-/I_3^- 的传输速率不能够满足染料分子再生速率，从而使得 I^-/I_3^- 在多孔膜内的传输成为制约电流输出的“瓶颈”，最终也就影响到电池效率的提高。

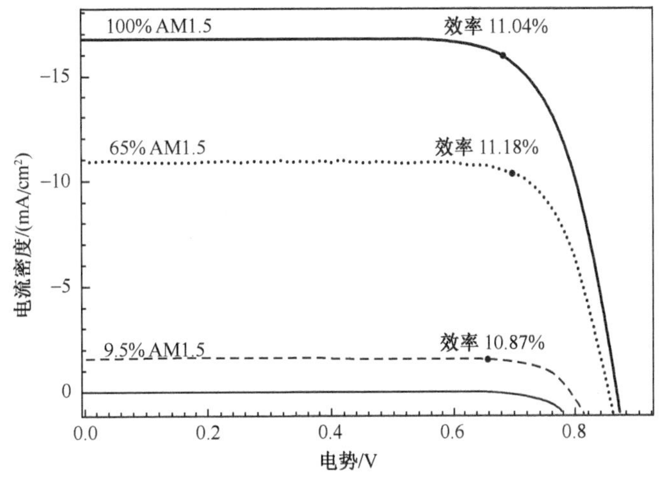

图 8.21　染料敏化太阳电池不同光强下的 I-V 曲线

3. 实时跟踪测试

从电池实用化考虑，我们还必须对电池的稳定性进行研究，这就要求测试系统能够达到以下目标[101]：

（1）达到较高的测量精度，尽量减小测量导线电阻和夹具接触电阻引入的误差，同时减小电池电容性质对测量的影响；

（2）为了保持数据的完整性，得到较为精确的开路电压 V_{OC} 和短路电流 I_{SC} 以及对电池其他性能的分析，要求系统能测量染料敏化太阳电池在第一、二、四三个象限的伏安曲线；

（3）可连续采集多路电池的伏安曲线，并自动对数据进行存储和分析；

（4）能同时实现对环境因素（如温度、光强等）的实时记录；

（5）可调控采集时间间隔。

为了保证电池的测量精度，消除导线电阻和夹具接触电阻引入的影响，可以采用四线测试法。而采用电子负载代替普通电阻可实现对电池在一、二、四象限的伏安曲线进行测量，保证了 I-V 曲线的完整性。

如果系统采集采用多路通道，单个数据采集卡无法完成，需要通过外部接口电路来扩展通道。可以采用时分复用技术，利用不同的时隙在数据采集卡同一路物理通道上传送不同的信号；如采用 64 路通道，则其中每 8 个通道采用数据采集卡的同一个物理输入通道。各个通道间的逻辑转换以及时序控制，都由接口电路来实现，接口电路的动作由软件控制完成，如图 8.22 所示。同时在软件中实现对所采集的数据进行实时分析和存储功能，解决多路采集时数据量过大、内存不够的问题。实时监控能方便地根据情况调节测试时间间隔，保持数据的连续性，能更准确地测出电池的波动点，而且操作方便，数据自动存储处理。图 8.23 显示的是常规间断测试和实时监控测试得到的染料敏化太阳电池效率随时间的变化曲线图。

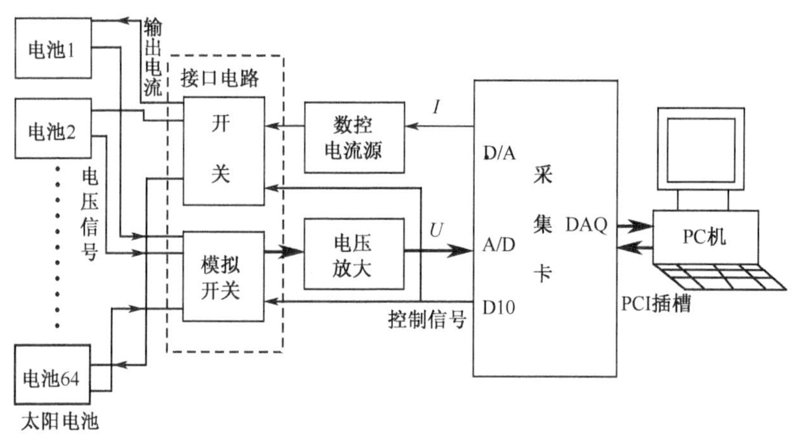

图 8.22　染料敏化太阳电池伏安特性测试系统硬件结构图

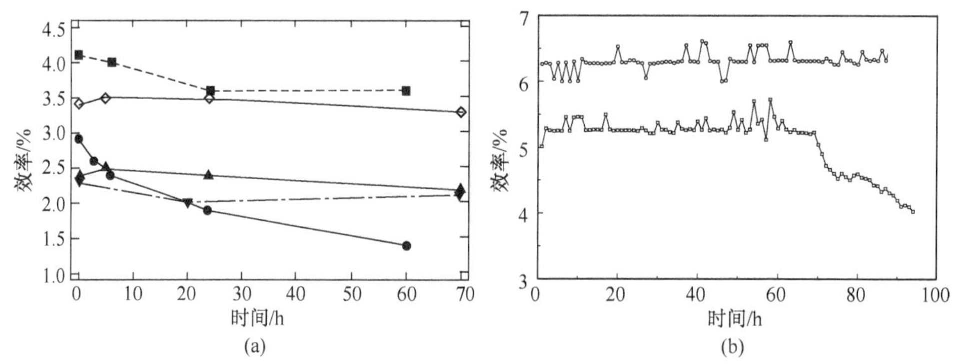

图 8.23　不同测试方法得到的电池效率随时间的变化曲线图

(a)间断测试；(b)实时监控测试

为了使测试系统达到一机多用，实现对不同型号太阳电池的不同方式的测试，对采集时间间隔的调控和数据的存储分析，可以采用虚拟仪器技术。由于虚拟仪器技术可通过丰富的软件资源来扩展硬件设备，所以在具备了少量必要的基本硬件后，仅需编制不同的软件，便可实现各种不同需要的测试功能。

4. 大面积电池性能改进[102]

对于大面积染料敏化太阳电池，其内部串联电阻相对于实验室小面积电池高出很多倍，直接影响电荷收集，通常在制作大面积电池时采用金属栅极来收集产生的光电流。金属栅极引入后能有效降低电池内部串联电阻，但其本身也存在相应的体电阻，同时利用金属栅极也一定程度地降低电池的光照有效面积。

1）金属栅极体电阻对电池性能的影响

目前常用的金属栅极材料是金属银颗粒与玻璃粉的混合浆料，经 500℃烧结后其电阻率在 $2.0\times10^{-6}\Omega\cdot cm$ 左右。使用银栅极虽然能够减小光电子在 TCO 膜上的收集路径，但同时也引进了栅极体电阻损耗。银栅极体电阻增加到一定程度，也将影响到光电子的快速收集，因而大面积电池制作过程中，银栅极体电阻应有适当的要求和控制，可通过提高栅极厚度来降低栅极体电阻。图 8.24 给出了条状电池银栅极体电阻的改变对其 *I-V* 曲线的影响，实验结果表明随着栅极厚度的增加，电池短路电流密度和开路电压均没有明显变化，电池填充因子变化较大，当栅极厚度从 5μm 增加到 40μm，电池填充因子则从 0.45 提高到 0.67。

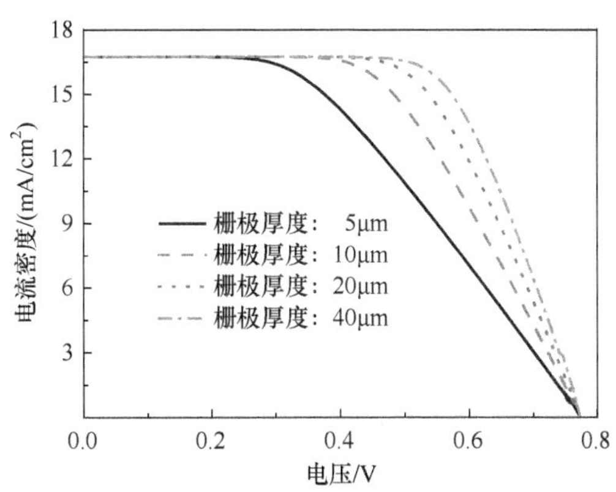

图 8.24　不同银栅极厚度条状电池 *I-V* 曲线

电池尺寸：长 18cm，宽 0.7cm；栅极厚度分别为：5μm，10μm，20μm 和 40μm

金属栅极的设计受光采集区域的形状及流经栅极光电流大小影响。图 8.25 给出了电池效率随银栅极厚度增加的变化曲线，对于电极长度为 5cm 的电池来说，很薄的银栅极就能够满足电流收集需求，而对于电极长度为 18cm 的电池，由于电流的增大，在栅极上的损耗明显增多，要想获得较高的电池效率，需要减小收集栅极的体电阻。当银栅极厚度从 3μm 增加到 10μm 后，相应电池光电转换效率提高了 24%，随着银栅极厚度的进一步增加，当栅极体电阻足够小，满足电流收集需求后，再增加栅极厚度对电池效率没有明显的提高。

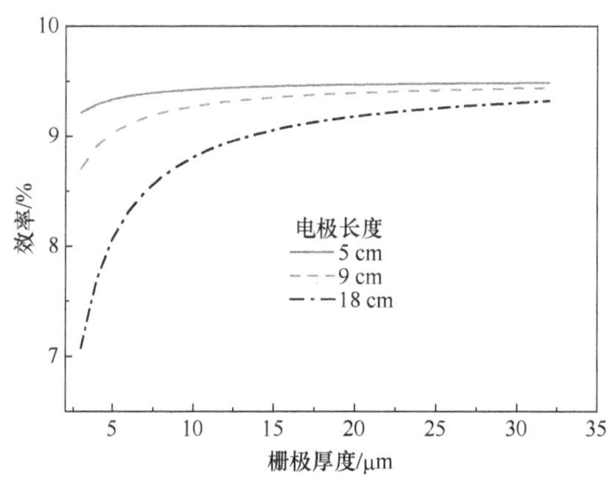

图 8.25　不同银栅极厚度条状电池的效率

电极长度分别为 5cm、9cm 和 18cm，宽均为 0.7cm，金属栅极宽度均为 0.1cm

2) 大面积电池结构优化

大面积染料敏化太阳电池是由多个条状电池组合而成，可以借助条状电池来研究串联阻抗对大面积电池性能的影响，同时考虑到金属栅极保护造成的光损失，可以通过光采集区域(有效面积)的形状和金属栅极的设计达到电池最大功率输出。

电池中条状半导体薄膜电极宽度(W_a)越大，电池有效面积越大。大面积电池中，W_a 大小同时影响着电池的光损失和电荷收集损失。图 8.26 给出不同尺寸电池输出功率随 W_a 的变化关系，输出功率均受 W_a 值影响较大，相应有一个最佳薄膜电极宽度；另外，薄膜电极增长，最佳薄膜电极宽度也会减小，主要是由于更多的电流通过金属栅极时引起的欧姆损失造成的。当薄膜电极长度为 9cm 时，其最佳宽度是 0.75cm，此时获得最大输出功率 63 W/m^2；而当电极长度变为 19cm 后，其优化的宽度降至 0.55cm，最大输出功率则为 58 W/m^2。不同结构的电池，其输出功率也会有很大的差别，当电池结构远离最佳设计时，其输出功率会快速降低。与薄膜电极宽度对电池性能影响相似，当薄膜电极长度增大时，金属栅极上的欧姆损失变大；结合电池光损失，薄膜电极长度有一个最佳值。如图 8.27 所示，电池所能输出的功率出现先增后减的情况，最佳薄膜电极长度为 9～10cm。

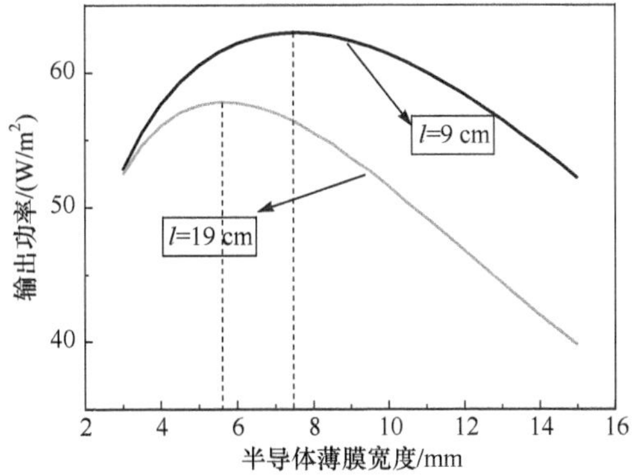

图 8.26　半导体薄膜宽度对电池输出功率的影响

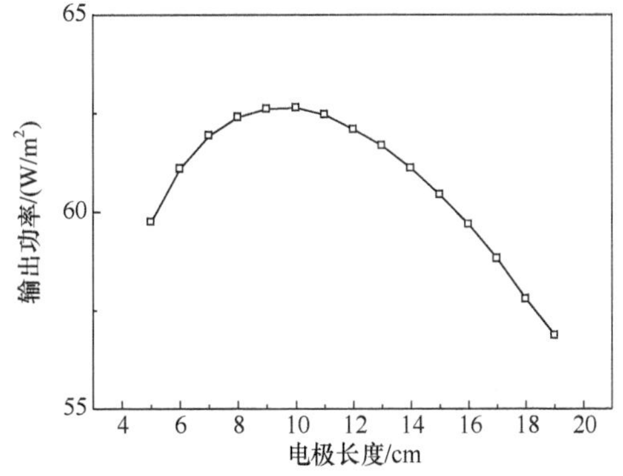

图 8.27　薄膜长度对电池输出功率的影响

图 8.28 给出了不同电极长度时金属栅极体电阻变化对其输出功率的影响，如电极长度 l 为 5cm 的电池，由于流过金属栅极的电流较小，栅极厚度的增加对电池

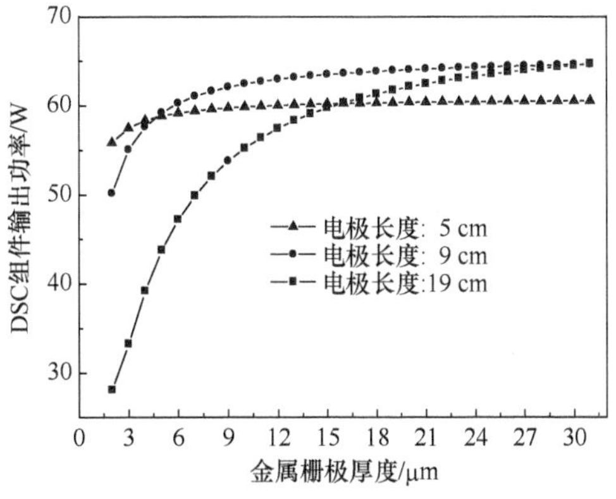

图 8.28　不同电极长度下，金属栅极体电阻对电池效率的影响

效率的提高贡献不大，5μm 厚度已经能够满足电荷收集的需要；对于电极长度 l 为 19cm 的电池，一方面金属栅极本身等效电阻较大，同时更大的电流经其收集到外回路，通过增加栅极厚度来降低等效电阻则会大幅提高电池输出功率，要想达到满意的功率输出，栅极的厚度至少达到 20μm 以上。由于电池制作工艺技术要求，通常金属栅极的厚度在 10μm 左右，太厚的栅极极易造成正负电极短路。显然，在栅极厚度为 10μm 处，对于电极长度很大的电池来说，电荷收集损失要远大于无效面积造成的光损失，通过减小电极长度，电荷收集损失会迅速降低，可弥补光损失对电池性能的影响。

影响金属栅极电阻的因素包括栅极厚度、栅极宽度、栅极长度及其电阻率，固定栅极厚度和电阻率，考虑到栅极宽度和长度同时影响电池的有效面积，则可计算出各种栅极宽度下的最优化电极长度。影响电池结构的设计受制于栅极等效电阻和流经栅极的电流，栅极等效电阻越小、流经栅极的电流越小，优化的电极长度和宽度越大。

5. 大面积电池稳定性实验

电解质中无机阳离子如 Li^+ 等可以提高电池的 J_{SC}，但长期老化过程中吸附在 TiO_2 表面的 Li^+ 可能嵌入到 TiO_2 晶格，导致电池的 J_{SC} 和效率不断下降。实验中常采用 GuSCN 取代 LiI 盐，可以克服电解质中 Li^+ 嵌入到 TiO_2 晶格中导致 J_{SC} 下降等不足，进一步提高电池的长期稳定性[103]。图 8.29 给出电解质中不同 GuSCN 浓度的电池室内光老化近一年的光稳定性对比，结果表明当电解质中[GuSCN]> 0.1 mol/L 时，电池效率有较明显的下降趋势，可能是电解质中游离的胍阳离子导致电池不稳定；当电解质中[GuSCN]≤0.1 mol/L 时，光老化过程中 V_{OC} 下降约 5%，J_{SC} 和 FF 基本不变，电池的效率下降不超过 5%。

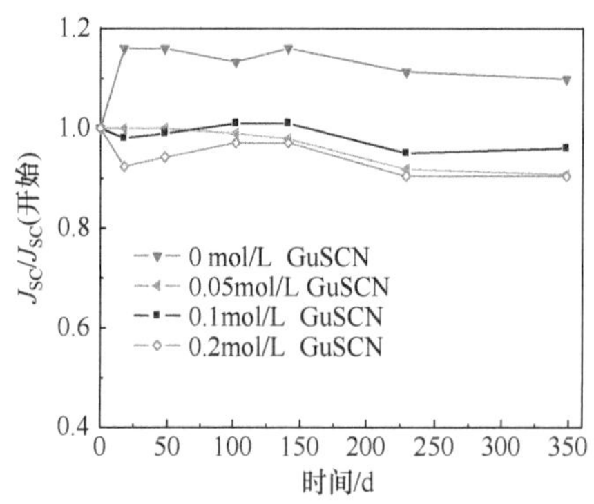

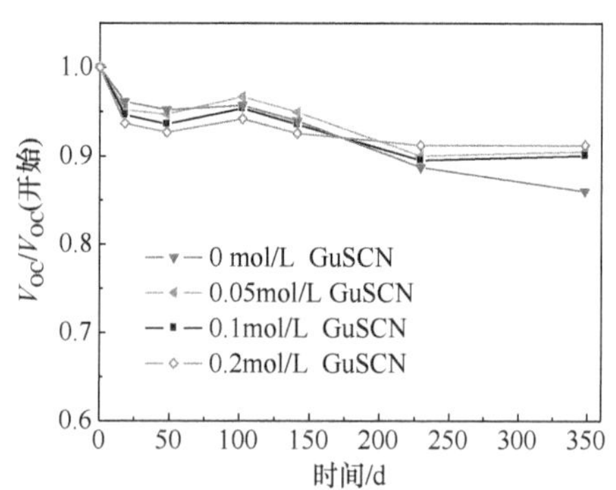

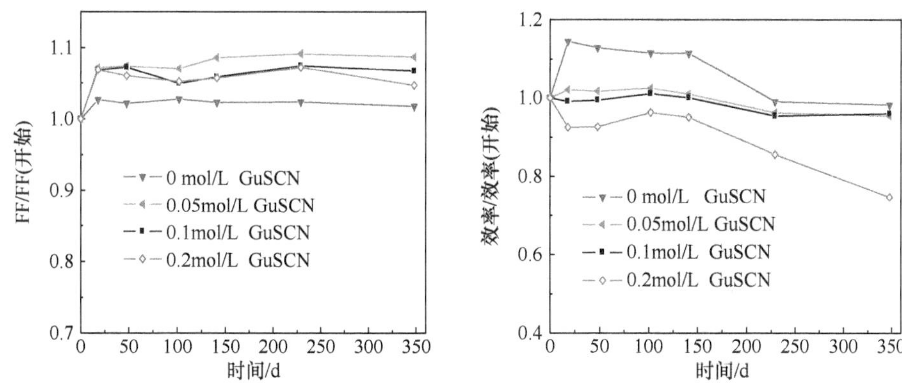

图 8.29　不同浓度 GuSCN 电解质 DSC 室内光稳定性对比

图 8.30 给出含 0.1 mol/L GuSCN 电解质电池室内光老化过程中界面电化学阻抗谱图，图中的中间半圆部分界面跃迁电阻 R_2 对应电池中半导体 TiO_2 导带上电子与电解质中 I_3^- 界面复合反应特征。实验结果表明由开始到 48 天的老化过程中 I_3^- 与 TiO_2 导带上的界面跃迁电阻 R_2 逐渐减小，主要是导带上的电子界面复合反应增大导致的；光老化近一年后，其界面跃迁电阻 R_2 基本不变，表明工作电极界面较稳定，这与老化过程中电池的 V_{OC} 变化规律基本一致。实验表明电解质中加入[GuSCN]≤0.1 mol/L 时，能够明显提高电池的光电性能。

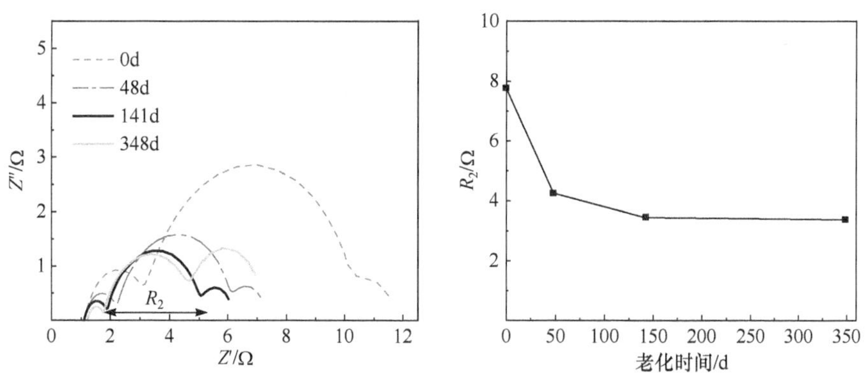

图 8.30　0.1mol/L GuSCN 电解质 DSC 电池室内光老化过程中电化学阻抗谱图和界面跃迁电阻 R_2 随时间变化曲线(Zview 软件模拟得到)

近来 Hans 等研究了以两亲型染料 Z907 为代表的染料敏化太阳电池性能[104]，通过室内光老化实验获得了电池 20 000h 的老化数据(0.8 个太阳，55～60℃)，老化过程中电池 J_{SC} 基本保持不变，而 V_{OC} 不超过 80mV，这一长期稳定性的实验结果相当于太阳电池在中欧室外可稳定运行 32 年，或在澳大利亚悉尼运行

18 年,充分体现了染料敏化太阳电池良好的稳定性。

8.4　染料敏化太阳电池产业化前景

自 1991 年染料敏化太阳电池取得突破性进展以来,从实验室小面积电池的基础研究到大面积电池的实用化研究,从电池的各种关键组成材料到电池的制作技术等方面都获得了长足的进步,降低了染料敏化太阳电池的产业化成本。染料敏化太阳电池由于技术门槛相对较低,且具有低成本、高效率和未来可能产生巨大潜在市场等优势,很多公司乐于投入到此领域的生产和研究之中。根据 NanoMarket 预估,2015 年染料敏化太阳电池市场产值将达 3.7 亿美元,未来电池商用化可能在 2020 年左右[105]。目前染料敏化太阳电池的实用化研究基本朝以下三个方向发展。

方向一:折叠式移动户外充电设备用电池或室内低功率充电用电池,寿命 5 年左右。

方向二:部分同方向一,但要求效率更高,而且寿命需要 10 年。

方向三:用于解决家庭用电的屋顶或墙面用电池,可以像硅基电池同样应用范围的太阳电池,寿命要求 10 年甚至几十年。

目前在产业化研究上,前两个方向研究进展较快。利用辊对辊薄膜印刷技术规模化生产的柔性衬底电池,可广泛应用于便携式和移动式充电系统,如手机、iPod 和个人笔记本等。用于小电器和手机充电系统的染料敏化太阳电池,其功率一般在几毫瓦到几百毫瓦之间,这种电池在室内应用和温度变化上比硅基太阳电池性能更优越。采用叠层结构的染料敏化太阳电池既可以拓宽吸收光谱,又可以减小染料敏化剂对太阳光的吸收不充分,并通过系列关键基础科学问题的解决,有望使电池的光电转化效率达到 15%以上。

传统染料敏化太阳电池技术走向商业化还可以通过墙面或屋顶用电池进行发电。将染料敏化太阳电池整合到墙面建筑材料中,既与环境协调、美观,又可直接发电,是为适应现代光伏建筑一体化而设计的,这些技术包括宽光谱五彩染料分子的设计及研发等。随着世界上首座 500W 染料敏化太阳电池屋顶电站的成功运行和 0.5 MW 染料敏化太阳电池中试生产线的试运行,性能稳定的电池新材料、新技术等不断出现,电池性能会进一步得到提高,为实用化染料敏化太阳电池推广打下了坚实的基础。

当前光伏产业发展虽然出现暂时困难,但未来行业整体向好的发展趋势是肯定的。开发利用太阳能,已成为世界各国政府可持续发展能源的战略决策。降低太阳电池成本和实现太阳电池的薄膜化,已成为发展太阳电池的主要方向。染料敏化太阳电池作为一种长期置于户外的装置,必将受到各种自然条件的影响,因此研究长寿命、高稳定性的染料敏化太阳电池仍然是一个迫切的问题。

参考文献

[1] Putzeiko E K, Trenin A. Zhurnal Prikladnoi Khimii, 1949, 23: 676

[2] Gerischer H, Tributsch H. Elektrochemische Untersuchungen zur spektralen Sensibilisierung von ZnO-Einkristallen. Berichte der Bunsen-Gesellschaft Physical Chemistry Chemical Physics, 1968, 72: 437-445

[3] Fujishima A, Honda K. Electrochemical photolysis of water at a semiconductor electrode. Nature, 1972, 238: 37-38

[4] Moore T A, Gust D. Photodriven charge separation in a carotenoporphyrin-quinone triad. Nature, 1984, 307: 630-632

[5] Fujihira M, Nishiyama K, Yamada H. Photoelectrochemical responses of optically transparent electrodes modified with Langmuir-Blodgett films consisting of surfactant derivatives of electron donor, acceptor and sensitizer molecules. Thin Solid Films, 1985, 132: 77-82

[6] Oregan B, Gratzel M. A low-cost, high-efficiency solar-cell based on dye-sensitized colloidal TiO_2 films. Nature, 1991, 353(6346): 737-740

[7] Hu L H, Dai S Y, Wang K J. Structural transformation of nanocrystalline titania grown by sol-gel technique and the growth kinetics of crystallites. Acta Physica Sinica, 2003, 52(9): 2135-2139

[8] Durr M, Schmid A, Obermaier M, et al. Low-temperature fabrication of dye-sensitized solar cells by transfer of composite porous layers. Nature Materials, 2005, 4(8): 607-611

[9] Ito S, Ha N L C, Rothenberger G, et al. High-efficiency (7.2%) flexible dye-sensitized solar cells with Ti-metal substrate for nanocrystalline-TiO_2 photoanode. Chem. Comm., 2006, (38): 4004-4006.

[10] Meng Q B, Fu C H, Einaga Y, et al. Assembly of highly ordered three-dimensional porous structure with nanocrystalline TiO_2 semiconductors. Chem. Mater., 2002, 14(1): 83-88

[11] Gregg B A, Chen S G, Ferrere S. Enhanced dye-sensitized photoconversion efficiency via reversible production of UV-induced surface states in nanoporous TiO_2. J. Phys. Chem. B, 2003, 107(13): 3019-3029

[12] Wang Y Q, Hao Y Z, Cheng H M, et al. The photoelectrochemistry of transition metal-ion-doped TiO_2 nanocrystalline electrodes and higher solar cell conversion efficiency based on Zn^{2+}-doped TiO_2 electrode. J. Mater. Sci., 1999, 34(12): 2773-2779

[13] Kitiyanan A, Yoshikawa S. The use of ZrO_2 mixed TiO_2 nanostructures as efficient dye-sensitized solar cells' electrodes. Mater. Lett., 2005, 59(29-30): 4038-4040

[14] Lee W J, Suzuki A, Imaeda K, et al. Fabrication and characterization of Eosin-Y-sensitized ZnO solar cell. Japanese Journal of Applied Physics Part 1-Regular Papers Short Notes & Review Papers, 2004, 43(1): 152-155

[15] Dentani T, Funabiki K, Jin J Y, et al. Application of 9-substituted 3,4-perylenedicarboxylic

anhydrides as sensitizers for zinc oxide solar cell. Dyes & Pigments,2007,72(3): 303-307

[16] Gao F,Wang Y,Shi D,et al. Enhance the optical absorptivity of nanocrystalline TiO_2 film with high molar extinction coefficient ruthenium sensitizers for high performance dye-sensitized solar cells. J. Am. Chem. Soc., 2008,130:10720-10728

[17] Nazeeruddin M K,Kay A,Rodicio I,et al. Conversion of light to electricity by Cis-X2bis(2,2′-Bipyridyl-4,4′-Dicarboxylate) ruthenium(Ii) charge-transfer sensitizers ($X = Cl^-$, Br^-, I^-, CN^-, and SCN^-) on nanocrystalline TiO_2 electrodes. J. Am. Chem. Soc,1993, 115(14): 6382-6390

[18] Nazeeruddin M K,Angelis F D,Fantacci S,et al. Combined experimental and DFT-TDDFT computational study of photoelectrochemical cell ruthenium sensitizers. J. Am. Chem. Soc.,2005,127: 16835-16847

[19] Nazeeruddin M K,Péchy P, Renouard T, et al. Engineering of efficient panchromatic sensitizers for nanocrystalline TiO_2-based solar cells. J. Am. Chem. Soc., 2001, 123: 1613-1624

[20] Chiba Y,Islam A,Watanabe Y,et al. Dye-sensitized solar cells with conversion efficiency of 11.1%. Jpn. J. Appl. Phys.,2006,45:L638-L640

[21] Han L,Islam A,Chen H,et al. High-efficiency dye-sensitized solar cell with a novel co-adsorbent. Energy Environ. Sci.,2012,5:6057-6060

[22] Wang P,Zakeeruddin S M,Moser J E,et al. A stable quasi-solid-state dye-sensitized solar cell with an amphiphilic ruthenium sensitizer and polymer gel electrolyte. Nature Materials, 2003,2(6): 402-407

[23] Wang P,Zakeeruddin S M, Humphry-Baker R,et al. Molecular-scale interface engineering of TiO_2 nanocrystals: improve the efficiency and stability of dye-sensitized solar cells. Adv. Mater.,2003,15: 2101-2104

[24] Klein C,Nakeeruddin M K,Liska P,et al. Engineering of a novel ruthenium sensitizer and its application in dye-sensitized solar cells for conversion of sunlight into electricity. Inorg. Chem.,2005 ,44: 178-180

[25] Wang P,Klein C,Humphry-Baker R,et al. A high molar extinction coefficient sensitizer for stable dye-sensitized solar cells. J. Am. Chem. Soc.,2005,127:808-809

[26] Nazeeruddin M K,Wang Q,Cevey L,et al. DFT-INDO/S modeling of new high molar extinction coefficient charge-transfer sensitizers for solar cell applications. Inorg. Chem., 2006,45: 787 -797

[27] Wang P,Zakeeruddin S M,Moser J E,et al. Stable new sensitizer with improved light harvesting for nanocrystalline dye-sensitized solar cells. Adv. Mater.,2004,16:1806-1811

[28] Kuang D B,Ito S,Wenger B,et al. High molar extinction coefficient heteroleptic ruthenium complexes for thin film dye-sensitized solar cells. J. Am. Chem. Soc., 2006, 128 (12): 4146-4154

[29] Kuang D B,Klein C,Snaith H J,et al. Ion coordinating sensitizer for high efficiency meso-

scopic dye-sensitized solar cells: influence of lithium ions on the photovoltaic performance of liquid and solid-state cells. Nano Lett. ,2006,6:769-773

[30] Jiang KJ,Masaki N,Xia J B,et al. A novel ruthenium sensitizer with a hydrophobic 2-thiophen-2-yl-vinyl-conjugated bipyridyl ligand for effective dye sensitized TiO_2 solar cells. Chem. Commun. ,2006,2460-2462

[31] Wang P,Klein C,Moser J E,et al. Amphiphilic ruthenium sensitizer with 4,4′-diphosphonic acid-2,2′-bipyridine as anchoring ligand for nanocrystalline dye sensitized solar cells. J. Phys. Chem. B,2004,108(45): 17553-17559

[32] Péchy P,Rotzinger F P,Nazeeruddin M K,et al. Preparation of phosphonated polypyridyl ligands to anchor transition-metal complexes on Oxide surfaces: application for theconversion of light to electricity with nanocrystalline TiO_2 films. J. Chem. Soc. ,Chem. Comm. , 1995,65-66

[33] Kohle O,Ruile S,Grätzel M. Ruthenium(II) charge-transfer sensitizers containing 4,4′-dicarboxy-2,2′-bipyridine. Synthesis,properties,and bonding mode of coordinated thio- and selenocyanates. Inorganic Chemistry,1996,35(16): 4779-4787

[34] Wang Z S,Huang C H,Li F Y,et al. Alternative self-assembled films of metal-ion-bridged 3,4,9,10-perylenetetracarboxylic acid on nanostructured TiO_2 electrodes and their photoelectrochemical properties. J. Phys. Chem. B,2001,105(19): 4230-4234

[35] Li S L,Jiang K J,Shao K F,et al. Novel organic dyes for efficient dye-sensitized solar cells. Chem. Comm. ,2006,(26): 2792-2794

[36] Kitamura T,Ikeda M,Shigaki K,et al. Phenyl-conjugated oligoene sensitizers for TiO_2 solar cells. Chem. Mater. ,2004,16(9): 1806-1812

[37] Hara K,Kurashige M,Ito S,et al. Novel polyene dyes for highly efficient dye-sensitized solar cells. Chem. Comm. ,2003,(2): 252-253

[38] Hara K,Wang Z S,Sato T,et al. Oligothiophene-containing coumarin dyes for efficient dye-sensitized solar cells. J. Phys. Chem. B,2005,109(32): 15476-15482

[39] Horiuchi T,Miura H,Sumioka K,et al. High efficiency of dye-sensitized solar cells based on metal-free indoline dyes. J. Am. Chem. Soc. ,2004,126(39): 12218-1221

[40] Zeng W,Cao Y,Bai Y,et al. Efficient dye-sensitized solar cells with an organic photosensitizer featuring orderly conjugated ethylenedioxythiophene and Dithienosilole Blocks. Chem. Mater. ,2010,22 (5): 1915-1925

[41] Zhao W,Hou Y J,Wang X S,et al. Study on squarylium cyanine dyes for photoelectric conversion. Solar Energy Materials & Solar Cells,1999,58(2): 173-183

[42] Shen Y C,Deng H H,Fang J H,et al. Co-sensitization of microporous TiO_2 electrodes with dye molecules and quantum-sized semiconductor particles. Colloids & Surfaces a-Physicochemical & Engineering Aspects,2000,175(1-2): 135-140

[43] Yella A,Lee H,Tsao H,et al. Porphyrin-sensitized solar cells with cobalt (II/III)-based redox electrolyte exceed 12 Percent Efficiency. Science,2011,334:629-634

[44] Kambe S, Nakade S, Kitamura T, et al. Influence of the electrolytes on electron transport in mesoporous TiO_2-electrolyte systems. J. Phys. Chem. B, 2002, 106(11): 2967-2972

[45] Kubo W, Kitamura T, Hanabusa K, et al. Quasi-solid-state dye-sensitized solar cells using room temperature molten salts and a low molecular weight gelator. Chem. Comm., 2002, (4): 374-375

[46] Bai Y, Cao Y M, Zhang J, et al. High-performance dye-sensitized solar cells based on solvent-free electrolytes produced from eutectic melts. Nature Mater. 2008, 7: 626-630

[47] Kawano R, Matsui H, Matsuyama C, et al. High performance dye-sensitized solar cells using ionic liquids as their electrolytes. J. Photochem. & Photobio. A: Chemistry, 2004, 164(1-3): 87-92

[48] Paulsson H, Hagfeldt A, Kloo L. Molten and solid trialkylsulfonium iodides and their polyiodides as electrolytes in dye-sensitized nanocrystalline solar cells. J. Phys. Chem. B, 2003, 107(49): 13665-13670

[49] Wang P, Zakeeruddin S M, Moser J E, et al. A solvent-free, $SeCN^-/(SeCN)_3^-$ based ionic liquid electrolyte for high-efficiency dye-sensitized nanocrystalline solar cells. J. Am. Chem. Soc., 2004, 126(23): 7164-7165

[50] Matsui H, Okada K, Kawashima T, et al. Application of an ionic liquid-based electrolyte to a 100 mm×100 mm sized dye-sensitized solar cell. J. Photochem. & Photobio. A: Chemistry, 2004, 164(1-3): 129-135

[51] Kubo W, Murakoshi K, Kitamura T, et al. Quasi-solid-state dye-sensitized TiO_2 solar cells: effective charge transport in mesoporous space filled with gel electrolytes containing iodide and iodine. J. Phys. Chem. B, 2001, 105(51): 12809-12815

[52] Mohmeyer N, Wang P, Schmidt H W, et al. Quasi-solid-state dye sensitized solar cells with 1,3 : 2,4-di-O-benzylidene-D-sorbitol derivatives as low molecular weight organic gelators. J. Mater. Chem., 2004, 14(12): 1905-1909

[53] Ileperuma O A, Dissanayake M A K L, Somasundaram S. Dye-sensitised photoelectrochemical solar cells with polyacrylonitrile based solid polymer electrolytes. Electrochimica Acta, 2002, 47(17): 2801-2807

[54] Li W Y, Kang J J, Li X P, et al. Quasi-solid-state nanocrystalline TiO_2 solar cells using gel network polymer electrolytes based on polysiloxanes. Chinese Science Bulletin, 2003, 48(7): 646-648

[55] Wu J H, Lan Z, Wang D B, et al. Polymer electrolyte based on poly(acrylonitrile-co-styrene) and a novel organic iodide salt for quasi-solid state dye-sensitized solar cell. Electrochimica Acta, 2006, 51(20): 4243-4249

[56] 郭力，戴松元，王孔嘉，等. P (VDF-HFP) 基凝胶电解质染料敏化纳米 TiO_2 薄膜太阳电池. 高等学校化学学报，2005，26(10): 1934-1937

[57] Stathatos E, Lianos R, Zakeeruddin S M, et al. A quasi-solid-state dye-sensitized solar cell based on a sol-gel nanocomposite electrolyte containing ionic liquid. Chem. Mater., 2003,

15(9)：1825-1829

[58] Wang P, Zakeeruddin S M, Gratzel M. Solidifying liquid electrolytes with fluorine polymer and silica nanoparticles for quasi-solid dye-sensitized solar cells. J. Flu. Chem., 2004, 125(8)：1241-1245

[59] Stathatos E, Lianos P, Vuk A S, et al. Optimization of a quasi-solid-state dye-sensitized photoelectrochemical solar cell employing a ureasil/sulfolane gel electrolyte. Adv. Funct. Mater., 2004, 14(1)：45-48

[60] Komiya R, Han L Y, Yamanaka R, et al. Highly efficient quasi-solid state dye-sensitized solar cell with ion conducting polymer electrolyte. J. Photochem. & Photobio. A：Chemistry, 2004, 164(1-3)：123-127

[61] Xia J B, Li F Y, Huang C H, et al. Improved stability quasi-solid-state dye-sensitized solar cell based on polyether framework gel electrolytes. Solar Energy Materials & Solar Cells, 2006, 90(7-8)：944-952

[62] Murai S, Mikoshiba S, Sumino H, et al. Quasi-solid dye-sensitized solar cells containing chemically cross-linked gel - How to make gels with a small amount of gelator. J. Photochem. & Photobio A：Chemistry, 2002, 148(1-3)：33-39

[63] Wang P, Zakeeruddin S M, Exnar I, et al. High efficiency dye-sensitized nanocrystalline solar cells based on ionic liquid polymer gel electrolyte. Chem. Comm., 2002, (24)：2972-2973

[64] Wang P, Zakeeruddin S M, Comte P, et al. Gelation of ionic liquid-based electrolytes with silica nanoparticles for quasi-solid-state dye-sensitized solar cells. J. Am. Chem. Soc., 2003, 125(5)：1166-1167

[65] Mohmeyer N, Kuang D B, Wang P, et al. An efficient organogelator for ionic liquids to prepare stable quasi-solid-state dye-sensitized solar cells. J. Mater. Chem., 2006, 16(29)：2978-2983

[66] Jovanovski V, Stathatos E, Orel B, et al. Dye-sensitized solar cells with electrolyte based on a trimethoxysilane-derivatized ionic liquid. Thin Solid Films, 2006, 511：634-637

[67] Suzuki K, Yamaguchi M, Kumagai M, et al. Dye-sensitized solar cells with ionic gel electrolytes prepared from imidazolium salts and agarose. Comptes Rendus Chimie, 2006, 9(5-6)：611-616

[68] Usui H, Matsui H, Tanabe N, et al. Improved dye-sensitized solar cells using ionic nanocomposite gel electrolytes. J. Photochem. & Photobio. A：Chemistry, 2004, 164(1-3)：97-101

[69] Nogueira A F, Durrant J R, De Paoli M A. Dye-sensitized nanocrystalline solar cells employing a polymer electrolyte. Adv. Mater., 2001, 13(11)：826-830

[70] Stergiopoulos T, Arabatzis I M, Katsaros G, et al. Binary polyethylene oxide/titania solid-state redox electrolyte for highly efficient nanocrystalline TiO_2 photoelectrochemical cells. Nano Letters, 2002, 2(11)：1259-1261

[71] Saito Y, Fukuri N, Senadeera R, et al. Solid state dye sensitized solar cells using in situ polymerized PEDOTs as hole conductor. Electrochem. Comm., 2004, 6(1): 71-74

[72] Tan S X, Zhai J, Xue B F, et al. Property influence of polyanilines on photovoltaic behaviors of dye-sensitized solar cells. Langmuir, 2004, 20(7): 2934-2937

[73] Smestad G P, Spiekermann S, Kowalik J, et al. A technique to compare polythiophene solid-state dye sensitized TiO_2 solar cells to liquid junction devices. Solar Energy Materials & Solar Cells, 2003, 76(1): 85-105

[74] Kumara G R A, Okuyaa M, Murakamia K, et al., Dye-sensitized solid-state solar cells made from magnesiumoxide-coated nanocrystalline titanium dioxide films: enhancement of the efficiency J. Photochem. & Photobio. A: Chemistry, 2004, 164: 183-185

[75] Kumara G R A, Kaneko S, Okuya M, et al. Fabrication of dye-sensitized solar cells using triethylamine hydrothiocyanate as a CuI crystal growth inhibitor. Langmuir, 2002, 18(26): 10493-10495

[76] O'Regan B, Lenzmann F, Muis R J, et al. A solid-state dye-sensitized solar cell fabricated with pressure-treated P25-TiO_2 and CuSCN: analysis of pore filling and IV Characteristics. Chem. Mater., 2002, 14 (12): 5023-5029

[77] Bach U, Lupo D, Comte P, et al. Solid-state dye-sensitized mesoporous TiO_2 solar cells with high photon-to-electron conversion efficiencies. Nature, 1998, 395(6702): 583-585

[78] Wang P, Dai Q, Zakeeruddin S M, et al. Ambient temperature plastic crystal electrolyte for efficient, all-solid-state dye-sensitized solar CeN. J. Am. Chem. Soc., 2004, 126(42): 13590-13591

[79] Wang H X, Li H, Xue B F, et al. Solid-state composite electrolyte LiI/3-hydroxypropionitrile/SiO_2 for dye-sensitized solar cells. J. Am. Chem. Soc., 2005, 127(17): 6394-6401

[80] Fang X M, Ma T L, Guan G Q, et al. Effect of the thickness of the Pt film coated on a counter electrode on the performance of a dye-sensitized solar cell. J. Electroanal. Chem., 2004, 570(2): 257-263

[81] Wei T C, Wan C C, Wang Y Y. Poly(N-vinyl-2-pyrrolidone)-capped platinum nanoclusters on indium-tin oxide glass as counterelectrode for dye-sensitized solar cells. Applied Physics Letters, 2006, 88(10): 103122-103124

[82] Suzuki K, Yamaguchi M, Kumagai M, et al. Application of carbon nanotubes to counter electrodes of dye-sensitized solar cells. Chem. Lett., 2003, 32(1): 28-29

[83] Hino T, Ogawa Y, Kuramoto N. Preparation of functionalized and non-functionalized fullerene thin films on ITO glasses and the application to a counter electrode in a dye-sensitized solar cell. Carbon, 2006, 44(5): 880-887

[84] Shi C W, Dai S Y, Wang K J, et al. Influence of 1-methyl-3-propylimidazolium iodide on I_3^-/I^- redox behavior and photovoltaic performance of dye-sensitized solar cells. Solar Energy Materials & Solar Cells, 2005, 86(4): 527-535

[85] Dloczik L, Ileperuma O, Lauermann I, et al. Dynamic response of dye-sensitized nanocrystal-

line solar cells: characterization by intensity-modulated photocurrent spectroscopy. J. Phys. Chem. B,1997,101(49): 10281-10289

[86] Kruger J,Plass R,Gratzel M,et al. Charge transport and back reaction in solid-state dye-sensitized solar cells: a study using intensity-modulated photovoltage and photocurrent spectroscopy. J. Phys. Chem. B,2003,107(31): 7536-7539

[87] Nakade S,Saito Y,Kubo W,et al. Influence of TiO_2 nanoparticle size on electron diffusion and recombination in dye-sensitized TiO_2 solar cells. J. Phys. Chem. B,2003,107(33): 8607-8611

[88] Schlichthorl G,Huang S Y,Sprague J,et al. Band edge movement and recombination kinetics in dye-sensitized nanocrystalline TiO_2 solar cells: a study by intensity modulated photovoltage spectroscopy. J. Phys. Chem. B,1997,101:8141

[89] Jennings J R,Ghicov A, Peter L M,et al. Dye-sensitized solar cells based on oriented TiO_2 nanotube arrays: transport,trapping,and transfer of electrons. J Am Chem Soc,2008,130: 13364

[90] Zaban A,Greenshtein M,Bisquert J. Determination of the electron lifetime in nanocrystalline dye solar cells by open-circuit voltage decay measurements. Chemphyschem,2003, 4:859

[91] Boschloo G, Haggman L, Hagfeldt A. Quantification of the effect of 4-tert-butylpyridine addition to I-/I-3(-) redox electrolytes in dye-sensitized nanostructured TiO_2 solar cells. J. Phys. Chem. B,2006,110: 13144

[92] Boschloo G,Hagfeldt A. Activation energy of electron transport in dye-sensitized TiO_2 solar cells. J. Phys. Chem. B,2005,109. 12093

[93] Solbrand A,Lindstrom H,Rensmo H,et al. Electron transport in the nanostructured TiO_2-electrolyte system studied with time-resolved photocurrents. J. Phys. Chem. B,1997,101: 2514

[94] Kopidakis N,Schiff E A,Park N G,et al. Ambipolar diffusion of photocarriers in electrolyte-filled,nanoporous TiO_2. J. Phys. Chem. B,2000,104:3930

[95] Nakade S,Kanzaki T,Wada Y,et al. Stepped light-induced transient measurements of photocurrent and voltage in dye-sensitized solar cells: application for highly viscous electrolyte systems. Langmuir,2005,21:10803

[96] 陈双宏,翁坚,戴松元,等. 染料敏化纳米 TiO_2 薄膜太阳电池测试. 太阳能学报,2006, 27(009): 900-904

[97] Koide N,Chiba Y, Han L. Methods of measuring energy conversion efficiency in dye-sensitized solar cells. Jpn. J. Appl. Phys. ,2005,44(6A): 4176-4181

[98] 戴松元,陈双宏,肖尚锋,等. 温度对不同电解质的大面积 DSCs 电池性能的影响. 高等学校化学学报,2005,26(6): 1102-1105

[99] 戴松元. 染料敏化纳米薄膜太阳电池的研究. 中国科学院等离子体物理研究所, 2000

[100] Gratzel M. Conversion of sunlight to electric power by nanocrystalline dye-sensitized solar

cells. J. Photochem. Photobio. A; Chem. ,2004,164(1-3): 3-14

[101] 贺宇峰,翁坚,陈双宏,等. 多路 DSCs 伏安特性测试系统的研制和分析. 太阳能学报,2006,27(002): 126-131

[102] 黄阳. 大面积染料敏化太阳电池电池结构设计及理论模拟研究. 中国科学院合肥物质科学研究院. 2010

[103] Zhang C, Huang Y, Huo Z, et al. Photoelectrochemical effects of guanidinium thiocyanate on dye-sensitized solar cell performance and stability. J. Phys. Chem. C, 2009, 113: 21779-21783

[104] Ravi H, Hans D. Long-term stability of dye solar cells. Solar Energy, 2011, 85: 1179-1188

[105] http://www.smelz.gov.cn/show.php? contentid=206231

第 9 章　有机太阳电池

朱永祥　陈军武　曹　镛

9.1 引　　言

科技的进步、工业的发展极大地提高了人类的物质水平，从最早的狩猎采集、钻木取火的原始文明时代，慢慢地演变到农耕畜牧的农业文明时代，随着工业文明的到来，人类进行了三次工业革命，每一次的工业革命都与能源的利用息息相关。从内燃机的化石燃料到电能的充分利用，再到原子能的发展，无一例外地伴随着能源利用方式的进步。能源既是人类社会进步的绊脚石，又是人类发展进步的推进器。如何解决好能源问题，如何以最优的方式利用好能源，让其更好地推进人类社会的发展，是我们人类不可回避的课题。能源决定着我们的现在，也决定了我们的未来。

第二次工业革命带来的广泛的电能的利用，已经影响到我们生活的方方面面，成为我们日常生活中最主要的能源利用方式，也必将是我们未来生活中不可或缺的一部分。作为二次能源的电能又要受制于一次能源。火力、水力、风力、核能、太阳能是现今我们最主要的发电方式。而随着化石燃料的枯竭，火力发电最终将要消失，水和风能受到地理位置的限制，核能要考虑到核泄漏的现实问题。太阳能发电由于清洁可再生，受地理位置限制的影响更小，必将成为未来能源利用的主力军。

自从 1954 年，美国贝尔实验室成功研制了世界上第一块太阳电池开始，人类利用太阳能直接转换为电能便成为了现实。此后，各种形式的太阳电池相继问世，其中，研究和应用最广泛的太阳电池主要有单晶硅、多晶硅和非晶硅系列电池，然而硅系电池原料成本高，生产工艺复杂，且材料本身不利于降低成本，这在一定程度上限制了其在更多领域的应用进程 。自从美国科学家 Heeger，MacDiarmid 和日本科学家 Shirakawa 发现了导电聚合物并用掺杂的方法赋予这些聚合物从绝缘体到高导电的金属性能[1]，这一重大发现开创了一个全新的研究领域。更为重要的是，具有共轭结构聚合物半导体也有希望成为新一代功能高分子材料，既具有普通半导体的电学和光学性能，又保留聚合物的优越的机械性能和加工性能。这类材料被用于制造高效的发光二极管、场效应晶体管和太阳电池。共轭有机/高分子材料在太阳能转换中的应用极大地活跃了该研究领域。以有机小分子和聚合物材料为基础而制备的有机太阳电池具有有机材料的化学结构可设计性、活性层的材料轻薄、可印刷加工性赋予的低成本特色等优点，近年来备受重视[2-4]。

在 1986 年，C. W. Tang 首次报道了双层有机太阳电池，其能量转换效率(PCE)为 0.95%[5]。俞钢等在 1995 年报道将一定比例的 C_{60} 衍生物(电子受体材料)与 MEH-PPV(电子给体材料)混合，作成 MEH-PPV:C_{60} 衍生物的共混互穿网络结构[6]，突出展现了这种有机本体异质结太阳电池在激子分离、载流子输运方面的重要特色，如受体材料和给体材料在本体异质结中能形成比双层结构高出很多的异质结相区面积，能充分实现激子分离，同时具有互穿网络结构的受体和给体两相能分别输运电子和空穴，能减少电子和空穴在输运中的复合损失，因此，有机本体异质结太阳电池已成为有机/聚合物太阳电池当前和未来发展的主流。进入 21 世纪以来，随着以 D-A 结构为代表的有机材料设计合成的突破以及电池器件结构的优化，有机太阳电池的转换效率得到了明显的提高，文献报道的单结电池的 PCE 已经超过 9%[7]，而德国 Heliatek 公司报告的 PCE 已经达到 12%。有机太阳电池离大规模的商业化应用之路已经越来越近。

9.2 有机太阳电池的原理

9.2.1 基本原理

聚合物光伏电池的基本原理是脱胎于无机 pn 结太阳电池。基本原理就是 pn 结的光生伏特效应。光生伏特效应是指光激发产生的空穴-电子对在内建电场的作用下分离产生电动势的现象。无机太阳电池是由 p 型和 n 型两种能很好匹配的材料构成。在两种材料的结合处形成 pn 结。以空穴为多数载流子的 p 型材料传输空穴，以电子为多数载流子的 n 型材料传输电子，由于扩散形成了 pn 结。pn 结处存在耗尽层和电势。吸光材料在光照的条件下，电子从价带跃迁到导带，产生的电子和空穴在内建电场的作用下分别在 n 型和 p 型材料中传输，并被正负电极收集，产生光伏效应。

聚合物光伏电池的原理与无机太阳电池类似又有所不同[2]。如图 9.1 所示，首先在太阳光的照射下，吸光材料吸收光子后，电子从基态跃迁到激发态(过程 1)，由于聚合物的束缚能较大(一般为 0.1～1eV)，在激子寿命范围内，可以在有机材料中移动扩散(过程 2)，其扩散距离约在 10nm 以内。当激子扩散到给体和受体的界面处会发生光诱导电子转移(过程 3)，激子被解离成电子和空穴，电子处于受体材料的 LUMO 轨道中，而空穴处于给体材料的 HOMO 轨道中，并在内建电场的作用下，电子在受体相中向阴极方向移动输运，而空穴在给体相中向阳极移动输运(过程 4)，最终被两个电极分别收集(过程 5)。

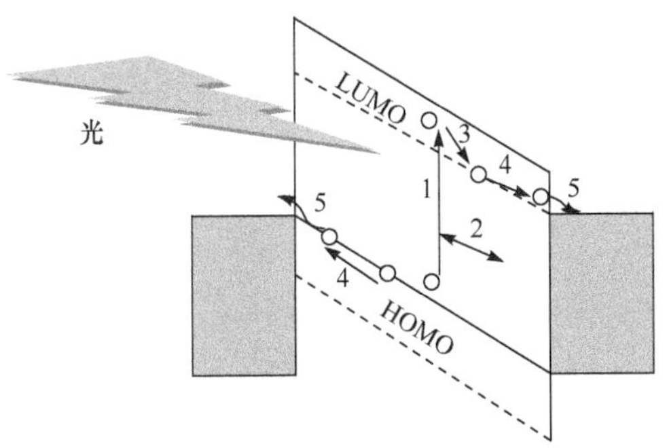

图9.1 聚合物光伏电池中光电转换过程示意图

9.2.2 太阳电池参数及其影响因素

理想太阳电池的伏安特征曲线及其等效电路如图9.2所示。太阳电池的伏安特征曲线即电流-电压特征曲线(图9.2(a)),表示了输出电流和电压随负载电阻变化的曲线。太阳电池工作区域在特征曲线的第四象限,这时pn结处无外加偏压,结电压为正,而流过pn结的为反向电流,说明太阳电池向负载输出功率,即辐射功率转换成电功率,结电压即光生电压。曲线与电压轴的交点对应于电流为零的开路情况,截距为光生电动势或开路电压V_{OC};曲线与电流轴的交点对应于电压为零的短路情况,截距为短路电流密度I_{SC}。

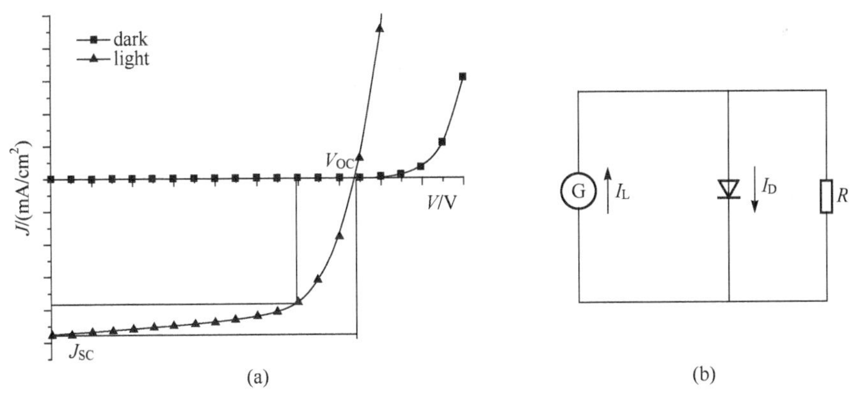

图9.2 理想太阳电池的伏安特性曲线(a);理想太阳电池的等效电路(b)

在理想太阳电池的等效电路(图9.2(b))中,光生电流I_L用恒流源G表示,I_L与入射光通量成正比;太阳电池的二极管特性用二极管表示,R为负载电阻。实际太阳电池的效率不可能达到理想曲线的值。除了不可能实现计算I_L时所假定的情况外,还因为实际太阳电池存在串联电阻R_s和并联电阻R_{sh}。R_s由接触电阻等构成,它与负载串联;并联电阻来源于太阳电池本身的各种漏电路径,它使部分光电流旁路，不再流经负载。实际太阳电池的等效电路如图 9.3 所示。

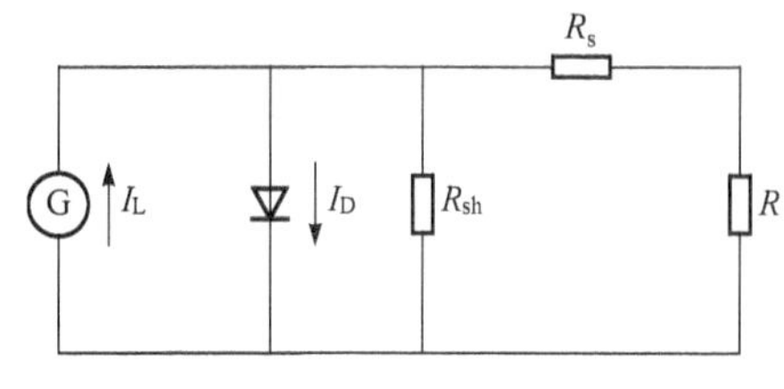

图 9.3 太阳电池的等效电路

1. 开路电压 V_{OC}

开路电压 V_{OC} 等于太阳电池的外回路断开或电流为零时，器件上施加电压的大小。此时在太阳电池异质结处被分开的少数载流子全部在异质结附近积累，最大限度地补偿原来的接触势垒，于是产生数值最大的光生电动势。从器件的 I-V 曲线图上可以很直观地知道器件的开路电压，即光导曲线的电流最低点电压就是该器件在该光照下的开路电压。聚合物太阳电池的开路电压与温度和光照强度有关，但是最终起决定作用的是器件异质结面的势垒差。对于本体异质结型有机太阳电池，在满足阴极和阳极的欧姆接触的情况下，V_{OC} 通常被认为取决于给体材料的 HOMO 能级（$E_{HOMO\text{-}donor}$）与受体的 LUMO 的能级（$E_{LUMO\text{-}acceptor}$）差异，研究者通过对众多给体和受体材料体系的 V_{OC} 大小进行归纳总结，提出了一个经验公式 $V_{OC}=[(|E_{HOMO\text{-}donor}|-|E_{LUMO\text{-}acceptor}|)/e-0.3]$，发现基本适用于本体异质结型有机太阳电池[8]。有机太阳电池的 V_{OC} 可以超过 1V。

2. 短路电流 I_{SC}

太阳电池上无外加电压时电池外回路上的电流为短路电流。此时太阳电池外回路短路，被异质结分开的少数载流子不可能在异质结处累积而全部流经外回路，于是在回路中产生了最大数值的光生电流。从器件光照下的 I-V 曲线中也可以方便看出短路电流的数值，即 I-V 曲线上零偏压下所对应的电流即为通过器件的短路电流。它与器件的制作工艺有密切关系，良好的制作工艺能形成高性能的膜，减少串联电阻 R_s，从而增大短路电流。不同比例的给体与受体材料，能产生不同的电子与空穴的传输通道，将影响短路电流。不同的溶剂中共混，能影响薄膜的形貌和结晶情况，从而影响器件的性能。不同的后处理方法，特别是热处理对于以 P3HT 的给体系列的太阳电池，能大幅度提高太阳电池的短路电流。短路电流还随着入射光强的增加而增大。受有机材料带隙的限制，当前有机太阳电池对太阳光波段的利用还不算充分，导致 I_{SC} 通常小于 20mA/cm^2。

3. 填充因子 FF

填充因子 FF 定义为太阳电池能提供的最大功率与 $I_{SC}V_{OC}$ 乘积之比，即

$$\mathrm{FF}=\frac{P_{max}}{V_{OC}\times I_{SC}}=\frac{V_{max}\times I_{max}}{V_{OC}\times I_{SC}}$$

其中 I_{max},V_{max}分别为对应于最大功率的电流和电压。它表明了该太阳电池能够对外提供的最大输出功率的能力,是全面衡量太阳电池品质的参数,由并联电阻 R_{sh} 与串联电阻 R_s 共同决定,一般认为 R_{sh}/R_s 值越大则 FF 越大。

从太阳电池光导伏安特性曲线可知,FF 就是边长分别为 V_{OC}、I_{SC}的矩形被边长为 I_m、V_m 矩形所填充的份额。只要光照下 I-V 特性确定,FF 就可以随之决定。更高的填充因子意味着太阳电池更接近恒流源的性质,并且能得到更高的最大输出功率。太阳电池最大功率输出所对应的电压/电流(V_m,I_m)点称为该太阳电池的最大功率点(maximum power point)。应用太阳电池时应该考虑此最大功率点。外电路的负载电阻等于该点对应的电压除以电流时可以得到太阳电池的最大输出功率,否则将会有部分能量损失在太阳电池的内阻上。

近年,有机太阳电池的 FF 提高很快,已有很多 FF 超过 70%的例子。

4. 能量转换效率 PCE

太阳电池的能量转换效率定义为最大输出功率 P_{max}与入射的光照强度 P_{in}之比,即

$$\mathrm{PCE}=V_m I_m/P_{in}=\frac{I_{SC}V_{OC}\mathrm{FF}}{P_{in}}$$

能量转换效率是太阳电池的最重要的参数。从上式可以看出其与开路电压、短路电流及填充因子密切相关。当前,有机太阳电池的 PCE 能到约 10%,未来的目标是跨越到 15%。

5. 光电灵敏度 PS

对于有机太阳电池,采用不同的有机给体材料对电池的光谱响应范围有很大的影响,一般有机太阳电池的响应范围在 300～1000nm。在不同波长的光照下,有机太阳电池的光电灵敏度与有机给体材料的吸收光谱特性密切相关,其中光谱的吸收边更多地取决于有机材料的禁带宽度 E_g。太阳电池的光电灵敏度直接影响着太阳电池的短路电流,从而影响其能量转换效率。只有太阳电池光电灵敏度较高的部分与太阳光谱中功率较大的波长相匹配,它的能量转换效率才会比较高。

9.3 有机太阳电池的器件结构

9.3.1 概述

正如大多数的科学技术的发展一样,有机太阳电池的发展也经历了从低效率到高效率、从差的稳定性向好的稳定性发展的过程。简单地来讲,有机太阳电池可以是透明电极氧化铟锡(ITO)/活性层/金属背电极这种典型的三明治夹心结构。

活性层材料的组成也经历了早期的单一材料组成的单层结构、给体和受体材料组成的双层结构，到现在普遍采用的给体-受体材料组成的本体异质结结构。早期的单-活性层材料组成的单层结构难以高效率实现激子分离，难以使 PCE 获得提高。1986 年，C. W. Tang 首次报道了采用给体和受体小分子材料组成双层器件结构的有机太阳电池[5]，利用给体和受体的异质结界面其转换效率达到了 0.95%。1992 年，Sariciftci 首次报道了基于聚合物材料的双层器件结构的太阳电池。在该电池中，PPV 的衍生物 MEH－PPV 作为给体材料，C_{60}分子由于其具有高的电子亲和势和电子迁移率可以作为电子受体材料，这是 C_{60}分子首次作为电子受体材料应用到双层的聚合物太阳电池中[9]。虽然此双层结构的分离效率比较高，但是只发生在距离光诱导吸收和电荷收集比较远的异质结处，很多电荷在输运过程中就已经被复合掉了，也就是说载流子的迁移率很低，从而限制了能量转换效率。Heeger 认为制约效率提高的因素主要有两个方面：一是激子扩散的限制。激子只有在电子给体和受体的界面即异质结处才能发生电荷分离，而其扩散距离往往只有几纳米到十几纳米，因此光照产生的激子大多在未到达异质结之前就已经复合。二是分离电荷必须在电极上被收集才有效，即能量转换效率还要受到载流子收集效率的限制，这种双层或多层固体膜结构不利于载流子的传输与收集，因此光电效率比较低。

基于上述原因，采用互穿网络(interpenetrating network)结构的本体异质结电池的概念在 1995 年被俞钢等提出。他们将一定比例的 C_{60}与 MEH-PPV 混合，作成 MEH-PPV：C_{60}的共混结构可以进一步使能量转换效率得到大幅度的提高[6]。在俞钢的报道中，聚合物太阳电池的电子给体和电子受体各自形成网状的连续相，光诱导产生的电子与空穴可以分别在各自的相中输运并且在相应的电极上被收集，产生的光生载流子在达到相应的电极前被重新复合的几率被大大降低。MEH-PPV：C_{60}体系可以得到 3%的峰值能量转换效率，在 $20mW/cm^2$的辐射强度下，载流子收集效率可以达到 30%，光量子效率可以达到 50%～80%。后来他们通过进一步在工艺上的改进，使聚合物太阳电池的收集效率由 30%提高到 60%，在 $10mW/cm^2$的光照强度下峰值能量转换效率达到 4.1%。与 MEH-PPV 单层器件相比，效率提高了两个数量级以上。由于在共混物中，任何一点与 D-A 界面的距离都在几个纳米以内，因此人们把这种共混物称之为“本体异质结”。共混结构的形成大大增加了 D-A 相的界面面积，为电荷的分离提供了更为充足的场所，同时也缩短了激子扩散到 D-A 相界面进行分离的距离。电子给体与电子受体相各自形成网络状连续相(bicontinuous network)，为电子和空穴分别在各自的相中输运提供了独立的通道，使光生载流子在到达相应的电极前被重新复合的几率大为降低，因此对提升器件效率十分有益。由于 C_{60}在有机溶剂中溶解性能较差，而且溶液法成膜时容易结晶，会影响活性层薄膜的质量，因此用溶解性能较好的 C_{60}衍

生物取代 C_{60} 可以形成更为稳定的共混物，因此以 C_{60} 的 PCBM 类衍生物如 $PC_{61}BM$([6,6]-phenyl-C61 butyric acid methyl ester)[10] 和 $PC_{71}BM$([6,6]-phenyl-C71 butyric acid methyl ester)[11] 等为受体的本体异质结太阳电池得到了快速的发展。

9.3.2 本体异质结器件

如图 9.4 所示，本体异质结型有机太阳电池主要可以分为四种器件结构，分别是：正装本体异质结电池、倒装本体异质结电池、正装叠层本体异质结电池，及倒装叠层本体异质结电池。

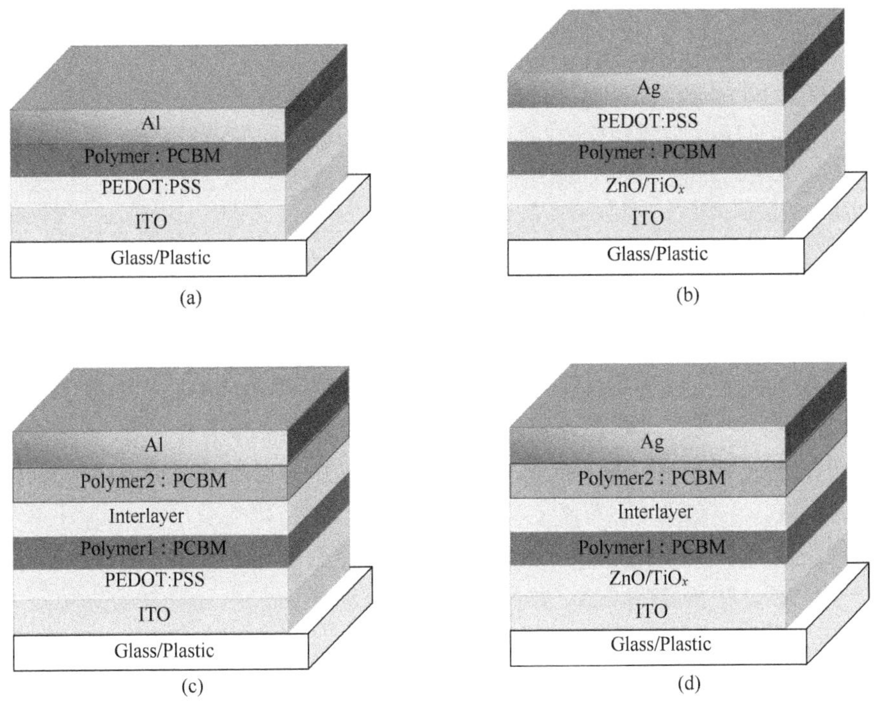

图 9.4 正装本体异质结电池(a)；倒装本体异质结电池(b)；正装叠层本体异质结电池(c)；倒装叠层本体异质结电池(d)

图 9.4(a)是正装本体异质结电池，它是一种最常见的常规器件结构[12]。常采用 ITO 为透明阳极，在 ITO 上面旋涂一层水溶性的阳极界面层——聚苯乙烯磺酸(PSS)掺杂的聚(3,4-乙撑二氧基噻吩)(PEDOT)，然后是由给体聚合物和 C_{60} 衍生物如 $PC_{61}BM$ 组成的光吸收活性层，最后是金属阴极(如 Al)[13]。光吸收活性层中经电荷分离产生的空穴通过给体聚合物输运至阳极界面层，然后被阳极 ITO 收集；光吸收活性层中经电荷分离产生的电子通过 $PC_{61}BM$ 输运至金属阴极。为

了增强阴极对电子的收集效果，有时还采用双层复合阴极，如 LiF/Al[14]、Ca/Al[15]、水/醇溶性阴极界面修饰聚合物/Al[13]等。需要指出的是，阴极界面层PEDOT：PSS 为酸性，容易腐蚀 ITO，使用低功函数金属(Ca)则容易在空气中发生氧化，因此图 9.4(a)这种常规器件结构的电池的稳定性一般不佳。

图 9.4(b)展示了一种倒装的本体异质结电池，ITO 作为电子收集的阴极，其中的 ZnO 或者 TiO_x 被用作阴极界面层，可以采用溶胶-凝胶法按溶液旋涂的方式成膜，再经一道高温加热处理就能很好地输运电子到 ITO 阴极[16]。在光吸收活性层上旋涂水溶性的 PEDOT：PSS 作为阳极界面层往往会因附着力低而不易成膜，为此，在 PEDOT：PSS 的水溶液添加一些醇类溶剂可以得到改善[16]，也可以蒸镀 MoO_3 薄层来代替 PEDOT：PSS[17]。在这种倒装器件结构中，常用 Al、Au、Ag 等高功函数金属作为阳极[16,17]，其中 Au 和 Ag 在空气中较为稳定。目前，倒装本体异质结电池能展现比正装结构电池大幅改善的空气稳定性。

尽管单层的有机太阳电池的效率已经得到了很大提高，但受到给体聚合物带隙的限制，小于给体聚合物带隙的那部分能量不能被吸收利用。虽然可以通过减小给体聚合物的带隙来增大对太阳光能量的吸收宽度，但减小给体聚合物的带隙也会因其 HOMO 能级抬高导致电池的开路电压降低，对提高能量转换效率帮助不大。为此，图 9.4(c)和图 9.4(d)两种叠层器件结构提供了一种实现更好太阳光利用的例子[18,19]。它们通过采用两个单独的亚电池经串联方式来获得充分利用太阳光和保持较高的开路电压。通常，其中一个亚电池中的光吸收活性层选用一种中等带隙的给体聚合物，以充分利用太阳光中的短波长光子能量，而另一个亚电池的光吸收活性层选用一种窄带隙的给体聚合物，以充分利用太阳光中的长波长光子能量，从而实现宽太阳光谱吸收能力。这种串联结构的叠层电池的开路电压是两个亚电池开路电压的加和。当前，对处于两个亚电池之间的中间层材料的研究也十分活跃。另外，图 9.4(d)这种倒装叠层本体异质结电池也在器件稳定性方面有优势。最近，倒装叠层器件已经达到了 10.6%的效率[20]。

9.4　高效率有机太阳电池材料

有机太阳电池除常用的电极材料外，对其活性层的给体和受体材料，以及电极界面材料的研究十分活跃，并在近年取得了比较大的进展，使效率得以连续大幅提高。

9.4.1　受体材料

为了提高有机光伏电池材料中激子的分离效率，电子给体和受体材料被同时用于器件结构中，由于两种材料的不同能级而使得激子在给体与受体界面产生电荷分离。分离后的空穴优先在给体材料中传输并被阳极收集，电子在受体材料中传输并被阴极收集。为了使激子在给体与受体界面处实现有效电荷分离，受体材料应该具备以下特点：

(1) 较低的 LUMO 能级。共轭聚合物等有机半导体的激子结合能约为 0.3eV，因此，只有给体与受体的 LUMO 能级差大于 0.3eV 才可以保证激子的有效分离。但是，过大的能级差就会导致激子电荷分离时产生能量损失，通常表现为开路电压上的损失[21]。

(2) 较高的电子迁移率。以保证较高的电子输运能力，使激子分离后的电子在受体材料的传输过程中不容易被复合掉，从而可以得到较高的填充因子。

(3) 较好的成膜性，与给体材料形成合适的纳米尺度的相分离结构。在本体异质结有机太阳电池中，光照下产生激子，只有到达界面处的激子才有可能被分离成电荷载流子，如果激子在扩散途中发生复合则对光电转换没有贡献。然而有机聚合物半导体中激子的扩散长度通常只有 10nm 左右，因此活性层中给体和受体相分离的尺寸不超过 20nm，只有合适的相分离尺度，激子才能发生有效的电荷分离，光生电荷才能有效传输。

在 1986 年 C. W. Tang 首次报道的双层有机太阳电池中，采用苝的衍生物作为受体材料[5]。之后的 1992 年 Sariciftci 等报道了 MEH-PPV 和 C_{60}受体材料双层结构中的光诱导电荷转移过程[9]。1995 年俞钢等报道了 C_{60}受体材料与 MEH-PPV 的本体异质结型太阳电池[6]。C_{60}与其他电子受体相比有其独特的优势[21,22]。例如，C_{60}有更大的电子亲合势；C_{60}具有三维的共轭 π 电子结构；另外，C_{60}的 LUMO 轨道是一个三重简并轨道，最多可以接受六个电子，这显示了 C_{60}的电子接受能力较强，可以实现有效的电子转移；C_{60}薄膜还具有较高的电子迁移率。C_{60}受体材料对推动按真空升华沉积制作的小分子太阳电池的效率提高中扮演了重要角色，并使小分子太阳电池的效率在 2005 年超过了 5%[23]。但是，C_{60}由于十分对称的化学结构容易发生结晶聚集，在溶剂中的溶解分散性不佳，所形成的较大尺度的受体相结构不仅导致活性层薄膜的粗糙度变大，还会导致其与给体相之间的异质结面积减小，从而影响激子分离效率，因此 C_{60}受体材料在聚合物太阳电池中的应用具有很大的局限性。

1995 年 Hummenlen 等报道了一种 C_{60}衍生物 $PC_{61}BM$(图 9.5)，这种对 C_{60}的化学取代结构设计使它在溶解聚合物给体材料的有机溶剂中有很好的溶解度[10]，从而解决了上述 C_{60}容易结晶所导致的多种问题。$PC_{61}BM$ 的电子迁移率为 $10^{-3}cm^2/(V \cdot s)$级别，能很好地满足电子在 $PC_{61}BM$ 相中的输运[21]。$PC_{61}BM$ 也有较好的热稳定性。$PC_{61}BM$ 的出现极大地推动了聚合物太阳电池效率的提高，如 Brabec 等在 1999 年和 2001 年报道了效率分别为 1.5%和 2.5%的阶段性突破结果[24,25]。$PC_{61}BM$ 也因此成为了在很长时间内被广泛用于聚合物太阳电池的受体材料。

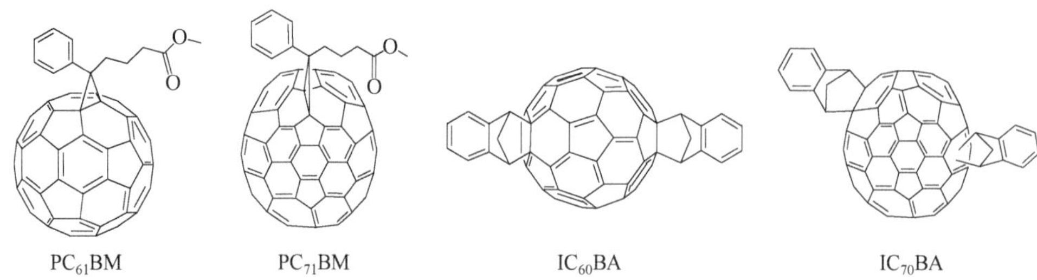

图 9.5 四种重要的 C_{60} 衍生物类受体材料的化学结构

虽然 $PC_{61}BM$ 作为聚合物太阳电池的受体材料相对于 C_{60} 有着巨大的优势，但是 $PC_{61}BM$ 具有较大的光学带隙，对可见光区域的吸收谱宽以及光吸收系数也很低。基于此，Hummenlen 等合成了 C_{70} 的衍生物 $PC_{71}BM$（图 9.5）[11]，$PC_{71}BM$在波长 400～600nm 区间具有比 $PC_{61}BM$ 强得多的吸收能力。在器件性能对比方面，$PC_{71}BM$ 的光伏器件比 $PC_{61}BM$ 的器件的 I_{SC} 提高了 50%，能量转换效率达到了 3%。当前，大部分高效率的有机太阳电池器件都是以 $PC_{71}BM$ 作为受体材料。

聚(3-己基噻吩)(P3HT)是一种分子结构相对简单、合成成本低、高空穴迁移率的聚合物给体，能与 $PC_{61}BM$ 形成理想的纳米尺度互穿网络结构，具有活性层的厚度变化对器件效率影响较小的特点，这使得 P3HT 成为制备大面积有机太阳电池的较理想给体材料。虽然 P3HT 的带隙较大（～2eV），但基于 P3HT:$PC_{61}BM$ 的有机太阳电池仍能较容易地实现超过 4%的效率[26]。但是，该有机太阳电池的开路电压较低，通常只有 0.6V 左右，这主要是由于 P3HT 的 HOMO 能级较高（−5.1eV）。同时，$PC_{61}BM$ 的 LUMO 能级与 P3HT 的 LUMO 能级匹配性不好，两者相差约 0.8eV，因此 P3HT:$PC_{61}BM$ 体系在能级匹配上并不是最佳选择[21]。如能选择一种更高 LUMO 能级的受体材料将可以提高 P3HT 器件的开路电压，从而打开大幅提高器件效率的空间。

中国科学院化学研究所李永舫课题组制备了一系列新型受体材料[27]，明显地抬高了受体材料的 LUMO 能级，比如，一种茚双加成 C_{60} 的受体材料 $IC_{60}BA$（图 9.5）的 LUMO 能级较 $PC_{61}BM$ 上移了 0.17eV，这使得以 P3HT 为给体的光伏器件的开路电压被提高到 0.84V，相应的光伏性能提高非常显著，基于 P3HT:$IC_{60}BA$ 的光伏器件效率达到 5.44%，而基于 P3HT:$PC_{61}BM$ 的对照器件的效率只有 3.88%。通过对器件制备条件的进一步优化，器件的效率进一步提高到 6.48%（V_{OC}=0.84V，I_{SC}=10.61mA/cm^2，FF=72.7%）[28]。

在 $IC_{60}BA$ 的基础上，李永舫等又合成了茚双加成 C_{70} 衍生物 $IC_{70}BA$[29]（图 9.5）。$IC_{70}BA$ 具有 C_{70} 衍生物所特有的较强可见光区吸收，这作为受体材料会

比 C_{60} 衍生物具有吸光方面的优势。他们报道的 P3HT:IC_{70}BA 器件效率达到 5.64%(V_{OC}=0.84V,I_{SC}=9.73mA/cm^2,FF=69%)[29],对器件的制备条件进行了优化,如在制备活性层的溶液中使用甲基噻吩添加剂,使器件的效率提高到 6.69%(V_{OC}=0.86V,I_{SC}=10.79mA/cm^2,FF=72%)[30]。

9.4.2 聚合物给体材料

聚合物给体材料与 C_{60} 衍生物类受体材料组成有机太阳电池的光吸收活性层材料,通常聚合物给体材料在对光的吸收利用中起主导作用,因此聚合物给体材料的窄带隙特征十分重要,通过减小聚合物给体材料带隙能够拓展对太阳光的吸收。在聚合物给体材料的分子设计中的另一个考虑是需要其具有较深的 HOMO 能级,这样能拉开聚合物给体材料的 HOMO 能级与受体材料的 LUMO 能级之间的差值,从而能获得更高的开路电压。聚合物给体材料还需要有较高的空穴迁移率,这样能迅速地将光生空穴输运至阳极,从而对提高短路电流和 FF 有帮助[3]。

如图 9.6 所示,MEH-PPV 和 MDMO-PPV 是早期研究的最多的两种聚合物给体。这两种 PPV 给体的 HOMO 和 LUMO 能级分别为−5.1eV 和−2.9eV,对应的带隙是 2.2eV,因此对太阳光的利用并不佳。基于 MEH-PPV 和 MDMO-PPV 的聚合物太阳电池可以获得 2%左右的效率,其 V_{OC} 约为 0.8V[3]。

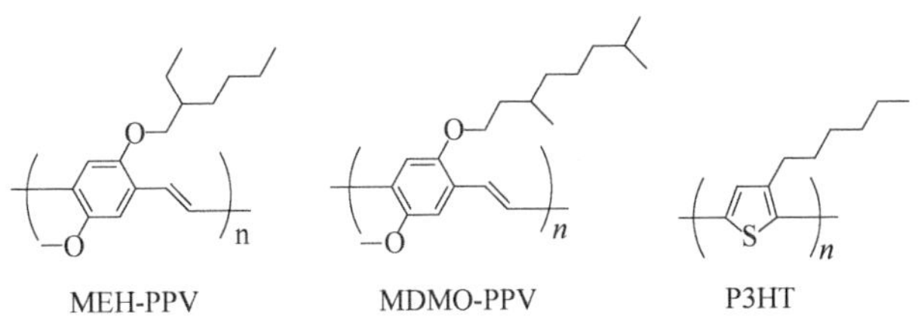

图 9.6 MEH-PPV、MDMO-PPV、P3HT 的化学结构

P3HT 可以利用特别的化学合成方法获得立构规整化聚合物,这对改进链间有序堆砌、获得更高效率十分重要。P3HT 的 HOMO 和 LUMO 能级分别为−5.2eV和−3.2eV,对应的带隙是 2eV,属于中等带隙给体材料。热处理对提高基于 P3HT 的聚合物太阳电池的效率很有帮助,通常选择 130℃左右的温度,P3HT 的大分子链能发生一定程度的结晶,相应的 P3HT:PC_{61}BM 电池的效率可以超过 4%,其 V_{OC} 约为 0.6V[31]。采用 IC_{60}BA 和 IC_{70}BA 为受体材料能大幅提高 P3HT 器件的效率至 6.5%左右,主要是 V_{OC} 被提高到约 0.85V[27-30]。

从减小聚合物给体材料的带隙、调控 HOMO 能级、提高迁移率等方面出发,研究者对 D-A 型聚合物给体进行了很深入的研究,也取得了很好的结果,D-A 型聚合物逐渐成为了聚合物太阳电池给体材料的主体,下面重点以近年报道的一些高效率给体聚合物为例,来说明其有关结构与性能的关系。

由芴为D单元和4,7-二噻吩苯并噻二唑(DTBT)为A单元组成的交替聚合物PFDTBT(图9.7)是一种在2003年被报道的D-A聚合物[32]。对苯并噻二唑(BT)进行4,7-二噻吩取代对增大主链共轭性十分重要,这也对D-A聚合物后来的发展起到推动作用。PFDTBT仍是中等带隙聚合物,但其HOMO较深,约在−5.7eV。PFDTBT的光伏器件效率为2.2%,但V_{OC}高达1.04V[32]。2007年Leclerc等用咔唑作为D单元的聚合物PCDTBT成为了一个明星给体材料,PCDTBT的HOMO和LUMO能级分别为−5.5eV和−3.6eV,带隙为1.88eV,空穴迁移率为$1\times10^{-3}cm^2/(V\cdot s)$,最初以PCDTBT:$PC_{61}BM$为活性层的电池效率仅为3.6%,其$V_{OC}$为0.88V[33]。但是,以PCDTBT:$PC_{71}BM$为活性层的电池效率则能超过6%[34],因此后来PCDTBT成为了很多研究者研究电极界面修饰材料时所选择的聚合物给体材料。2008年曹镛等报道了用硅芴SiF作为D单元的聚合物PSiFDTBT[35],其HOMO为−5.39eV,带隙为1.82eV,空穴迁移率约为$1\times10^{-3}cm^2/(V\cdot s)$,以PSiFDTBT:$PC_{61}BM$为活性层的电池效率高达5.4%,其$V_{OC}$为0.9V,这是当时基于D-A聚合物给体的单节聚合物太阳电池效率能超过5%的重要例子。

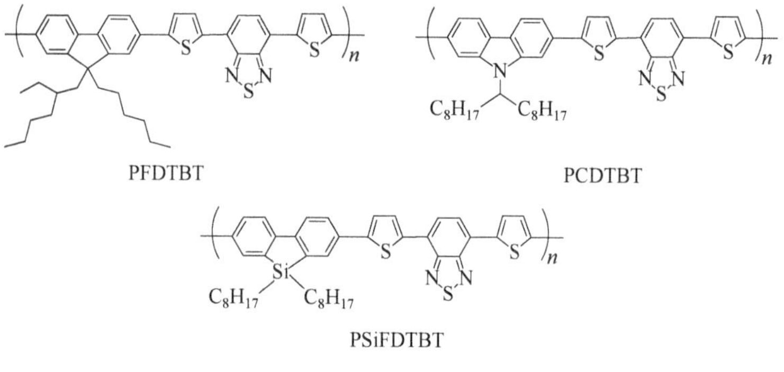

图9.7　PFDTBT、PCDTBT、PSiFDTBT的化学结构

在苯并噻二唑的5,6-位进行烷氧基取代可以调节聚合物给体的性能,如图9.8所示,基于直链烷基咔唑为D单元的HXS-1具有1.95eV带隙[36],HOMO和LUMO能级分别为−5.21eV和−3.35eV,其空穴迁移率为$6\times10^{-2}cm^2/(V\cdot s)$,以HXS-1:$PC_{71}BM$为活性层的电池效率为5.4%,其$V_{OC}$为0.81V。Sun等采用支链烷基咔唑为D单元的PCDTBT12的带隙有所增大(1.99eV)[37],但HOMO能级被拉低到−5.6eV,其原因是由于苯并噻二唑的5,6-位烷氧基取代后使4,7-噻吩能借助空间位阻效应发生扭转所致,也相应使PCDTBT12:$PC_{71}BM$为活性层的电池V_{OC}提高到0.97V,效率也增加到6.04%。Du等采用更加刚性的芴烯为D单元的PAFDTBT也有出色的性能[38],PAFDTBT的带隙为1.84eV,HOMO能级为−5.32eV,空穴迁移率为$3.2\times10^{-3}cm^2/(V\cdot s)$,以PAFDTBT:$PC_{71}$

BM 为活性层的电池效率达 6.2%，其 V_{OC} 为 0.89V。

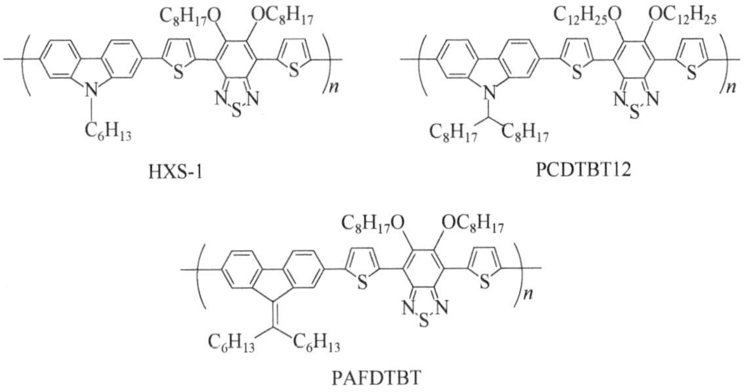

图 9.8　HXS-1、PCPDTBT12、PAFDTBT 的化学结构

2006 年 Mühlbacher 等报道了由二噻吩并环戊二烯为 D 单元和苯并噻二唑(BT)为 A 单元组成的交替聚合物 PCPDTBT[39]（图 9.9），这是一种结构很紧凑的 D-A 聚合物。PCPDTBT 的带隙仅为 1.4eV，说明 D 单元和 A 单元在主链上能有很好的共轭性，聚合物的共轭长度也因此得以增加。PCPDTBT 的 HOMO 和 LUMO 能级分别为－5.3eV 和－3.57eV，最初以 PCPDTBT：PC_{71}BM 为活性层的电池效率仅为 3.16%，其 V_{OC} 为 0.7V。后来 Heeger 等在 PCDTBT：PC_{71}BM 活性层溶液配制时加入少量的 1,8-二碘辛烷，改善了活性层薄膜的形貌，短路电流得到了大幅提高，使电池效率提高到 5.12%[40]。由二噻吩并噻咯为 D 单元和苯并噻二唑为 A 单元组成的交替聚合物 PSDTBT 也有很好的表现[41]，其带隙仅为 1.45eV，HOMO 和 LUMO 能级分别为－5.05eV 和－3.27eV，空穴迁移率为 $3\times10^{-3}cm^2/(V\cdot s)$，以 PSDTBT：$PC_{71}$BM 为活性层的电池效率达 5.1%，其 V_{OC} 为 0.68V。

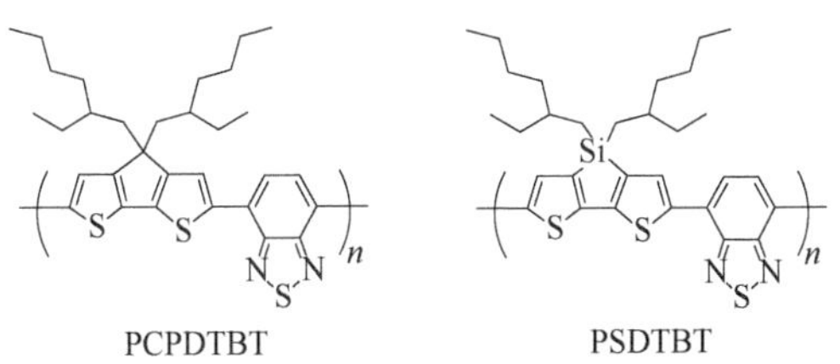

图 9.9　PCPDTBT 和 PSDTBT 的化学结构

如图 9.10 所示，PTPTBT 和 PFDCTBT-C8 是两种采用更大刚性骨架的 D 单元和苯并噻二唑为 A 单元组成的交替聚合物，通常大刚性骨架有利于大分子链的紧密堆砌。PTPTBT 的 HOMO 和 LUMO 能级分别为－5.36eV 和－3.52eV，带

隙为 1.75eV，以 PTPTBT：$PC_{71}BM$ 为活性层的器件的效率为 6.41%（V_{OC} = 0.85V，I_{SC} = 11.2mA/cm^2，FF = 67%）[42]。PFDCTBT-C8 的 HOMO 和 LUMO 能级与 PTPTBT 十分接近，分别为 −5.3eV 和 −3.55eV，带隙为 1.71eV，比 PTPTBT 略低，PFDCTBT-C8 空穴迁移率为 3.3×10^{-2} cm^2/(V · s)，以 PFDCTBT-C8：$PC_{71}BM$ 为活性层的器件的效率达 7%[43]，其中 V_{OC} 为 0.83V，FF 为 67%，这与 PTPTBT 的电池相当，但 PFDCTBT-C8 器件的 I_{SC} 被提高到 11.2mA/cm^2。

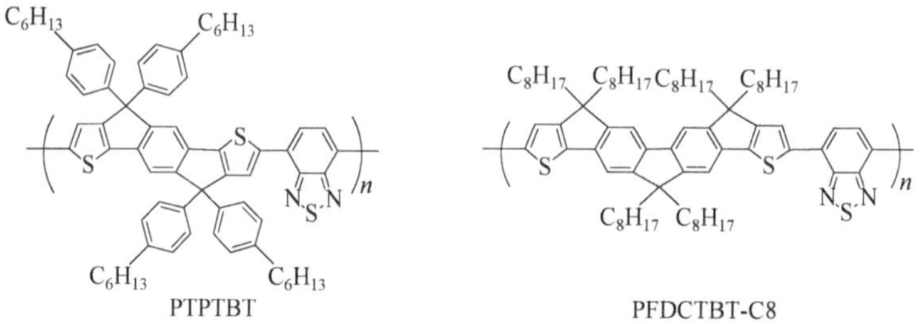

图 9.10　PTPTBT 和 PFDCTBT-C8 的化学结构

采用苯并噁二唑（BO）为 A 单元的 D-A 聚合物也有一些研究，如图 9.11 所示，PDTSBO 和 PBDTBO 是分别采用二噻吩并噻咯和烷氧基取代的苯并二噻吩（BDT）为 D 单元与 BO 单元组成的交替聚合物。PDTSBO 的 HOMO 和 LUMO 能级分别为−5.5eV 和−3.7eV，以 PDTSBO：$PC_{71}BM$ 为活性层的器件的效率为 5.4%，但其 V_{OC} 仅为 0.68V[44]。PBDTBO 的 HOMO 和 LUMO 能级与 PTPTBT 十分接近，分别为−5.27eV 和−3.17eV，光学带隙为 1.74eV，以 PBDTBO：$PC_{61}BM$ 为活性层的器件的效率达 5.7%，其中 V_{OC} 为 0.86V[45]。

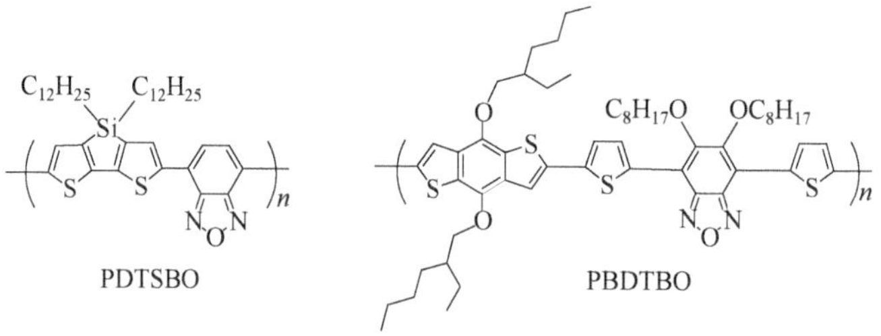

图 9.11　PDTSBO 和 PBDTBO 的化学结构

采用氟代的苯并噻二唑（BT-F 或 BT-2F）为 A 单元对改进 D-A 聚合物的光伏性能也很有帮助，通常对 A 单元进行氟代能拉低聚合物的 HOMO 能级，使器件开路电压变大。如图 9.12 所示，PBDTDTBT-F 为烷基噻吩取代的苯并二噻吩为 D 单元与 DTBT-F 组成的交替聚合物[46]，PBDTDTBT-F 的 HOMO 和 LUMO 能级分别为−5.41eV 和−3.72eV，带隙为 1.63eV，以 PBDTDTBT-F：$PC_{71}BM$ 为活性层的器件的效率达6.21%，其V_{OC}为0.86V。PBDTDTBT-2F是以烷基取代的苯并二噻吩为D单元与DTBT-2F组成的交替聚合物[47]，PBDTDTBT-2F的HOMO和LUMO能级分别为−5.54eV和−3.33eV，带隙为1.7eV，以PBDTDTBT-2F:$PC_{61}BM$为活性层的器件的效率高达7.2%，其V_{OC}为0.91V。

PBDTDTBT-F　　PBDTDTBT-2F

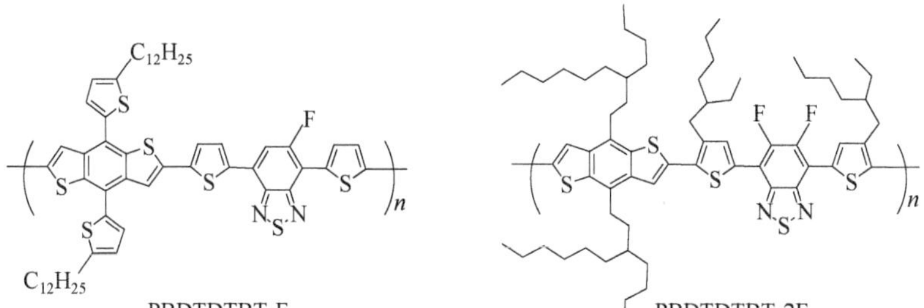

图9.12　PDTDTBT-F和PBDTDTBT-2F的化学结构

如图9.13所示，PBDTDTPT为烷基取代的苯并二噻吩为D单元与含有吡啶并噻二唑(PT)的A单元组成的交替聚合物[48]，PBDTDTPT的HOMO和LUMO能级分别为−5.47eV和−3.44eV，其光学带隙仅为1.51eV，以PBDTDTPT:$PC_{61}BM$为活性层的器件的效率达6.32%，其V_{OC}为0.85V。PBDTDTBTA-2F是以烷基取代的苯并二噻吩为D单元与5,6-二氟-4,7-二噻吩苯并三唑(DTBTA-2F)为A单元组成的交替聚合物[49]，PBDTDTBTA-2F的HOMO和LUMO能级分别为−5.36eV和−3.05eV，光学带隙为2eV，以PBDTDTBTA-2F:$PC_{61}BM$为活性层的器件的效率高达7.1%，其V_{OC}为0.79V。

PBDTDTPT　　PBDTDTBTA-2F

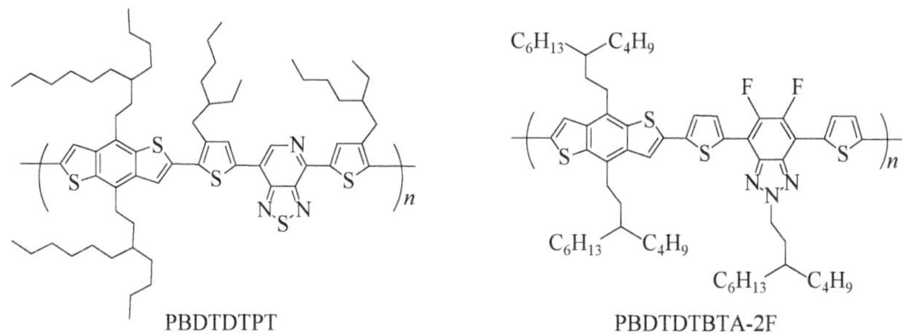

图9.13　PDTDTPT和PBDTDTBTA-2F的化学结构

萘并二噻二唑(NT)是两个苯并噻二唑组成的大平面杂环，具有比苯并噻二唑更强的拉电子效应。如图9.14所示，PBDTDTNT为二烷基噻吩取代的苯并二噻吩为D单元与二噻吩取代NT为A单元组成的交替聚合物[50]，PBDTDTNT的HOMO和LUMO能级分别为−5.19eV和−3.26eV，其光学带隙为1.58eV，以PBDTDTNT:$PC_{71}BM$为活性层的正装电池器件的效率为6%，其V_{OC}为0.8V。

采用有机阴极界面层修饰的倒装电池器件使效率得到很大提高，获得了 8.35%的高效率。PTTTTNT 是以四个噻吩(TTTT)为 D 单元与 NT 为 A 单元组成的交替聚合物[51]，PTTTTNT 的 HOMO 和 LUMO 能级分别为 −5.16eV 和 −3.77eV，光学带隙为 1.54eV，空穴迁移率高达 0.56cm²/(V·s)，以 PTTTTNT∶$PC_{61}BM$ 为活性层的器件的效率为 6.3%，其 V_{OC} 为 0.76V。

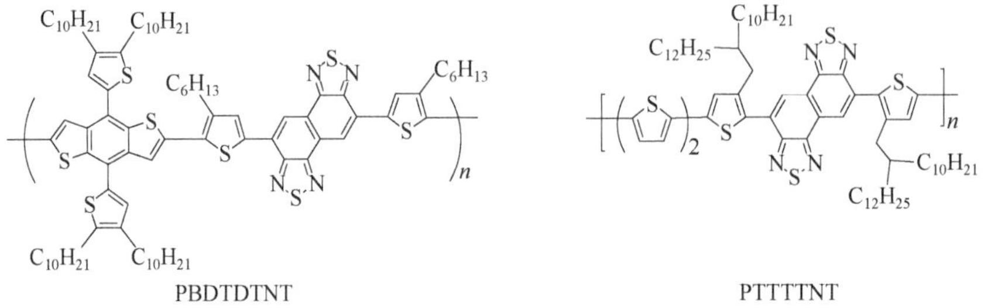

PBDTDTNT　　PTTTTNT

图 9.14　PDTDTPT 和 PBDTDTBTA-2F 的化学结构

2009 年由 Yu 等报道的 BDT 与噻吩并噻吩(TT)组成的交替共聚物逐渐成为了一类重要的聚合物给体材料。如图 9.15 所示，PTB1 是烷氧基取代的 BDT 与酯基相连的 TT 组成的交替共聚物[52]，PTB1 的 HOMO 和 LUMO 能级分别为 −4.9eV和 −3.2eV，其光学带隙为 1.62eV，空穴迁移率为 4.5×10^{-4} cm²/(V·s)，以 PTB1∶$PC_{71}BM$ 为活性层的器件的效率为 5.6%，受 PTB1 的 HOMO 能级限制，其 V_{OC}较低，仅为 0.56V。与 PTB1 相比，PBDTTT-E-T 采用的是烷基噻吩取代 BDT 为 D 单元与酯基相连的 TT 组成的交替共聚物[53]，这使聚合物的 HOMO 能级得到改善。PBDTTT-E-T 的 HOMO 和 LUMO 能级分别为 −5.09eV 和 −3.22eV，光学带隙为 1.58eV，空穴迁移率为 6.7×10^{-3} cm²/(V·s)，以 PBDTTT-E-T∶$PC_{71}BM$ 为活性层的器件的效率为 6.21%，其 V_{OC} 为 0.68V。PBDTTT-C-T 采用的是烷基噻吩取代 BDT 为 D 单元与羰基相连的 TT 组成的交替

PTB1　　PBDTTT-E-T　　PBDTTT-C-T

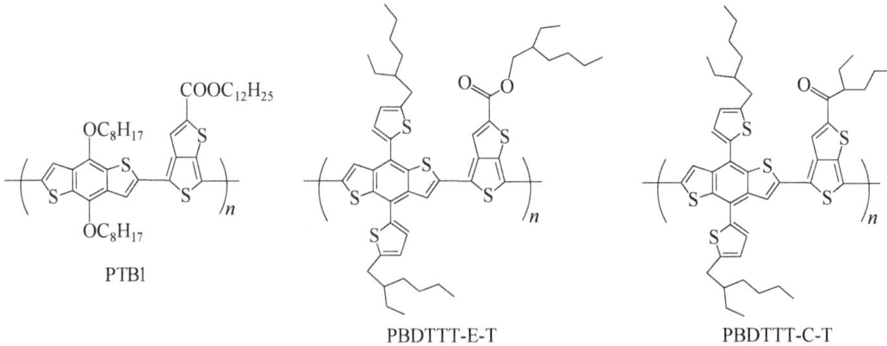

图 9.15　PTB1、PBDTTT-E-T 及 PBDTTT-C-T 的化学结构

共聚物[53]，用羰基与 TT 相连对改善聚合物的 HOMO 能级有少量帮助。PBDTTT-C-T 的 HOMO 和 LUMO 能级分别为－5.11eV 和－3.25eV，光学带隙为 1.58eV，空穴迁移率提高到 0.27cm^2/(V·s)，以 PBDTTT-C-T：$PC_{71}BM$ 为活性层的器件的效率高达 7.59%，其 V_{OC}增大为 0.74V。

如图 9.16 所示，PTB7 是 Yu 等的后续报道中一个效率出众的聚合物给体[54]。与 PTB1 相比，PTB7 中的 TT 上进行了氟原子取代，使 PTB7 的 HOMO 能级拉低至－5.15eV，而 LUMO 能级为－3.31eV，光学带隙为 1.61eV，空穴迁移率为 5.8×10^{-4}cm^2/(V·s)。在 Yu 等的报道中，以 PTB7：$PC_{71}BM$ 为活性层的正装器件的效率高达 7.4%，V_{OC}为 0.74V。后来，Wu 等用水(醇)溶性聚合物 PFN 作为阴极界面修饰层使效率得以连续提升，正装器件的效率提高到 8.37%[55]，而倒装器件效率再次提高到 9.21%[7]，这两个效率得到了国家光伏质检中心的独立认证。PBDTTT-CF 的结构中的 TT 具有氟代和羰基相连的设计[15]，其 HOMO 和 LUMO 能级分别为－5.22eV 和－3.45eV，光学带隙也为 1.61eV，空穴迁移率为 7×10^{-4}cm^2/(V·s)，以 PBDTTT-CF：$PC_{71}BM$ 为活性层的器件的效率为 7.73%，V_{OC}为 0.76V，NREL 认证的效率略低一些。

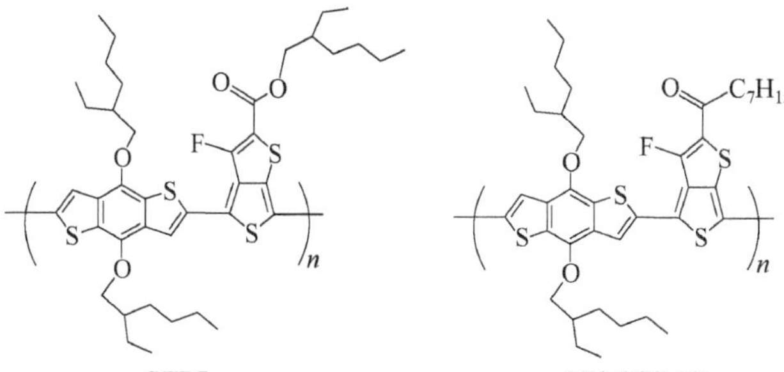

图 9.16 PTB7 和 PBDTTT-CF 的化学结构

以硒吩为代表的含硒杂环，因硒原子半径比硫原子大，使得硒吩比噻吩有更大的共轭性。如图 9.17 所示，PSeB1 是 BDT 与硒吩并硒吩组成的交替聚合物[56]，其 HOMO 和 LUMO 能级分别为－5.05eV 和－3.27eV，光学带隙约为 1.6eV，空穴迁移率为 3.2×10^{-4}cm^2/(V·s)，以 PSeB1：$PC_{71}BM$ 为活性层的器件的效率为 5.47%，其 V_{OC}为 0.6V。PSeB2 是苯并二硒吩与硒吩并硒吩组成的交替聚合物[56]，其 HOMO 和 LUMO 能级分别为－5.04eV 和－3.26eV，光学带隙约为 1.6eV，与 PSeB1 十分相似。PSeB2 的空穴迁移率更高，为 1.4×10^{-3}cm^2/(V·s)，以 PSeB2：$PC_{71}BM$ 为活性层的器件的效率为 6.87%，其 V_{OC}为 0.64V。

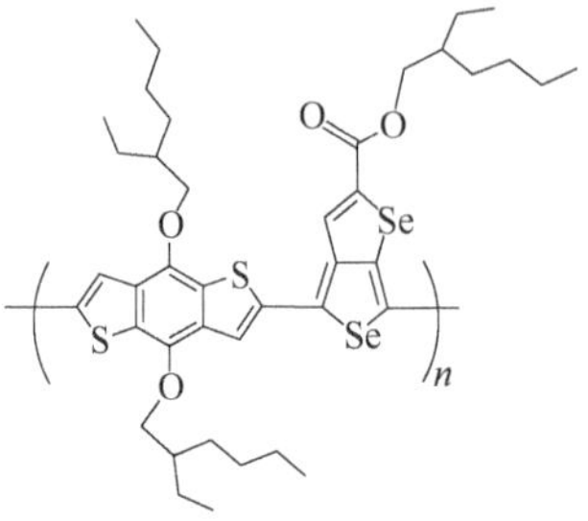

PSeB1　PSeB2

图 9.17　PSeB1 和 PSeB2 的化学结构

噻吩并吡咯二酮(TPD)也是一个很有价值的 A 单元。图 9.18 列示了三种以二噻吩并杂环为 D 单元与 TPD 组成的交替共聚物。PCPDTTPD 含有二噻吩并环戊二烯 D 单元[57],其 HOMO 和 LUMO 能级分别为－5.29eV 和－3.63eV,光学带隙为 1.59eV,以 PCPDTTPD:$PC_{71}BM$ 为活性层的器件的效率为 6.41%,其 V_{OC}为 0.75V。PDTSTPD 含有二噻吩并噻咯 D 单元[58],其 HOMO 和 LUMO 能级分别为－5.57eV 和－3.88eV,光学带隙为 1.73eV,以 PDTSTPD:$PC_{71}BM$ 为活性层的器件的效率为 7.3%,其 V_{OC} 为 0.88V,主要是该聚合物的 HOMO 能级被拉低。锗与硅为同族元素,但有更大的原子半径,用锗原子使二噻吩实现并环的 PDTGTPD 的 HOMO 和 LUMO 能级分别为－5.65eV 和－3.5eV,光学带隙为 1.69eV[59]。以 PDTGTPD:$PC_{71}BM$ 为活性层的器件的效率很出色,采用倒装器件结构实现了 8.5%的效率,其 V_{OC} 为 0.86V,但经 NEWPORT 认证的效率仅为 7.4%[60]。

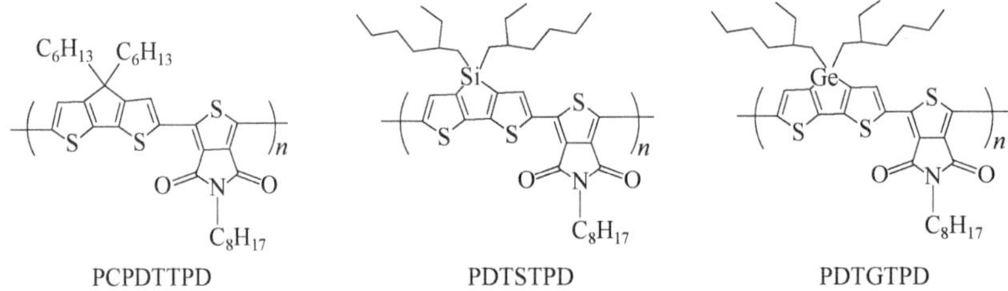

图 9.18　PCPDTTPD、PDTSTPD 及 PDTGTPD 的化学结构

除 TPD 外,其他带有二酮的的 A 单元也有不俗表现,如图 9.19 所示,吡咯并吡咯二酮(DPP)和 isoindigo 作为 A 单元也实现了一些高效率聚合物给体。PDPP2FT 是以呋喃-噻吩-呋喃为 D 单元与 DPP 组成的交替共聚物[61],其 HOMO 和 LUMO 能级分别为－5.4eV 和－3.8eV,光学带隙为 1.41eV,以 PDPP2FT:$PC_{71}BM$ 为活性层的器件的效率为 5%,其 V_{OC}为 0.74V。PDPPTPT 是以噻吩-苯-噻

吩为 D 单元与 DPP 组成的交替共聚物[62]，其 HOMO 和 LUMO 能级分别为－5.82eV和－3.53eV，光学带隙为 1.53eV，以 PDPPTPT∶$PC_{71}BM$ 为活性层的器件的效率为 5.5%，其 V_{OC} 为 0.8V。P3TI 是以联三噻吩为 D 单元与 isoindigo 组成的交替共聚物[63]，其 HOMO 和 LUMO 能级分别为－5.82eV 和－3.83eV，光学带隙为 1.5eV，以 P2T∶$PC_{71}BM$ 为活性层的器件的效率为 6.3%，其 V_{OC} 为 0.7V。

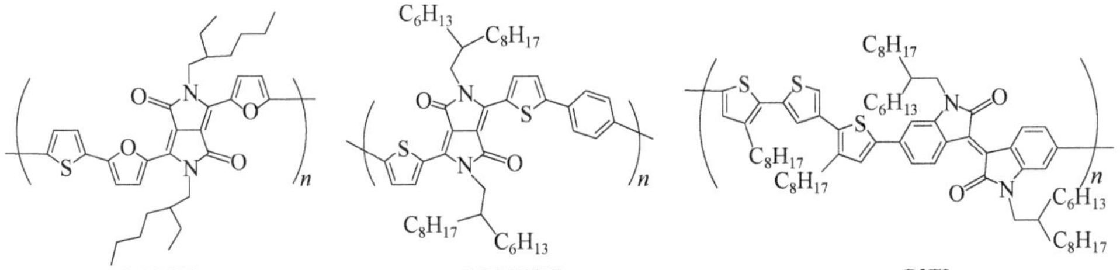

PDPP2FT　PDPPTPT　P3TI

图 9.19　PDPP2FT、PDPPTPT 及 P3TI 的化学结构

喹喔啉也是一个被广泛研究的 A 单元，获得了一些高效率的 D-A 型聚合物给体材料。如图 9.20 所示，TQ1 是以噻吩为 D 单元与喹喔啉组成的交替共聚物[14]，其 HOMO 和 LUMO 能级分别为－5.7eV 和－3.3eV，光学带隙为 1.7eV，以 TQ1∶$PC_{71}BM$ 为活性层的器件的效率为 6%，其 V_{OC} 为 0.89V。喹喔啉上的两个邻位苯基可以被并环化连接，从而使 A 单元具有更大平面特征，该大平面 A 单元与一种大平面结构的 D 单元结合得到了 PIDT-phanQ[64]，其 HOMO 和 LUMO 能级分别为－5.28eV 和－3.61eV，光学带隙为 1.67eV，以 PIDT-phanQ∶$PC_{71}BM$ 为活性层的器件的效率为 6.24%，其 V_{OC} 为 0.87V。

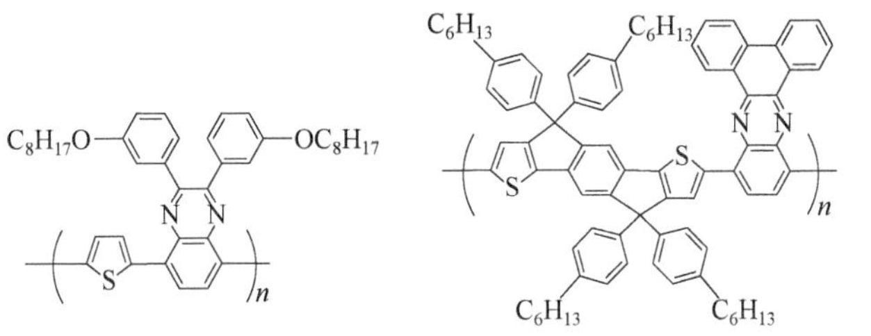

TQ1　PIDT-phanQ

图 9.20　TQ1 和 PIDT-phanQ 的化学结构

4,7-二噻吩喹喔啉作为 A 单元在构筑高效率 D-A 型聚合物给体方面也有一些报道。如图 9.21 所示，N-P7 是以芴为 D 单元与 4,7-二噻吩喹喔啉组成的交替共聚物[65]，其 HOMO 能级为－5.37eV，光学带隙为 1.95eV，以 N-P7∶$PC_{71}BM$ 为活性层的器件的效率为 5.5%，其 V_{OC} 为 0.99V。PECz-DTQx 是以 4,5-乙撑基咔唑为 D 单元与 4,7-二噻吩喹喔啉组成的交替共聚物[66]，其 HOMO 和 LUMO 能

级分别为－5.15eV 和－3.45eV，光学带隙为 1.7eV，以 PECz-DTQx：$PC_{71}BM$ 为活性层的器件的效率为 6.07%，其 V_{OC} 为 0.81V。

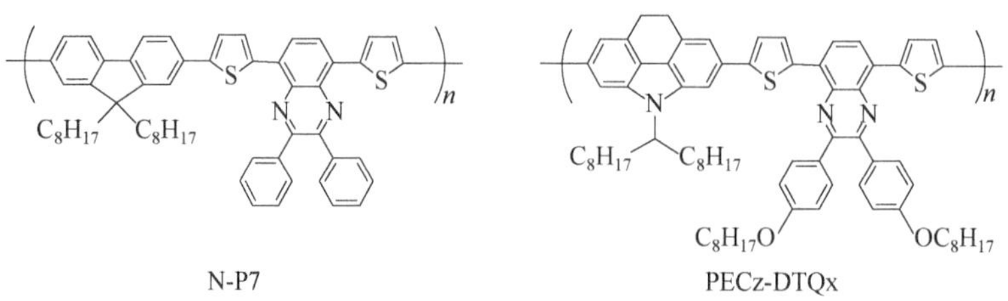

图 9.21　N-P7 和 PECz－DTQx 的化学结构

噻唑并噻唑作为 A 单元也能获得一些高效率 D-A 型聚合物给体，如图 9.22 所示，PBDTTTZ 是以 BDT 为 D 单元与带有噻吩桥的噻唑并噻唑组成的交替共聚物[67]，其 HOMO 和 LUMO 能级分别为－5.3eV 和－3.2eV，光学带隙为 2eV，以 PBDTTTZ：$PC_{71}BM$ 为活性层的器件的效率为 5.22%，其 V_{OC} 为 0.85V。以四嗪为 A 单元构筑 D-A 型聚合物给体也得到了一些研究，PCPDTTTz 是以 CPDT 为 D 单元与带有噻吩桥的四嗪组成的交替共聚物[68]，其 HOMO 和 LUMO 能级分别为－5.34eV 和－3.48eV，光学带隙为 1.68eV，以 PCPDTTTz：$PC_{71}BM$ 为活性层的器件的效率为 5.4%，其 V_{OC} 为 0.75V。

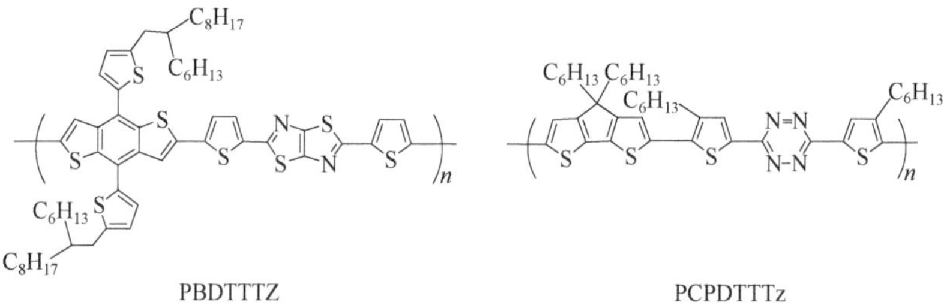

图 9.22　PBDTTTZ 和 PCPDTTTz 的化学结构

9.4.3　小分子给体材料

小分子作为光电材料通常采用蒸镀的方法，但是，由于蒸镀过程存在价格昂贵、不易大规模生产等诸多缺点，迫切需要利用溶液加工来制作光电子器件。经过多年的发展，采用溶液加工方式，以小分子给体来制作有机太阳电池的活性层，其能量转换效率已经提高到超过 7%[69]，给人们以极大鼓舞。小分子给体因其结构唯一、易纯化，在材料批量合成中具有重要特色。

在可溶性加工小分子给体材料的有机太阳电池性能的研究方面，美国加利福尼亚州大学圣塔芭芭拉分校的 Nguyen 研究组是起步较早的，主要研究以吡咯并吡咯二酮(DPP)电子受体单元为核的系列小分子给体(图 9.23)的光伏性能。2008 年 Nguyen 等报道了 DPP 与齐聚噻吩电子给体单元组成的小分子 α,α-DH6TDPP[70],其 HOMO 和 LUMO 能级分别为−5.03eV 和−3.00eV,光学带隙为 1.51eV。α,α-DH6TDPP 与 $PC_{61}BM$ 组成的活性层能实现 2.33%效率,电池的 V_{OC}为 0.67V。2009 年 Nguyen 研究组通过对化学结构的进一步改进得到了小分子 $DPP(TBFu)_2$,其 HOMO 和 LUMO 能级分别为−5.2eV 和−3.4eV,光学带隙为 1.7eV。通过溶液加工的 $DPP(TBFu)_2$:$PC_{61}BM$ 本体异质结活性层能形成有序的纳米微细结构,该活性层薄膜的形貌易于载流子的分离和传输,使得电池效率提高到 4.4%,电池的 V_{OC}为 0.92V[71]。

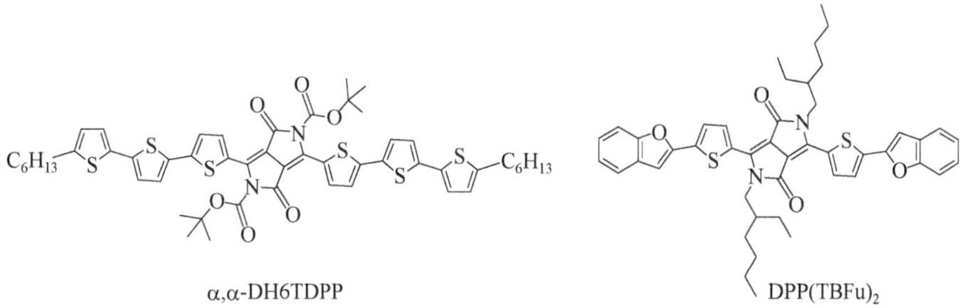

图 9.23　α,α-DH6TDPP 和 $DPP(TBFu)_2$ 的化学结构

2011 年,Fréchet 等[72]合成了以二噻吩取代 DPP 单元为核、两端为大平面结构芘(pyrene)单元的小分子给体材料 $NDT(T\text{-}pyrene)_2$(图 9.24),其 HOMO 和 LUMO 能级分别为−5.2eV 和−3.2eV,光学带隙为 1.7eV。$NDT(T\text{-}pyrene)_2$与 $PC_{71}BM$ 共混按溶液加工制作的太阳电池效率达到 4.1%,电池的 V_{OC}为 0.76V。

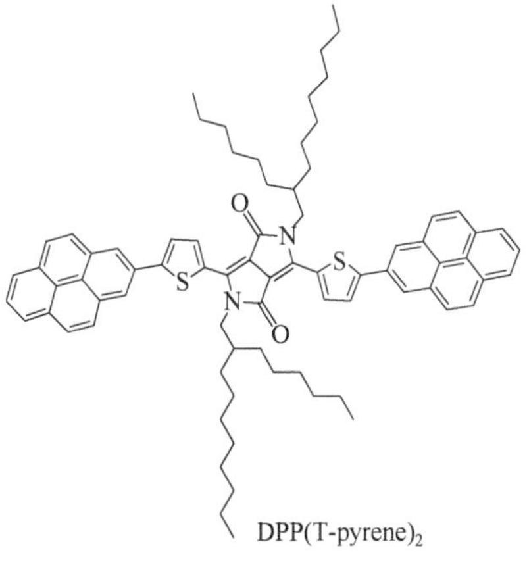

图 9.24　$NDT(T\text{-}pyrene)_2$ 的化学结构

2011 年，Marks 等[73]合成了以萘并二噻吩(NDT)给体单元为核、两端为二噻吩取代 DPP 单元的小分子给体材料 NDT(TDPP)$_2$(图 9.25)，其 HOMO 和 LUMO 能级分别为－5.4eV 和－3.68eV，光学带隙为 1.72eV。NDT(TDPP)$_2$ 与 $PC_{61}BM$ 共混按溶液加工制作的太阳电池效率达到 4.06%，电池的 V_{OC} 为 0.84V。

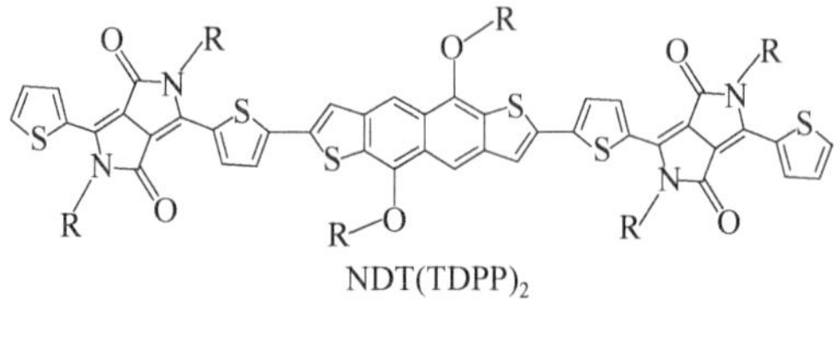

NDT(TDPP)$_2$

图 9.25　NDT(TDPP)$_2$的化学结构

2012 年，Heeger 等[74]报道了可溶液加工的小分子给体 DTS(PTTh$_2$)$_2$ 的有机太阳电池(图 9.26)，其效率达到 6.7%。DTS(PTTh$_2$)$_2$ 是以二噻吩并噻咯作为核、两端与吡啶并噻二唑相连、外围引入已基取代的联噻吩，其 HOMO 和 LUMO 能级分别为－5.2eV 和－3.6eV，光学带隙为 1.5eV，以 DTS(PTTh$_2$)$_2$ 制作的电池的 V_{OC}约为 0.8V。他们发现采用 1,8-二碘辛烷作为添加剂，可以改善活性层薄膜的形貌。这一小分子太阳电池的效率与聚合物太阳能电池所取得的效率具有了可比性。

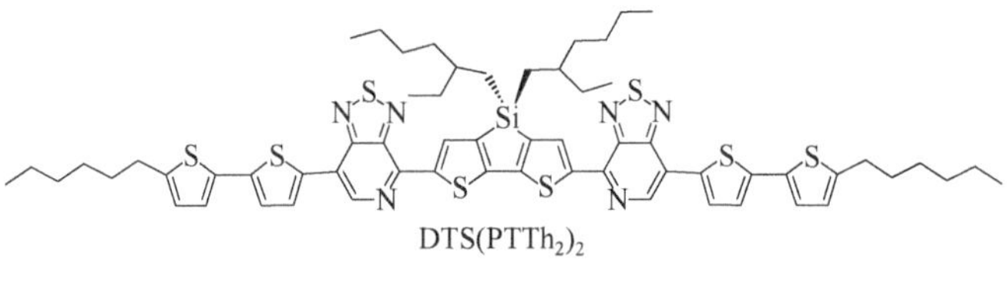

DTS(PTTh$_2$)$_2$

图 9.26　DTS(PTTh$_2$)$_2$ 的化学结构

近年来，南开大学陈永胜研究组在可溶性加工小分子给体材料的太阳电池性能的研究方面，做了很出色的工作。例如，2012 年他们设计的 DR3TBDT(图 9.27)是以苯并二噻吩(BDT)为核，两端与联三噻吩相连，外围再引入强的吸

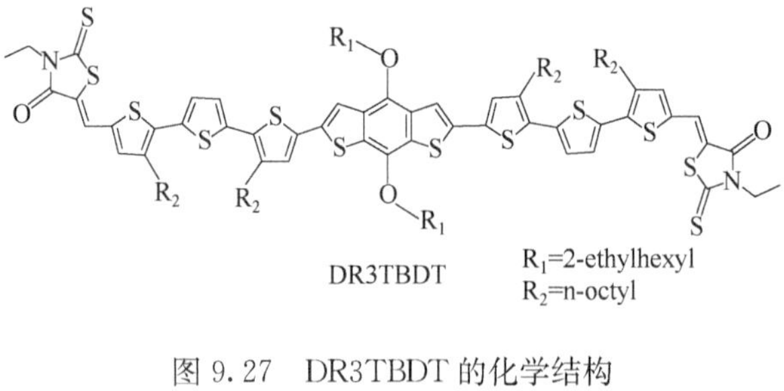

DR3TBDT　R_1=2-ethylhexyl　R_2=n-octyl

图 9.27　DR3TBDT 的化学结构

电子基团，其 HOMO 和 LUMO 能级分别为 −5.02eV 和 −3.27eV，光学带隙为 1.74eV。该小分子太阳电池的效率达到了 7.38%，电池的 V_{OC} 为 0.93V，经认证的效率也高达 7.10%[69]。

9.4.4　电极界面修饰材料

电极与活性层之间的接触界面特性对有机太阳电池的性能有很大的影响[74]。活性层与电极接触的好坏直接影响着聚合物太阳电池的开路电压、短路电流、填充因子等性能参数。只有阴、阳电极与活性层中的给体和受体材料具有匹配的能级才能形成良好的欧姆接触，从而使光伏器件实现最大的开路电压；另外阴、阳电极与活性层之间接触势垒的大小还直接影响电极界面处的电荷收集，从而影响器件的短路电流；另外，器件的串联电阻和并联电阻也和电极与活性层之间的接触特性相关，从而影响器件的填充因子。因此，有机太阳电池器件虽然可以采用某些简化结构，但由于活性层与阴、阳电极直接接触就可能存在能级不匹配、活性层在金属背电极蒸镀过程中容易被损坏等诸多问题，从而导致器件性能的降低。

为了获得良好的电极接触，提高有机太阳电池的性能，适当地对电极与活性层之间的接触界面进行必要的修饰至关重要[75]。通常电极界面修饰材料具有以下的作用：

(1) 降低电极与活性层之间接触势垒，使之形成良好欧姆接触。

(2) 有效保护活性层，使之免受金属背电极蒸镀中的损坏。

(3) 作为电子或空穴的传输层。

(4) 决定电极的阴阳极性。

(5) 作为光学调制层(optical spacer)，调节光强在器件里的分布。

(6) 改变电极衬底的表面性质，并调节活性层形貌。

背电极金属进入活性层或与之发生化学反应，都将损害器件性能。例如，在金属电极蒸镀过程中，热的金属原子如果直接轰击在活性层表面，不仅会损坏活性层，也将破坏它们之间的接触性能，形成额外势垒和缺陷态，造成所谓 S-型伏安特性曲线，使器件性能大大降低，而界面修饰层的引入能够有效地保护活性层，避免这一情况的发生。另外，某些界面修饰层的引入能够有效阻挡空气中的水和氧气进入活性层，大大提高器件的寿命。

在有机发光二极管(OLED)的器件结构中，电子或空穴传输层被大量应用。同样地，在有机太阳电池中，也常常引入电子或空穴传输层。例如，在电极处引入一层带隙较宽的修饰层，使其只能有效地传输一种载流子，而对另一种载流子起到阻挡作用，从而能够有效降低电极处载流子复合的几率，提高器件短路电流及填充因子。

实验室常用透明 ITO 玻璃作为有机太阳电池的衬底。原则上，ITO 既可作为器件的阳极,也可作阴极,因为它的功函数(4.5～4.7eV)介于一般共轭聚合物的LUMO与HOMO之间。尽管ITO常用作阳极,但在倒装结构中ITO也可作为器件的阴极。选择合适的电极修饰层能够使ITO成为目标阳极或者目标阴极,如用ITO和Ag分别作为器件的两个电极,而他们的正负性完全将由采用的界面修饰层材料决定[16,17],当将PEDOT:PSS置于ITO与活性层之间而把TiO_x置于活性层与Ag之间时,则ITO为阳极,Ag为阴极;反之则相反。

有机太阳电池电极一般包括一个透明电极和一个全反射金属背电极。太阳光从透明电极入射并在背电极处反射回来,因此,光线在活性层内传播两次,并在器件内形成驻波。光强在全反射电极处为0而在器件内某一处达到最大值,这取决于各层的折射率与厚度。而在金属背电极与活性层之间加入一层透明的光学调制层(optical spacer)能够有效地调节光强在器件里的分布[76]。通过调节光学调制层厚度,使最大光强尽可能分布在活性层内,以此来提高器件的短路电流。

由于实验室一般采用溶液旋涂加工的方法,衬底的性质对活性层的形貌有很大影响。衬底的表面能、功函数等都会对直接沉积于其上的活性层产生影响。例如,在正装有机太阳电池中,PEDOT:PSS就常用来修饰ITO表面,以保证活性层的成膜质量。另外,对于倒装结构,衬底的调节作用则显得更为重要。

1. 阴极修饰层

如前所述,要想使得电子在阴极被有效收集,减小开路电压的损失,必须有效地减小阴极与活性层之间的接触势垒,使之形成良好的欧姆接触。目前实验室常用的阴极材料为金属Al,采用高真空下热蒸镀成膜。在热蒸镀过程中,金属Al原子有可能会击入活性层,甚至存在与活性层发生化学反应的可能,这将损坏活性层与阴极之间的接触。后来采用低功函金属Ca、Ba等与Al作为组合金属阴极,以获得良好的欧姆接触[15]。例如,对于P3HT与$PC_{61}BM$组成的活性层,只用Al作阴极时因存在电子收集势垒,降低了器件的开路电压[77]。在Al和活性层之间插入一层Ca能够有效降低阴极接触势垒,提高了器件的整体性能。另外,Ba和Mg也能起到与Ca类似的效果,采用Ba/Al和Mg/Al等双层组合阴极的器件都表现出了比单独用Al作阴极的器件更优的性能。

LiF、CsF、Cs_2CO_3等碱金属盐也可以用作阴极界面修饰层[75]。在2001年,LiF被开始应用于聚合物太阳电池的阴极修饰层,以改善阴极接触,以MDMO-PPV为给体、$PC_{61}BM$为受体的聚合物太阳电池器件经LiF修饰后开路电压达到0.82V,填充因子达到61%,而能量转换效率达到了2.5%[25]。对于LiF所起的作用存在两种理解:一种是认为LiF在Al电极和活性层之间形成了电偶极子,有效地降低了电极功函数;另一种观点则认为LiF在蒸镀时分解,使得Li离子对活性层掺杂,进而降低了阴极与活性层的接触势垒。另外,CsF、CaF_2、KF等也表现出与 LiF 相似的作用。Cs_2CO_3 阴极修饰层，既可蒸镀也可用溶液加工旋涂而成；而且无论选用 Al 还是 Ag 作为阴极金属，所获得器件性能差别不大。Cs_2CO_3 热蒸发所获得的修饰层究竟是氧化铯还是碳酸铯，目前还存在争议。然而，经过其修饰后的阴极电子收集效果的确变得更好，在活性层与 Al 阴极之间加入 1nm 的 Cs_2CO_3，有效地提高了器件的开路电压和填充因子。Li 等采用 Cs_2CO_3 作为倒装有机太阳电池器件的阴极修饰层[78]。

一些 n-型金属氧化物如 TiO_x 与 ZnO，一般具有较宽的带隙，其 LUMO 能级能与 $PC_{61}BM$ 等的能级相匹配，也常被用来作为阴极修饰层。结晶性的 TiO_x 由于其加工过程涉及 450℃的高温，这样对柔性聚合物基板上或在有机活性层上加工制作并不适合，为此降低其加工温度十分重要。Kim 等用一种低温的溶胶-凝胶法获得了 TiO_x[76]。他们所选用的前驱体溶液在常温下旋涂成膜后经空气中水解得到氧化钛，再经 10min 150℃退火处理后得到无定形的氧化钛层。经 XPS 测得其 Ti：O 比为 1：1.34。所得氧化钛层电子迁移率为 $1.7\times10^{-4}cm^2/(V\cdot s)$、LUMO 值为−4.4eV、带隙为 3.7eV，可兼具电子传输层和空穴阻挡层以及光学调制层作用。将这种 TiO_x 应用于以 P3HT 为给体，$PC_{61}BM$ 为受体的聚合物太阳电池器件，使能量转换效率从 2.3%提高到了 5%[75]。2009 年，Heeger 等把 TiO_x 应用于由窄带隙共轭聚合物材料 PCDTBT 与 $PC_{71}BM$ 组成活性层的聚合物太阳电池，实现了高达 6.1%的能量转换效率[34]。并发现在 450nm 处，器件的内量子效率几乎为 100%，亦即所有吸收的光子所产生的激子均被有效地分离成自由电子和空穴并都被电极收集起来。另一个常用来作为阴极修饰层的 n-型氧化物是 ZnO，其电子迁移率高达 $0.066cm^2/(V\cdot s)$。ZnO 也能起到类似 TiO_x 的光学调制作用[18]。总体上，ZnO 能起到与 TiO_x 类似的作用。经进一步研究发现，所谓的光学调制层作用只在活性层较薄时才能够发挥作用，一旦活性层达到最优厚度，光学调制作用将不明显。需要特别指出的是，由于 TiO_x 与 ZnO 的良好性能，它们在叠层聚合物太阳电池中也有很广泛的应用[18]。例如在 2007 年，Kim 等用 TiO_x 与 PEDOT:PSS 组合作为中间电极，并分别用 P3HT 器件与 PCPDTBT 器件作为上、下亚电池的给体聚合物，获得了能量效率为 6.5%的叠层聚合物太阳电池器件[19]。他们分析 TiO_x 在其中主要起到了以下几点作用：第一，TiO_x 具有亲水性，便于 PEDOT:PSS 的旋涂，并有效保护了 PCPDTBT 活性层；第二，打破了下层亚电池的对称结构，减小了其开路电压的损失；第三，起到了电子传输的作用；第四，起到了空穴阻挡的作用；第五，调节了光强在器件内的分布。

在一些倒装聚合物太阳电池中，除单独使用 ZnO 阴极界面层外，还可以在 ZnO 薄膜上面附加一层有机材料，可以改进光伏性能。例如，Jen 等在 ZnO 薄膜上旋涂一层很薄的 C_{60} 衍生物，使以 P3HT 为给体、$PC_{61}BM$ 为受体的倒装聚合物太阳电池的短路电流和填充因子大幅改善，使效率由 3.7%提高到约 4.5%[79]。

又如，Hsu 等在 ZnO 薄膜上制作一层经交联处理的 C_{60} 衍生物，也取得了很好的效果，对于以 P3HT 为给体、$PC_{61}BM$ 为受体的倒装聚合物太阳电池，使效率由 3.5%提高到 4.4%，如果采用 ICBA 为受体，可以使倒装聚合物太阳电池效率由 4.8%提高到 6.2%[80]。

除了无机材料被用作阴极修饰层外，许多可溶于极性溶剂的亲水性有机材料也被用来作为阴极界面修饰层材料。这些亲水性有机材料在极性溶剂中的特殊溶解性十分重要，它是制作包括活性层在内的多层有机薄膜的光电器件时避免有机层发生层间混溶所必需的。

Huang 等研究了一种带有双膦酸酯基的 C_{60} 衍生物用作阴极界面层[81]。该阴极界面材料能溶于甲醇，将其甲醇溶液旋涂在 ITO 阴极上制作了以 PCDTBT 为给体、$PC_{71}BM$ 为受体的倒装聚合物太阳电池，获得了 6.2%的效率，明显高于无阴极界面修饰层器件的 4.8%效率，也优于采用 ZnO 为阴极界面层的 5.3%效率。

当前，利用有机阴极修饰层改进光伏电池性能的研究更多的是采用亲水聚合物材料，可以是非共轭主链的亲水性聚合物，也可以是共轭主链的亲水性聚合物。

2007 年，Zhang 等将水溶性的 PEO(polyethylene oxide)(图 9.28)作为阴极界面层应用到正装聚合物太阳电池中[82]。PEO 阴极界面层旋涂于活性层之上，再蒸镀 Al 电极，结果 PEO/Al 复合阴极的器件效率达 1.8%，比单独的 Al 电极器件的效率约提高 50%，主要是由于 PEO/Al 复合阴极能获得比单独的 Al 阴极更高的 V_{OC}。PEO/Al 的光伏器件的性能十分接近 LiF/Al 器件。2009 年，他们又将 PEO 应用到倒装聚合物太阳电池中，用 PEO 来修饰的 ITO 阴极，高导 PEDOT 作为阳极制备成半透明电池[83]。PEO 薄膜可将 ITO 的功函数从 4.4eV 降低到 3.9eV，最后获得了 0.7%的能量转换效率。最近 Kang 等比较了 PEO、PAA 和 PEI-1(图 9.28)三种非共轭亲水聚合物作为倒装聚合物太阳电池的阴极界面层的性能[84]。他们认为 PAA 和 PEI-1 中的胺基能与 ITO 表面上带有的羟基产生亲和力，所形成的界面偶极能降低 ITO 的功函数。采用 PAA 和 PEI-1 为阴极界面层的倒装聚合物太阳电池的效率能与正装电池的效率相当，并且优于采用 TiO_x 为阴极界面层的倒装器件，更是大幅优于采用 PEO 为阴极界面层的倒装器件。Zhou 等研究了以 PEI-2 和 PEIE(图 9.28)为阴极界面层的倒装聚合物太阳电池性能[85]，PEIE 比 PEI-2 能有更好的耐热性。在不同的导电基底旋涂一层 PEIE 薄层时，采用 Kelvin 探针测量到明显的功函数变化，如使高导 PEDOT：PSS(PH1000)的功函数从 4.95eV 降低到 3.32eV，而 ITO 的功函能从 4.4eV 降为 3.30eV。在以 P3HT 为给体、ICBA 为受体的聚合物太阳电池中，采用器件结构为玻璃基板/ITO/PEIE/P3HT：ICBA/MoO_3/Ag 的倒装电池的效率达 5.9%。对于器件结构为玻璃基板/PH1000/PEIE/P3HT：ICBA/MoO_3/Ag 的倒装电池的效率为 3.5%。他们也测试了以 PEI 为阴极修饰层修饰 PH1000 阴极、在 PES 塑料基板上制作的全塑型聚合物太阳电池的性能，对于器件结构为 PES/PH1000/PEI/P3HT：ICBA/PEDOT 阳极的倒装电池的效率为 3%。

PEO　　PAA　　PEI-1

PEI-2　　PEIE

图 9.28　非共轭主链的亲水聚合物用作阴极界面修饰材料

2009 年，共轭主链的亲水聚合物开始被用作聚合物太阳电池的阴极界面修饰层。多个研究组报道了聚芴主链的亲水聚合物(图 9.29)作为阴极界面修饰材料能提高光伏性能。Luo 等在以窄带隙聚芴为给体材料的正装聚合物太阳电池中，引入 5nm 厚水溶性的 PFPNBr 阴极界面修饰层来修饰 Al 阴极发现能使光伏器件

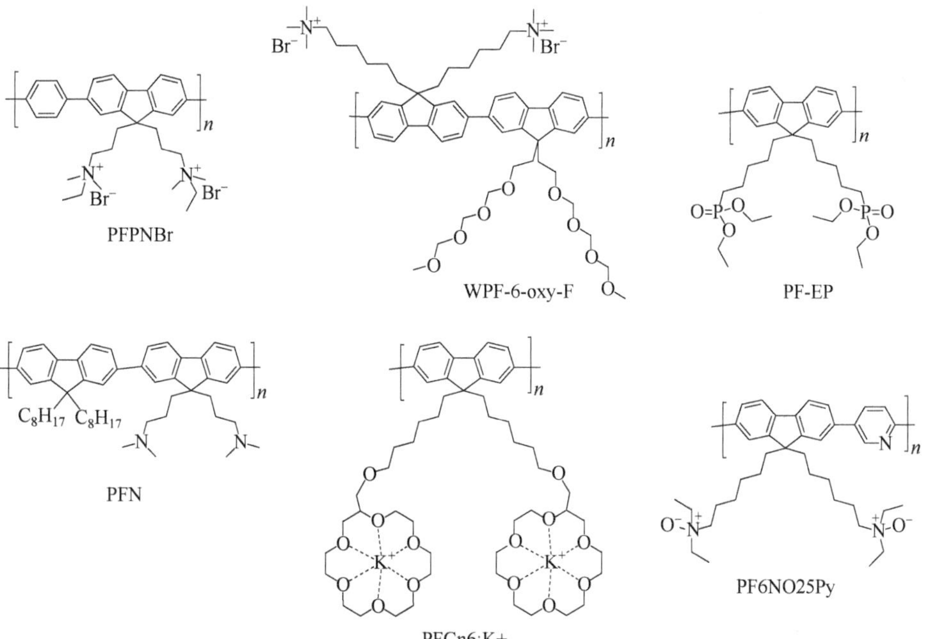

图 9.29　一些聚芴主链的亲水聚合物用作阴极界面修饰材料

获得正常的V_{OC}，而单独Al阴极存在很大的V_{OC}损失[86]。Kim等在以P3HT为给体材料的正装太阳电池中，引入水溶性的聚芴WFO-6-oxy-F作为Al阴极的修饰层对于P3HT活性层经热处理前后的光伏器件性能都有改善[77]，总体上表现为V_{OC}有明显提高、FF也有提高、I_{SC}略有降低。后来Kim等又将WFO-6-oxy-F作为以P3HT为给体材料的倒装有机太阳电池的阴极界面层[87]，将其旋涂在ITO上发现能减小ITO功函数(从4.66eV降低到4.22eV)，并与$PC_{61}BM$的LUMO能级接近，对电子收集更加有利。WFO-6-oxy-F阴极界面层能使V_{OC}和FF得到提高从而优化光伏性能。Xie等采用5nm厚的PF-EP阴极界面层在以P3HT为给体的聚合物太阳电池中也发现能改善光伏性能，与单独的Al阴极相比，经热处理的P3HT活性层可由4.03%的效率提高到4.33%[88]。

He等的研究报道中比较了以5nm厚的PFN(图9.29)为阴极界面层对使用不同的给体聚合物的活性层光伏性能的变化[89]，PFN对一种窄带隙聚芴给体的光伏性能改进有效，使V_{OC}和FF有所提高，而I_{SC}略有降低，效率由1.46%提高到1.99%。但PFN阴极修饰层对使用P3HT和MEH-PPV两种给体材料的光伏器件没有带来光伏参数的明显改善。

Zhang等合成了以4,7-二噻吩苯并三唑(DTBTA)为A单元的窄带隙的聚芴共聚物PF-DTBTA、聚咔唑共聚物PCz-DTBTA、聚苯共聚物PPh-DTBTA三种不同给体材料，研究了以5nm厚的PFN为阴极界面层对三种给体聚合物的活性层光伏性能的影响[13]。单独使用Al阴极，PF-DTBTA和PCz-DTBTA的光伏器件的V_{OC}，与经验公式估算值相比都低，说明存在明显的V_{OC}损失，加入了PFN阴极修饰层的器件，V_{OC}得以提高至估算值。单独使用Al阴极的PPh-DTBTA光伏器件的V_{OC}与经验公式估算值相当，加入PFN阴极修饰层不能提高V_{OC}。这些证据说明引入阴极界面层提高V_{OC}的前提是要有V_{OC}损失。还发现，PFN/Al复合阴极对提高以聚咔唑D-A共聚物PCz-DTBTA为给体的光伏器件效率最为有效，使V_{OC}、I_{SC}和FF三个电池参数同时得到提高，与单独的铝阴极光伏器件效率相比，PCE由1.51%提高到2.75%，提高幅度达80%，首次展现了采用界面聚合物修饰的阴极对有机光伏电池效率的巨大提升。Zhang等指出聚合物给体中的氮原子与PFN侧链上的氮原子相互作用对提高多种电池参数十分重要，这种N-N相互作用减小了光伏器件的串联电阻，增大了阴极对电子的收集效率，咔唑单元所拥有的额外氮原子提供了比含芴和苯基共聚物更强的N-N相互作用，所以在以PCz-DTBTA为给体的光伏器件中获得了效率最大幅度提高。Zhang等的报道首次阐明了活性层与阴极界面层的良好相互作用对提高PCE有巨大的帮助。

在He等的报道中进一步展示了“高分子给体与醇溶或水溶高分子阴极修饰层之间的相互作用”可以作为高性能高分子给体的分子设计依据，阴极修饰能使高性能高分子给体实现更高效率[66]。对于一种新型咔唑(4,5-乙撑基-2,7-咔唑)作为 D 单元，5，8-二噻吩基-喹喔啉为 A 单元的 D-A 型交替共聚物 PECz-DTQx，用 PFN/Al 复合阴极实现了 I_{SC} 和 FF 的大幅提高以及 V_{OC} 的小幅提高，效率为 6.07%，大幅高于单独的铝阴极光伏器件的 3.99%效率，提高幅度超过 50%，阴极修饰后的效率也显著高于 Ba/Al 阴极的 4.52%。He 等在后续的阴极界面修饰的相关工作中利用 PTB7 这一高效率聚合物给体，在正装光伏器件中使 PCE 提高到 8.37%[55]，在倒装聚合物太阳电池中又实现了 9.21%的高效率[7]，充分展现了采用阴极界面聚合物修饰的阴极在有机太阳电池中的重要作用。总体上，PFN 能利用阴极界面偶极作用增加器件的内建电场，对提高电荷传输、消除空间电荷、减少载流子复合、提高电子收集效率都十分重要。

Chen 等的报道中利用带有冠醚钾离子亲水基的聚芴（PFCn6：K+，参见图 9.29）作为以 P3HT 为给体、ICBA 为受体的正装聚合物太阳电池的阴极修饰层，取得了很好的效果[90]。PFCn6：K+能溶于乙酸乙酯/甲醇混合溶剂，采用的阴极修饰层的厚度为 5nm，与 Al 阴极组合获得了 6.88%的 PCE，与 Ca/Al 阴极组合获得了 7.5%的 PCE，分别大幅高于单独的 Al 阴极的 3.87%PCE 和单独 Ca/Al 阴极的 5.78%PCE。

Huang 等研究了带有胺基 N-O 型两性亲水基团的芴与吡啶组成的醇溶性共聚物 PF6NO25Py（图 9.29）作为以聚咔唑 PCDTBT 为给体、$PC_{71}BM$ 为受体的正装聚合物太阳电池的阴极界面层，获得了 6.9%的高效率，而单独使用 Al 阴极的器件效率仅为 4%[91]。

除聚芴主链的亲水聚合物用作阴极界面修饰材料外，研究者也研制了一些其他共轭主链的亲水聚合物作为聚合物太阳电池的阴极界面修饰材料，丰富和发展了亲水共轭高分子体系，部分具有更为特殊的溶解性，如界面薄膜能耐光伏活性层溶剂侵蚀，为倒装型光伏器件的界面修饰研究成为可能。Zhu 等研究了带有二乙醇基胺基和膦酸酯基的咔唑与苯组成的醇溶性共聚物 PCP-NOH 和 PCP-EP（图 9.30）作为以聚咔唑 PCDTBT 为给体、$PC_{71}BM$ 为受体的倒装聚合物太阳电池的阴极界面层[92]。PCP-NOH 和 PCP-EP 能将 ITO 的功函数从 4.7eV 分别调整到 4.2eV 和 4.3eV，从而使阴极的功函与 $PC_{71}BM$ 受体的 LUMO 能级匹配，使阴极对电子的收集更加高效。采用 PCP-NOH 和 PCP-EP 阴极界面层的光伏器件的 PCE 分别为 5.39%和 5.48%，较单独使用 ITO 阴极的器件效率提高 200%以上。Sun 等研究了一种亲水咔唑均聚物 PC-P 作为以窄带隙咔唑共聚物 PCDTBT12 为给体、$PC_{70}BM$ 为受体的倒装聚合物太阳电池的阴极界面层[37]。PC-P 采用 DMF 溶液旋涂在 ITO 阴极上，厚度为 10nm，获得了很好的阴极界面修饰效果，V_{OC} 高达 0.97V，I_{SC} 达 10.68mA/cm^2，FF 为 58.3%，对应的 PCE 为 6.04%，该效率超过了常用的 ZnO 阴极界面层 5.53%的 PCE，主要是因为 PC-P 修饰的器件具有更大的 I_{SC}，展现了 PC-P 聚咔唑阴极界面层与含窄带隙聚咔唑给体 PCDTBT12 的活性层之间具有良好界面亲和力的贡献。PC-P 修饰的光伏器件具有与 ZnO 修饰器件相当的空气稳定性，两者在超过 1 个月的观察期后，器件效率能保持原有的 96%以上，而正装结构的光伏电池效率在一周内损失超过 20%。由于 PC-P 的厚度大幅超过了常见的隧穿效应厚度（1～2nm），而且 PC-P 的 LUMO 能级（－2.39eV）远远偏离了 $PC_{70}BM$ 的 LUMO 能级（－4.3eV），为此 Sun 等指出了 PC-P 阴极界面层的电子导电通路由侧链亲水基提供，属于一种侧链亲水基掺杂态下的亚带（sub-gap state）电子迁移[37]。

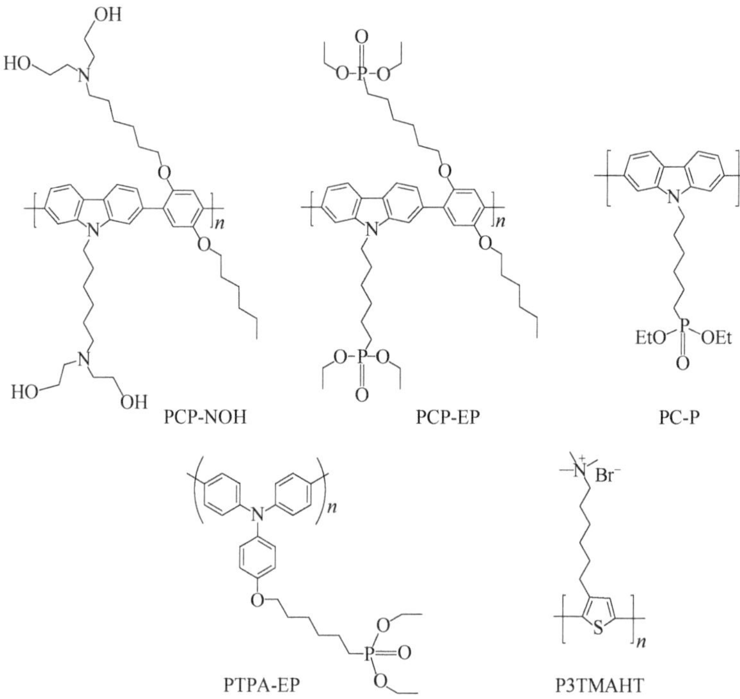

PCP-NOH　　PCP-EP　　PC-P

PTPA-EP　　P3TMAHT

图 9.30　聚咔唑、聚三苯胺、聚噻吩主链的亲水聚合物用作阴极界面修饰材料

Xu 等合成了以三苯胺为主链、侧链带有膦酸酯基的亲水聚合物 PTPA-EP（图 9.30）[93]，研究了 PTPA-EP 作为以聚咔唑 PCDTBT 为给体、$PC_{70}BM$ 为受体的正装和倒装两种器件结构的聚合物太阳电池的阴极界面层，对于正装和倒装光伏器件的 PCE 分别为 4.59%和 5.27%。Bazan 等报道了采用侧链带有季铵基的聚噻吩 P3TMAHT 作为以聚咔唑 PCDTBT 为给体、$PC_{70}BM$ 为受体的正装聚合物太阳电池的阴极界面层[94]。P3TMAHT 具有醇溶性，其修饰的光伏器件的 PCE 可达 6.3%，高于单独使用 Al 阴极 5% 的效率。Chen 等也研究了 P3TMAHT 作为以 P3HT 为给体、$PC_{61}BM$ 为受体的正装聚合物太阳电池的阴极界面层，P3TMAHT 和 P3HT 同为聚噻吩主链，可以获得良好的界面亲和力，经

P3TMAHT 修饰的光伏器件效率为 3.28%[95]。

2. 阳极修饰层

相比于阴极界面修饰层,阳极界面修饰材料选择相对较少。目前实验室通用的阳极修饰层为 PEDOT:PSS,通常用把其水溶液旋涂在正装聚合物太阳电池的 ITO 阳极上。PEDOT:PSS 被认为起到了以下三个作用:一是确定阳极;二是使 ITO 表面变得更平整;三是提高 ITO 层的功函数。PEDOT:PSS 虽然加工简单,性能优越,但也存在着明显的缺点:呈酸性会腐蚀 ITO 以及因吸收大气中的水分,导致以 PEDOT:PSS 为阳极界面层的正装聚合物太阳电池的稳定性不佳,在几天内就能观察到 PCE 的明显下降等[37]。为了提高 PEDOT:PSS 在正装聚合物太阳电池中作为阳极界面层的性能,也有少量报道指出可以在 PEDOT:PSS 水溶液中加入一些添加剂,如 Huang 等的研究中利用甘油作为 PEDOT:PSS 的添加剂,使 P3HT 的光伏器件的 PCE 由 3.37%提高到 4.42%[96]。又如 Ko 等在 PEDOT:PSS 中添加甘露醇,将 P3HT 器件的效率从 4.5%提高到了 5.2%[97]。

在正装聚合物太阳电池中,可用 NiO 来代替 PEDOT:PSS 作为阳极界面层。NiO 功函数为 5.0eV,带隙为 3.6eV,能很好地起到传输空穴及电子阻挡作用。Marks 等用它来作为 P3HT 器件的阳极修饰层,经过优化厚度后器件能量转换效率达到了 5.2%[26]。Park 等发现 NiO 作为阳极修饰层时,器件寿命比 PEDOT:PSS 作为阳极层的器件提高了三倍[98]。

PEDOT:PSS 也可以用作倒装聚合物太阳电池的阳极界面层,通常将其旋涂在活性层之上,然后在高真空下蒸镀金属背电极(阳极)。由于大部分以共轭聚合物为给体、$PC_{61}BM$ 或 $PC_{71}BM$ 为受体的活性层材料的表面十分亲油,导致 PEDOT:PSS 旋涂在活性层上面时的附着力很低,影响 PEDOT:PSS 阳极界面层的均匀性,也不易控制其厚度。为此,在 PEDOT:PSS 水溶液中加入一些醇类添加剂能改善 PEDOT:PSS 在活性层上的成膜性。如在 Jen 的研究报道中,PEDOT:PSS 的水溶液采用了异丙醇和正丁醇作为稀释性添加剂[16]。

一些过渡金属氧化物(MoO_3、V_2O_5 等)常用来取代 PEDOT:PSS 作为倒装聚合物太阳电池的阳极界面层,这些过渡金属氧化物可以在高真空下采用蒸镀的方法沉积在活性层上,然后再蒸镀金属背电极(阳极)。Yang 等的报道中采用了 10nm 厚的 V_2O_5 作为倒装聚合物太阳电池的阳极界面层,V_2O_5 的 HOMO 能级在−4.7eV[99]。与 V_2O_5 相比,MoO_3 是一种更为广泛应用的阳极界面层,其 HOMO 能级在−5.3eV,与很多聚合物给体的 HOMO 能级十分匹配,以实现从聚合物给体相中抽取空穴。采用 MoO_3 的报道始于 2008 年,如在 Chen 等的报道中,采用 5nm 厚度的 MoO_3 器件性能达到最优[17]。在近两年,采用 MoO_3 为阳极界面层的倒装聚合物太阳电池实现了超过 9%的 PCE[7]。

一般对金属氧化物作为阳极界面层通常采用蒸镀的方法，这与大规模的有机太阳电池的印刷制作方式不兼容，如果能用溶液法制作金属氧化物阳极界面层则对未来聚合物太阳电池的印刷工艺十分有帮助。2012 年，Yang 等采用溶胶-凝胶法实现了 MoO_x 的旋涂成膜，在正装器件中，溶液法制作 MoO_x 的阳极界面层获得了与 PEDOT:PSS 为阳极界面层相当的效率[100]。

9.5 有机太阳电池的稳定性

自从 1986 年 C. W. Tang 首次报道了有机太阳电池以来，人们通过改善其活性层材料体系与相结构形貌、电极界面修饰层材料、器件构型等来提高有机太阳电池的能量转换效率，并在近年得到快速提高，当前公开文献报道的有机太阳电池效率已超过 9%，但仍低于以晶体硅电池为代表的无机太阳电池。但是能量转换效率并不是衡量有机太阳电池能否大规模产业化的唯一因素。除了能量转换效率之外，至少还有两个因素需要考虑，那就是加工性和稳定性。晶体硅太阳电池大体上有 25 年的寿命。相比晶体硅电池，有机太阳电池以其轻便、可印刷法加工，具有可以采用卷对卷(roll-to-roll)印刷方式来进行大规模生产的优点，在一定程度上可以弥补有机太阳电池在效率和寿命相对于晶体硅电池的不足，因此有机太阳电池被认为是下一代低成本太阳电池的佼佼者。

有机太阳电池的效率降低主要来自于:活性层的劣化、阴极和阳极界面层的劣化、电极的劣化。这些劣化主要与空气中的水和氧对太阳电池的渗透导致电池材料的破坏，光对电池材料的破坏，以及因受热膨胀和遇冷收缩等体积变化导致的破坏等有关[101]。

水和氧对电池的渗透最容易导致电极材料的破坏，如果采用活泼金属如 Ca 等作为电极就很容易被水和氧侵蚀，导致电极界面接触大幅变差。相对地，Al、Ag、Au 可以呈现依次递增的稳定性。水和氧对电极界面层和活性层中的有机给体和受体材料也会带来一些影响，特别是在光照下的激发态过程中的影响。但由于太阳电池的面积较大以及需满足低成本应用的要求，因此不适宜采用高成本的专业封装工艺。在当前实验室小尺寸有机太阳电池研究中，常采用环氧胶粘结玻璃片在背电极一侧进行简单包封。对于印刷方式制作成卷聚合物太阳电池则在背电极上面贴上一层封装薄膜作为简单包封。

光对有机太阳电池的破坏主要影响多种有机电池材料的化学结构。对于有机电子给体和 C_{60} 衍生物类电子受体组成的光吸收活性层，由于给体和受体界面处能发生超快电荷转移将激子分离成电子和空穴[9]，所有活性层材料对光的稳定性还是十分出色的。但是对于靠近入射光窗口的有机电极界面层，则在光照下因无法获得活性层材料那样的超快激子分离，如长时间处于激发态就容易被破坏。从材料角度来看，如果采用无机电极界面层，可能对获得长寿命有帮助。如采用有机材料，一种考虑是尽量采用宽带隙，这样可以减低受光照激发的机会，同时还能让更多的太阳光照射活性层，也有利于获得更高的效率。对于活性层中的有机给体材料，如果具有较深的 HOMO 能级，对抵抗氧化会有帮助。

有机太阳电池通常包括有机活性层材料、有机电极界面材料、有机电极材料、无机电极界面材料、无机和金属电极材料，并且以薄膜层叠的形式来制作。由于同类型的材料的热膨胀系数比较接近，因此热胀冷缩导致体积变化的破坏更容易发生在不同材料类型的接触界面处。那么让不同材料类型的界面有良好的结合力来应对尺寸变化就十分重要，这也是发展有机太阳电池材料体系时需要考虑的问题。

有机太阳电池的器件结构对稳定性有很大的影响，简单地将光伏器件置于空气中观察就能发现其巨大的差别。对于采用 PEDOT:PSS 为阳极界面层的正装器件，其空气稳定性表现十分不理想，如 ITO/PEDOT:PSS/P3HT:PC_{61}BM/LiF/Al 这一器件如未经包封，在 1 天后效率损失就超过 30%，但如果用 NiO 取代 PEDOT:PSS 作为阳极界面层，稳定性明显提高，但 1 周后效率仍约损失 40%[98]。又如 ITO/PEDOT:PSS/PCDTBT12:PC_{71}BM/Ca/Al 器件即使经环氧胶粘附玻璃片简单包封后的稳定性也不佳，在 1 周后效率损失超过 20%[37]。采用 PEDOT:PSS 为阳极界面层的正装器件的空气稳定性不佳与 PEDOT:PSS 的酸性(pH 为 1～3)有关，又能吸收空气中的水分，旋涂在 ITO 的表面时会腐蚀掉 ITO。但倒装有机太阳电池的空气稳定性明显提高[37]，例如采用 ZnO 为阴极界面层的 ITO/ZnO/PCDTBT:PC_{71}BM/MoO_3/Al 倒装光伏器件，虽未经包封，在 5 周的观察期的效率损失不到 30%，如经简单的包封则在 4 周以上的观察期的效率损失仅为 4%。又如采用 ZnO/一种可交联 C_{60} 衍生物(C-PCBSD)为复合阴极界面层的 ITO/ZnO/C-PCBSD/PCDTBT:PC_{71}BM/PEDOT:PSS/Ag 倒装光伏器件虽未经包封在 3 周的观察期的效率损失仅为 13%[80]，在这一结构中，采用了 PEDOT:PSS 为 Ag 阳极的界面层，说明 Ag 比 ITO 更能忍耐 PEDOT:PSS 的酸性侵蚀。采用亲水聚合物作为阴极界面层的倒装光伏器件的空气稳定性也十分出色，以亲水性聚咔唑 PC-P 为阴极界面层，ITO/PC-P/PCDTBT:PC_{71}BM/MoO_3/Al 倒装光伏器件经简单的包封则在 4 周以上的观察期的效率损失仅 2%，效率几乎无损失[37]。Sun 等分析其稳定性出色的原因在于 PC-P 这一阴极界面层不仅能通过其亲水基团与 ITO 基板有很好的亲和力，同时 PC-P 的聚咔唑主链结构也能与活性层聚咔唑给体 PCDTBT 形成良好的层间亲和力，表明良好的层间结合力对提高有机太阳电池的稳定性十分重要[37]。

2010 年 Krebs 等牵头联合 10 个国家的 24 个实验室开展了对基于柔性 PET 基板按印刷方式制作的有机太阳电池的寿命测试[102]，所测试的有机太阳电池器件为倒装结构，即 PET/ITO/ZnO/P3HT：$PC_{61}BM$/PEDOT：PSS/Ag，并且背电极采用的是银胶印刷，最后该柔性有机太阳电池的正反两面用阻隔膜粘封，经切割成 12cm×8.5cm 的模块供联合测试，每个模块包括了 16 个条形亚电池，总的活性层面积为 $35.5cm^2$。测试用的柔性有机太阳电池模块经切割后不再对切边进行封装，初始能量转换效率有所偏差，介于 1%与 1.6%之间。联合测试重点追踪了效率损失 20%所对应的 T_{80} 时间，其中放置在室内环境下按 ISOS-D-1 标准获得了空气稳定性对应的 T_{80} 平均值为 615h，最好的模块 T_{80} 超过 1000h，导致效率降低主要来自于 I_{SC} 和 FF 两个参数的衰减，但 V_{OC} 几乎保持不变。室外日光下的稳定性测试采用了 ISOS-O-2 标准，大致上，经 1000h 室外暴晒共能获得 $1010MJ/m^2$ 的照射能量，经换算，室外暴晒下的 T_{80} 平均值为 240h，与空气稳定性测试一样，导致效率降低主要来自于 I_{SC} 和 FF 的衰减，但 V_{OC} 几乎保持不变。Krebs 等指出，总体上，测试获得的 T_{80} 数值还不长，这应与切割后供测试的模块由于未对切边进行包封有关，但估计对切边进行包封能使 T_{80} 大幅提高。

Konarka 公司也开展过柔性印刷的有机太阳电池的室外暴晒寿命测试[103]，电池的活性层为 P3HT：$PC_{61}BM$，也是用 PET 为柔性基板，电池的正反两面都用阻隔薄膜包封，测试器件的面积大于 $1cm^2$，初始效率超过 1%。室外暴晒获得 T_{80} 值达为 14 个月，并观察到了在前 10 个月效率能超过初值，而后出现了效率的连续下降。该结果说明 P3HT：$PC_{61}BM$ 活性层在日光照射下可以在较长时间保持良好的稳定性，电池性能的劣化主要来自于水和氧对包封膜的长时间连续侵入。对于最好的器件，在 14 个月日光暴晒后的电池参数变化情况是：I_{SC} 保持改变、V_{OC} 降低 6.8%、FF 升高 10.86%，对应的效率提高了 3.31%。

McGehee 等比较了 P3HT：$PC_{61}BM$ 和 PCDTBT：$PC_{71}BM$ 两种活性层在连续模拟太阳光照射下的寿命差异[104]。有机太阳电池采用了正装结构，玻璃基板/ITO/PEDOT：PSS/活性层/Ca/Al，并环氧胶加内凹玻璃片对电池进行细致包封，以 P3HT：$PC_{61}BM$ 为活性层的电池的初始效率约为 4%，而以 PCDTBT：$PC_{71}BM$ 为活性层的电池的初始效率约为 5.5%。按照在 1 个太阳光强的模拟灯下连续照射 5.5h 对应一天的室外日光照射来估算日光照射下的寿命。研究发现，8 个以 P3HT：$PC_{61}BM$ 为活性层的电池器件的 T_{80} 值介于 2.5～3.8 年，8 个以 PCDTBT：$PC_{71}BM$ 为活性层的电池器件展现了更好的寿命，T_{80} 平均值约 6.2 年，最好的电池寿命超过 10 年。需要指出的是，该研究结果中有较多的拟合估计，但是也表明，通过深入地探讨材料衰退机理，努力提高器件制备工艺和封装水平，有机太阳电池的寿命能被大幅提高。

9.6　有机太阳电池展望

自从有机太阳电池诞生以来，就经历了飞速的发展，特别是最近十年以来，效率已经达到约 10%，但是，目前有机太阳电池材料的一些科学关键问题没有得到明晰，如效率进一步提升的给体和受体化学结构设计模型、给体-受体异质结在光照下的化学和聚集态结构变化、与异质结接触的电极界面在光照下的结构变化、器件的稳定性的问题、高质量纳米薄膜的印刷制膜技术等原始创新探索有待提高。

为了更好地实现有机太阳电池的工业化之路，应该从下面几个方面入手。首先，解决能量高效率和高稳定性光伏电池所需的给体、受体、电极界面材料的化学结构设计等方面的重大基础问题。通过新型分子设计实现良好的太阳光宽光谱吸收、给体-受体间能级优化、电池活性层异质与电极界面的良好接触、器件结构稳定化等方法制备出高性能的电池活性层及其电极接触材料。其次，通过充分利用分子间相互作用力来解决有机太阳电池的层间紧密接触能力，实现在温度大幅变化（如高温和低温）情况下的光伏器件结构牢固性；利用光伏活性的超快电子转移实现光照下活性层化学结构稳定性；利用大光学窗口实现电极界面层的光照下稳定性（提高自保护功能）等方面一些重大问题。再次，实现有机太阳电池多层膜的高质量印刷工艺，通过低成本柔性印刷方式实现多层膜的连续印刷，逐步实现在制造成本、使用寿命、维护成本等多方面的竞争优势；利用建筑幕墙发电、半透明窗户发电、屋顶发电的多彩装饰个性化设计实现其特色发电应用模式。

参 考 文 献

[1] Chiang C K, Fincher C R, Park Y W, et al. Electrical conductivity in doped polyacetylene. Physical Review Letters, 1977, 39: 1098-1101

[2] Cheng Y J, Yang S H, Hsu C S. Synthesis of conjugated polymers for organic solar cell applications. Chemical Reveiws, 2009, 109: 5868-5923

[3] Chen J W, Cao Y. Development of novel conjugated donor polymers for high-efficiency bulk-heterojunction photovoltaic devices. Accounts of Chemical Research, 2009, 42: 1709-1718

[4] Helgesen M, Søndergaard R, Krebs F C. Advanced materials and processes for polymer solar cell devices. Journal of Materials Chemistry, 2010, 20: 36-60

[5] Tang C W. Two-layer organic photovoltaic cell. Applied Physics Letters, 1986, 48: 183-185

[6] Yu G, Gao J, Hummelen J C, et al. Polymer photovoltaic cells: enhanced efficiencies via network of internal donor-acceptor heterojuntions. Science, 1995, 270: 1789-1791

[7] He Z, Zhong C, Su S, et al. Enhanced power-conversion efficiency in polymer solar cells using

an inverted device structure. Nature Photonics,2012,6: 591-595

[8] Scharber M C,Muhlbacher D,Koppe M,et al. Design rules for donors in bulk-heterojunction cells-towards 10% energy-conversion efficiency. Advanced Materials,2006,18,789-794

[9] Sariciftci N S,Smilowitz L,Heeger A J,et al. Photoinduced electron transfer from a conducting polymer to buckminsterfullerene. Science,1992,258: 1474-1476

[10] Hummelen J C,Knight B W,LePeq F,et al. Preparation and characterization of fulleroid and methanofullerene derivatives. Journal of Organic Chemistry,1995,60: 532-538

[11] Wienk M M,Kroon J M,Verhees W J H,et al. Efficient methano[70] fullerene/MDMO-PPV bulk heterojunction photovoltaic cells. Angewandte Chemie International Edition, 2003,42: 3371-3375

[12] Kevin M, Coakley K M,McGehee M D. Conjugated polymer photovoltaic cells. Chemistry of Materials,2004,16: 4533-4542

[13] Zhang L J,He C,Chen J W,et al. Bulk-heterojunction solar cells with benzotriazole-based copolymers as electron donors: largely improved photovoltaic parameters by using PFN/Al bilayer cathode. Macromolecules,2010,43: 9771-9778

[14] Wang E,Hou L,Wang Z,et al. An easily synthesized blue polymer for high-performance polymer solar cells. Advanced Materials,2010,22: 5240-5244

[15] Chen H Y,Hou J H,Zhang S Q,et al. Polymer solar cells with enhanced open-circuit voltage and efficiency. Nature Photonics,2009,3,649-653

[16] Hau S K,Yip H L,Acton O,et al. Interfacial modification to improve inverted polymer solar cells. Journal of Materials Chemistry,2008,18: 5113-5119

[17] Tao C,Ruan S,Zhang X,et al. Performance improvement of inverted polymer electrodes by introducing a MoO_3 buffer layer. Applied Physics Letters,2008,93: 193307

[18] Sista S,Hong Z R,Chen L M,et al. Tandem polymer photovoltaic cells-current status,challenges and future outlook. Energy & Environmental Science,2011,4: 1606-1620

[19] Kim J Y,Lee K,Coates N E,et al. Efficient tandem polymer solar cells fabricated by all-solution processing. Science,2007,317: 222-225

[20] You J,Dou L,Yoshimura K,et al. A polymer tandem solar cell with 10.6% power conversion efficiency. Nature Communications,2013,4: 1446-1455

[21] He Y J,Li Y F. Fullerene derivative acceptors for high performance polymer solar cells. Physical Chemistry Chemical Physics,2011,13: 1970-1983

[22] Sonar P,Lim J P F,Chan K L. Organic non-fullerene acceptors for organic photovoltaics. Energy & Environmental Science,2011,4: 1558-1574

[23] Xue J,Rand B P,Uchida S,et al. A hybrid planar-mixed molecular heterojunction photovoltaic cell. Advanced Materials,2005,17: 66-71

[24] Brabec C J,Padinger F, Sariciftci N S,et al. Photovoltaic properties of conjugated polymer/methanofullerene composites embedded in a polystyrene matrix. Journal of Applied Physics,1999,85: 6866-6872

[25] Shaheen S, Brabec C J, Sariciftci N S, et al. 2.5% Efficient organic plastic solar cells. Applied Physics Letters, 2001, 78: 841-843

[26] Irwin M D, Buchholz D B, Hains A W, et al. p-Type semiconducting nickel oxide as an efficiency-enhancing anode interfacial layer in polymer bulk-heterojunction solar cells. Proceedings of the National Academy of Sciences, 2008, 105: 2783-2787

[27] He Y, Chen H Y, Hou J, et al. Indene-C60 bisadduct: a new acceptor for high-performance polymer solar cells. Journal of the American Chemical Society, 2010, 132: 1377-1382

[28] Zhao G, He Y, Li Y F. 6.5% Efficiency of polymer solar cells based on poly(3-hexylthiophene) and indene-C60 bisadduct by device optimization. Advanced Materials, 2010, 22: 4355-4358

[29] He Y, Zhao G, Peng B, et al. High-yield synthesis and electrochemical and photovoltaic properties of indene-C70 bisadduct. Advanced Functional Materials, 2010, 20: 3383-3389

[30] Guo X, Cui C, Zhang M, et al. High efficiency polymer solar cells based on poly(3-hexylthiophene)/indene-C70 bisadduct with solvent additive. Energy & Environmental Science, 2012, 5: 7943-7949

[31] Ma W, Yang C, Gong X, et al. Thermally stable, efficient polymer solar cells with nanoscale control of the interpenetrating network morphology. Advanced Functional Materials, 2005, 15: 1617-1622

[32] Svensson M, Zhang F, Veenstra S C, et al. High-performance polymer solar cells of an alternating polyfluorene copolymer and a fullerene derivative. Advanced Materials, 2003, 15: 988-991

[33] Blouin N, Michaud A, Leclerc M. A low-bandgap poly(2,7-carbazole) derivative for use in high-performance solar cells. Advanced Materials, 2007, 19: 2295-2300

[34] Park S H, Roy A, Beaupre S, et al. Bulk heterojunction solar cells with internal quantum efficiency approaching 100%. Nature Photonics, 2009, 3, 297-303

[35] Wang E, Wang L, Lan L, et al. High-performance polymer heterojunction solar cells of a polysilafluorene derivative. Applied Physics Letters, 2008, 92: 033307

[36] Qin R P, Li W W, Li C H, et al. A planar copolymer for high efficiency polymer solar cells. Journal of the American Chemical Society, 2009, 131: 14612-14613

[37] Sun J M, Zhu Y X, Xu X F, et al. High efficiency and high V_{OC} inverted polymer solar cells based-on a low-lying HOMO polycarbazole donor and a hydrophilic polycarbazole interlayer on ITO cathode. Journal of Physical Chemistry C, 2012, 116: 14188-14198

[38] Du C, Li C, Li W, et al. 9-Alkylidene-9H-fluorene-containing polymer for high-efficiency polymer solar cells. Macromolecules, 2011, 44: 7617-7624

[39] Muhlbacher D, Scharber M, Morana M, et al. High photovoltaic performance of a low-bandgap polymer. Advanced Materials, 2006, 18: 2884-2889

[40] Lee J K, Ma W L, Brabec C J, et al. Processing additives for improved efficiency from bulk heterojunction solar cells. Journal of the American Chemical Society, 2008, 130: 3619-3623

[41] Hou J, Chen H Y, Zhang S, et al. Synthesis, characterization, and photovoltaic properties of a low band gap polymer based on silole-containing polythiophenes and 2, 1, 3-benzothiadiazole. Journal of the American Chemical Society, 2008, 130: 16144-16145

[42] Chen Y C, Yu C Y, Fan Y L, et al. Low-bandgap conjugated polymer for high efficient photovoltaic applications. Chemical Communications, 2010, 46: 6503-6505

[43] Chang C Y, Cheng Y J, Hung S H, et al. Combination of molecular, morphological, and interfacial engineering to achieve highly efficient and stable plastic solar cells. Advanced Materials, 2011, 23: 549-553

[44] Hoven C V, Dang X D, Coffin R C, et al. Improved performance of polymer bulk heterojunction solar cells through the reduction of phase separation via solvent additives. Advanced Materials, 2010, 22: E63-E66

[45] Jiang J M, Yang P A, Chen H C, et al. Synthesis, characterization, and photovoltaic properties of a low-bandgap copolymer based on 2, 1, 3-benzooxadiazole. Chemical Communications, 2011, 47: 8877-8879

[46] Peng Q, Liu X, Su D, et al. Novel benzo[1,2-b:4,5-b′] dithiophene-benzothiadiazole derivatives with variable side chains for high-performance solar cells. Advanced Materials, 2011, 23: 4554-4558

[47] Zhou H, Yang L, Stuart A C, et al. Development of fluorinated benzothiadiazole as a structural unit for a polymer solar cell of 7% efficiency. Angewandte Chemie International Edition, 2011, 50: 2995-2999

[48] Zhou H, Yang L, Price S C, et al. Enhanced photovoltaic performance of low-bandgap polymers with deep LUMO levels. Angewandte Chemie International Edition, 2010, 49: 7992-7995

[49] Price S C, Stuart A C, Yang L, et al. Fluorine substituted conjugated polymer of medium band gap yields 7% efficiency in polymer-fullerene solar cells. Journal of the American Chemical Society, 2011, 133: 4625-4631

[50] Wang M, Hu X, Liu P, et al. Donoracceptor conjugated polymer based on naphtho[1,2-c:5,6-c] bis[1,2,5] thiadiazole for high-performance polymer solar cells. Journal of the American Chemical Society, 2011, 133: 9638-9641

[51] Osaka I, Shimawaki M, Mori H, et al. Synthesis, characterization, and transistor and solar cell applications of a naphthobisthiadiazole-based semiconducting polymer. Journal of the American Chemical Society, 2012, 134: 3498-3507

[52] Liang Y, Wu Y, Feng D, et al. Development of new semiconducting polymers for high performance solar cells. Journal of the American Chemical Society, 2009, 131: 56-57

[53] Huo L, Zhang S, Guo X, et al. Replacing alkoxy groups with alkylthienyl groups: a feasible approach to improve the properties of photovoltaic polymers. Angewandte Chemie International Edition, 2011, 50: 9697-9702

[54] Liang Y, Xu Z, Xia J, et al. For the bright future-bulk heterojunction polymer solar cells

with power conversion efficiency of 7.4%. Advanced Materials, 2010, 22: E135-E138

[55] He Z, Zhong C, Huang X, et al. Simultaneous enhancement of open-circuit voltage, short-circuit current density, and fill factor in polymer solar cells. Advanced Materials, 2011, 23: 4636-4643

[56] Saadeh H A, Lu L, He F, et al. Polyselenopheno[3,4-b] selenophene for highly efficient bulk heterojunction solar cells. ACS Macro Letters, 2012, 1: 361-365

[57] Li Z, Tsang S W, Du X, et al. Alternating copolymers of cyclopenta[2,1-b;3,4-b′] dithiophene and thieno[3,4-c] pyrrole-4,6-dione for high-performance polymer solar cells. Advanced Functional Materials, 2011, 21: 3331-3336

[58] Chu T Y, Lu J, Beaupré S, et al. Bulk heterojunction solar cells using thieno[3,4-c] pyrrole-4,6-dione and dithieno[3,2-b:20,30-d] silole copolymer with a power conversion efficiency of 7.3%. Journal of the American Chemical Society, 2011, 133: 4250-4253

[59] Amb C M, Chen S, Graham K R, et al. Dithienogermole as a fused electron donor in bulk heterojunction solar cells. Journal of the American Chemical Society, 2011, 133: 10062-10065

[60] Small C E, Chen S, Subbiah J, et al. High-efficiency inverted dithienogermole-thienopyrrolodione-based polymer solar cells. Nature Photonics, 2012, 6, 115-120

[61] Woo C H, Beaujuge P M, Holcombe T W, et al. Incorporation of furan into low band-gap polymers for efficient solar cells. Journal of the American Chemical Society, 2010, 132: 15549-15551

[62] Bijleveld J C, Gevaerts V S, Nuzzo D D, et al. Efficient solar cells based on an easily accessible diketopyrrolopyrrole polymer. Advanced Materials, 2010, 22: E242-E246

[63] Wang E, Ma Z, Zhang Z, et al. An easily accessible isoindigo-based polymer for high-performance polymer solar cells. Journal of the American Chemical Society, 2011, 133: 14244-14247

[64] Zhang Y, Zou J, Yip H L, et al. Indacenodithiophene and quinoxaline-based conjugated polymers for highly efficient polymer solar cells. Chemistry of Materials, 2011, 23: 2289-2291

[65] Kitazawa D, Watanabe N, Yamamoto S, et al. Quinoxaline-based π-conjugated donor polymer for highly efficient organic thin-film solar cells. Applied Physics Letters, 2009, 95: 053701

[66] He Z C, Zhang C, Xu X F, et al. Largely enhanced efficiency with a PFN/Al bilayer cathode in high efficiency bulk heterojunction photovoltaic cells with a low bandgap polycarbazole donor. Advanced Materials, 2011, 23: 3086-3089

[67] Huo L, Guo X, Zhang S, et al. PBDTTTZ: a broad band gap conjugated polymer with high photovoltaic performance in polymer solar cells. Macromolecules, 2011, 44: 4035-4037

[68] Li Z, Ding J, Song N, et al. Development of a new s-tetrazine-based copolymer for efficient solar cells. Journal of the American Chemical Society, 2010, 132: 13160-13162

[69] Zhou J, Wan X, Liu Y, et al. Small molecules based on benzo[1,2-b:4,5-b’] dithiophene

unit for high-performance solution-processed organic solar cells. Journal of the American Chemical Society, 2012, 134: 16345-16351

[70] Arnold B, Tamayo A B, Walker B, et al. A low band gap, solution processable oligothiophene with a diketopyrrolopyrrole core for use in organic solar cells. Journal of Physical Chemistry C, 2008, 112: 11545-11551

[71] Walker B, Tamayo A B, Dang X D, et al. Nanoscale phase separation and high photovoltaic efficiency in solution-processed, small-molecule bulk heterojunction solar cells. Advanced Functional Materials, 2009, 19: 3063-3069

[72] Lee O P, Yiu A T, Beaujuge P M, et al. Efficient small molecule bulk heterojunction solar cells with high fill factors via pyrene-directed molecular self-assembly. Advanced Materials, 2011, 23: 5359-5363

[73] Loser S, Bruns C J, Miyauchi H, et al. A naphthodithiophene-diketopyrrolopyrrole donor molecule for efficient solution-processed solar cells. Journal of the American Chemical Society, 2011, 133: 8142-8145

[74] Sun Y M, Welch G C, Leong W L, et al. Solution-processed small-molecule solar cells with 6.7% efficiency. Nature Materials, 2012, 11: 44-48

[75] Chen L M, Xu Z, Hong Z R, et al. Interface investigation and engineering - achieving high performance polymer photovoltaic devices. Journal of Materials Chemistry, 2010, 20: 2575-2598

[76] Kim J Y, Kim S H, Lee H H, et al. New architecture for high-efficiency polymer photovoltaic cells using solution-based titanium oxide as an optical spacer. Advanced Materials, 2006, 18: 572-576

[77] Na S I, Oh S H, Kim S S, et al. Efficient organic solar cells with polyfluorene derivatives as a cathode interfacial layer. Organic Electronics, 2009, 10: 496-500

[78] Liao H H, Chen L M, Xu Z, et al. Highly efficient inverted polymer solar cell by low temperature annealing of Cs_2CO_3 interlayer. Applied Physics Letters, 2008, 92: 173303

[79] Hau S K, Yip H L, Ma H, et al. High performance ambient processed inverted polymer solar cells through interfacial modification with a fullerene self-assembled monolayer. Applied Physics Letters, 2008, 93: 233304

[80] Cheng Y J, Hsieh C H, He Y J, et al. Combination of indene-C60 bis-adduct and cross-linked fullerene interlayer leading to highly efficient inverted polymer solar cells. Journal of the American Chemical Society, 2010, 132: 17381-17383

[81] Duan C, Zhong C, Liu C, et al. Highly efficient inverted polymer solar cells based on an alcohol soluble fullerene derivative interfacial modification material. Chemistry of Materials, 2012, 24: 1682-1689

[82] Zhang F L, Ceder M, Inganäs O. Enhancing the photovoltage of polymer solar cells by using a modified cathode. Advanced Materials, 2007, 19: 1835-1838

[83] Zhou Y, Li F, Barrau S, et al. Inverted and transparent polymer solar cells prepared with

vacuum-free processing. Solar Energy Materials & Solar Cells,2009,93: 497-500

[84] Kang H,Hong S,Lee J,et al. Electrostatically self-assembled nonconjugated polyelectrolytes as an ideal interfacial layer for inverted polymer solar cells. Advanced Materials, 2012,24: 3005-3009

[85] Zhou Y,Fuentes-Hernandez C,Shim J,et al. A universal method to produce low-work function electrodes for organic electronics. Science,2012,336: 327-332

[86] Luo J,Wu H B,He C,et al. Enhanced open-circuit voltage in polymer solar cells. Applied Physics Letters,2009,95: 043301

[87] Na S I,Kim T S,Oh S H,et al. Enhanced performance of inverted polymer solar cells with cathode interfacial tuning via water-soluble polyfluorenes. Applied Physics Letters,2010, 97: 223305

[88] Zhao Y,Xie Z Y,Qin C,et al. Enhanced charge collection in polymer photovoltaic cells by using an ethanol-soluble conjugated polyfluorene as cathode buffer layer. Solar Energy Materials & Solar Cells,2009,93: 604-608

[89] He C,Zhong C,Wu H B,et al. Origin of the enhanced open-circuit voltage in polymer solar cells via interfacial modification using conjugated polyelectrolytes. Journal of Materials Chemistry,2010,20: 2617-2622

[90] Liao S H,Li Y L,Jen T H,et al. Multiple functionalities of polyfluorene grafted with metal ion-intercalated crown ether as an electron transport layer for bulk-heterojunction polymer solar cells: optical interference,hole blocking,interfacial dipole,and electron conduction. Journal of the American Chemical Society,2012,134: 14271-14274

[91] Guan X,Zhang K,Huang F,et al. Amino N -oxide functionalized conjugated polymers andtheir amino-functionalized precursors: new cathode interlayers for high-performance optoelectronic devices. Advanced Functional Materials,2012,22: 2846-2854

[92] Zhu Y X,Xu X F,Zhang L J,et al. High efficiency inverted polymeric bulk-heterojunction solar cells with hydrophilic conjugated polymers as cathode interlayer on ITO. Solar Energy Materials & Solar Cells,2012,97: 83-88

[93] Xu X F,Zhu Y X,Zhang L J,et al. Hydrophilic poly(triphenylamines) with phosphonate groups on the side chains: synthesis and photovoltaic applications. Journal of Materials Chemistry,2012,22: 4329-4336

[94] Seo J H,Gutacker A,Sun Y,et al. Improved high-efficiency organic solar cells via incorporation of a conjugated polyelectrolyte interlayer. Journal of the American Chemical Society, 2011,133: 8416-8419

[95] Yao K,Chen L,Chen Y W,et al. Influence of water-soluble polythiophene as an interfacial layer on the P3HT/PCBM bulk heterojunction organic photovoltaics. Journal of Materials Chemistry,2011,21: 13780-13784

[96] Huang T S,Huang C Y,Su Y K,et al. High-efficiency polymer photovoltaic devices with glycerol-modified buffer layer. IEEE Photonics Technology Letters,2008,20: 1935-1937

[97] Ko C J, Lin Y K, Chu C W, et al. Modified buffer layers for polymer photovoltaic devices. Applied Physics Letters, 2007, 90: 063509

[98] Park S Y, Kim H R, Kang Y J, et al. Organic solar cells employing magnetron sputtered p-type nickel oxide thin film as the anode buffer layer. Solar Energy Materials & Solar Cells, 2010, 94: 2332-2336

[99] Shrotriya V, Li G, Yao Y, et al. Transition metal oxides as the buffer layer for polymer photovoltaic cells. Applied Physics Letters, 2006, 88: 073508

[100] Yang T B, Wang M, Cao Y, et al. Polymer solar cells with a low-temperature-annealed sol-gel-derived MoO_x film as a hole extraction layer. Advanced Energy Materials, 2012, 2: 523-527

[101] Jørgensen M, Norrman K, Gevorgyan S A, et al. Stability of polymer solar cells. Advanced Materials, 2012, 24: 580-612

[102] Gevorgyan S A, Medford A J, Krebs F C, et al. An inter-laboratory stability study of roll-to-roll coated flexible polymer solar modules. Solar Energy Materials & Solar Cells, 2011, 95: 1398-1416

[103] Hauch J A, Schilinsky P, Choulis S A, et al. Flexible organic P3HT: PCBM bulk-hetero-junction modules with more than 1 year outdoor lifetime. Solar Energy Materials & Solar Cells, 2008, 92: 727-731

[104] Peters C H, Sachs-Quintana I T, Kastrop J P, et al. High efficiency polymer solar cells with long operating lifetimes. Advanced Energy Materials, 2011, 1: 491-494

第 10 章　高效电池新概念

朱美芳

10.1 引　　言

前面几章介绍了不同类型太阳电池的结构、主要性能及产业化发展前景等，它们都是目前作为可持续发展洁净能源的主要太阳电池。在目前严峻的能源形势和改进生态环境的推动下，太阳电池的产业化高速增长。但是，要实现光伏发电社会化应用、成为能源的重要组成部分，目前仍有难度，主要困难是光伏发电的价格与常规能源相比要高，虽近几年随技术进步与原材料价格的下降，太阳电池的成本有了大幅的下降，但与常规商用电价相比仍是高，这就限制了它的应用和发展。光伏发电的成本中，以并网发电而言，电池成本是重要的，只有光伏发电的价格与商用电价可比拟时，才有可能实现太阳电池的大规模应用。因此提供廉价的或高性价比的太阳电池是光伏发电应用和发展的基本要求和关键。

除了通过现有电池产品生产的标准化、自动化和规模化来降低电池成本之外，从研发的角度主要通过两个途径解决。一是降低现有电池生产成本，主要是降低电池原材料与能耗的成本，如晶硅电池，发展低成本硅材料的制备技术，采用廉价的多晶硅材料，通过减薄晶硅衬底的厚度来降低材料成本。硅衬底的厚度从 20 世纪 80 年代的 400～450μm，90 年代的 350～400μm 到目前的 150～220μm。发展低温的低成本制备的薄膜电池技术，各类薄膜电池可以在廉价的玻璃衬底或柔性衬底（不锈钢，塑料）上的制备各类电池，如硅基薄膜（非晶硅、微晶硅）电池、铜铟（镓）硒电池、碲化镉电池和染料敏化电池及最近受到关注的有机太阳电池等，这类电池都具有低能耗和省材质的特点，具有降低制备工艺成本的潜力。

实现低成本的另一思路是提高太阳电池的光电转换效率，即电池有高的性能价格比。Martin A. Green 分析与估算了光伏电池效率与成本的关系，如图 10.1 所示[1]。该图表示各类电池转换效率与成本的对应关系。其中晶体硅电池为第一代电池，薄膜电池为第二代电池，而将在本章讨论的为新概念高效电池，称为第三代电池。晶体硅电池工艺成熟，是目前太阳电池市场的主角，该图显示，它的成本高。近二十多年发展起来的第二代薄膜电池，是低温工艺，耗材少，具有制备成本低的优势，但电池效率低。如果电池转换效率能提高到 20%以上，电池成本就有大幅度下降的可能。因此进一步提高效率成为降低成本的关键途径。表 10.1 为

2012年报道的不同类型太阳电池的最高实验室效率和组件效率。对于目前产业化的电池，通过改进工艺，技术创新，发展产业化技术，提高不同类型太阳电池的产业化效率，缩小最高效率与产业化效率的差距是必要的。

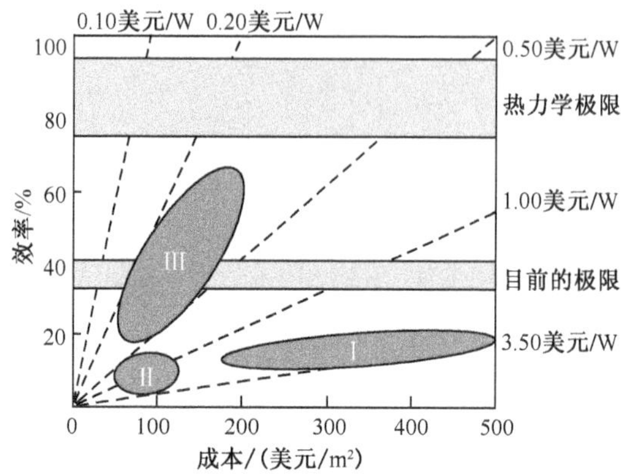

图 10.1 不同光伏技术制备太阳电池的成本与太阳电池转换效率的关系

Ⅰ硅片技术(第一代电池)；Ⅱ薄膜技术(第二代电池)；Ⅲ高效电池技术

表 10.1 目前光伏电池实验室最高效率及产业化组件效率[2]

电池	实验室效率/%	组件效率/%
多晶硅(p-Si)	20.4±0.5[3]	17.8±0.4[4]
单晶硅(c-Si)	25±0.5[5]	22.9±0.6[6]
非晶硅(a-Si)	10.1±0.3[7]	
非晶硅/微晶硅 (a-Si/μc-Si)	12.3±0.3[8]	11.7±0.4[9]
非晶硅/纳米晶硅/纳米晶硅(a-Si/nc-Si/n-Si)	12.4±0.7[10]	
铜铟镓硒(CIGS)	19.6±0.6[11]	15.7±0.5[12]
碲化镉(CdTe)	16.7±0.5[13]	12.8±0.4[14]
染料敏化(DSC)	11.0±0.3[15]	9.9±0.4[16]
砷化镓(薄膜)	28.3±0.8[17]	
多结聚光电池(GaInP/GaAS/GaInAs)	43.5±2.6[18]	
有机聚合物	10.0±0.3[19]	

表10.1中不同类型太阳电池大都是建立在双能级模型下的光电转换机制。1961年Shockley和Queisser发表了理想太阳电池极限转换效率的文章[20]。他们第一次计算了单结太阳电池转换效率的极限值是31%，(采用温度为6000K的黑体辐射作光源)。相对于光谱如此丰富的太阳光照射，这结果并不高。在Shockley-Queisser模型中，明显的局限是，电池不吸收能量小于材料禁带宽度E_g的光

子，而能量大于 E_g 的光子，不论它们的能量与 E_g 差别大小，输出电压是相同的，是由材料的禁带宽度决定。在这样的光电转换过程中低能量和高能量光子的能量损失是显而易见的。而转换效率是与一个光子入射到电池上所产生的电子空穴对并输送到外电路的能量有关，因此目前的电池结构无论是对太阳光谱的吸收及能量的输出都是有限的。因此通过提出光电转换的新模型、新概念，期待有更高光电转换效率电池的出现。

在前几章全面讨论了多种材料、各类电池、相关工艺以及目前已达到的水平之后，可总结限制效率进一步提高的因素，使我们能认清目标，有效地发展更高效率的电池。本章不讨论提高效率所涉及的制备工艺的相关问题，主要从理论上分析各种电池所能达到的理论最高效率。讨论如何充分吸收太阳光，并尽可能地将每个光子的能量转换成输出到外电路做功，以获得更高的光电转换功能，得到从材料、结构、工艺上发展的新方向。阐述高效光伏转换的新构思、新模型，发展所谓第三代高效光伏电池[21,22]，并介绍目前这类电池主要的研究进展。

对电池极限效率的讨论是从细致平衡原理出发的，分析单能隙（双能级）条件下光电转换的理论极限，进一步根据热力学基本原理，讨论光伏电池的理论极限。在以上讨论基础上，结合对现有电池结构光电转换损失机制的分析，提出高转换效率的一些新概念电池，包括充分吸收太阳光谱的多结叠层电池（tandem cell）、中间带和多能带光伏转换（intermediate band and multiple band solar cell）、上转换及下转换（up and down conversion）；提高开路电压的热载流子电池（hot electronic solar cell），增加电流输出的多激子产生电池（multiple exiton generation solar cell），热光伏与热光子转换（thermophotovoltaic and thermophotonic conversion）等，并介绍目前主要的研究进展。

10.2　Shockley-Queisser 光伏转换效率理论极限

一个太阳电池的运作涉及电池、太阳辐照及电池所处的周围环境三者之间的能量交换及平衡。对电池的工作原理已有了介绍，要深刻地了解及分析太阳电池的极限转换效率，还需要了解和分析太阳及电池环境两个部分。

太阳是电池运作的驱动力。太阳能量的来源是其核聚变反应。如在第 8 章中所述，太阳每秒大约有 7×10^8 t 的氢原子被转化为大约 6.95×10^6 t 的氦，释放能量为 3.86×10^{33} erg/s（38600 亿亿兆瓦），核心温度为 1560 万摄氏度，太阳中心的伽马射线向球体表面以各向同性的方式辐射出去，其能量不断地被吸收和散射，温度不断降低，最终太阳外表面的温度约为 5758K[23]。太阳表面的功率密度约为 62MW/m^2，由于辐射过程中的吸收、散射等，太阳辐射到达地球表面的功率密度降为 1.352kW/m^2，下降了 4.6×10^4 倍。地球大气上层太阳辐射光谱的 99%以上在波长 0.15～4.0μm 范围，在可见光波段辐射最强。

我们知道，黑体辐射是物体由于自身温度产生的向外辐射电磁波的现象，一定温度的热辐射体可看成黑体辐射。测量结果表明，太阳的光谱类似于温度为 5758K 的黑体辐射光谱，因此通常把太阳作为黑体来处理，这样已有黑体辐射的一系列表征可应用于描述太阳辐射光子流的基本性质，也正是在后续计算中用到的。

10.2.1 黑体辐射

黑体是能完全吸收照射到它上面的各种电磁辐射频率的物体，它不反射任何光线，因而呈现黑色，黑体是一个理想的模型。黑体也是最佳的辐射体，黑体的吸收与辐射是共存的两个方面。实验证明吸收能力越强的物体，辐射能力也越强。另外，实验也证明不同温度的物体，电子从高能态向低能态跃迁时释放的能量以电磁波方式向外辐射。这种能量的频率分布随温度不同而不同的电磁辐射称为热辐射。黑体辐射可看成为热辐射，是由于自身温度产生的向外辐射电磁波的现象。绝对黑体的辐射能量按波长的分布仅与温度有关，而与物体的性质无关。

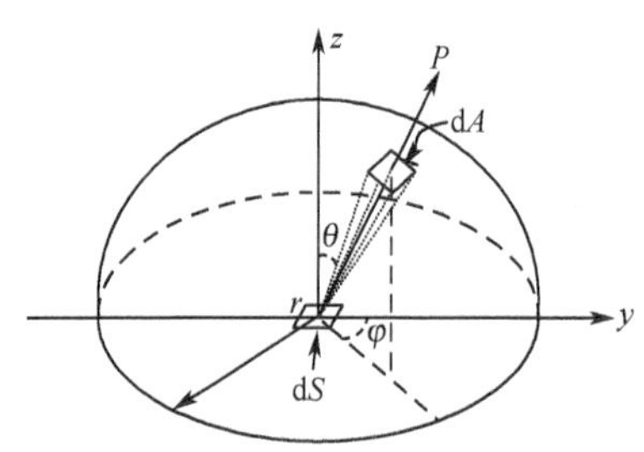

图 10.2 黑体表面辐射示意图
立体角定义为球面上的给定面积对球心所张的球面角，其大小用该面积除以球面半径的平方来计算，$d\Omega = dA/R^2$

据黑体辐射的理论，黑体辐射能量按波长分布服从普朗克定律。对于一个温度为 T 的球面辐射黑体，如图 10.2 所示，在单位时间内、在黑体表面 r 点附近的面积元 dS 处，沿 P 发射方向(θ,φ)，立体角 $\Omega \to \Omega + d\Omega$，光子能量为 $E \to E + dE$ 辐射的光子数可表示成

$$P(E,r,\theta,\varphi)d\Omega dS dE = \frac{2}{h^3C^2}\left(\frac{E^2}{e^{E/k_BT}-1}\right)d\Omega dS dE \tag{10.1}$$

这里，h 为普朗克常量，C 为光速，k_B 为玻尔兹曼常量。$P(E,r,\theta,\varphi)$ 为辐射方向(θ,φ)的光子流谱密度，是光子数谱密度与光子群速度之积，它代表单位时间通过单位面积、单位立体角能量为 E 的(θ,φ)方向的光子数，如图 10.2 所示。考虑到垂直于表面的光子流，将式(10.1)对立体角积分，得到在黑体表面 r 点附近表面，单位时间内，光子能量为 $E \to E + dE$ 辐射的光子数可写成

$$\begin{aligned} Q(E,r)dS dE &= \int_{\Omega} \frac{2}{h^3C^2}\left(\frac{E^2}{e^{E/k_BT}-1}\right)\cos\theta d\Omega dS dE \\ &= \frac{2F_r}{h^3C^2}\left(\frac{E^2}{e^{E/k_BT}-1}\right)dS dE \end{aligned} \tag{10.2}$$

式中，$Q(E,r)$是垂直表面的光子流谱密度，F_r是与立体角积分范围相关的几何因子 $F_r=n\sin^2\theta_d$，其中，θ_d为从辐照点观察黑体的观察半角。以太阳与地球之间的辐射几何关系为例，图 10.3 给出了位于地球表面某一点的平面电池（为被辐照点，温度为 T_c）对于黑体（太阳）的观察半角 θ_s 由 $\sin\theta_s=d_r/d_s$确定，d_r是黑体（太阳）的半径，d_s是黑体与辐照点的距离。电池接受太阳的辐照在 $\theta<\theta_s$范围。若太阳光被聚焦，则相当于 θ_s 角增大。此外，温度为 T_c的电池亦可看成黑体向半球空间发射，一个平面电池辐照范围是在 $\theta<\theta_d(\pi/2)$。如果对黑体表面半球积分 $\theta_d=\pi/2$，$F_r=\pi$。

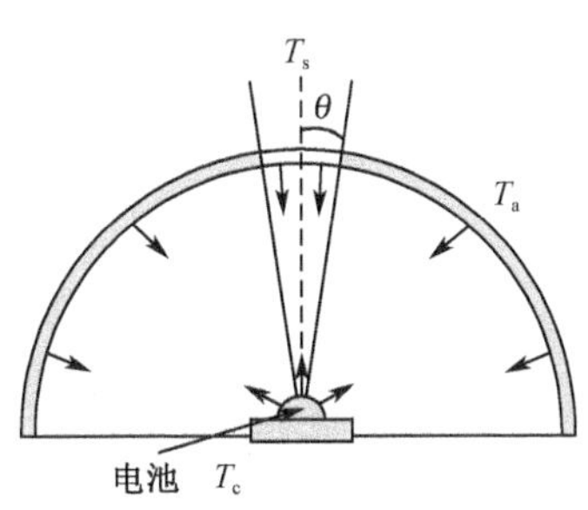

图 10.3　电池在 $\theta<\theta_s$的角范围接受太阳光

进一步考虑黑体表面各点的温度相等，式(10.2)将与 r 无关。黑体表面的光子流谱密度为

$$Q(E,T)=\frac{2F_r}{h^3C^2}\left(\frac{E^2}{e^{E/k_BT}-1}\right) \tag{10.3}$$

相应地，式(10.3)乘上能量就是黑体辐射的能量流谱密度

$$M(E,T)=EQ(E,T) \tag{10.4}$$

单位时间、单位面积黑体对上半球发射光子，对上半球的积分则 $F_r=\pi$，发射能量范围为 $E_1\to E_2$的总能量是

$$W(T)=\frac{2\pi}{h^3C^2}\int_{E_1}^{E_2}\left(\frac{E^3}{e^{E/k_BT}-1}\right)dE \tag{10.5}$$

若对所有光子能量积分，可给出总的功率密度

$$\begin{aligned} W(T) &= \int_0^{\infty}M(E,T)dE=\sigma T^4 \\ \sigma &= \frac{2\pi^5k^4}{15c^2h^3}=5.67\times10^{-8}\text{W}/(\text{m}^2\cdot\text{K}^4) \end{aligned} \tag{10.6}$$

这就是斯蒂芬-玻尔兹曼(Stefan-Boltzmann)定律，σ 为斯蒂芬常数或称绝对黑体辐射常数。由此可根据黑体温度，求出黑体辐射总的功率密度。

前面已述，太阳可看成为 $T_s=5758$K 的黑体，以太阳辐照地球为例，具体计算几何因子，$F_s=\pi\sin^2\theta_{sun}$，$\theta_{sun}$为太阳的观察半角。根据定义 $\sin\theta_{sun}=d_r/d_s$，太阳的半径 $d_r=695990$km，太阳到地球的平均距离 $d_s=149\ 597\ 871$km，太阳到地球的距离远大于太阳的半径，由此确定 θ_{sun}为 0.267°[24]，这说明从地球观察太阳的角度是很小很小的。如考虑地球轨道的不确定性为 1.67%，θ_{sun}则有相应的变化。太阳与地球之间的辐射几何因子 $F_s=2.1646\times10^{-5}\pi$ 是一个很小的数。由此，太阳表

面温度为 T_s，太阳辐射的光子流谱密度及能量流谱密度表示为

$$Q_s(E)=\frac{2F_s}{h^3C^2}\left(\frac{E^2}{e^{E/k_BT_s}-1}\right) \tag{10.7}$$

$$M_s(E)=\frac{2F_s}{h^3C^2}\left(\frac{E^3}{e^{E/k_BT_s}-1}\right) \tag{10.8}$$

10.2.2 细致平衡原理

太阳电池的光电转换过程，涉及由太阳、电池周围环境及电池三部分组成系统中各子系统之间的能量的交换。这里电池环境通常认为是地球环境。在这系统里各子系统之间能量的交换是相互的，不仅有太阳的辐射，电池与环境的吸收，也有电池及地球环境的光发射，只是电池及地球环境的温度较低，发射光子的波长较长。最终三部分组成的宏观体系处于平衡态。在此我们将从一个由太阳、地球环境及电池三个子系统组成的宏观体系所满足的平衡条件出发来讨论太阳电池光电转换的效率极限。统计理论指出，一个系统宏观平衡的充分必要条件是细致平衡条件，细致平衡是讨论宏观体系的基础。

1. 热平衡态

热平衡态是指无外场(电，光，热，磁)条件下的稳定状态。对电池而言这里主要是指无太阳光照条件，此时只有光伏电池子系统(标记为 c)和周围环境(标记为 a)两个子系统之间的相互作用。若把太阳电池与周围环境看成分别具有温度为 T_c 和 T_a 的黑体，电池与环境处于热平衡状态的条件是 $T_c=T_a$。在此条件下，太阳电池从周围环境子系统的光吸收率将与电池辐射到周围环境的光发射率平衡。

首先讨论环境的光子发射，根据式(10.3)和式(10.4)，当环境温度为 T_a，环境辐射几何因子为 F_a，周围环境辐射到太阳电池表面的光子流谱密度为

$$Q_a(E)=\frac{2F_a}{h^3C^2}\left(\frac{E^2}{e^{E/k_BT_a}-1}\right) \tag{10.9}$$

能量流谱密度为

$$M_a(E)=\frac{2F_a}{h^3C^2}\left(\frac{E^3}{e^{E/k_BT_a}-1}\right) \tag{10.10}$$

为区别太阳的高能量光子的发射，由于环境温度低，称从环境辐射到电池表面的光子为热光子。若一个光子产生一个电子空穴对，且设电池中光生载流子的分离及输运到电接触端的过程均没有载流子的损失，在此理想情况下电池从环境吸收的热光子所产生的等效电流密度可表示成

$$J_a(E)=q[1-R(E)]\alpha(E)Q_a(E) \tag{10.11}$$

这里，$R(E)$是电池的反射系数，$\alpha(E)$是电池对光子能量为 E 的吸收系数。在具体

计算电流时，由于环境对电池的辐照是双面的，吸收面积应是电池面积(A)的两倍。电池从环境吸收热光子产生的等效电流应是$2Aq[1-R(E)]\alpha(E)Q_a(E)$。若电池背面材料是折射率为$n_s$的材料，电池相应的等效电流是$A(1+n_s)^2q[1-R(E)]\alpha(E)Q_a(E)$。然而若光照从电池正面入射，在电池背面有一个理想的反射镜，吸收面积则与电池面积相同。等效电流密度由式(10.11)表示。

随后考虑电池对环境的辐射作用。固体中电子从高能态到低能态的跃迁，有两种能量的释放方式，一是电子、声子相互作用，能量转化为晶格的热运动，称为非辐射跃迁或非辐射复合；另一是电子与空穴复合发射光子，称为辐射跃迁或辐射复合。鉴于光发射有自发发射和受激发射两种模式，那些不受外来因素影响的辐射复合释放能量的方式为自发发射(跃迁)，自发发射是材料的固有性质，是随机性的。而受激发射是固体在外界光的作用下的光发射，它与激发光的强度有关。电池的受激光发射主要是与其周边环境的自发发射相联系的热光子的发射。电池的这种受激光发射是可忽略的。原因是，虽然电池接受环境的热光子的辐射，但环境所辐射的热光子强度是很弱的。此外，在热平衡下电池内处于激发态的电子数极少，故可不考虑电池的受激光发射，仅考虑电池的自发发射。

当电池与环境处于热平衡状态，满足条件$T_a=T_c$，温度为T_c的电池向环境自发发射的光子流谱密度具有与温度为T_a的环境辐射相同的特征，谱密度表示为

$$Q_c(E)=\frac{2F_c}{h^3C^2}\left(\frac{E^2}{e^{E/k_BT_c}-1}\right) \tag{10.12}$$

与式(10.9)相比的差别是几何因子F_c，几何因子的确定将在后面讨论。相应地，电池表面光发射到环境的相应的等效电流密度为

$$J_c(E)=q[1-R(E)]\varepsilon(E)Q_c(E) \tag{10.13}$$

这里，$\varepsilon(E)$是能量为E的光子的发射几率。应用热平衡条件$T_a=T_c$，此时电流密度平衡，结合式(10.11)，得到以下的关系

$$J_a(E)=J_c(E),\quad Q_a(E)=Q_c(E),\quad \alpha(E)=\varepsilon(E) \tag{10.14}$$

这就是所谓的细致平衡原理，即在热平衡条件下，环境辐射到太阳电池表面的光子流谱密度，或能量流谱密度与电池向环境发射的光子流谱密度或能量流谱密度是相等的，即太阳电池从周围环境子系统的光吸收率与电池辐射到周围环境的光发射率相等。

2. 光照态

太阳光照射到电池，讨论的系统包括太阳、电池和环境。电池的光吸收来自太阳的光子及周围环境的热光子的辐射，其等效电流密度可表示成

$$J_{吸收}(E)=q[1-R(E)]\alpha(E)[Q_s(E)+(1-F_s/F_c)Q_a(E)] \tag{10.15}$$

式中第一项代表从太阳的吸收，第二项代表从环境的吸收，这一项的系数扣除了环

境辐射被太阳辐射替代的一部分，由它们的几何因子之比来表征。

另外，受光照的电池，有一部分载流子跃迁到高的能态，增加了处于高激发态的电子和空穴密度及它们的电化学势 $\Delta\mu$。在此情况下，光生载流子从高能态跃迁到低能态自发发射一个光子的辐射复合成为重要的过程。

电子从高能态 E_a跃迁到低能态 E_b的自发发射率可表示成

$$R_{a\to b}^{sp,em}(h\nu) = N(h\nu)\iint_{E_a E_b} B_{E_a\to E_b} n(E_a)n'(E_b)\delta(E_a - E_b - h\nu)\mathrm{d}E_a\mathrm{d}E_b \quad (10.16)$$

这里，$N(h\nu)$是光子态谱密度，B 是电子从高能态 E_a 自发发射到低能态 E_b的发射几率，$n(E_a)$与 $n'(E_b)$分别代表处于高能态的电子浓度及处于低能态的空穴浓度。式(10.16)表明电池的自发发射随光照的增加而增加。此处假设，在理想条件下非辐射复合是忽略的。

由电池向环境的光子发射，需要考虑光子所通过的电池材料的折射率 n_s。根据式(10.1)从温度为 T_c化学势为 $\Delta\mu$ 的电池向(θ,φ)方向，单位面积，单位立体角发射的光子流谱密度表示为

$$P_{ce}(E,r,\theta,\varphi,\Delta\mu)=\frac{2n_s^2}{h^3C^2}\left(\frac{E^2}{e^{(E-\Delta\mu)/k_BT_c}-1}\right) \quad (10.17)$$

电池的光发射是由折射率为 n_s的光密介质射入到折射率为 n_0的光疏介质(这里是大气)。在它们的界面处入射光有反射与折射，它们的反射角与折射角由 Snell 定律(光的折射定律)确定，如图 10.4 所示。如入射角为 θ_s，折射角为 θ_0，反射角为 θ_R，则 $\theta_s=\theta_R$及满足 $n_s\sin\theta_s=n_0\sin\theta_0$。如果入射角 θ_s大于某一临界角 θ_c，折射角的正弦等于 1，此时不存在折射光，只有反射光，称 θ_c为全反射临界角，θ_c值由 $\sin\theta_c=n_0/n_s$决定。因此电池光发射的角度 θ 应在 $0<\theta<\theta_c$范围内才可能发射到周围环境。另外，考虑到电池体内光子发射后逸出表面前，有可能被电池再吸收，由此实际上只有离表面距离为 $1/\alpha$ 范围内的电子才能离开电池发射出去，α 是电池对辐射光子的吸收系数。对 $0<\theta<\theta_c$立体角积分，导出垂直于电池表面向环境发射的光子流谱密度及等效电流密度[25]

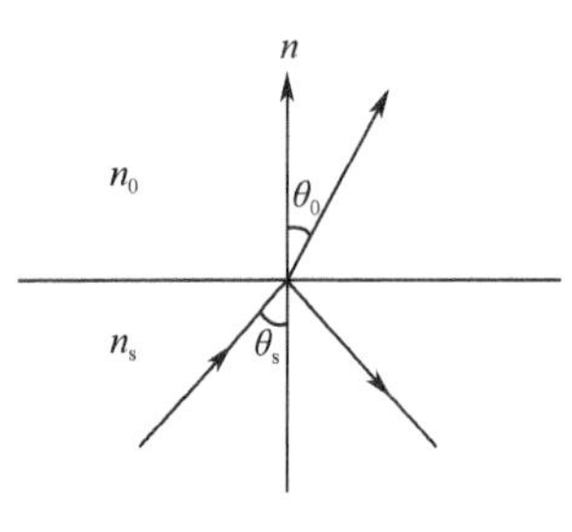

图 10.4　光的折射

$$Q_{ce}(E,\Delta\mu)=\frac{2n_s^2F_c}{h^3C^2}\left[\frac{E^2}{e^{(E-\Delta\mu)/k_BT_c}-1}\right] \quad (10.18)$$

$$J_{辐射}(E)=q[1-R(E)]\varepsilon(E)Q_{ce}(E,\Delta\mu) \quad (10.19)$$

F_c是电池光发射的几何因子，由 $F_c=\pi\sin^2\theta_c$确定。在太阳电池中，若电池表面环境是空气，则 $n_0=1$，$F_c=\pi(1/n_s)^2$，$F_a=F_cn_s{}^2=\pi$。

考虑了电池的光发射后，电池实际的等效电流密度应是它从太阳及环境的吸收式(10.15)与电池光发射式(10.19)的差。应用细致平衡条件 $\alpha(E)=\varepsilon(E)$，电池的等效电流密度

$$J(E)=q[1-R(E)]\alpha(E)[Q_s(E)+(1-F_s/F_c)Q_a(E)-Q_{ce}(E,\Delta\mu)] \quad (10.20)$$

该式由两部分组成，一部分是净吸收

$$J_{吸收}(E)=q[1-R(E)]\alpha(E)[Q_s(E)-(F_s/F_c)Q_a(E)] \quad (10.21)$$

另一部分是净发射

$$J_{净辐射}(E)=q[1-R(E)]\alpha(E)[Q_{ce}(E,\Delta\mu)-Q_{ce}(E,0)] \quad (10.22)$$

这里应用了热平衡条件 $Q_{ce}(E,0)=Q_a(E)$。

10.2.3　理想光伏电池的转换效率

1960 年 Shockley 和 Queisser 在发表太阳电池转换极限效率计算的文章中认为[20]，根据热力学细致平衡原理的要求，辐射复合是不可避免的，在所建立的双能级转换的模型下，他们计算了简单 pn 结太阳电池转换效率的极限。

1. 光伏电池的双能级转换模型

前面各章讨论的各类半导体太阳电池都是建立在单结的模型下运作的。半导体中的价带顶与导带底两能级之差为带隙宽度 $E_g=E_c-E_v$，($E_g>k_BT_a$，T_a为环境温度)。对单结电池系统有如图 10.5 所示载流子的产生与输运的基本过程。电池吸收了能量 $E>E_g$的入射光子，电子从基态(价带)激发到高能态(导带)形成电子空穴对。处于导带中能量为 E 的高能态电子或价带中空穴，通过与晶格相互作用释放出多余的能量 $E-E_c$、E_v-E，(近似地认为电子和空穴高能态的能量是相同的)，最终电子与空穴分别回落到导带底和价带顶，这过程称之为热化过程(thermorlization)，这过程在 10^{-7}s 内完成。最终电子的电化学势增加 $\Delta\mu=\mu_c-\mu_v$，其中 μ_v、μ_c分别为电子基态(价带))和激发态(导带)的电化学势。光生电子和空穴在被收集前需实现电荷的完全分离，随后光生载流子输运到无损失的电接触，形成电池对外电路的电压与电流的输出。对于一个理想的光电转换过程，因 $\Delta\mu\neq0$，电子与空穴有可能通过辐射复合发射一个光子回到基态，但没有非辐射复合过程。为计算理想条件下光伏电池的极限效率，暂不考虑实际光电转换过程中可能的能量损失机制，以后的讨论是建立在下面理想假设和条件下的。

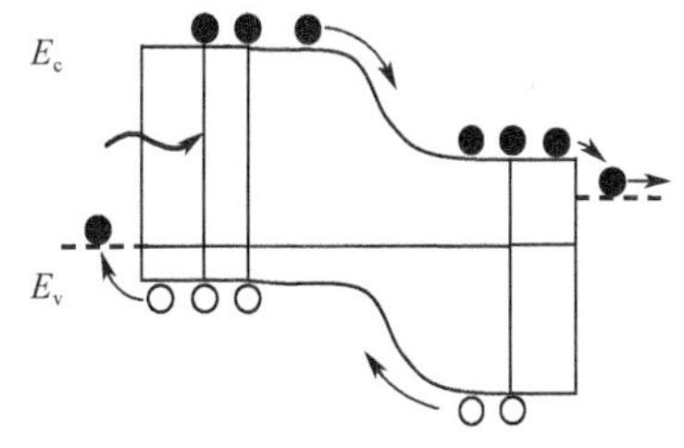

图 10.5　单结太阳电池能带图

(1) 电池材料的能隙宽度 $E_g>k_BT_a$，T_a为环境温度，电池有足够厚度来吸收

光子能量范围为 $E_g \to \infty$ 的全部光子。

(2) 电池仅吸收光子能量 $E>E_g$ 的光子，一个光子产生一个电子-空穴对的几率必须是 1。导带与价带的光生载流子与环境温度处于准热平衡状态。

(3) 电池中光生载流子可实现完全的分离。载流子迁移率为无限大，即载流子可无损失地输运并被输出端收集。

(4) 系统满足细致平衡原理，因此辐射复合是电池的唯一复合机制。辐射复合发射的光子的能量通常略大于 E_g，导致电池有个再吸收的过程，因此，只有净辐射复合对效率有影响。

(5) 电池具有理想的电接触，即表面复合为零。

电池功率转换效率是电池从太阳吸收能量后输出到匹配负载的功率与太阳入射到电池功率之比。电池输出功率是电池的输出电压和输出电流之积。在理想条件下，根据细致平衡原理以及载流子迁移率无限大和无损失的被输出端收集的假设，化学势 $\Delta\mu$ 在器件内各处是恒定的，输出电压 V 由 $\Delta\mu=qV$ 确定[26]。电池电流的输出应是电池通过吸收产生的光生载流子等效电流 J_{ph} 与电池的自发发射(这是向电池以外的发射，看成是光能量未被利用的部分)的等效电流 J_{re} 之差。光电流密度为 $J(E)=J_{ph}-J_{re}$。

首先定义 $N(E_1,E_2,T,\mu)$ 为在能量范围 $E_1\sim E_2$ 的最大的吸收的或发射的光子流密度，T 为辐射体温度，μ 为化学势

$$N(E_1,E_2,T,\mu)=\int_{E_1}^{E_2}Q(E,T,\Delta\mu)\mathrm{d}E=\frac{2F_s}{h^3C^2}\int_{E_g}^{\infty}\left[\frac{E^2}{\mathrm{e}^{(E-qV)/k_BT}-1}\right]\mathrm{d}E \tag{10.23}$$

在式(10.21)中，代表净吸收的第二项中 F_s 比 F_c 小很多，可忽略。等效电流密度是光子流密度与电子电荷的乘积。在电子-空穴对产生率为 1 的假设下，设表面无反射($R=0$)，结合能量吸收范围，从式(10.21)可得相应的等效光电流密度

$$J_{ph}(V)=qN_s=q\int_{E_g}^{\infty}Q_s(E)\mathrm{d}E=q\frac{2F_s}{h^3C^2}\int_{E_g}^{\infty}\left[\frac{E^2}{\mathrm{e}^{(E-qV)/k_BT_s}-1}\right]\mathrm{d}E \tag{10.24}$$

式(10.22)表示的是与净发射相关的等效电流密度，根据细致平衡原理，由辐射复合贡献的电流就是电池在无光照条件下的暗电流

$$J_{re}(E)=qN_r=q\int[Q_{ce}(E,\Delta\mu)-Q_{ce}(E,0)]\mathrm{d}E \tag{10.25}$$

应用式(10.18)

$$J_{re}(V)=qN_r=q\frac{2n_sF_c}{h^3C^2}\int_{E_g}^{\infty}\left[\frac{E^2}{\mathrm{e}^{(E-qV)/k_BT_c}-1}-\frac{E^2}{\mathrm{e}^{E/k_BT_c}-1}\right]\mathrm{d}E \tag{10.26}$$

太阳入射到电池功率由式(10.6)给出，电池转换效率可表示成

$$\eta=\frac{V[J_{ph}(V)-J_{re}(V)]}{\sigma T_s^4} \tag{10.27}$$

将式(10.27)对 V 求极值可获得极限效率。式(10.27)中含有 Bose-Einstein 函数的积分，标准解是 Gamma 函数与 Riemann zeta 函数。其数学关系可参见有关文献[27]。

具体计算时，还要考虑电池与辐射源之间的几何结构关系，即各种辐射情况下的几何因子，主要是电池与入射光的角范围。图 10.3 给出的是，对于没有聚焦的太阳光入射到平面电池的情况，其角范围是 $0<\theta<\theta_s$。环境对电池辐射的角范围是 $\theta_s<\theta<\pi/2$。电池的受激发射，在平面电池背面有理想的反射器的情况下，向上半球辐射的角范围是 $0<\theta<\pi/2$。若入射光有聚焦，对观察角有明显的影响，图 10.6比较了不同聚光条件下观察角的差别。图 10.6(a)表明聚光使观察角从 θ_s 增大到 θ_X，提高了入射光子流密度。另外可看到，聚光器使用的同时，电池的发射角也受到限制，如图 10.6(b)所示。当电池发射角范围与入射光的角范围相等时，则是完全聚焦条件。

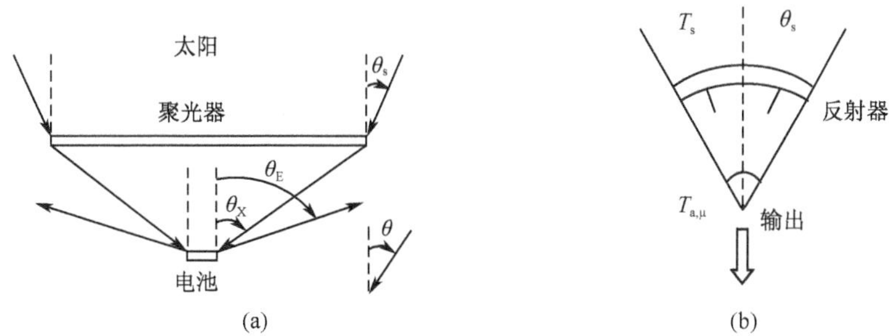

图 10.6　平面电池几何因子计算示意图
(a)聚光对观察半角的影响，$\theta_X>\theta_s$；
(b)电池发射角范围限制后与入射角范围相同，属于全聚焦情况

太阳的光谱精确地类似于温度为 5758K 的黑体辐射光谱，为简单在计算中通常设太阳的温度 $T_s=6000K$，环境温度 $T_a=300K$。根据式(10.25)与式(10.27)计算电池效率，分析式表明，电池效率是太阳表面温度、材料能隙宽度及几何因子的函数。对于一定的电池结构，在确定辐射光谱条件下(太阳表面温度和几何因子固定)电池效率仅与能隙宽度有关。图 10.7 给出了不同条件下电池光电转换效率 η 对能隙宽度 E_g 的函数关系。它们之间的依赖关系是明显的，如第 1 章分析可知，小的 E_g 可有较宽的吸收光谱，但电池的输出电压是由能隙宽度确定，小的 E_g 电池输出电压低，而过高的能隙宽度，材料的吸收光谱变窄则会降低载流子的激发，减少电流的输出，因此能隙宽度太窄或太宽都会引起效率的损失，存在一优化值。图 10.7中曲线(a)给出 AM1.5 的无聚光条件下单结电池 S-Q 理论极限效率与材料带隙宽度之间的关系。给出当 $E_g=1.3eV$ 左右时[20]，该单结电池效率极值为

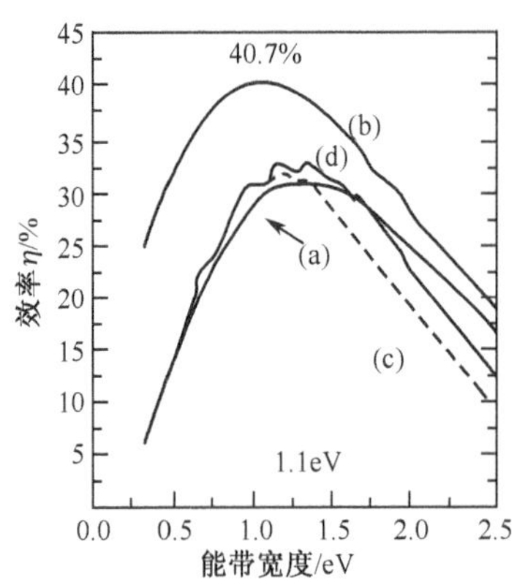

图 10.7　理想电池 S-Q 极限效率与能隙宽度的依赖关系

(a) 未聚焦，6000K 黑体辐照($1595.9W/m^2$)[20]；(b) 全聚焦，6000K 黑体辐照($7349.0\times10^4W/m^2$)[20]；(c) 未聚焦，AM1.5-直射($767.2W/m^2$)[28]；(d) 未聚焦，AM1.5-全球($962.5W/m^2$)[28]

31%。应该说这极值效率并不算高，主要原因是单结电池只吸收光谱中能量大于 E_g 的光子，同时不管吸收的光子能量比 E_g 大出有多少，仅产生一个电子空穴对。而且处于不同能量的光生载流子，它们都通过与晶格作用回落到导带底或价带顶，输出电压是一样的，因此对所吸收的高能光子的能量转换是不充分的，相当一部分能量传递给晶格，转换成热能而损失了。

讨论几何因子 F 对效率的影响。图 10.7表明，全聚焦条件下的计算结果曲线(b)明显高于未聚焦的曲线(c)，这差异反映了光子流谱密度中几何因子 F 的作用。式(10.7)中太阳光子流谱密度的几何因子 $F_s=f_s\pi=2.1646\times10^{-5}\pi$ 是一个很小的数，电池仅吸收太阳光的极少部分。如果技术上采用如图 10.6 所示的聚光方法，相当于加大几何因子 F_s，提高单位面积的入射光子密度，短路电流随光强线性增加，开路电压也随光强呈对数增加，由此效率将提高。设一个聚光器的聚光因子为 X，计算中聚光电池的几何因子应是 $F_x=XF_s=Xf_s\pi$。不仅增加了式(10.28)分子中的光吸收，另外也可约束电池的发射。采用图 10.6(a)所示的聚光器结构，可使太阳到电池的最大观察半角 θ_X 达 90°，即 $F_x=F_c=\pi$，F_c 是电池发射的几何因子。$X=1/f_s$，即全聚焦条件。另一个途径是电池接收光和发射光在相同的角度范围(图 10.6(b))。聚光电池可获得更高的效率。Henry[29]计算了一个聚光因子 $X=1000$ 的电池，对 $E_g=1.1eV$ 的太阳电池，极限效率～37%。图 10.7 曲线(b)给出全聚光理想电池效率与 E_g 的关系，计算中 $f_s=1$，用 6000K 黑体辐射光谱，电池最大效率为 40.7%，极大值在 $E_g=1.1eV$ 左右。注意，在聚光电池效率的计算中没有考虑高聚光条件下电池受热的温升效应。在此条件下电池发射也会提高，电池效率将降低。

考虑在 $T_a\to0$ 的极端情况，电池的光发射为零，效率简单地表示成

$$\eta=\frac{E_g\int_{E_g}^{\infty}Q_s(E)\mathrm{d}E}{\int_0^{\infty}EQ_s(E)\mathrm{d}E}\tag{10.28}$$

采用 $T_s=6000K$ 条件，最大效率在 $E_g=2.2eV$ 时为 44%[20]。在实验上降低电池

及环境温度需要外界做功，由此净效率小于 44%。

2. 热力学极限效率

热力学基础知识如下。

建立在热力学细致平衡原理基础上的 S-Q 极限效率分析是基于单个 pn 结的双能级模型，它包含了两个基本的物理过程：一是吸收，电池只吸收能量等于和大于 E_g 的光子，不吸收能量小于 E_g 的光子。二是载流子的产生与输运，即吸收一个光子可产生一个电子空穴对，处于高能量的电子空穴对通过热化过程（thermolization）把能量交给晶格，然后弛豫到导带底和价带顶，最后通过电极输出电流。

这里不从 pn 结模型出发，而根据热力学的基本定律来讨论光电转换的理论极限效率。热力学的第一定律是能量守恒定律，系统从外界吸收的热量 Q 相当于内能的增加（E_2-E_1）及对外做的功 W，是能量守恒的原则

$$Q=E_2-E_1+W \tag{10.29}$$

描述熵变化的热力学第二定律认为，一切宏观过程都是不可逆的，系统自发的物理及化学过程总是朝着熵增加的方向，所谓"熵增原理"。与能量不同，熵不是那么一个具体的参量，它可表示成热量与温度之比，在某种意义上熵代表有序的程度，当系统较有序时熵较低，变得较无序时熵增加。通常认为，宇宙处于从较有序向较无序的方向发展。若在一个孤立的系统中进行的是一个可逆过程，系统的熵保持不变。而对一个不可逆过程，系统的熵总是增加的。以下将热力学第一、第二定律，应用到太阳与太阳转换器的循环系统中讨论其转换极限效率。

太阳与电池之间的能量转换是，两个有明显的温度差别的物体之间通过辐射能量的传递来实现的，将按照熵增原理进行。温度为 T_s 的太阳向温度为 T_a 光电转换器发射的能量流为 E_s'，熵流为 $S_s'=E_s'/T_s$。若光电转换器输出做的功为 W'，转换器反射给环境（T_a）的热流为 Q_c' 及与此相联系的熵流为 $S'=Q_c'/T_a$，能量转换过程中熵的增加为 S_G'，图 10.8 为效率计算示意图[21]。

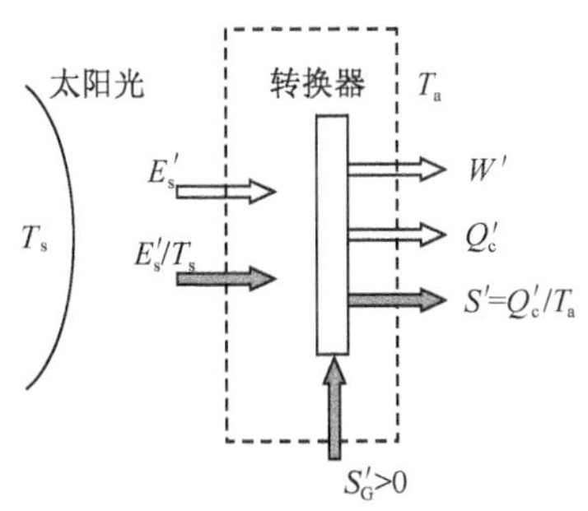

图 10.8　卡诺效率计算示意图

根据热力学第一定律与第二定律，上述参量间的关系表示为

$$\dot{E}_s'=W'+Q_c' \tag{10.30}$$

$$\dot{S}_s'+S_G'=S=Q_c'/T_a \tag{10.31}$$

能量和熵的方程通过 Q_c 联结可得

$$\dot{E}_s'=W'+T_a(S_G'+S_S') \tag{10.32}$$

对于这样一个系统，其能量转换效率表示为

$$\eta = W'/E'_s = \left(1 - \frac{T_a}{T_s}\right) - T_a \dot{S}'_G/E'_s \tag{10.33}$$

如果讨论的能量转换过程是不可逆的，$S_G \neq 0$，对可逆过程 $S_G = 0$。卡诺在 1824 年提出：工作于两个温度之间（高温 T_1，低温 T_2）的热机效率称为卡诺效率，表示为

$$\eta = 1 - \frac{T_2}{T_1} \tag{10.34}$$

此处 $T_1 \neq \infty$，$T_2 \neq 0$，因此 $\eta < 1$。如果讨论的能量转换是可逆过程，$S_G = 0$。则式(10.33)与式(10.34)相同，由此定义的电池极限效率也称卡诺效率。设参量 $T_a = 300\text{K}$，$T_s = 6000\text{K}$，电池的卡诺效率高达 95%[30]。

上述讨论的系统中，没有对转换器的结构和性质作任何假设及限制，仅要求在光发射、吸收及能量转换的过程中没有熵的产生，$S_G = 0$。这个要求，即使在概念上也难于满足，更不用说实验上。无论是早期 Planck[31] 及较近期 De Vos 和 Pauwels[32] 都认为，在两个黑体之间，除非它们的温度是相同的，或者说转换器的光发射与入射光有相同光谱、相同强度，否则它们在能量转换过程中熵的产生是不可避免的。这条件意味着绝大部分的光在太阳光与电池之间循环，只有无限小的功输出。由此卡诺效率是不可能实现的。

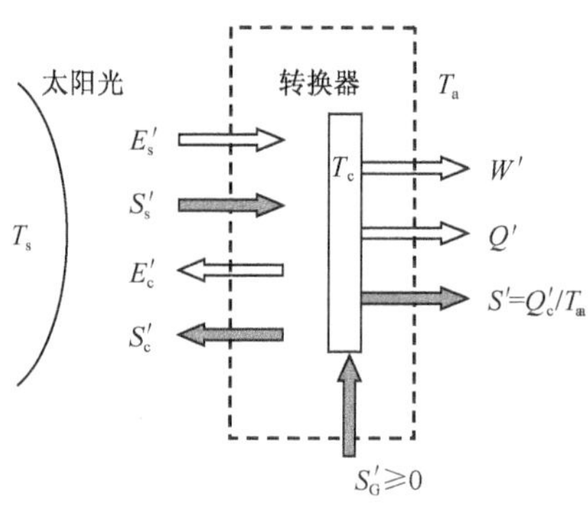

图 10.9 Landsberg 极限效率计算示意图

Landsberg[33] 提出了较严格、较接近实际的模型(图 10.9)。计算中除了同样考虑太阳向转换器发射的能量流 E'_s 和熵流 S'_s、转换器输出功 W'、转换器反射给环境的热流 Q'_c 及与此相联系的熵流 $S' = Q'_c/T_a$、转换过程中熵 S'_G 的增加外，也考虑电池发射的能量流 E'_c 及与它相联系的熵流 S'_c，热力学的基本方程

$$\dot{E}'_s = W' + Q'_c + E'_c \tag{10.35}$$

$$\dot{S}'_s + S'_G - S'_c = Q'_c/T_a \tag{10.36}$$

$$\eta = W'/E'_s = \left(1 - \frac{4T_a}{3T_s}\right) + \left(\frac{4T_a}{3T_c} - 1\right)\left(\frac{T_c}{T_s}\right)^4 - T_a S'_G/E'_s \tag{10.37}$$

T_s，T_c，T_a 分别对应于太阳、电池及环境的温度。对于一个可逆过程，熵流 $\dot{S}'_G$ 的极小值为零，$T_c = T_a$ 条件下可得到效率的极大值，称为 Landsberg 极限效率

$$\eta_L = \dot{W}/\dot{E}_s = \left(1 - \frac{4T_a}{3T_s}\right) + \frac{1}{3}\left(\frac{T_a}{T_s}\right)^4 \tag{10.38}$$

设 $T_s = 6000\text{K}$，$T_a = 300\text{K}$，Landsberg 极限效率是 93.3%[33]。用这模型计算的极

限效率，虽考虑了电池的发射能量，但也是基于熵流$\dot{S}'_G=0$的假设前提。在实际吸收光的过程中熵的产生是不可避免的[32]，因此即使是一个理想的器件，上述极限效率也是达不到，这个数据仅表明了光电转换的上限。

10.2.4 效率损失分析

比较 Shockley-Queisser(S-Q)模型、热力学卡诺效率及 Landsberg 极限效率的分析，看到热力学极限效率比 S-Q 模型的极限效率高出很多。当然热力学极限效率的分析建立在熵流为零的假设前提，是不现实的。主要的差别在于，热力学模型分析中，是转换了太阳全光谱的能量。而 S-Q 模型中，电池仅吸收能量大于 E_g 的光子，能量小于 E_g 的光子不被吸收。图 10.10 示意地给出了单个 pn 结电池吸收光谱与太阳光谱的比较，可看到相当大的一部分光谱未被利用，显然影响电池的效率。电池吸收光谱与太阳光谱的失配是效率损失的主要原因之一。

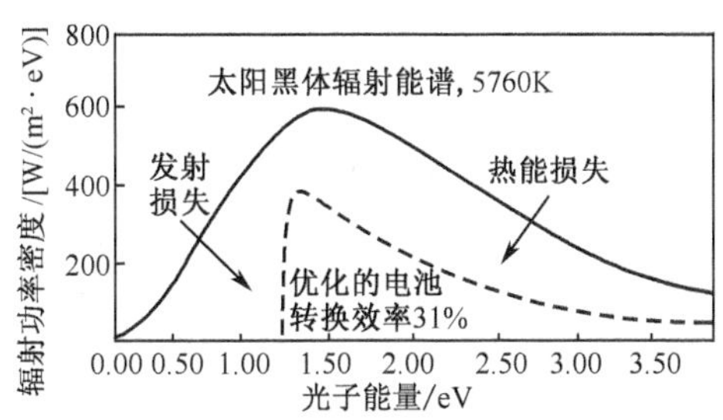

图 10.10　太阳光谱与单结电池吸收谱比较示意图

再从前面提及的理想太阳电池运作的过程来分析，被吸收的一个光子可产生一个电子空穴对，高能光子可将电子、空穴激发到远离导带底和价带顶，即处于高能态的热电子、热空穴。这些热载流子与声子相互作用，很快地与晶格热平衡、热化弛豫到导带底和价带顶。也就是说对于能量大于能隙宽度的光子与等于能隙宽度的光子对电池功率转换的贡献是相同的，也就是说，高能量光子对光电转换作用受到抑制。结合到实际的电池，有多种影响效率的因素，如由于材料的迁移率是有限的，因此输运过程中，光生载流子的非辐射复合损失不可避免，并要考虑结压降和接触电极上的压降损失等。图 10.11 给出了光电转换及本征的能量损失初步分析[34]。图中是以晶体硅电池吸收谱为例与太阳光谱的比较，可看到严重的失配。除了带隙以下 19%未被吸收的损失外，载流子的热化损失是主要的，占约 33%，而可用部分仅约 33%。

通过上述对极限效率的分析讨论，开阔了思路，提出光伏转换不再局域在单一的基态到单一激发态的光吸收过程。提高光电转换极限效率的基本出发点是：

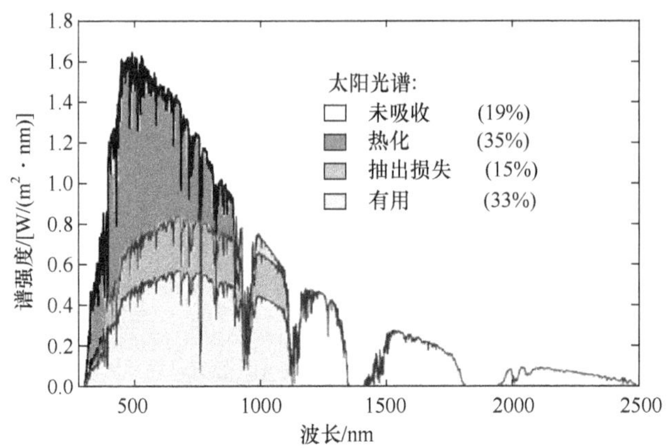

图 10.11 光电转换及能量损失分析[34]

①充分吸收太阳光谱,尽可能地实现电池吸收光谱与太阳光谱的匹配。②充分利用每个光子的能量,提高每一个光子所做的输出功。③通过光子能量的再分布,拓宽电池吸收光谱范围。基于上述基本考虑,高效光电转换的新思路、新概念被广泛地提出,形成研发新一代或称第三代电池的创新领域。

目前提出的新概念光伏器件可分以下几类:以充分吸收太阳光谱为主的多能带电池,包括多结叠层电池、中间带电池。通过光子能量的上转换和下转换改变入射光子的能量分布以利于电池对光的的充分吸收。另一类新概念电池的宗旨是提高每个光子的光电转换功率,如以提高输出电压为特点的热载流子太阳电池;以提高输出电流为特点的多激子产生太阳电池(碰撞离化电池)等。再一类电池是建立在热光电和热光子基础上的光电转换器。以下主要从电池设计概念上逐一展开讨论,并介绍目前的研究进展。

10.3 多结太阳电池

多结太阳电池就是在上述分析基础上提出改善电池效率的一个示例。基本思想是,采用不同禁带宽度的子电池组合成新的结构,来拓展电池对太阳光谱的吸收范围,以实现电池的高效率。多结太阳电池组合的概念最早是在 1955 年由 Jackson[35] 提出的,但当时未引起足够的重视。直到 1978 年,Moon 等[36] 首次报道了他们在 AlGaAs 和 Si 多结叠层电池获得高效率的实验结果,才引起了人们的关注和重视,至今已发展成为第三代电池理论和实验研究的重要方向。

以具有两个不同带隙宽度的电池组合为例来说明其提高转换效率的基本原理。图 10.12 给出了单结电池与双带隙组合的双结电池光吸收过程的差别。单结电池不吸收能量小于带隙宽度的光子,仅吸收能量大于带隙宽度的光子,处于高能态电子由于热弛豫而损失能量，回落到带边。但对于一个双带隙组合的双结电池，窄带隙的电池可使吸收波长红移，而较宽带隙的电池，吸收高能量的光子，降低了高能电子的能量损失，拓展了电池的吸收光谱。被组合的电池数目越多，电池组合的吸收光谱，越接近太阳光谱，如图 10.13 所示。

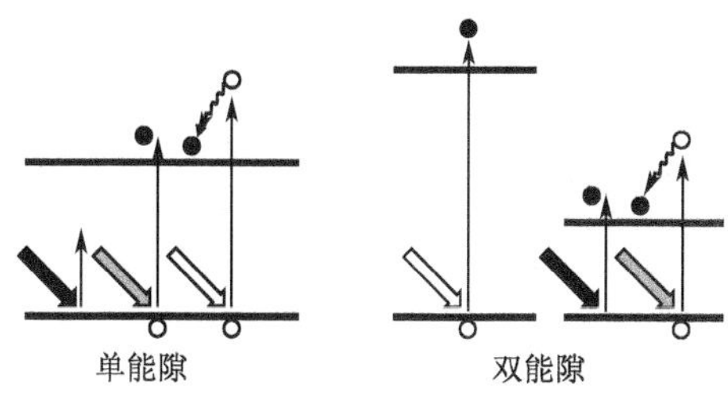

图 10.12　单能隙与双能隙光吸收过程示意图

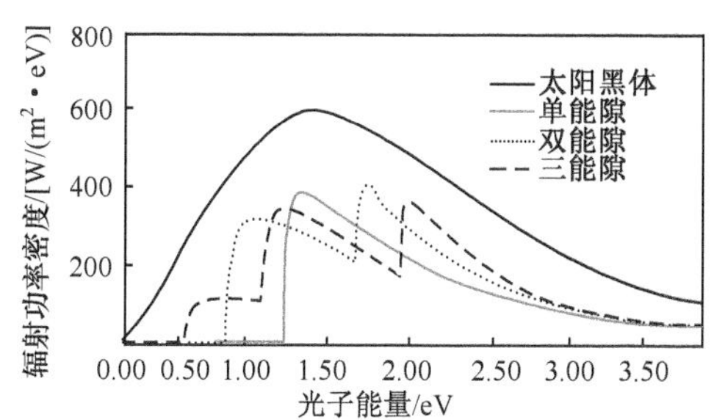

图 10.13　太阳光谱与多结电池吸收谱比较示意图

如此可以推论，如果太阳光谱的光子都能分别被具有相应带隙宽度的理想电池吸收，电池组的吸收光谱与太阳光谱将有好的匹配，每个电池高能态载流子的能量损失可降低到最小，电化学势的输出接近光子的能量，电池将有高的转换效率。

不同带隙宽度电池的组合方式有两种。一是光谱分离模式，实现光谱分离最简单的方法是通过一个棱镜，将入射光在空间上分裂成不同的波段，并被具有相应能隙宽度的电池吸收。另一方法是入射的太阳光被一组具有不同反射波长的二相色镜所反射和透射，如图 10.14(a)所示。第 i 个二相色镜可反射能量大于 E_{gi} 的光子到带隙宽度为 E_{gi} 的电池 i，所透射的光子能量小于 E_{gi}。能量小于 E_{gi} 的透射光将入射到相邻的第 $i+1$ 个二相色镜，并被该二相色镜反射到带隙宽度为 E_{gi+1} 的电池 $i+1$，$E_{gi+1}<E_{gi}$。将二相色镜组按反射波长由小到大依次排列，入射光依次按能量由大到小，被反射及透射。图 10.14(a)给出了它们的结构原理图。图 10.14(b)是由三个二相色镜组对应的反射谱。二相色镜个数越多，反射的光谱范围越宽。它们的反射光相应地被具有不同带隙宽度的电池吸收，每个电池有独立

的输出负载回路。电池的组合扩大了对太阳光谱的吸收范围。由于每个电池是独立输出,理想情况下开路电压应接近入射光子的能量,具有高带隙宽度的电池输出高的开路电压,总体提高了它们的电流和电压的输出,提高了电池效率。这种光谱分离模式的光伏电池组合在概念上是简单的,但光学上是十分复杂的,因此实验上难度较大。

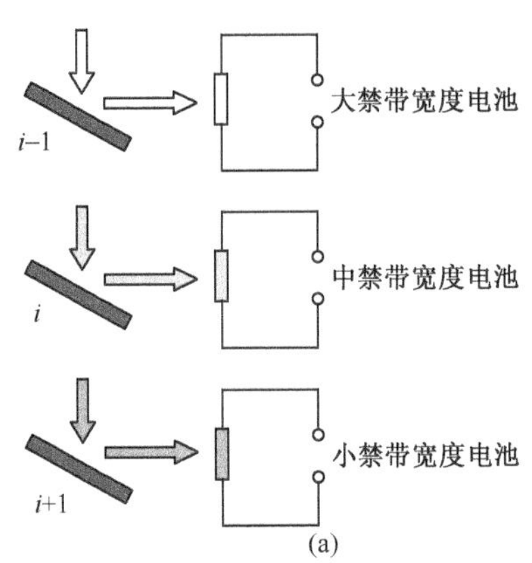

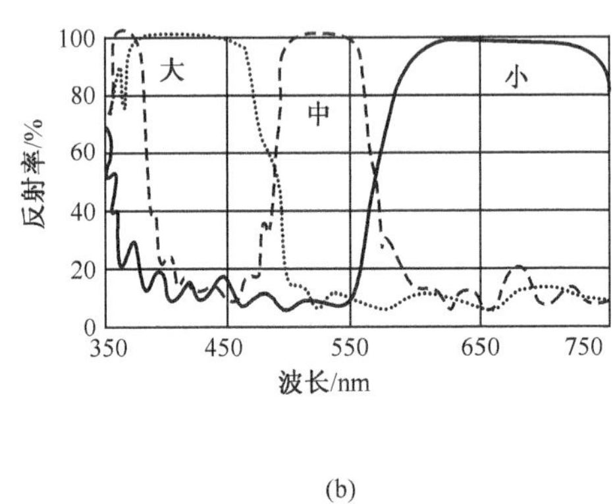

图 10.14　光入射到二相色镜,分别反射到不同能带宽度的电池(a);经过二相色镜后的不同反射光谱的叠加(b)

不同带隙宽度电池组合的另一种较实际的方式是电池的叠层连接,或者说串接。光直接照射到电池表面,沿光路方向,电池以带隙宽度逐渐由宽到窄,如图 10.15所示的串联叠层连接。太阳光首先照到具有高带隙宽度 E_{g_1} 的电池 1 上,低于该带隙宽度的光子透过电池 1 入射到带隙宽度为 E_{g_2} 的电池 2 吸收$E_{g_2}<h\nu<E_{g_1}$ 的光子。透过电池 2 光子入射到具更窄带隙宽度的电池 3 中,以此类推 4,5,…,在最末一个电池的背面有一个理想的反射器,防止在该方向的光发射损失。

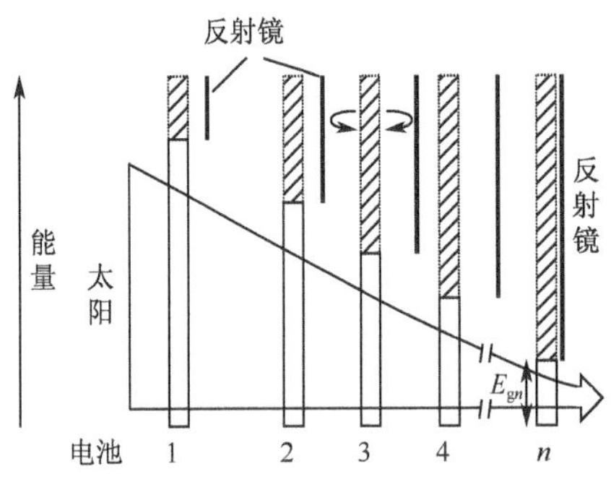

图 10.15　叠层电池间的辐射耦合与隔离,自左向右能隙宽度逐渐减小[37]

特别要注意的是,这种叠层连接,组合电池之间较容易有光学上的相互作用。考虑光路时,除了上述光吸收的关系外,根据细致平衡原理,还需考虑每个电池有向外的自发发射。如图 10.15中电池 2 的光发射可被相邻的电池 3 所吸收及电池 1 部分地吸收(由于 $E_{g_2}<$

E_{g_1}),而电池 3 的光发射可被相邻的 2,4 电池所吸收。这就是所谓的电池间的辐射耦合,它有利于光子循环,但是有一部分能量被相邻电池部分地吸收而损失了,这不利于转换效率[37]。改进的结构是,在每个子电池背面插入一个理想的反射器(图 10.15),分配给每个电池波段的光发射仍被反射回来,这就隔离了相邻电池间的辐射耦合,避免了电池的发射损失。Marti 等计算和比较了叠层电池有和没有插入反射镜的电池效率,发现对一个有限电池数的叠层系统,与无反射镜的系统相比,插入反射镜的叠层电池可得到稍高的效率。然而,随着电池数的增加,有或无反射镜的系统的效率之间的差别减少,当电池数趋于无穷,有和无反射镜叠层电池系统的极限效率几乎相同[38]。

叠层电池的输出有不同的方式,一种是每个电池分别输出,以两个电池的叠层结构为例,有如图 10.16 所示的两端输出、三端输出和四端输出。对于四端输出结构,每个电池可分别优化获得最大的输出功率,但实际执行上有很大困难,特别当电池数较多的情况,称这种结构为不受约束(unconstrained)的情况。另一种是电池直接的串联连接,电压由两端输出,为受约束(constrained)的情况。串联连接试验上容易实现,输出电压是各电池电压之和,但单一的电流流经各电池,要求各电池的电流要匹配,在光照条件下电流匹配较难满足,难于优化每个电池,输出电流受各电池中最小电流的约束,这将损失一些效率。

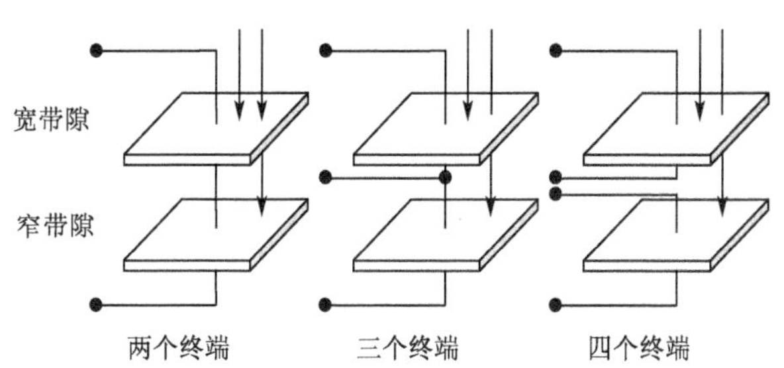

图 10.16　叠层电池的输出方式

多能隙电池组合系统极限效率的计算可建立在单结电池的 S-Q 细致平衡理论基础之上。设太阳光谱完全地被每个子电池分别利用,各子电池独立输出(如两个电池的四端输出),电池组合系统总功率输出是各子电池效率的叠加。这种计算较直接,已成功地计算了从有限数量电池组合到无穷个电池组成的叠层电池系统的最大效率。Henry[39]计算了在 $T_s=6000$K,$T_a=300$K 条件下具有 1,2,3 和 36 个电池组系统,它们的最大效率分别为 37%,50%,56%和 72%。在无穷多个电池情况下,计算光谱分离模式电池组合系统的效率,把入射到电池的光看成是单色光,设各子电池(如第 i 个)有独立的单色光的转换效率 $\eta_i(E)$,对无穷多个电池组合系统的效率为

$$\eta = \frac{\int_0^\infty \eta_i(E) M(E) \mathrm{d}E}{\int_0^\infty M(E) \mathrm{d}E} \tag{10.39}$$

此处，$M(E)$为太阳辐射能量流谱密度，设 $T_s = 6000\mathrm{K}$，$T_a = 300\mathrm{K}$，在全聚光条件下，极限转换效率为 86.8%[40]。

Brown 和 Green 及 Tobias 和 Luque 分别计算了串联连接叠层电池的转换效率，很有意义地发现，当电池数趋于无穷时，全聚光条件下极限效率与光谱分离模式电池组合系统的极限效率式(10.39)计算结果相同，也是 86.8%[41]。而且与电池之间是否采用反射镜无关。表 10.2 总结了多能带系统不同电池数量叠层电池的极限效率及相应优化的带隙宽度。

表 10.2　不同电池数量的叠层电池优化设计及其极限效率[37]

电池数量	测量条件	优化带隙宽度/eV						转换效率/%
		E_1	E_2	E_3	E_4	E_5	E_6	
1	黑体	1.31						31.0
	聚光	1.11						40.8
2	黑体串联	0.97	1.70					42.5
	聚光串联	0.77	1.55					55.5
3	黑体串联	0.82	1.30	1.95				48.6
	聚光串联	0.61	1.15	1.82				63.2
4	黑体串联	0.72	1.10	1.53	2.14			52.5
	聚光串联	0.51	0.94	1.39	2.02			67.9
5	黑体串联	0.66	0.97	1.30	1.70	2.29		55.1
	聚光串联	0.44	0.81	1.16	1.58	2.18		71.1
6	黑体串联	0.61	0.89	1.16	1.46	1.84	2.41	57.0
	聚光串联	0.38	0.71	1.01	1.33	1.72	2.31	73.4
∞	黑体串联 两个终端							68.2
	聚光串联 两个终端							86.8

叠层电池的概念已成功地应用于不同材料的电池制备。叠层电池的设计和制备需要考虑电流的连续性和电池间的连接。虽然电池数量的增加可提高电池效率，但伴随的是复杂的工艺及成本的增加，如目前广泛研究的 3 个电池的叠层电池，需要～16 层材料的组合，成本昂贵。实验中要选择较容易调节带隙宽度的电

池材料，电池各层材料之间应有好的晶格常数及热胀的匹配。

通常Ⅱ-Ⅵ，Ⅲ-Ⅴ族化合物能较好地满足上述要求。目前Ⅲ-Ⅴ族化合物半导体电池叠层电池的研究已取得了重要的进展，图 10.17 是 GaInP/GaInAs/Ge 三结叠层电池结构示意图，三个电池之间通过隧道结连接。由 Solar Junction 研发的 GaInP/GaAs/GaInAs 三叠层电池，在聚光条件下转换效率达 43.5%(418suns)，为目前各类电池纪录之冠。[18]详细的讨论参见第 4 章。

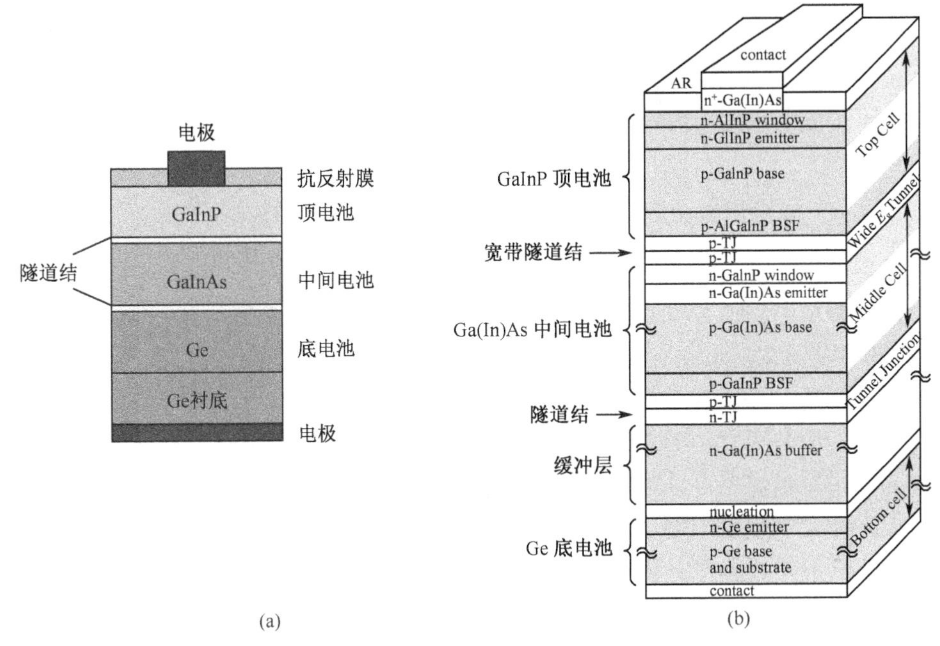

图 10.17　GaInP/GaInAs/Ge 三结叠层电池

(a)结构示意图；(b)电池结构

叠层电池的概念不仅应用于制备昂贵的Ⅲ-Ⅴ族化合物电池，也应用于相对廉价的硅基合金薄膜电池。选择宽带隙的非晶硅薄膜作为顶电池，微晶(纳米晶)硅薄膜或带隙可调的非晶锗硅合金作为中间电池或底电池，通过改变微晶硅薄膜的晶化率或改变锗硅合金中的 Ge 含量，可调节电池材料的能隙宽度。可有多种结构，非晶硅/非晶锗硅/非晶锗硅，非晶硅/微晶硅/微晶锗硅，非晶硅/纳米晶硅/纳米晶硅等。图 10.18(a)为制备在不锈钢衬底上的非晶硅/非晶锗硅/非晶锗硅三叠层电池的典型示例。由于是柔性衬底，重量轻，具有高的功率重量比。图 10.18(b)显示叠层电池的量子效率的光谱分布是三个子电池量子效率谱的叠加，表明大大扩展了光谱响应范围。近期由 LG 公司研发的玻璃衬底上的非晶硅/微晶硅/微晶硅三叠层电池，该 p-i-n 结构的三叠层电池的稳定转换效率已达

13.44%[42]。详细讨论见第 5 章。

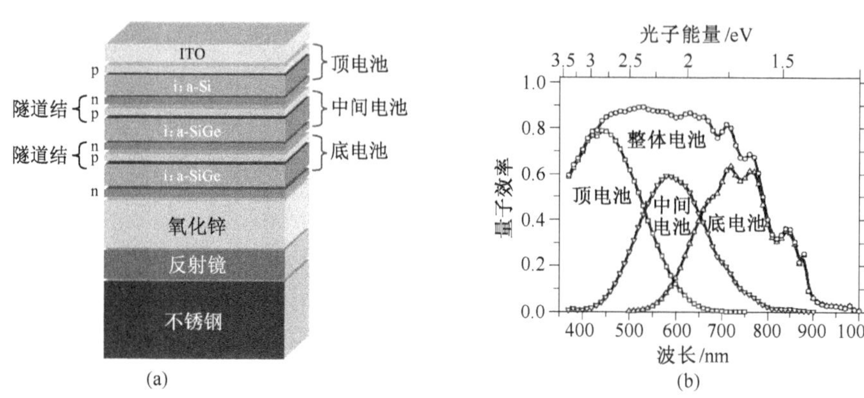

图 10.18　非晶硅基薄膜 NIP 结三叠层结构示意图(a)；
典型的非晶硅基薄膜三叠层电池量子效率曲线(b)

多结叠层电池的关键点是不同带隙宽度的组合，上面介绍的是采用不同材料实现带隙宽度的变化。可设想采用能带工程、用量子阱超晶格结构来实现带隙宽度的调制。量子阱结构中能级是量子化的，当势垒层厚度足够薄，相邻量子阱中量子化能级形成共有化的子能带(sub band)，或称为微带。在每一个超晶格结构中，通过调制阱宽可实现不同的量子限制效应，改变能级分裂的距离，实现导带中微带与价带中微带能量差的调节，形成不同带隙宽度。因此原则上多能带结构可通过多量子阱超晶格来实现。如图 10.19 所示为量子阱超晶格的叠层结构。

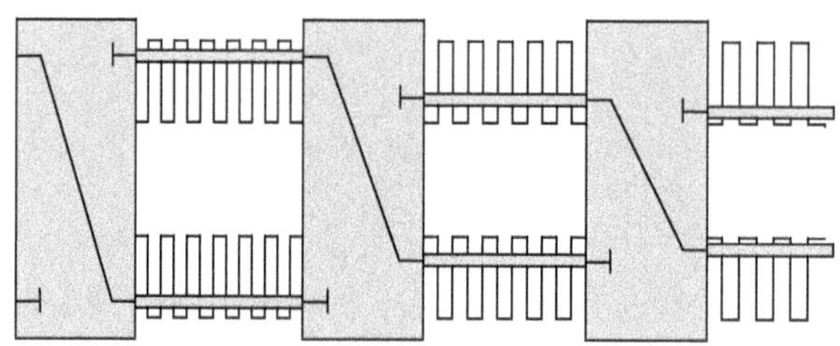

图 10.19　建立在量子阱超晶格概念基础上的叠层电池示意图

实验上可采用不同生长周期的 Si/SiO_2或 Si/SiN 超晶格量子阱结构，如图左边量子阱的周期最短，相应的带隙宽度最大，右边量子阱的周期较长，相应的带隙宽度最小，这种结构有望形成带隙宽度调制的叠层电池。

10.4　热载流子太阳电池

前面分析单结电池提到一种重要的能量损失机制，就是高能量光子激发产生的热载流子的热化损失。光生热载流子在很短的时间内与晶格相互作用，发射声子，失去能量 ΔE_e 和 ΔE_h，热化弛豫到带边，热载流子冷却，如图 10.20 所示。因此不论入射光子能量有多大，由带隙宽度决定的输出电压是一样的。即使能量大于带隙宽度 2 倍甚至 3 倍的入射光子也仅产生一电子空穴对，能量的损失是显而易见的。前面讨论的，采用不同带隙子电池的组合来抽取不同能量的光生载流子、以获得最大的电压输出是减少能量损失的一种方案。另一个新思路是，热载流子直接输出，以充分利用热载流子的能量，获得高的电压输出，这要求热载流子在其冷却之前就被电极收集。实际上这是载流子的热化时间与抽出时间快慢的竞争。因此如果设法加快载流子的抽出，或减缓载流子与声子相互作用的热化过程，热载流子就有可能仍处较高能态时就被抽出，此时电池就可能有较高的开路电压。还有一个可能途径是，较高能量的热载流子与晶格发生碰撞电离，产生量子效率大于 1 的离化结果，有较大的电流输出。为此首先需要了解热载流子的弛豫过程。

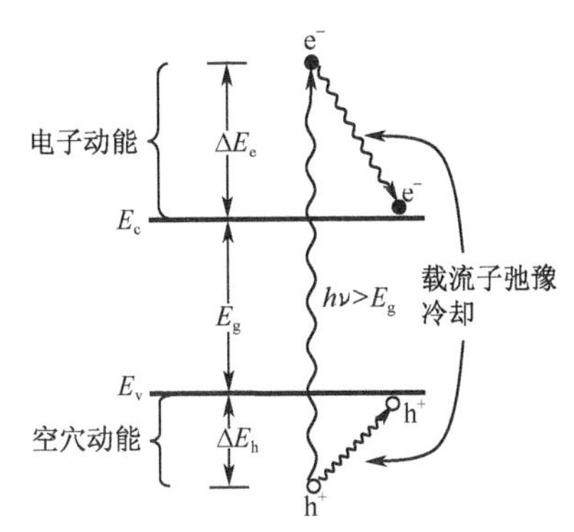

图 10.20　高能量光子激发热载流子的冷却

10.4.1　光生载流子热弛豫过程

光入射到一固体产生非平衡载流子破坏了材料的热平衡，系统处于一个非平衡状态，形成光电导。当光照结束，非平衡载流子复合，系统又回到起始的热平衡状态。对于光生载流子的产生过程及其衰减过程已有大量的研究。这里我们感兴趣的是光生载流子的激发行为，图 10.21 给出了非平衡载流子产生的时间分辨过程。

其中：

(1) $t=0$ 时的热平衡状态，导带与价带边有少量的载流子，载流子分布由玻尔兹曼分布表征。

(2) 光激发的瞬间 $t=0^+$ 时的载流子分布。它应该是热平衡载流子与光生载流子分布的叠加，光生载流子的浓度和分布与入射光的光谱、强度及材料吸收有关，在第 2 章已有讨论。这里主要是了解光生载流子产生后的物理过程，若用强度

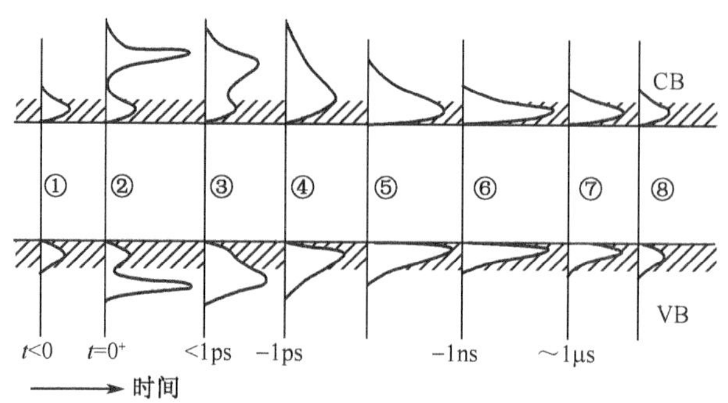

图 10.21　脉冲单色光照下电子和空穴分布随时间的变化[21]

高、能量大于 E_g 的脉冲单色光作为入射光，光生载流子被激发到价带和导带高能态的分布情况如图 10.21 中的第二个峰②所示。价带空穴有效质量比导带电子的有效质量要大，因此导带中电子分布的峰值能量离导带底的距离要比价带空穴峰值能量离价带顶距离要大。

(3) $0<t<1$ps，约经几百飞秒的时间间隔，同一带内的非平衡载流子之间的弹性散射使它们处于一个自平衡态，这一过程中能量没损失。光生载流子的分布也可用玻尔兹曼分布来表征，只是用有效载流子温度 T_H 来代替热平衡温度 T_a。$T_H>T_a$，对应的化学势为 μ_H。通常称这样的载流子为热载流子。原则上描述电子和空穴分布的有效温度应是不同的。

(4) 当 $t\sim1$ps 时，热载流子开始与声子碰撞并发射声子而逐渐损失能量。最初热载流子温度较高，主要发射光学声子，随后以发射能量低的声学声子为主。在这过程中电子与空穴总数量基本不变，只是电子空穴的有效温度逐渐下降(图 10.21③)，开始了电子、声子相互作用下热载流子的热化弛豫过程，在这过程中，高能电子与空穴的分布，分别向导带底和价带顶弛豫(图 10.21④)，一直到光生载流与晶格达到热平衡(图 10.21⑤)。这个过程的完成约为几十皮秒量级。如 GaAs 材料中热载流子的冷却时间为 10～100ps。在这过程中，一部分光子能量转换成热能，系统的熵是增加的。

(5) 随着时间进一步增加，光生载流子的复合过程将成为主要的，复合过程通常发生在光照后纳秒～微秒范围。电子空穴主要以辐射光子的方式复合(理想情况下，非辐射复合忽略不计)，此时电子、空穴的密度将随时间的增加而下降。其宏观表现是光电导的衰退，整个系统逐渐向热平衡过渡。载流子温度与晶格、环境温度趋向一致，费米能级回到热平衡态。

在一个恒定的光照条件下，太阳电池中非平衡载流子进入一个新的稳态。电池的运作包含了光生载流子的三个主要动态过程：一是光生载流子的热化过程(冷却)，二是辐射复合，三是光电流的收集。它们分别对应于热弛豫时间、辐射复合寿命和收集时间，这三个参量之间的关系将影响电池的转换效率。光生载流子分解成的复合流与收集电流之间的关系在常规电池的介绍中已有分析，复合率与收集率之间的竞争决定了电池的输出功率。高效的收集要求载流子寿命长，收集时间比复合寿命要短，载流子在复合前就被收集。这里主要讨论的是处于高能态载流子的热化过程。可以想象，如果热载流子处于高能态时就被直接的收集输出，或高能量的光生载流子通过碰撞电离产生两个以上的电子空穴对，充分利用高出部分的能量，就可有效提高电池的转换效率。前者要求热载流子收集时间比热化过程要短，热载流子在高能态时直接输出，由此提出热载流子太阳电池的概念。后者要求碰撞电离的时间比热化过程要短，热载流子通过碰撞电离产生多个电子空穴对或激子，释放能量再回到导带底，由此提出碰撞电离太阳电池或多激子产生太阳电池的概念。

本节主要讨论热载流子太阳电池的概念，其基本思想是降低载流子的热化速率或冷却速率，热载流子在冷却之前无熵变化地被收集以及输出到外电路。解决的方法从两方面入手，一是降低热载流子的冷却速率，也就是冷却时间要大于载流子的抽出时间。二是选用高迁移率的材料及减少载流子抽出距离，可减少热载流子抽出时间。在材料和结构上考虑如何增加热载流子的热化时间，是实现热载流子太阳电池的关键。

10.4.2　热载流子太阳电池的理论效率极限

理想条件下热载流子太阳电池极限效率的分析，仍采用前面的主要假设，即只有能量大于 E_g 的光子被吸收；一个光子产生一电子空穴对；光生载流子不与晶格相互作用，没有热化过程引起的能量损失；辐射复合是电池的唯一的复合机制或是能量损失机制等。Ross 和 Nozik[43] 首先提出热载流子太阳电池的概念，并分析了该电池的极限效率，计算中分别用准费米能级描述电子、空穴的能量分布，提出电子、空穴在不同的能量处输出。

之后 Wurfel[44] 结合碰撞电离过程对热载流子电池的极限效率进行了讨论。这里主要介绍 Wurfel 的分析途径与结果。图 10.21 中过程③是通过各种相互作用使非平衡载流子趋向新的平衡过程。这相互作用包括了载流子之间的散射作用、碰撞电离和它的逆过程——俄歇复合。用有效温度 T_H 来表征此状态下热载流子的新平衡分布。需要指出的是，以下讨论是建立在载流子与晶格是绝热的假设条件下的，亦即电子和声子之间无互作用，没有能量交换；另外要求载流子之间散射率、碰撞电离率和俄歇复合率比电子-空穴对的辐射复合率大许多，以保证电池从太阳吸收的能量保持在电子-空穴系统内。先讨论与热载流子电池有关的载流子间的散射问题，下一节再详细讨论碰撞电离和俄歇复合过程。

首先讨论由于热载流子之间的散射，建立起非平衡载流子新平衡的描述。考虑吉布斯(Gibbs)自由能 F 及在稳态条件下 Gibbs 自由能最小要求，则有

$$F=\sum_i \mu'_i \mathrm{d}n_i \tag{10.40}$$

$$\mathrm{d}F=\sum_i \mu'_i \mathrm{d}n_i=\mathrm{d}n_{e1}\mu'_{e1}+\mathrm{d}n_{e2}\mu'_{e2}+\mathrm{d}n'_{e3}\mu'_{e3}+\mathrm{d}n_{e4}\mu'_{e4}+\cdots=0 \tag{10.41}$$

这里，μ'_i为第 i 类粒子的电化学势，$\mathrm{d}n_i$ 为其粒子数。设具体的粒子为电子(空穴)，具有能量为 ε_{e1}，ε_{e2}的电子分别处于状态 1 和 2，被散射后电子处于状态 3 和 4，能量分别为 ε_{e3}，ε_{e4}，即 $e_1+e_2\rightarrow e_3+e_4$，这里 $\mathrm{d}n_{ei}$ 为状态i的电子数，μ'_{ei}为电子 i 的电化学势(费米能级)。对载流子 $\mathrm{d}n_i=1$ 满足

$$\mu'_{e1}+\mu'_{e2}=\mu'_{e3}+\mu'_{e4} \tag{10.42}$$

作为弹性散射 $\varepsilon_{e1}+\varepsilon_{e2}=\varepsilon_{e3}+\varepsilon_{e4}$。电子的电化学势是电子能量的线性函数，可表示成

$$\mu'_{ei}-\mu'_{e0}=\alpha_e\varepsilon_{ei},\quad \mu'_{h'i}-\mu'_{h0}=\alpha_h\varepsilon_{hi} \tag{10.43}$$

式(10.43)给出了电子和空穴电化学势与其能量的关系。原则上系数 $\alpha_e\neq\alpha_h$。若设 $\alpha_e=\alpha_h=\alpha$，且 $\alpha=0$，则 $\mu'_i=\mu'_0$，μ'_0为载流子处于热平衡时的电化学势。因不考虑载流子与声子的相互作用，光照条件下电子(空穴)的分布仅与光子的入射能量 ε_e 有关，电子的准费米分布函数为

$$f=\frac{1}{e^{(\varepsilon_e-\mu'_e)/k_BT_a}+1} \tag{10.44}$$

式(10.44)表明，电子在导带的分布可用晶格温度 T_a及与能量有关的电化学势μ'_e来描述。将式(10.43)代入上式得

$$f=\frac{1}{e^{[(\varepsilon_e(1-\alpha)-\mu'_{e0})/k_BT_a]}+1}=\frac{1}{e^{[(\varepsilon_e-\mu_{eH})/k_BT_H]}+1} \tag{10.45}$$

$$T_H=T_a/(1-\alpha),\quad \mu_{eH}=\mu'_{e0}/(1-\alpha) \tag{10.46}$$

式(10.45)表明，热电子在导带的分布函数可用由式(10.46)确定的有效温度 T_H及电化学势 μ_{eH}来描述。同理，热空穴在价带的分布函数由有效温度 T_H及电化学势μ_{hH}来表述。设导带和价带的载流子处于同一个平衡温度 T_H，热载流子有效温度 $T_H>T_a$。结合式(10.43)，给出电子-空穴对化学势与能量的关系

$$\Delta\mu=\mu_{eh}=\mu'_e+\mu'_h=(\mu'_{e0}+\mu'_{h0})+\alpha(\varepsilon_e+\varepsilon_h) \tag{10.47}$$

如果用入射光子能量 $E=E_g+\varepsilon_e+\varepsilon_h$来表示，其中 ε_e及 ε_h分别代表电子和空穴离导带底和价带顶的距离。

$$\begin{gathered}\Delta\mu=\mu_0+\alpha E\\ \mu_0=\mu'_{e0}+\mu'_{h0}-\alpha E_g\end{gathered} \tag{10.48}$$

式(10.48)描述了载流子散射后，形成非热平衡载流子稳态的电化学势。表明电化学势的增加。

实现热载流子电池运作的另一个重要问题是如何实现热载流子的直接输出。电流总是要通过接触电极引出到外电路的，具有有效温度为 T_H 的热载流子，若与通常的温度为 T_a 电极接触，就必须要考虑在电极中热载流子与声子的相互作用，随即发生的是热载流子在电极中的热化、使热载流子温度从 T_H 冷却到 T_a，伴随的是熵的增加，熵转移到晶格这个热沉系统，能量就损失了。也就是，化学势下降，失去了高电压输出的性能。为此，须防止热载流子由电极引出的能量损失，希望热载流子输出是个等熵的过程。Wurfel[44] 提出了实现等熵输出的电极结构。将光电转换器(称吸收器)的两端分别用一个能隙宽度大，但其导带及价带的带宽均很窄的半导体作为电极引出材料，要求带宽 $\mathrm{d}E \ll kT_a$，T_a 为环境温度。在这么窄的带中，载流子的能量基本相等，即使载流子间有散射，载流子分布基本不变。这是一个具有恒定浓度、恒定能量、恒定熵的可逆系统，因此载流子在输运过程中没有能量损失。通过这等熵输出的电极结构，保持高的化学势，再输出到外电极。

图 10.22 画出具有等熵输出电极的热载流子电池结构的能带示意图。中间的吸收器吸收光子产生热载流子，热载流子提高了吸收器中电子与空穴的电化学势。吸收器右侧，处于高能态的热电子通过一导带宽度很窄的能量中心为 E_e 的半导体等熵输出；吸收器左侧，处于高能态的热空穴通过一价带宽度很窄的能量中心为 E_h 的半导体等熵输出，称这种接触为能量选择性接触(energy selective contacts, ESCs)。这种半导体接触电极将吸收器与冷的金属电极隔离，避免能量的损失，有高的开路电压。

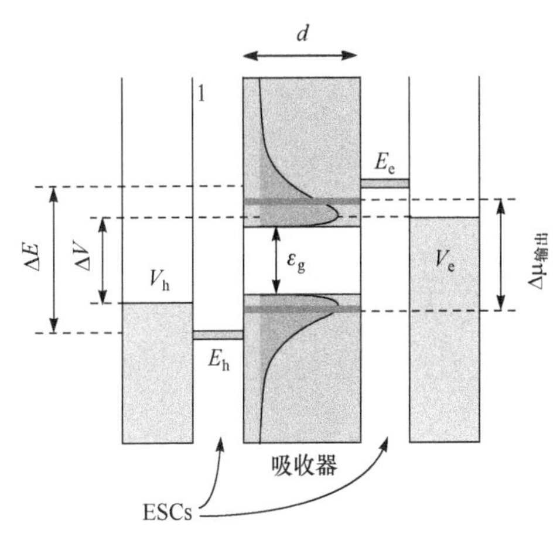

图 10.22　热载流子电池结构示意图[45]

有了通过理想的能量选择接触实现等熵输出，就可讨论与输出电压相关的化学势。根据式(10.46)和式(10.48)可推导出

$$\mu_e = \varepsilon_e\left(1-\frac{T_a}{T_H}\right)+\mu_{eH}\frac{T_a}{T_H} \tag{10.49}$$

$$\mu_h = \varepsilon_h\left(1-\frac{T_a}{T_H}\right)+\mu_{hH}\frac{T_a}{T_H} \tag{10.50}$$

这里，ε_e 及 ε_h 分别代表电子和空穴离导带底和价带顶的距离。总的化学势

$$\Delta\mu = \mu_e+\mu_h = \varepsilon\left(1-\frac{T_a}{T_H}\right)+\mu_H\frac{T_a}{T_H} \tag{10.51}$$

式中，$\varepsilon=\varepsilon_e+\varepsilon_h$，$\mu_H=\mu_{eH}+\mu_{hH}$。电子与空穴分别从理想的能量接触输出，输出载流子的化学势为

$$\mu_{输出}=\Delta E\left(1-\frac{T_a}{T_H}\right)+\mu_H\frac{T_a}{T_H} \tag{10.52}$$

其中，$\Delta E=\mu_e+\mu_h+E_g$ 是电子与空穴选择性电接触的能量差。从式(10.52)及输出电压 $V=\mu_{输出}/q$ 看出，高的 T_H 使 $\mu_{输出}$ 增加，对提高系统的电化学势的影响是直接的。当 $T_H=T_a$，电化学势，输出电压与通常 pn 结的输出相同。$T_H>T_a$，输出电压接近 ΔE。

采用与前面相似的处理，讨论聚光条件下对电池电流有贡献的粒子流密度，如式(10.53)所示，其中第 1 项代表从太阳吸收的粒子流，第 2 项为电池的辐射流，第 3 项为环境对电池的辐射流

$$J(V)=q\{Xf_sN(E_g,\infty,T_s,0)-N(E_g,\infty,T_H,\mu_H)+(1-Xf_s)N(E_g,\infty,T_a,0)\} \tag{10.53}$$

式中，X 为聚光因子。在全聚光条件下 $Xf_s=1$，式(10.53)中环境对电池的辐射流为零，略去数学描述过程，给出由 Wurfel 计算的结果，如图 10.23 曲线(a)所示。在 AM0 条件下，电池效率极值为～52%(曲线(b))，对应的带隙宽度为～0.8eV。

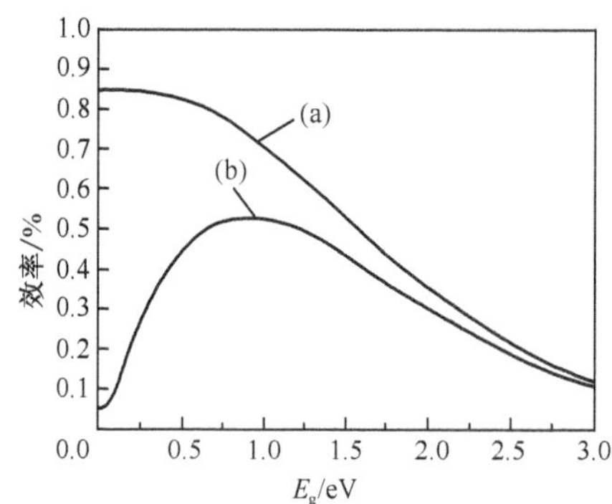

图 10.23 热载流子电池极限效率随能隙宽度的变化

(a)全聚光条件；(b)未聚光 AM0 条件[44]

由于充分利用了热载流子的贡献，总的功率转换效率要比 S-Q 的结果高。我们注意到当 $E_G\to 0$ 时，无论是否聚焦，电池功率转换效率不为零。这是因为，对于 $E_G\to 0$ 的“半导体”不再是半导体，而是接近于一个黑体，入射的能量流密度与吸收的能量流密度相等，效率可表示成

$$\eta=\left(1-\frac{\pi T_H^4}{f_sT_s^4}\right)\left(1-\frac{T_a}{T_H}\right) \tag{10.54}$$

对于非聚焦的情况，取 $T_s=5762\text{K}$，$T_H=348\text{K}$，对应的效率为 53%。在最大聚焦条件下(46 000suns) $f_s=\pi$，T_H 为 2470K，得到最大电池效率为～85%(曲线(a))。

10.4.3 热载流子太阳电池的研究进展

目前热载流子太阳电池(hot carrier solar cells，HCSC)的进展主要是结合一些实际条件计算的理论效率，材料选择与性能的理论预示及实验这几方面展开的。

上述对理想条件下 HCSC 极限效率的计算,要求一个理想能带结构的吸收器与能量选择接触,忽略了某些基本过程。因此需要结合一些实际的条件来计算 HCSC 理论效率。如在采用粒子数守恒原理的计算中,吸收光子流等于电流的输出及电池的光发射。回看图 10.23,与 HCSC 效率极值对应的材料,其带宽是小于等于 1eV,带隙较窄。在第 2 章中提及,Auger 复合概率是比例于载流子浓度的三次方,在窄带隙Ⅲ-Ⅴ族材料中载流子浓度高,容易发生 Auger 复合,特别是,当电子空穴对的热能量与吸收器的带隙可比拟时,碰撞电离和俄歇复合不可忽略[46],这是一个本征的过程。Auger 复合是不满足粒子数守恒的,在前面介绍计算中没有考虑。其结果是前面的计算高估了热载流子太阳电池的极限效率。因此有各种新理论框架的报道。其中有进一步考虑载流子的非辐射复合与产生[47],设定在吸收器及理想的 SEC 中载流子的热化率[48]和接触的热损失[49]等,理论预计的结果 HCSC 的转换效率是～50%。Aliberti 等[50]应用一种新的杂化(hybrid)模型,同时考虑粒子数平衡和能量平衡,计算了一个较接近实际情况的 HCSC 的效率极限,其中,采用纤锌矿结构的 InN 作为吸收器(理想的黑体),结合其吸收特性、声子色散关系、能带结构与 100ps 的热化时间。假设载流子的抽出是通过理想的能量选择接触。计算中也考虑了碰撞电离和俄歇复合的影响,得到了电池最高转换效率为 43.6%(1000 suns)。这个值大大低于前面计算的结果。Feng 等[51]则更进而考虑了较实际的非理想的 ESCs 输出结构,计算出最大的效率为 39.6%。结合具体的实例:以 InN 为吸收器,$In_xGa_{1-x}N$/InN/ $In_xGa_{1-x}N$ 双势垒的共振量子阱为 ESCs,最高的理论转换效率为 37.1%。

根据前面的分析,理想的热载流子太阳电池不必要形成 pn 结构,如图 10.22 所示。热载流子太阳电池是由两部分组成。一是吸收光并产生热载流子的吸收器。要产生高的效率,热载流子的产生、分离、输运及收集的时间必须小于它的热化时间(或冷却时间),以保证载流子是处在“热”的状态下完成被收集的效果。现有的太阳电池电流收集时间远大于热载流子的冷却时间,不能满足上述要求。因此尽量减少热载流子与晶格的相互作用,降低热载流子的冷却速率,减少吸收器向大气的热流发射是基本的。实现高效热载流子电池的另一个要点是防止热载流子与外电极的直接接触。如前面所述,在高能量处,必须采用能带宽度窄的可快速抽出载流子的能量选择性接触(ESCs),实现电输出过程中熵变化的极小化[52]。

1. 吸收器

前面提到处于高能量的光生载流子在很短时间内与声子非弹性散射,通过发射声子的途径传递能量给晶格,最后冷却弛豫到导带底与价带顶,过程中电、声子相互作用满足能量与动量守恒。因此实现热载流子电池的关键之一是,热载流子热化时间要长,使热载流子处于高温状态时被抽出。要实现材料低的热载流子冷却速率，需要深入了解载流子的热化机制。

首先，回顾图 10.21 中热载流子的热化过程，产生的热载流子中电子具有高的能量，即ε_e较大，而空穴由于有效质量较大，动量大但能量小，ε_h较小，讨论中以电子为例，空穴有相似的分析。在导带与价带中，在几十飞秒的时间内，非平衡载流子之间的弹性散射建立起有效温度为 T_H的非平衡热载流子稳态分布。随即在小于1ps，热载流子与光学声子的散射，发射光学声子，建立起一个非平衡的“热”光学声子群（“hot”population of optical phonons）。光学声子（几十毫电子伏）通过 Klemens 机制衰减[53]，Klemens 机制是指一个光学声子衰减成两个能量相等、（光学声子能量的一半）动量相等，但方向相反的纵声学声子（LA）。从声学声子的色散关系可知，在布里渊区中心的声学声子的能量是小的，但具有较大的群速度，因此声学声子很快把能量交给了晶格。最后，热载流子回落到带边。由此可见，热载流子的冷却“通道”是：电、声子散射，热载流子发射纵光学声子，光学声子通过 Klemens 机制衰减，成为多个低能量的声学声子，最终加热晶格。如果抑制或阻塞光学声子通过 Klemens 散射向声学声子衰减能量的通道，热载流子冷却速率将有可能减慢。

在极性材料如Ⅲ-Ⅴ族化合物材料中，电、声子相互作用是 Fröhlich 相互作用（极化子与声子的散射），从纵光学声子（LO）的色散关系可知，在布里渊区中心的光学声子的群速度是很小的，它们基本不离开激发的区域，热载流子发射的热光学声子数量将增加，超出平衡态，形成一个光学声子的非平衡“热群”（hot population）。在这样的电子、声子耦合系统中，一方面热载流子发射热光学声子，同时热光学声子也反馈能量给载流子，能量保持在这电、声子耦合系统中，直到通过 Klemens 衰减，光学声子发射声学声子，声学声子具有的群速度相当于声速，因此能量得以传递，这样热载流子的冷却速率可降下来[54]。因此，选择适当的材料来抑制 Klemens 过程，该过程要求一个光学声 $LO^- > 2LA$，因此材料的声子谱应具有这样的特点：光学声子带与声学声子带之间有一个宽的带隙。如该带隙大于最大声学声子的能量 E_{TAM}，光学声子的 Klemens 衰减可抑制，光学声子难于衰减，形成所谓声子瓶颈效应（phonon bottleneck）。非平衡的“热”光学声子群与载流子间的能量反馈，热载流子可以“保温“或其冷却时间将减慢。需要注意的另一个机制是，在布里渊区中心的纵光学声子可能发射一个纵声学声子（LA）并衰减为一个横光学声子（TO）的理德利（Ridley）机制[55－56]，虽然该机制对热载流子能量的衰减弱于 Klemens 过程，但材料选择时仍需要考虑该因素。

对一个好的热载流子吸收器材料，除了有较丰富的资源，环境友好外，其性能的基本要求总结如下。

(1) 从吸收性质来看，希望有宽的吸收光谱。从图 10.23 看，对未聚光的电池，转换效率极大值是在 E_g 为～0.8eV。随聚光强度的增加，极值效率对应的能隙宽度减小。因此材料的能隙宽度小一些为好[57]。

(2) 从电学性质要求：①材料有好的重整化率，即强的载流子间的散射作用，热载流子可在短的时间内达到平衡，这在无机半导体中(～100fs)是容易满足的，但在有机半导体及有势垒的纳米结构材料中是不易满足的。②材料有内部的电子势垒，降低热载流子的扩散，使非平衡载流子保持在一定的区域内[58]。③为使材料有足够的热载流子输出，希导带、价带中热载流子对应的电子、空穴的态密度高，可提供高的电流输出。同时吸收器材料有好的导电性，为热载流子提供了输运到电极的低阻通道[57]。

(3) 有一个适当的声子带结构。希望材料的光学声子带与声学声子带之间有大带隙，即($E_{LO(min)}-E_{LA}$)要大，这里下标 LO，LA 分别代表纵光学声子与纵声学声子，$E_{LO(min)}$，E_{LA}为纵光学声子能量极小值与纵声学声子能量的极大值。声子带隙要大于最大的声学声子能量，形成宽的声子带隙可抑制光学声子的 Klemens 衰减，有强的声子瓶颈效应。从这点出发，材料的组成元素的质量差别要大(或大的力学常数差)[56-59]。

(4) 光学声子的 Klemens 衰减实际是不可避免的，材料若有小的 LO 光学声子能量 $E_{LO(min)}$，可降低发射每个光学声子的能量损失。但宽的声子带隙与小的 LO 光学声子能量很难并存，因此将小的 E_{LO}作为材料的基本要求是困难的。

(5) 窄的光学声子带宽，即($E_{LO}-E_{LO(min)}$)要小[56]，这有利于降低理德利(Ridley)机制发射声学声子的能量损失。

(6) 高质量、低缺陷的材料。如果材料有理想的声子带结构，理论上说可以阻止 Klemens 衰减。但若材料中存在缺陷或杂质，将提供能量衰减的其他通道。

基于以上考虑，保持声子的非平衡“热群”，具有强的声子瓶颈效应，是应用于热载流子电池吸收器材料的必要条件。这类材料可以是本征的，也可以考虑到布拉格(Bragg)反射，设计具有理想的声子色散关系的纳米结构材料。目前应用于热载流子电池吸收器材料的研究有两类，一是体材料，另一类是量子阱材料。

体材料：理论计算了 GaN，InN 和 InP 等体材料的电学，特别是声子结构，这类材料的阴离子及阳离子质量差别大，计算结果表明，这类化合物材料都具有宽的声子带隙[58-60]，实验中也观察到了在 InN 及 InP 中热载流子冷却速率的降低。其中 InN 是带隙宽度为 0.7eV 的直接带隙材料，理论上可作为理想热载流子吸收器的典型材料，但实际应用中仍有相当的差距[61]。可能的问题是，材料的光学声子的能量 E_{LO}不够小，特别是材料生长不稳定，制备高质量的 InN 存在困难，实际材料中的缺陷或杂质可能成为光学声子衰减的另一个通道[56]。具有宽声子带隙，低热载流子冷却速率的体材料仍有待探索。

多量子阱结构(MQW)是用于研究 HCSC 吸收器的另一种材料[62,63]。Roesenwaks 等[54,62]分析和比较了 GaAs 体材料与 $GaAs/Al_xGa_{1-x}As$ MQW 的时间分辨的光致发光光谱，图 10.24 给出了在不同光强下这两种材料的热载流子能量

损失特征时间常数 τ_{av} 与电子温度的关系。首先看到，在量子阱中热载流子能量损失特征弛豫时间常数 τ_{av} 比在 GaAs 体材料中要长。同时看到，特征时间常数随光强度的增加而增加。特别在高光强照射下，材料结构对 τ_{av} 的影响更为明显。图 10.24(b)给出，光照强度增加 5 倍，$GaAs/Al_xGa_{1-x}As$ 的 τ_{av} 比 GaAs 的 τ_{av} 值增加一个半量级。τ_{av} 随光强度的关系可理解为：高的光强在提高热载流子浓度的同时，电、声相互作用使热光学声子数也增加，量子阱中热载流子的扩散受到界面的限制，有利于形成光学声子的非平衡“热群”，热声子的持续存在，则呈现强的声子瓶颈效应[53,54]，抑制热光学声子的衰减。这实验结果也由 Guillemoles 等计算所证实。但需要注意的是，实验结果是在 $1\times10^{18}\,cm^{-3}$ 极高的光强下获得的，该光强比照射到地面的太阳光强度高约 4 个量级，因此在实际应用方面有困难。

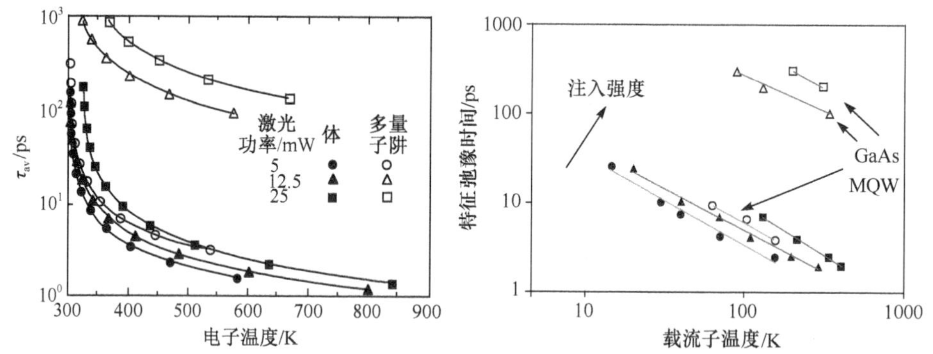

图 10.24 不同光强强度条件下，GaAs(实心符号)和 $GaAs/Al_xGa_{1-x}As$(空心符号)冷却时间常数随载流子温度的变化[62](a)；特征弛豫时间常数与热载流子温度的关系(b)[64]，激光功率分别为 $2\times10^{18}\,cm^{-3}$(●,○)，$5\times10^{18}\,cm^{-3}$(▲,△)，$1\times10^{19}\,cm^{-3}$(■,□)

对于量子阱中热载流子冷却速率降低的机理尚不清楚。初步的解释是：在体材料中热载流子随着时间向外扩散，热载流子空间浓度随时间降低。而在量子阱中，热载流子的扩散受到量子阱空间的限制。因此容易保持非平衡“热光子群”，故衰减速率降低。其次，在阱和势垒区中的光学声子，在能量上没有或很少有交叠，结果是在阱区热载流子发射的 LO 声子受到势垒与势阱界面的反射而留在阱区，有利于声子瓶颈效应。还有一个可能是，在量子阱间有一个相干的空间，可建立起声子模的 Bragg 反射，阻塞垂直于阱的一定的声子能量，形成一个声子的带隙，从而抑制光学声子的衰减。这几种机制都可能存在。Conibeer[58] 提出了另一种多纳米阱结构来增强声子瓶颈效应，认为多纳米阱不需有量子化能级，但必须有大的声子带隙。纳米阱与薄的势垒须有带阶来阻挡热载流子的扩散。提出通过防止热载流子扩散，建立相干反射及阻塞一定的折叠声子模来增强声子瓶颈，降低载流子冷却速率。然而对低维材料中热载流子衰减机制尚待深入研究。

2. 能量选择接触

电流的输出，除了在器件结构上要求短的收集距离以降低其渡越时间外，能量选择接触(ESC)是热载流子太阳电池另一个关键部分。前面已述，热载流子能量选择接触的基本概念是，载流子在能量很窄的($\ll kT$)通道中被抽出，以减少熵的变化，获得高电压的输出。目前对能量选择接触研究主要是对 ESC 的结构设计研究，计算结构参数对 HCSC 转换效率的影响。

电子通过双势垒共振隧穿的概念是早由 Tsu 及 Esaki 提出的，如图 10.25 所示。电子先通过第一个薄的势垒隧穿到阱中能量相应的束缚态，这电子态可以是阱层的量子化能级或杂质能级，在势阱中这束缚态上的电子将失去与发射极电子的相干关系，然后再通过第二个势垒，共振隧穿到收集极，即电子的隧穿几率在某一能量附近出现峰值。因此它的伏安特性呈现负阻效应。双势垒结构可以是量子点或是量子阱。

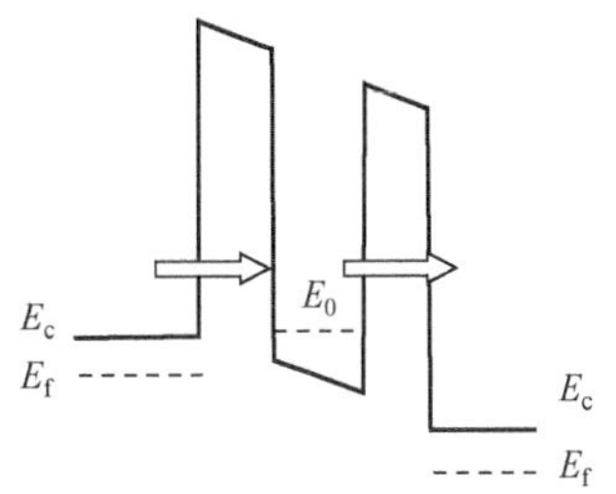

图 10.25　双势垒共振隧穿示意图

双势垒结构可作为能量选择接触，它是通过阱层中的量子化能级实现的。能量选择接触与吸收器相链接，电子 ESC 与吸收器的导带相连，空穴的 ESC 与吸收器的价带相连，当吸收器一边电子与空穴的准费米能级与双势垒中相应的电子态一致时，ESCs 将呈现一峰值电导。这是一个理想的无熵损失的能量选择接触。对于如图 10.22 所示的太阳电池结构，在光照下，太阳电池输出电流密度是与吸收器的能带结构，涉及电子、空穴的态密度与载流子群速度，吸收器电子、空穴的分布，载流子通过能量选择接触的透射几率 P_{eh}等有关。因此 ESC 与吸收器的链接需要考虑若干因素，如电子与空穴的 ESCs 处在什么能量位置可有大的输出，它涉及与吸收器相链接的电子态密度。理想情况下 ESC 应是一个能级，但实际上 ESC 不可能是没有宽度的，ESC 的宽度 δE 犹如载流子的抽出窗口，直接影响载流子的透射几率。因此需要了解这些参数对电池效率的影响。

前面已有理想的 ESCs 对太阳电池效率的结果。这里介绍的是结合实际 ESC 参数对 HCSC 效率的影响[65-66]。ESCs 的结构参数主要是：抽出窗口宽度 δE，ESC 的能量位置 ΔE。这里吸收器的材料是 InN，ESCs 是量子阱 $In_xGa_{1-x}N/InN/In_xGa_{1-x}N$ 双势垒结构。图 10.26 给出了不同抽出窗口 δE 下，电池转换效率随 ΔE 的变化。它反映了 ESCs 结构参数对效率的影响。首先看 $\delta E=0.02eV$，这是接近于理想的条件($<kT$)。对于抽出能量为 $\Delta E=1.2eV$，电池的转换效率是随 δE 的增加而降低。这是容易理解的，随抽出窗口的加宽，热流损失加大，效率降低。

对于固定 $\delta E=0.02eV$，转换效率随 ΔE 的增大是快速下降的。这是由于，ΔE

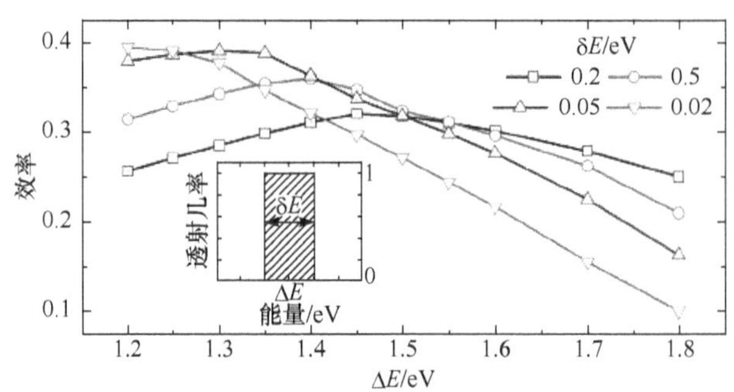

图 10.26　不同的抽出窗口 δE 条件下，电池转换效率随 ΔE 的变化。光强为 1000suns[65]

的增大对应载流子抽出能量位置向高能方向移动，吸收窗口对应吸收器的较高的能态，高能态上载流子数降低，抽出的电流降低。虽然根据式(10.52)，大的 ΔE 可提高电池的输出电压，但综合的结果是效率降低。大的抽出窗口，如 $\delta E=0.2\text{eV}$，由于大的 δE，即使在合适的抽出能量(如 $\Delta E=1.2\text{eV}$)，在 ESC 中的热损失仍较大，呈现最低的转换效率。随后，随 ΔE 的增加效率也提高，这是与输出电压的增加有关的。注意到在～1.5eV 出现一个极值。虽然输出电压随 ΔE 增大而提高，但由于抽出窗口向高能移动，在高能处载流子分布降低，输出电流明显的减少，结果电池效率随 ΔE 逐渐下降。观察处在高能位置的 ESC($\Delta E=1.8\text{eV}$)的情况，转换效率随抽出窗口 δE 的增加而增大。当 δE 很小时，虽其熵损失很小，但通行的载流子数也少，导致低的效率。而大的抽出窗口 δE，在熵损失增加的同时也提高了电池的输出电流的贡献，结果表明有较高的效率。这反映了与抽出窗口宽度相关的热损失与载流子流通量之间的竞争。纵观不同的 δE，效率随 ΔE 变化出现不同的极值，极值的位置是载流子抽出与相应输出电压的综合结果。

周期排列的量子点镶嵌在作为势垒的介质材料中，量子点作为阱层，热电子或热空穴就可通过量子化能级共振隧穿输出，是实验上可能实现的能量选择性接触。这方面的研究已有不少报道[67,68]

10.5　量子点太阳电池中的多激子产生

10.5.1　碰撞电离基本概念

前面介绍热载流子在高能量处直接抽出，提高开路电压从而提高电池转换效率。另一个思路就是高能量的热载流子与晶格碰撞电离，产生光子量子效率大于 1 的离化结果，提高输出电流来提高电池效率。

碰撞电离是热载流子能提供高转换效率的另一物理过程。与我们熟悉的，在外电场作用下碰撞电离引起的载流子倍增效应不同，热载流子碰撞电离是指光激发的高能载流子碰撞晶格原子使其离化产生第二个电子空穴对，增加光生载流子密度，提高电池的电流输出。光激载流子倍增现象在 Si，Ge，InSb 等 pn 结中已观察到[69-71]，但对它的研究和了解还较少。Deb 和 Saha 在 1972 年提出高能量光子的量子效率可能大于 1 的设想[72]。之后 1993 年 Landsberg 等和 Kolodinski 等[73,74]又重新提出，认为如果一个入射光子的能量大于 mE_g($m>2$)，原则上可能产生 $m>1$ 的电子空穴对，产生载流子的倍增效应。

碰撞电离是俄歇复合的逆过程。如第 2 章中讨论到的，俄歇复合是半导体中的基本复合过程之一，是指电子空穴对复合过程中释放出的能量交给第二个电子、使其被激发到较高的能态(图 2.19)。俄歇复合的逆过程，碰撞电离是指处于高能态的一个电子激发出第二个电子空穴对，而该高能电子释放出能量后回落到较低的能态，图 10.27 演示了这样的过程。吸收一个光子后产生第一个电子-空穴对(电子 1，空穴 1)，处于高能态的能量为 E_{e1}、动量为 K_{e1} 的电子 1 与晶格碰撞电离产生第二个能量为 E_{e2}、动量为 K_{e2} 的电子 2 与能量为 E_{h2}、动量为 K_{h2} 的空穴 2 的电子-空穴对。

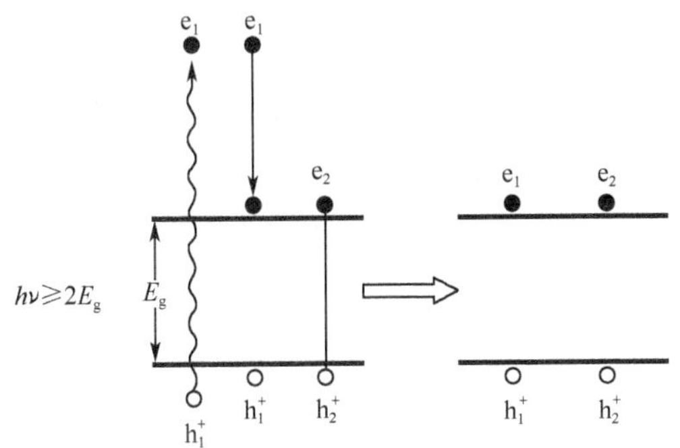

图 10.27　吸收一个光子产生第一个(e_1/h_1)，高能电子与晶格碰撞电离产生第二个(e_2/h_2)，电子 e_1 弛豫到带底，实现量子效率大于 1

那个参与碰撞的电子 1 的能量与动量分别降为 E'_{e1} 和 K'_{e1}，这个过程要求能量及动量守恒

$$E_{e1}=E_{e2}+E_{h2}+E'_{e1} \tag{10.55}$$

$$K_{e1}=K_{e2}+K_{h2}+K'_{e1} \tag{10.56}$$

满足上述方程要求的碰撞电离，就有可能使光子的量子效率大于 1。

10.5.2　碰撞电离太阳电池极限效率

基于上述光子量子效率有可能大于 1 的分析，讨论以碰撞电离载流子倍增为主要机理的太阳电池极限效率。分析中，除了有与前面极限效率计算相同的假设外，还必须了解碰撞电离电池运作中所包含的动力学过程：电子空穴对的倍增率、热载流子的冷却率、电子的输运及俄歇复合率、载流子的收集率等及其这些速率之间的关系。实现载流子的倍增，最重要的是，要求这些过程中碰撞电离产生电子空穴对的倍增速率远大于热载流子的冷却速率、热电子的转移率和俄歇复合率，使热载流子在冷却前完成碰撞电离。也要求冷电子的输运速率大于电池的辐射复合率和俄歇复合率，实现电流的高输出。该动力学关系是产生电子-空穴对倍增的条件。

前面已介绍了 Würfel 等[44,47]建立在热载流子太阳电池效率的计算，在认识和分析碰撞电离太阳电池时，假设热载流子与晶格是绝热的，讨论电子与空穴在满足能量和动量守恒条件下的相互作用，电子与空穴通过碰撞电离与俄歇复合的相互作用，将改变光生载流子的数量与能量，该过程同时满足能量和动量守恒。经过复合、碰撞过程，电子-空穴对处于碰撞电离与俄歇复合的平衡态。

图 10.28 给出了 M. Green[21]与 Würfel 关于碰撞电离太阳电池极限效率随能隙宽度变化的计算结果。Würfel 的结果在前面已示。由于计算方法的不同，两个结果有些差异，但基本的结果是相似的。该图表明，在全聚光及 $T_H = 2470$K 条件下，当 E_g趋于零时，最大效率可达 85.4%。这个结果与全聚焦下的优化的热载流子电池的极限效率一致，相当于热力学卡诺效率，这是由于当 E_g趋于零，碰撞电离作为热载流子能量弛豫的途径之一，目前高能光子碰撞电离的现象尚未在各类太阳电池特性中观察到。这是因为，只有当光子能量是材料带宽的 n 倍，碰撞电离才可能发生，即碰撞电离有个阈值能量。在体半导体中产生碰撞电离所要求的光子能量在紫外光谱区(>3.5eV)，这部分光子能量在太阳光谱中是不丰富的。此外，碰撞电离过程要满足晶体的能量与动量守恒。同时碰撞电离过程是与热电子能量弛豫速度有关的。也就是说碰撞电离的时间常数必须远小于热电子能量弛豫时间常数，才有可能观察到载流子的倍增效应。在晶体 Si 中的碰撞电离实验研究表明，载流子倍增效率是很低的，如能量为 4eV(相当于 3.6E_g)的入射光子，其碰撞电离效率只有 5%，即量子效率为 105%，仅稍大于 1。入射光子能量为 4.8eV(4.4E_g)光子的碰撞电离效率为 25%[75,76]。说明产生载流子倍增的阈值能量高，热载流子冷却速率快。

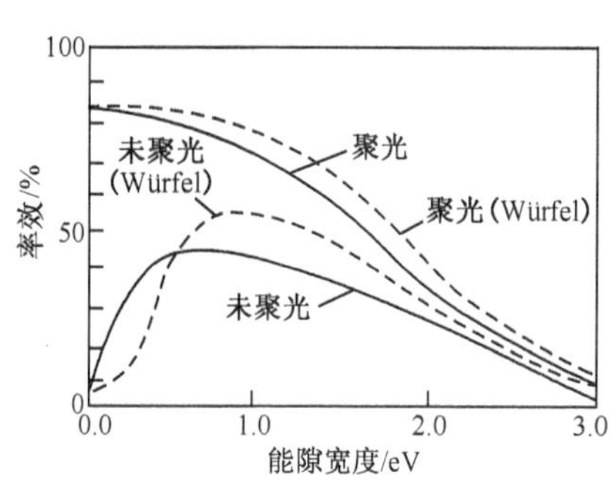

图 10.28　碰撞电离太阳电池的转换效率随 E_g 的变化
实线为 M. Green 的结果[21]，虚线为 Würfel 的结果[47]

10.5.3　量子点中多激子产生

与热载流子太阳电池一样，实现光生载流子的倍增必须要有慢的热载流子冷却速率。前面热载流子太阳电池中已提到低维结构可减慢热电子的冷却速率。为此，讨论在量子点中热载流子倍增效应。首先由于量子点的空间局域性，热光生电子与空穴不是以自由载流子的形式存在，它们之间有库仑作用，是以激子的形式存在，所谓热激子。其次，量子点的三维限制效应，电子态是分裂的量子化能级，完全不同于体材料中电子态的连续分布。体材料中电子与其他粒子相互作用，只要满足能量与动量守恒，电子能量可不受制约地弛豫。而在量子点中，粒子间的相互作用，除了能量守恒的制约外，动量不再是一个好量子数，跃迁过程不必要满足动量守恒，分裂的电子能级可抑制热载流子与声子的相互作用。载流子的限制效应及伴随的电子空穴库仑作用的增强，使俄歇复合及其逆过程——俄歇产生易发生，激子的产生率将有明显的增加[77]。图 10.29(a)示出了在量子点中载流子倍增效应的过程。热电子不仅可产生第二个电子空穴对，还可能产生多个电子空穴对，基于在量子点中热电子-空穴是以激子的形式存在，故称为多激子产生(multiple exciton generation，MEG)。基于以上的分析 Nozik 等首先预言[78-80]，与体材料相比，该效应将有大的增强。并认为在量子点中载流子倍增的阈值能量将降低，同时增加电子-空穴对倍增的效率。

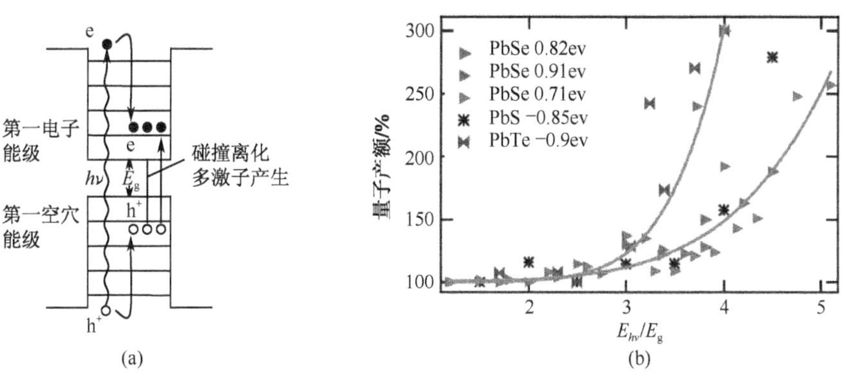

图 10.29　量子点中热电子的碰撞电离可产生二个以上的电子-空穴对(a)；PbS，PbSe，PbTe 量子点，多激子量子产额随入射光子能量与量子点能隙宽度之比的变化(b)[82]

上述的分析在实验中得到了证实。Schaller 等首先报道了纳米晶 PbSe 激子倍增的实验结果[81]。他们给出了形成多激子效应的能量阈值是 $3E_g$。当光子能量为 $3.8E_g$，其量子产额是 218%(碰撞电离效率为 118%)。图 10.29(b)为实验观察到的 PbSe，PbS 及 PbTe 量子点量子产额随入射光子能量 $E_{h\nu}$ 与量子点能隙宽

度 E_g 之比的变化关系[82]，其中 PbSe 量子点直径分别为 3.9nm，4.7nm，5.7nm，PbS 和 PbTe 量子点直径均为 5.5nm。它们对应的能隙宽度分别为 0.91eV，0.82eV，0.72eV，0.85eV 和 0.9eV。从图看出载流子倍增的阈值能量为 $3E_g$，量子产额随 $E_{h\nu}/E_g$ 的增加逐渐上升。能隙宽度为 0.91eV 的量子点，当 $E_{h\nu} \geqslant 4E_g$，量子产额有明显的增加，可达 300%，即一个光子可产生 3 个激子。Schaller 等报道在 CdSe 量子点中用能量 $E_{h\nu}=7E_g$ 的光子激发，可产生 7 个激子的结果[81]。多激子产生的实验是采用各种光谱测量来进行的[83-85]，激子倍增的分析是通过时间分辨的瞬态吸收谱与激发能的关系得到的，随后纷纷报道不同材料，如 PbS[86]，PbSe[87,88]，CdSe[89]，PbTe[90]，InAs[91]，InP[92]，CdTe[93] 等量子点载流子倍增的实验结果。

图 10.30 比较了 PbSe 体材料[84]与量子点 PbSe[85]及 PbS 体材料电子-空穴对的倍增的阈值能量与量子产额随光子能量变化的实验结果。可看到 PbSe 量子点载流子倍增的阈值能量为 $(3\sim4)E_g$，远低于体的 PbSe$\sim6E_g$。图 10.30 表明 PbSe 量子点电子-空穴对倍增效率是体 PbSe 的两倍。M. C. Beard 报道 PbSe 量子点中激子冷却速率比在体 PbSe 中要慢[84]。特别注意到，图中量子点 PbSe 量子产额的数据分别来自美国可再生能源实验室(NREL)与美国 Los Alamos 国家实验室(LANL)。实验结果是如此完美的一致。这结果充分表明了，量子点比体材料有明显的载流子倍增效应。

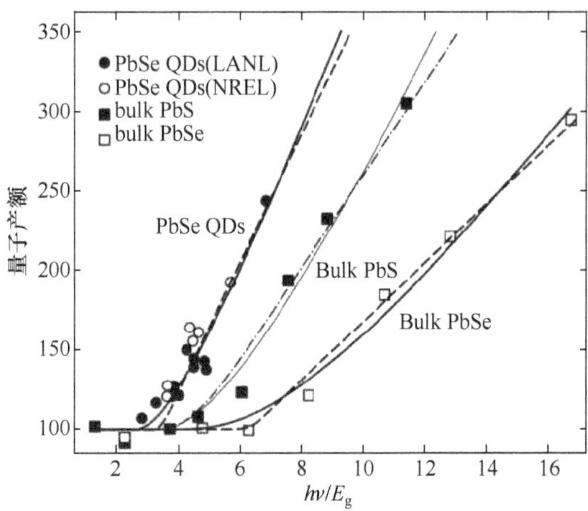

图 10.30　PbSe 体材料与量子点 PbSe MEG 量子产额实验结果的比较[84,85]

在有些实验中没有观察到如上面所述的高的 MEG 结果。可能的原因是量子点表面处理与表面化学对 MEG 动力学过程的影响[83,84,94]，因此实际应用时需要对纳米晶或量子点的表面有适当的处理。

在对量子点载流子倍增效应研究的基础上，MEG 原型电池也获得进展[96]。

文献[96]中报道了纳米晶的 PbS 与 TiO_2 电化学系统电池，由于单层纳米晶 PbS 吸收受限，虽然功率转换效率与外量子效率不高。但获得了内量子效率大于 100%的结果。这是电子-空穴倍增效应在太阳电池中的直接表现。随后 Semonin[95]等在 PbSe 基量子点的太阳电池中观察到了峰值(380nm)外量子效率为(114±1)%的结果。制备中注意了量子点表面的钝化处理。图 10.31 给出了 MEG 太阳电池结构与不同带隙宽度的量子点电池的内量子效率谱。该图表明阈值能量约为 $3E_g$。对带隙宽度为 0.98eV 的量子点，其相应内量子效率峰值为 130%。

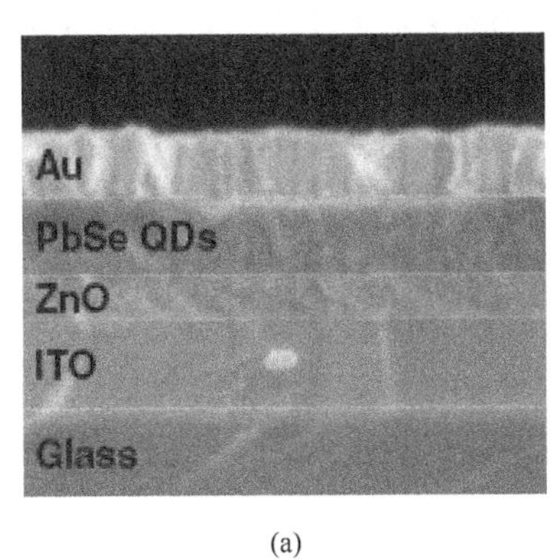

(a)

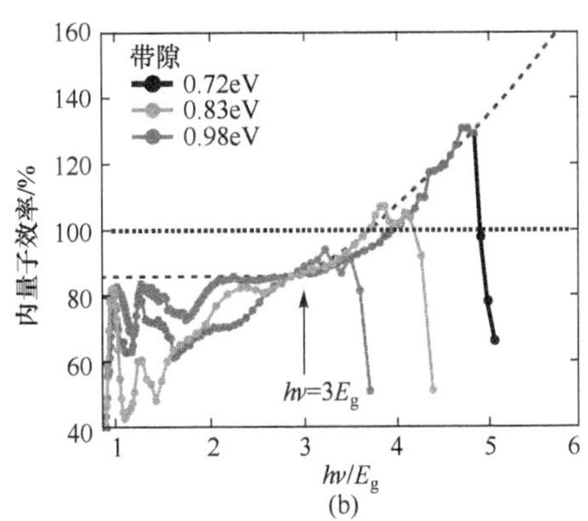

(b)

图 10.31　PbSe MEG 太阳电池结构示意图(a)；不同带隙内量子效率随 $h\nu/E_g$ 的变化(b)

体材料中热载流子倍增是碰触电离过程，而在量子阱中是多激子产生。对光生载流子的倍增效应的研究，已证明量子点中热载流子的冷却速率比体材料中的要低得多，这有助于载流子倍增效应，因此主要研究 MEG 太阳电池。在载流子的倍增机制、动力学过程、实验测量与验证方面都获得长足的进展，特别是多激子产生原型电池的成功。然而仍有许多问题，如对 MEG 的动力学过程了解还不够深入。曾有报道，高能量光子在孤立的量子点或电学上耦合的量子点阵列中产生自由载流子是非常快的(～fs 量级)，这涉及量子点中激子的产生、电子-空穴对的分离。是首先热化激子并在每个量子点中分解，随后在量子点之间运输呢，还是这些过程基本上是与量子点阵列吸收光子同时发生的均有待深入。

10.6　中间带太阳电池

10.6.1　中间带电池基本概念

充分吸收太阳光谱是提高电池转换效率的基本思想。在 10.3 节中给出了采用多结叠层结构使电池的吸收光谱与太阳光谱尽可能地匹配以获得高效率输出的概念。如对未聚光的电池，最高理论效率可从单结的 31%提升到三结的 49%或六结的 57%。然而，随结数目的增加，电池设计的复杂性、工艺难度及制备成本都将急剧上升。目前成功制备的三结叠层电池内含有 12～17 层。高成本将限制它们的大规模应用。如果能将多能带的结构在一个 pn 结内实现，就有利于设计成本及工艺成本的降低。

用带隙的中间能级的设想来提高电池效率是由 Wolf 于 1961 年最早提出的[95]。随后，Luque[96]提出如图 10.32 所示的中间带(intermediate band，IB)电池的概念。它不是由不同能隙宽度材料组成的电池，而是在单一材料价带、导带能隙之中引入一个中间能带 E_i。这中间带可以是材料的本征特性、杂质带、孤对电子带或低维超晶格形成的多能带结构[97-98]。中间带的作用是提供光子的多个吸收通道，除了通常的从价带到导带能量 $h\nu_1>E_g$ 的光吸收外，如图 10.31(a)所示，电子还可以吸收一个能量为 $h\nu_2(h\nu_1>h\nu_2>E_i-E_V)$的光子从价带跃迁到第 i 个中间带，该中间带内的电子再吸收一个能量为 $h\nu_3(h\nu_2>h\nu_3>E_C-E_i)$的光子后再激发到导带。这样二个低能的光子通过“接力”的跃迁方式，使一个电子从价带激发到导带，扩展了电池的红外吸收，增加电流输出。可见，中间带电池可在太阳光谱中的不同波段具有多个吸收边。

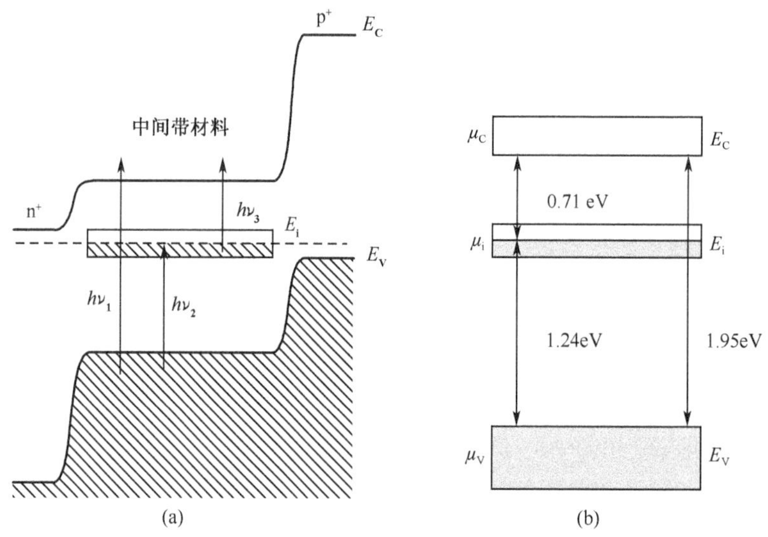

图 10.32 中间带电池能带结构示意图(a)，优化中间带能量位置(b)

通常价带与中间带的能量差比导带与中间带能量差要大。分析中间带太阳电池的极限效率，除了有与前面理想电池相同的假设外，对中间带电池还有其他特别的要求[96,99]。首先要求载流子在导带、价带与中间带内均处于准热平衡态。导带、价带与中间带分别有独立的准费米能级 μ_C，μ_V，μ_i。导带、价带与中间带三个带的能量间距应大于最大的声子能量，避免三个带中任意两个带之间的非辐射复合。其次，要求形成中间带的材料(如杂质)在空间是周期排列的。另外，中间带应是半填满的，这样电子从价带到中间带，从中间带到导带的跃迁才是“畅通”的。中间带与导带、价带之间仅通过光跃迁相联系，没有热耦合。此外，载流子通过选择性接触收集，导带仅收集电子，价带仅收集空穴，没有任何载流子可从中间带输出；在结构上，要求电池足够厚，以吸收可能吸收的全部光子。

中间带太阳电池极限效率的计算的讨论。该电池的光吸收是在三个带之间进行的，光子能量 $E>E_g=E_C-E_V=E_C-E_i+E_i-E_V=E_{Ci}+E_{Vi}$ 是价带到导带的吸收，光子能量 $E_g>E>E_{Vi}=E_i-E_V$ 是价带到中间带的吸收，光子能量 $E_{Vi}>E>E_{Ci}=E_C-E_i$ 是中间带到导带的吸收。为了使光子能有最大的能量输出，具有一定能量的光子，应首先被相应的最宽的能隙先吸收(避免高能量的光子被窄能隙先吸收)，同时要求价带到导带的吸收系数比价带到中间带的吸收系数大，价带到中间带的吸收系数比中间带到导带的吸收系数大。总结起来就是，这三个带间吸收应是没有交叠的。此外，要根据细致平衡原理分析三个带之间的辐射复合。用与前面相似的方法可以计算出在全聚光条件下电池的电流密度，应由以下几项组成

$$\begin{aligned} J(V)=q\{&Q(E_g,\infty,T_s,0)-Q(E_g,\infty,T_a,\mu_C-\mu_V)\\ &+Q(E_{Vi},E_g,T_s,0)-Q(E_{Vi},E_g,T_a,\mu_i-\mu_V)\} \end{aligned} \tag{10.57}$$

其中第 1,3 项分别代表电池从太阳吸收能量为 $E>E_g$ 及 $E_{Vi}<E<E_g$ 的光子流的贡献，第 2,4 项分别代表电池从导带到价带，从中间带到价带光发射流的贡献。由于中间带不输出电流，稳态条件下从价带与中间带光跃迁贡献的净电流应等于中间带与导带的净电流，其中化学势

$$\mu_V+\mu_i=\mu_C。$$

$$\begin{aligned} &q\{Q(E_{Ci},E_{Vi},T_s,0)-Q(E_{Ci},E_{Vi},T_a,\mu_C-\mu_i)\}\\ &=q\{Q(E_{Vi},E_g,T_s,0)-Q(E_{Vi},E_g,T_a,\mu_i-\mu_i)\} \end{aligned} \tag{10.58}$$

Luque 和 Marti 计算了 $T_s=6000\mathrm{K}$，$T_a=300\mathrm{K}$，全聚焦条件下，具有不同中间带位置的中间带电池的极限效率。

图 10.33 给出了他们的计算结果，图中横坐标代表不同电池中的最小带隙的位置。对于中间带电池，最小带隙为中间带离导带的位置 E_{Ci}。图 10.33 所示的中间带电池曲线上各点标值是电池的能隙宽度。当中间带电池结构为 $E_g=1.95\mathrm{eV}$，$E_{Ci}=0.71\mathrm{eV}$，中间带离价带的位置为 1.24eV，呈现极值效率为 63.2%，如图 10.32(b)所示。为了比较，图 10.33 中也给出了单结电池及双结叠层电池最大效率的计算结果。对两结叠层电池，横坐标代表窄带隙电池的能隙宽度，双结叠层电池的最大效率为 55.4%。中间带太阳电池的运作与叠层串联电池有相似之处，它们都是扩展对太阳光谱的响应。但从图看出，中间带电池的转换效率比双结叠层电池的转换效率普遍要高，其主要原因是，虽然中间带太阳电池是在一块材料中形成，实际上是有三个带隙，有三个光吸收阈值，与三叠层电池转换效率极限相当。

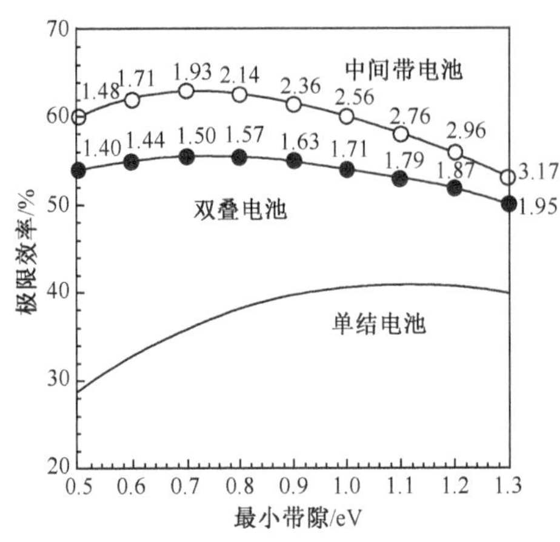

图 10.33　电池最大效率随最小能隙宽度的变化，为比较单结电池和串联连接的双叠层电池的结果也示于图中[96]

另外在双结串联叠层电池结构中，电流是连续的，需要两个光子分别激发窄带隙电池和宽带隙电池，以提供一个电子到外电路。对于中间带电池，要提供一个电子到外电路，根据光子能量的大小，可只需一个光子(从导带到价带)或两个光子(从导带到中间带，及从中间带到价带)，因此总的量子效率要大一些。由此看出中间带电池的优势是，对单结电池不可能吸收能量小于带隙的光子，中间带电池可以，有效地扩展了吸收光谱范围。

中间带太阳电池的实验研究是目前第三代太阳电池研究的最活跃领域之一[100，101]，已有大量工作见诸报道。与叠层电池相比中间带太阳电池具有潜在的优点，但要将中间带太阳电池的概念成为现实，需解决诸多问题，首先是发现适合制备中间带电池的材料。

作为太阳电池应用的中间带材料，应具有以下特点：①中间带应是半填满的，有足够的电子与空穴浓度，能满足电子从价带到中间带的跃迁和从中间带到导带跃迁的要求。这样，通过中间带载流子的跃迁才可能是通畅的、充分的、“金属性”的[102]。②中间带与导带或与价带之间，应避免杂质或缺陷态的引入，须是零电子态，以确保它们之间只有光学过程。③电池的三个能带(导带、价带与中间带)的准费米能级必须是分裂的。④中间带主要是起光激发功能的作用，不直接输出电流，原则上不苛求中间带中载流子的迁移率，但如考虑到实际的器件，通过中间带产生的载流子可能是不均匀的，譬如，电子从价带到中间带的激发比中间带到导带的激发要强，近电池表面有较多的激发载流子将流向电池的下部，产生带内移动，因此适当的迁移率是需要的。⑤中间带在实际材料能隙中的位置要恰当，过于靠近价带或导带，都将引起它们之间的热耦合。

目前实验研究的中间带材料有以下几类：①低维结构材料，如量子点超晶格材料，由量子点中量子限制效应形成的微带，可作为中间带。②高失配合金材料，是指合金材料中引入少量的具有强电负性的元素替代基质原子，可明显地调制带结构，形成多带材料。③是在材料中引入高浓度的深杂质，如过渡金属，排除过渡金属容易成为非辐射复合中心的问题，形成“金属性”的中间带，满足中间带具有强的光吸收系数的要求。④薄膜材料。在材料适合的基础上，还需要考虑光的有效吸收问题。前面提到，具有一定能量的光子应首先被它相应的最宽的带隙吸收，避免高能量的光子被窄能隙先吸收；每个光子的吸收应发生在与它对应的最大能隙，或者说不同的能隙主要吸收与能隙宽度相近的光子,从而使载流子的热化损失最小,优化不同带间的光吸收在实验上是一挑战。

中间带电池是由一个中间带材料及两侧分别引出电子与空穴的电极组成。n 型 p 型引出电极又称发射极,发射极材料不必要与中间带材料相同,但希望晶格是匹配的,以减少界面缺陷引起的非辐射复合。光照下,除了通常的大于带隙的光子从价带激发电子到导带外,小于带隙的光子从价带激发电子到中间带,再从中间带激发电子到导带。过程的特点是,在没有输出电压损失的前提下,提高了输出电流。

10.6.2　量子点中间带电池

实验上,Ⅲ-Ⅴ族化合物量子点可被用作为中间带材料,应用于量子点中间带电池(quantum dot solar cell,QDSC)的制备[103,104]。正如在 10.3 节关于图 10.19 叠层电池结构的讨论中提到过的,通过调制阱宽可实现不同的量子限制效应,改变能级分裂的距离,形成不同带隙宽度。因此原则上中间带可通过尺寸为纳米量级的半导体量子点周期地三维镶嵌在宽带隙半导体的材料中来实现。如图10.34(a)所示,此处的量子点作为势阱,宽带隙半导体为势垒。量子点中能级是量子化的,量子点的紧密排列使势垒区很窄,使量子点能级上电子具有共有化运动特征,继而形成子带(sub band),其能带结构如图 10.34(b)所示。这子带就有可能起中间带的作用。前面提到中间带应该是半填满的,有足够的电子与空穴浓度,因此量子点需要掺杂,这样的结构基本满足中价带电池的要求。

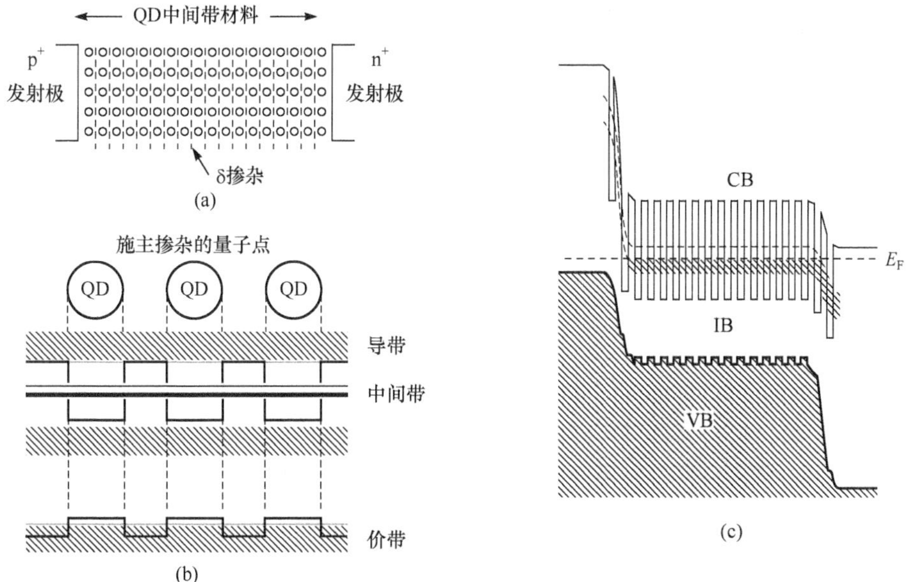

图 10.34　量子点中间带电池结构示意图[104](a),
低维量子结构的中间带形成(b),量子点中间带电池能带结构示意图(c)

Martí 等[103]观察到了量子点结构中价带、导带及中间带准费米能级的分裂，为量子点结构应用于中间带太阳电池提供了实验依据。图 10.35 为 InAs QDs/GaAs (掺 Si)分子束外延生长的中间带电池结构示意图。体 GaAs 与 InAs 的能隙宽度分别为 1.42eV，0.36eV。量子点层是夹在 GaAs 的 p^+、n^+ 层之间。首先在 GaAS 衬底上生长一层很薄的 InAs 浸润层，InAs 量子点在浸润层上生长。随后生长 GaAS 作为隔离层，也是势垒区，在势垒区中掺 Si，通过势垒区转移掺杂效应，实现量子点的 n 型掺杂，电子填充到中间带，使其是半填满的。据此重复一层一层的生长如图 10.35(a)所示。由于目前工艺的局限性，量子点层数是有限的，如果仅是几层量子点，量子点很可能处于电池的空间电荷区，掺杂的效果受影响。在此情况下，需要引入一个所谓"衰减层"(damping layer)使量子点处于中性区。

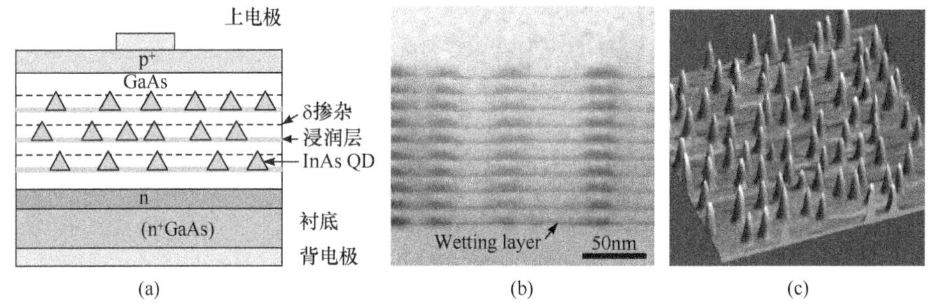

图 10.35 量子点中间带电池结构示意图(a)[105]，电池横截面透射电子显微镜[106](b)，电池生长表面形貌图(原子力显微镜)[105](c)

量子点中间带电池制备已在许多实验室获得成功[107-109]。图 10.36 是量子点 InAs 镶嵌在基质材料 GaAs 的中间带电池与 GaAs 电池的归一化量子效率谱的比较[107]，电池面积为 0.16cm^2。与 GaAs 电池的量子效率谱相比，在 InAsQDs/GaAs 电池中，小于 GaAs 带隙的低能处，呈现量子效率的明显增加，这来源于中间带的光电作用，这是中间带材料可应用于太阳电池的必要条件。在已报道制备的中间带的原型电池效率比单结 GaAS 电池要低。特别表现为较小的开路电压。图 10.37 是不同 QDSCs 与 GaAS 电池光 *I-V* 特性的比较[108]。分析目前制备的中间带原型电池效率较低的原因有以下几方面。首先在 InAsQDs/GaAs 系统中，从能带图看出，IB 的位置可能是较接近 CB。在此情况下 IB 的电子有可能与 CB 有一定的热偶合，即有电子的热逃逸。为了抑制电子热逃逸，采用带隙较宽的，如 AlGaAs 或环烷酸铅(lead salts)作为势垒材料，观察到了较宽的中间带与导带的带隙[109,110]。其次图 10.35 的中间带量子点原型电池仅有～10 层，薄层的光吸收是不充分的。从价带到中间带及从中间带到导带的吸收小，特别是中间带到导带的光跃迁小[111]。为提高整体的光吸收，需要增加量子点层数。然而，层数的增加容易引起错配或位错等拉伸的结构缺陷的产生，这些缺陷处于两个能带之间，直接导致非辐射复合的增加，或提供电子从量子态能级向连续带隧穿的通道(特别在空间电荷区)，降低电池的光电性能。因此工艺上采用增加抗应变层来抵消与量子点/润湿层相关的压应力，增加应力平衡层(strain balanced, SB)，所谓应力平衡技术。图 10.37 中 InAs 量子点电池，分别采用 GaP，GaAsP 为应力平衡层。与 GaAs 电池相比，三个 QDs 中间带电池都有较高的短路电流，最大的提高了 3.5%。适当的 SB 层使开路电压 $V_{OC}\sim1eV$，与 GaAs 电池的 $V_{OC}\sim1.041eV$ 相近。目前报道的量子点电池最高效率为 18%[112]。

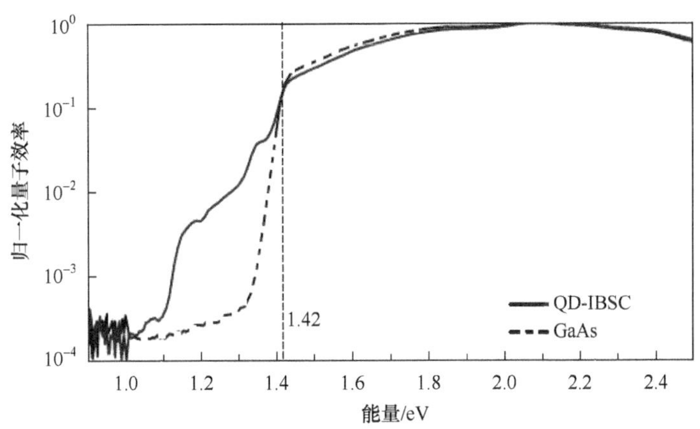

图 10.36　量子点 InAs/GaAs 中间带电池(实线)与 GaAs(虚线)电池归一化量子效率谱[107]

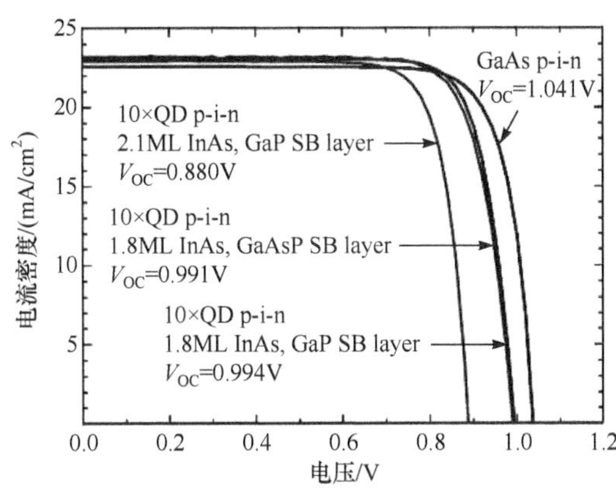

图 10.37　量子点 InAs / GaAs 中间带电池与 GaAs 电池光 *I-V* 特性

量子点中间带原型电池的初步结果，虽然其光电转换效率还不高，但观察到了中间带对增加光电流的贡献。深入的了解 QD 中间带电池运作的机制，优化带隙结构，通过光管理增强对光子的吸收、缺陷控制、应力平衡工艺等，以进一步提高电池转换效率。

10.6.3 体材料的中间带与电池

体材料中间带及电池的理论与实验研究已有大量的报道。首先要发现及制备形成半满的中间带材料。目前对中间带材料的研究有几种不同的途径：基于能带反交叉模型制备的高失配合金，调制能带结构，形成中间带；在材料中直接掺入浓度足够高的深能级杂质，在薄膜材料中掺入过渡金属元素；在Ⅲ-Ⅴ族化合物中掺入过渡金属元素，形成杂质中间带等。

1）高失配合金

基于能带反交叉模型（band anticrossing (BAC) model），即合金材料中引入很小部分的具有强电负性的元素替代基质原子，该元素的局域态位于基质半导体的导带边，局域态与扩展态排斥的相互作用，使导带分裂成两子带 $E_+(k)$ 与 $E_-(k)$

$$E_\pm(k)=\frac{1}{2}\left[E_N+E_M(k)\pm\sqrt{(E_N-E_M(k))^2+4C_{NM}^2x}\right] \tag{10.59}$$

形成新的具有中间带的半导体合金材料[113,114]。以氮(N)引入Ⅲ-Ⅴ族化合物为例，式(10.59)中 E_N 是 N 能级能量，$E_M(k)$ 是基质材料导带能带，C_{NM} 是 N 态与扩展态的耦合矩阵，x 为组分。根据 BAC 模型，通过调整杂质与基质合金的耦合强度，选择的适当元素，可建立所期待的子带位置及子带宽度的多带系统。有各种不同的材料设计，如 Yu 等在Ⅱ-Ⅵ族化合物中掺 O 形成 ZnO_xTe_{1-x}，$Zn_{0.88}Mn_{0.12}Te_{0.987}O_{0.013}$[113]，O 能级位于导带下～0.2eV。在Ⅲ-Ⅴ族化合物中，如 GaAs 中用 Mn 取代部分 Ga 形成 $Ga_{1-x}Mn_xAs$，在 $GaAs_{1-y}P_y$ ($y>0.3$) 中用 N 取代部分 As 形成 $GaN_xAs_{1-x-y}P_y$[114,115]，是一种高度失配的半导体合金（镁安山岩）。BAC 模型预示，这类材料中 O 或 N 的局域态和基质扩展态之间的相互排斥作用，导致导带的分裂，在带隙中形成窄的中间带。

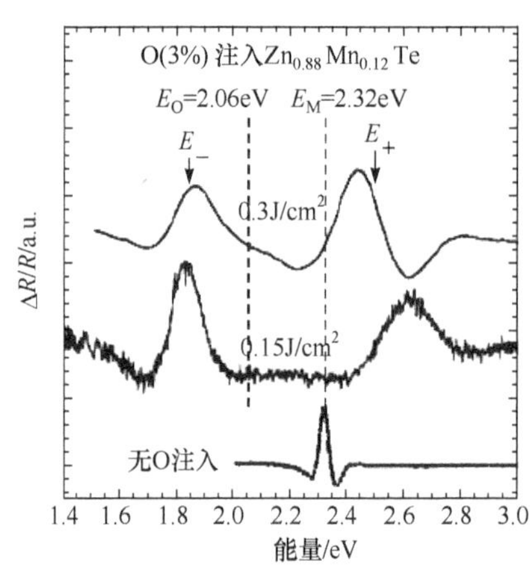

图 10.38 O引入 $Zn_{0.88}Mn_{0.12}Te$ 的光调制反射谱
底部是无氧 $Zn_{0.88}Mn_{0.12}Te$ 的 PR 谱，中部与顶部分别是 O 引入并经 0.15J/cm² 及 0.30J/cm² 激光退火后的 $Zn_{0.88}Mn_{0.12}Te$ PR 谱[116]

实验上，光调制反射谱实验证实了中间带的形成。图 10.38 给出氧(3%)离子注入 $Zn_{0.88}Mn_{0.12}Te$，在不同脉冲激光退火条件下样品的光调制反射（photomodulated reflectance，PR）光谱。为比较，没有注 O 的样品也示于图中。从图可看到 $Zn_{0.88}$

$Mn_{0.12}Te$ 的 PR 峰位在 2.31eV。注 O 的样品经退火，出现两个完全不同于基质材料的光跃迁，分别为～1.8 和 2.6eV。这两个光学跃迁，反映了从价带到两个子导带 $E_+(k)$，$E_-(k)$ 的光跃迁。实验证实了 O 的局域态与基质导带扩展态作用的结果。

在大多数Ⅲ-Ⅴ化合物中，引入的 N 能级是处于导带以上，而在 $GaAs_{1-y}P_y$($y>0.3$)中，N 能级是处于导带以下，在 BAC 作用下，与 $Zn_xMn_{1-x}Te$ 材料相似，N 掺入 $GaAs_{1-y}P_y$ 也观察到了类似的 PR 光谱，呈现从价带到两个子导带的光跃迁[116]。

第一个体材料中间带原型电池已成功地制备[117]，它采用的是高失配合金 ZnTe：O 材料。O 在Ⅱ-Ⅵ化合物中的固溶度低，ZnTe：O 材料是采用离子注入及脉冲激光退火技术完成的，O 浓度为～$10^{19}cm^{-3}$。图 10.39 为 ZnTe：O 电池与 ZnTe 电池的光 *I-V* 特性与光响应谱。从图 10.39(a)看出，虽然 ZnTe：O 电池的开路电压比 ZnTe 电池的低 15%，但其短路电流增加了一倍，转换效率提高了 50%。光响应谱显示，ZnTe 电池的光响应截止在材料能隙处为 2.2eV。而 ZnTe：O 电池的光响应谱明显的向长波扩展。充分表明了与 O 相关的中间带吸收对短路电流的贡献。

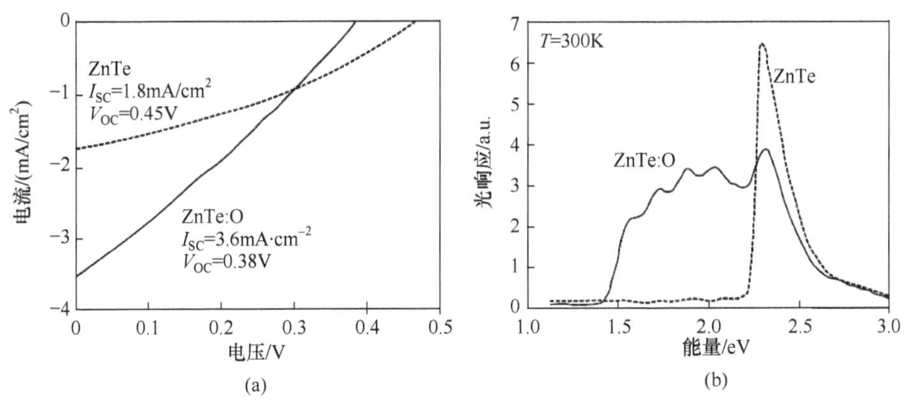

图 10.39　ZnTe:O 中间带太阳电池光电流-电压特性(a)，光谱响应(b)[117]

此外，对 $V_{0.25}In_{1.75}S_3$ 材料的理论计算中表明，用 V 替代部分 In，形成 $V_xIn_{1-x}S_3$，该材料具有中间带的费米能级，表明是半满的带[118]。这理论的预示得到了实验的证实，采用化学溶剂热分解的方法合成 $V_2In_{14}S_{24}$ 粉末，在 $V_2In_{14}S_{24}$ 中观察到了中间带的光吸收特征[119]，如图 10.40 所示。为比较，In_2S_3 的吸收谱也示于图中。红光部分的光吸收反映了子带的吸收。

2) 深杂质中间带

半导体材料中掺入深能级杂质元素，其杂质深能级早就被考虑用来考虑增加

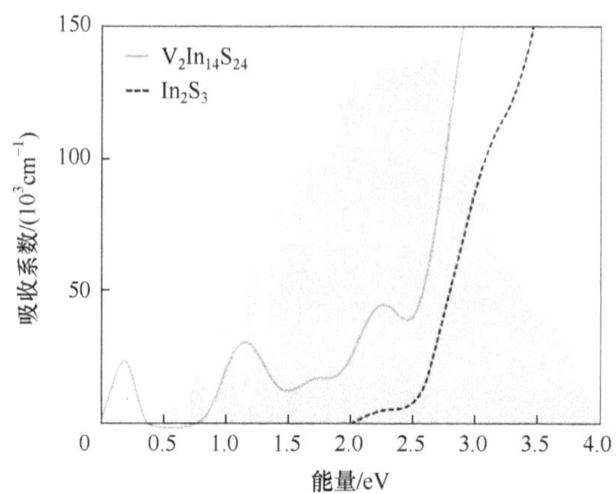

图 10.40　$V_2In_{14}S_{24}$中间带材料的光吸收谱（实线），In_2S_3光吸收谱（虚线）[119]

光的吸收[120]。然而，深能级作为局域态起非辐射复合中心的作用，将降低材料的少子寿命，直接影响电池的转换效率，这是不利的。如果将深能级退局域，转变成扩展态，深能级非辐射复合中心的作用将避免。Mott 在描述基质材料中杂质态的退局域时是用电屏蔽效应解释的。在低的掺杂浓度时，电场受掺杂原子的离子实与未配对电子的相互作用，在此范围，基态电子是局域的。

当杂质浓度增加到某临界值以上，由于局域电子产生的金属屏蔽，使杂质外层电子去局域[121]。在这情况下局域能级成为一个能带，与局域态相关强的电子-声子耦合将消失，非辐射复合中心的作用将消失，实现从绝缘体-金属的转变，称谓 Mott 转变。发生 Mott 转变的条件是，在固体中自由电子的浓度 n 大于某临界值 n_{crit}，n_{crit}与玻尔半径 a_b满足 $a_b n_{crit}^{1/3}=0.25$ 条件。直观的解释是，半导体中少量的杂质只能形成局域态。如增加杂质浓度，当掺杂原子间平均距离减少，减少到某一临界距离，当小于该距离，杂质能级波函数交叠，退局域形成电子的共有化运动，掺杂原子的外层电子可形成杂质带。绝缘体-金属的转变发生去除深杂质的非辐射复合作用，可实现通过深能级的光学跃迁。因此通过重掺杂，使杂质能级转变成杂质带，是获得中间带材料的另一途径。

已有大量深杂质中间带的理论研究，主要集中在晶体材料中引入杂质带，形成多带结构。Sánchez 等[123]的理论计算证明：在 Si 中引入过渡金属元素 Ti，填隙的 Ti 原子可在能隙中形成一个半满的中间带。他们进而计算了 Si 中掺入高剂量的硫系材料（S，Se 及 Te）的电子结构[124]。计算结果表明 Si 中替位式地掺入浓度为～0.5％硫系材料，并适当地掺入Ⅲ族元素后成为 p 型，在 Si 能隙中可产生一个具有中间带特征的杂质带。进一步细致的材料组分的设计，在实验上控制替代原子间距离等，硅-硫系的中间带材料是有望实现的[124]。

Palacios 等计算了用过渡金属(Ti，V)取代铟尖晶石半导体中八面体的位置，在半导体带隙中呈现一个半填满的窄带。这种电子结构，预示将增强红光与可见光的光吸收[125]。在Ⅲ-Ⅴ族半导体中掺入金属元素[126]，如一个 Ti 原子取代 GaAs 或 GaP 中的一个 As 或 P 原子，形成 Ga_4As_3Ti 或 Ga_4P_3Ti。其电子结构表明，在带隙中可形成一个稳定的窄的中间带。

关于深杂质中间带的实验研究，首先是制备具有杂质中间带的材料。对于 Si 中的浅杂质，如 B，P，它们的 $a_b \sim 10$nm，Mott 转变临界杂质浓度 n_{crit} 为 $\sim 10^{18}cm^{-3}$。这些浅杂质在 Si 中的固溶度高($>10^{20}cm^{-3}$)，大于 n_{crit}。然而，对于深杂质元素，电子基态束缚得紧，因此发生 Mott 转变的临界杂质浓度较高，要求掺杂浓度大于 $\sim 6\times 10^{19}cm^{-3}$[122]。此处深杂质在 Si 中的固溶度较低，如 Ti 在 c-Si 中的固溶度仅为 $10^{14}cm^{-3}$，远低于 Mott 转变极限。受材料固溶度限制，常规的掺杂技术是难以达到 Mott 转变临界点的。因此，实验上采用离子注入及脉冲激光熔融法，所谓非平衡技术，实现高浓度的掺杂及再结晶。采用非平衡注入与退火技术，目前已成功地实现了在 Si 中 Ti[127]，S[128]，Se[129] 及 Co[130] 高剂量的掺杂，观察到了这些材料掺杂后电学性质从绝缘体到金属的转变，证明了中间带的形成。

Antolin 等在 c-Si 中注入高浓度 Ti($10^{20}\sim 10^{21}cm^{-3}$)[131]，观察到了 c-Si 中载流子寿命恢复现象。图 10.41 给出了 c-Si 中注入不同剂量的 Ti($1\times 10^{15}cm^{-2}$，$5\times 10^{15}cm^{-2}$，$1\times 10^{16}cm^{-2}$)，经脉冲激光熔融退火后，在注入表面，有效载流子寿命随测量载流子注入水平的变化。看到随 Ti 注入剂量的增加，有效载流子寿命是逐渐增加的。证明了中间带形成对非辐射复合的抑制作用。

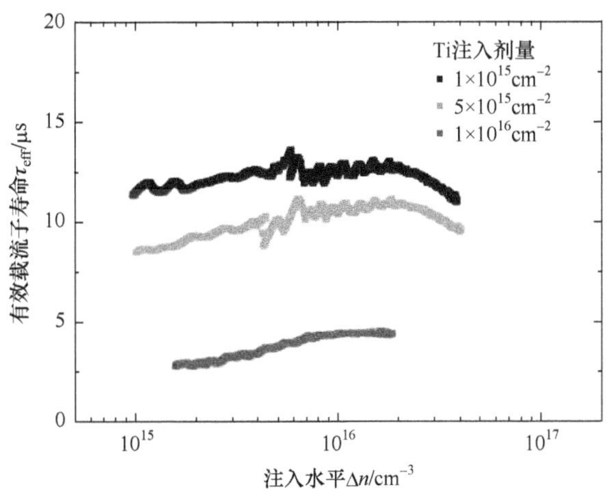

图 10.41　晶硅中离子注入不同剂量 Ti，有效载流子寿命随载流子注入水平的变化[131]

10.6.4 薄膜中间带材料

薄膜材料是受到关注的另一个中间带材料领域。Martí 等[132,133]讨论了特别是在黄铜矿结构(Ⅰ-Ⅲ-Ⅵ$_2$)薄膜材料为基的中间带太阳电池。根据细致平衡条件,计算了理想条件下薄膜中间带电池效率极限随能隙宽度的变化。如图 10.42 所示,为比较,已报道的黄铜矿基的太阳电池也示于图 10.42 中。黄铜矿结构薄膜中间带太阳电池呈现了较高的极限效率。考虑Ⅰ-Ⅲ-Ⅵ$_2$薄膜材料都具有较大的带隙宽度,从能隙优化结构的角度,该类材料是适合引进中间带的。

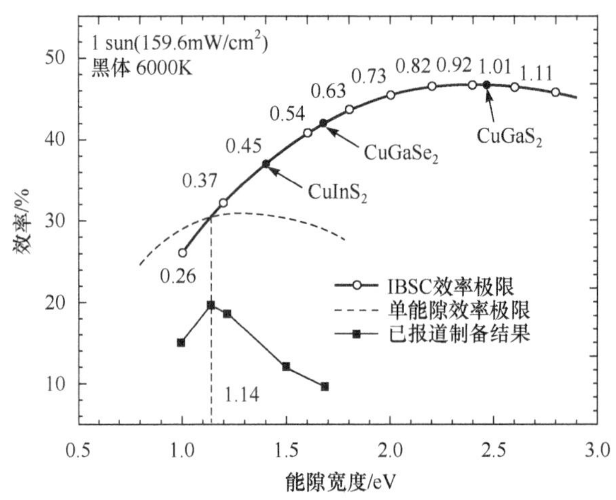

图 10.42 极限效率随能隙宽度的变化

图中(○)为最窄的子带隙宽度(eV),

(·)为三种(Ⅰ-Ⅲ-Ⅵ$_2$)材料子带隙宽度。(—)为细致平衡条件计算的

单能隙太阳电池的极限效率[132]

在薄膜中形成中间带有两个途径。一是引入杂质,通过 ab-initio 的理论计算,深入了解大量杂质原子的引入对基质材料电子结构的影响[134]。P. Palacios 等计算了以 $CuGaS_2$ 为基掺入不同替位杂质,过渡金属元素如 Ti, V, Cr, 和 Mn 等[135-139],形成具有中间带的薄膜材料。Martí 等计算了在理想条件下,Ⅰ-Ⅲ-Ⅵ$_2$化合物材料中引入过渡金属元素,形成中间带电池的效率极限[133],如图 10.43 所示,注意到适当的元素掺杂可有高的效率极限。

另一个途径是形成纳米结构的黄铜矿中间带薄膜材料[140],其运作原理是与我们在前面介绍过的量子点中间带材料相似。但是将纳米结构的黄铜矿化合物结合到母体材料的中间带电池的实现尚有待探索。

在对黄铜矿结构中间带薄膜材料与电池理论研究的同时,实验上已在过渡金属掺杂的黄铜矿薄膜太阳电池中,观察到了中间带的吸收。Marsen 等[141]报道了

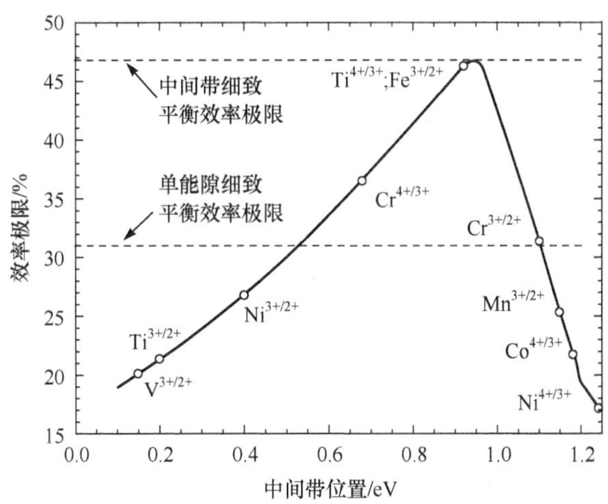

图 10.43　以 $CuGaS_2$ 为基，掺入不同过渡金属元素中间带太阳电池的理论效率极限[133]

掺 Fe 的 $CuGa_{1-x}Fe_xS$ 薄膜材料作为吸收器。制备的玻璃/Mo/吸收器/CdS/ZnO/ZnO 太阳电池中，出现了在 1.2eV 和 1.9eV 新的子带间吸收。

薄膜材料中间带电池是将新概念结合到廉价的薄膜电池中。已有较全面的理论结果，期待在实验的探索研究中，深入了解薄膜材料中间带电池的关键问题。

与前面介绍的多结电池及中间带太阳电池一样，应用于太阳电池的上转换及下转换器的主要思想也是扩展光谱响应，减少低能光子透过电池导致的损失和高能量光子的热化损失[21,142,143]。转换器中光子激发电子的跃迁过程如图 10.44(a) 所示。上、下转换器是包含了价带、导带和一个中间能级的光致发光器件。上转换器可置于电池背面，转换器背面是一个全反光镜。上转换器的能隙宽度应等于或大于太阳电池的能隙宽度，其带隙内包含一个中间能级 E_i。与中间带电池吸收过程相似，光子激发上转换器价带的电子跃迁到 E_i，随之另一个光子将它从 E_i 激发到导带形成电子-空穴对。该电子-空穴对再通过辐射复合的方式发射光子，该光子的波长将短于射入的光的波长（对实际应用而言，选择转换波长短于电池长波限的上转换材料），这相当于吸收两个红光光子，发射一个能量大于电池带隙的光子。因上转换器的背面是一个全反射的反光镜，因此上转换器发射的光子可被上部的电池所吸收。这过程相当于拓展了电池对红光的响应，可提高电池的光电流。下转换器通常位于电池的上面，电池的下面也有一个全反射的反光镜。下转换器的功能不是一般意义上的光子能量的 Stokcs 红移。而是高能光子激发出具有高能量的电子，电子先从导带跃迁到中间能级然后再跃迁到价带，这是辐射复合的过程。通过辐射复合发射出能量等于或大于太阳电池能带宽度的两个光子，再被电池吸收。下转换器吸收太阳光谱中大于电池能带宽度的高能量光子，一个光子产生两个电子-空穴对，增加了电池的吸收。这相当于提高了高能量光子的量子效率。

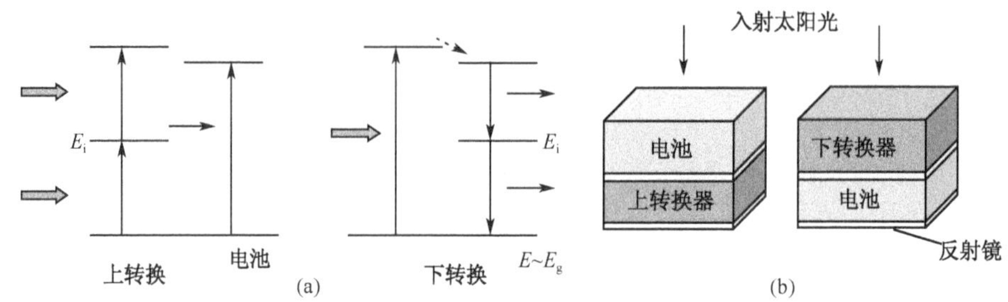

图 10.44　上转换及下转换的光子过程(a)，上转换器及下转换器与电池的连接(b)

这种上转换和下转换电池结构虽与中间带电池有类似之处。但它有明显的特点，如转换器与电池之间仅有光学上的耦合，在电学上是完全隔离的，因此，转换器与电池之间没有附加的复合通道。转换器与电池可独立地优化，例如，在电池中载流子输运性质是一个很重要的问题，但对于转换器而言，主要是提高发光效率，减少无辐射复合，而不必考虑输运问题等。

理论上计算了具有上转换器电池的最高效率。如上转换器带宽为 1.955eV，中间能级 $E_i=0.713$eV，与能隙宽度为 $E_g=1.95$eV 电池的匹配，全聚光条件下最大效率为 63.17%。预测在非聚光条件下上转换太阳电池最大效率可达 47.6%[143,145,]。T. Trupke 等预测[142]非聚焦条件下，下转换太阳电池最大效率可达 38.6%，并发现最优化的电池能带宽度为～1.1eV，这适用于 Si 电池。目前的实验工作主要集中在上转换和下转换材料的探索研究及在太阳电池中的应用。

上转换材料在光伏中的应用是由 Saxena 在 1983 提出的[146]，Gibart 等采用掺 Yb^{3+} 和 Er^{3+} 的材料陶瓷玻璃（vitro-ceramic）[147]，$NaYF_4$：Er^{3+}[148]，$Gd_2(MoO_4)_3$[149]等上转换材料观察到太阳电池近红外光谱响应的增加。Pan 在 c-Si电池两边用了两个商用的上转换器，观察到了短路电流的增加[150]。Shpaisman 等提出了组合上转换(UC)和多激子产生(MEG)来提高单结太阳能电池的转换效率，期待达 49%[151]。近年来，对上转换材料的研究从应用到通常的太阳电池发展到染料敏化电池及有机太阳电池中。Xu 等在染料敏化电池中通过添加有机荧光染料，明显改善了电池效率[152]。如 San 等使用 Er^{3+}/Yb^{3+} 共掺杂到 LaF_3-TiO_2纳米复合上转换材料，观察到了可见光吸收增强，染料敏化电池的输出电流与效率均提高[153]。近期 Wang 等报道了商用上转换器在 P3HT:PCBM 太阳能电池中的应用[154]。他们在氟化钇基质材料中掺 Y 与 Er，显著地改善了电流输出。目前 $NaYF_4$:Er 上转换器已广泛地被应用。

下转换材料适合于窄带隙的太阳电池。下转换材料主要放在太阳电池的正面如图 10.44(b)所示。下转换材料在染料敏化电池及有机太阳电池的应用取得了较大的进展。Vergeer 等报道了 $Yb_xY_{1-x}PO_4$：Tb^{3+} 材料中从可见光子到近红外光子的下转换[155]。Liu 等应用 Dy^{3+} 掺杂 $LaVO_4$ 为下转换，染料敏化电池效率提高了 23.3%[156]。Xu 等应用下转换过程及添加有机染料，染料敏化太阳电池短路电流增加了 110.7%。目前应用的下转换材料有 Dy^{3+} 掺杂 $GdVO_4$[157]，$YF_3(Pr^{3+},Yb^{3+})$[158]，$LiGdF_4$:(Eu^{3+},Tb^{3+})[159,160]等，这些材料是较容易合成和对材料性能进行控制。近期利用水热法合成了 Eu^{3+} 掺杂的 $Y(OH)_3$碳纳米管，应用于 c-Si 电池，其效率由 15.2%提高到 17.2%[161]。

10.7 热光电及热光子转换器

10.7.1 热光伏电池(TPV)

前面分析了影响太阳电池效率的原因之一是，能量低于 E_g 的光子不能被吸收，而高能量光子的能量大部分给晶格"浪费"掉了。根据 Landsberg[13] 计算，太阳能辐射光子的平均能量约 1.9eV，而对于大多数半导体材料的带隙～1eV。有相当多的能量是损失了。最初由 Wedlock[162]，后由 Swanson[163] 及 Würfel 等[164] 提出了有效地利用太阳光谱的另一新思路，这就是所谓的热光伏电池(thermophotovoltaic，TPV)。它的基本思想是，太阳并不直接辐照到电池上，而是辐照到一个吸收体，这个吸收体受热后，依一定的波长再发射到电池，实现光电转换。这吸收体既被加热同时又发射光子，称它为受热吸收/发射体。此时太阳(也可是其他热源)与电池之间，能量是通过一个受热吸收/发射体传递的。图 10.45 画出了 TPV 工作原理图。该受热发射体吸收能量流密度为 E_s 的太阳能而被加热、温度升高，并以黑体辐射的方式发射光子。吸收器/发射体的温度比太阳温度低，因此其发射光子的平均能量下降，电池吸收较低能量的光子可减少高能载流子的热化损失，即使能量低于电池带隙宽度的光子不能被电池吸收，这些低能光子可被电池全部反射回热吸收/发射体，可望提高转换效率。为了使发射体光谱与电池吸收有更好的能量匹配，可进一步考虑，在发射体与电池之间加一个适当的窄带通的滤光片或光谱控制器(spectral control de-

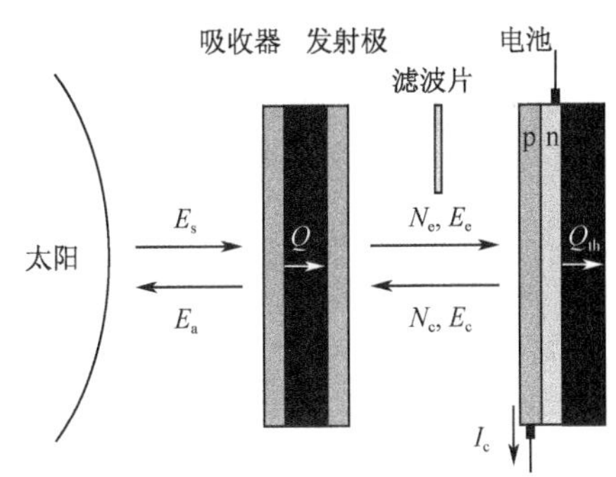

图 10.45 太阳热光伏转换示意图
(N,E,Q 分别代表粒子流，能量流及热流)[21]

vice)。该滤光片仅允许能量为 $E_g+\Delta E$ 的光子通过，ΔE 是很窄的能量范围，其他能量的光子则全被反射回发射体，入射光谱与电池的吸收光谱将有好的匹配。与常规直接吸收太阳光的电池相比，TPV 主要的优点是，设计发射体发射光子的能量略大于电池的带隙宽度，可减少和避免常规电池中的载流子热化损失。未被电池吸收的光子及电池辐射复合发射的光子是没有损失的，它们可被吸收/发射体再吸收，保持热发射体的温度，再发射到电池，实现光子循环。

此外，通过选择发射体温度或增加理想的窄带滤光片，可调节发射体的发射光谱，使其与电池光谱匹配。已有不少关于 TPV 的理论工作结果的报道[21,165-167]。例如，当 $T_s=6000\text{K}$，$T_a=300\text{K}$，对于一个温度为 2544K 受热/发射体，理想条件下设计的 TPV 热光伏转换系统的极限效率，在全聚光条件下，可达 85.4%[168]，未聚光的是 54%[167]。对于接近真实的 TPV 系统，考虑到一些非理想的因素：①吸收器/发射体的实际几何形状，它将影响有效的吸收。②低于太阳能电池的带隙的光子的光损失为 5%。③非辐射复合与辐射复合是相同的数量。TPV 热光伏转换系统的极限效率，对未聚光的是 32.8%[167]，在高聚光(10 000Suns)条件下，极限效率～60%。

TPV 系统是将一个燃烧的辐射能量转化为电能的一个新系统。这种转换是通过光伏电池实现。该能源系统的主要优点是：①高的燃料利用率(可接近 1，回收大部分的热损失，使得有可能使用 TPV 系统作为一个热电联产系统)；②没有移动的部件，噪声水平低；③易维护(类似于家用锅炉)；④燃料使用的灵活性，TPV 热源系统除聚焦的太阳辐射外，可由各种不同的燃料如石化燃料(天然气，油，焦炭等)、城市固体废物、核燃料等提供。

不同 TPV 结构系统的实验工作也已有许多的报道[169-171]。图 10.46 给出了一个 TPV 系统示意图[171]，其中的主要成分和能量流清楚标出。热光伏发的电组成是：热源、发射器(EM)、过滤器(F)和光伏电池阵列(PV)、空气预加热系统(HX-A)。HX-PV 和 HX-CP 为系统的热交换器，分别从光伏电池的冷却和排出的燃烧产物回收热，实现能量的充分利用。图中箭头，分别代表不同的能量流或热流。

自 1960 年第一个热光伏原型[172,173]系统报道以来，在近十年中有明显的进展。原型的 TPV[174-177]电转换效率为 0.6%～11%。从已报道的结果看，电效率与 TPV 系统尺寸有关，大多数在 10～300W 的 TPV 原型系统，效率小于 10.9%。而一个 1.5kW 的 TPV 原型系统，其电效率可达 12.3%。由于 TPV 多组件及多过程，发电效率是各部件的效率之积，涉及燃烧效率、发射器的辐射效率、滤光器的谱效率、滤光效率、与发射器入射到电池的角度有关的观察因子效率、太阳电池效率及直流交流转换效率等诸多因素。因此虽然 TPV 系统转换效率的理论值较高，在实际应用中还有许多问题要进一步研究。

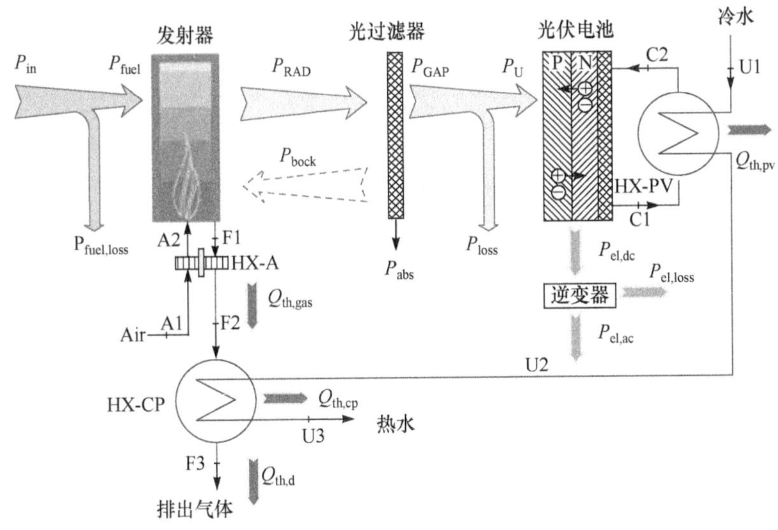

图 10.46　TPV 发电机示意图[171]

TPV 发电系统主要应用在分布式热电联产、便携式发电机[178,179]、联合发电系统[180]，TPV 在军事[181,182]和空间[183,184]的应用也受到重视。从理论分析和实验的角度来看，目前廉价的 TPV 系统电效率还较低，优化组件设计与集成，智能控制与系统工程的研究应该是提高电效率的关键。

10.7.2　热光子转换器

在 TPV 系统中，选择性的光发射器或理想的窄带滤光片及强的光发射是获得高效率的关键因素。根据这个光谱的要求，Green 等[21,184,185]提出了热光子(thermophotonics，TPX)转换的概念，将热光子应用到 TPV 系统中形成 TPX 系统。它与 TPV 系统的差别是，热的太阳与冷的电池之间能量的传递不是通过受热吸收/发射体，而是通过被太阳光加热的发光二极管实现的。图 10.47 给出了 TPX 系统结构示意图。电池与环境保持热平衡。加热的光发射二极管(light emission diode，LED)具有与电池带隙宽度匹配的发光光谱，避免了在 TPV 系统中构建精确滤光器的困难。理论上预言[186]一个正向偏置的发光二极管，输入功率等于 $I_L V$，I_L 和 V 分别是 LED 的电流及外加偏压。理想条件下发光二极管中，一个电子-空穴对由辐射复合所发射的光子，其能量为 E_g+kT，该能量比外加偏压的能量 qV 略大，发射功率是 $I_L E_g/q$。如果 $V<E_g/q$，LED 的发光功率输出比输入电功率大。

TPX 转换器有明显的优点：LED 的热发射与偏置是无关的。而 LED 光发射强度比相同温度的黑体光辐射的强度要高。这不仅是因为 LED 光发射随偏置电

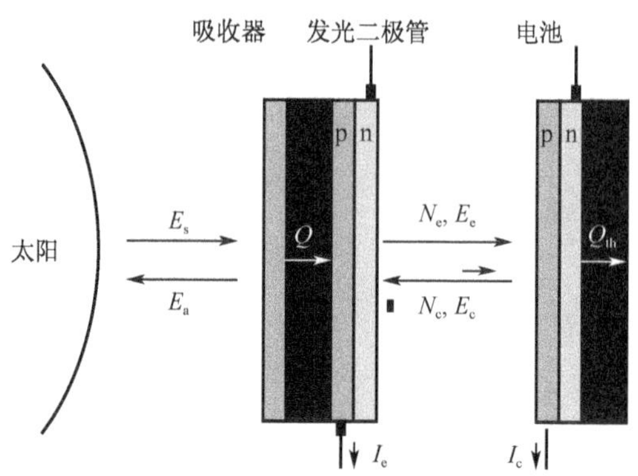

图 10.47 热光子在热光伏系统中光电转换示意图

(其中 N,E,Q 分别代表粒子流,能量流及热流)[21]

压指数增加,也因为 LED 中电子空穴对的激发与温度呈指数关系,它们的辐射复合发光也指数的增加。如果电池与 LED 的 E_g 是相同的,电池将是非常有效的单色光的光电转换器。此外,从结构上看,LED 与光伏电池两个器件之间是热隔离的,仅有光学上的耦合。在 TPX 系统中,发光器件的性能是实现高效 TPX 的关键。发射光子的能量为 E_g+kT,比外加偏压的能量 qV 大,要求发光器件有非常高的外量子效率[187]。不难发现,如将图 10.47 中发光二极管短路,TPX 就成为 TPV,因此 TPV 具有更普遍的概念。

TPX 转换器效率的计算是采用与前面相同的假设及与 Shockley-Queisser 相似的细致平衡分析方法[21,188,189]。在 N. P. Harder 等的[188]的计算中,采用接近实际的系统结构,发光二极管与电池的面积相等,并设两个器件的能隙宽度均为 Si 的 1.124eV。计算比较了 TPV 和 TPX 系统的转换效率,对于相同的几何结构,TPX 最大转换效率比 TPV 的最大效率高。为达到最大效率,吸收/发射体所需的温度比 TPX 系统低。在未聚光条件下,对于单色发射器(单色滤光片)TPX 最大转换效率与 TPV 的相近,约为 54%。Tobías 等[186]计算了在 100～1000 个太阳光照条件下,发光器件温度为 300℃的条件下,TPX 转换器最高效率可达 40%。他们指出,LED 的量子效率是 TPX 系统获得高效率的关键,只有 LED 的外量子效率接近 1,TPX 系统的高转换效率才有可能。然而,在高温下保持高的发光效率是相当困难的。

10.8 小　结

本章介绍了建立在细致平衡原理上的 Shockley-Queisser 光伏转换极限效率

的理论计算及热力学卡诺效率。Shockley-Queisser 计算结果表明，一个单结理想电池（黑体温度 6000K，电池温度为 300K）的极限效率为 31%，全聚焦条件下极限效率为 40.8%。从热力学第二定律，一个可逆引擎，工作在热库温度 6000K 及冷库温度 300K 时的卡诺效率为 95.5%。采用较接近实际的 Landsberg 模型计算的电池极限效率，最高为 93.3%。无论是卡诺效率还是 Landsberg 效率，计算中都有熵变化为零的假设前提，Pawell 和 De Vos[40] 及 Marti 等[37] 指出，在实际的光电转换过程中熵的产生是不可避免的，因此即使是一个理想的器件，上述极限效率也很难达到，这些数据仅表明了光电转换的上限。

通过分析单结电池效率的损失机制，扩展了人们设计的空间，提出了旨在获得高光电转换效率电池的新概念，本章计算和描述了多种新概念电池的工作原理及其极限效率。

在这些新概念电池中，基本思想都是希望对太阳光能全光谱地吸收，通过不同能隙宽度材料的组合使电池吸收光谱尽可能地与太阳光谱匹配，如叠层电池、中间带电池、上转换器、下转换器等。另外，完全地充分地利用每个光子的能量是高效电池的另一思路，如快速收集光生载流子、减少热化损失的热载流子电池；量子效率大于 1 的多激子产生电池；通过光热过程调制电池的辐射源，实现与电池吸收的匹配如 TPV 及 TPX 转换器等，在理想条件下它们都可能有 85%以上的效率。

高效第三代电池的实现需要大量的理论分析和基础研究的实验工作。前面介绍电池的研究工作仅是处于起步阶段，目前主要在：探索适合高效电池的电子结构及光学性质的新材料，新概念电池的原理性实验，电池结构的创新设计及可实现技术的开发等领域展开。虽然高效电池的实现还有很长的路，不同新概念的原型电池已不断出现，这些都激励着人们新的期望和新的成功。相信随着扎实的基础研究，结合前沿技术与新工艺的应用，新一代的高效电池的研究将有更好的发展。

参 考 文 献

[1] Green M A. Proceedings of 19th European PVSEC，2004，3

[2] Green M A，Emery K，Hishikawa Y，et al. Progress in Photovoltaics：Research and Applications，2012，20：12-20

[3] Schultz O，Glunz SW，Willeke G P. Research and Applications，2004，12：553-558

[4] Engelhart P，Wendt J，Schulze A，et al. Energy Procedia，1st Inter. Conf. on Si Photovoltaics，Freiburg，2010

[5] Zhao J，Wang A，Green M A，et al. Appl. Phys. Lett.，1998，73：1991

[6] Zhao J，Wang A，Yun F，et al. Progress in Photovoltaics，1997，5：269

[7] Benagli S，Borrello D，Vallat-Sauvain E，et al. 24th EU PVSEC，Hamburg，2009

[8] http://www.kaneka-solar.com

[9] Yoshimi M，Sasaki T，Sawada T，et al. Conference Record，3rd World Conference on Photo-

voltaic Energy Conversion, Osaka, 2003, 1566-1569
[10] Banerjee A, Su T, Beglau D, et al. 37th IEEE PVSC, Seattle, 2011
[11] Repins I, Contreras M A, Egaas B, et al. Prog. Photovolt: Res. Appl, 2008, 16: 235-239
[12] http://www.miasole.com
[13] Wu X, Keane J C, Dhere R G, et al. Proc. 17th EUPVSEC, 2001, 995
[14] Green MA, Emery K, Hishikawa Y, et al. Progress in Photovoltaics: Research and Applications, 2011, 19: 565-572
[15] Koide N, Yamanaka R, Katayama H. MRS Proceedings, 2009, 1211: 1211-R12-02
[16] Morooka M, Ogura R, Orihashi M, et al. Electrochemistry, 2009, 77: 960-965
[17] http://www.greentechmedia.com/articles/read/stealthyalta-devices-next-gen-pv-challenging-the-status-quo
[18] http://www.sj-solar.com
[19] Service R. Science, 2011, 332(6027): 293
[20] Shockley W, Queisser H J. J. Appl. Phys, 1961, 32: 510
[21] Green M A. Third Generation Photovoltaics: Advanced Solar Energy Conversion. Springer-Verlag, Berlin, Heidelberg, 2003
[22] Martí A, Luque A. Next Generation Photovoltaics: High Efficiency through Full Spectrum Utilization. Bristol: Institute of Physics Publishing, 2003
[23] De Vos A. Endeoreversible Thermodynamics of Solar Energy Conversion, Oxford: Oxford University, 1992.
[24] Campbell P, Green M A. IEEE Trans. Elec. Dev., 1986, 33: 234
[25] Würfel P. J. Phys., 1982, C15: 3697
[26] Araujo G, Land Marti A. Solar Energy Materials and Solar Cells, 1994, 33: 213
[27] Blakemore J S. Semiconductor Statistics. New York: Denver Publications, 1987
[28] Hulstrom R, Bird R, Riordan C. Sol. Cells, 1985, 15: 365
[29] Henry C H. J. Appl. Phys., 1980, 51: 4494
[30] Callen H B. Termodina'mica, Editorial AC, Madrid, 1981
[31] Planck M. The theory of heat radiation. New York: Dover Publications, English translation of Planck M, 1913
[32] De Vos A, Pauwels H. J. Phys C: Solid State Phys., 1983, 16: 6897
[33] Landsberg P T, Tonge G. J. Appl. Phys., 1980, 51: R1
[34] Octavi Semonin, Luther J M, Beard M C. SPIE, Nanotechnology, 2012
[35] Jackson E D. Trans. conf. on Use of Solar Energy, Tuscon, Arozona, 1955, 122-126
[36] Moon RL, James LW, Vander Plas HA, et al. 13th IEEEE PVSC, Washington DC, 1978, 859
[37] Marti A, Araujo G. Solar Energy Materials and Solar Cells, 1996, 43: 203
[38] Martí A, Cuadra L, Luque A. Proc. of the 28th IEEE Photovoltaic Specialist Conference, 2000, 940
[39] Henry C H. J. Appl. Phys. 1980, 51: 4494

[40] De Vos A, Pauwels H. Appl. Phys. ,1981,25:119

[41]Browns A, Green M A. Prog. in photovolt. : Sol. Cells Res. Appl,2002,10: 299

[42] Ahn S W, Lee S E, Lee H M. EU PVSEC,2012

[43] Ross R T, Nozik A J. J. Appl. Phys. 1982,5: 53

[44] Peter W. Solar energy Materials and Solar Cells. 1997,46: 43

[45] Takeda Y, Ito T, Motohiro T, et al. J. Appl. Phys,2009,105:074905

[46] Brown W A, Humphrey T, Green M. Prog. Photovoltaics,2005,13:277

[47] Würfel P. Physics of Solar Cells. WILEY-VCH Verlag GmbH,2005

[48] Takeda Y, et al. J. Appl. Phys,2009,105:074905

[49] Le Bris A, Guillemoles J F. Appl. Phys. Lett,2010,97:113506

[50] Aliberti P, Feng Y, Takeda Y, et al, J. Appl. Phys. ,2010,108(9):094507

[51] Feng Y, Aliberti P, Veettil B P, et al. Citation: Appl. Phys. Lett. ,2012,100:053502

[52] Conibeer G, Ekins-Daukes N, Guillemoles J F, et al. Technical Digest of the International, PVSEC-17,2007

[53] Klemens P G. Phys. , Rev,1966,148:845

[54] Goodnick S M, Honsberg C. Proc. SPIE Physics, Simulation, and Photonic Engineering of Photovoltaic Devices,2012,8256:8256W

[55] Pomeroy J W, Kuball M, Lu H, et al. Appl. Phys. Lett. ,2005,86:223501

[56] Conibeer G J, Ekins-Daukes N, König D, et al. Solar Energy Materials and Solar Cells,2009, 93 713-719

[57] Green M A. Third Generation Photovoltaics: Ultra-High Efficiency at Low Cost. Springer-Verlag,2003

[58] Conibeer G. Hot carrier cells: an example of third generation photovoltaics. Proc. SPIE Photonic West,2012

[59] König D, Casalenuovo K, Takeda Y, et al. Physica E,2010,42:2862-2866

[60] Bilz H, Kress W. Phonon dispersion relations in insulators. Springer-Verlag,1979

[61] Chen F, Cartwright A N. Appl Phys Lett,2003,83:4984

[62] Rosenwaks Y, Hanna M C, Levi D H, et al. Phys. Rev. 1993,B 48: 14675

[63] Pelouch W S, Ellingson R J, Powers P E, et al. Phys Rev. 1992,B45: 1450

[64] Guillemoles J F, Conibeer G, Green M A. Proc. 21st EU PVSEC, Dresden Germany,2006, 234-237

[65] Feng Y, Aliberti P, Veettil B P, et al. , Appl. Phys. Lett. 2012,100:053502

[66] Le Bris A, Guillemoles J F. Appl. Phys. Lett. ,2010,97:113506

[67] Aliberti P, Shrestha S K, Teuscher R, et al. Solar Energy Materials and Solar Cells,2010, 94:1936-1941

[68] Veettil B P, König D, Patterson R, et al. EuroPhysics Letters,2011,96(5):57006

[69] Vavilov V S. J. Phys. Chem. Solids,1959,8:223

[70] Hodgkinson R J. Proc. Phys. Soc. ,1963,82: 1010

[71] Christensen O. J. Appl. Phys. 1976,47:690

[72] Deb S,Saha H,Solid Stete Electronics,1972,15: 89

[73] Landsberg P T,Nussbaumer H,Willek G. J. Appl. Phys. ,1993,74: 1451

[74] Kolodinski S,Werner J H,Wittchen T,et al. Appl. Phys. Lett. ,1993,63: 2405

[75] Christensen O. J. Appl. Phys. ,1976,47:690

[76] Wolf M,Brendel R,Werner J H,et al. J. Appl. Phys. ,1998,83:4213

[77] Beard M C,Midgett A G,Hanna M C,et al. Nano Lett. ,2010,10(8):3019-3027

[78] Boudreaux D S,Williams F,Nozik A J. J. Appl. Phys. ,1980,51:2158

[79] Nozik A J. Ann. Rev. Phys. Chem. ,2001,52:193

[80] Shabaev A,Efros A L,Nozik A J. Nano Lett. ,2006,6(12):2856

[81] Schaller R D,Klimov V I. Phys. Rev. Lett. ,2004,92(18):186601

[82] Nozika A J. Nanostructured Materials for Solar Energy Conversion. Edited by Soga T, Elsevier,2006

[83] Nozik A J. Chem. Phys. Lett. ,2008,457(1-3):3

[84] Beard M C,Midgett A G,Hanna M C,et al. Nano Lett. ,2010,10(8):3019

[85] Pijpers J J H,Ulbricht R,Tielrooij K J,et al. Nat. Phys. ,2009,5(11):811

[86] Ellingson R J,Beard M C,Johnson J C,et al. Nano Lett. ,2005,5(5):865

[87] Trinh M T,Houtepen A J,Schins J M,et al. Nano Lett. ,2008,8(7):2112

[88] Ji M B,Park S,Connor S T,et al. Nano Lett. ,2009,9(3):1217

[89] Schaller R D,Sykora M,Jeong S,et al. J. Phys. Chem. B,2006,110:25332

[90] Murphy J E,Beard M C,Norman A G,et al. J. Am. Chem. Soc. ,2006,128: 3241

[91] Schaller R D,Pietryga J M,Klimov V I. Nano Lett. ,2007,7(11):3469

[92] Stubbs S K,Hardman S J O,Graham D M,et al. Phys. Rev. B,2010,81(8)

[93] Kobayashi Y,Udagawa T,Tamai N. Chem. Lett. ,2009,38(8):830

[94] Nozik A J,Beard M C,Luther J M,et al. Chem. Rev,2010,110(11):6873

[95] Wolf M. Sol. Energ. ,1961,5(3):83

[96] LuqueA,MartiA. Phys. Rev. Lett. ,1997,78:5014

[97] Boer K W. Survey of Semiconductor Physics. New York, 1990, 201, 249, 617

[98] Martin A. Green,Progr. Photovoltaic,2001,9: 137

[99] Nelson J. The Physics of Solar Cells. London: Imperial College Press,2003,303

[100] Martí A,Antolín E,Linares P G,et al 27th EU PVSEC,2012,22

[101] Luque A,MartíA,Stanley C. nature photonics2012,6:146

[102] Tablero C ,Wahno P,et al. Appl. Phys. Lett. ,2003,82:151

[103] Martí A,López N,Antolín E,et al. Appl. Phys. Lett. ,2005,87: 083505

[104] Stanley C R,Farmer C D,Elisa Antol'ln,et al. Next Generation of Photovoltaics Springer-Verlag Berlin Heidelberg,2012

[105] Luque A,et al. J. Appl. Phys. ,2004,96:903-909

[106] Martí A,et al. Appl. Phys. Lett. ,2007,90:233510

[107] Marti A, et al. Thin Solid Films, 2008, 516: 6716-6722

[108] Bailey C G, Forbes D V, Raffaelle R P, et al. Hubbard, Appl. Phys. Lett., 2011, 98: 163105

[109] Blokhin S A, Sakharov A V, Nadtochy A S P A M, et al. Semiconductors, 2009, 43: 514-518

[110] Ramiro E A I, Steer M J, Linares P G, et al InAs/AlGaAs. Proc. of the 38th IEEE Photovoltaic Specialists Conference, 2012

[111] Tomi'c S, Jones T S, Harrison N M. Appl. Phys. Lett., 2008, 93(26): 263105

[112] Blokhin S A, Sakharov A V, Nadtochy A S P A M, et al. Semiconductors, 2009, 43: 514-518

[113] Yu K M, Walukiewicz W, Wu J, et al. Phys. Rev. Lett., 2003, 91: 246203

[114] Yu K M, Walukiewicz W, Ager III J W, et al. Appl. Phys. Lett., 2006, 88: 092110

[115] López N, Reichertz L A, Yu K M, et al. Phys. Rev. Lett., 2011, 106: 028701

[116] Yu K M, Alberi K, Reichertz L A, et al. 22nd EU PVSEC, 2007, Milan, Italy

[117] Wang W, Lin A S, Phillips J D. Appl. Phys. Lett., 2009, 95: 011103

[118] Palacios P, Aguilera I, Sanchez K, et al. Phys. Rev. Lett., 2008, 101: 046403

[119] Lucena R, Aguilera I, Palacios P, et al. Chem. Mater., 2008, 20: 5125-5127

[120] Wolf M. Proc. IRE, 1960, 48: 1246; Keevers M J, Green M A. J. Appl. Phys., 1994, 75: 4022

[121] Mott N F. Proc. Phys. Soc. (London), 1949: A62: 416

[122] Luque A, et al. Physica (Amsterdam), 2006. 382B: 320

[123] S'anchez K, Aguilera I, Palacios P, et al. Phys. Rev. B, 2009, 79(16): 165203

[124] Sánchez K, Aguilera I, Palacios P, et al. Phys. Rev. B, 2010, 82: 165201

[125] Palacios P, Aguilera I, Sa'nchez K. Phys. Rev. Lett., 2008, 101: 046403

[126] Wahno'n P, Tablero C. Phys. Rev. B, 2002, 65: 165115

[127] Pastor D, Olea J, del Prado A, et al. Solar Energy Materials and Solar Cells., 2012, 104: 159

[128] Winkler M T Recht D, Sher M J, et al. Phys. Rev. Lett., 2011, 106: 178701

[129] Ertekin E, Winkler M T, Recht D, et al. Phys. Rev. Lett, 2012, 108: 026401

[130] Zhou YR, Liu F Z, Song X H. J. Appl. Phys., 2013, 113: 103702. Zhou Y, Liu F, Zhu M, et al. Appl. phys. Lett., 2013, 102: 222106

[131] Antolin E, et al. Appl. Phys. Lett., 2009, 94: 042115

[132] Martí A, Marró D F, aLuque A. Journal of Applied Physics, 2008, 103: 073706-6

[133] Marr'on D F. Next Generation of Photovoltaics edited by Ana Bel'en Crist'obal L'opez, Antonio Mart'l Vega, Antonio Luque L'opez, Springer-Verlag Berlin Heidelberg, 2012

[134] Tablero C, Fuertes Marroìn D. The Journal of Physical Chemistry C, 2012, 114: 2756-2763

[135] Palacios P, et al. Phys. Stat. Sol A, 2006, 203: 1395

[136] Palacios P, et al. Thin Solid Films, 2007, 515: 6280

[137] Palacios P, et al. J. Sol. Energy Eng., 2007, 129: 314

[138] Palacios P, et al. J. Phys. Chem. C, 2008, 112: 9525

[139] Aguilera I, et al. Thin Solid Films, 2008, 516: 7055

[140] Fuertes Marr'on D, Mart'l A, Luque A. Phys. Status Solidi (a), 2009, 206: 1021

[141] Marsen B, Klemz S, Unold T, et al. Progress in Photovoltaics: Research and Applications, 2012

[142] Trupke T, Green M A, Würfel P. J. Appl. Phys., 2002, 92: 1668

[143] Trupke T, Green M A, Würfel P. J. Appl. Phys., 2002, 92: 4117

[144] XEkins-Daukes P, Ballard I, Calder C D J, et al. Appl. Phys. Lett., 2003, 82: 1974

[145] Luque A, Marti A. Phys. Rev. Lett., 1997, 78: 5014

[146] Saxena V N. Indian J Pure Appl. Phys., 1983, 21: 306

[147] Gibart F P, Auzel J C G, Zahraman K. Proc. 13th EU PVSEC, Nice, France, 1995

[148] AShalav B S, Richards T, Trupke K W, et al. App. Phys. Lett., 2005, 86: 013505

[149] Liang X F, et al. J. Fluoresc., 2009, 19: 285-289

[150] Pan A C, Canizo C D, Luque A. Mat. Sci. and Engineering B, 2009, 159-160: 212-215

[151] Shpaisman H, Niitsoo O, Lubomirsky I, et al. Sol. Energy Mat. and Solar Cells, 2008, 92: 1541-1546

[152] Xu H, Zhang Q, Xiong G, et al. J Phys. Conference Series, 2011, 276: 012195

[153] Shan G B, George P. Demopoulos, Adv. Materials, 2010, 22: 4373-4377

[154] Wang H Q, Batentschuk M, Osvet A, et al. Adv. Materials, 2011, 23: 2675-2680

[155] Vergeer P, Vlugt T H, Kox M H F, et al. Phys. Rev. B, 2005, 71: 014119

[156] Liu J, Yao Q H, Li Y D. App. Phys. Lett., 2006, 88: 173119

[157] Yu D C, Ye S, Peng M Y, et al. Solar Energy Materials and Solar Cells, 2011, 95: 1590-1593

[158] Aarts L, van der Ende B, Reid M F, et al. Spectroscopy Lett., 2010, 43: 373-381

[159] Wegh R T, Donker H, Oskam K D, et al. Science, 1999, 283: 663-666

[160] Oskam K D, Wegh R T, Donker H, et al. J. Alloys Camp., 2000, 300-301: 421-425

[161] Cheng C L, Yang Y. IEEE Electron Device Letters, 2012, 33: 697-699

[162] Wedlock B D. Proc IEEE 1963, 51: 694

[163] Swanson R M. Proceedings 67th IEEE Conf., 1979, 446

[164] Würfel P, Ruppel W. IEEE Trans. Elec. Dev., 1980, 27: 745

[165] Spirkl W, Ries H. J. Appl. Phys. V., 1985, 57 (9): 4409

[166] Davies P A, Luque A, Solar Energy Materials and solar Cells, 1994: 33: 11

[167] Harder N P, Würfel P, Semicond. Sci. Technol., 2003, 18: S151

[168] Casta ñs M. Revista Geofísica, 1976, 35: 227

[169] Bitnar B, Durisch W, Mayor J C, et al. Solar Energy Mat. and Solar Cells, 2002, 73: 221

[170] J van der Heide, Posthuma N E, Flamand G, et al. 21st European Photovoltaic Solar Energy Conference, 2006, 43

[171] Matteo Bosi, Claudio Ferrari, Francesco Melino, et al. Proc. of the 25th international conference on ECOS 2012, Perugla, Italy

[172] White D C, Wedlock B D, Blair J. Proc. 15th Power Sources Conf., 1961: 125-132

[173] Wedlock B D. Thermo-photo-voltaic conversion. Proc. IEEE, 1963, 51: 694-698

[174] Bitnar, et al, Se. Sci. Tech. 2003, 18: 221

[175] Horne W E, et al. 5th Conf. On TPV, AIP proc. 2002: 91

[176] Qiu, et al. 5th Conf. on TPV, AIP proc. 2002:49

[177] Aicher T, et al. 6th Conf. On TPV, 2004, 71

[178] DeBellis C L, Scotto M V, Fraas L, et al. 1999 4th NREL Conf. on Thermophotovoltaic Generation of Electricity. AIP Conf. Proc. 1999, 460:362

[179] Becker F E, Doyle E F, Shukla K. 1999 4th NREL Conf. on hermophotovoltaic Generation of Electricity. AIP Conf. Proc. 1999, 460:394

[180] Fraas L, Ballantyne R, Hui S, et al. 1999 4th NREL Conf. on Thermophotovoltaic Generation of Electricity. AIP Conf. Proc. , 1999, 460:480

[181] Kruger J S, Guazzoni G, Nawrocki S J. 1999 4th NREL Conf. on Thermophotovoltaic Generation of Electricity. AIP Conf. Proc 1999, 460

[182] Kittl E, Guazzoni G. Design analysis of TPVgenerator system, Proc. 25th Power Sources Symp

[183] Mondt J F, Nesmith B J. STAIF98, 1998, 1098

[184] Green M A. Proceedings 16th European PVSEC, 2000, 51

[185] Green M A. Prog. Photovoltaic, 2001, 9:123

[186] PankoveJ I. Optical Processes in Semiconductors. New York: Dover, 1975, ch. 8.

[187] Lin K L, Catchpole K R, Trupke T, et al. Proc. of 3rd World Conference on Photovoltaic Energy Conversion, 2003, 1:59

[188] Harder N P, Neuhaus D H, Würfel P, et al. 17th European PVSEC, Munich, 2001

[189] Tobías I, Luque A. IEEE Transactions on Electron Devices, 2002, 49:2024

第 11 章　光伏器件与系统测试

李长健　翟永辉

太阳电池是利用太阳光发电的半导体光伏转换器件，其主要性能参数是光电转换效率及与之相关的参数。这涉及对入射光源的测试和太阳电池输出特性的测试两个方面。本章内容包括与太阳光有关的太阳常数和大气质量，与入射光强有关的标准条件和标准太阳电池，以及对太阳电池器件、组件和由之组成的光伏系统进行性能测试的原理和方法等。

11.1　太阳常数和大气质量

太阳常数和大气质量是描述太阳辐射与大气吸收情况的物理量。

11.1.1　太阳常数和太阳光谱

在地球大气层上界，距太阳一个天文单位处，与阳光垂直的单位面积、单位时间内所得到的太阳总辐射能量叫一个太阳常数。1981 年 10 月在墨西哥召开的世界气象组织仪器和观测方法委员会第 8 次会议上通过了太阳常数（称为 S_0）为 1367W/m^2的标准值。上述的天文单位(astronomical unit，AU)是一个长度单位，约等于绕太阳旋转轨道的半长轴[1]。当前普遍接受的天文单位是 14959 万千米。此处把太阳本身看成是一个不变的光源，为避免大气吸收的影响，可利用人造卫星到大气层外的太空测量太阳常数。

太阳辐射的波长包含从 0.15～4μm 的波段范围。实际入射到太阳电池的光能应当是太阳光所包含的各种波长的光能之和，即

$$P_{\text{in}} = \int_0^\infty P_{\text{in}}(\lambda)\text{d}\lambda = hc \times 10^{-7}\int_0^\infty \frac{N_{\text{p}}(\lambda)}{\lambda}\text{d}\lambda \tag{11.1}$$

式中，$P_{\text{in}}(\lambda)$是每秒投射到太阳电池单位面积上的波长为 λ 的光能量；h 为普朗克常量，其值$=6.62\times10^{-27}\text{erg}\cdot\text{s}$，或 $6.62\times10^{-34}\text{J}\cdot\text{s}$，$c=3\times10^{10}\text{cm/s}$ 为光速；λ 为波长，单位为 cm；$N_{\text{p}}(\lambda)$为每秒投射到太阳电池单位面积上、波长为 λ 的光子数，单位为$(\text{cm}^{-2}\cdot\text{s})^{-1}$。

在无大气吸收情况下，$(P_{\text{in}})_0=S_0$，即为一个太阳常数。大气吸收不但影响到达地面的太阳辐射通量而且影响太阳光谱的分布情况，图 11.1 为有大气吸收

(AM1.5)和无大气吸收(AM0)情况下太阳的光谱分布曲线。它们分别是依据国际电工委员会(International Electro technical Commission)所给出 AM 1.5 标准太阳光谱辐照度分布数据[2]以及文献[1]给出的 AM0 太阳光谱辐照度分布数据画出。由图可见,在波长 0.3～1.5μm 波段内的太阳辐射能量约占总辐射能量的 90%,而在无大气吸收情况下,光谱峰值约在 0.5μm 附近。

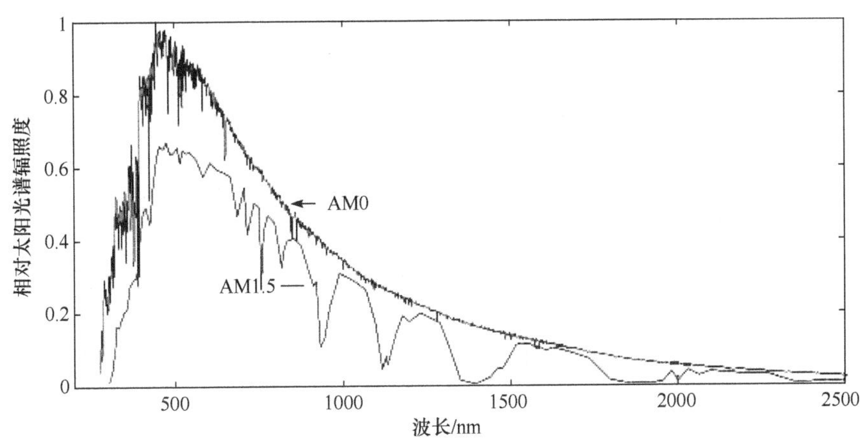

图 11.1　AM0 和 AM1.5 标准太阳辐照度的光谱分布

11.1.2　大气质量

在地面上的任何地方都不可能排除大气吸收对太阳辐射的影响。实际测量的太阳光能既和测试的时间、地点有关,也和当时的气象条件有关。为了描述大气吸收对太阳辐射能量及其光谱分布的影响,引入大气质量(air mass,AM)的概念。如果把太阳当顶时垂直于海平面的太阳辐射穿过大气的高度作为一个大气质量,则太阳在任意位置时的大气质量定义为从海平面看太阳通过大气的距离与太阳在天顶时通过大气的距离之比。所以平常所说大气质量是指相当于“一个大气质量”的若干倍,大气质量是一个无量纲的量。图 11.2 为大气质量的示意图。A 为地球海平面上一点,当太阳在天顶位置 S 时,太阳辐射穿过大气层到达 A 点的路径为 OA,而太阳位于任一点 S'时,太阳辐射穿过大气层的路径为 $O'A$。则大气质量定义为

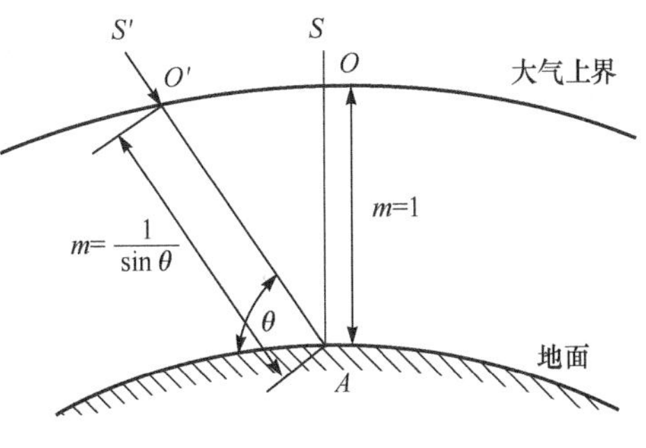

图 11.2　大气质量示意图

$$AM=\frac{O'A}{OA}=\frac{1}{\sin\theta} \tag{11.2}$$

式中，θ 是直射入地球的太阳光线与地球水平面之间的夹角，称为太阳高度角，如图 11.2 所示。

考虑到不同地域大气压力的差异，即反映阳光通过大气距离的不同，也反映单位面积上大气柱中所含空气质量的不同，如果 A 点不是处于海平面，则大气质量需作如下修正，即

$$AM=\frac{P}{P_0}\cdot\frac{1}{\sin\theta} \tag{11.3}$$

式中，P 为当地的大气压力。$P_0=101.3\text{kPa}$，为标准大气压力。

可以看出，太阳当顶时海平面处的大气质量为 1，称为 AM1 条件。AM1 的辐照度约为 1000W/m^2。在外层空间不通过大气的情况称为 AM0 条件，表示大气质量为 0。太阳常数 S_0 为 AM0 条件下的太阳辐射通量。AM0 光谱主要用于评估太空应用光伏电池和组件性能。

随着太阳高度的降低，通过大气的光路径变长，大气质量大于 1。由于大气吸收的增加使得到达地面的光辐照度下降。由于地面上 AM1 条件与人类生活地域的实际情况有较大差异，所以通常选择更接近人类生活现实的 AM1.5 条件作为评估地面用太阳电池及组件的标准。此时太阳高度角约为 41.8°，光辐照度约为 963W/m^2。后面我们将看到，为使用方便，国际标准化组织将 AM1.5 的辐照度定为 1000W/m^2。

11.2 标准测试条件和标准太阳电池

11.2.1 标准测试条件

测量太阳电池和组件的光伏性能，是在稳定的自然光或模拟太阳光及在恒定温度下，描绘出其输出电流-电压特性曲线，同时测定入射光的辐照度以计算电池的光电转换效率。为了使此测试结果具有可比性，国际电工委员会第 82 技术委员会，即太阳光伏能源系统标准化技术委员会(IEC/TC82)规定了标准测试条件。地面用太阳电池的标准测试条件为：测试温度(25±2)℃、光源的辐照度 1000W/m^2，并具有标准的 AM1.5 的太阳光谱辐照度分布[2]。航天用太阳电池的标准测试条件则为测试温度(25±1)℃，光源的辐照度为 1367W/m^2，并具有标准的 AM0 太阳光谱辐照度分布[1]。

如果不是在标准条件下进行测试，必须将所测数据修正到标准测试条件。修正方法后面将具体叙述[3]。此法也能将所测数据修正到其他所需的辐照度和温度条件。

11.2.2 标准太阳电池

由于太阳电池的响应与入射光的波长有关，入射光的光谱分布将严重地影响所测电池的性能。自然阳光的光谱分布因地理位置、气候、季节和时间而异；太阳模拟器的光谱分布则随其类型及工作状态而不同。如果采用对光谱无选择性的热电堆型辐射计来测量辐照度，由于光谱分布的改变，会给测到的转换效率带来百分之几的误差[2]。

为了减小这种误差，需选用具有与被测电池基本相同光谱响应的标准太阳电池来测量光源的辐照度。这个标准太阳电池的短路电流与待测光源的辐照度的关系称为标定值，单位是 $A \cdot m^2/W$，表示每单位辐照度所产生的短路电流。产生标定值的过程和方法称为标定。标定必须在具有标准太阳光谱分布的光源下进行[4]。

为保证标准太阳电池与被测太阳电池具有基本相同的光谱响应特性，所选用作标定的太阳电池必须与被测太阳电池具有相同的材料、相同的电池结构并且用相同的工艺条件制作。对于新研制的太阳电池，由于其性能和工艺尚未稳定和定型，有时可选用其他稳定的太阳电池，用适当的方法使其光谱响应与被测电池基本一致，亦可作为标准太阳电池。例如，非晶硅太阳电池由于其稳定性不好，有时选用单晶硅电池加滤光片制成模拟的非晶硅标准电池。

标准太阳电池可自动地把光谱分布改变的影响考虑在内。因此，采用标准太阳电池来测量辐照度的方法，用于在户外测量太阳电池的电性能时，对地理位置和气象条件就不必严格要求；而在室内测量时，对所用太阳模拟器的类别要求也不高。此外，由于标准太阳电池和被测电池的时间常数接近，太阳辐照度的不稳定只要不发生在测量过程中，是允许的。

另有一种用于太阳电池光谱响应测试时使用的标准电池，它必须给出各个不同波长的单色光下的短路电流值，也即它必须有一条标准的相对或绝对光谱响应曲线，以使用它来校准在光谱响应测试时单色光的辐照度。此标准电池称为光谱标准太阳电池。

在测量太阳电池组件和方阵的 I-V 特性时，要使用标准太阳电池组件来测量太阳光或模拟光源的辐照度。和标准太阳电池一样，标准太阳电池组件本身必须是稳定可靠的，它的光谱响应也要与被测组件基本相同，即由它引起的光谱失配误差要小于±1%。它的标定值必须由相应级别的标准太阳电池进行标定而得到。在涉及的辐照度范围内，它的短路电流应随辐照度呈线性变化。如果此标准太阳电池组件是由单体太阳电池组装而成，这些太阳电池的短路电流和填充因子应当基本相同，差别在±2%以内。标准太阳电池组件不应含有旁路二极管，它的几何尺寸、机械结构和电路应尽量与被测组件一致，以减少由于模拟器不均匀、内部反射和温度分布造成的差异。

标准电池与被测电池、组件和方阵对入射辐射的几何分布的变化应具有相同的响应。由于自然光的散射分量和模拟阳光非法线入射的情况都将影响被测组件中个别电池上的辐照度，因此，在测量多片电池封装的组件而又非法线入射的情况下，标准电池应封装在一个多电池单元内，如图 11.3 所示。

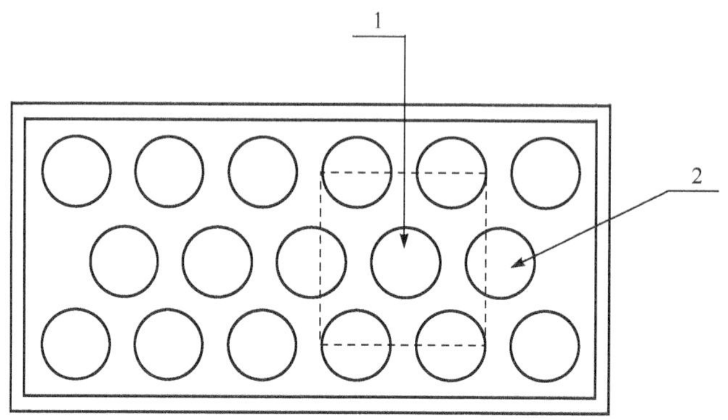

图 11.3　多个电池封装中的标准太阳电池

1. 测量平均辐照度的标准电池；2. 自然太阳光下使用时最小尺寸

这时，框架，封装材料，封装方式，标准电池周围电池的形状、尺寸和排布都应与被测组件相同。排布在标准电池周围的，可以是真实的电池，也可以是具有相同光学特性的模拟电池。图中虚线表示室外测试时多个电池封装的最小尺寸[4]。

单片标准电池也需要进行封装，如图 11.4 所示。

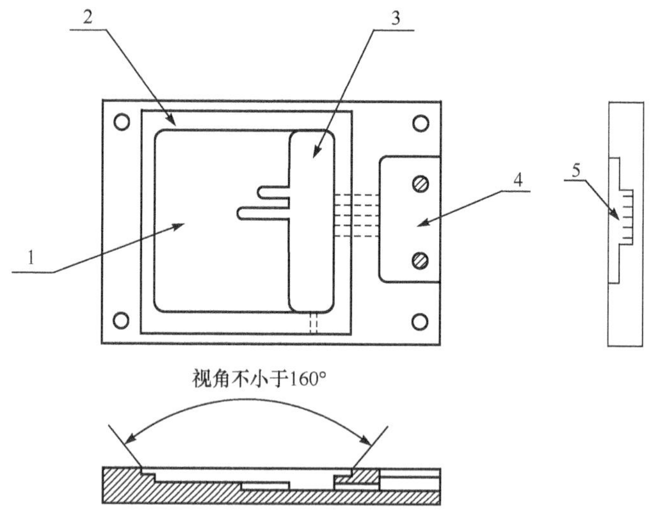

图 11.4　单个电池封装

1. 太阳电池室；2. 受光窗口；3. 引线空间；4. 电缆夹；5. 电压和电流引线

11.2.3　标准电池的溯源和传递[4]

标准太阳电池是用来测量自然阳光和模拟光源辐照度的专用器件，它是一种衡器。标准太阳电池标定值的精确性是由比它更精准的上一级衡器来校准的。我们当前使用的标准太阳电池分成三个级别，即一级、二级和工作标准太阳电池。最广泛使用于工厂和实验室的工作标准太阳电池是由二级标准太阳电池在自然和模拟阳光下进行标定传递得到。同样地，二级标准太阳电池是由一级标准太阳电池标定传递得到。一级标准太阳电池是一个国家太阳电池的最高标准，它是由国际上认同的辐射计、标准探测器或标准光源等进行标定传递得到。这些辐射计和探测器包括太阳热量计(pyrheliometer)、日射强度计(pyranometer)和光谱辐射计(spectroradiometer)等多种。它们被统称为二级标准源。二级标准源必须定期地(一般为 5 年)与一级标准源进行比对。世界辐射计标准(WRR)是公认的测量太阳辐照度的一级标准源。这个标准源是由空腔振荡器辐射计(cavityradiometers)的世界标准组(WSG)制作，由国际计量学会(NMIS)维护。

这样我们可以清楚地看到从工作标准太阳电池到二级、一级标准太阳电池，再到辐照度的二级和一级标准源，形成一个完整的关于辐照度测量标准的溯源链[5]，如图 11.5 所示。

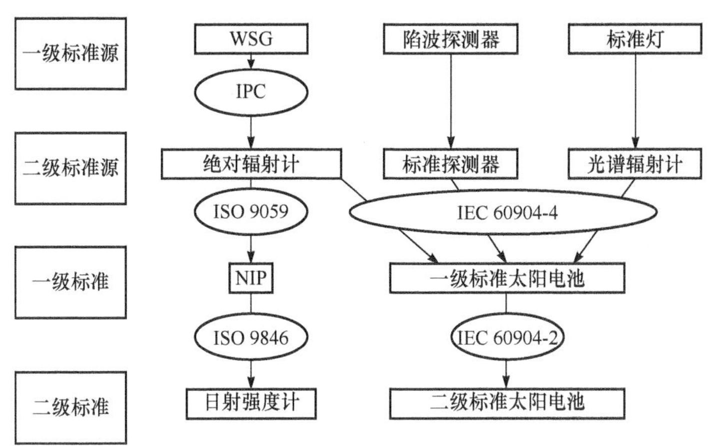

图 11.5　用于太阳辐照度探测器溯源的最常见标准仪器和传递方法

IPC：国际太阳热量计比对；NIP：垂直入射太阳热量计

11.2.4　标准太阳电池的标定

标准太阳电池的标定值是其在标准测试条件下的短路电流值。标准太阳电池的标定是一项非常复杂、烦琐、细致的工作，是具有很高科技含量和创新思维的系统工程。标定工作一般是由专门的权威机构组织有经验有能力的科技人员进行。

一级标准电池的产生是最重要的标定工作。其次是由一级标准电池向二级标准电池的传递标定。由于标定工作涉及许多非常专业的设备和技术，本节将对上述两类标定方法作一简单介绍。

1. 一级标准太阳电池的标定

对于一级标准太阳电池的标定方法，相关国际标准[5]认同四种方法。

(1) 总阳光辐照法。标定工作在自然阳光下进行。要求阳光充足，天气晴朗，太阳周围 30°半角内无明显云层。标定地点和日期时间应满足太阳仰角为 41.8°，符合 AM1.5 的要求。太阳总辐照度是直接辐照度和散射辐照度之和，它们分别由二级标准源的太阳热量计和日射强度计来测量。这两种辐射计均由太阳辐照度一级标准源(WRR)比对而来。为了进行光谱修正，必须同时测量太阳光的光谱辐照度和太阳电池的相对光谱响应。在测量太阳电池短路电流的同时必须监控和记录其温度。最后将所测的短路电流值修正到标准测试条件(25℃，1000W/m^2，AM1.5 光谱)下的值。为了保证准确度，所有上述测量均进行多次，取其算术平均值作为所需之标定值。

(2) 直接阳光辐照法。与总阳光辐照法一样也是在自然阳光下进行。不同的是只用太阳热量计测量太阳的直射辐照度，并在此辐照度下测太阳电池的短路电流。对此短路电流进行辐照度、温度和光谱修正后便得到标定值。当然，此标定值亦应是多次、多日重复测量结果的平均值。

(3) 微分光谱响应标定法(DSR 标定)。此法是用太阳电池的绝对光谱响应与标准太阳辐照度分布[1,2]进行积分而得到太阳电池的短路电流值。因此必须先测量太阳电池的相对光谱响应，然后对三个不同波长下测量绝对光谱响应。为此要用具有温度控制的标准辐照度探测器，此探测器必须溯源到一级标准源(SI 单位)。如果测量时温度能控制到(25±2)℃，则可无需温度修正。在测量太阳电池相对光谱响应时，要对电池加以偏光，此偏光光强要在(10～1100)W/m^{2}内连续可调，要求选用 CBA 级以上的太阳模拟器作此偏光光源。

(4) 太阳模拟器标定法：此法必须使用 AAA 级太阳模拟器作为光源。模拟光照在太阳电池上的辐照度应近似为 1000W/m^2。用光谱辐射计测量模拟光源的光谱辐照度分布，此光谱辐射计必须是可溯源到一级标准源的二级标准源，即它必须用一级标准灯标定过。在 1000W/m^2 偏置光下测量太阳电池的相对光谱响应。在(25±2)℃下测太阳电池的短路电流，短路电流要测量 10 次取其平均值。此时可用下式得到标准太阳电池的标定值(CV)

$$\mathrm{CV} = I_{\mathrm{SC}} \frac{\int E_{\mathrm{s}}(\lambda) S(\lambda) \mathrm{d}\lambda}{E_{\mathrm{m}}(\lambda) S(\lambda) \mathrm{d}\lambda} \tag{11.4}$$

式中，I_{SC}是所测太阳电池短路电流，$E_s(\lambda)$为标准太阳辐照度分布，$E_m(\lambda)$是所用模拟光源的光谱辐照度分布。$S(\lambda)$为欲标定太阳电池的相对光谱响应。

2. 二级标准太阳电池的标定[4]

二级标准太阳电池应在自然太阳光或模拟太阳光下，以一级标准太阳电池为基准进行标定。一级和二级标准太阳电池的光谱响应应相互匹配，使得在标定所用的光照下，光谱失配误差小于±1%。失配误差的计算方法请参阅国际标准 IEC60904－7。

（1）自然太阳光应满足如下条件：晴朗、阳光充足的天气，散射辐射不大于总辐射的 30%；太阳周围无明显的云层；由一级标准太阳电池测到的总辐照度（直接辐照度、天空辐照度和地面反射辐照度之和）不小于 800W/m²；大气质量在 AM1 和 AM2 之间；太阳辐照充分稳定，在一次测量时间内，标准电池的短路电流变化小于±0.5%.

（2）太阳模拟器应满足 AAA 标准，要求光照面辐照度的不均匀性小于±1%。

（3）标定方法。

先测量二级标准太阳电池的相对光谱响应和短路电流的温度系数。将一级和二级标准电池紧靠一起安装于同一平面内（误差±1°），使太阳光或模拟器光束的中心线与电池表面垂直，误差±5°。两标准电池的温度均控制在（25±2）℃以内，否则要作温度修正。同时测量一级和二级标准太阳电池的短路电流和温度。重复 5 次测量，其短路电流之比（修正到 25℃）变化应不大于±0.5%。对于在自然阳光下的标定，上述过程应在不少于 3 天时间内每天进行两次。选出可接受的数据计算出 25℃时二级标准太阳电池与一级标准太阳电池短路电流之比值。最后将一级标准太阳电池的标定值乘以计算得到的平均比值便得到二级标准太阳电池的标定值。

11.3　光伏器件的基本测量

太阳电池是直接把光能转换成电能的光伏器件。对此类光伏器件的测试主要是测量其以光电转换效率为代表的电性能，包括光伏电流电压特性曲线、光谱响应特性曲线以及光伏器件电流和电压的温度系数。太阳电池应用非常广泛，小到计算器电源，大到兆瓦级并网电站，它们对测试的要求可能各有侧重，但其最基本的核心仍然是电池在其应用条件下的电性能。对于新研制的各种不同材料、不同结构的太阳电池，尽管在研究阶段可能有各种参数需要进行测试分析，但对该电池的最终评估仍然以其光电性能为准。现只以单体电池和小型组件为例叙述其基本测量原理和方法。

11.3.1　光伏电流电压特性的测量

1. 测量方法

太阳电池电流电压特性的测量可以在自然太阳光下进行，也可以在室内模拟太阳光下进行。在自然太阳光下测量，要求在一次测量期间内太阳光的总辐照度(直接辐射与天空散射之和)的不稳定度不大于±1%。对于地面应用的光伏器件，若要求测量结果仍以标准测试条件为参照，总辐照度应不低于 800W/m^2。如果，标准电池和被测电池均装有温控器，应调到所需之测试温度。否则应将标准电池和被测电池都遮挡起来，避免阳光和风的影响，使它们与周围空气环境的温度一致后，去掉遮挡物立即进行测量。室内测试所用的模拟光源称为太阳模拟器，针对地面应用和空间应用的光伏器件测试条件的不同，太阳模拟器的光谱辐照度分布分别为 AM1.5 和 AM0 两种。太阳模拟器的总辐照度是连续可调的，在 AM0 条件下，可调范围是 0.8～1.2 个太阳常数；在 AM1.5 条件下，可调范围是 800～1200W/m^2。下表比较了在自然阳光和太阳模拟器光源下进行太阳电池 I-V 特性测试的特点(表 11.1)。

表 11.1　模拟太阳光与自然阳光下的测试特点对比

类型	优点	缺点
自然太阳光	1. 连续性光照； 2. 辐照均匀性好，准直性高； 3. 光谱匹配度好	1. 受时间和气候影响； 2. 总辐照度不能调节； 3. 光谱分布不稳定
太阳模拟器光源	1. 可连续发光，也可闪光方式； 2. 总辐照度稳定且可调； 3. 不受时间、季节和气候的影响； 4. 便于和太阳电池生产线集成； 5. 可以固定场所； 6. 复现性好	1. 辐照均匀性不易调节； 2. 光谱失配度不易调整； 3. 光的准直性不够好

不论是自然太阳光还是太阳模拟器的辐照度都必须用标准太阳电池来测量。测量光伏器件电流电压特性的同时必须精确测量光伏器件和标准太阳电池的温度，测温精度和重复性应分别达到±1℃和±0.5℃.

测试线路如图 11.6 所示[6]。图中标准太阳电池用于测量光源的辐照度。测量中，标准太阳电池与被测电池应置于均匀光照范围内的同一水平面内。共面性误差小于 2°。如果光源均匀光照的面积不足以同时容纳标准电池和被测电池，则在用标准电池调整光源达到所需辐照度之后，再将被测电池换到原来位置进行电流电压特性的测量。如果标准太阳电池的实测温度与标准温度之差大于 2℃，则应对其标定值进行校正。图 11.6 中的可变负载和测量仪表可使用 Keithley 仪表代替，用电脑绘出 I-V 曲线。

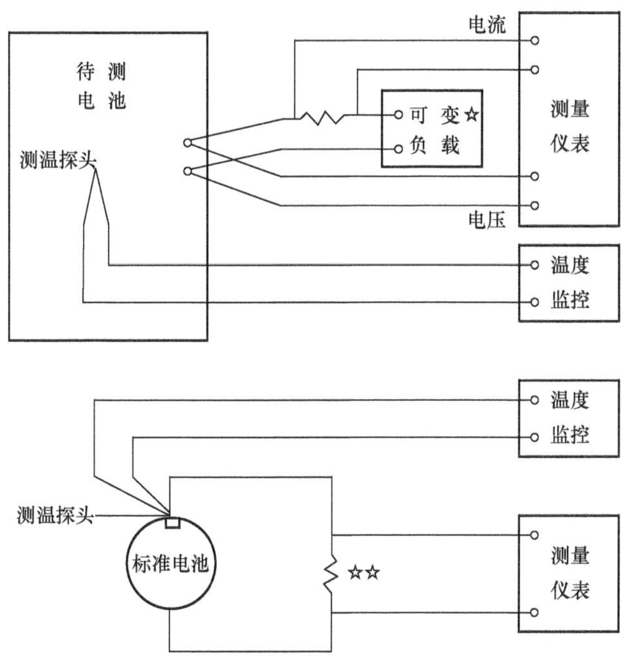

图 11.6　电流-电压特性测试电路框图

图中“☆”意指推荐用电子学方法；图中“☆☆”表示该电阻应选用精密电阻为宜

为使测试结果准确可靠，所用仪表应经过认真鉴定，使电压和电流测量准确度达到±0.2%，温度测量准确度达到±1℃。所用电压表内阻应大于 20kΩ。测量电压和电流时应从待测电池分别引出导线。短路电流应在零电压条件下测量，可采用电子学方法加上可变偏压来补偿外部串联电阻的电压降。如果通过测量一个精密的具有四端引线的固定电阻上的电压降来测短路电流，则要求此电阻上的电压降不大于电池开路电压的 3%。这时电流与电压呈线性关系，可把曲线外推到零电压。

图 11.7 给出典型电流电压曲线。从中可以得到该光伏器件的开路电压、短路电流和最大功率点。由最大功率点对应的电流和电压值的乘积与开路电压和短路电流的乘积之比可求出该光伏器件的填充因子（见式(11.5)），由最大功率输出与入射总辐照度之比可算出该光伏器件的光电转换效率（见式(11.6)）。

$$FF = \frac{I_A \cdot V_A}{I_{SC} \cdot V_{OC}} \tag{11.5}$$

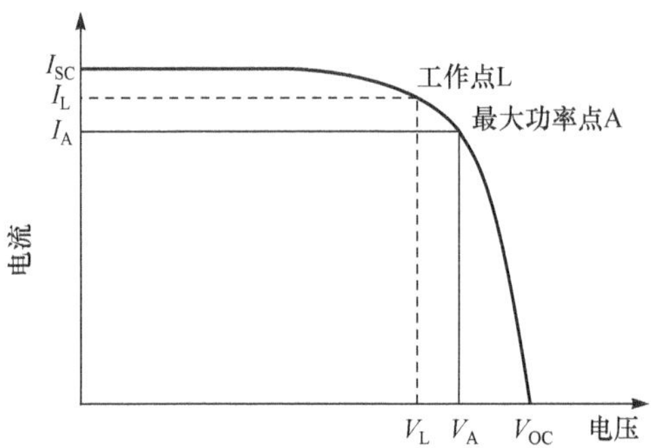

图 11.7　电流-电压特性曲线示例

$$\eta = \frac{I_A \cdot V_A}{P_A} \tag{11.6}$$

可知

$$\eta = \frac{FF \cdot I_{SC} \cdot V_{OC}}{P_A} \tag{11.7}$$

填充因子 FF 实际上是图 11.7 内 I-V 曲线中最大功率点处的电流电压乘积 $I_A \cdot V_A$表示的面积与 $I_{SC} \cdot V_{OC}$乘积表示的面积之比。

在太阳电池的各种应用中，其光源辐照度可分为以下三个范围：

(1) 人造照明灯范围，其辐照度为 0.01～1mW/cm^2；

(2) 室外太阳光范围，其辐照度为 1～140mW/cm^2；

(3) 聚焦太阳光范围，其辐照度为 140～200000mW/cm^2，相当于 1 到 2000 个太阳(一个标准辐照度称为一个太阳)。

平时人们最关注的是室外太阳光范围的情况，此为地面电站、户用电站等太阳光无聚光情况下广泛使用的情况。

人造照明灯范围属于弱光情况，太阳电池用作计算器电源即属此情况。对于这类弱光电池的输出特性，一般采用照度作为光强的量度，即测量不同照度下的电流电压特性。为避免外界杂散光的干扰，测量应在暗室中进行。由于照度单位 lx(勒克斯)不是描述能量的单位，所以不能用它来求电池的转换效率。只计算一定照度下太阳电池的最大输出功率。

2. 太阳模拟器及其分类

太阳光的光谱及其光强受气候与地域影响存在诸多不稳定性，这会影响光伏器件参数测试结果的可重复性。而且由于自然阳光的总辐照度无法调节，对其光谱分布与标准条件光谱的差异(光谱失配)进行校正时,需要实时监测阳光光谱,但太阳光谱测量的准确度不高。光谱测试在可见光区间的不确定度约为 4%,紫外区间和红外区间的不确定度更大,为 8%～10%。所以,光伏器件的测试,尤其是太阳电池生产线上的测试,各种电池最高纪录测试公信度的确认等,均需要有公认标准的太阳模拟器来提供模拟太阳的光源。为此,太阳模拟器的制作及其标准是非常重要的。

太阳模拟器是用来模拟太阳辐照度和太阳光谱的设备,它一般由短弧氙灯与滤光片组合而成,如图 11.8 所示。氙灯发出的光经过凹面反射镜聚焦,然后通过一组由多层蒸发膜组成的滤光片,去除氙灯特有的在 800～1000nm 内的线状光谱,以使整个出射光谱更接近 AM1,5 或 AM0 的太阳光。然后通过积分器使光的面分布均匀,再通过石英透镜形成平行光,使位于测量平面上的太阳电池受到均匀的模拟太阳光的照射。模拟光源的光谱是 AM0 还是 AM1.5 取决于多层膜滤光片的设计和组成。

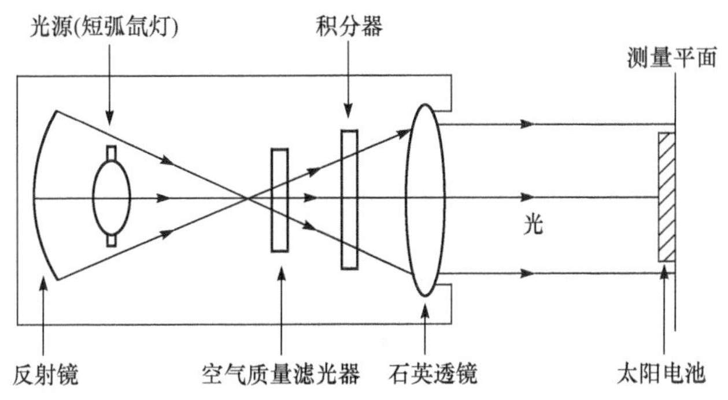

图 11.8　太阳模拟器的基本结构

太阳模拟器分为稳态、长脉冲和短脉冲三种。长脉冲模拟器可在一个脉冲期间测出整条 *I-V* 曲线,而短脉冲模拟器每次只能测出 *I-V* 曲线上的一个数据点。稳态模拟器一般使用滤光氙灯、双色滤光钨灯(ELH 灯)或改进的汞灯作为光源,这类模拟器适用于单体电池和小尺寸组件的测试。脉冲模拟器,由一个或两个脉冲氙灯组成,这类模拟器在大面积范围内辐照度均匀性好,能更好地适用于大尺寸组件的测试。脉冲模拟器的另一个优点是被测电池组件受热影响可以忽略,测试过程中被测电池组件不升温而与环境温度保持一致,而环境温度是可以很容易精确测量的。对于对光的响应速度慢的染料敏化太阳电池,一般选用稳态模拟器进行光伏电流电压特性的测量。如果用脉冲模拟器,其脉宽必须大于电池的响应时间。针对不同尺寸电池片或组件的大小,需选用不同尺寸的太阳模拟器与之对应,以保证光源的均匀度与稳定度能满足测试准确性的要求。

太阳模拟器根据光谱匹配、辐照度不均匀度和辐照度不稳定性三个指标进行分级[7]。模拟器的光谱辐照度分布应当与标准电池光谱辐照度分布相匹配。选取400～1100nm 波段的标准光谱辐照度并分为 6 段，分别算出各段积分辐照度占400～1100nm 波段范围内总积分辐照度的比例，见表 11.2。

表 11.2　标准太阳光谱辐照度分布(AM1.5)

	波长范围 λ/nm	占 400～1100nm 总辐照度的百分比
1	400～500	18.4%
2	500～600	19.9%
3	600～700	18.4%
4	700～800	14.9%
5	800～900	12.5%
6	900～1100	15.9%

将模拟器每个同样波段内测试的与其总辐照度的百分比与表 11.2 列出的标准光谱辐照度分布百分比进行比对，所得的比率即为模拟器在该波段的光谱匹配度，取 6 段中之差者定为模拟器的光谱匹配级别。

辐照度不均匀度是由设定的测试平面上任意指定点测出的最大和最小辐照度之值用式(11.8)计算得到

$$\text{辐照度不均匀度} = \pm\left[\frac{\text{最大辐照度}-\text{最小辐照度}}{\text{最大辐照度}+\text{最小辐照度}}\right]\times 100\% \tag{11.8}$$

辐照度不稳定度是由数据采集期间测试平面上测到的最大辐照度和最小辐照度按式(11.9)计算

$$\text{辐照不稳定度} = \pm\left[\frac{\text{最大辐照度}-\text{最小辐照度}}{\text{最大辐照度}+\text{最小辐照度}}\right]\times 100\% \tag{11.9}$$

所谓数据采集时间分别指获取整条 I-V 曲线的时间和只获取其中一个数据点的时间。由这不同时间内测出的不稳定性分别叫长时(long term)和短时(short term)不稳定度。短时不稳定性对一条曲线的各数据点可能不同，应取最差者。选长时和短时稳定性差者为模拟器稳定性项的级别。

表 11.3 为综合上述三项内容的太阳模拟器分级标准。一个模拟器的级别由三个字母表示，顺序为光谱匹配、辐照不均匀度和辐照不稳定度。如 AAA 级太阳模拟器，表明该太阳模拟器的光谱匹配、辐照不均匀度和辐照不稳定度均能达到A 级。

表 11.3　太阳模拟器等级分类

等级	各波长范围的光谱匹配	辐照度的不均匀度	辐照不稳定度	
			短时不稳定度(STI)	长时不稳定度(LTI)
A	0.75～1.25	2%	0.5%	2%
B	0.6～1.4	5%	2%	5%
C	0.4～2.0	10%	10%	10%

不同等级的太阳模拟器有不同的应用范围。各种条件下电池或其组件电性能的测试、温度性能关系(温度系数)测试等一般采用 AAA 级的模拟器,而太阳电池及组件的某些定型试验,如热斑试验、光老练试验等则用 CCC 级的即可。

在使用太阳模拟器进行太阳电池 I-V 特性测量时,对其在测试平面内辐照度的均匀性应定期进行检查,检查时视所用标准电池的尺寸大小有三种方法[6]。标准电池与试样大小相同时,检查时将它们分别放在测试平面的相同位置即可;若标准电池小于试样,标准电池应在试样所占面积内不同位置进行测量,最后将标准电池置于得到的平均值(有效辐照度)的位置上;若标准电池大于试样,试样应在标准电池所占面积内不同位置进行测量,得到平均值(有效辐照度)的位置用于放置试样。

每次用模拟器进行 I-V 测量时,都用上述方法调整模拟器的辐照度,以减少辐照度不均匀对测试结果的影响。

11.3.2　光谱响应的测试

在太阳电池电性能测量中,光谱响应是仅次于电流电压特性的重要特性。太阳电池绝对光谱响应定义为单位辐照度产生的光电流与入射光波长的关系。它实际上反映入射光子被电池吸收后所能产生的电子空穴对并形成光电流的能力。原则上讲,一个入射光子只能产生一个电子空穴对。从这个意义上讲,也可称太阳电池的光谱响应为量子效率。为了应用和测试的方便,人们常以光谱响应的最大值对整条曲线进行归一化,得到的曲线称为相对光响应。

光谱响应特性包含着太阳电池的许多重要信息。不但能反映电池各层材料质量,也反映减反膜质量、辐照损伤和各个界面层的质量。利用给定的太阳光光谱辐照度和绝对光谱响应数据,还可以计算出标准条件下太阳电池的短路电流[8],如式(11.10)所示。如果太阳电池的绝对光谱响应为 $S_a(\lambda)$(单位为 A/W),$F(\lambda)$为标准光谱辐照度分布数据,单位为 $W/m^2 \cdot \mu m$。则标准条件下太阳电池的短路电流为

$$I_{SC} = q\int_{\lambda_1}^{\lambda_2} S_a(\lambda) F(\lambda) d\lambda \tag{11.10}$$

式中,积分的上下限 λ_1 和 λ_2 分别为该太阳电池光谱响应特性中最短和最长的波长

（称短波限和长波限）。光伏器件相对光谱响应的测量是用其响应范围内一系列不同波长的单色光照射器件并在每一波长下测量其短路电流密度和辐照度得到的[9]。光源必须均匀照射器件而且器件的温度应当可以控制。测出的电流密度除以辐照度或与辐照度成比例的其他参数，并以波长为变量作图，即可得到太阳电池光谱响应曲线。当然，如果测试时通过改变单色光通过的狭缝的宽度使辐照度保持不变，则相对光谱响应可直接由电流密度的读数获得。

辐照度监测器可以是真空热电偶、热释电辐射计或其他合适的探测器，最常用的是标定过的、其相对光谱响应已知的标准太阳电池，即光谱标准太阳电池。这时所测太阳电池的相对光谱响应由下式给出

$$S_r(\lambda)=\frac{S_r'(\lambda)\cdot j_{SC}}{j_{SC}'} \tag{11.11}$$

式中，$S_r'(\lambda)$是标准太阳电池在波长为λ时的相对光谱响应；$S_r(\lambda)$是被测太阳电池在同一波长下的相对光谱响应，$j'(\lambda)$是标准太阳电池在波长为λ时的短路电流密度（A/cm^2）；$j_{SC}(\lambda)$是被测太阳电池在同一波长下的短路电流密度（A/cm^2）。

若使用真空热电偶作辐照度监测器，则待测电池相对光谱响应$S_r(\lambda)$按下式计算

$$S_r(\lambda)=\frac{j_{SC}(\lambda)}{U(\lambda)} \tag{11.12}$$

式中，$U(\lambda)$为真空热电偶波长为λ时的开路电压（V）。

图11.9是使用单色仪测量光谱响应的原理图。为了模拟太阳电池的实际工作环境，有时要附加一个模拟光源（AM1.5或AM0）照射到被测太阳电池表面，此附加光照即为偏置光。偏置光对光谱响应的影响程度随太阳电池类型而异。经实验证明偏置光对光谱响应没有明显影响的太阳电池，测量时可以不加偏置光。

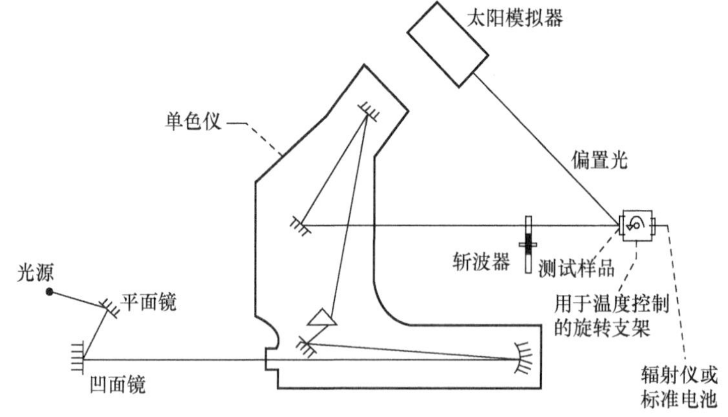

图11.9　单色仪测量光谱响应的原理图

将相对光谱响应曲线的纵坐标用适当方法进行绝对定标，即可得到该太阳电池的绝对光谱响应。常用激光方法定标。一般选用 10～30mW 稳态激光器作为光源，其波长选在待测电池光谱响应灵敏度较高的波段内。

用绝对辐射计测量波长为 λ_c 的激光器的辐照度 $W(\lambda_c)$，在激光器辐照度不变的条件下将绝对辐射计换为待测太阳电池，测量该电池的短路电流 $j_{SC}(\lambda_c)$，则待测电池在波长为 λ_c 下的绝对光谱响应可表示为

$$S_a(\lambda_c)=\frac{j_{SC}(\lambda_c)}{W(\lambda_c)} \tag{11.13}$$

由于待测电池在 λ_c 处的相对光谱响应 $S_r(\lambda_c)$ 是已知的，令

$$\kappa=\frac{S_a(\lambda_c)}{S_r(\lambda_c)} \tag{11.14}$$

得

$$S_a(\lambda_c)=\kappa S_r(\lambda_c) \tag{11.15}$$

由于在 λ_c 下求得的 κ 值是适用于各个波长 λ 的，所以待测电池的绝对光谱响应可由式(11.16)给出，单位为 A/W。

$$S_a(\lambda)=\kappa S_r(\lambda) \tag{11.16}$$

应当指出，在测量太阳电池相对光谱响应时，如果使用的标准太阳电池的绝对光谱响应是已知的，则待测太阳电池的绝对光谱响应可由式(11.11)得到，只是将式中 $S_r'(\lambda)$ 改为 $S_a'(\lambda)$ 即可。该式变为

$$S_a(\lambda)=\frac{S_a'(\lambda)\cdot j_{SC}(\lambda)}{j_{SC}'(\lambda)} \tag{11.17}$$

11.3.3　温度系数的测试[3]

太阳电池电性能参数如短路电流、开路电压和最大功率等都随它所处环境温度而变。电参数与温度的这种关系可用温度系数来描述。

太阳电池短路电流的温度系数 α_c，开路电压温度系数 β_c 和最大功率温度系数 γ_c 都随辐照度而变，而且也随温度范围不同而略有变化。因此测试太阳电池温度系数必须标明辐照度的大小和温度范围。一般说来，人们更关心标准测试条件下的温度系数值。测试方法是用标准太阳电池调整光源使之稳定于标准辐照度下，将被测太阳电池置于温控部件上，将其温度稳定在所关心的温度范围的最低点，测量其 I-V 曲线(注意光源辐照度必须保持稳定)。升高电池温度，在 30℃范围内每隔 5℃测量一次 I-V 曲线。

由上述各个 I-V 曲线上取出短路电流 I_{SC}，开路电压 V_{OC} 和最大功率 P_{max} 值，并分别作出与温度的函数曲线。由此三条曲线在所关心的温度点的斜率便可求出相应的温度系数。对于组件和太阳电池的其他组合，可按下式计算出其温度系数

$$\alpha = n_p \cdot \alpha_c \tag{11.18}$$

$$\beta = n_s \cdot \beta_c \tag{11.19}$$

式中，n_p和n_s分别为并联和串联的单体电池数；α_c和β_c分别为单体电池短路电流和开路电压的温度系数。

图 11.10　试验组件测温点位置

组件的温度系数也可以用上述方法直接测量，只是组件温度的测量必须按照图 11.10 所示，在四个位置附近进行，然后取其平均值作为组件温度。测温点应确认在一个电池的背面。

温度系数的测试可以在自然阳光下进行，也可以在 BBB 级以上的模拟器下进行。自然阳光下测试时阳光辐照度必须达到要求的值，且其波动不大于±2%，风速小于 2m/s。为减小光谱条件变化的影响，测量工作应尽快地在同一天几小时内完成。温度的调控是很重要的，要求每个测试温度都应稳定在±2℃以内。

11.3.4　光伏器件 *I-V* 实测特性的温度和辐照度修正方法[3]

如果由于条件限制，对光伏器件进行 *I-V* 特性测量时所用的温度和辐照度不是标准测试条件所规定的数值，可以通过下述公式将实测结果修正到标准条件。如果有必要，也可以用此方法将实测结果修正到其他所需的温度和辐照度条件下。国际标准 IEC60891 中推荐了三个修正方法，下面介绍其中一个方法。

若实测 *I-V* 特性上的坐标点为I_1和V_1，则将其修正到新 *I-V* 特性上的坐标点为I_2和V_2的公式为

$$I_2 = I_1 + I_{SC}\left[\frac{G_2}{G_1} - 1\right] + \alpha(T_2 - T_1) \tag{11.20}$$

$$V_2 = V_1 - R_s(I_2 - I_1) - kI_2(T_2 - T_1) + \beta(T_2 - T_1) \tag{11.21}$$

式中，I_{SC}为待测电池实测的短路电流；G_1为标准太阳电池实测的辐照度；G_2为标准辐照度或其他想要的辐照度；T_1为实测温度；T_2为标准测试温度或其他想要的温度；α和β为待测电池在标准或其他想要的辐照度下，以及在所关心的温度范围内的短路电流温度系数和开路电压温度系数；R_s为光伏器件的内部串联电阻；k为曲线修正系数。

辐照度G_1通常是由标准电池测量，若该标准电池在标准测试条件下的标定值是$I_{RC\cdot STC}$。而实测的短路电流为I_{RC}，测试时的温度为T_{RC}，则此时的辐照度为

$$G = \frac{1000\,\mathrm{W/m^2} \cdot I_{RC}}{I_{RC\cdot STC}}[1 - \alpha_{RC}(T_{RC} - 25℃)] \tag{11.22}$$

式中，α_{RC}为此标准电池的温度系数。

1. 太阳电池和组件内部串联电阻的测试

测试可在自然阳光下也可用模拟阳光进行。在一定温度（稳定在±2℃以内）下测三个不同辐照度（$G_1 \sim G_N$）下的 I-V 曲线，辐照度大致在 1000W/m^{2}或其他想要的数值附近。所得 I-V 曲线如图 11.11(a)所示。

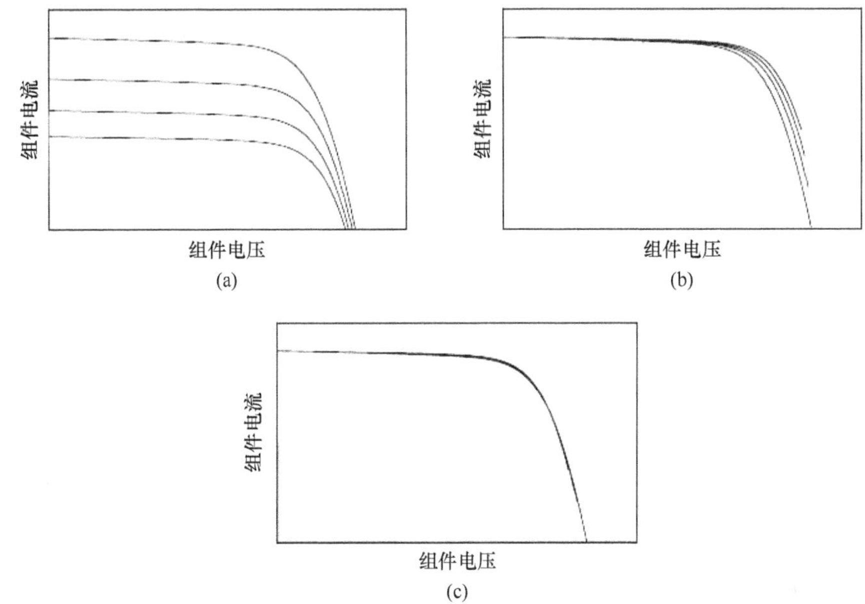

图 11.11　内部串联电阻的确定

(a)同一温度不同辐射照度下的 I-V 特性；(b)在 $R_s=0\Omega$ 时，修正的 I-V 特性；(c)最合适的串联电阻下，修正的 I-V 特性

设各曲线辐照度从高到低分别为 $G_1,\cdots,G_N$，它们所测的短路电流分别为 $I_{SC1},\cdots,I_{SCN}$。对于线性组件，辐照度 G_N表示为

$$G_N=\frac{I_{SCN}}{I_{SC1}}\cdot G_1 \tag{11.23}$$

利用辐照度修正式(11.20)和式(11.21)，将 $G_2,\cdots,G_N$所对应的曲线修正到 G_1所对应的曲线，修正时令 $R_s=0$，于是得到图 11.11(b)的曲线。由于 G_1和 $G_2,\cdots,G_N$处于相同的温度，所以只进行辐照度修正。再逐步改变 R_s值，每次改变 10mΩ，对上述曲线进行修正，当各修正曲线的最大功率值的偏差小于±0.5%时，所取 R_s值便是所测器件的内部串联电阻值，如图 11.11(c)所示。

2. 曲线修正因子 K 的测试

修正因子 K 的测试也可在自然阳光和模拟阳光下进行。这时被测器件的温度系数和内部串联电阻必须作为已知条件。

在上述测 R_s 的辐照度范围内，选定一个辐照度值并稳定在±1%以内，在至少三个不同温度下分别测量器件的 I-V 特性，温度应控制稳定在±2℃以内。所得曲线如图 11.12(a)所示。

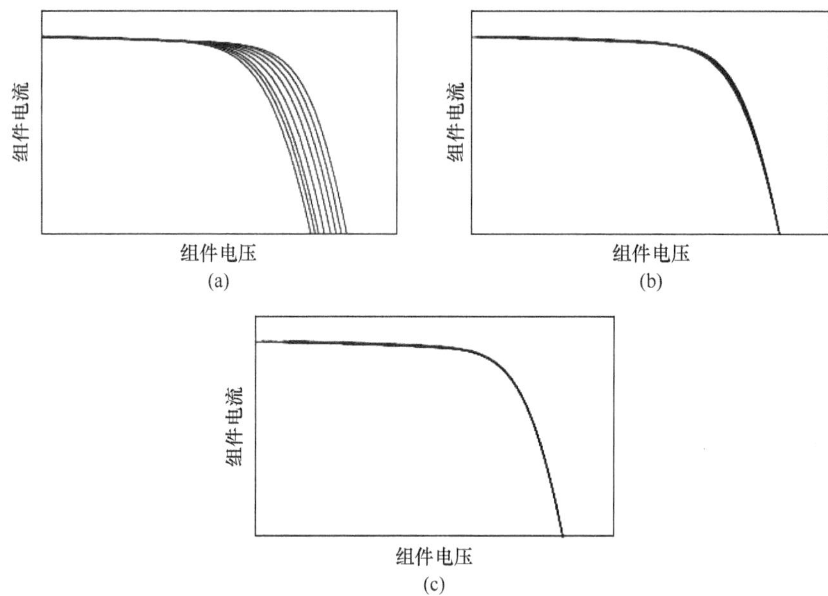

图 11.12　曲线修正因子的确定

(a)不同温度条件下 I-V 特性的测量结果；(b)K=0Ω/K 时 I-V 特性的温度修正；(c)K 最合适时 I-V 特性曲线的修正

假定 T_1 是最低温度，低于它的顺序为 $T_2,\cdots,T_N$。令 $K=0\Omega/\text{K}$，利用式(11.20)和式(11.21)将 $T_2,\cdots,T_N$ 各曲线修正转化到 T_1 对应的曲线(相当于只作温度修正)。结果如图 11.12(b)所示。

从 $K=0\text{m}\Omega/\text{K}$ 开始，每步改变 $1\text{m}\Omega/\text{K}$，对上述曲线进行修正，当修正后曲线最大功率值在±0.5%内重合时，对应 K 值即为所求，如图 11.12(c)所示。

本节所述修正方法只适用于线性器件，或 I-V 特性与温度和辐照度关系的线性部分。

11.4　多结叠层太阳电池的测试

11.4.1　多结叠层太阳电池

单结太阳电池在实现光电转换的过程中，总是存在固有的损失，禁带宽度窄的太阳电池，虽然能够将更多的光子转变成电子空穴对，短路电流密度高，但由于禁带宽度窄，产生的光生电动势低，造成电池开路电压损失。相反，宽带隙材料制作的太阳电池，虽然开路电压高，但其吸收限波长短，更多的长波光子不能被吸收产生电子空穴对，造成电流损失。解决问题的一种办法是采取多禁带、多结叠层电池结构，分段利用太阳光谱，实现更高的光电转换效率，这一概念早在 1955 年就由 Jackson 提了出来[10]。

多结叠层太阳电池是将不同禁带宽度的子电池，以入射太阳光方向，依照禁带宽度从大到小的顺序串联叠加制作而成，依次吸收太阳光谱的短波、中波及长波部分，实现更高的光电转换效率。图 11.13 为 GaInP/InGaAs/Ge 三结叠层太阳电池示意图[11]。

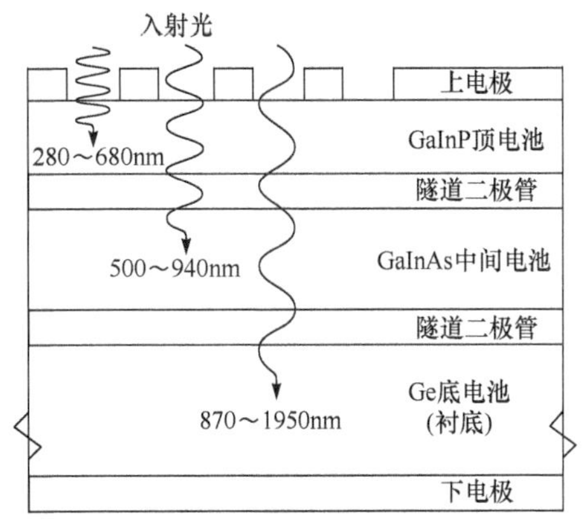

图 11.13　GaInP/InGaAs/Ge 三结叠层太阳电池示意图

由于多结叠层电池在实际太阳光谱下的电性能会受到各个子电池性能参数的影响，因此其光谱响应及 *I-V* 曲线的测试比单结电池的测试要复杂得多。加之此类电池仍处于研究发展阶段，尚未制定相应的国际和国内标准。本书将概述此类电池测试的基本方法和原理。

11.4.2　多结叠层太阳电池光谱响应的测试

多结叠层电池的光谱响应测试需要加多个不同波段的偏置光和偏置电压。

如前所述，当单色光照射到多结叠层电池上时，因为各个子电池分别响应于太阳光谱的不同波段，因此，当其中一个子电池有响应时，另外的子电池由于没有响应而使 pn 结处于反偏的状态，使整个多结叠层电池没有电流输出，这样就得不到有响应的那个子电池的任何信息。如果当其中一个子电池有响应时，另外的两个子电池处于正向光偏置状态，情况就不同了。

加偏置光的目的有两个：第一个目的与单结电池相同，即使被测子电池的测试条件与实际应用时的工作条件相近；第二个目的是，使被测子电池在偏置光条件下的短路电流低于其他子电池，根据基尔霍夫定律，串联叠层电池的电流将受到最小的被测子电池电流限制，这样光谱响应测试得到的就是被测子电池的光谱响应曲线。图 11.14 为外加偏置光源的多结叠层太阳电池光谱响应测试方法的原理图。在进行光谱响应测试时，采用外加偏置光源使得在测试其中一个子电池时，其他子电池处于无相互干扰的偏置光源下，并且保证其他子电池的电流高于需要测试的子电池的电流幅值。

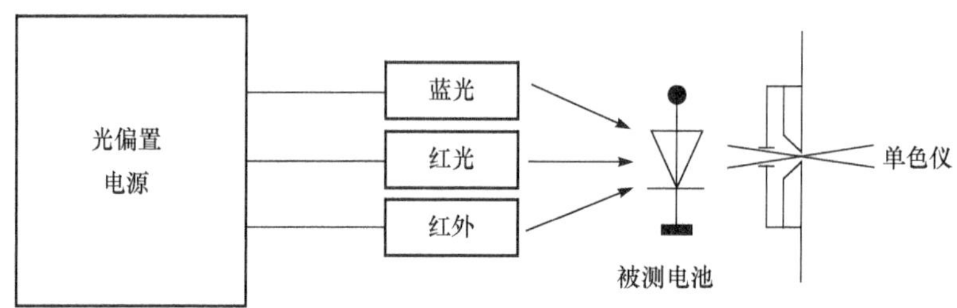

图 11.14　外加偏置光源的多结叠层电池光谱响应测试的原理图

图 11.15 示出测试仪器采用的多通道偏置光源中的光学滤光器的透射光谱，对于多结叠层电池结构，这种偏置光源分别对应各个子电池的响应区域。

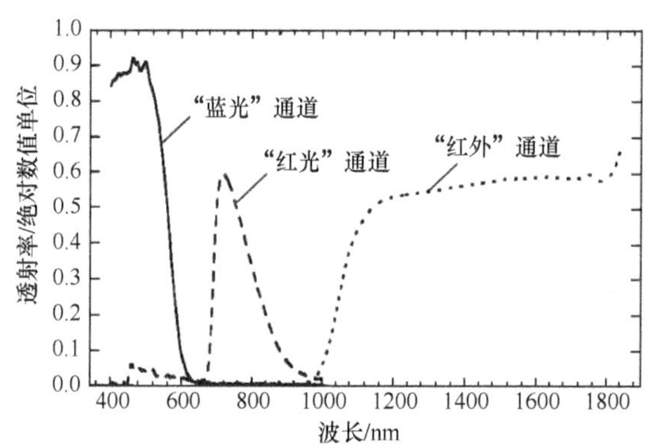

图 11.15　三通道偏置光源中的光学滤光器的透射光谱

由于在偏置光条件下测试某子电池光谱响应时，测试得到的是在叠层电池最大功率点附近的电流，而非短路电流，当被测子电池的反向特性较差时，两者之间的区别则更大。为使被测子电池的测量点回到短路电流点，故需要施加偏置电压。

加偏置光和偏置电压后，依照单结电池光谱响应的测试方法，对每一个子电池的光谱响应进行测试，最终得到多结叠层电池的光谱响应曲线，结果如图 11.16 所示。

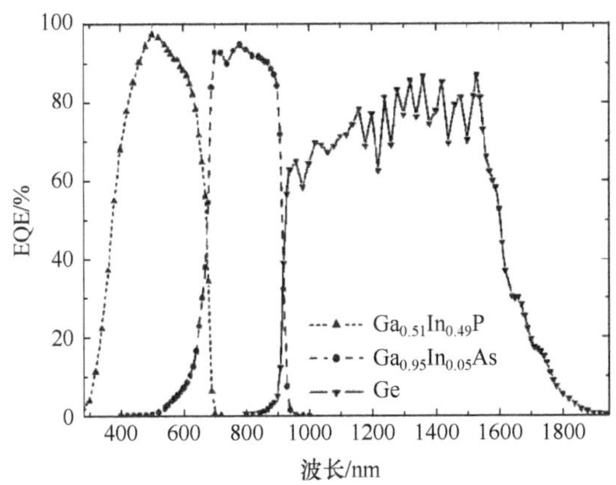

图 11.16 GaInP/InGaAs/Ge 三结叠层太阳电池的光谱响应曲线

11.4.3 *I-V* 特性曲线的测试

和单结电池一样，多结叠层太阳电池 *I-V* 特性的准确测量取决于模拟光源的选择和标准电池的制作。对于一个特定的多结叠层电池，各个子电池分别响应于太阳光谱的不同波段。由于单光源模拟器的光谱分布与实际应用时的太阳光谱分布存在很大的差别，因此用单光源模拟器已经不能准确测试多结叠层电池的 *I-V* 特性曲线，需要用不同波段可独立调节的多光源模拟器[12]。

对多结叠层太阳电池的各个子电池分别建立相应的标准电池，这些标准电池应与被测电池具有相同材料、相同结构并在相同工艺条件下制作。参照单结太阳电池的方法，对上述标准电池进行航天飞机或光谱标定，以确定它们在 AM0 或 AM1.5 条件下的标定值。

利用各个子电池的标准电池对多光源模拟器的相应波段进行反复调节，使各子电池的标准电池达到其标定值。这时的多光源模拟器便可用来对多结叠层太阳电池进行 *I-V* 测试，测试方法仍如 11.3.1 节所述的相同。这种方法准确度较高，但需注意是，每改变一次电池结构，都必须做多个标准电池，而且标准电池的性能亦要与多结叠层的子电池相一致。

单光源模拟器和室外测试结果只是一种参考，不能反映标准条件下的多结叠层电池的 *I-V* 特性，但可以通过电流平衡因子给出其相对的准确度[12]。

11.5 光伏组件检测

光伏产品大量应用是以光伏组件为最小单元出现的，人们根据用电需求，对光伏电池片进行切割，通过对电池片的串、并联进行连接。为了使光伏组件长时间的使用并且牢固耐用、不易破碎，对经串、并联处理后的光伏电池片进行层压、胶封等封装工艺，然后加装边框(塑胶、金属型材等)及电极接线盒即成为一个具有额定功率、电压等电参数的实用的光伏组件，其结构示意参见图 11.17。

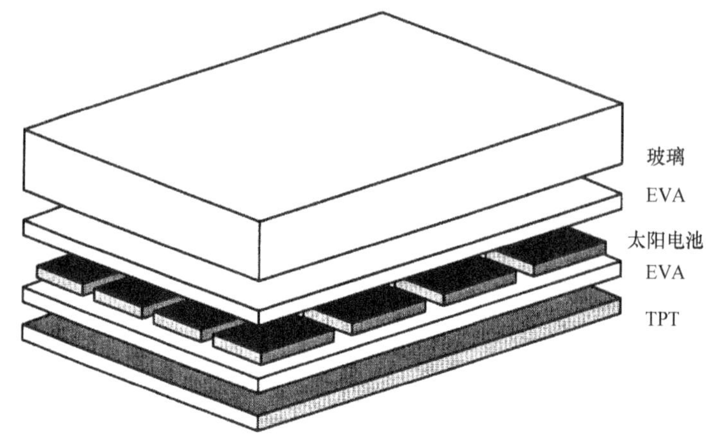

图 11.17　光伏组件结构示意图

光伏组件的检测依据组件的材料不同可大致分为：晶体硅(包含单晶硅和多晶硅)、硅基薄膜、化合物和有机半导体等光伏组件；按照工作方式可分为平板组件，聚光组件等。目前可以作为商业化大量应用的光伏组件产品为：晶体硅光伏组件、薄膜光伏组件和聚光型光伏组件等。

光伏组件是作为商业化应用产品的基本单位。随其在各种发电系统中广泛应用，如何保证光伏组件能够达到长时间、安全可靠的使用就成为重要的问题。经各国科研机构的研究和实际验证，逐步制定出了光伏组件的产品检测标准。具体标准及其标准名称参见表 11.4。

表 11.4　光伏组件检测使用的标准

序号	标准号	标准名称
1	IEC61215:2005	地面用晶体硅光伏组件-设计鉴定和定型
2	GB/T9535-1998	地面用晶体硅光伏组件设计鉴定和定型(等效转换于 IEC1215:1993)
3	IEC61646:2008	地面用薄膜光伏组件-设计鉴定和定型
4	GB/T18911-2002	地面用薄膜光伏组件设计鉴定和定型(等效转换于 IEC61646:1996)
5	GB/T19394-2003	光伏(PV)组件紫外试验(等效采用 IEC61345:1998)
6	IEC61730-1:2004	光伏组件安全第 1 部分:结构要求

续表

序号	标准号	标准名称
7	IEC 61730-2:2004	光伏组件安全第 2 部分:试验要求
8	UL1703:2004	平板型光伏组件安全标准
9	IEC 62108:2007	聚光型光伏组件与模组-设计鉴定和定型

注:GB 为中国国家标准;IEC 为国际电工委员会标准;UL 为美国保险商实验室。

11.5.1　晶体硅光伏组件测试

晶体硅光伏组件是应用最早、也最成熟的光伏产品。目前针对晶体硅光伏组件国内和国际公认使用的检测标准为 IEC61215 标准。IEC 61215 为晶体硅地面光伏组件设计鉴定和定型而制定的核准标准(crystalline silicon terrestrial photovoltaic (PV) modules-design qualification and type approval[13])。该标准共制定了两版,即 1998 版和 2005 版。按照 IEC 委员会的规定,新版本标准的出现,旧版本标准自动被替代。由于我国标准更新较慢,目前国内使用的有效标准还是采用 1998 版的标准。

IEC 61215 检测标准主要目的是确认在地面一般室外气候条件下长期使用光伏组件应达到的性能(检测流程见图 11.18)。检测标准在尽可能合理的经费和时间内,通过实验室模拟环境条件和室外自然环境下进行试验,评价光伏组件的电气性能与热性能,主要测试可以归纳为:电气性能测试、可靠性测试、环境模拟测试、机械应力测试等(试验项目一览表见表 11.5)。

电气性能测试主要包括有“最大功率点测试”、“温度系数的测量”、“标称工作温度的测量”、“标称工作温度和标准测试条件下的性能”和“低辐照度下的性能”等测试内容。在前面章节已经给大家介绍过了光伏器件的测试条件和测试方法,这里主要介绍一下测试目的。

光伏器件的标准测试条件为 1000W/m^2,25℃,光谱辐照度分布符合 AM1.5,这一测试可以在室内模拟器环境下进行也可以在室外自然环境下进行,在此条件下测试结果就是“标准测试条件下的性能”(也可以作为“最大功率点”使用),所包括的参量如 I_{SC}(短路电流),V_{OC}(开路电压),P_{max}(最大功率),I_{pmax}(最大功率点电流),V_{pmax}(最大功率点电压),η(转换效率)等。这些都是实际应用中必需的参数。例如在光伏电站的设计需要按照光伏组件的 P_{max} 计算电站的设计容量,按照组件 I_{SC},V_{OC},I_{pmax},V_{pmax} 等计算电站的组成方式(串联或并联)和确认电站平衡部件的参数。在实际应用中,光伏组件受到工作温度、辐照度和光谱等条件的影响,实际的电性能会偏离在标准测试条件下的性能,因此在标准中还规定了“标称工作温度”、“低辐照下的性能”和“温度系数”等试验,通过试验可以获得标称工作温度,200W/m^2 光强下的电性能,α(测量其电流温度系数)、β(电压温度系数)和 δ(峰值功率温

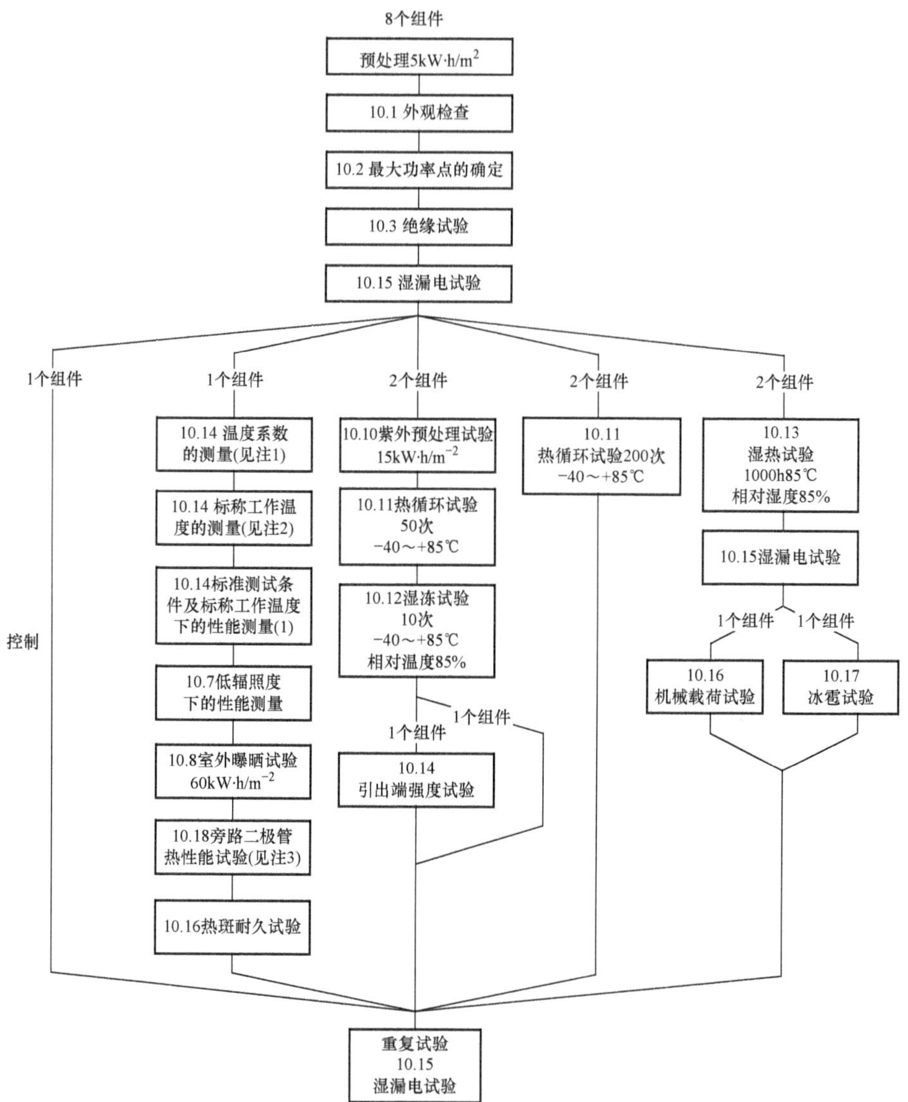

图 11.18　晶体硅光伏组件检测流程

度系数)等参数,在电站设计中这些参数可以为此种类型光伏组件提供修正。

表 11.5　检测项目一览表

序号	试验分类	试验项目	试验条件
1	电气性能测试	外观检查	检查组件中的任何外观缺陷
2		最大功率确定	电池温度：25～50℃，辐照度：700～1100W/m²，光谱辐照度分布符合 IEC904－9 的 B 级或更优，要求可重复一致性高
3		温度系数的测量	测量其电流温度系数(α)、电压温度系数(β)和峰值功率温度系数(δ)
4		标称工作温度测量	总太阳辐照度：800W/m²，环境温度：20℃，风速：1m/s
5		标称工作温度和标准测试条件下性能	电池温度：25℃，辐照度：800W/m² 和 1000W/m²，光谱辐照度分布符合 IEC 904－9 的 B 级或更优
6		低辐照度下的性能	电池温度：25℃，辐照度：200W/m²，标准太阳光谱辐照度分布符合 GB/T 6495.3 规定
7	光伏组件可靠性测试	绝缘试验	经受直流 1000V 加上两倍系统最大电压 1min。对于面积小于 0.1m² 的组件绝缘电阻不小于 400MW，对于面积大于 0.1m² 的组件，测试绝缘电阻乘以组件面积应不小于 40MW · m²，测试时使用 500V 或最大系统电压的最高值
8		湿漏电流试验	对于面积小于 0.1m² 的组件绝缘电阻不小于 400MW，对于面积大于 0.1m² 的组件，测试绝缘电阻乘以组件面积应不小于 40MW · m²，测试时使用 500V 或最大系统电压的最高值
9		旁路二极管热性能试验	75℃，I_{SC}加上 1h，75℃，1.25 倍 I_{SC}加上 1h
10	环境模拟测试	室外曝晒试验	太阳总辐射量：60kW · h/m²
11		热斑耐久试验	在最坏热斑条件下，1000W/m²辐照度照射 5h
12		紫外预处理试验	波长在 280～385nm 范围的紫外辐射为 15kW · h/m²，其中波长为 280～320nm 的紫外辐射为 5kW · h/m²
13		热循环试验	从－40～＋85℃进行循环试验单次循环不超过 4h，分别做 50 次和 200 次，所加电流为标准测试条件下的最大功率点电流
14		湿冻试验	从＋85℃，85％相对湿度到－40℃ 10 次，每次 24h
15		湿热试验	在＋85℃，85％相对湿度下 1000h

续表

序号	试验分类	试验项目	试验条件
16	机械应力测试	机械载荷试验	2400Pa 的均匀载荷依次加到组件前和后表面 1h，循环三次
17		冰雹试验	25mm 直径的冰球以 23.0m/s 的速度撞击 11 个位置
18		引出端强度试验	确定引出端及其与组件体的附着是否能承受正常安装和操作过程中所受的力

可靠性试验主要包括“绝缘耐压试验”、“湿漏电流测试”和“旁路二极管热性能试验”。“绝缘耐压试验”和“湿漏电流测试”主要是测定组件在自然和潮湿条件下，内部电路部分与组件边框或外部之间的绝缘是否良好。“湿漏电流测试”还验证在雨、雾、露水或溶雪的状态下，湿气是否进入组件内部电路的情况。“绝缘耐压试验”和“湿漏电流测试”一般在环境试验和机械应力试验后进行，主要考察光伏组件在破坏性试验后是否能保持标准要求的绝缘耐压特性。“旁路二极管热性能试验”主要评价光伏组件接线盒用旁路二极管的热设计及防止对组件有害的热斑效应性能相对长期运行的可靠性，这一试验非常重要，如果二极管选配不当或存在质量问题会引起火灾的严重后果。

环境模拟试验主要包括“室外曝晒试验”、“热斑耐久试验”、“紫外预处理试验”、“热循环试验”、“湿-冻试验”、“湿-热试验”。以上主要检验光伏组件在自然环境下各种材料抗老化的性能，这是保证光伏组件长时间在室外运行的基础。通过模拟环境试验光伏组件出现较多的质量问题，如焊点黄变、EVA 气化形成连续气泡通道等(图 11.19)。

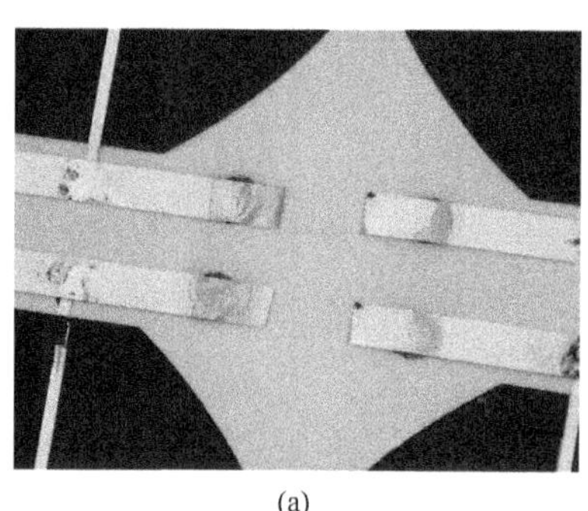

(a)

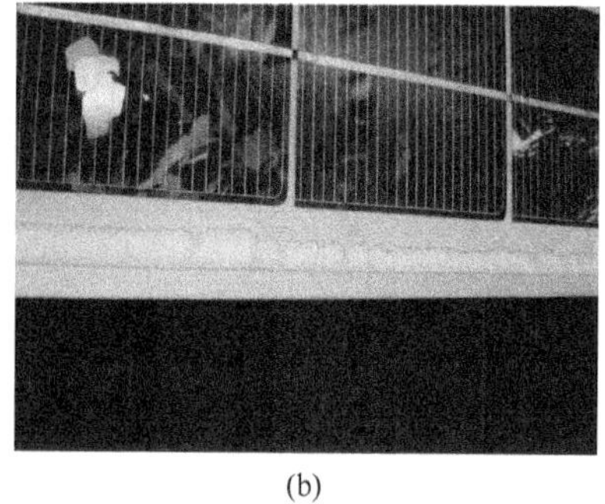

(b)

图 11.19　环境试验后焊点处的的黄变(a)和气泡(b)

机械应力测试主要包括“机械载荷试验”、“冰雹试验”、“引出端强度试验”，主要测试光伏组件抵抗外界机械性变的能力。

在经过上述不同序列的检测项目后，合格产品应是组件电性能输出功率的衰减应不超过 8%，没有严重外观缺陷并通过绝缘性能试验。

11.5.2　薄膜光伏组件测试

薄膜光伏组件测试标准为 IEC61646：2008 地面用薄膜光伏组件设计鉴定和定型（thin-film terrestrial photovoltaic（PV）modules-design qualification and type approval[14]）。IEC 61646 标准中的试验序列来源于 IEC61215 的设计鉴定与定型标准。然而，与 IEC61215 标准不同的是，IEC61646 标准不再根据每个单项测试前后组件电性能变化来判定是否通过/合格；而是以全部试验序列完成后，组件是否达到标称的最低功率值来进行判定。对于薄膜型光伏组件来说，IEC 61646 标准排除了前期预处理对组件输出功率的影响，能够更准确地反映薄膜光伏组件的性能变化。

另外，IEC 61646 标准要求薄膜组件制造商必须提供其产品在标准测试条件下的标称功率和最低功率。其中的最低功率是指该薄膜组件产品在经过光致衰减及恢复稳定后的最低输出功率值。需要注意的是，不同类型薄膜工艺的光伏组件有着不同的性能稳定性，因此一套性能稳定性试验程序不可能适用于所有类型及工艺的薄膜器件。随着各种工艺的薄膜器件的研究开发及应用，碲化镉、砷化镓、铜铟镓硒等薄膜材料正在逐渐走入产业化应用阶段。IEC61646 标准也在不断更新与完善，希望最终能够更合理地评价各类型薄膜光伏组件的产品质量。

11.5.3　光伏组件安全测试

随着各类型光伏组件的大规模市场应用，特别是在民用建筑上的使用，光伏组件的质量安全性越来越引起人们的重视，为此以欧洲和美国为先导发起了更严格的光伏组件安全性能检测。目前，光伏组件安全性能测试主要以 IEC 61730 光伏组件安全认证（photovoltaic(PV) module safety qualification[15]）标准与 UL(Underwriter Laboratories Inc.）1703（Flat-Plate Photovoltaic Modules and Panels[16]）标准为主。IEC 61730 标准主要是对由机械或外界环境影响造成的电击、火灾和人身伤害的保护措施进行评估，在 IEC 61215 和 IEC 61646 的标准基础之上增加了安全试验，如“火灾试验”、“温度试验”、“反向电流过载试验”、“撞击试验”、“划伤试验”和“可接触试验”等（见表 11.6）。

表 11.6　IEC61730 光伏组件安全测试项目与内容

序号	检测项目	检测内容
1	预试验	热循环试验，湿冷试验，湿热试验，光老炼试验，紫外试验
2	机械试验	机械载荷试验，组件破损试验，冰雹试验
3	电机危险试验	抗划伤试验，可接触试验，冲击电压试验，干/湿绝缘试验等
4	火灾危险试验	火灾试验，温度试验，反向电流过载试验，旁路二极管热试验，热斑试验

UL1703 标准是美国保险商实验室制定的光伏组件安全性能检测标准。UL 标准以产品在应用条件下的结构安全、环境安全与对人身是否有安全隐患等为主进行检测评估。针对晶体硅和薄膜光伏组件，UL1703 试验主要包含以下试验项目及具体内容，见表 11.7。

表 11.7　UL1703 光伏组件安全测试项目与内容

序号	检测项目	检测内容
1	性能试验	组件最大功率测试，标称工作条件性能测试，温度系数测试
2	电气安全试验	湿漏电流试验，绝缘耐压试验，通路电阻试验
3	机械安全试验	撞击试验，机械载荷试验，推挤试验，剪切试验
4	环境模拟试验	湿度试验，热循环试验，加速老化试验，雨淋试验
5	危险性试验	火灾试验，温度试验，反向电流过载试验，热斑试验

近几年，光伏组件的可靠性与使用寿命正在受到越来越多的关注，由于在国际标准中还未制定相关的检测标准，为此各国都在开展相关的研究，如通过增加大气压力，在较短的时间内完成环境试验的“光伏组件加速寿命试验”；在＋85℃，相对湿度 85％的条件下由原先的 1000h 试验增加至 2000～3000h 的“湿热试验”；在－40～＋85℃进行的由原来的 200 次循环增加到 400～600 次“热循环试验”；增加光照条件下的“湿热试验”；在环境试验中增加反向电压的“电势差引发衰减(PID)试验”[17]等。同时为了更全面地评价光伏组件在包装、运输、长期使用期间的光伏电池引裂状况，还将开展组件的“电致发光(EL)检测”。

11.5.4　聚光组件检测

近年来，聚光组件技术发展也非常迅速。相对于平板光伏组件，聚光组件的高效率、低成本吸引了许多企业进入到聚光组件市场。目前，聚光型光伏组件主要包括：点聚焦碟式、线聚焦、菲涅耳透镜点聚焦、菲涅耳透镜线聚焦和反射式聚焦等几种主要类型。在我国，应用较多的以菲涅耳透镜点聚焦(图 11.20)和反射式聚焦为主。大部分菲涅耳透镜系统可以预置聚光焦点，但不能现场调节，反射式聚光系统需要现场装配且焦点可以现场调节。以菲涅耳透镜点聚焦类型的光伏组件为例，一个聚光型光伏组件，其中包括了光学系统、接收器、聚光电池几个主要部件。光学系统用于增加光强、过滤光谱、更改光强分布，以及改变光线方向中的一种或者几种功能的光学装置。其中，直接接收非会聚阳光的是一次光学系统，接收一次光学系统或其他光学装置会聚光或者修正光的是二次光学系统。聚光接收器包括一个或更多的聚光电池、接收会聚光的二次光学系统，以及热能和电能转换装置。因此，聚光型组件的性能测试不仅仅对聚光电池的电输出特性进行测试，更重要的是通过实验，研究光学系统和接收器等部件的安全性和可靠性。

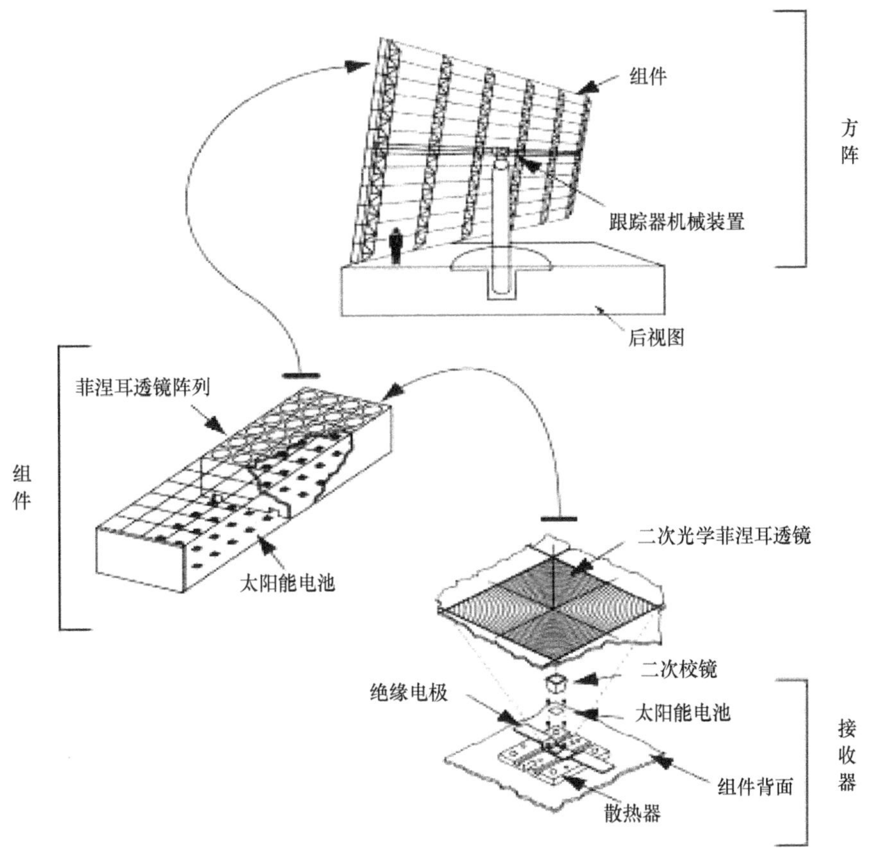

图 11.20　菲涅耳透镜点聚焦示意图

与平板光伏组件的技术发展类似，聚光组件也需要建立相应的测试标准、测试方法和检测手段。目前，聚光组件的性能测试主要以 IEC 62108 聚光型光伏组件与模组-设计鉴定和定型(concentrator photovoltaic (CPV) modules and assemblies-design qualification and type approval[18])为主。近两年，聚光型光伏组件性能测试技术的研究逐渐成为了热点，聚光电池组件的室外测试、电性能测试、环境试验和机械应力试验等测试都受到了国内外各光伏实验室的关注。国内外的光伏研究机构与实验室正在研究制定聚光组件的安全鉴定标准与电气性能检测标准。

菲涅耳透镜作为一次光学部件，将入射光通过二次棱镜部件，透射聚焦在聚光电池表面(如砷化镓等Ⅲ-Ⅴ族材料器件)。由于聚光组件对入射光的平行度要求较高，而且目前广泛应用于平板光伏组件电性能测试的人工模拟光源(太阳模拟器)具有较大的入射光发散角度，因此国内外光伏实验室对聚光组件的测量一般采用室外阳光作为测试光源，并根据自然阳光总辐照度、直射辐照度、散射辐照度的分量，定义了聚光组件的标准测试条件：①直射辐照度 850W/m²，②安装平面总辐照度 1000W/m²，③环境温度 20 ℃，④大气质量 1.5D。在电性能测量中，如果聚光组件的电性能参数在不同的散射辐照度条件下变化较大，则需增加散射辐照度测量。

在 IEC62108 标准中，同时制定了聚光组件的环境试验与机械应力试验方法，试验序列如图 11.21 所示。

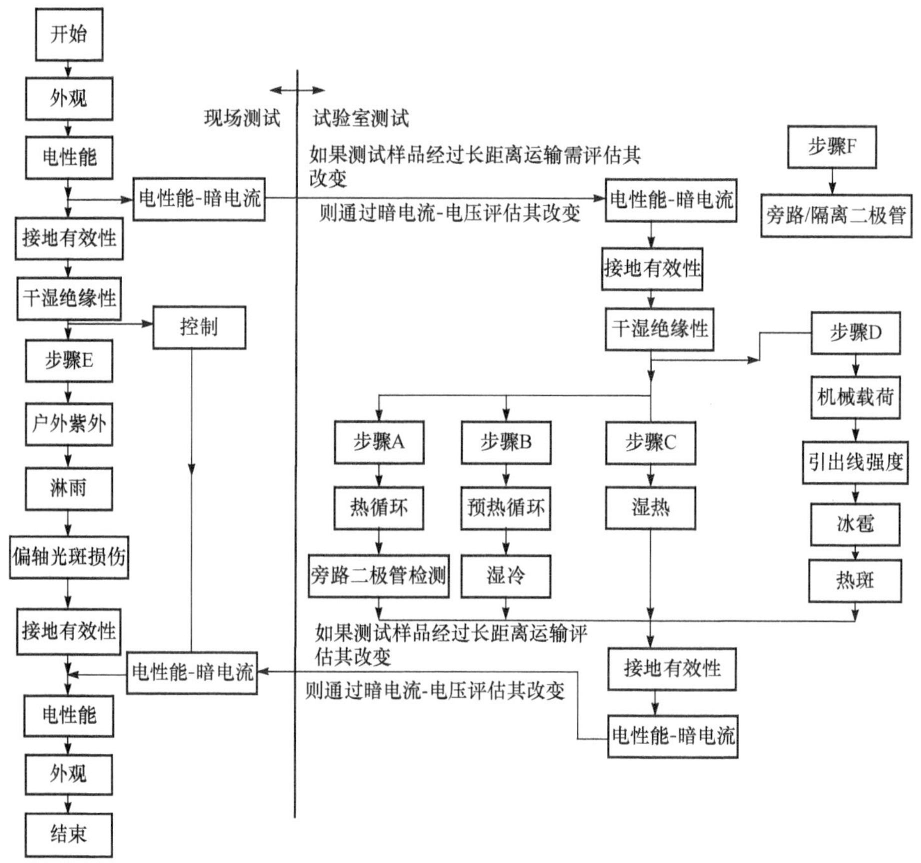

图 11.21 IEC62108 聚光组件测试序列

11.6 光伏部件的产品测试

11.6.1 光伏部件的种类

独立光伏发电系统除了光伏组件外，还需包括若干主要部件，如充放电控制器、直流-交流独立逆变器、蓄电池等，光伏发电系统的结构示意如图 11.22 所示。如果独立光伏系统是一个独立光伏电站，主要部件还应包括汇流箱。

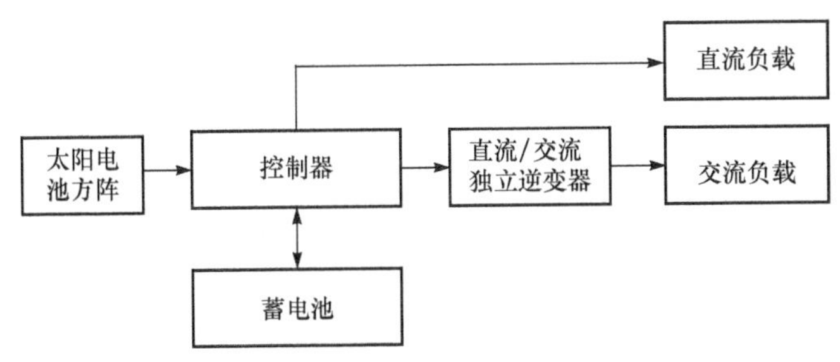

图 11.22　独立光伏发电系统框图

上节讲述了光伏组件的检测，以下介绍光伏发电系统部分主要部件的产品测试。

对于并网光伏发电系统，除了光伏组件外，主要部件包括汇流箱、直流控制柜、并网逆变器、交流控制柜、升压变压器等，其结构示意如图 11.23 所示。

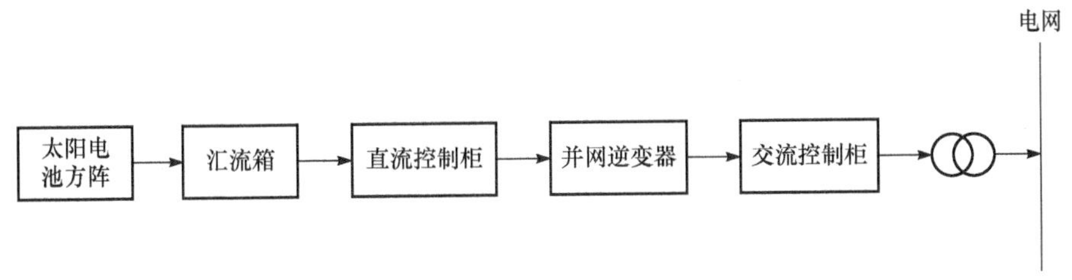

图 11.23　并网光伏发电系统框图

11.6.2　充放电控制器测试

充放电控制器是离网型光伏发电系统中最基本的控制电路，它是光伏发电系统的核心部件之一，从小到零点几瓦的庭院灯，大到兆级的太阳能光伏电站系统都要有这个部分。目前国内外对于控制器制定了相关的检测标准，具体标准号及标准名称见表 11.8。

表 11.8　充电控制器检测使用的标准

序号	标准号	标准名称
1	GB/T 19064-2003	家用太阳能光伏电源系统技术条件和试验方法
2	IEC62093-2005	光伏系统中的系统平衡部件-设计鉴定

目前国内充电控制器广泛采用的标准为国家标准 GB/T 19064－2003 家用太阳能光伏电源系统技术条件和试验方法[19]中的相关部分。

1. 充放电电制器的功能

(1) 应具有保护功能，如能够承受负载短路的电路保护；能够承受负载、太阳能电池组件或蓄电池极性反接的电路保护；能够承受充放电控制器、逆变器和其他设备内部短路的电路保护；能够承受在多雷区由于雷击引起的击穿保护；能防止蓄电池通过太阳能电池组件反向放电的保护。

(2) 对于太阳能电池方阵功率(峰值)大于 20W 的系统，控制器本身还应当具有蓄电池充满自动断开(high voltage disconnect，HVD)及欠压自动断开(low voltage disconnect，LVD)的功能。

(3) 控制器还应为用户提供蓄电池的荷电状态指示，如蓄电池是否充满的指示；当蓄电池电压已经偏低，需要用户节约用电时的，蓄电池欠压的指示；当蓄电池电压已经达到过放点，负载被自动切离时的负载切离指示，即欠压断开指示。逆变器必须带有这些明显的指示或标志，使用户在没有用户手册的情况下也能够知道蓄电池的工作状态。

2. 控制器测试项目和方法介绍

由于目前国内充电控制器广泛采用的标准为国家标准 GB/T 19064－2003 家用太阳能光伏电源系统技术条件和试验方法中的相关部分，因此这里对该标准的控制器测试相关部分作简要介绍。试验项目及具体内容见表 11.9。

表 11.9　GB/T 19064-2003 中控制器测试项目和内容

序号	检测项目	检测内容
1	设备外观与文件资料	设备外观、商标检查、文件资料
2	性能试验	控制器调节点的设置试验、充满断开(HVD)和恢复功能试验、温度补偿试验、欠压断开(LVD)和恢复功能试验、空载损耗(静态电流)试验、控制器充放电回路压降试验
3	保护功能试验	负载短路保护试验、内部短路保护试验、反向放电保护试验、极性反接保护试验、雷击保护检查
4	安全试验	耐振动性能试验、耐冲击电压试验、耐冲击电流试验
5	环境试验	低温储存试验、低温工作试验、高温储存试验、高温工作试验、恒定湿热试验

1) 充满断开(HVD)和恢复功能

当蓄电池电压上升到充满断开点时，要求控制器具有输入充满断开功能。当蓄电池电压下降到恢复连接点时，要求控制器具有输入恢复接连功能。

标准设计的蓄电池值为 12V，充满断开和恢复连接电压参考值视蓄电池种类不同而不同。起动型铅酸电池充满断开为 15.0～15.2V；恢复连接为 13.7V。固定型铅酸电池充满断开为 14.8～15.0V；恢复连接为 13.7V。密封型铅酸电池充满断开为 14.1～14.5V；恢复连接为 13.2V。

(1) 接通/断开式控制器。接通/断开式控制器充满断开(HVD)和恢复功能的测试电路如图 11.24 所示。将直流电源接到蓄电池的输入端子上,模拟蓄电池的电压。调节直流电源的电压使其达到充满断开 HVD 点,控制器应当断开充电回路;降低电压到恢复充电点,控制器应能重新接通充电回路(手动或自动)。

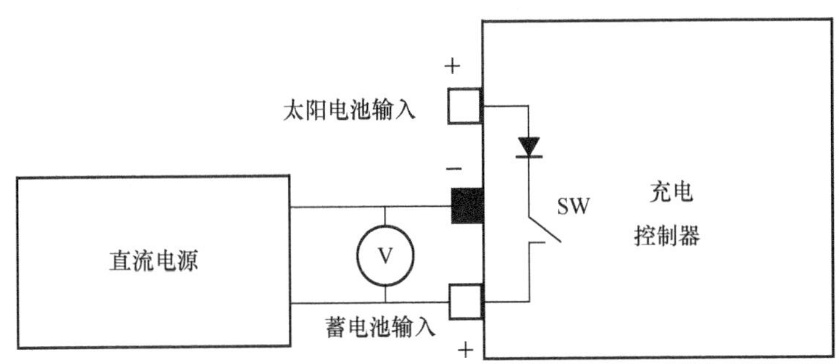

图 11.24　控制器的充满断开(HVD)和恢复功能测试

(2) 脉宽调制型控制器。脉宽调制型控制器的充满断开(HVD)和恢复功能的测试电路如图 11.25 所示。用直流稳压电源代替太阳能电池方阵通过控制器给蓄电池充电。当蓄电池电压接近充满点时,充电电流逐渐变小;当蓄电池电压达到充满值时,充电电流应接近于 0。当蓄电池电压由充满点向下降时,充电电流应当逐渐增大。

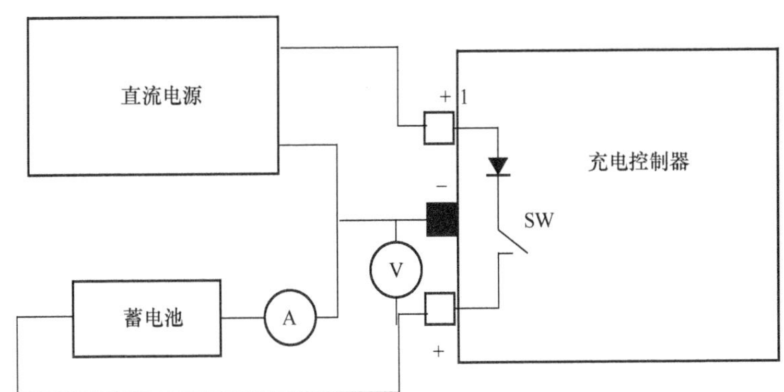

图 11.25　脉宽调制型控制器的测试

2) 欠压断开(LVD)和恢复功能

当蓄电池电压下降到欠压断开点时,要求控制器具有输出欠压断开功能。当蓄电池电压上升到恢复连接点时,要求控制器具有输出恢复接连功能。设定标称值为 12V 的蓄电池,其欠压断开(LVD)和恢复电压的参考分别为 10.8～11.4V 及 13.2～13.5V。

充放电控制器欠压断开(LVD)和恢复功能的测试电路如图 11.26 所示。将放电回路的电流调到额定值,然后将直流电源的电压调至欠压断开 LVD 点,控制器应能自动断开负载,将电压回调至恢复点,控制器应能再次接通负载。如果是带欠压锁定功能的控制器,当直流输入电压达到欠压恢复点之上,控制器复位后应能接通负载。

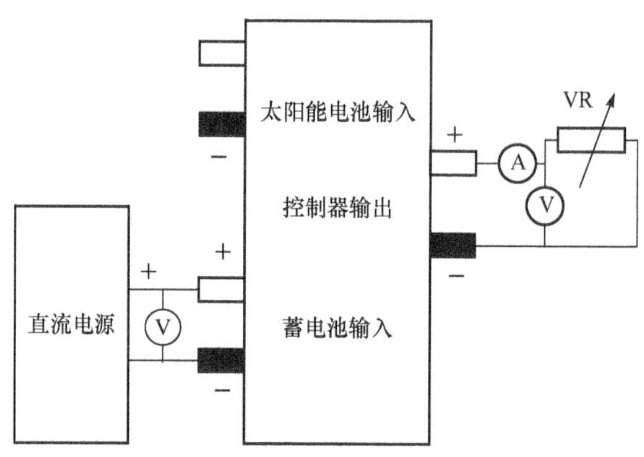

图 11.26　欠压断开(LVD)和恢复功能测试

3) 空载损耗

充放电控制器空载损耗(静态电流)的测试电路如图 11.27 所示。断开 PV 输入和负载输出,直流电源接在控制器的蓄电池端,控制器最大自身耗电不得超过其额定充电电流的 1%或 0.4W(取两者中的大值)。

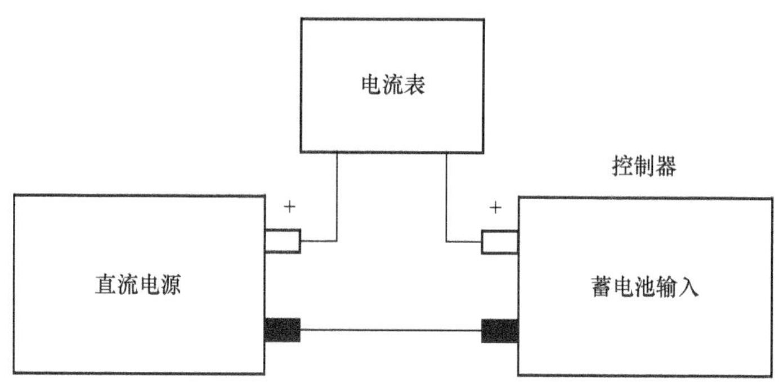

图 11.27　空载损耗测试

4) 温度补偿

对于工作环境温度变化大的情况,控制器应当具有温度补偿功能。

将充放电控制器的温度传感器放入恒温箱,根据充满断开 HVD 点的电压随温度的变化可以画出一条温度系数曲线。充放电控制器的温度补偿系数应满足蓄电池的技术要求。

5）控制器充、放电回路压降

调节控制器充(放)电回路电流至额定值,用电压表测量控制器充(放)电回路的电压降。充电或放电通过控制器的电压降不得超过系统额定电压的 5%。

6）保护功能

充放电控制器应具有如下保护功能。

(1) 负载短路保护。检查控制器的输出回路是否有短路保护电路。

(2) 内部短路保护。检查控制器的输入回路是否有短路保护电路。

(3) 反向放电保护。充放电控制器应具有防止蓄电池通过太阳能电池组件反向放电的保护功能。

充放电控制器反向放电保护的测试电路如图 11.28 所示。将电流表加在太阳电池的正、负端子之间(相当于将太阳电池端短路);调节接在蓄电池端的直流电源电压,检查有无电流流过。如果没有电流,说明具有反向放电保护。

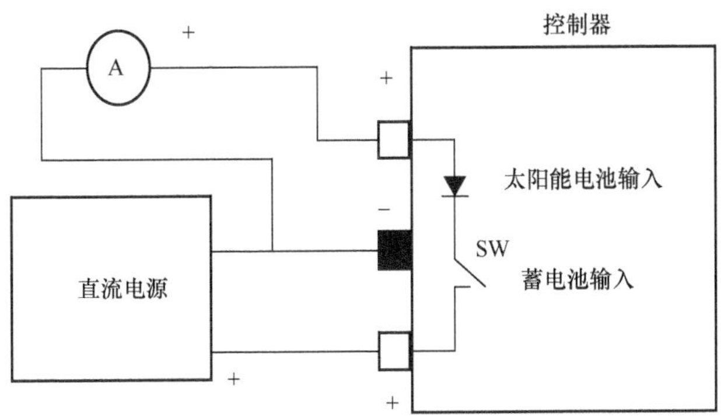

图 11.28　蓄电池反向放电保护功能测试

(1) 极性反接保护。分别将太阳能电池方阵、蓄电池与充放电控制器的输入、输出端正负极反接,检查控制器或其他部件是否损坏。

(2) 雷击保护。目测避雷器的类型和额定值是否能确保吸收预期的冲击能量。

7）耐冲击电压

将直流电源加到控制器的太阳电池输入端,施加 1.25 倍的标称电压持续 1h 后,控制器应不损坏。

8）耐冲击电流

将直流电源接在控制器充电输入端,可变电阻接在蓄电池端,调节电阻使充电回路电流达到标称电流的 1.25 倍并持续 1h,控制器应不损坏。

11.6.3 直流-交流独立逆变器测试

逆变器是将把直流电变换成交流电的电力电子设备。逆变器还具有自动稳压功能,可改善光伏发电系统的供电质量。逆变器的种类很多,用于独立光伏系统中的逆变器称为直流-交流独立逆变器。目前国内外对于直流-交流独立逆变器制定了相关的检测标准,具体标准号及标准名称见表 11.10。

表 11.10 直流-交流独立逆变器检测使用的标准

序号	标准号	标准名称
1	GB/T 19064-2003	家用太阳能光伏电源系统技术条件和试验方法
2	IEC62093-2005	光伏系统中的系统平衡部件-设计鉴定
3	GB/T 20321.1-2006	离网型风能、太阳能发电系统用逆变器 第 1 部分:技术条件
4	GB/T 20321.2-2006	离网型风能、太阳能发电系统用逆变器 第 2 部分:试验方法

国内目前直流-交流独立逆变器广泛使用的标准为国家标准 GB/T19064-2003 中的相关部分。对于光伏发电系统,直流-交流独立逆变器应满足预期交流负载的供电需求。逆变器和控制器也可以制成一体化机。逆变器的主要检测项目和内容见表 11.11。

表 11.11 GB/T 19064-2003 中逆变器测试项目和内容

序号	检测项目	检测内容
1	设备外观与文件资料	设备外观、商标检查、文件资料
2	性能试验	输出电压变化范围试验、输出频率试验、输出电压波形失真度(正弦波)、效率试验、噪声试验、带载能力试验、静态电流试验
3	保护功能试验	欠压保护试验、过电流保护试验、短路保护试验、极性反接保护试验、雷电保护检查
4	安全试验	逆变器的输出安全性检查、振动试验
5	环境试验	低温储存试验、低温工作试验、高温储存试验、高温工作试验、恒定湿热试验

根据 GB/T 19064-2003 家用太阳能光伏电源系统技术条件和试验方法的测试要求[19],下面对主要测试项目及测试方法进行介绍。

1) 输出电压变化范围

测试电路如图 11.29 所示。在输入电压以额定值的 90%~120%进行变化、输出为额定功率时,用电压表测量其输出电压值。输出电压变化范围应不超过额定值的 10%。对于控制逆变一体机,在控制器合格的前提下,逆变器的输入电压在控制器的过放点和过充点之间进行变化、输出为额定功率时，用电压表测量其输出电压值，输出电压变化范围应不超过额定值的 10%。

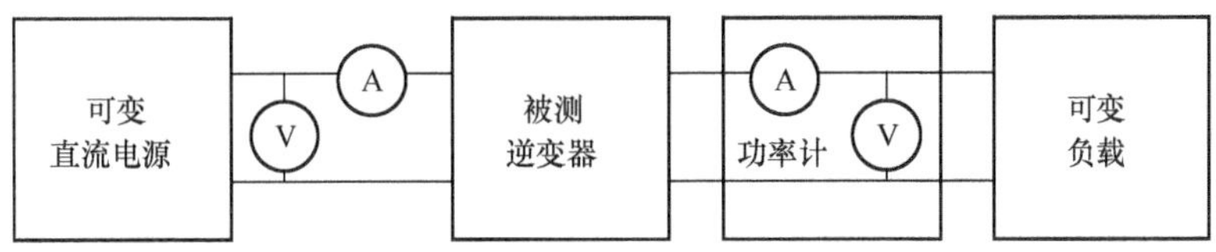

图 11.29　测量输出电压变化范围的电路原理图

2) 输出频率

在输入电压以额定值的 90%～120%进行变化、输出为额定功率时，用频率测试仪测量其输出频率值。该值应为(50±1)Hz。对于控制逆变一体机，在控制器合格的前提下，逆变器的输入电压在控制器的过放点和过充点之间进行变化、输出为额定功率时，其输出频率值应为(50±1)Hz。

3) 输出电压波形失真度

如使用波逆变器，输入电压及输出功率为额定值时，输出电压偏离正弦波的最大波形失真度应小于等于 5%(正弦波)。

4) 逆变器效率

输入电压为额定值时，测量负载效率。输出功率大于等于 75%额定功率时，其效率应大于等于 80%。

5) 噪声

当输入电压为额定值时，在设备高度 1/2、正面距离 3m 处用声级计分别测量 50%额定负载与满载时的噪声。该值应小于等于 65dB。

6) 带载能力

逆变器带载能力是指逆变器连接负载后连续可靠工作的能力。当输入电压与输出功率为额定值，环境温度为 25℃时，逆变器连续可靠工作时间应不低于 4h。当输入电压为额定值，输出功率为额定值的 125%时，逆变器安全工作时间应不低于 1min。当输入电压为额定值，输出功率为额定值的 150%时，逆变器安全工作时间应不低于 10s。

7) 静态电流

断开负载后，用电流表在逆变器输入端测量其输入直流电流。逆变器自耗电的电流值不应超过额定输入电流的 3%或自耗电功率小于 1W(取两者中的大值)。

8) 保护功能

(1) 欠压保护。当输入电压低于 7.5 规定的欠压断开(LVD)值时，逆变器应能自动关机保护。

(2) 过电流保护。当工作电流超过额定值 150%时，逆变器应能自动保护。当电流恢复正常后,设备应能正常工作。

(3) 短路保护。当逆变器输出短路时,通过降低可变负载电阻至0(或移出负载电阻而短接终端),使逆变器交流输出短路,逆变器应具有自动短路保护功能。

(4) 极性反接保护。逆变器的正极输入端连接到直流电源负极,逆变器的负极输入端连接到直流电源正极,逆变器应能自动保护。待极性正接后,设备应能正常工作。

(5) 雷电保护。逆变器应具有雷电保护功能。目测检查是否有防雷器件,或按防雷器件的技术指标要求用雷击试验仪对其进行雷击电压波与电流波的试验,应能保证吸收预期的冲击能量。

9) 安全要求

(1) 绝缘电阻。逆变器直流输入与机壳间的绝缘电阻大于等于50MΩ。逆变器交流输出与机壳间的绝缘电阻大于等于50MΩ。

(2) 绝缘强度。逆变器直流输入与机壳间应能承受频率为50Hz,正弦波交流电压为500V,历时1min的绝缘强度试验,应无击穿或飞弧现象。逆变器交流输出与机壳间应能承受频率为50Hz,正弦波交流电压为1500V,历时1min的绝缘强度试验,应无击穿或飞弧现象。

11.6.4　并网逆变器测试

光伏发电系统中用于并网光伏系统的逆变器,称为并网逆变器。与光伏并网型逆变器和直流-交流独立逆变器在主电路结构上没有较大区别,主要区别在光伏并网型逆变器需要考虑并网后与电网的运行安全。也就是同频、同相、抗孤岛等控制特殊情况的能力,而直流-交流独立逆变器就不需要考虑这些因数。并网光伏发电逆变器是并网光伏发电系统的重要部件之一,主要作用是将直流电能转变成交流电能并输入电网或交流负载。逆变器是通过半导体功率开关的开通和关断作用,把直流电能转变成交流电,是整流变换的逆过程。鉴于并网光伏发电逆变器的重要性,其质量将直接影响到当地电网的安全,如输出谐波过大,有可能会对系统设备的安全运行造成威胁,从而损坏用电设备。当逆变器输出电能的电能质量出现问题时,二次系统的保护部分会自动使系统设备退出运行,从而会引发一些不可预料的结果;另外,电能质量问题可能会使保护装置发生误动、拒动等问题,从而对电力系统的安全稳定运行造成严重的后果。如果逆变器的防孤岛保护出现质量问题,有可能会对用户的人身财产安全造成威胁。为此,各国出台了相应的并网逆变器检测标准。我国和国际电工委员会(IEC)也颁布了相关的并网逆变器检测标准和技术规范,标准号及标准名称见表11.12。

表 11.12　并网逆变器检测使用的标准和技术规范

序号	标准、技术规范号	标准名称
1	CNCA/CTS 0004-2009A	并网光伏发电专用逆变器技术条件
2	GB/T 19939-2005	光伏系统并网技术要求
3	IEC 62109-1	光伏电力系统用电源转换器的安全性　第 1 部分：一般要求
4	IEC 62109-2	光伏发电系统用电力变流器的安全　第 2 部分：逆变器特殊要求

并网逆变器除了需要完成正常商用/工业用电器设备的安规测试以及 EMC(电磁兼容)测试以外，最重要的部分是完成各个国家不同的并网测试，以满足各个国家不同的电力设施的供电参数以及电网波动的保护需求。

国内目前并网逆变器检测和认证广泛使用中国国家认证认可监督管理委员会备案的技术规范 CNCA/CTS 0004－2009A 并网光伏发电专用逆变器技术条件[20]。下面以该技术规范为例，介绍逆变器的主要检测项目和内容，具体检测项目和内容见表 11.13。

表 11.13　CNCA/CTS 0004-2009A 中逆变器测试项目和内容

序号	检测项目	检测内容
1	机体和结构质量	机架组装有关零部件检查、油漆电镀和机架面板检查、标牌标志标记检查、各种开关、机柜内保护措施检查
2	性能指标试验	转换效率试验、并网电流谐波试验、功率因数测定试验、电网电压响应试验、电网频率响应试验、直流分量试验、电压不平衡度试验、噪声试验
3	电磁兼容试验	发射试验(传导发射试验、辐射发射试验)、抗扰度试验(静电放电抗扰度试验、射频电磁场辐射抗扰度试验、电快速瞬变脉冲群抗扰度试验、电压波动抗扰度试验、浪涌抗扰度试验、射频场感应的传导骚扰抗扰度试验、工频磁场抗扰度试验、阻尼振荡波抗扰度试验)
4	保护功能试验	电网故障保护试验(防孤岛效应保护试验、低电压穿越试验、交流侧短路保护试验)、防反放电保护试验、极性反接保护试验、直流过载保护试验、直流过压保护试验
5	方阵相关检测试验	方阵绝缘阻抗检测试验、方阵残余电流检测试验(连续残余电流测试、着火漏电流测试、残余电流突变的测试)
6	绝缘耐压试验	绝缘电阻测定试验、绝缘强度测定试验
7	环境试验	低温启动试验、高温启动和工作试验、恒定湿热试验
8	功率控制和电压调节试验	有功功率控制试验、电压/无功调节试验
9	其他试验	通信功能试验、自动开/关机试验、软启动试验、外壳防护等级试验、连续工作试验、温升试验

逆变器测试性能指标的检测需要一个专用试验平台。图 11.30 为逆变器性能指标试验的参考电路，部分保护功能的试验平台也可参照此电路。该平台主要包括直流输入源、模拟电网、电压表、电流表、数字示波器、电能质量分析仪可调电阻。该平台也可以使用功率分析仪和交流电子负载代替电压表、电流表、数字示波器、电能质量分析仪和可调电阻进行测试。直流输入源用于提供逆变器的直流输入。输出为模拟电网或实际电网，用于提供逆变器的并网条件和扰动信号。部分保护功能的试验平台也可参照此电路，如用交流电子负载代替可变电阻后可以测试逆变器的带载能力和防孤岛效应。测试要求如下：

(1) 模拟电网应符合相关规定，且容量宜大于被测逆变器额定功率的 2 倍或者能够满足相应测试的需要；

(2) 被测逆变器的直流输入源宜为直流电源、光伏方阵或光伏方阵模拟器；直流输入源应至少能提供被测逆变器最大直流输入功率的 1.5 倍，且直流输入源的输出电压应与被测逆变器直流输入电压的工作范围相匹配，试验期间输出电压波动应不超过 5%；

(3) 如果被测逆变器有指定的直流输入源，但该输入源不能提供试验中规定的逆变器的输出功率，应在输入电源能够提供的范围内进行测试。

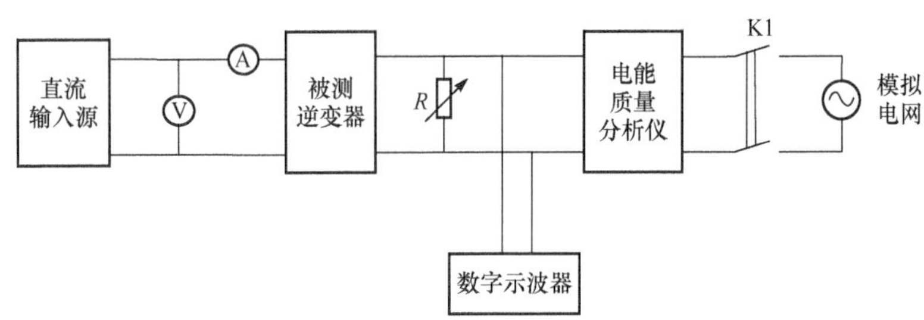

图 11.30　性能指标试验平台

图中 R 为可调电阻，其功率需与逆变器额定功率相当；K1 为逆变器的网侧分离开关。

根据 CNCA/CTS 0004-2009A 并网光伏发电专用逆变器技术条件的测试要求，下面对主要测试项目及测试方法进行介绍。

(1) 转换效率。无变压器型逆变器最大转换效率应不低于 96%，含变压器型逆变器最大转换效率应不低于 94%。最大功率点跟踪效率(包括静态和动态的)也会影响逆变器对光伏系统所发电能的有效利用，需要进行科学的测试，具体限值将在实际测试数据基础上作进一步明确。

总逆变效率的测试包括最大转换效率和逆变效率曲线。根据逆变器的设计，测量得到最大的转换效率，其值应符合标准规定。测量负载点为 5%，10%，15%，

20%，25%，30%，50%，75%，100%，最大转换效率出现所在负载点和逆变器可输出最大功率点处的转换效率，并以曲线图的形式在试验报告中给出。

(2) 并网电流谐波。逆变器在运行时不应造成电网电压波形过度畸变和注入电网过度的谐波电流，以确保对连接到电网的其他设备不造成不利影响。

逆变器额定功率运行时，注入电网的电流谐波总畸变率限值为 5%，奇次谐波电流含有率限值见表 11.14，偶次谐波电流含有率限值见表 11.15。其他负载情况下运行时，逆变器注入电网的各次谐波电流值不得超过逆变器额定功率运行时注入电网的各次谐波电流值。

表 11.14　奇次谐波电流含有率限值

奇次谐波次数	含有率限值/%
3rd～9th	4.0
11th～15th	2.0
17th～21st	1.5
23rd～33rd	0.6
35th以上	0.3

表 11.15　偶次谐波电流含有率限值

偶次谐波次数	含有率限值/%
2nd～10th	1.0
12th～16th	0.5
18th～22nd	0.375
24th～34th	0.15
36th以上	0.075

注：由于电压畸变可能会导致更严重的电流畸变，谐波测试存在一定的问题。注入谐波电流不应包括任何由未连接光伏系统的电网上的谐波电压畸变引起的谐波电流。满足上述要求的型式试验逆变器可视为符合条件，不需要进一步的检验。

试验测量点选定在逆变器与电网连接的电网侧，试验在逆变器输出为额定功率时进行，用电能质量分析仪测量出电流谐波总畸变率和各次谐波电流含有率。其值应符合标准规定。同时应该测量 30%，50%，70%负载点处的各次电流谐波值，其值不得超过额定功率运行时逆变器注入到电网的各次谐波电流值。

(3) 功率因数(PF)。当逆变器输出有功功率大于其额定功率的 50%时，功率因数应不小于 0.98(超前或滞后)，输出有功功率在 20%～50%时，功率因数应不小于 0.95(超前或滞后)。功率因数(PF)计算公式为

$$PF=\frac{P_{out}}{\sqrt{P_{out}^2+Q_{out}^2}} \tag{11.24}$$

P_{out}为逆变器输出总有功功率，Q_{out}为逆变器输出总无功功率。功率因数的测量可以用电能质量分析仪或功率因数表测量出的功率因数(PF)值应符合上述规定。

(4) 电网电压响应。对于单相交流输出220V逆变器，当电网电压在额定电压的−15%到+10%范围内变化时，逆变器应能正常工作。对于三相交流输出380V逆变器，当电网电压在额定电压10%范围内变化时，逆变器应能正常工作。逆变器交流输出端电压超出此电压范围时，允许逆变器切断向电网供电，切断时应发出警示信号。逆变器对异常电压的反应时间应满足表11.16的要求。在电网电压恢复到允许的电压范围时逆变器应能正常启动运行。此要求适用于多相系统中的任何一相。

表 11.16　电网电压的响应

电压(逆变器交流输出端)	最大跳闸时间*/s
$V<50\%\times V_{标称}$	0.1
$50\%V_{标称}\leqslant V<85\%V_{标称}$	2.0
$110\%V_{标称}<V<135\%V_{标称}$	2.0
$135\%V_{标称}\leqslant V$	0.05

*最大跳闸时间是指异常状态发生到逆变器停止向电网供电的时间。

电网电压响应试验在逆变器能够工作的最小功率点处进行，设置电网模拟器的输出电压值，其对应的动作和(或)动作时间应符合上述规定。

(5) 电网频率响应。电网频率在额定频率变化时，逆变器的工作状态应该满足表11.17的要求。当因为频率响应的问题逆变器切出电网后，在电网频率恢复到允许运行的电网频率时逆变器能重新启动运行。

表 11.17　电网频率的响应

频率范围	逆变器响应
低于48Hz	逆变器0.2s内停止运行
48～49.5Hz	逆变器运行10min后停止运行
49.5～50.2Hz	逆变器正常运行
50.2～50.5Hz	逆变器运行2min后停止运行，此时处于停运状态的逆变器不得并网
高于50.5Hz	逆变器运行2min后停止运行，此时处于停运状态的逆变器不得并网

电网频率响应试验在逆变器能够工作的最小功率点处进行，设置电网模拟器的输出频率值，其对应的动作和(或)动作时间应符合上述规定。

(6) 直流分量。逆变器额定功率并网运行时，向电网馈送的直流电流分量应不超过其输出电流额定值的0.5%或5mA，取二者中较大值。逆变器额定功率运行时，测量其输出交流电流中的直流电流分量，其值应符合上述规定。

(7) 电压不平衡度。逆变器并网运行时(三相输出)，引起接入电网的公共连接点的三相电压不平衡度不超过 GB/T 15543 规定的限值，公共连接点的负序电压不平衡度应不超过 2%，短时不得超过 4%；逆变器引起的负序电压不平衡度不超过 1.3%，短时不超过 2.6%。逆变器额定功率运行时，测量其公共连接点的三相电压不平衡度，其值应符合上述规定。

(8) 噪声。逆变器在最严酷的工况下，在距离设备水平位置 1m 处用声级计测量噪声。对于声压等级大于 80dB 的逆变器，应该于逆变器明显位置处加贴“听力损害”的警示标识。说明书中要给出减少听力损害的指导。

逆变器在最严酷的工况下，在噪声最强的方向，距离设备 1m 处用声级计测量逆变器发出的噪声。测试时至少应保证实测噪声与背景噪声的差值大于 3dB，否则应采取措施使测试环境满足当测试时，如果测得噪声值与背景噪声相差大于 10dB，测量值不作修正。当噪声与背景噪声的差值在 3～10dB 时，按照表 11.18 进行噪声值的修正。

表 11.18　背景噪声测量结果修正表

差值/dB	3	4～5	6～10
修正值/dB	−3	−2	−1

11.6.5　汇流箱测试

汇流箱是太阳电池组件与并网逆变器或控制器的连接部件，可减少光伏组件与并网逆变器或控制器之间的连线。其质量直接关系到光伏组件和系统的可靠运行、系统安装与维护人员的人身安全。目前国内汇流箱检测标准为中国国家认证认可监督管理委员会备案的技术规范 CNCA/CTS 0001:2011 光伏汇流箱技术规范[21]。汇流箱的主要检测项目见表 11.19。

表 11.19　CNCA/CTS 0001:2011 中汇流箱测试项目和内容

序号	检测项目	检测内容
1	箱体和结构质量检查	机架组装有关零部件检查、箱体检查、机架面板检查、标牌标志标记检查、各种开关检查
2	保护功能试验	光伏组串过流保护试验、防雷试验
3	安全试验	绝缘耐压试验(绝缘电阻测定试验、绝缘强度试验)、电气间隙和爬电距离测定试验、警告标示测定、接地试验
4	环境试验	低温工作试验、高温工作试验、恒定湿热试验、振动试验、冲击试验
5	其他试验	通信接口试验、显示功能试验、外壳防护等级检查、浪涌试验、温升试验

根据 CNCA/CTS 0001:2011 光伏汇流箱技术规范的测试要求，下面对主要测试项目及测试方法进行介绍。

(1) 光伏组串过流保护。对不装组串过流保护装置的汇流箱,光伏组件反向电流额定值 I_r 应大于可能发生的反向电流,直流电缆的过流能力应能承受来自并联组串的最大故障电流,即不小于短路电流(I_{SC})的 1.25 倍。对装有组串过流保护装置(如熔丝)的汇流箱,过流保护装置应不小于 I_{SC} 的 1.25 倍。对装有阻断二极管的汇流箱,阻断二极管的反向电压应为开路电压(V_{OC})的 2 倍。

(2) 防雷。汇流箱输出端应配置防雷器,正极、负极都应具备防雷功能。规格应满足如下要求:①最大持续工作电压(U_c),$U_c > 1.3 * U_{OC}$(STC);②最大泄放电流(I_{max}),$I_{max} \geqslant 15kA$;③电压保护等级(U_p),$U_c < U_p < 1.1kV$。

(3) 绝缘耐压。①绝缘电阻。汇流箱的输入电路对地、输出电路对地的绝缘电阻应不小于 20MΩ。②绝缘强度。主要测试汇流箱的输入对地及输出对地承受高压的性能。测试条件是对于 50Hz 的正弦交流电,在表 11.20 所示的相应的试验电压下 1min,不击穿,不飞弧,漏电流小于 20mA。

表 11.20 绝缘强度试验电压

额定电压 UN/V	试验电压/V
UN≤60	1000
60<UN≤300	2000
300<UN≤690	2500
690<UN≤800	3000
800<UN≤1000	3500
1000<UN≤1500*(*仅指直流)	3500

11.7 光伏发电系统的测试

光伏发电系统可以分为独立光伏发电系统和并网光伏发电系统。

11.7.1 独立光伏发电系统测试

独立光伏发电系统也叫离网光伏发电系统,是指不与常规电网相连,独立运行的光伏发电系统。如图 11.31 所示,独立光伏发电系统可依使用类型的不同,又可分为光伏户用系统、光伏路灯系统、独立光伏电站等几种类型。

光伏户用系统主要由一个或多个光伏组件、支撑结构、蓄电池、充电控制器或交直流逆变器、直流负载(如灯、收音机、电视和电冰箱)或交流负载等组成。光伏路灯系统的主要组成部分和光伏户用系统相同,但充电控制器增加了光控和时控等控制装置。该系统的负载可选用 LED 灯、直流节能灯等电光源。独立光伏电站则大多是以聚集体系,如村落为单位的小型光伏电站,由光伏阵列、蓄电池组、控制

图 11.31　各种独立光伏系统示例

器、逆变器或控制逆变一体机和各类负载组成。独立光伏系统的工作原理是光伏组件或阵列吸收太阳能发出直流电，直流电通过控制器储存到蓄电池中。当负载需要用电时，蓄电池通过控制器输送给负载。如果负载是交流负载，则需要逆变器将直流电转换成交流电使用。

目前国内外颁布的独立光伏发电系统相关检测标准见表 11.21。正在申报的国家标准中已包含独立光伏系统技术规范。以下就 2004 年国际发布标准所含内容作简单说明。

表 11.21　独立光伏系统测试标准

序号	标准、技术规范号	标准名称
1	GB/T19064-2003	家用太阳能光伏电源系统技术条件和试验方法
2	IEC 62124-2004	独立光伏系统设计验证
3	PVRS 11A 2005-03	便携式光伏太阳能灯-设计鉴定和定型

户用光伏电源产品的质量直接关系到用户的利益。目前我国只有国家标准 GB/T19064-2003 家用太阳能光伏电源系统技术条件和试验方法对独立光伏户用系统进行评价。该标准只对系统中的部件提出了相关的技术要求，对组装成一体的系统整体性没有评价标准。2004 年 10 月，IEC 颁布了国际标准 IEC 62124-2004 独立光伏系统-设计验证(photovoltaic (PV) stand alone systems-design verification)[22]，该标准制定了对独立光伏系统设计进行验证试验的程序，以及系统设计验证的技术要求，从而可以对系统整体性能进行评估。标准包括系统的完整性、相关证书、系统性能、外观缺陷和设计规范。独立光伏系统的检查内容见表 11.22。

表 11.22　IEC 62124-2004 中独立光伏系统测试项目和内容

序号	检测项目	检测内容
1	系统的完整性	系统组成部件是否完整、是否有相关技术指标的说明、是否有部件合格证书、是否有用户手册和技术手册、外观是否有缺陷

续表

序号	检测项目	检测内容
2	系统性能试验	系统运行状态、蓄电池容量下降测试、恢复试验、独立运行天数测试、系统平衡点测试、高辐照度期间和高荷电状态下负载运行试验
3	系统设计规范	蓄电池是否有向组件反向放电措施的检查、支撑结构和地基是否符合设计要求的检查、配线检查、连接器检查、熔断器和断路器检查

根据 IEC 62124-2004 独立光伏系统-设计验证标准要求，系统性能试验主要是对系统整体性能进行评价，对系统的设计和系统制造商给定的技术指标进行验证。性能试验由功能性、独立运行天数和蓄电池经过放电状态后的恢复能力检查组成，从而给出系统不会过早失效的合理保证。下面对系统性能试验作简要介绍。

1. 系统性能试验

系统性能试验共分为三个阶段：预处理、性能试验、最大电压时负载运行的适用性。

1) 预处理

预处理试验的目的是为了确定系统正常运行时蓄电池充满断开时的电压（简称 HVD）和蓄电池欠压断开时的电压（简称 LVD）。试验前应按照制造商的说明对蓄电池进行预处理（若在系统文件中说明蓄电池不需要预处理，则不进行此项工作）。如果光伏组件为非晶硅，则应预先进行光致衰退试验。

2) 性能试验

性能试验按照图 11.32 所示的步骤进行。它包括如下 7 个步骤。

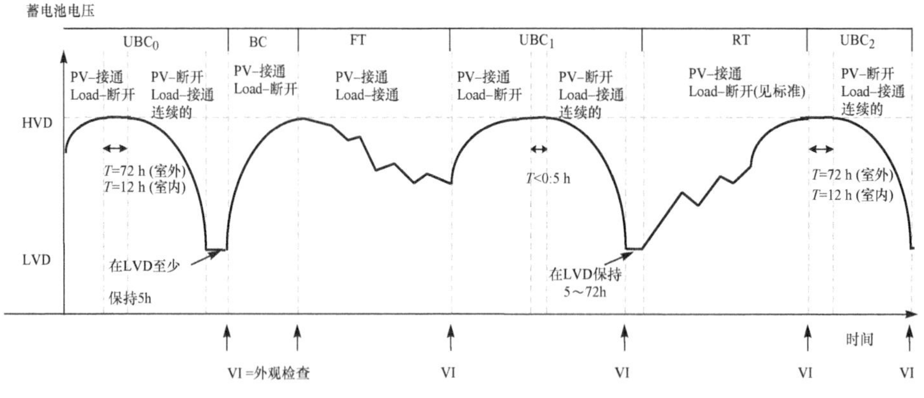

图 11.32　独立光伏系统性能试验图解

(1) 初始蓄电池容量试验(UBC_0)。

按照标准要求安装好系统后，断开负载，用光伏阵列(或可编程直流电源)给蓄电池充电。一旦系统达到 LVD 状态，让系统将此状态保持 72h(累计)。这时可认为蓄电池已经达到本试验的充电要求。

断开光伏阵列(或可编程直流电源)，连续接通负载工作，让蓄电池放电到 LVD 状态。当达到 LVD 时可以认为蓄电池完成放电。让蓄电池在 LVD 状态至少保持 5h。记录蓄电池放电的安时(Ah)数，该值为蓄电池初始可用容量(UBC_0)。

(2) 蓄电池充电循环试验(BC)。

断开负载，利用光伏阵列(或可编程直流电源)再次进行充电达到 HVD，让系统在此状态下最多保持 0.5h。

(3) 系统功能试验(FT)。

本试验验证系统能否按照设计要求为负载供电。

按照制造商的要求将光伏阵列和负载接通，让系统正常工作 10d。试验循环天数内最少应该包括连续低辐照量($<2kW \cdot h/(m^2 \cdot d)$)2d 和日辐照量显著不同的天数至少 3d。需要用这 3 个日辐照量画出系统特性图，并由此推导出“系统平衡点”。10d 的平均日辐照量应当是$(4\pm 0.3)kW \cdot h/(m^2 \cdot d)$。

如果试验 10d 有 2d 不符合要求且不满足辐照量 $4kW \cdot h/(m^2 \cdot d)$的要求，最多延长 20d，直到有连续 10d 达到要求为止。如果还达不到，应重新开始试验，直到试验过程中日照条件能满足规定要求。

(4) 第二次容量试验(UBC_1)。

通过对蓄电池的充放电，测量蓄电池的第一次可用容量(UBC1)和系统的独立运行天数。

功能试验之后断开负载。接通光伏阵列(或可编程直流电源)，再次给蓄电池充电使其达到 HVD，并在此点保持 0.5h，断开光伏阵列连接负载，使系统放电到 LVD。确定蓄电池的放电安时数和总的放电时间，这是第二个蓄电池的可用容量(UBC_1)。总的放电时间除以规定每天负载工作时间，就可以得到独立运行天数。使系统在 LVD 点至少保持 5h，但不能超过 72h。

(5) 恢复试验(RT)。

该试验室确定光伏系统对已经放了电的蓄电池的再充电能力。

连接光伏阵列(或可编程直流电源)，断开负载。当照射的辐照量达到 $5kW \cdot h/m^2$ 时，按照制造商的说明连接负载。使总辐照量达到 $5kW \cdot h/m^2$ 的充电阶段与制造商规定的负载连续工作阶段，合称为“恢复试验循环”。

重复恢复试验循环使系统的总辐照量达到 $35kW \cdot h/m^2$。如果系统达到 HVD，记录蓄电池达到 HVD 需要几个恢复试验循环。记录在第几次恢复试验循环负载开始启动。测量在 7 个恢复试验循环中充入蓄电池和负载放电的净安时数。

(6) 最终容量试验(UBC_2)。

恢复试验循环后断开负载并等待,直到系统达到 HVD 状态。一旦系统达到此状态,保持 72h,此时可以认为蓄电池已充满。断开光伏阵列(或可编程直流电源)连接负载,使系统完全放电。达到 LVD 时认为蓄电池完全放电,至少保持 5h。记录蓄电池放出的安时数和蓄电池的温度范围。该值为蓄电池最终容量(UBC_2)。

性能试验 6 个步骤完成后,根据试验数据绘制系统特性图,从而确定系统平衡点,并得出使系统正常运行的安装地点的最小平均辐照量。

绘制系统特性图需要根据在功能和恢复试验时每天充电的总安时数和辐照量。Y 轴为每天流入蓄电池的总安时数,X 轴为每天的辐照量。

如图 11.33 中的例子所示,水平线是由充电控制器限制阵列电流流向蓄电池的那些天的最小安时值绘出的。斜线是由原点和任何时候充电控制器都不限制阵列电流流向蓄电池的那些天的最大安时值绘出的。系统平衡点定义为这些线的交叉点。

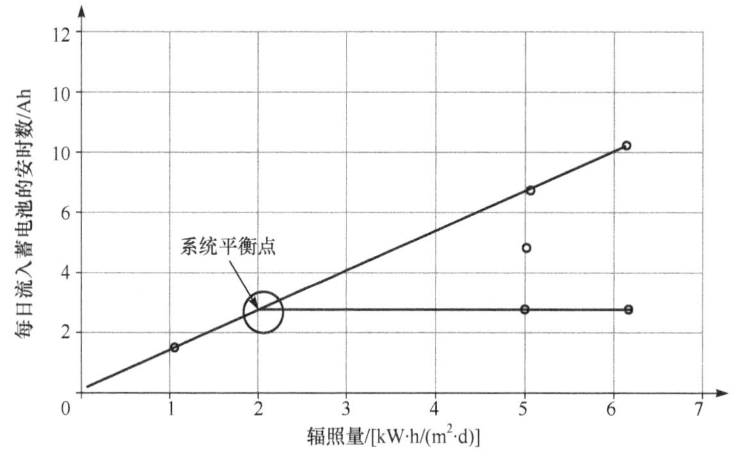

图 11.33 系统特性图

图 11.33 所示系统的系统平衡点为 $2kW \cdot h/m^2$,说明该系统适于安装在年平均辐照量每天至少 $2kW \cdot h/m^2$ 的地点,它应该和制造商给定的使用地区的辐照量一致或低于制造商给定的使用地区的辐照量。如果通过试验数据绘制的系统平衡点高于制造商给定的使用地区的辐照量,则该系统将被判定为不合格。

(7) 最大电压时负载运行试验。

该试验是验证独立系统在负载运行下,即在高辐照度和高充电状态及最大电压值下的适应性。要求在高辐照度和高充电状态最大电压值条件下,系统所带的负载将运行 1h,负载应不会损坏。

系统性能试验要求从功能性、独立运行性和电池在过放状态后的恢复能力等方面进行全面测试,从而给出系统不会过早失效的合理确认。

2. 系统性能试验的合格判据

(1) 整个试验中负载必须保持运行状态,除非充电控制器在蓄电池过放电状态下与负载分离(如果发生了 LVD,应注明这个数据)。

(2) 蓄电池容量的下降在整个测试期间不能超过 10%,由$(UBC_0-UBC_2)/UBC_0<10\%$表示。

(3) 系统恢复功能:系统电压在"恢复试验"中应表现为上升趋势。在整个恢复试验中,充入蓄电池的总安时数(Ah)应大于或等于 UBC1 的 50%。

(4) 在 UBC1 容量测试后,负载再次在第 3 个"恢复试验"循环时或之前开始运行。

(5) 系统平衡点(见系统特性图)应和被定义的最小辐照量等级或低于此等级相匹配。

(6) 测量的独立运行天数应和制造厂定义的最小独立运行天数或更多天数相匹配。

(7) 根据制造商的技术指标,在高辐照度期间和高荷电状态下,负载运行不会因电池产生的最大电压而损坏。

(8) 在试验期间不应有样品发生任何不正常的开路或短路现象。

3. 独立光伏系统测试装置

独立光伏系统测试在进行性能测试时需要连续进行,因此需要一套专用的测试设备。图 11.34 给出一套独立光伏系统测试装置和测试软件显示结果的示例。

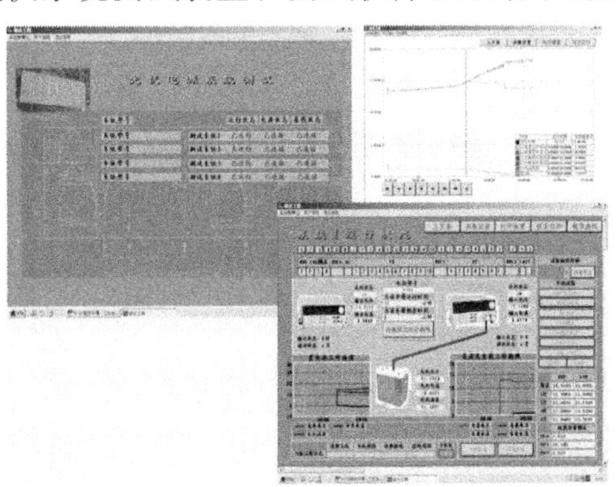

图 11.34　独立光伏系统测试装置和测试软件

测试装置由可编程模拟电源、电子负载、各种传感器、数据采集系统、系统分析处理软件等组成。它的主要功能是测试独立光伏系统的性能。可编程模拟电源模拟不同辐照度条件下太阳能电池组件的 I/V 特性，通过程序输出不同的电流，通过充放电控制器给蓄电池充电。电子负载的功率及日运行时间可以根据制造商规定的参数设定。测试数据采集可以通过各种传感器实现。采集的数据通过数据传输线实时传递各中央控制数据处理中心进行分析处理。根据标准中要求的测试程序，可以得到性能测试的结果。

11.7.2　并网光伏发电系统

并网光伏发电系统是指光伏发电系统与常规电网相连，共同承担供电任务的系统。当有阳光时，逆变器将光伏系统所发的直流电逆变成交流电，产生的交流电可以直接供给交流负载，然后将剩余的电能输入电网，也可以直接将产生的全部电能并入电网。在没有太阳时，负载用电全部由电网供给。并网光伏系统结构和构成在 11.6.1 节中作了介绍。

并网光伏系统有大型荒漠光伏电站，也有与建筑结合的光伏发电系统，如图 11.35所示。在检测方面可以分为现场验收测试和并网光伏系统性能监测测试。现场验收测试主要是根据现场验收需要对系统文件资料及合同要求、系统组成部件进行现场检查，对系统安全性、系统接线正确性、系统的安装功率等作相应的测试，要求测试时间短，测试快速便捷。但如果对光伏电站性能如电站的效率、损耗等进行综合分析，还要对电站进行监控测试。因此需要具有数据采集装置的测试平台对系统进行监控，并对数据进行分析，得到相关性能指标。

(a)

(b)

图 11.35　并网光伏电站

(a)大型荒漠并网光伏系统；(b)与建筑结合的并网光伏系统

国内外颁布的并网光伏系统相关标准可参见表 11.23。目前并网光伏系统检测方面的标准并不完善，国内对并网光伏系统现场验收方面的技术规范也只有中国国家认证认可监督管理委员会备案的技术规范 CNCA/CTS 0004-2010 并网光伏发电系统工程验收基本要求[23]。

表 11.23　并网光伏系统测试标准和技术规范

序号	标准、技术规范号	标准名称
1	CNCA/CTS 0004-2010	并网光伏发电系统工程验收基本要求
2	GB/T 20513-2006	光伏系统性能监测-测量、数据交换和分析导则
3	GB/T 19939-2005	光伏系统并网技术要求
4	GB/T 20046-2006	光伏(PV)系统电网接口特性
5	IEC 62446 Edition 1.0 2009-05	并网光伏发电系统：技术资料，委托检测和验收测试的最低要求

由于国内并网光伏电站验收广泛使用中国国家认证认可监督管理委员会备案的技术规范 CNCA/CTS 0004-2010 并网光伏发电系统工程验收基本要求，因此下面以该技术规范为例，说明并网光伏系统验收测试的主要测试项目。并网光伏系统检查和测试的内容见表 11.24。

表 11.24　并网光伏系统检查内容

编号	竣工检查项目	检查标准和依据
1	项目基本信息和文件	项目的基本信息提供，检查项目必需的文件资料及合同要求的技术文件
2	电站设备的合同符合性	对光伏系统设备种类、技术规格、数量以及主要性能进行合同符合性检查
3	光伏系统的检查	检查光伏系统各个分系统的功能和质量
4	光伏系统的测试	对光伏系统中各分系统进行必要的测试
5	验证报告	验证报告的一般性要求，初始和周期验证要求

分布系统也可作并网系统使用，因此亦可以用 CNCA/CTS 0004-2010 对分布系统进行相关测试。故以下各条均适用于分布式光伏发电系统。

并网光伏系统测试的主要项目有以下几项：保护装置和等势体的连接匹配性测试\\极性测试、组串开路电压测试、组串短路电流测试、功能测试、绝缘电路的直流电阻的测试、光伏方阵标称功率测试、系统电气效率测试、聚光光伏组件测试等。下面对主要检测项目进行介绍。

1）光伏电站中各个部件的保护装置和等电位体测试

主要检测保护或联接体是否可靠连接。

2）极性测试

应检查所有直流电缆的极性并标明极性，确保电缆连接正确。为了安全起见和预防设备损坏，极性测试应在其他测试和开关关闭或组串过流保护装置接入前进行。应测量每个光伏组串的开路电压。在对开路电压测量之前，应关闭所有的开关和过电流保护装置(如已安装的话)。测量值应与预期值进行比较,将比较的结果作为检查安装是否正确的依据。对于多个相同的组串系统,应在稳定的光照条件下对组串之间的电压进行比较,此时这些组串电压值应该是相等的;在稳定光照情况下,电压值起伏应在5%范围内。对于非稳定光照条件,可以采用以下方法:

(1) 延长测试时间;

(2) 采用多个仪表,一个仪表测量一个光伏组串;

(3) 使用辐照表来标定读数。

测试电压值低于预期值可能表明一个或多个组件的极性连接错误,或者绝缘等级低,或者导管和接线盒有损坏或有积水;高于预期值并有较大出入者,通常是由于接线错误引起。

3) 光伏组串电流的测试

光伏组串电流测试的目的是检验光伏方阵的接线是否正确,该测试不用于衡量光伏组串/方阵的性能。光伏组串电流测试包括光伏组串短路电流的测试和光伏组串运转测试。

短路电流测试步骤首先要确保所有光伏组串是相互独立的并且所有的开关装置和隔离器处于断开状态,然后用钳型电流表和同轴安培表对短路电流进行测量。

组串短路电流的测试是有相应的测试程序,必须以下面要求的测试步骤进行。测量值必须与预期值作比较。对于多个相同的组串系统,并且在稳定的光照条件下,单个组串之间的电流应该进行比较。在稳定的光照条件下这些组串短路电流值起伏应基本相同,各起伏值应在5%范围内。对于非稳定光照条件,可以采用以下方法:

(1) 延长测试时间;

(2) 可采用多个仪表,一个仪表测量一个光伏组串;

(3) 使用辐照表标定当前读数。

4) 系统中开关设备、控制设备和逆变器的功能测试

功能测试按照如下步骤执行,①开关设备和控制设备都应进行测试以确保系统正常运行。②应对逆变器进行测试,以确保系统正常的运行。测试过程应该由逆变器供应商来提供。③网故障测试过程如下:交流主电路隔离开关断开,光伏系统应立即停止运行。在此之后,交流隔离开关应该重合闸使光伏系统恢复正常的工作状态。电网故障测试能在光照稳定的情况下进行修正,在这种情况下,在闭合交流隔离开关之前,负载尽可能的匹配以接近光伏系统所提供的实际功率。

5) 光伏方阵绝缘阻值测试

采用适当的方法进行绝缘电阻测试,测量连接到地与方阵电缆之间的绝缘电阻,具体见表11.25。在作任何测试之前要保证测试安全。在开始测试之前:禁止

未经授权的人员进入测试区，从逆变器到光伏方阵的电气连接必须断开。保证系统电源已经切断之后，才能进行电缆测试或接触任何带电导体。

表 11.25　绝缘电阻最小值

测试方法	系统电压/V	测试电压/V	最小绝缘电阻/MΩ
测试方法 1	120	250	0.5
	<600	500	1
	<1000	1000	1
测试方法 2	120	250	0.5
	<600	500	1
	<1000	1000	1

光伏方阵绝缘阻值测试可以采用下列两种测试方法：①是先测试方阵负极对地的绝缘电阻，然后测试方阵正极对地的绝缘电阻。②是测试光伏方阵正极与负极短路时对地的绝缘电阻。

对于方阵边框没有接地的系统（如有Ⅱ类绝缘），可以选择作如下两种测试：①在电缆与大地之间作绝缘测试。②在方阵电缆和组件边框之间作绝缘测试。对于没有接地的导电部分（如屋顶光伏瓦片）应在方阵电缆与接地体之间进行绝缘测试。指定的测试步骤要保证峰值电压不能超过组件或电缆额定值。

6）光伏方阵标称功率测试

现场功率的测定可以采用由第三方检测单位校准过的“太阳电池方阵测试仪”抽测太阳电池支路的 *I-V* 特性曲线，抽检比例一般不得低于 30%。由 *I-V* 特性曲线可以得出该支路的最大输出功率，为了将测试得到的最大输出功率转换到峰值功率，需要作如下几项的校正。

（1）光强校正：在非标准条件下测试应当进行光强校正，光强按照线性法进行校正。

（2）温度校正：测试温度一般为 60℃，按照高于 25℃时每升高 1℃、功率下降千分之二计算（晶体硅按照千分之五计算），合计下降 7%。

（3）组合损失校正：太阳电池组件串并联后会有组合损失，应当进行组合损失校正，太阳电池的组合损失应当控制在 5%以内。

（4）太阳电池朝向校正：不同的太阳电池对太阳的朝向具有不同的功率输出和功率损失，如果有不同朝向的太阳电池接入同一台逆变器的情况，需要对不同朝向进行校准。

参 考 文 献

[1] ISO 15387 2005(E) space systems single-junction Solar Cells　measurement and Calibration

proceduces

[2] IEC 60904-3 2008 photovoltaic devices-part3：Measurement principles for terrestrial photovoltaic (pv) Solar devices with reference spectral irradiance data

[3] IEC 60891 2009 photovoltaic devices-procedures for temperature and irradiance Corrections to measured I - V Characteristics

[4] IEC 60904-2 2007 photovoltaic devices-part2 ；Requirements for refenence Solar devices

[5] IEC 60904-4 2009 photovoltaic devices-part4：Reference Solar devices-procedures for establishing Calibration traceabilit

[6] IEC-60904-1 Ed2 2006 photovoltaic devices- part1：Measurement of photovoltaic current-voltage characteristics

[7] IEC-60904-9 Ed2 2007 photovoltaic devices- part9：Solar simulator performance requirements

[8] Honel H J. Solar cells. In；Semiconductors and Seminetals. 11. New York；Academic Press. 1973；37

[9] 李长健，周耀宗．中华人民共和国国家标准．GB/T6495. 8-2002. 光伏器件．第 8 部分：光伏器件光谱响应的测量．北京：中国标准出版社，2003

[10] Jackson ED. Areas for improvement of the semiconductor solar energy converter. In：Trans actions of the Conference on the Use of Solar Energy. Tucson：University of Arizona Press，955

[11] Meusel M，Baur C，Laray G，et al. Spectral response measurements of monolithic Ga In P/Ga (In) As/Ge triple-junction solar cells：measurement artifacts and their explanetion. Progress in Photovoltaics：Research and Applications，2003，11：499-514

[12] ASTM international. Standard test methods for measurement of electrical performance and spectral response of nonconcentrator multijunction photovoltaic cells and modules. Designation：2003，E2236-02

[13] IEC61215：2005，Crystalline silicon terrestrial photovoltaic (PV) modules- Design qualification and type approval

[14] IEC 61646：2008，Thin-film terrestrial photovoltaic (PV) modules- Design qualification and type approval

[15] IEC 61730-2：2004，Photovoltaic (PV) module safely qualification- Part 1：Requirements for testing

[16] UL1703：2004，Flat-Plate Photovoltaic Modules and Panels

[17] IEC 62804 System voltage durability qualification test for crystalline silicon modules (COMMITTEE DRAFT 版)

[18] IEC 62108：2007，Concentrator photovoltaic (CPV) modules and assemblies- Design qualification and type approval

[19] GB/T 19064-2003，家用太阳能光伏电源系统技术条件和试验方法，2003 年 4 月 15 日由中华人民共和国国家质量监督检验检疫总局发布，由国家发展计划委员会能源研究所等单

位起草

[20] CNCA/CTS 0004-2009A,并网光伏发电专用逆变器技术条件,2011 年 8 月 22 日由北京鉴衡认证中心发布的认证规范

[21] CNCA/CTS 0001:2011 光伏汇流箱技术规范,2011 年 2 月 14 日由北京鉴衡认证中心发布的认证规范

[22] IEC 62124-2004,Photovoltaic stand-alone systems- Design verification

[23] CNCA/CTS 0004-2010,并网光伏发电系统工程验收基本要求,2010 年 8 月 9 日由北京鉴衡认证中心发布

第 12 章　光伏发电系统及应用

王斯成　王一波　许洪华

12.1　太阳能辐射资源

无论是独立发电系统还是并网发电系统，它们的能量都来自于太阳，也就是说，太阳电池方阵面上所获得的辐射量决定了它的发电量。太阳电池方阵面上所获得辐射量的多少与很多因素有关：当地的纬度，海拔，大气的污染程度或透明程度，一年当中四季的变化，一天当中时间的变化，到达地面的太阳辐射直射、散射分量的比例，地表面的反射率，太阳电池方阵的安装和跟踪太阳的方式或固定方阵的倾角变化以及太阳电池方阵表面的清洁程度等。要想较为准确地推算出太阳电池方阵面上所获得的辐射量，必须对太阳辐射的基本概念有所了解。

我国地处北半球，土地辽阔，幅员广大，国土总面积达 9.6×10^6km²。南从北纬 4°的曾母暗沙，北到北纬 52.5°的漠河，西自东经 73°的帕米尔高原，东至东经 135°的黑龙江与乌苏里江汇流处，距离都在 5000km 以上。在我国广阔富饶的土地上，有着丰富的太阳能资源。如图 12.1 所示，图中颜色越深的地区受太阳辐照

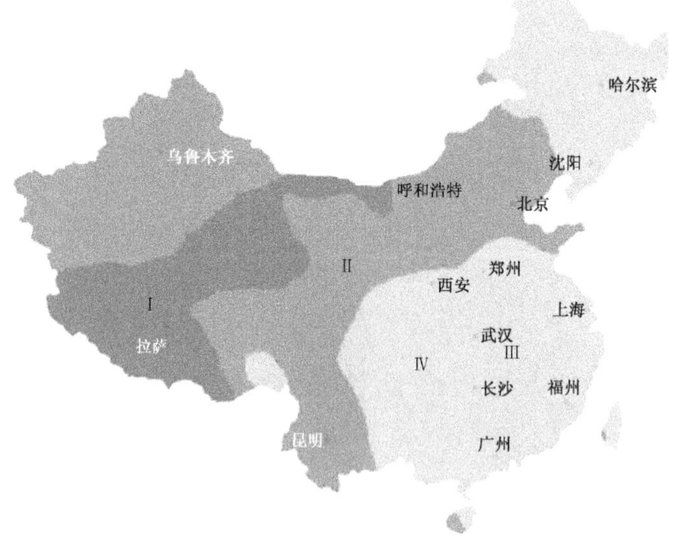

图 12.1　我国太阳辐射资源分布图

度越大。全国各地的年太阳辐射总量为 3340～8400MJ/m^2，中值为 5852MJ/m^2。从全国太阳年辐射总量的分布来看，青藏高原和西北地区、华北地区、东北大部以及云南、广东、海南等部分低纬度地带的年太阳辐射总量都在 5000MJ/m^2 以上，是我国太阳能资源丰富或较丰富的地区。尤其以青藏高原地区最高，达 6000～8000MJ/m^2。而长江流域及四川、贵州等东、中部地区的太阳能资源条件较差，年太阳辐射总量在 5000MJ/m^2 以下。特别是四川盆地，只有 3300～4000MJ/m^2，是我国太阳能资源最低的地区。

根据图中颜色可将全国划分为四类资源水平，见表 12.1。

表 12.1　中国太阳辐射资源区划分

等级资源带号年	总辐射量/(MJ/m^2)	年总辐射量/(kW·h/m^2)	平均日辐射量/(kW·h/m^2)
最丰富带Ⅰ	≥6300	≥1750	≥4.8
很丰富带Ⅱ	5040～6300	1400～1750	3.8～4.8
较丰富带Ⅲ	3780～5040	1050～1400	2.9～3.8
一般Ⅳ	<3780	<1050	<2.9

太阳能辐射数据可以从县级气象台站取得，也可以从国家气象局取得。从气象局取得的数据是水平面的辐射数据，包括水平面总辐射、水平面直接辐射和水平面散射辐射。

12.1.1　太阳辐射的基本定律

太阳辐射的直、散分离原理、布格朗伯定律(Bouguer-Lambert low)和余弦定律是我们所要了解的三条最基本的定律。

1) 直、散分离原理

大地表面(水平面)和太阳电池方阵面(倾斜面)上所接收到的辐射量均符合直、散分离原理，即总辐射等于直接辐射与散射辐射之和，只不过大地表面所接收到的辐射量没有地面反射分量，而太阳电池方阵面上所接收到的辐射量应包括地面反射分量。另外，假定散射辐射和地面反射都是各向同性的，太阳电池方阵面上所接收到的散射辐射与太阳电池方阵所对应的视天空(所面对的天空百分比，数学表达式见式(12.7)有关，而太阳电池方阵面所接收到的地面反射与太阳电池方阵所对应的视地表(所面对的地面百分比，数学表达式见式(12.8)有关

$$
\begin{aligned}
Q_P &= S_P + D_P \\
Q_T &= S_T + D_T + R_T
\end{aligned}
\tag{12.1}
$$

式中，Q_P 为水平地面接收到的总辐射；S_P 为水平地面接收到的直接辐射；D_P 为水平地面接收到的散射辐射；Q_T 为倾斜面接收到的总辐射；S_T 为倾斜面接收到的直接辐射；D_T 为倾斜面接收到的散射辐射；R_T 为倾斜面接收到的地面反射。

2）布格朗伯定律

太阳辐射通过某种介质时，会受到介质的吸收和散射而减弱。辐射受介质衰减的一般规律可由布格朗伯定律确定，在不考虑波长和大气不均匀性的情况下，其近似的数学表达式为

$$S'_D = S_0 F^m \tag{12.2}$$

式中，S_0 为太阳常数，等于 1350W/m^2；S'_D为直接辐射强度；F 为大气透明度（0～1）；m 为大气质量，大气质量 m 可用下式计算

$$m = \frac{1}{\sin\alpha} \times \frac{P}{P_0} \tag{12.3}$$

式中，α 为太阳高度角，是太阳射线与地平面的夹角（图 12.2）；P_0 为标准大气压（mbar）；P 为当地大气压（mbar）。从海拔计算大气压力 P 的公式：$P/P_0 = (1-\sigma/T_0)^{1/R\sigma} = (1-2.26\times10^{-5}\times\tau)^{5.25}$。其中 τ 为海拔（m），σ 为随高度变化的温度系数（6.5℃/km）。太阳高度角 α 可用下式计算

$$\sin\alpha = \sin\Phi\sin\delta + \cos\Phi\cos\delta\cos\omega \tag{12.4}$$

式中，δ 为太阳赤纬角（declinationangle），是阳光射线与赤道平面的夹角，太阳照射到北半球时为正，照射到南半球时为负，春秋分时为零。$\delta = 23.45\sin[360\times(284+N)/365]$（$N$ 为从 1 月 1 日算起的天数，1 月 1 日的天数为 1）；Φ 为当地纬度（0°～90°），所在地法线与地心的连线与赤道平面的夹角，有北纬、南纬之分。ω 为地球自转时角（地球自转一周 360°，24h），即 15°/h 或 4min/（°），正午为零，上午为正，下午为负。一年中太阳赤纬角 δ 的变化规律如图 12.3 所示。

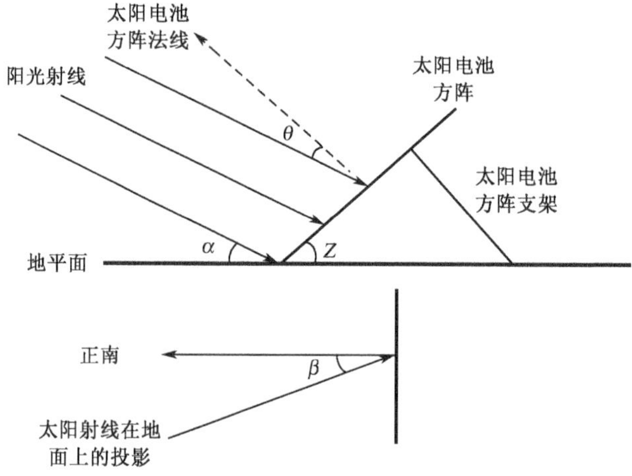

图 12.2 太阳电池方阵与各种参数的相对关系图

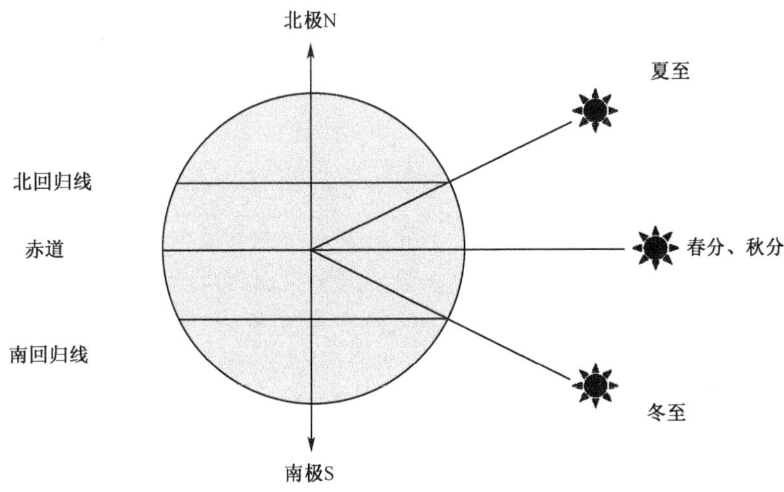

图 12.3　一年中太阳赤纬角的变化规律图

3）余弦定律

任意倾斜面的辐照度同该表面法线与入射线方向之间夹角的余弦成正比，即余弦定律。

$$S'_{\mathrm{P}}=S'_{\mathrm{D}}\sin\alpha, \quad S'_{\mathrm{T}}=S'_{\mathrm{D}}\cos\theta \tag{12.5}$$

式中，S'_{D}为太阳入射光强；S'_{P}为垂直水平面的入射光强；它们的夹角 α 为太阳高度角。S'_{T}为倾斜方阵面法线方向的入射光强；θ 为太阳入射方向与倾斜方阵面法线方向的夹角，各种角度之间的关系可参见图 12.2。

倾斜方阵面上辐射光强 Q'_{T}可由以下几部分组成

$$Q'_{\mathrm{T}}=S'_{\mathrm{T}}+D'_{\mathrm{T}}+R'_{\mathrm{T}} \tag{12.6}$$

式中，D'_{T}为倾斜面上接收的散射光强；R'_{T}为倾斜面上接收的反射光强。其中 D'_{T}可用下式计算

$$D'_{\mathrm{T}}=D'_{\mathrm{P}}(1+\cos Z')/2 \tag{12.7}$$

式中，D'_{P}为水平面上的散射光强；Z 为太阳电池方阵向南倾角；Z' 为任意时刻的方阵倾角（图 12.2）。其中的倾斜面上反射光强 R'_{T}可用下式计算

$$R'_{\mathrm{T}}=\rho Q'_{\mathrm{P}}\frac{1-\cos Z'}{2} \tag{12.8}$$

式中，ρ 为地面反射率；Q'_{P}为水平面上的总辐射光强。各种角度的关系参见图 12.2。图中太阳方位角的表达式

$$\sin\beta=\cos\delta\sin\omega/\cos\alpha \tag{12.9}$$

$$\cos\beta=(\sin\alpha\sin\Phi-\sin\delta)/\cos\alpha\cos\Phi \tag{12.10}$$

不同地面状况的反射率如表 12.2 所示。

表 12.2　不同地面状况的反射率　　(单位:%)

地面类型	反射率	地面类型	反射率	地面类型	反射率
积雪	70～85	浅色草地	25	浅色硬土	35
沙地	25～40	落叶地面	33～38	深色硬土	15
绿草地	16～27	松软地面	12～20	水泥地面	30～40

由上面的公式可知,太阳电池方阵面上所接收到的散射辐射和地面反射认为是各向同性的,与太阳光的入射角度无关。太阳电池方阵所接收到的天空散射与太阳电池方阵面的视天空比例有关。方阵水平安装,其倾角 Z 为 0°,视天空为 100%,$D'_T=D'_P$。方阵面水平向下安装,则 Z 为 180°,视天空为 0,$D'_T=0$。方阵垂直安装则 Z 为 90°,视天空为 50%,$D'_T=1/2D'_P$。太阳电池方阵所接收到的地面反射与太阳电池方阵面的视地表比例有关,不再赘述。

12.1.2　太阳电池方阵不同运行方式的数学模型与计算

1) 太阳电池方阵面上辐射量的计算

太阳电池方阵可以固定向南安装,也可以安装成不同的向日跟踪系统,如全跟踪、东西向跟踪、水平轴跟踪、极轴跟踪等。要计算不同运行方式下太阳电池的输出发电量,必须首先建立不同情况下系统的数学模型。

式(12.6)表示了太阳电池方阵倾斜面上所接收到的辐射量 Q_T 是 S_T,D_T,R_T 之和,它们的数学表达式讨论如下。

太阳电池方阵接收到的直接辐射 S_T,应用式(12.5)可由如下表达式求出

$$S_T = 2\int_{\omega_\alpha=\omega_0}^{\infty} S'_T(\omega)\mathrm{d}\omega = 2\int_{\omega_\alpha=\omega_0}^{\infty} S_0(\omega)F^M\cos\theta\mathrm{d}\omega \tag{12.11}$$

式中,S'_T 为倾斜方阵法线方向的入射光强;S_0 为太阳的入射光强。太阳电池方阵接收到的散射辐射 D_T,应用式(12.7)可得到

$$D_T = 2\int_{\omega_\alpha=\omega_0}^{\infty} D'_T(\omega)\mathrm{d}\omega = 2\int_{\omega_\alpha=\omega_0}^{\infty} D'_P(1+\cos Z')/2\mathrm{d}\omega \tag{12.12}$$

太阳电池方阵接收到的地面反射为

$$R_T = 2\int_{\omega_\alpha=\omega_0}^{\infty} R'_T\mathrm{d}\omega = 2\int_{\omega_\alpha=\omega_0}^{\infty} \rho Q'_P(1+\cos Z')/2\mathrm{d}\omega \tag{12.13}$$

从以上公式可知,只要求出太阳电池方阵的不同运行方式下太阳光的入射角 θ 和太阳电池方阵任一时刻的倾角 Z' 随时间变化的函数关系,即可通过辐射强度对时间(或时角)的积分求出太阳电池方阵面上的辐射量。下面推导不同坐标系下太阳光的入射角 θ 和太阳电池方阵任一时刻的倾角 Z' 的数学模型。

2) 地平坐标系数学模型

太阳电池的安装可以分为地平坐标和赤道坐标。地平坐标以地平面为参照

系，如果是二维的跟踪系统，则跟踪两个变量：太阳的高度角 α 和太阳方位角 β。地平坐标系 $\cos\theta$ 的通式为

$$\cos\theta=\cos Z'\sin\alpha+\sin Z'\cos\alpha\cos(\gamma-\beta) \tag{12.14}$$

式中，γ 为太阳电池方阵任一时刻方位角，是方阵法线在水平面上的投影与正南方向的夹角。

固定安装时，太阳电池方阵向南安放，方阵倾角始终不变，则有 $Z'=Z,\gamma=0$，代入式(12.14)可得固定安装时的函数关系

$$\cos\theta=\cos Z\sin\alpha+\sin Z\cos\alpha\cos(-\beta) \tag{12.15}$$

东西跟踪时，太阳电池方阵的倾角 Z 不变，只跟踪太阳的方位角，则有 $Z'=Z$，$\gamma=\beta$，代入式(12.14)得东西跟踪的函数关系

$$\cos\theta=\cos Z\sin\alpha+\sin Z\cos\alpha=\sin(\alpha+Z) \tag{12.16}$$

全跟踪时，太阳电池方阵始终跟踪太阳的高度角和方位角，则有 $Z'=90^\circ-\alpha$，$\gamma=\beta$，代入式(12.14)得全跟踪时的函数关系

$$\cos\theta=\sin2\alpha+\cos2\alpha=1 \tag{12.17}$$

即入射角 $\theta=0$，太阳电池方阵始终准确跟踪太阳。

3）赤道坐标系数学模型

赤道坐标系是以地球贯穿南极和北极的地轴和地球的赤道平面为参照系。太阳电池必须安装在一根与地轴平行的主轴上（主轴的倾角调整到当地纬度即与地轴平行），如果是二维跟踪系统，也跟踪两个变量，即太阳的赤纬角和时角。图 12.4为太阳电池方阵与各种参数的相对关系图。图 12.4(a)的跟踪是靠调节太阳电池方阵与主轴的夹角（太阳赤纬角）和主轴的旋转角（时角）来实现的。春分至秋分，太阳照射在北半球，太阳电池板向北倾斜，与主轴的北向夹角等于太阳赤纬角；秋分至春分，太阳照射在南半球，太阳电池板向南倾斜，与主轴的南向夹角等于

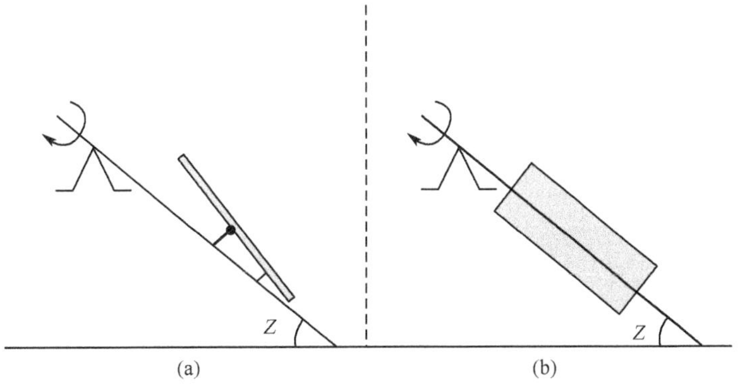

图 12.4　赤道坐标全跟踪(a)和极轴跟踪(b)示意图

太阳赤纬角;主轴旋转跟踪时角,可以进行全跟踪。图 12.4(b)的太阳电池板是固定在主轴上,不能进行赤纬角调整,跟踪是通过调节太阳电池方阵主轴的旋转角(时角)来实现的,是旋转主轴对时角进行跟踪,这样的系统称为极轴跟踪系统。无论是全跟踪还是极轴跟踪,主轴均朝向正南,主轴与地面的夹角 Z 都等于当地纬度:$Z=\Phi$。

为导出赤道坐标系跟踪系统的数学模型,先给出太阳电池方阵在旋转球面上的定位三角形,如图 12.5 所示。

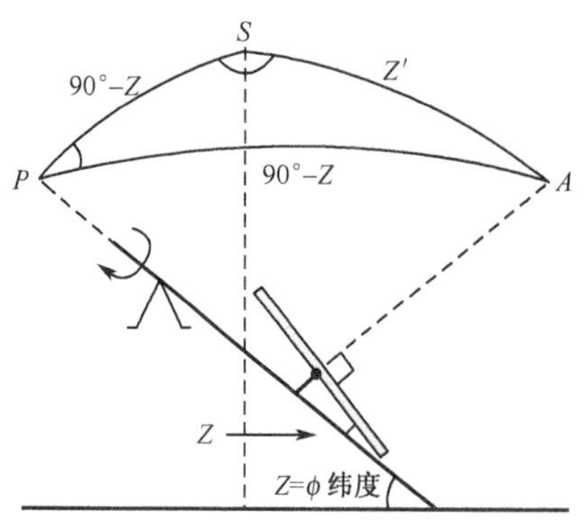

图 12.5 赤道坐标跟踪系统在天球上的定位三角形

图 12.5 中 P 为跟踪系统主轴延长线与天球之交点,S 为天顶轴在天球上的交点,A 为太阳电池方阵法线延长线在天球上的交点。有了以上定位三角形,不难从球面三角几何学的基本公式导出赤道坐标系的基本公式

$$\cos Z'=\sin Z\sin z+\cos Z\cos z\cos\Omega \tag{12.18}$$

$$\sin Z'\sin\gamma=\sin\Omega\cos z \tag{12.19}$$

$$\sin Z'\cos\gamma=-\cos Z\sin z+\sin Z\cos z\cos\Omega \tag{12.20}$$

式中,Z 为太阳电池方阵主轴向南的倾角;Z' 为任一时刻太阳电池方阵倾角;Ω 为赤道坐标系中太阳电池方阵主轴的旋转角;z 为太阳电池方阵与主轴的夹角。在赤道坐标跟踪系统中,方阵的主轴总是与地轴平行,即总有 $Z=\Phi$,代入上面的公式,得出赤道坐标系统的数学模型通式

$$\cos Z'=\sin\Phi\sin z+\cos\Phi\cos z\cos\Omega \tag{12.21}$$

$$\sin Z'\sin\gamma=\sin\Omega\cos z \tag{12.22}$$

$$\sin Z'\cos\gamma=-\cos\Phi\sin z+\sin\Phi\cos z\cos\Omega \tag{12.23}$$

经过坐标变换可以得到赤道坐标系中入射角 $\cos\theta$ 的数学表达式通式

$$\begin{aligned}\cos\theta=&\cos Z'\sin\varphi\sin\delta+\cos Z'\cos\varphi\cos\delta\cos\omega+\cos\delta\sin Z'\sin\gamma\sin\omega\\&+\cos\delta\sin\varphi\sin Z'\cos\omega\cos\gamma-\sin\delta\cos\varphi\cos\alpha\sin Z'\cos\gamma\end{aligned} \tag{12.24}$$

固定安装时的函数关系。固定安装时,太阳电池方阵向南安放,旋转角 Ω 等于零,方位角 γ 向南等于零,方阵倾角固定,则有 $\Omega=0$;$\gamma=0$;$Z'=Z-z=\Phi-z$,进行坐标变换,各参量之间的关系可以写成

$$\begin{aligned}\cos\theta&=\cos Z'\sin\alpha+\sin Z'\cos\alpha\cos\beta\\&=\cos(Z-z)\sin\alpha+\sin(Z-z)\cos\alpha\cos\beta\end{aligned} \tag{12.25}$$

考虑到地平坐标系中太阳电池方阵的向南倾角 Z 就是赤道坐标系中的 $Z-z$,则固定安装时,地平坐标系和赤道坐标系的 $\cos\theta$ 的数学表达式(12.14)是一致的。

极轴跟踪时的函数关系。极轴跟踪时，太阳电池方阵只跟踪太阳的时角，不跟踪太阳赤纬角。太阳电池方阵与主轴的夹角 $z=0$，太阳电池方阵的旋转角始终等于时角，于是有 $\Omega=\omega;Z=\Phi;z=0$，代入式(12.21)～式(12.23)得

$$\cos Z'=\cos\Phi\cos\omega \tag{12.26}$$

$$\sin Z'\sin\gamma=\sin\omega \tag{12.27}$$

$$\sin Z'\cos\gamma=\sin\Phi\cos\omega \tag{12.28}$$

将式(12.26)～式(12.28)代入式(12.24)得 $\cos\theta=\cos\delta$，由此可知，赤道坐标极轴跟踪的误差就是赤纬角的误差 $\cos\delta$，误差最大值在夏至和冬至，此时 $\delta=\pm23.45°(\cos23.45°=0.92)$，与全跟踪相比最大误差仅有 8%，全年的平均误差只有 4%。由于这种跟踪方式很容易控制，只需要主轴按照时钟速度匀速旋转即可，所以许多光热和光伏发电系统都采用此种跟踪方式。

全跟踪时的函数关系，全跟踪时有 $\Omega=\omega,Z=\Phi,z=\delta$，得

$$\cos Z'=\sin\Phi\sin\delta+\cos\Phi\cos\delta\cos\omega \tag{12.29}$$

实际上，该式就是太阳高度角的正弦表达式($\sin\alpha$)，由此可知全跟踪时有 $Z'=90°-\alpha$，于是通式中的后两式为

$$\sin\gamma=\sin\omega\cos\delta/\cos\alpha \tag{12.30}$$

$$\sin Z'\cos\gamma=-\cos\Phi\sin\delta+\sin\Phi\cos\delta\cos\omega \tag{12.31}$$

进行坐标变换，得到 $\gamma=\beta$。将式(12.29)～式(12.31)代入式(12.25)，得到 $\cos\theta=1(\theta=0)$，阳光的入射角始终与太阳电池方阵的法线重合，太阳电池方阵始终正对阳光。由此可见，无论是地平坐标系还是赤道坐标系都可以做到准确跟踪太阳，只不过跟踪的参数不同而已。

上面介绍的数学模型覆盖了所有太阳电池方阵的安装运行方式，根据这样的数学模型，我们就可以编制计算机辅助设计程序，计算出无论是地平坐标系还是赤道坐标系中太阳电池方阵不同的运行方式下倾斜方阵面上所获得的辐射量，以此作为容量设计的依据。

为方便起见将数学模型中所用的符号和定义总结如下。

α:太阳高度角，是太阳射线与地平面的夹角(0°～90°)；

β:太阳方位角，是太阳射线在地面上的投影与正南方向的夹角，正南方向为零，东为正，西为负；

δ:太阳赤纬角，是太阳光射线与赤道平面的夹角，太阳照射到北半球时为正，照射到南半球时为负，春秋分时为零；

Φ:当地纬度(0°～90°)，所在地法线与地心的连线与赤道平面的夹角，有北纬、南纬之分；

ω:时角(地球自转一周 360°，24h)，即 15°/h 或 4min/(°)，正午为零，上午为正，下午为负；

θ:直射太阳光入射角,即入射阳光与太阳电池方阵法线的夹角;

Z:太阳电池方阵向南倾角,加撇为任意时刻方阵倾角(0°~90°);

γ:太阳电池方阵任一时刻方位角,方阵法线在水平面上的投影与正南方向的夹角;

Ω:赤道坐标系中太阳电池方阵主轴的旋转角(正南为零,左旋为正,右旋为负);

z:赤道坐标系中太阳电池方阵与主轴的夹角,与主轴平行时为零,南倾为负,北倾为正。下标:P 为水平面,T 为倾斜面,D 为垂直于阳光。

12.1.3 太阳电池方阵面所接收到的太阳辐射的计算

从水平面太阳辐射资料和上述太阳电池方阵不同运行方式的数学模型就可以计算出太阳电池方阵面所接收到的太阳辐射。由于计算过程非常复杂,计算根据数学模型编制计算机程序进行。目前倾斜方阵面上的太阳辐射的计算机辅助设计软件有很多,如 PVWatts、PVSYST、Homer、RETScreen 等。通过这些软件,可以很方便地计算固定方阵固定倾角、地平坐标东西向跟踪、赤道坐标极轴跟踪以及双轴精确跟踪等多种运行方式下太阳电池方阵面上所接收到的太阳辐射。下面仅以固定方阵固定倾角为例进行介绍。

如果采用计算机辅助设计软件,应当进行太阳电池方阵倾角的优化计算,要求在最佳倾角时冬天和夏天辐射量的差异尽可能小,而全年总辐射量尽可能大,二者应当兼顾。这对于高纬度地区尤为重要,高纬度地区的冬季和夏季水平面太阳辐射差异非常大(如我国黑龙江冬、夏的太阳辐射相差 5 倍)。如果按照水平面辐射量进行设计,则蓄电池的冬季存储量要远远大于阴雨天的存储,造成蓄电池的设计容量和投资都加大。选择了最佳倾角,太阳电池方阵面上的冬夏季辐射量之差就会变小,蓄电池的容量可以减少,系统造价降低,设计更为合理。

在没有计算软件的情况下,也可以根据当地纬度由下列关系粗略确定固定太阳电池方阵的倾角,为了消除冬夏辐射量的差距,一般来讲纬度越高,倾角也越大,如表 12.3 所示。

表 12.3 当地纬度与固定太阳电池方阵的倾角粗略关系

纬度	太阳电池方阵倾角
0°~25°	等于纬度
26°~40°	纬度加 5°~10°
41°~55°	纬度加 10°~15°
>55°	纬度加 15°~20°

1）倾斜面上太阳辐射的软件辅助计算

倾角确定以后，就可以利用专用计算机辅助设计软件进行倾斜面太阳辐射的计算。如图 12.6 是采用 PVCAD 软件计算的西藏自治区阿里地区措勤县太阳辐射的计算结果。

太阳辐射数据报表

地理数据

安装地点：西藏自治区阿里地区措勤县

经度：85°　　纬度：31°　　海拔：4700m

辐射数据

全年12个月总辐射量　单位：MJ/m²

月份	总辐射量	月份	总辐射量
1月	431.5	7月	783.3
2月	508.3	8月	718.6
3月	705.0	9月	697.2
4月	788.0	10月	642.7
5月	858.6	11月	517.4
6月	822.6	12月	437.6

全年12个月散射辐射量　单位：MJ/m²

月份	散射辐射量	月份	散射辐射量
1月	112.4	7月	217.1
2月	119.2	8月	200.0
3月	175.8	9月	117.0
4月	195.6	10月	79.9
5月	216.5	11月	63.6
6月	199.4	12月	81.8

气温数据

全年12个月平均气温　单位：°C

月份	气温	月份	气温
1月	-6.5	7月	22.8
2月	-1.7	8月	21.4
3月	5.4	9月	13.6
4月	12.1	10月	10.1
5月	17.4	11月	1.7
6月	20.9	12月	-5.3

安装数据

安装方式：向南固定安装　　方阵倾角：30°　　地面反射率：03

辐射数据计算结果

水平面总辐射量理论计算值　单位：MJ/m²

月份	计算值	月份	计算值
1月	431.50	7月	783.30
2月	508.30	8月	718.60
3月	705.00	9月	697.20
4月	788.00	10月	642.70
5月	858.60	11月	517.40
6月	822.60	12月	437.60

全年总辐射量：7910.80

倾斜面总辐射量理论计算值　单位：MJ/m²

月份	计算值	月份	计算值
1月	698.69	7月	868.56
2月	760.90	8月	845.65
3月	942.76	9月	909.21
4月	953.39	10月	958.95
5月	965.72	11月	871.45
6月	895.12	12月	759.31

全年总辐射量：10429.70

图 12.6　PVCAD 设计软件的倾斜面太阳辐射计算结果

采用 RETScreen 设计软件计算北京太阳辐射的结果如图 12.7 所示。

RETScreen® Solar Resource and System Load Calculation - Photovoltaic Project

当地经纬度和太阳电池方位

地点		北京
纬度	°N	39.9
安装方式	-	Fixed
方阵倾角	°	45.0
方位角	°	0.0

太阳辐射和气候条件

月份	水平面上的月辐射量 (kW·h/m²·d)	月平均气温 (°C)	方阵面上的月辐射量 (kW·h/m²·d)
一月	2.08	-4.3	3.74
二月	2.89	-1.9	4.25
三月	3.72	5.1	4.36
四月	5.00	13.6	5.02
五月	5.44	20.0	4.85
六月	5.47	24.2	4.65
七月	4.22	25.9	3.69
八月	4.22	24.6	3.98
九月	3.92	19.6	4.27
十月	3.19	12.7	4.22
十一月	2.22	4.3	3.62
十二月	1.81	-2.2	3.35

		每年
水平面太阳辐射量	MWh·/m²	1.34
方阵面太阳辐射量	MWh·/m²	1.52
平均气温	°C	11.8

图 12.7 RETScreen 设计软件的倾斜面太阳辐射计算结果

2）倾斜面上太阳辐射的估算

倾角确定以后，如果手头没有计算机软件，可以由水平面辐射量估算太阳电池方阵平面上的辐射量。一般来讲，固定倾角太阳电池方阵面上的辐射量要比水平面辐射量高 5%～15%。直射分量越大、纬度越高，倾斜面比水平面增加的辐射量也越大。

12.2 光伏系统的工作原理、技术性能及电子学问题

12.2.1 太阳电池组件及方阵

太阳电池是利用光生伏特效应原理制成的。光伏发电系统是将太阳辐射能转换成电能的系统。它由太阳电池方阵、控制器、蓄电池组、直流/交流逆变器等部分组成，其系统组成如图 12.8 所示。

太阳电池是光电转换的最小单元，尺寸一般为 4～200cm²。太阳电池单体的工作电压约为 0.5V，工作电流为 20～25mA/cm²，远低于实际应用所需要的电压，一般不能单独作为电源使用。为了满足实际应用的需要，将太阳电池单体进行串、并联的连接，并封装，就成为太阳电池组件。封装要求组件具有好的防腐、防风、防雹、防雨等能力，保证太阳电池组件的可靠性。其潜在的质量问题是边缘的密封以

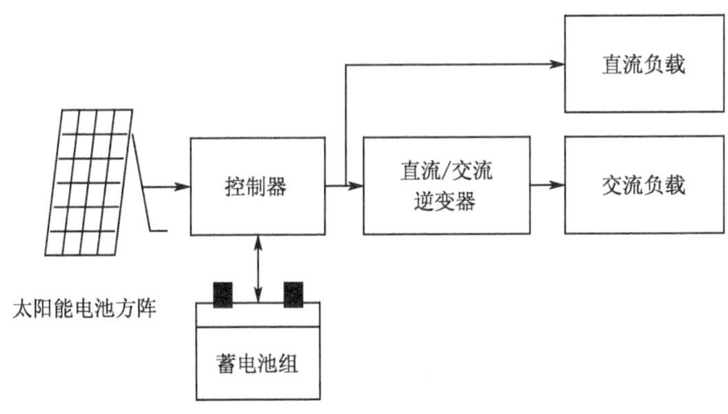

图 12.8　光伏发电系统示意图

及组件背面的接线盒。这种组件的前面是玻璃板，背面是一层合金薄片。合金薄片的主要功能是防潮、防污。太阳电池也是被镶嵌在一层聚合物中。在这种太阳电池组件中，电池与接线盒之间可直接用导线连接。

图 12.9 所示为太阳电池单体、组件及其方阵的布局示意图。太阳电池组件包含一定数量的太阳电池。一个组件上，太阳电池的标准数量是 36 片(10cm×10cm)，这意味着一个太阳电池组件大约能产生 17V 的电压，正好能为一个额定电压为 12V 的蓄电池进行有效充电。其功率一般为几瓦至几十瓦(目前世界上最大的晶体硅太阳电池组件已经做到 200Wp)，是可以单独作为电源使用的最小单元。

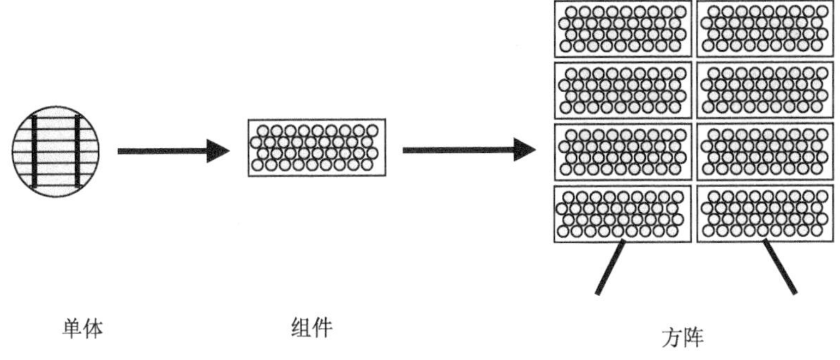

图 12.9　太阳电池单体、组件和方阵

当应用领域需要较高的电压和电流而单个组件不能满足要求时，可把多个太阳电池组件再经过串、并联的连接并装在支架上，就构成了太阳电池方阵，以获得所需要的电压和电流，满足负载所要求的输出功率。

1）太阳电池组件的 I-V 特性和相关参数

太阳电池组件的电气特性主要是指电流电压特性，如在第 2 章所描述过的，如图 12.10 所示的 I-V 曲线。I-V 曲线可根据电路装置进行测量。如果太阳电池组件电路短路，即 $V=0$，此时的电流称为短路电流 I_{SC}；如果电路开路，即 $I=0$，此时的电压称为开路电压 V_{OC}。太阳电池组件的输出功率等于流经该组件的电流与电压的乘积，即 $P=V\times I$。太阳电池组件可传送的最大输出电流称 I_m，最大输出电压称 V_m。I_m与 V_m的乘积为最大功率点 P_m。它们具体的值与特定的太阳辐照度相关。

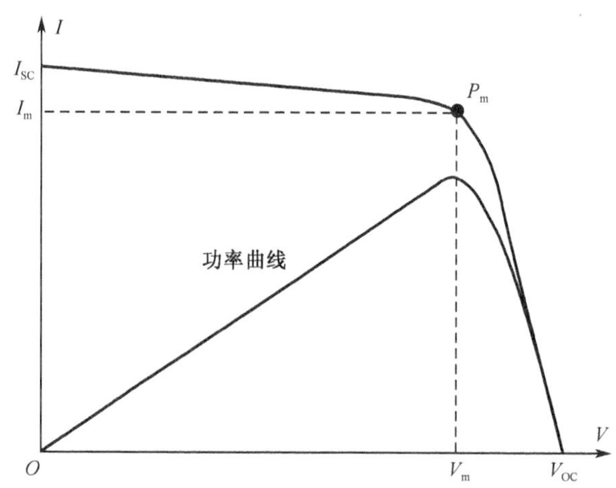

图 12.10 太阳电池的电流电压功率特性曲线

当太阳电池组件的电压上升时，例如，通过增加负载的电阻值或组件的电压从零（短路条件下）开始增加时，组件的输出功率亦从 0 开始增加；当电压达到一定值时，功率可达到最大，这时当阻值继续增加时，功率将跃过最大点，并逐渐减少至零，即电压达到开路电压 V_{OC}。在组件的输出功率达到最大的点时，称为最大功率点 P_m；该点所对应的电压，称为最大功率点电压 V_m；该点所对应的电流，称为最大功率点电流 I_m；太阳电池组件的填充因子是最大功率点功率与开路电压和短路电流乘积的比值，用 FF 表示：$FF=P_m/(I_{SC}\times V_{OC})$。太阳电池组件的串联电阻和并联电阻都会影响填充因子，填充因子大于 0.7 说明组件的质量优良，填充因子是评判太阳电池组件质量好坏的一个重要参数。

由于太阳电池组件的输出功率取决于太阳辐照度、太阳光谱的分布和太阳电池的温度，因此太阳电池组件的测量在标准条件下（standard test condition，STC）进行，测量条件被欧洲委员会定义为 101 号标准，其条件是，光谱辐照度为 $1000W/m^2$；光谱 AM1.5；电池温度 25℃。在该条件下，太阳电池组件所输出的最大功率被称为峰值功率，表示为 Wp。前面已介绍了太阳电池的测试，通常，组件的峰值功率用太阳模拟器测定并和国际认证机构的标准化的太阳电池进行比较。

在户外测量太阳电池组件的峰值功率是很困难的，因为太阳电池组件所接受到的太阳光的实际光谱取决于大气条件及太阳的位置；此外，在测量的过程中，太阳电池的温度和光强也是不断变化的。在户外测量的误差很容易达到 10%或更大。

2）温度和光强对太阳电池组件输出特性的影响

随着太阳电池温度的增加，开路电压减少，在 20～100℃，对于晶体硅太阳电池，大约每升高 1℃每片电池的电压减少 2mV；而光电流随温度的增加略有上升，温度系数为 0.03mA/(cm^2 · ℃)，每升高 1℃电池的光电流约增加千分之一。图 12.11展示了温度对晶体硅电池光电压和光电流的影响。但总的来说，温度升高，太阳电池的功率下降。对于晶体硅太阳电池，典型的功率温度系数为 −0.35%/℃。非晶硅薄膜太阳电池则不同，根据美国 Uni-Solar 公司的报道，该公司三结非晶硅太阳电池组件的功率温度系数是−0.21%，温度特性比晶体硅电要好。

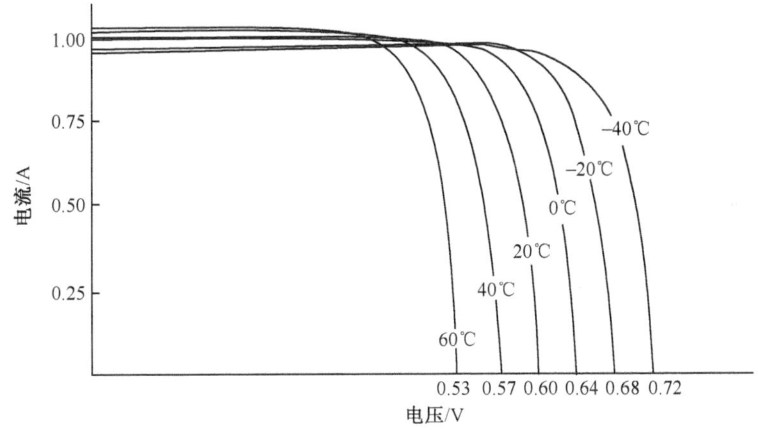

图 12.11　温度对晶体硅电池的光电压和光电流的影响

光强与太阳电池组件的光电流成正比，当光强在 100～1000W/m^2，光电流始终随光强的增长而线性增长。而光强对光电压的影响很小，在温度固定的条件下，当光强为 400～1000W/m^{2}时，太阳电池组件的开路电压基本保持恒定。因此，太阳电池的功率与光强基本成正比。从图 12.12 可以看出，太阳电池的峰值功率随光强的变化几乎呈现一条垂直线。

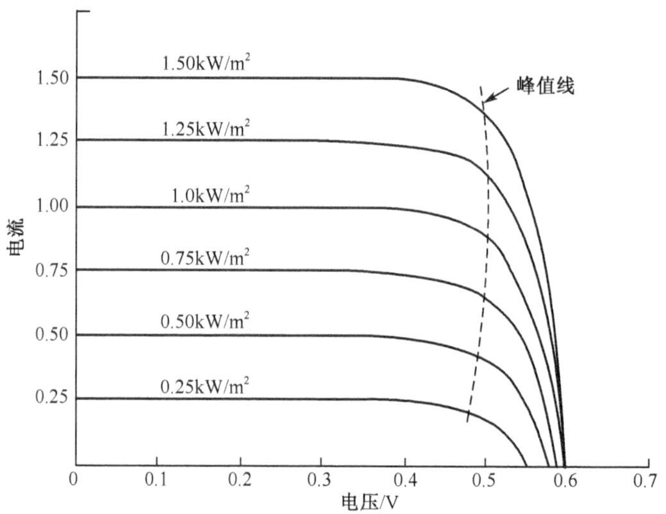

图 12.12　光强对光电流、光电压与峰值功率的影响

3）太阳电池的“热斑效应”

在一定的条件下，在一串联支路中被遮蔽的太阳电池组件将被当成负载，将消耗其他受光照太阳电池组件所产生的能量。被遮挡的太阳电池组件此时就会发热，这个现象就称为“热斑效应”，这种效应能严重地破坏太阳电池的输出。有光照的电池所产生的部分能量或所有的能量，有可能被遮蔽的电池消耗掉。

图 12.13 为太阳电池的串联回路，假定其中一块被部分遮挡，调节负载电阻 R，可使这组太阳电池的工作状态由开路到短路。

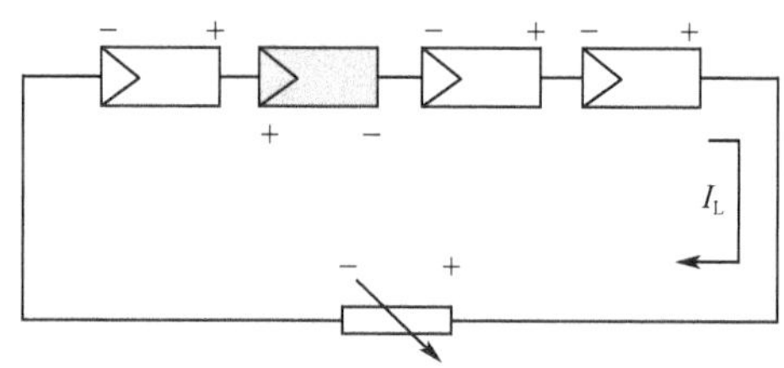

图 12.13　串联回路电池受遮挡示意图

图 12.14 为串联回路受遮挡电池的“热斑效应”分析。受遮挡电池定义为 2 号，用 I-V 曲线 2 表示；其余电池合起来定义为 1 号，由 I-V 曲线 1 表示；两者的串联方阵为组(G)，用 I-V 曲线 G 表示。

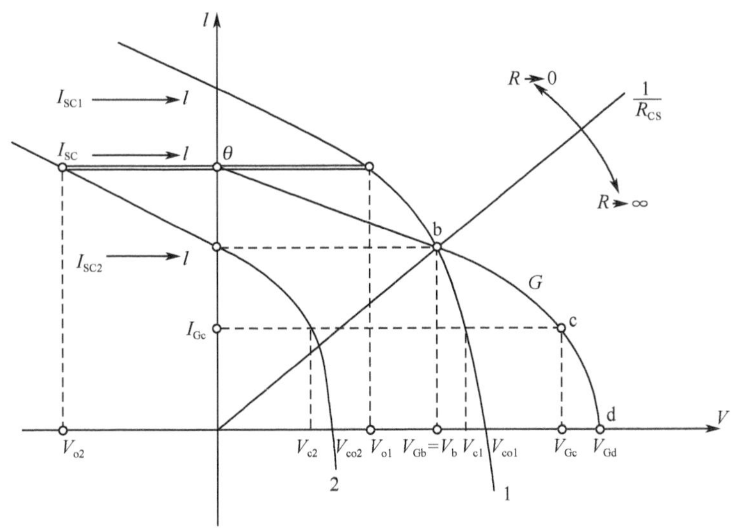

图 12.14　串联回路受遮挡电池的“热斑效应”分析

可以从 d,c,b,a 四种工作状态进行分析：

(1) 调整太阳电池组的输出阻抗,使其工作在开路(d 点),此时工作电流为零,电池组开路电压 V_{Gd}等于电池 1 和电池 2 的开路电压之和；

(2) 当调整阻抗使电池组工作在 c 点时,电池 1 和电池 2 都有正的功率输出；

(3) 当电池组工作在 b 点,此时电池 1 仍然工作在正功率输出,而受遮挡的电池 2 已经工作在短路状态,没有功率输出,但也还没有成为功率的接收体,即还没有成为电池 1 的负载；

(4) 当电池组工作在短路状态(a 点),此时电池 1 仍然有正的功率输出,而电池 2 上的电压已经反向,电池 2 成为电池 1 的负载,若不考虑回路中串联电阻,此时电池 1 的功率全部加到了电池 2 上,如果这种状态持续时间很长或电池 1 的功率很大,就会在被遮挡的电池 2 上造成热斑损伤。

(5) 应当注意到,并不是仅在电池组处于短路状态才会发生“热斑效应”,从 b 点到 a 点的工作区间,电池 2 都处于接收功率的状态,这在实际工作中会经常发生,如旁路型控制器在蓄电池充满时将通过旁路开关将太阳电池短路,此时就很容易形成热斑。

多组并联的太阳电池也有可能形成热斑,图 12.15 展示了太阳电池的并联回路,假定其中一块被部分遮挡,调节负载电阻 R,可使这组太阳电池的工作状态由开路到短路。

图 12.16 为并联回路受遮挡电池的“热斑效应”分析。受遮挡电池定义为 2

号,用 I-V 曲线 2 表示;其余电池合起来定义为 1 号,由 I-V 曲线 1 表示;两者的并联方阵为组(G),用 I-V 曲线 G 表示。

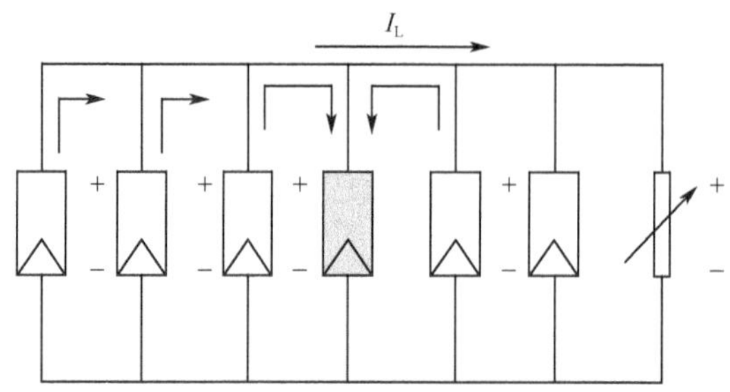

图 12.15　并联回路电池受遮挡示意图

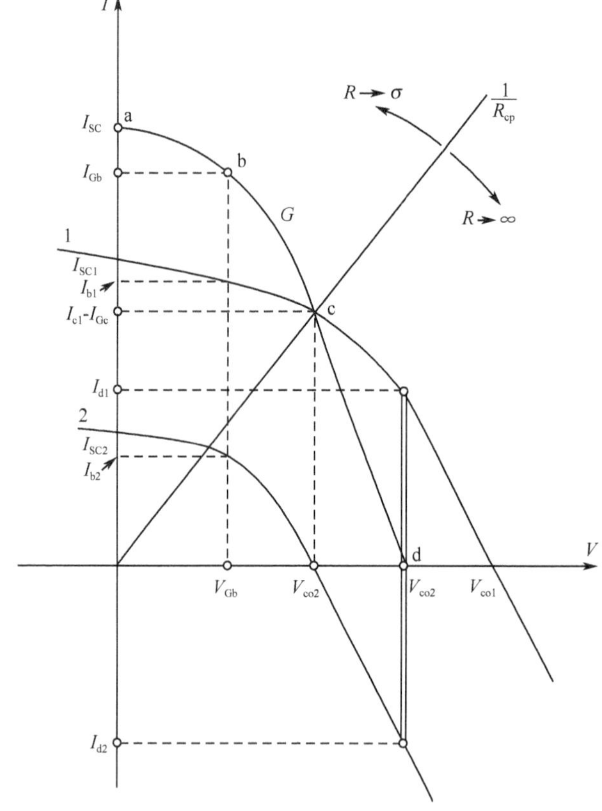

图 12.16　并联回路受遮挡电池的"热斑效应"分析

可以从 a,b,c,d 四种工作进行分析:

(1) 调整太阳电池组的输出阻抗，使其工作在短路状态(a 点)，此时电池组的工作电压为零，组短路电流 I_{SC} 等于电池 1 和电池 2 的短路电流之和。

(2) 当调整阻抗使电池组工作在 b 点，电池 1 和电池 2 都有正的功率输出。

(3) 当电池组工作在 c 点，此时电池 1 仍然工作在正功率输出，而受遮挡的电池 2 已经工作在开路状态，没有功率输出，但还没有成为功率的接收体，还没有成为电池 1 的负载。

(4) 当电池组工作在开路状态(d 点)，此时电池 1 仍然有正的功率输出，而电池 2 上的电流已经反向，电池 2 成为电池 1 的负载，不考虑回路中其他旁路电流的话，此时电池 1 的功率全部加到了电池 2 上，如果这种状态持续时间很长或电池 1 的功率很大，也会在被遮挡的电池 2 上造成热斑损伤。

(5) 应当注意到，从 c 点到 d 点的工作区间，电池 2 都处于接收功率的状态。并联电池组处于开路或接近开路状态在实际工作中也有可能，对于脉宽调制控制器，要求只有一个输入端，当系统功率较大，太阳电池会采用多组并联，在蓄电池接近充满时，脉冲宽度变窄，开关晶体管处于临近截止状态，太阳电池的工作点向开路方向移动，如果没有在各并联支路上加装阻断二极管，发生热斑效应的概率就会很大。

为防止太阳电池由于热斑效应而被破坏，需要在太阳电池组件的正负极间并联一个旁通二极管，如图 12.17 所示。以避免串联回路中光照组件所产生的能量被遮蔽的组件所消耗。同样，对于每一个并联支路，需要串接一只二极管，以避免并联回路中光照组件所产生的能量被遮蔽的组件所吸收，串接二极管在独立发电系统中可同时起到防止蓄电池在夜间反充电的作用。

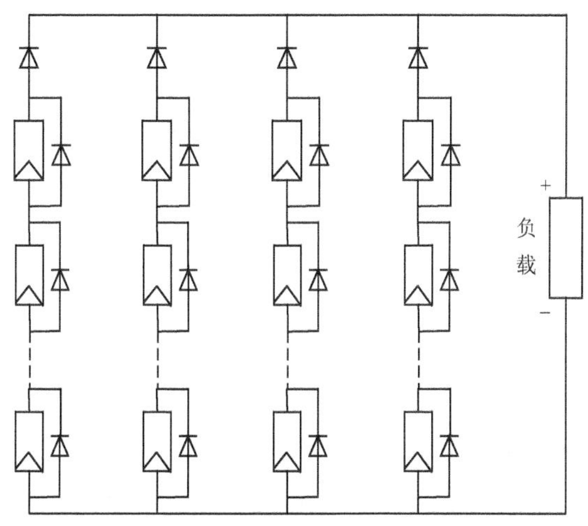

图 12.17 “热斑效应”防护

12.2.2 储能蓄电池

蓄电池是通过充电将电能转换为化学能储存起来，使用时再将化学能转换为电能释放出来的化学电源装置。它是用两个分离的电极浸在电解质中而成。由还原物质构成的电极为负极，由氧化态物质构成的电极为正极。当外电路接通两极时，氧化还原反应就在电极上进行，电极上的活性物质就分别被氧化、还原了，从而释放出电能，这一过程称为放电过程。放电之后，若有反方向电流流入电池，就可以使两极活性物质恢复到原来的化学状态。这种可重复使用的电池，称为二次电池或蓄电池。如果电池反应的可逆变性差，那么放电之后就不能再用充电方法使其恢复到初始状态，这种电池称为原电池。

蓄电池是光伏电站的储能装置，由它将太阳电池方阵从太阳辐射能转换来的直流电转换为化学能储存起来，以供应用。光伏电站中与太阳电池方阵配用的蓄电池组通常是在半浮充电状态下长期工作，考虑到蓄电池的使用寿命和连续阴雨天，蓄电池的设计容量一般是电负荷日耗电量的 5～10 倍，因此，多数时间是处于浅放电状态。目前我国太阳能光伏发电系统配置的蓄电池多数为铅酸蓄电池。

太阳能光伏发电系统对蓄电池的基本要求是：①自放电率低；②使用寿命长；③深放电能力强；④充电效率高；⑤少维护或免维护；⑥工作温度范围宽；⑦价格低廉。目前我国与光伏发电系统配套使用的蓄电池主要是铅酸蓄电池，特别是阀控式密封铅酸蓄电池，下面重点介绍阀控式密封铅酸蓄电池。

1) 密封铅酸蓄电池

铅酸蓄电池是 1859 年卡斯通和普兰特(Gaston，Plante)试验了大量的二次电池之后发明的。他们用两片铅片作电极，中间隔以橡皮卷成的细螺旋作隔板，浸在 10％的硫酸(H_2SO_4)溶液(其浓度为 $1.06g/cm^3$。)中，构成一个铅酸蓄电池。他们发现，这种电池可以反复充电和放电，并观察到，这种铅电极装在硫酸溶液中构成的铅酸蓄电池，当切断一次电流(充电电流)后，立即放出强大的电流(二次电流)，比试验的其他材料作电极构成的蓄电池明显优越。1906 年，普兰特向法国科学院提交了一个由 9 个单体电池构成的铅酸蓄电池，这是世界上第一个铅蓄电池——普兰特电池。由于它的主要原料是铅和酸，因而称为铅酸蓄电池或简称为铅蓄电池。

1881 年，富尔(Faure)发明了涂膏式极板，但它的一个严重缺陷是铅膏容易从铅板上脱落。为了改善这种情况，1881 年末，有人提出了栅形板栅的设计，即将整体的平面铅板改成多孔板栅，将铅膏塞在小孔中。这种极板在保持活性物质不脱落方面比整体平面铅板好。1882 年，出现了以铅锑合金(Pb-Sb)作板栅，增强了硬度；1889 年，改善了板栅的形状，板栅的外形由铅板改为三角断面的条形，这就增加了铅膏与板栅的接触面积，使铅膏紧密结合在板栅上，大大提高了铅酸蓄电池的性能和使用寿命。铅粉、铅膏、合金板栅作为现代铅酸蓄电池极板结构就此确定下来。

1910 年开始，铅酸蓄电池生产得到充分发展，这主要来源于两个方面：首先是汽车数量的快速增长，带动了用于启动、照明和点火的蓄电池的发展；其次是电话业采用铅酸蓄电池作为备用电源，并要求安全可靠又能使用多年，使得蓄电池开始广泛用于汽车、铁道、通信等工业。随后，1957 年原西德阳光公司制成胶体密封铅酸蓄电池并投入市场，标志着实用的密封铅酸蓄电池的诞生。1971 年美国 Gates 公司生产出玻璃纤维隔板的吸液式电池，这就是阀控式密封铅酸蓄电池（VRLA 电池）。从对铅酸蓄电池的市场调查和预测可以说明，VRLA 电池商业化应用 30 年来，尽管出现过一些问题，如漏液、早期容量损失、寿命短等，曾一度引起人们对 VRLA 电池的怀疑，但经过多年改进，其设计技术有了很大的发展。铅酸蓄电池发展至今已有将近 150 年的历史，仍充满生机和活力。目前的总产值为全部化学电源总产值的一半，在未来 20～30 年这一份额仍将继续保持下去。

2）VRLA 电池的结构和工作原理

（1）结构。

VRLA 电池从结构上看，它不但是全密封的，而且还有一个可控制电池内部气体压力的阀，所以称阀控式密封铅酸蓄电池，电池主要部件由正极板、负极板、隔板、电池槽盖、硫酸电解质等组成。VRIA 电池主要零部件及其作用如下。

板栅：支撑活性物质，传导电流。

极板：负极板是电化学反应的场所，电池容量的主要制约者。负极板都采用涂膏式。正极板一般有涂膏式（平板式）和管式。管式正极板一般用于传统富液电池和胶体电池中。

隔板：储存电解液，气体通道，防止活性物质脱落，防止正负极之间短路。

电解液：铅酸蓄电池一律采用硫酸电解质，是电化学反应产生的必需条件。对于胶体蓄电池，还需要添加胶体，以便与硫酸凝胶形成胶体电解质，此时硫酸不仅是反应电解质，还是胶体所需的凝胶剂。

槽盖：盛装极群，槽的厚度及材料直接影响到电池是否鼓胀变形。一般采用塑料槽盖，如 PVC 或 ABS 槽盖。

极柱：传导电流。

（2）基本反应原理。

VRLA 电池反应原理：

正极

$$PbO_2+HSO_4^-+3H^++2e\underset{充电}{\overset{放电}{\longrightarrow}}PbSO_4+2H_2O \tag{12.32}$$

负极

$$Pb + HSO_4^- - 2e \underset{\text{充电}}{\overset{\text{放电}}{\longrightarrow}} PbSO_4 + H^+ \tag{12.33}$$

VRLA 电池密封原理：

铅酸蓄电池充电后期，电极上发生的电化学反应如下。

正极

$$PbSO_4 + 2H_2O \longrightarrow 2e + PbO_2 + HSO_4^- + 3H^+ \tag{12.34}$$

$$H_2O - 2e \longrightarrow 2H^+ + \frac{1}{2}O_2\uparrow \tag{12.35}$$

负极

$$PbSO_4 + H^+ + 2e \longrightarrow Pb + HSO_4^- \tag{12.36}$$

$$2H^+ + 2e \longrightarrow H_2\uparrow \tag{12.37}$$

可以看出，电池充电时将在正负电极处分别放出 H_2和 O_2，这个反应是不可避免的，而两种气体的再化合只有在催化剂存在的条件下才能进行。

1938 年 A. Dassler 提出的气体复合原理对后来制造密封铅酸蓄电池有重要的指导作用。1971 年美国 Gates 公司提出用玻璃纤维隔板，为氧气复合原理实际应用提供了可行性，实现了“密封”的突破。其复合原理如下：氧循环用于铅酸蓄电池密封困难很多。铅酸蓄电池的平衡电压约为 2V，而水的分解电压（正极上析出氧气，负极上产生氢气）也是 2V 左右，因此热力学上铅酸蓄电池完全不会工作，而且在充电时从硫酸铅生成二氧化铅和铅之前就已经析出氧气和氢气。二氧化铅和铅电极表面上有极高的氧与氢的过电位，因而能使正、负电极在析出大量氢与氧之前被再充电，如果过量的负极活性物质和有限的电液这些原则条件得以满足，就可以将氧气循环应用于铅酸蓄电池。阴极吸附式密封铅酸蓄电池在充电时，正极上析出氧气，在负极上被化合，从而维持负极在部分充电状态，使氢的析出得以抑制。

在氧循环过程中往往发生如下反应：①氧从正极上析出（扩散到负极）；②在负极上氧与海绵状铅反应（氧化反应）生成 PbO；③PbO 与硫酸反应生成硫酸铅和水，在这中间负电极因硫酸铅转化为海绵状铅而被充电。归纳起来有下列反应。

正电极

$$2H_2O \longrightarrow O_2 + 4H^+ + 4e \tag{12.38}$$

负电极

$$2Pb + O_2 \longrightarrow 2PbO \tag{12.39}$$

$$2PbO + 2H_2SO_4 \longrightarrow 2PbSO_4 + 2H_2O \tag{12.40}$$

$$2PbSO_4 + 4H^+ + 4e \longrightarrow 2Pb + 2H_2SO_4 \tag{12.41}$$

$$O_2 + 4H^+ + 4e \longrightarrow 2H_2O \tag{12.42}$$

综合在正极析氧过程和负极上所有的反应可以得知，负极在消耗氧，在负极上所有各个反应实际上不太可能发生，更可能的是氧的直接与氢复合而生成水。负极上会析出氢并非完全被抑制，因此要设计必要的阀，当电池内压力增大到一定值时，开启阀放气泄压，泄压后又重新关闭，防止大气中气体（氧）进入电池内部，也使电池在遭受滥用时保证安全。

复合式电池在不同负荷下可以广泛应用，性能也特别优越，其主要优点是不必加水。主要应用在获得电能困难或者昂贵的某些应用领域，如作为偏远地区的电源。由于复合式电池实际上并无气体，没有由此而带来的酸雾危害，因此很适合应用于办公室设备。

多孔玻璃棉隔板（孔率大于 90%）在正、负极之间为氧气传递提供了良好的通道，正极析出的氧气在负极以极高的速度被还原。上述反应实现了氧的循环，净结果是没有氧的积累、没有水的损失。氧气的复合使负极去极化，减缓了 H_2的析出。

（3）VRLA 电池的分类。

按电解质和隔板的不同，可将 VRLA 电池分为 AGM 电池和 GEL 电池。AGM 电池主要采用 AGM（玻璃纤维）隔板，电解液被吸附在隔板孔隙内。GEL 电池主要是采用 PVC-SiO_2 隔板，电解质为已经凝胶的胶体电解质。这两类电池各有优缺点。从发展速度来看，AGM 技术发展较快，目前市场上基本以 AGM 电池为主导。GEL 电池最近几年才逐步有上升的势头，主要是因为前几年 AGM 电池的使用寿命出现较多问题，而 GEL 电池的高循环寿命等优点开始被用户所认可和接受。下面就两类电池结构和性能上的优缺点进行一些比较，见表 12.4、表 12.5。

表 12.4　AGM 电池与 GEL 电池结构比较

内部结构	GEL 电池	AGM 电池
电解液固定方式	电解质由气相二氧化硅和多种添加剂以胶体形式固定，注入时为液态，可充满电池内所有空间，充放电后凝胶	电解液吸附在多孔的玻璃纤维隔板内，而且必须是不饱和状态，隔板内 93%左右的空间充满电解液
电解液量	准富液设计，电解液容量比 AGM 电池量多	相对于富液电池和 GEL，电池的储液少，贫液设计
电解液密度	密度为 1.24g/L，对极板腐蚀轻	密度为 1.28～1.31g/L，对极板腐蚀较大
正极板结构	制成管式或涂膏式极板	制成涂膏式极板
隔板	PVC-SiO_2	普通 AGM 隔板

表 12.5 AGM 电池与 GEL 电池性能比较

性能特点	GEL 电池	AGM 电池
浮充性能	电解质的量富余,其散热性好	散热性差,热失控现象时有发生
循环性能	有热失控事故发生,浮充寿命长	100%DOD 循环寿命 150 次左右
自放电	100%DOD 循环寿命 600 次以上自放电率为 2%/月,电池在常温下	自放电率为(2%～5%)/月,存放期超过 6 个月需补充充电
气体复合效率	初期复合效率较低,但循环数次后可以达到 95%以上,储存 2 年	气体复合效率高达 99%
电解液分层现象	无硫酸浓度分层现象,电池可以竖直和水平安装	有电解液分层现象,高型电池只能水平放置

铅酸蓄电池在充放电过程中的化学反应如下

$$Pb+PbO_2+2H_2SO_4 \underset{充电}{\overset{放电}{\rightleftharpoons}} 2PbSO_4+2H_2O \tag{12.43}$$

铅酸蓄电池充电过程中伴随着的副反应

$$2H_2O \longrightarrow 2H_2\uparrow+O_2\uparrow \tag{12.44}$$

$$2Pb+O_2 \longrightarrow 2PbO \tag{12.45}$$

$$PbO+H_2SO_4 \longrightarrow PbSO_4+H_2O \tag{12.46}$$

该反应使电池中水分逐渐损失,需不断补充纯水才能保持正常使用。对于普通 AGM 玻璃纤维隔板的电池,其隔板内有一定的孔率,在正、负极之间预留气体通道,同时选用特殊合金铸造板栅提高负极的析氢过电位,以抑制氢气的析出;而正极产生的氧气顺着通道扩散到负极,使氧气重新复合成水,保证正极析出的氧扩散到铅负极,完成反应,从而实现正极析出的氧再化合成水。对于采用胶体电解质系列电池,选用 PVC-SiO_2隔板,氧循环的建立是由于电池内的凝胶以 SiO_2质点作为骨架构成的三维多孔网络结构,它将电池所需的电解液保藏在里面;灌注胶体后,在电场力的作用下发生凝胶,初期结构并不稳定,骨架要进一步收缩,而使凝胶出现裂缝,这些裂缝存在于整个正、负极板之间,为氧到达负极还原建立通道。两类电池的整个氧循环机理是一样的,只是氧气到达负极的通道方式不同而已。但 GEL 电池氧气循环只有在凝胶出现裂纹之后才建立起来,所以氧气复合效率是逐渐上升的,从而使电池起到密封的效果。

12.2.3 充放电控制器

1) 控制器的功能

蓄电池,尤其是铅酸蓄电池,要求在充电和放电过程中加以控制,频繁的过充电和过放电都会影响蓄电池的使用寿命。过充电会使蓄电池大量出气(电解水),

造成水分散失和活性物质的脱落；过放电则容易加速栅板的腐蚀和不可逆硫酸化。为了保护蓄电池不受过充电和过度放电的损害，则必须要有一套控制系统来防止蓄电池的过充电和过放电，称为充放电控制器。控制器通过检测蓄电池的电压或荷电状态判断蓄电池是否已经达到过充点或过放点，并根据检测结果发出继续充、放电或终止充、放电的指令。

随着光伏发电系统、风力发电系统和光伏/风力互补发电系统容量的不断增加，设计者和用户对系统运行状态及运行方式的合理性的要求越来越高，系统的安全性也更加突出和重要。因此，近年来设计者又赋予控制器更多的保护和监测功能，控制器在控制原理和使用的元器件方面已有了很大发展和提高，先进的系统控制器已经使用了微处理器，实现了软件编程和智能控制。光伏发电系统中充放电控制器的功能主要有以下几个方面。

(1) 输入高压(HVD)断开和恢复连接功能，对于 48V 接通/断开式控制器，高压断开和恢复连接的电压设定值如下：HVD 为 56.5V，恢复连接电压为 52V。

(2) 欠电压(LVG)告警和恢复功能：当蓄电池电压降到欠电压告警点 44V 时，控制器应自动发出声光告警信号；恢复点为 49V。

(3) 低压(LVD)断开和恢复功能：通过继电器或电子开关连接负载，可在某给定低压点自动切断负载，防止蓄电池过放电。当电压升到安全运行范围时，负载将自动重新接入或要求手动再接入。

(4) 保护功能：防止任何负载短路和充电控制器内部短路；防止夜间蓄电池通过太阳电池组件反向放电的保护；防止负载、太阳电池组件或蓄电池极性反接的电路保护；防止感应雷的线路防雷等。

(5) 温度补偿功能(仅适用于蓄电池充满电压)：当蓄电池温度低于 25℃时，蓄电池的充满电压应适当提高；相反，高于该温度蓄电池的充满电压的门限应适当降低。通常蓄电池的温度补偿系数为－5～－3mV/(℃ · cell)。

2) 蓄电池充电控制基本原理

目前在光伏发电系统和风光互补发电系统中，使用最多的仍然是铅酸蓄电池，因此这里仅以铅酸蓄电池为例介绍控制器的充电控制基本原理。

铅酸蓄电流充电特性如图 12.18 所示，由充电曲线可以看出，蓄电池充电过程有三个阶段，初期(OA)电压快速上升，中期(AC)电压缓慢上升，延续较长时间，C 点为充电末期，电化学反应接近结束，电压开始迅速上升，接近 D 点时，负极析出氢气，正极析出氧气，水被分解。上述所有迹象表明，D 点电压标志着蓄电池已充满电，应停止充电，否则将给铅酸蓄电池带来损坏。

通过对铅酸蓄电池充电特性的分析可知，在蓄电池充电过程中，当充电到相当于 D 点的电压出现时就标志着该蓄电池已充满。依据这一原理，在控制器中设置电压测量和电压比较电路，通过对 D 点电压值的监测，即可判断蓄电池是否应结

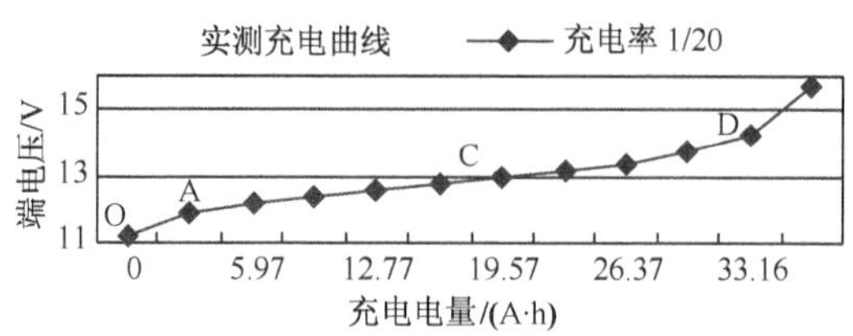

图 12.18　铅酸蓄电池充电特性曲线

束充电。对于开口式固定型铅酸蓄电池，标准状态(25℃，0.1C 充电率)下的充电终了电压(D 点电压)约为 2.5V；对于阀控密封式铅酸蓄电池，标准状态(25℃，0.1C 充电率)下的充电终了电压约为 2.35V。在控制器里比较器设置的 D 点电压称为"门限电压"或"电压阈值"。由于光伏发电系统的充电率一般都小于 0.1C，因此蓄电池的充满点一般设定在 2.45～2.5V(固定式铅酸电池)和 2.3～2.35V(阀控密封电池)。

蓄电池充电控制的目的是在保证蓄电池被充满的前提下尽量避免电解水。蓄电池充电过程的氧化还原反应和水的电解反应都与温度有关。温度升高，氧化还原反应和水的分解都变得容易，其电化学电位下降，此时应当降低蓄电池的充满门限电压，以防止水的分解。温度降低，氧化还原反应和水的分解都变得困难，其电化学反应电位升高，此时应当提高蓄电池的充满门限电压，以保证将蓄电池被充满，同时又不会发生水的大量分解。在光伏发电系统和风光互补发电系统中，蓄电池的电解液温度有季节性的长周期变化，也有因受局部环境影响的波动，因此要求控制器具有对蓄电池充满门限电压进行自动温度补偿的功能。温度系数一般为单只电池－5～－3mV/℃(标准条件为 25℃)，即当电解液温度(或环境温度)偏离标准条件时，每升高 1℃，蓄电池充满门限电压按照每只电池向下调整 3～5mV；每下降 1℃，蓄电池充满门限电压按照每只电池向上调整 3～5mV。蓄电池的温度补偿系数也可查阅蓄电池技术说明书或向生产厂家查询。对于蓄电池的过放电保护门限电压一般不作温度补偿。

3) 蓄电池过放电保护基本原理

下面以铅酸蓄电池为例介绍控制器的过放电保护原理。

(1) 铅酸蓄电池放电特性。

铅酸蓄电池放电特性如图 12.19 所示。由放电曲线看出，蓄电池放电过程有三个阶段，开始(OE)阶段电压下降较快，中期(EG)电压缓慢下降，延续较长时间，G 点后放电电压急剧下降。电压随放电过程不断下降的原因主要有三个，首先是随着蓄电池的放电，酸浓度降低；引起电动势降低；其次是活性物质的不断消耗，反应面积减小，使极化不断增加；最后是由于硫酸铅的不断生成，使电池内阻不断增加，内阻压降增大。图上 G 点电压标志着蓄电池已接近放电终了，应立即停止放电，否则将给铅酸蓄电池带来不可逆转的损坏。

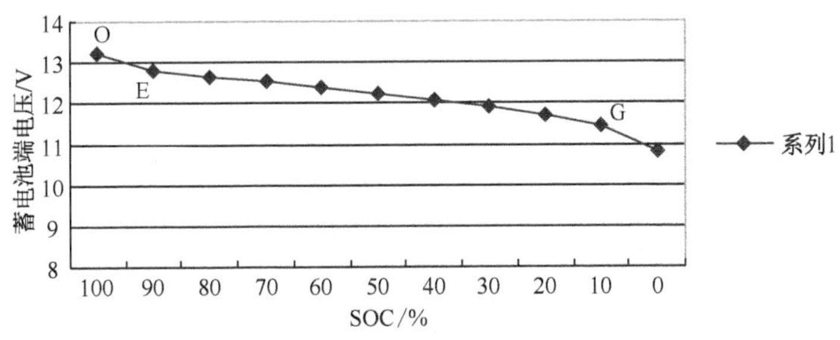

图 12.19　铅酸蓄电池放电曲线

(2) 常规过放电保护原理。

通过对蓄电池放电特性的分析可知，在蓄电池放电过程中，当放电到相当于 G 点的电压出现时就标志着该电池已放电终了。依据这一原理，在控制器中设置电压测量和电压比较电路，通过监测出 G 点电压值，即可判断蓄电池是否应结束放电。对于开口式固定型铅酸蓄电池，标准状态(25℃，0.1C 放电率)下的放电终了电压(G 点电压)为 1.75～1.8V。对于阀控密封式铅酸蓄电池，标准状态(25℃，0.1C 放电率)下的放电终了电压为 1.78～1.82V。在控制器里比较器设置的 G 点电压称为“门限电压”或“电压阈值”。

(3) 蓄电池剩余容量控制法。

在很多领域，铅酸蓄电池是作为启动电源或备用电源使用，如汽车启动电瓶和 UPS 电源系统。这种情况下，蓄电池大部分时间处于浮充电状态或充满电的状态，运行过程中其剩余容量或荷电状态(state of charge，SOC)始终处于较高的状态(80%～90%)，而且有高可靠的、一旦蓄电池过放电就能将蓄电池迅速充满的充电电源。蓄电池在这种使用条件下很不容易被过放电，因此使用寿命较长。在光伏和风力发电系统中，蓄电池的充电电源来自太阳电池和风力发电机组，其保证率远远低于有交流电的场合，气候的变化和用户的过量用电都很容易造成蓄电池的过放电。铅酸蓄电池在使用过程中如果经常深度放电(SOC 低于 20%)，则蓄电池的使用寿命将会大大缩短。反之，如果蓄电池在使用过程中一直处于浅放电(SOC 始终大于 50%)状态，则蓄电池使用寿命将会大大延长。

从图 12.20 可以看出，当放电深度(DOD)(SOC＝1－DOD)等于 100%时，循环寿命只有 350 次，如果 DOD＝50%，则循环寿命可以达到 1000 次，当 DOD＝20%时，循环寿命甚至达到 3000 次。剩余容量控制法指的是蓄电池在使用过程中(蓄电池处于放电状态时)，系统随时检测蓄电池的剩余容量，并根据蓄电池的荷电状态，自动调整负载的大小或调整负载的工作时间，使负载和蓄电池剩余容量相匹配，以确保蓄电池的剩余容量不低于设定值（如 50%），从而保护蓄电池不被过放电。

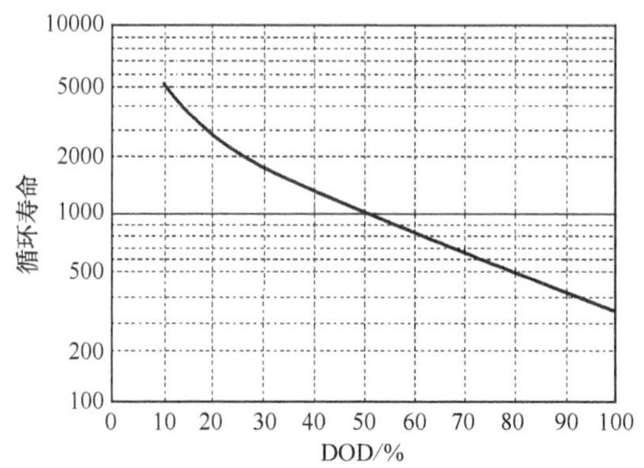

图 12.20　蓄电池循环寿命与 DOD 的关系

要想根据蓄电池的剩余容量对蓄电池的放电过程进行控制，就要求能够准确测量蓄电池的剩余容量。对于蓄电池剩余容量的检测，通常有几种办法，如电液比重法、开路电压法，放电法和内阻法。电液比重法对于阀控密封铅酸蓄电池不适用；开路电压法是基于 Nernst 热力学方程电液比重与开路电压有确定关系的原理，对于新电池尚可采用，蓄电池使用后期，当其容量下降后，开路电压的变化已经无法反映真实剩余容量。此外，开路电压法还无法进行在线测试；内阻法是根据蓄电池内阻与蓄电池的容量有着更为确定的关系，但通常必须先测出某一规格和型号蓄电池的内阻容量曲线，然后采用比较法通过测量内阻得知同型号、同规格蓄电池的剩余容量，通用性比较差，测量过程也相当复杂。

此外，可以根据铅酸蓄电池的剩余容量与其充放电率、充放电过程中的端电压、电液比重、内阻等各个物理化学参数之间相互影响，建立蓄电池剩余容量的数学模型。要求数学模型能够较为准确地反映出各个物理化学参数的变化对蓄电池剩余容量的影响。有了通用性强的，能够反映各个物理化学参数连续变化对蓄电池荷电状态影响的数学模型，就可以很方便地在线测量蓄电池的剩余容量，从而进一步根据蓄电池的剩余容量对蓄电池的放电过程进行控制。

（4）蓄电池剩余容量的数学模型。

关于铅酸蓄电池的剩余容量与其充放电率、充放电过程中的端电压、电液比重、内阻等各个物理化学参数之间的数学模型只在很少的文献中见到，参考文献[1]给出固定式铅酸蓄电池剩余容量的数学模型如下：

蓄电池放电模型

$$U=U_r-I/Ah(0.189/SOC+IR) \tag{12.47}$$

蓄电池充电模型

$$U=U_r+I[0.189/(1.142-SOC)+IR]/Ah+(SOC-0.9)\times\ln[(300\times(I/Ah)+1.0] \tag{12.48}$$

式中，SOC 为蓄电池剩余容量；U 为实测电压；Ah 为标称容量（A·h）；T 为环境温度；I 为充电电流或放电电流；静止电压为 $U_r=2.094\times[1-0.001\times(T-25℃)]$；IR（internal resistance）为蓄电池内阻，与温度有关系，$IR=0.15\times[1-0.02\times(T-25℃)]$（注：充电模型中最后一项只有当 $U>2.28V$ 时才有）。

但是上述数学模型并未反映出初始电液比重对于 U_r 的影响，而且计算结果与试验数据差距太大，无法实际使用。为了建立通用性强的蓄电池剩余容量的数学模型，必须综合考虑蓄电池的热力学和动力学特性，才能比较准确地描述蓄电池充放电过程中其端电压、放电率等参数与容量的关系。

电池的热力学 Nernst 方程

$$E=E^\circ+RT/nF\times\ln(a1/a2) \tag{12.49}$$

式中，E°为热力学平衡电动势 2.04V；R 为热力学常数，8.314J/(K·mol)；T 为热力学温度，室温下 $T=298K$；n 为反应金属离子价数，$Pb\text{-}PbSO_2$ 为 2 价，$PbO_2\text{-}PbSO_2$为 2 价；F 为法拉第常数，$F=96487C/mol$；$a1$为产物的浓（活）度；$a2$为反应物的浓（活）度。

铅酸蓄电池由铅电极（负极）和二氧化铅电极（正极）组成，放电和充电过程的反应由以下方程式表示。

铅电极放电、充电反应

$$Pb+SO_4^{2-}=\!=\!=PbSO_4+2e \tag{12.50}$$

铅电极电势

$$\begin{aligned}E_-&=E^\circ_-+0.0591/2\times\log(K_{sp}/SO_4^{2-})\\&=-0.356+0.0591/2\times\log(1/SO_4^{2-})\end{aligned} \tag{12.51}$$

二氧化铅电极放电、充电反应

$$PbO_2+4H^++SO_4^{2-}+2e^-=\!=\!=PbSO_4+2H_2O \tag{12.52}$$

二氧化铅电极电势

$$\begin{aligned}E_+&=E^\circ_++0.0591/2\times\log[H^+]^4[SO_4^{2-}]\\&=1.685+0.0591/2\times\log[H^+]^4[SO_4^{2-}]\end{aligned} \tag{12.53}$$

铅酸蓄电池电动势

$$E=E_+-E_-=0.4+0.0591/2\times[H^+]^4[SO_4^{2-}]^2 \tag{12.54}$$

式(12.50)和式(12.52)中，"⟶"为放电反应；"⟵"为充电反应。电液比重对铅酸蓄电池的电动势（开路电压）有直接的影响，电液比重越高，电动势也越高，电液比重越低,电动势也越低。密封铅酸电池充满电时,电液比重为 1.28～1.30,电动势为 2.14～2.17V;密封铅酸电池放完电时,电液比重为 1.14～1.15,电动势为 2.00～2.08V;固定式铅酸蓄电池的比重比密封电池低,充满电时电液比重为 1.21～1.25,电动势为 2.05～2.10V;放完电时,电液比重为 1.08～1.10,电动势为 1.90～1.95V。

除了热力学的因素,还要考虑蓄电池充、放电状态下的动力学因素。铅酸蓄电池在充电和放电状态下,热力学平衡被打破,正极和负极都偏离其平衡电位,发生了电极极化。充电时蓄电池的正极向更正的方向偏离,负极向更负的方向偏离,蓄电池的端电压高于静态电压:$U_{充}=U_r+U_\eta$。$U_{充}$ 为实测的蓄电池充电过程中的端电压。放电时蓄电池的正极向负的方向偏离,负极向正的方向偏离,蓄电池的端电压低于静态电压:$U_{放}=U_r-U_\eta$。式中,U_r为蓄电池充电初始(或放电终了)的静态电压;U_η为蓄电池充电过程的阴极和阳极极化电位之和。极化电势包括电化学极化、浓差极化和欧姆极化三项

$$U_\eta=\eta_e+\eta_c+\eta_r \tag{12.55}$$

电化学极化符合 Tafel 电极极化方程

$$\eta_e=a+b\times\log i \tag{12.56}$$

式中,i 为电流密度(A/cm^2);浓差极化 η_c 符合 Nernst 方程规律;欧姆极化由蓄电池的欧姆内阻和非欧姆内阻引起。

$$\eta_r=I\times \mathrm{IR} \tag{12.57}$$

$$\begin{aligned}U_{充}&=U_r+U_\eta+I\cdot \mathrm{IR}\\&=E^\circ+RT/nF\cdot\log(1+\mathrm{SOC}/\mathrm{DOD})\\&\quad+(\eta_e+\eta_c)+I/\mathrm{Ah}\cdot \mathrm{IR}(1-\mathrm{SOC})\end{aligned} \tag{12.58}$$

I/Ah 为蓄电池的充电率;IR 为蓄电池的内阻。实测的蓄电池放电过程中的端电压 $U_{放}$ 为

$$\begin{aligned}U_{放}&=U_r-U_\eta-I\cdot \mathrm{IR}\\&=E^\circ-RT/nF\cdot\log(1+\mathrm{DOD}/\mathrm{SOC})\\&\quad-[\eta_e+\eta_c-I/\mathrm{Ah}\cdot \mathrm{IR}\cdot(1-\mathrm{SOC})]\end{aligned} \tag{12.59}$$

在设计数学模型时,除了要符合上述电化学规律,还应当考虑到以下因素:

(a) 蓄电池在不同的荷电状态下,其电动势(端电压)由于反应物和生成物比例的变化而变化。充电过程中,剩余容量越小,引起的端电压变化越小;放电过程中,SOC 越小,引起的端电压变化越大。

(b) 蓄电池在不同的荷电状态下,对电极极化的影响也不相同。充电过程中,SOC 越小,引起的电极极化越小;放电过程中,剩余容量越小,引起的电极极化越大。

(c) 蓄电池在不同的荷电状态下,对欧姆极化的影响也不相同。剩余容量低,

说明是蓄电池的放电后期(或充电初期),电极表面生成硫酸铅,电液比重也有所降低,欧姆内阻增大;剩余容量高,说明是蓄电池处于放电初期(或充电后期),电极表面的硫酸铅已经大部分转换成了铅和二氧化铅,电液比重也有所增加,欧姆内阻减小。

(d) 蓄电池的充放电率可以近似代表充放电的电流密度;同时将影响到极化超电势和内阻引起的极化电势,不影响平衡电势。

(e) 电液比重将影响到蓄电池的电动势和内阻。

(f) 温度主要影响蓄电池的实际容量(额定容量)和蓄电池的内阻。温度对实际容量的影响表示为:$C_a=C_r\times[1+K(T-25)]$。式中,C_a 为任何温度下的蓄电池实际容量;C_r 为蓄电池在 25℃下的额定容量;T 为实际温度,℃;K 为温度系数,为 0.005~0.008℃$^{-1}$。温度对内阻的影响在 0~30℃,温度每升高 10℃,内阻降低大约 10%;在−20~0℃,温度每降低 10℃,内阻大约增大 15%。

(g) 使用年限主要影响蓄电池的额定容量,使用年限越长,容量损失越大,每年的容量损失依蓄电池类型和使用条件的不同而不同,年容量损失系数为 2%~10%,对于阀控式密封铅酸蓄电池,正常使用条件下大约每年衰降 5%左右。

(h) 蓄电池放电过程的电压变化(2.15~1.80V)小于充电过程的电压变化(1.90~2.45V)。

(i) 由上面的分析,得出如下蓄电池剩余容量放电和充电过程的数学模型

$$\begin{aligned}U_{放}=\{&[U_r-a\times\log(1+\mathrm{DOD/SOC})\\&-b\times\log(1+I/\{\mathrm{Ah}\times[1+K(T-25)]\}\times\mathrm{DOD}\times100)\\&-I/\{\mathrm{Ah}\times[1+K(T-25)]\}\times c[0.01\times(25-T)]\times\mathrm{DOD}\}\end{aligned}\tag{12.60}$$

式中,a 是由于反应物和生成物比例改变引起的电压变化的常数,为 0.1~0.2;b 是电化学极化项常数,为 0.1~0.15;c 是内阻极化项常数,为 0.08~0.15。对于充电过程

$$\begin{aligned}U_{充}=\{&U_r+a\times\log(1+\mathrm{SOC/DOD})+b\\&\times\log(I/\{\mathrm{Ah}\times[1+K(T-25)]\}\times\mathrm{SOC}\times100)\\&+I/\{\mathrm{Ah}\times[1+K(T-25)]\}\times c\times[0.01\times(25-T)]\times\mathrm{DOD}\}\end{aligned}\tag{12.61}$$

充电过程中的系数符号与放电过程的相同,只是它们的变化范围不同,分别为 a 在 0.1~0.2;b 在 0.2~0.25;c 在 0.15~0.25。

(5) 蓄电池剩余容量放电过程控制。

采用蓄电池剩余容量控制法设计的控制器,可以对蓄电池的放电进行全过程控制,主要用于无人值守且允许适当调整工作时间的光伏发电系统,最典型的是太阳能路灯。表 12.6 给出一个太阳能路灯系统在蓄电池不同剩余容量情况下,对路灯工作时间的调整。

表 12.6　太阳能路灯系统在不同剩余容量情况下工作时间的调整

SOC/%	负载工作时间/h
SOC＞90%	12
70%＞SOC＞90%	8
50%＜SOC＜70%	6
10%＜SOC＜50%	4

也可以将负载分成不同的等级，控制器根据蓄电池的剩余容量状态，调整负载的功率，也可以达到同样的目的。对于负载时间和功率不允许自动调整的负载，可以将蓄电池的剩余容量在控制器上显示出来，以便用户随时了解蓄电池的荷电状态，采取必要的调整措施。

4）控制器的基本技术参数

（1）太阳电池输入路数：1～12 路；

（2）最大充电电流和放电电流：0～200A；

（3）控制器最大自身耗电不得超过其额定充电电流的 1%；

（4）输入输出开关器件：继电器或 MOSFET 模块；

（5）箱体结构：台式、壁挂式、柜式；

（6）工作温度范围：－15～＋55℃；环境湿度：90%。

光伏充放电控制器基本上可分为以下六种类型。

（1）并联型控制器。当蓄电池充满时，利用电子部件把光伏阵列的输出分流到并联电阻器或功率模块上去，然后以热的形式消耗掉。这种方式消耗热能，所以一般用于小型、低功率系统，例如电压在 12V、20A 以内的系统。这类控制器很可靠，没有串联回路的电压降，也没有如继电器之类的机械部件。这种控制方式虽然简单易行，但由于采用旁路方式，如果太阳电池组件中的个别电池受遮挡或有污渍，容易引起热斑效应。

（2）串联型控制器。利用机械式继电器的开关触点或固态开关器件控制充电过程，开关串接在太阳电池和蓄电池之间。当蓄电池被充满时断开充电回路；串联开关也可用于在夜间切断光伏阵列，替代防反充二极管。

（3）脉宽调制 PWM 型控制器。它以脉宽调制脉冲方式开关光伏阵列的输入。当蓄电池趋向充满时，脉冲的宽度变窄，充电电流减小。当蓄电池电压回落，脉冲宽度变宽，符合蓄电池的充电要求。这种脉宽调制功能的开关器件可以串联在太阳电池和蓄电池之间，也可以与太阳电池并联，形成旁路控制。按照美国桑迪亚国家实验室的研究和佛罗里达太阳能研究中心的测试结果，脉宽调制控制器的充电效率比简单断开/恢复式（或叫两点式）控制器高 30%，更有利于蓄电池容量的迅速恢复和蓄电池的总循环寿命的提高。

(4) 多路控制器。对于 10kW 以上的光伏电站,普遍采用多路控制技术,即太阳电池分成多组对蓄电池充电。当蓄电池接近充满时,通过控制器将太阳电池逐路断开,而当蓄电池的电压回落,控制器又将太阳电池逐路接通,达到了随蓄电池充满电流减小,蓄电池亏电电流增大的目的,完全可以达到脉宽调制控制器的效果,符合蓄电池的充电要求。

(5) 智能型控制器。采用带 CPU 的单片机对光伏电源系统的运行参数进行高速实时采集,并按照一定的控制规律由软件程序对单路或多路光伏阵列进行切离/接通控制。智能型控制器的最大优势还在于它可以具备对光伏系统运行数据采集和远程数据传输的功能。

(6) 最大功率跟踪型控制器。将太阳电池的电压 U 和电流 I 检测后得到功率 P,然后判断太阳电池此时的输出功率是否达到最大,若不在最大功率点运行,则调整脉宽,调制输出占空比 D,改变太阳电池的工作点,再次进行实时采样,并作出是否改变占空比的判断,通过这样寻优过程可保证太阳电池始终运行在最大功率点。这种类型的控制器可使太阳电池方阵始终保持在最大功率点状态,以充分利用太阳电池方阵的输出能量。同时采用脉宽调制方式,使充电电流成为脉冲电流,以减少蓄电池的极化,提高充电效率。最大功率跟踪控制器更多用于没有蓄电池的光伏水泵系统和并网发电系统。

5) 控制器的基本电路和工作原理

(1) 并联型充放电控制器。

并联型(也叫旁路型)充放电控制器基本电路如图 12.21 所示。电路中的开关器件 T1 并联在太阳电池方阵的输出端,当蓄电池电压大于"充满切离电压"时,开关器件 T1 导通,同时二极管 D1 截止,则太阳电池方阵的输出电流直接通过 T1 短路泄放,不再对蓄电池进行充电,从而保证蓄电池不会出现过充电,起到"过充电保护"作用。D1 是防"反充电二极管",只有当太阳电池方阵输出电压大于蓄电池电

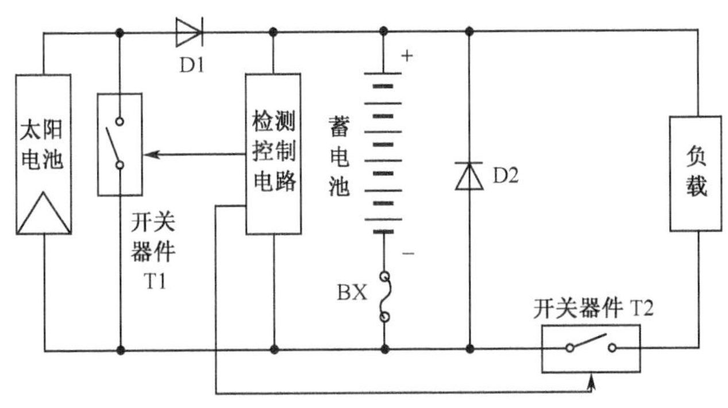

图 12.21　并联型充放电控制器原理图

压时,D1 才能导通,反之 D1 截止,从而保证夜晚或阴雨天气时不会出现蓄电池向太阳电池方阵反向放电,起到“防反向充电保护”作用。

开关器件 T2 为蓄电池放电控制开关。当负载电流大于额定电流出现过载或负载短路时,T2 关断,起到“输出过载保护”和“输出短路保护”作用。同时,当蓄电池电压小于“过放电压”时,T2 也关断,进行蓄电池的“过放电保护”。D2 为“防反接二极管”,当蓄电池极性接反时,D2 导通使蓄电池通过 D2 短路放电,产生很大电流快速将熔丝 BX 烧断,起到“防蓄电池极性反接保护”作用。

检测控制电路随时对蓄电池电压进行检测,一般采用施密特回差电路,当电压高于“充满切离电压”时使 T1 导通进行“过充电保护”,当电压回落到某一数值时,T1 断开,恢复充电;放电控制也类似,当电压低于“过放电压”时,T2 关断,切离负载,进行“过放电保护”,而当电压回升到某一数值时,T2 再次接通,恢复放电。

(2) 串联型充放电控制器。

串联型充放电控制器基本电路如图 12.22 所示,该电路和并联型充放电控制器电路结构相似,唯一区别在于开关器件 T1 的接法不同,并联型 T1 并联在太阳电池方阵输出端,而串联型 T1 是串联在充电回路中。当蓄电池电压大于“充满切离电压”时,T1 关断,使太阳电池不再对蓄电池进行充电,起到“过充电保护”作用。其他元件的作用和并联型充放电控制器相同,也属于简单带回差电压的接通/断开型控制器,不再赘述。

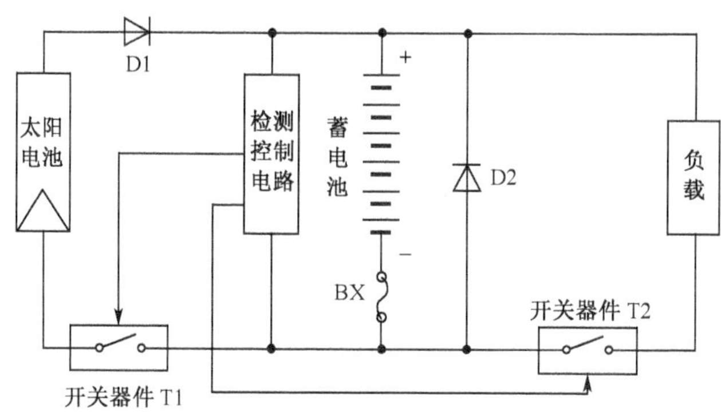

图 12.22　串联型充放电控制器原理图

(3) 检测控制电路的组成和工作原理。

图 12.23 示出的是检测控制电路,是由带回差控制的运算放大器组成。它包括过压检测控制和欠压检测控制两部分。A1 为过压检测控制电路,A1 的同相输入端由 W1 提供对应“过压切离”的基准电压,而反相输入端接被测蓄电池,当蓄电池电压大于“过压切离电压”时,A1 输出端 G1 为低电平,关断开关器件 T1,切断充电回路,起到过压保护作用。当过压保护后蓄电池电压又下降至小于“过压恢复

电压”时，A1 的反相输入电位小于同相输入电位，则其输出端 G1 由低电平跳变至高电平，开关器件 T1 由关断变导通，重新接通充电回路。“过压切离门限”和“过压恢复门限”由 W1 和 R1 配合调整。

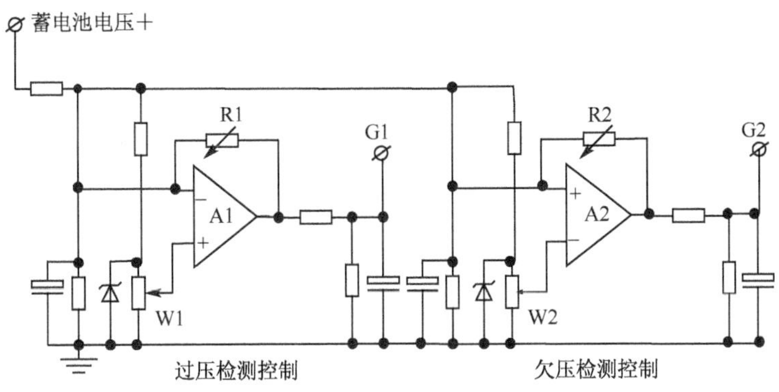

图 12.23　控制器的过、欠压检测电路

A2 为欠压检测控制电路，其反相端接由 W2 提供的欠压基准电压，同相端接蓄电池电压(和过压检测控制电路相反)，当蓄电池电压小于“欠压门限电平”时，A2 输出端 G2 为低电平，开关器件 T2 关断，切断控制器的输出回路，实现“欠压保护”。欠压保护后，随着电池电压的升高，当电压又高于“欠压恢复门限”时，开关器件 T2 重新导通，恢复对负载供电。“欠压保护门限”和“欠压恢复门限”由 W2 和 R2 配合调整。

(4) 脉宽调制三阶段充电控制器。

太阳电池的成本很高，占到太阳能路灯总造价的 60%以上，提高太阳电池的利用率和充电效率则能够更有效地利用宝贵的太阳能，使蓄电池处于良好的工作状态。脉宽调制充电方式可以随着蓄电池的充满，电流逐渐减小，符合蓄电池对于充电过程的要求，能够有效地消除极化，有利于完全恢复蓄电池的电量。三阶段充电方式包括均衡充电、快速充电和浮充电。蓄电池没有发生过放电，正常工作时采用浮充电，可以有效防止过充电，减少水分的散失；当蓄电池的 DOD>70%，则实施一次快速充电，有利于完全恢复蓄电池的容量；一旦 DOD>40%，则实施一次均衡充电，不但有利于完全恢复蓄电池的容量，轻微的放气还能够起到搅拌作用，防止蓄电池内电解液的分层。

根据美国佛罗里达州太阳能研究中心的测试结果，采用脉宽调制三阶段充电方式的控制器和恒定电压控制器比简单的充满断开控制器的充电效率要高出 30%(图 12.24)。该充电法可以最大限度地利用昂贵的太阳电池，大大提高充电效率，并保证蓄电池始终处于良好的工作状态。

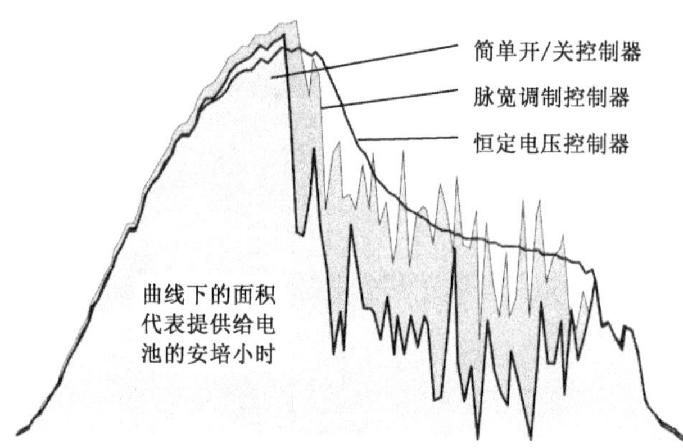

图 12.24 简单充满断开控制器和脉宽调制控制器及恒定电压控制器充电效率比较

脉宽调制三阶段充电控制器的主电路与旁路型和串联型控制器基本一致，只是开关器件一般选用 MOSFET，不能用继电器，控制方式也与简单的接通/断开式控制器大不相同。脉宽调制电路原理如图 12.25 所示。

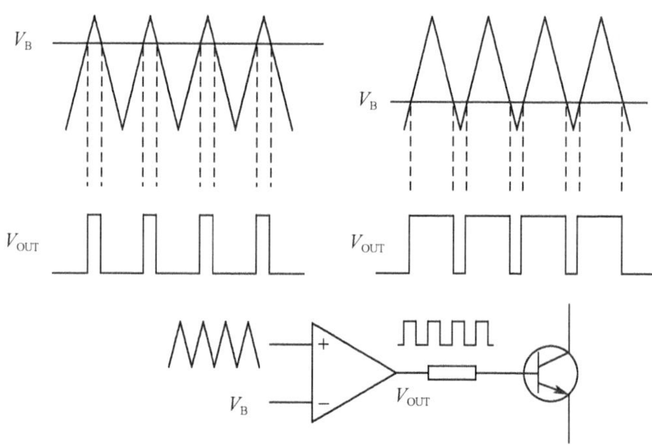

图 12.25 脉宽调制控制原理

比较器的调制波为三角波，从正端输入，蓄电池的直流采样电压从比较器的负端输入，用直流电压切割三角波，在比较器的输出端形成一组脉宽调制波，用这组脉冲控制开关晶体管的导通时间，达到控制充电电流的目的。从图 12.25 可以看出，对于串联型控制器，当蓄电池的电压上升，脉冲宽度变窄，充电电流变小；当蓄电池的电压下降，脉冲宽度变宽，充电电流增大。对于旁路型的控制器，蓄电池的直流采样电压和调制三角波在比较器的输入应当掉过来，以达到随蓄电池电压的升高旁路电流增大(充电电流减小)，随电压回落旁路电流减小(充电电流增大)的目的。

(5) 多路控制器。

多路型光伏电源控制器主要用于5kW以上的太阳能电源系统中，控制器的主电路如图12.26所示。

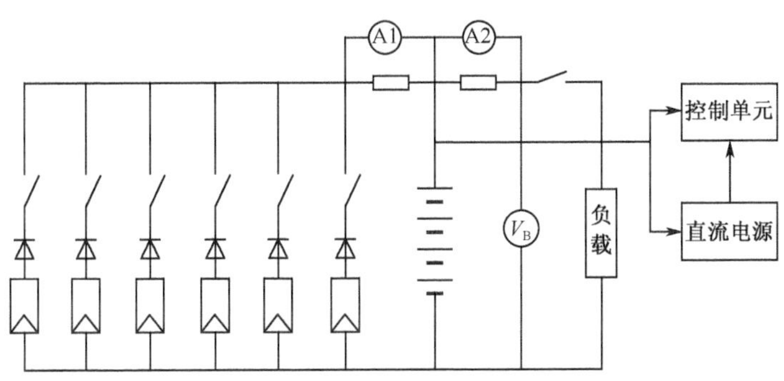

图12.26　多路控制器原理图

多路控制器的工作特点是：①太阳电池是分4～10个方阵支路输入，每路的最大充电电流为10～20A。②当太阳电池不向蓄电池充电时，阻断蓄电池电流倒流向太阳电池。有防反充的功能。③当蓄电池电压上升到蓄电池充满电压(对于48V系统，充满电压为56.4V)时，进行充满控制，将太阳电池方阵逐路切离充电回路，当电压回落到充满恢复电压(48V系统为52V)时，逐路接通太阳电池方阵，恢复充电。④具有欠电压指示及告警功能。当蓄电池电压下降到欠电压点(48V系统为45V)时，进行过放指示并蜂鸣器告警。通知用户应立即给蓄电池充电，否则蓄电池将过放电，从而影响蓄电池的寿命。当电压回升到欠电压恢复电压(48V系统为50V)时，解除告警。⑤当蓄电池电压下降到过放点(48V系统为42V)时，进行过放控制，强迫将负载切离。否则蓄电池将过放电，从而影响蓄电池的寿命。当电压回升到过放恢复电压(48V系统为50V)时，恢复对负载供电。

多路控制器的优点是，对于功率较大的系统，多路控制器将电流分散到各个支路，对于元器件的选择很方便。多路控制器在蓄电池接近充满时逐路切断太阳电池的支路，电流是逐渐减小的，符合蓄电池对于充电过程的要求，起到了同脉宽调制控制器同样的效果，但电路简化了很多，可靠性也相应提高了很多。因此，对于充电电流超过20A的光伏发电系统，基本都采用多路控制器。

(6) 智能型控制器。

严格意义上讲，凡是采用计算机控制的控制器都应称之为智能控制器。这里所说的智能控制器专指具有充放电控制、运行数据采集、数据显示、存储、打印、远程数据传输，甚至远程控制全套功能的控制器，仅采用计算机进行充放电控制的不包括在此。

智能控制器的主电路同其他控制器一样，可以是并联型、串联型、脉宽调制型和多路型。该控制器采用高速 CPU 微处理器和高精度 A/D 模数转换器，构成一个微机数据采集和监测控制系统。既可快速实时采集光伏系统当前的工作状态，又可详细积累光伏电站的历史数据，为评估光伏系统设计的合理性及检验系统部件质量的可靠性提供了准确而充分的依据。此外，该控制器还具有串行通信数据传输功能，可将多个光伏系统子站进行集中管理和远程控制。智能控制器硬件结构如图 12.27 所示。智能控制器有如下的主要功能：①蓄电池充电和过放电控制。采用先进的“强充(boost)/递减(taper)/浮充(float)自动转换充电方法”，依据蓄电池组端电压的变化趋势自动调整充电电流，或控制多路太阳电池方阵的依次接通或切离，既可充分利用宝贵的太阳电池资源，又可保证蓄电池组安全而可靠的工作。当蓄电池发生过放电时，自动切断负载，实行蓄电池过放电控制，保护蓄电池。②数据采集和存储。采用高精度 12 位串行 A/D 转换器，对“状态参数”进行实时快速采集，并存至不丢失数据的 EEPROM 存储器中。该存储器还可保存前 100 天的“历史数据”。“当前数据”、“历史数据”及“控制设置参数”等可由 4×4 矩阵按键选择，并由 16×2 字符液晶显示器显示工作状态及统计数据。③通信功能。实现主站与每台控制器之间的远距离数据传输。

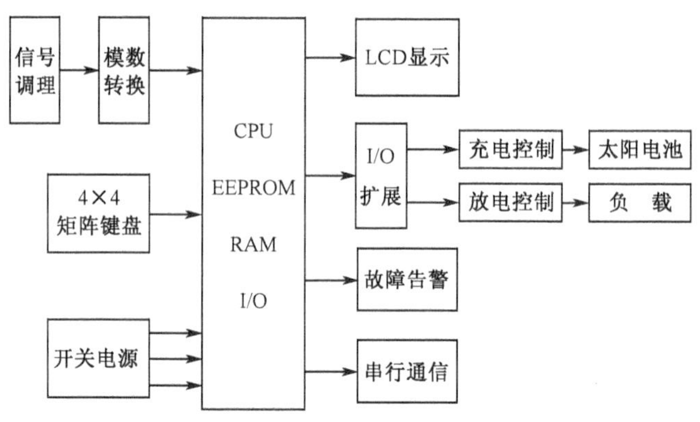

图 12.27　智能控制器控制电路结构

(7) 最大功率跟踪控制器。

从前面对于太阳电池组件和方阵的介绍可以知道，希望太阳电池能够总是工作在最大功率点附近，以充分发挥太阳电池的作用。太阳电池的最大功率点会随着光强和温度的变化而变化，而太阳电池的工作点也会随着负载电压的变化而变化。如果不采取任何控制措施，而是直接将太阳电池与负载连接，则很难保证太阳电池工作在最大功率点附近，太阳电池也不可能发挥出其应有的功率输出。最大功率跟踪控制器的作用就是通过直流变换电路和寻优控制程序，无论光强、温度和负载特性如何变化，始终使太阳电池工作在最大功率点附近，充分发挥太阳电池的效能，这种方法被称为“最大功率点跟踪”，即 MPPT(maximum power point tracking)。

从图 12.12 可知，太阳电池的最大功率点随光强的变化几乎呈现一条垂直线，即保持在同一电压水平上。因此，就提出可以采用恒压控制(constant voltage tracking,CVT)来代替 MPPT。这样的办法只需要保证太阳电池的恒压输出即可，大大简化了控制系统。由于太阳电池工作在阳光下，光强的变化远大于其结温的变化，采用 CVT 代替 MPPT 在大多数情况下是适用的。

对于环境温度变化较大的场合，CVT 控制就很难保证太阳电池工作在最大功率点附近，图 12.28 给出了不同温度下太阳电池最大功率点的变化，可以看出，随着太阳电池结温的变化，最大功率点电压变化较大，如果仍然采用 CVT 代替 MPPT，则会产生很大的误差。为了简化控制方案，又能够兼顾温度对太阳电池电压的影响，可以采用改进 CVT 法，即仍然采用恒压控制，但增加温度补偿。在恒压控制的同时监视太阳电池的结温，对于不同的结温，调整到相应的恒压控制点即可。

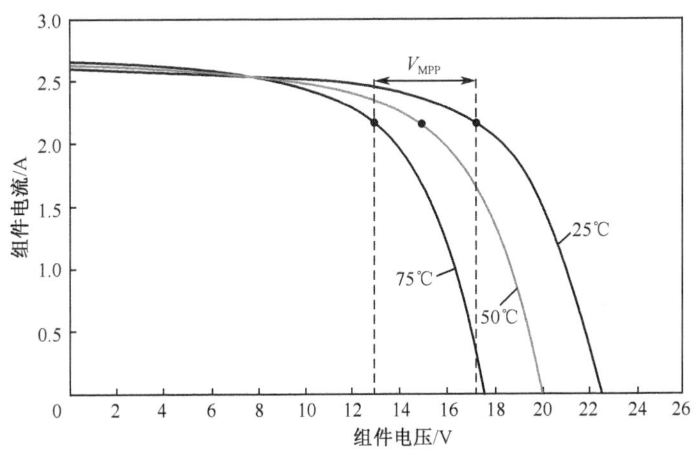

图 12.28　温度对太阳电池最大功率点电压的影响

MPPT 控制器要求始终跟踪太阳电池的最大功率点，需要控制电路同时采样太阳电池的电压和电流，计算太阳电池的功率。然后通过寻优和调整，使太阳电池工作在最大功率点附近。MPPT 的寻优办法有很多，如扰动观察法、导纳增量法、间歇扫描法、模糊控制法等。

太阳电池作为一种直流电源，其输出特性完全不同于常规的直流电源，因此对于不同类型的负载，它的匹配特性也完全不同。负载的类型可以有三种，即电压接受型负载(如蓄电池)、电流接受型负载(如直流电机)和纯阻性负载。

最典型的电压接受型负载是蓄电池，应当是与太阳电池直接匹配最好的负载类型。太阳电池电压随温度的变化大约只有 0.4%/℃(电压随光强的变化就更小),基本可以满足蓄电池的充电要求。但蓄电池充满电压到放电终止电压的变化从+25%到−10%,如果太阳电池与蓄电池直接连接,失配损失大约平均 20%。因此需采用 MPPT 跟踪控制,可使这样的匹配损失减少到 5%。典型的电流接受型负载是带有恒定转矩的机械负载(如活塞泵)的直流永磁电机。当光强恒定时太阳电池与直流电机有较好的匹配。但当光强变化时,光强与光电流成正比,这类直流电机负载直接与太阳电池连接的失配损失将会很大。采用 MPPT 跟踪控制将会减小失配损失,有效提高系统的能量传输效率。很显然,纯阻性负载与太阳电池的直接匹配特性是最差的。

通常实现 CVT 或 MPPT 的电路采用斩波器来完成直流/直流变换,直流/直流变换是将固定的直流电压变换成可变的直流电压,也称为直流斩波。斩波器电路分为降压型变换器(Buck 电路)和升压型变换器(Boost 电路)。

① Buck 电路。图 12.29 为 Buck 电路原理图。Buck 降压斩波电路其输出平均电压 V_o 小于输入电压 V_i,极性相同。Buck 电路实际上是一种电流提升电路,主要用于驱动电流接受型负载。直流变换是通过电感来实现的。

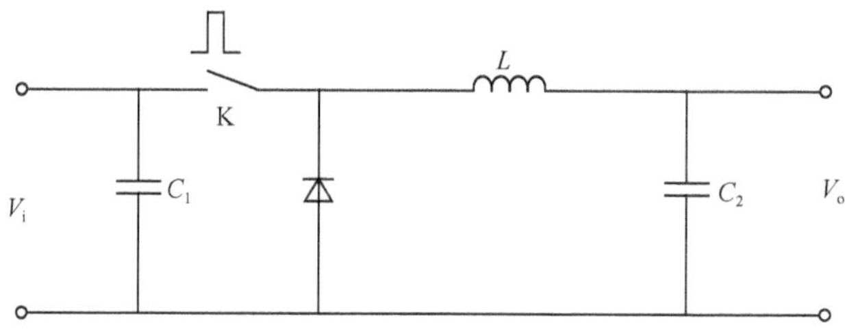

图 12.29　Buck 电路原理图

使开关 K 保持振荡,振荡周期 $T=T_{on}+T_{off}$,T_{on},T_{off} 分别为开关导通和断开的时间。当 K 接通时

$$V_i=V_o+L\cdot\frac{d_{iL}}{d_t} \tag{12.62}$$

假设 T_{on} 时间足够短,V_i 和 V_o 保持恒定,于是

$$i_L(T_{on})-i_L(0)=\frac{V_i-V_o}{L}\times T_{on} \tag{12.63}$$

考虑到在开关 K 接通期间电感储存能量,当 K 断开时,电感通过二极管将能量释放到负载。

假设 T_{off} 时间足够短,V_o 保持恒定,于是

$$i_L(T_{on}+T_{off})-i_L(T_{on})=\frac{-V_o\times T_{off}}{L} \tag{12.64}$$

根据稳态条件可以写成 $i_L(0)=i_L(T_{on}+T_{off})$。于是

$$(V_i-V_o)\times T_{on}/L=V_o\times T_{off}/L \tag{12.65}$$

$$V_o=V_i\times T_{on}/(T_{on}+T_{off}) \tag{12.66}$$

得到 $V_o<V_i$。因为流过电感的电流 i_L 不可能是负的，连续传导条件为 $i_L(0)>0$ 于是

$$-V_o\times T_{off}/L>-i_L(T_{on}) \tag{12.67}$$

得到

$$T_{off}<L\times i_L(T_{on})/V_o \tag{12.68}$$

图 12.30 展示了 Buck 变换器的输出电流变化

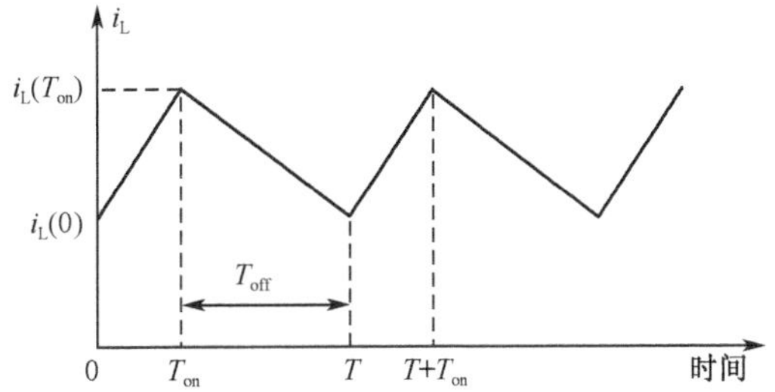

图 12.30　Buck 变换器的输出电流变化

对于给定的开关振荡周期，适当调整 T_{on}就可以调整变换器的输入电压 V_i 等于太阳电池的最大功率点电压。Buck 电路的平均负载电流 I_L 为

$$I_L=\frac{1}{T}\int_0^T i\mathrm{L}\times \mathrm{d}t=i\mathrm{L}(T_{on})-V_0\times T_{off}/2L \tag{12.69}$$

Buck 电路中的 2 只电容的作用是减少电压波动，从而使输出电流得到提升并尽可能平滑。

② Boost 电路。图 12.31 为 Boost 电路原理图。Boost 升压斩波电路其输出平均电压 V_o 大于输入电压 V_i，极性相同。Boost 升压斩波电路主要用于太阳电池对蓄电池充电的电路中。直流变换也是通过电感来实现的。

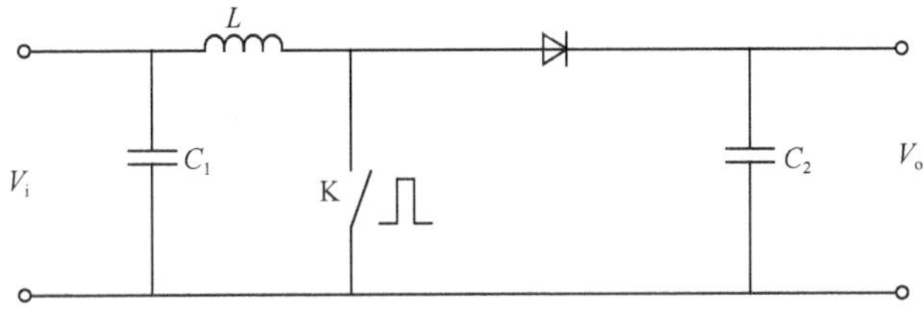

图 12.31　Boost 电路原理图

采用与 Buck 电路相似的方法，从式(12.61)出发，假设 V_i 在 T_{on}时间内保持恒定，电流变化可以写成

$$i_L(T_{on})-i_L(0)=V_i\times T_{on}/L \tag{12.70}$$

同样，在开关 K 接通期间电感储存能量，当 K 断开时，电感通过二极管将能量释放到负载。假设 T_{off}时间足够短，使 V_i和 V_o保持恒定，于是

$$i_L(T_{on}+T_{off})-i_L(T_{on})=(V_i-V_o)\times T_{off}/L \tag{12.71}$$

稳态条件可以写成

$$i_L(0)=i_L(T_{on}+T_{off})$$

于是

$$V_i\times T_{on}/L=-(V_i-V_o)\times T_{off}/L \tag{12.72}$$

$$V_o=V_i\times(T_{on}+T_{off})/T_{off} \tag{12.73}$$

得到 $V_o>V_i$。于是，对于给定的振荡周期，适当调整 T_{on}就可以调整变换器的输入电压 V_i，使其处于太阳电池的最大功率点电压。

③ MPPT 控制的实现。无论采用哪一种斩波器(Buck 或 Boost)，都必须要有闭环电路控制，用于控制开关 K 的导通和断开，从而使太阳电池工作在最大功率点附近。

对于 CVT 或带温度补偿的 CVT，只需要将太阳电池的工作电压信号反馈到控制电路，控制开关 K 的导通时间 T_{on}，使太阳电池的工作电压始终工作在某一恒定电压即可。

对于为蓄电池充电的 Boost 电路，只需要保证充电电流最大，即可达到使太阳电池有最大输出的目的，因此也只需将 Boost 电路的输出电流(蓄电池的充电电流)信号反馈到控制电路，控制开关 K 的导通时间 T_{on}，使 Boost 电路具有最大的电流输出即可，如图 12.32 所示。

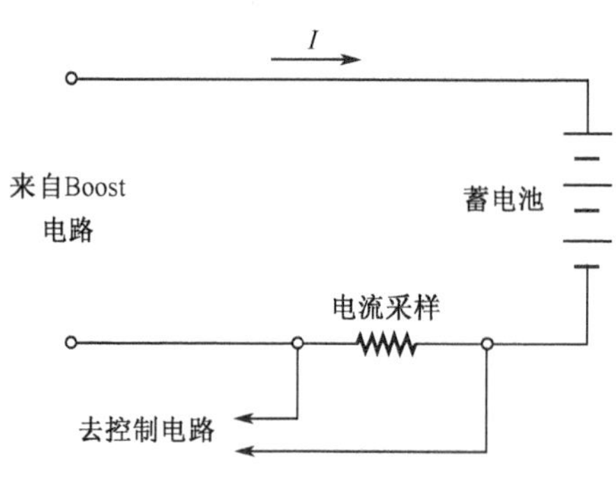

图 12.32　蓄电池充电的控制策略

对于真正的 MPPT 控制，则需要对太阳电池的工作电压和工作电流同时采样，经过乘法运算得到功率数值，然后通过一系列寻优过程使太阳电池工作在最大功率点附近。

无论是最大输出电流跟踪还是 MPPT 控制，都要考虑电路的稳定、抗云雾干扰和误判的问题。现代电子技术和元器件已经可以使 MPPT 控制电路的效率做到 95%以上。

12.2.4　直流交流独立逆变器

整流器的功能是将 50Hz 的交流电整流成为直流电。而逆变器与整流器恰好相反，它的功能是将直流电转换为交流电。这种对应于整流的逆向过程，被称之为“逆变”。逆变器是电力电子技术的一个重要应用方面。太阳电池在阳光照射下产生直流电，然而以直流电形式供电的系统有很大的局限性。例如，日光灯、电视机、电冰箱、电风扇等均不能直接用直流电源供电，绝大多数动力机械也是如此。此外，当供电系统需要升高电压或降低电压时，交流系统只需加一个变压器即可，而在直流电系统中升降压技术与装置则要复杂得多。因此，除特殊用户外，在光伏发电系统中都需要配备逆变器。逆变器还具备有自动调压或手动调压功能，可改善光伏发电系统的供电质量。同时，光伏发电最终将实现并网运行，这就必须采用交流系统。综上所述，逆变器已成为光伏发电系统中不可缺少的重要配套设备(图 12.8)。

1) 光伏发电系统对逆变器的技术要求

采用交流电力输出的光伏发电系统，由光伏阵列、充放电控制器、蓄电池和逆变器四部分组成(并网发电系统一般可省去蓄电池)，光伏发电系统对逆变器的技术要求如下：

(1) 具有较高的逆变效率。可最大限度地利用太阳电池，提高系统效率，降低太阳电池发电成本。

(2) 具有较高的可靠性。目前光伏发电系统主要用于边远地区，许多电站无人值守和维护，这就要求逆变器具有合理的电路结构，严格的元器件筛选，并要求逆变器具备各种保护功能，如输入直流极性接反保护，交流输出短路保护，过热、过载保护等。

(3) 对直流输入电压有较宽的适应范围。由于太阳电池的端电压随负载和日照强度而变化，虽然蓄电池对太阳电池的电压具有钳位作用，但因蓄电池的电压随蓄电池剩余容量和内阻的变化而波动，特别是当蓄电池老化时，其端电压的变化范围很大。如对一个 12V 的蓄电池，其端电压为 10～16V，这就要求逆变器必须在较大的直流输入电压范围内正常工作，保证交流输出电压的稳定。

(4) 在中、大容量的光伏发电系统中，逆变器的输出应为失真度较小的正弦波。这是由于在中、大容量系统中，若采用方波供电，则输出将含有较多的谐波分量，高次谐波将产生附加损耗，许多光伏发电系统的负载为通信或仪表设备，这些设备对供电品质有较高的要求。另外，当中、大容量的光伏发电系统并网运行时，为避免对公共电网的电力污染，也要求逆变器输出失真度满足要求的正弦波形。

2) 逆变器的分类和电路结构

有关逆变器分类的原则很多，例如，根据逆变器输出交流电压的相数，可分为单相逆变器和三相逆变器;根据逆变器使用的半导体器件类型不同,又可分为晶体管逆变器、晶闸管逆变器及可关断晶闸管逆变器等;根据逆变器线路原理的不同,还可分为自激振荡型逆变器、阶梯波叠加型逆变器和脉宽调治型逆变器等。为了便于光伏电站选用逆变器,这里仅以逆变器输出交流电压波形的不同进行分类,并对不同输出波形逆变器的特点作一简要说明。

(1) 方波逆变器。方波逆变器输出的交流电压波形为方波,如图 12.33 所示。此类逆变器所使用的逆变线路也不完全相同,但共同的特点是线路比较简单,使用的功率开关管数量很少。设计功率一般在几十瓦至几百瓦之间。方波逆变器的优点是价格便宜、维修简单。缺点是由于方波电压中含有大量高次谐波,在以变压器为负载的用电器中将产生附加损耗,对收音机和某些通信设备也有干扰。此外,有的调压范围不够宽,有的保护功能不够完善,噪声也比较大。

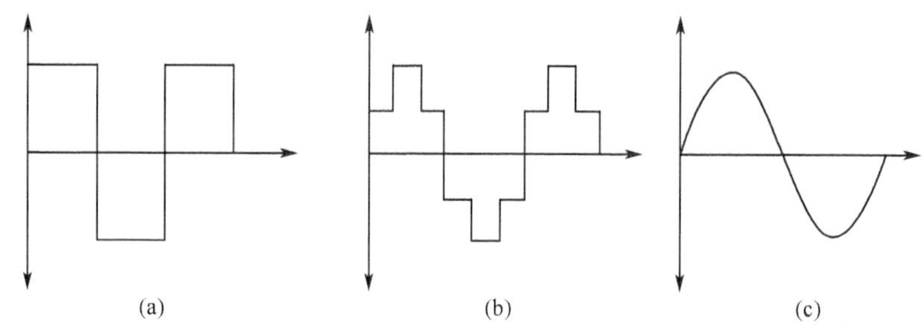

图 12.33 逆变器输出的交流电压波形

(2) 阶梯波逆变器。此类逆变器输出的交流电压波形为阶梯波,如图 12.33(b)所示。逆变器实现阶梯波输出也有多种不同的线路,输出波形的阶梯数目也不一样。阶梯波逆变器的优点是:输出波形比方波有明显的改善,高次谐波含量减少,当阶梯达到 17 个以上时,输出波形可实现准正弦波。采用无变压器输出时,整机效率很高。缺点是:阶梯波叠加线路使用的功率开关管较多,其中有些线路还要求有多组直流电源输入。这给太阳电池方阵的分组与接线和蓄电池组的均衡充电均带来麻烦。此外,阶梯波电压对收音机和某些通信设备仍有一些高频干扰。

(3) 正弦波逆变器。这类逆变器输出的交流电压波形为正弦波,正弦波逆变器的优点是:输出波形好,失真度低,对通信设备无干扰,噪声也很低。此外,保护功能齐全,对电感性和电容型性负载适应性强。缺点是线路相对复杂,对维修技术要求高,价格较贵。早期的正弦波逆变器多采用分立电子元件或小规模集成电路组成模拟式波形产生电路,直接用模拟 50Hz 正弦波切割从几千赫兹至几十千赫兹的三角波产生一个正弦脉宽调制,SPWM(pulse width modulation)的高频脉冲波形,经功率转换电路、升压变压器和 LC 正弦化滤波器得到 220V/50Hz 单相正弦交流电压输出。但是这种模拟式正弦波逆变器电路结构复杂、电子元件数量多、整机工作可靠性低。随着大规模集成微电子技术的发展，专用 SPWM 波形产生芯片（如 HEF4752、SA838 等）和智能 CPU 芯片（如 MCS51、PIC16HIN-TEL80196 等）逐渐取代小规模分立元件电路，组成数字式 SPWM 波形逆变器，使正弦波逆变器的技术性能和工作可靠性得到很大提高，已成为当前中、大型正弦波逆变器的优选方案。

上述三种类型逆变器的分类特点，仅供光伏发电系统开发人员和用户在对逆变器进行识别和选型时提供参考。在实际上，波形相同的逆变器在线路原理、使用器件及控制方法等方面仍有很大区别。

（4）几种功率转换电路的比较。逆变器的功率转换电路一般有推挽逆变电路、全桥逆变电路和高频升压逆变电路三种，其主电路分别如图 12.34～图 12.36 所示。图 12.34 所示的推挽电路，将升压变压器的中心抽头接于正电源，两只功率管交替工作，输出得到交流电输出。由于功率晶体管共地连接，驱动及控制电路简单，另外由于变压器具有一定的漏感，可限制短路电流，因而提高了电路的可靠性。其缺点是变压器利用率低，带动感性负载的能力较差。

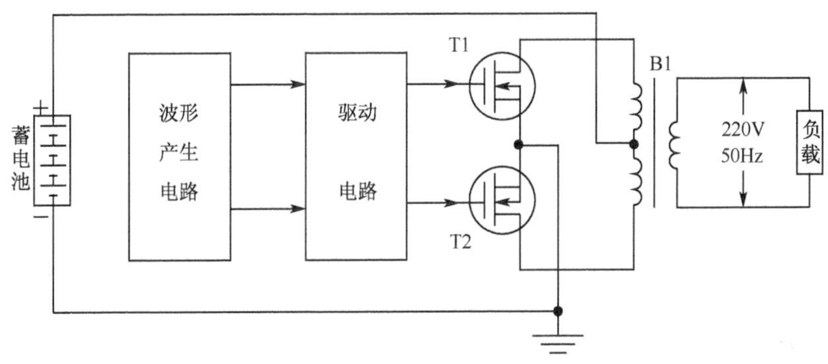

图 12.34　推挽式逆变器电路原理框图

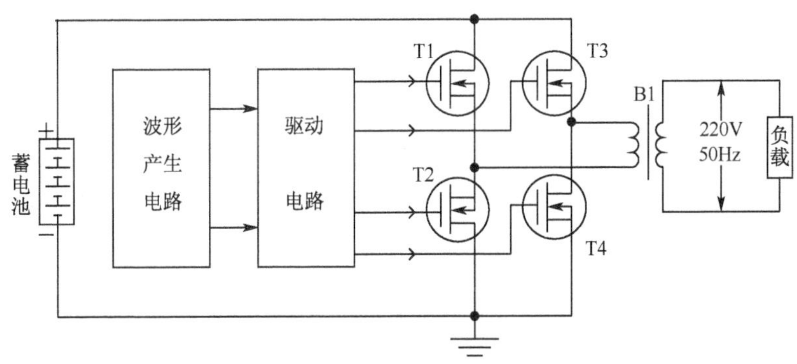

图 12.35　全桥式逆变器电路原理框图

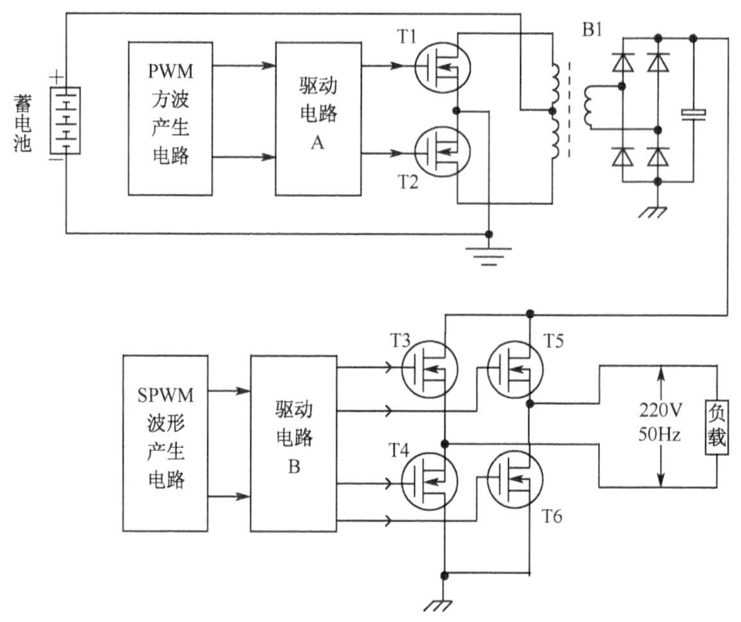

图 12.36　高频升压式逆变器电路原理框图

图 12.35 所示的全桥逆变电路克服了推挽电路的缺点，功率开关管 T3、T6 和 T4、T5 反相，T3 和 T4 相位互差 180°，调节 T3 和 T4 的输出脉冲宽度，输出交流电压的有效值即随之改变。由于该电路具有能使 T5 和 T6 共同导通的功能，因而具有续流回路，即使对感性负载，输出电压波形也不会产生畸变。该电路的缺点是上、下桥臂的功率晶体管不共地，因此必须采用专门驱动电路或采用隔离电源。另外，为防止上、下桥臂发生共态导通，在 T3、T6 及 T4、T6 之间必须设计先关断后导通电路，即必须设置死区时间，其电路结构较复杂。

图 12.36 为高频升压电路，由于推挽电路和全桥电路的输出都必须加升压变压器，而工频升压变压器体积大，效率低，价格也较贵，随着电力电子技术和微电子技术的发展，采用高频升压变换技术实现逆变，可实现高功度逆变。这种逆变电路的前级升压电路采用推挽结构（T1、T2），但工作频率均在 20kHz 以上，升压变压器 B1 采用高频磁芯材料，因而体积小、重量轻，高频逆变后经过高频变压器变成高频交流电，又经高频整流滤波电路得到高压直流电（一般均在 300V 以上），再通过工频全桥逆变电路（T3、T4、T5、T6）实现逆变。采用该电路结构，使逆变电路功率密度大大提高，逆变器的空载损耗也相应降低，效率得到提高。该电路的缺点是电路复杂，可靠性比上述两种电路偏低。

3）逆变器的控制电路与功率器件

逆变器的主电路均需要有控制电路来实现，一般有方波和正弦波两种控制方式。方波输出的逆变器电路简单，成本低，但效率低，谐波成分大。正弦波输出是逆变器的发展趋势，随着微电子技术的发展，具有脉宽调制功能的微处理器也已问世，因此正弦波输出的逆变技术已经成熟。

（1）方波输出的逆变器控制集成电路。方波输出的逆变器目前多采用脉宽调制集成电路，如SG3525、TL494等。实践证明，采用SG3525集成电路及功率场效应管作为开关功率元件，能实现性能价格比较高的逆变器。SG3525具有直接驱功率场效应管的能力，并有内部基准源和运算放大器以及欠压保护功能，因此其外围电路很简单。

（2）正弦波输出的逆变器控制集成电路。正弦波输出的逆变器，其控制电路可采用微处理器控制，如Intel公司的80C196MC、摩托罗拉公司的MP16以及MicroCHP公司的pic16c73等，这些单片机均具有多路PWM发生器，并设定上、下桥臂之间的死区时间。

逆变器的主功率元件的选择至关重要，目前使用较多的有达林顿功率晶体管（GTR），功率场效应管（MOSFET）、绝缘栅晶体管（IGBT）和可关断晶闸管（GTO）等。在小容量低压系统中使用较多的器件为MOSFET，因为它具有较低的通态压降和较高的开关频率。MOSFET随着电压的升高其通态电阻也随之增大，在高压大容量系统中一般均采用IGBT模块，而在特大容量（100kV·A以上）系统中，一般均采用GTO作为功率元件。

4）逆变器的主要技术性能指标

（1）额定输出电压。在规定的输入直流电压允许的波动范围内，对输出额定电压值的稳定精度是：在稳态运行时，电压波动偏差不超过额定值的±3%或±5%。在负载突变（额定负载的0%，50%，100%）或有其他干扰因素影响动态情况下，其输出电压偏差不应超过额定值的±8%或±10%。

（2）具有足够的额定输出容量和过载能力。逆变器的选用，首先要考虑具有足够的额定容量，以满足最大负荷下设备对电功率的需求。额定输出容量表征逆变器向负载供电的能力。额定输出容量值高的逆变器可带更多的用电负载。但当逆变器的负载不是纯阻性时，也就是输出功率因数小于1时，逆变器的负载能力将小于所给出的额定输出容量值。对以单一设备为负载的逆变器，其额定容量的选取较为简单，当用电设备为纯阻性负载或功率因数大于0.9时，选取逆变器的额定容量为用电设备容量的1.1～1.15倍即可。在逆变器以多个设备为负载时，逆变器容量的选取要考虑几个用电设备同时工作的可能性，专业术语称为“负载同时系数”。

（3）输出电压稳定度。在独立光伏发电系统中均以蓄电池为储能设备。当标称电压为12V的蓄电池处于浮充电状态时，端电压可达13.5V，短时间过充状态可达15V。蓄电池带负荷放电终了时端电压可降至10.5V或更低。蓄电池端电压起伏可达标称电压的30%左右。这就要求逆变器具有较好的调压性能，才能保证光伏发电系统以稳定的交流电压供电。输出电压稳定度表征逆变器输出的稳压能力。多数逆变器产品给出的是输入直流电压在允许波动范围内该逆变器输出电压的偏差百分数，通常称为电压调整率。高性能的逆变器应同时给出当负载由0→100%变化时，该逆变器输出电压的偏差百分数，通常称为负载调整率。性能良好的逆变器的电压调整率应不大于±3%，负载调整率应不大于±6%。

(4) 输出电压的波形失真度。当逆变器正弦波输出时，规定允许的输出电压的总波形最大失真度(或谐波含量)不应超过5%(单项输出允许10%)。

(5) 额定输出频率。交流电压的频率通常为工频50Hz。正常工作条件下其偏差应在±1%以内。

(6) 负载功率因数。它是表征逆变器带感性负载或容性负载的能力。在正弦波条件下，负载功率因数为0.7～0.9(滞后)，额定值为0.9。

(7) 额定输出电流(或额定输出容量)，是表示在规定的负载功率因数范围内，逆变器的额定输出电流。有些产品标出的是额定输出容量，定义为当输出功率因数为1(纯阻性负载)时，额定输出电压与额定输出电流的乘积，其单位以V·A或kV·A表示。

(8) 额定逆变输出效率。逆变器的效率值表征自身功率损耗的大小，以百分数表示。通常给出满负荷效率值和低负荷下的效率值。整机逆变效率高是光伏发电用逆变器区别于通用型逆变器的一个显著特点。10千瓦级的通用型逆变器实际效率只有70%～80%，将其用于光伏发电系统时将带来总发电量20%～30%的电能损耗。光伏发电系统专用逆变器，在设计中应特别注意减少自身功率损耗，提高整机效率。这是提高光伏发电系统技术经济指标的一项重要措施。在整机效率方面对光伏发电专用逆变器的要求是：千瓦级以下逆变器额定负荷效率80%～85%，低负荷效率65%～75%；10千瓦级逆变器额定负荷效率85%～90%，低负荷效率70%～80%。可见逆变器效率对光伏发电系统提高有效发电量和降低发电成本有着重要影响。

(9) 保护功能。逆变器对外电路的过电流及短路现象最为敏感，是光伏发电系统中的薄弱环节。因此，在选用逆变器时，必须要求具有良好的①过电压保护。特别是对于没有电压稳定措施的逆变器，应有输出过电压的防护措施。②过电流保护措施。对过电流及短路的自我保护功能，使其免受浪涌电流的损伤。这是提高光伏发电系统安全性及可靠性的关键之一。

(10) 启动特性。它表征逆变器带负载启动的能力和动态工作时的性能。逆变器应保证在额定负载下可靠启动。高性能的逆变器可做到连续多次满负荷启动而不损坏功率器件。小型逆变器为了自身安全,有时采用软启动或限流启动。

(11) 噪声。电力电子设备中的变压器、滤波电感、电磁开关及风扇等部件均会产生噪声。逆变器正常运行时,其噪声应不超过 65dB。

12.2.5　并网逆变器

并网逆变器的工作原理如下。

前面所讨论的逆变技术被称之为无源逆变技术,即负载一侧为无源元件。在可再生能源发电系统中,无源逆变技术只能应用于独立的与电网无任何连接的系统。随可再生能源的快速发展,光伏发电系统正在从解决电网延伸困难地区的供电逐渐向与常规发电厂的电网联网发电的方向发展。联网发电系统省去了造价昂贵、寿命不长的蓄电池,从而大大降低了系统的造价,并减少了蓄电池报废后带来的环境污染问题。对于家庭住宅而言,配备光伏发电系统,可缓和白天电力紧张的局面,提高电网功率因素和降低线路损耗。展望未来,联网运行的太阳能光伏发电必将发展成为重要的发电方式之一。

联网光伏发电系统的原理如图 12.37 所示。太阳电池方阵通过正弦波脉宽调制逆变器向电网输送电能,逆变器馈送给电网的电力由光伏方阵功率和当时当地的日照条件决定。逆变器除了具有直流交流转换功能外,还必须具有光伏方阵的最大功率跟踪功能和各种保护功能。图 12.37 所示逆变器为电压型逆变器。目前,电压源型逆变器技术已日趋成熟,所需的硬件也容易购得。下面对电压型联网逆变器加以介绍。

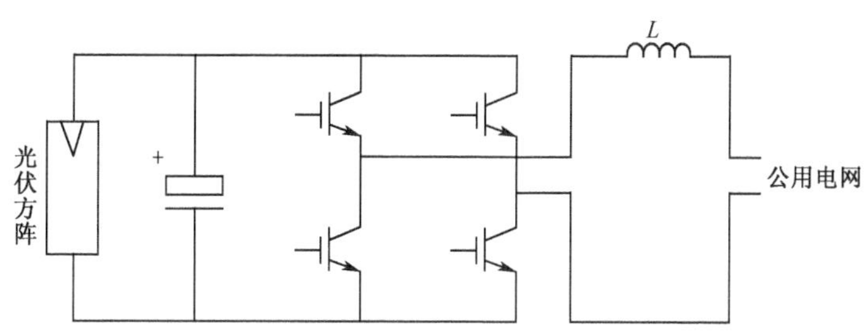

图 12.37　光伏发电并网逆变器原理

光伏电站联网运行,对逆变器提出了较高的要求,主要有以下几个方面:

(1) 逆变器应输出正弦波电流。光伏电站回馈给公用电网的电力,必须满足电网规定的指标,如逆变器的输出电流不能含有直流分量、高次谐波必须尽量减少、不能对电网造成谐波污染等。

(2) 逆变器在负载和日照变化幅度较大的情况下均能高效运行。这是因为太阳辐照度随地理位置、气候条件而变化,故要求逆变器能在不同的日照条件下均能高效运行。

(3) 逆变器能使光伏方阵工作在最大功率点。太阳电池的输出功率与日照、温度、负载等参数的变化有关，其输出特性具有非线性。这就要求逆变器具有最大功率跟踪功能，不论参数如何变化，都能通过逆变器的自动调节实现方阵的最佳运行。

(4) 逆变器应具有体积尽量小、可靠性高等特点。对于家用的光伏系统，其逆变器通常安装在室内或墙上，因此对其体积、重量均有限制。由于太阳电池的寿命均在 20 年以上，因此对其配套设备的可靠性也有较高的要求，其的寿命也须与其相当。

(5) 逆变器应有防“孤岛”运行的能力。

光伏发电并网运行时的电路原理如图 12.38 所示。其中 U_p 为逆变器输出电压，U_u 为电网电压，R 为线路电阻，L 为串联电抗器，I_z 则为回馈电网的电流。为保证回馈功率因数为 1，回馈电流的相位必须与电网电压的相位一致。以电网电压 U_u 为参考，则 I_z 与 U_u 同相位，其矢量图如图 12.39 所示。

内阻 R 两端的电压 U_R 与电网电压相位一致，电抗器两端电压 U_L 相位则落后于 U_R 90°，由此可以求得 U_p 的相位和幅值

$$U_p = I_z \cdot (R + \omega L) + U_u \tag{12.74}$$

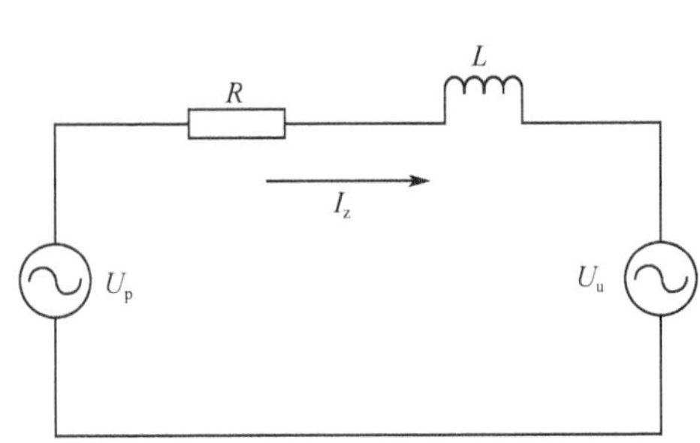

图 12.38 光伏发电并网运行示意图

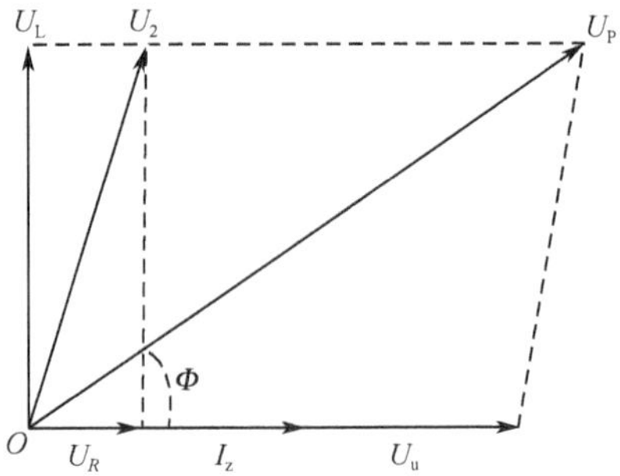

图 12.39 光伏发电并网运行电路矢量图

式中，ω 为公用电网角频率。实际电路中，U_u 的相位、周期和幅值由电压传感器检测得到。由于在实际系统中 R 是很难得到的，因此回馈电流 I_z 的相位必须采用电流负反馈来实现，回馈电流 I_z 的相位角的参考相位即为公用电网相位。用电流互感器随时检测 I_z，确保 I_z 与电网电压相位一致，以实现功率因数为 1 的回馈发电。实用的光伏发电并网运行专用逆变器结构如图 12.40 所示。

图中所用逆变器主电路功率管采用 IGBT，容量 50A、600V，型号为 2MBI50N-060。隔离驱动电路采用东芝公司生产的 TLP250。逆变器的控制部分由微处理器完成。主控芯片采用 INTEL 公司最新推出的逆变或电机驱动专用 16 位微处理器 87C196MC，该芯片除了具有 16 位运算指令外，还具有专用的脉宽调

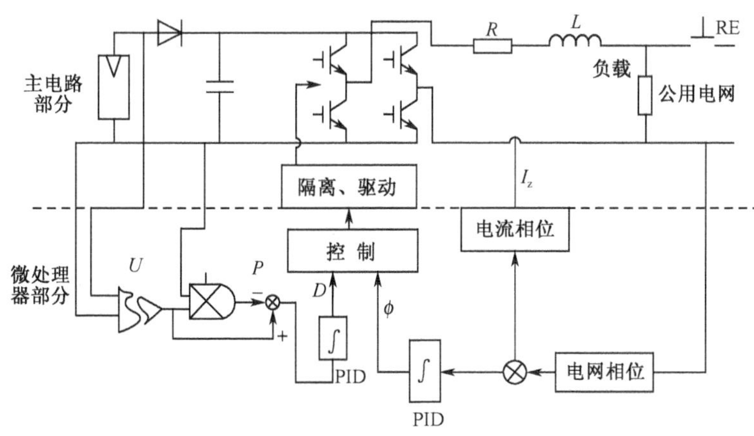

图 12.40　光伏发电并网运行专用逆变器的结构

制输出口，包括一个 10 位 A/D 转换器、一个事件处理阵列、两个 16 位定时器和一个三相波形发生器。三相波形发生器的每相均能输出两路死区时间可以设定的脉宽调制信号。这就给逆变应用场合提供了很多便利。微处理器主要完成电网、相位实时检测、电流相位反馈控制、光伏阵列最大功率跟踪以及实时正弦波脉宽调制信号发生，其工作过程如下：公用电网的电压和相位经过霍尔电压传感器送给微处理器的 A/D 转换器，微处理器将回馈电流的相位与公用电网的电压相位作比较，其误差信号通过 PID 调节后送给脉宽调制器，这就完成了功率因数为 1 的电能回馈过程。微处理器完成的另一项主要工作是实现光伏阵列的最大功率输出。光伏阵列的输出电压和电流分别由电压、电流传感器检测并相乘，得到阵列输出功率，然后调节脉宽调制输出占空比。这个占空比的调节实质上就是调节回馈电压大小，从而实现最大功率寻优。从图 12.39 可以得知，当 U_p 的幅值变化时，回馈电流与电网电压之间的相位角 Φ 也将有一定的变化。由于电流相位已实现了反馈控制，因此自然实现了相位与幅值的解耦控制，使微处理器的处理过程更简便。

(6) 在市电断电状况下，逆变器要有防“孤岛”运行的能力。

正常情况下，并网光伏发电系统是并联在电网上向电网输送有功功率的。但是当光伏系统所并入的局部电网，由于某种原因与光伏之间发生断开现象(称为电网失电)，如个别人为断电、跳闸或主电网停电等，而光伏系统并未察觉仍然在继续向所连接的局部电网送电的现象称为“孤岛”现象。无论从安全或供电质量的角度考虑，“孤岛”现象都是不允许发生的。

“孤岛”现象是不允许发生的，首先因为当光伏系统与局域电网系统处于断开状态下，逆变器仍持续供电，使相连的局部电网处于带电状态，就可能危及不知道电网仍然带电的用户或维修人员的安全。其次没有主电网的支持，光伏发电系统的电压、频率和谐波指标将会失控，造成用户用电设备的损坏。再次，由于局部带电，将影响局部电网向主电网并网的二次合闸。最后，当局部电网二次合闸时，由于孤岛运行的局部电网与主电网不同步，势必会引起很大的浪涌电流，这将损坏电站和负载设备。

正常情况下，局部电网的负荷远大于并网光伏系统的承受能力，当电网失电后，电网则相当于短路，光伏系统中的并网逆变器会因过载而自动保护，从而防止了"孤岛"运行，但当局部电网的负载和阻抗与光伏系统中并网逆变器的输出相匹配，或当局部电网中有多套光伏系统并网时，简单的检测电路就很难判断电网是否已经失电，难于避免发生"孤岛"现象。

为了防止"孤岛"运行，当光伏系统与之连接的局部电网失电时，要求光伏系统立即停止向电网供电，或与局部电网断开。及时检测出"孤岛"现象则是防止"孤岛"运行的关键。"孤岛"现象的检测可以是独立于并网逆变器之外的检测设备，当检测到局部电网失电时，则发出指令，断开连接在该局部电网上的所有发电装置。更为普遍的"孤岛"现象的检测是由并网逆变器本身完成的。检测可以分为被动式和主动式。被动式检测方法实现起来比较简单，一般有"电压频率检测法"、"相位跳变检测法"和"电压谐波检测法"。但当光伏电源的功率与负载的功率接近，从而导致局部电网的电压、频率、相角和谐波的变化不大时，被动式检测就会失效。为了解决被动式检测不可靠的问题，主动检测"孤岛"现象的办法应运而生。主动检测法是在并网逆变器的控制信号中加入扰动信号，当逆变器正常并网运行时，扰动信号不起作用，而当电网失压后，扰动信号的作用就会显现出来，从而能够有效判断"孤岛"现象的发生。主动式"孤岛"检测法一般有"功率扰动法"、"电压扰动法"和"频率扰动法"。现在分述如下：

被动式"电压频率检测法"。电压频率检测法是最普遍也是最常用的"孤岛"现象的检测法。它通过检测逆变器与电网连接点处(对于分布式发电系统，这一点也是同负载的连接点)的电压幅值和频率来判断电网是否失电。当电网未失电时，并网点处的电压和频率受电网控制而基本保持不变。当电网失电时，如果并网逆变器的输出有功功率与负载需要的有功功率不相匹配，则逆变器的输出电压的幅值将会增大或减小，从而使逆变器输出的有功功率与负载需要的有功功率相等；同样，当逆变器输出的无功功率与负载需要的无功功率不相匹配时，逆变器就要调节输出频率直到实现无功功率平衡。因此，通过检测并网点处的电压幅值和频率的变化，就可以判断电网是否失电，从而防止"孤岛"运行。

被动式"相位跳变检测法"(PJD)是通过检测逆变器输出电压与电流的相位差变化来检测是否电网失电。通常并网逆变器的输出电流是与电网电压同步的，即保持单位功率因数输出。当电网失压后，逆变器的输出电流与并网点处电压的相位差由负载决定。当负载是容性或感性时，会有一个瞬间的相角变化，相位跳变检测电路将触发防“孤岛”保护电路，以阻止“孤岛”运行。如果负载是纯阻性的，那么当电网失电时，并网逆变器的输出电压和输出电流的相位就不会有变化，相位跳变检测法就会失效。

被动式“电压谐波检测法”。电压谐波检测法是通过检测并网点的电压谐波含量来判断电网是否已经失压。当电网未失压时，逆变器的输出电压受电网控制不会有太大的谐波，而当电网失压时，如果并网逆变器带有隔离变压器，由于隔离变压器的非线性特性，则光伏系统注入变压器的电流可能会引起较大的电压谐波，因此检测并网点电压谐波的变化也可以判断“孤岛”现象是否发生。

主动式“功率扰动法”。被动式检测“孤岛”现象也可能失败，其原因是由于负载功率与逆变器的输出功率相当，因此周期性地改变光伏系统的输出功率就可能破坏负载与逆变器的功率平衡，从而检测“孤岛”现象，并防止“孤岛”运行。这种方法对于局部电网只有一套并网系统是有效的，但对于局部电网中有多套并网系统，就很难奏效。

主动式“电压扰动法”。电压扰动法是对并网逆变器的输出电压施加一定的扰动，通过观察并网点电压的变化来判断“孤岛”是否发生。电网正常时，并网点的电压被网压所控制，电网失压时，当扰动出现时，并网点的电压将发生偏离，从而使逆变器检测到“孤岛”现象。主动式“频率扰动法”。频率扰动法是较常用的“孤岛”检测方法。频率扰动法通过使并网逆变器输出一个变形的正弦电流信号，从而使电流基波与电网电压产生一个相位差，电网未失压时，电流频率始终被电网频率控制，相位差不起作用。当电网失压时，逆变器要消除这个相位差就会改变输出电流的频率，没有了网压的控制，逆变器输出电压的频率也会随之改变，这样通过频率的检测就可以判断电网已经失压。

12.2.6　交流配电系统

交流配电设备是用来接受和分配交流电能的电力设备。设备中主要包括控制电器(断路器、隔离开关、负荷开关)、保护电器(熔断器、继电器、避雷器)、测量电器(电流互感器、电压互感器、电压表、电流表、电度表、功率因数表等)以及母线和载流导体等。

交流配电装置按照设备所处的场所，可分为户内配电装置和户外配电装置；按照电压等级，可分为高压配电装置和低压配电装置；按照结构形式可分为装配式配电装置和成套式配电装置。中小型光伏电站一般供电范围较小，采用低压交流供电基本可以满足用电需要，因此低压配电装置在光伏电站中就成为连接逆变器和交流负载的非常必要的、用于接受和分配电能的电力设备。

光伏电站规模由于投资的限制，还都不能完全满足当地用电需求。为了增加光伏电站系统的供电可靠性，同时减少蓄电池的容量，降低系统成本，各电站都配有备用柴油发电机组作为后备电源。后备电源的作用是:①当蓄电池亏电,而太阳电池阵列又无法充电时,由后备柴油发电机组电源经整流充电设备给蓄电池组充电,同时,通过交流配电装置直接向负载供电,保证供电系统正常运行;②当逆变器或者其他部分发生故障,光电系统无法供电时,启动应急电源柴油发电机,经交流配电系统直接为用户供电。因此交流配电系统除在正常情况下将逆变器输出电力提供给负载外,还应具有能够将后备应急电源输出的电力,即在特殊情况下直接向用户供电的功能。

由上可见,独立运行光伏电站交流配电系统至少应有 2 路电源输入,分别用于主逆变器输入和后备柴油发电机组输入。在配有备用逆变器的光伏系统中,其交流配电装置还应考虑增加 1 路输入。为了确保逆变器和柴油发电机的安全,杜绝逆变器与柴油发电机同时供电的极端危险局面出现,交流配电系统对两种输入电源切换的功能,必须有绝对可靠的互锁装置,只要逆变器供电操作步骤没有完全排除干净,柴油机供电便不可能进行。同样,在柴油发电机组通过交流配电装置向负载供电的时候,也必须确保逆变器绝对不能接入交流配电装置。

交流配电装置的输出,一般可根据用户实际需要情况进行设计。通常独立运行的光伏电站,其供电保障率很难做到百分之百,为了确保某些特殊负载的供电需求,交流配电装置至少应有 2 路输出,这样就可以在蓄电池电量不足的情况下,切断一路普通负载,确保向主要负载继续供电。在某些情况下,交流配电装置的输出还可以是 3 路或 4 路,以满足不同的需求。例如,有的地方需要远程送电,进行高压输配电;有的地方需要为政府机要、银行、通信等重要单位设立供电专线等。

通常光伏电站交流配电装置主电路基本原理结构如图 12.41 所示。图中所示为 2 路输入、3 路输出配电结构。其中 K1、K2 是隔离开关。接触器 J1 和 J2 用于 2 路输入的互锁控制,即当输入 1 有电并闭合 K1 时接触器 J1 线圈有电、吸合,其触头 J2 将输入 2 断开;同理,当输入 2 有电并闭合 K2 时,接触器 J2 自动断开输入 1,

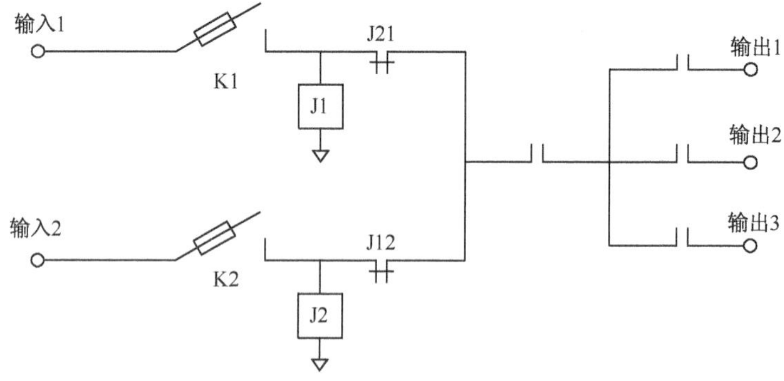

图 12.41　光伏电站交流配电装置主电路基本原理结构

起到互锁保护的作用。另外，配电装置的 3 路输出分别由 3 个接触器进行控制，可根据实际情况及各路负载的重要程度分别进行控制操作。

对通用交流配电装置，总的要求是，动作准确，运行可靠；发生故障时，能够准确、迅速地切断事故电流，避免事故扩大；在一定的操作频率工作时具有较高的机械寿命和电气寿命；电器元件之间在电气、绝缘和机械等各方面性能配合协调；工作安全，操作方便，维修容易；体积小，质量轻，工艺好，制造成本低；设备自身能耗小。

对交流配电装置的技术要求：如下：

(1) 选择成熟可靠的设备和技术。交流配电柜选用符合国家技术标准的 PGL 型低压配电屏，它是用于发电厂、变电站交流 50Hz，额定工作电压不超过 380V 低压配电照明之用的统一设计产品。为保证可靠性，一次配电和二次控制回路均采用成熟可靠的电子线路。

(2) 根据高原地区的自然环境条件选择电气设备。按照对电器产品的技术规定，通常低压电气设备的使用环境都限定在海拔 2000m 以下。对于高海拔地区，地理环境主要气候特征是气压低，相对湿度大，温差大，太阳光及紫外线的辐射强，空气密度低。随着海拔增加，大气压力、相对密度下降，电气设备的外绝缘强度将随之下降，因此，在设计配电系统时，必须充分考虑当地恶劣环境对于电气设备的不利影响。按照国家标准 GB311-64 的规定，安装在海拔高度超过 1000m(但未超过 3500m)的电气设备，在平地进行试验时，其外部绝缘的冲击和工频试验电压 U 应当等于国家标准规定的标准状态下的试验电压 U_0 再乘以一定的系数。广州电器科学研究所总结了在高海拔地区实际试验数据和模拟高海拔地区人工试验箱中所得数据，提出经验公式

$$U=U_0[1+0.1(H-1)] \tag{12.75}$$

式中，H(km)为安装地区海拔高度。我国低压电器耐压试验电压通常取 2000V，用在海拔 5000m 处低压电器设备的耐压试验电压应当取为 2800～3333V。

绝缘试验电压之所以要求增高，是因为高海拔处空气相对密度 δ 要下降，而击穿电压

$$U=\frac{K_d}{K_n}U_0 \tag{12.76}$$

式中，U_0 为标准状态下外绝缘击穿电压；U 为实际状态下外绝缘击穿电压；K_d 为空气密度校正系数，$K_d=\delta^m$，m 通常取 1；K_n 为湿度校正系数，K_n 随高度变化不大，通常是 0.9～1.1。统计资料表明中国海拔地区 5000m 处，平均气压为 415mmHg，相当于 0.54 大气压，平均空气密度为 0.594，故 $U=0.594U_0$。这表明在海拔 5000m 高的地区，电气设备的绝缘强度下降 40%，绝缘试验电压须提高 50%～60%，因此，配电系统中的所有电气元件必须严格考核绝缘耐压，而且彼此间应有足够的绝缘距离以免击穿。

(3) 交流配电柜。交流配电柜的前面板应能显示：电流、监测各相电压、功率因数表测量逆变器/柴油机输出功率因数。交流配电柜应有电度表，分别记录光电供电电量、柴油发电机供电电量，应具有所有输入、输出通断指示。查电度表时应注意，实际电量应等于电度表的读数乘以互感器变比才是真正的电量值。例如，互感器变比为 200∶5，电度表读数为 222，则实际计测的电量为 222×40=888kW·h

交流配电柜的结构，除了通常的要求，如好的接地，维修方便外。在海拔高，气压低，空气密度小，散热条件差的地区，要充分考虑到高原地区环境，设计容量时须留有较大的余地以降低电气工作时的温升，确保系统的可靠性。

此外，配电柜需具有多种线路故障保护功能。输出过载、短路保护，输入欠压保护；当输入电压降到电源额定电压的 70%～35%时，自动跳闸断电。蓄电池欠压保护：蓄电池放电达到一定深度时，由控制器发出切断负载信号，控制配电柜中的负载继电器动作，切断相应的负载。

光伏电站交流配电柜最重要的保护是两路输入的继电器及断路器开关双重互锁保护。互锁保护功能是当逆变器输入或柴油发电输入只要有一路有电，另一路继电器就不能闭合，按钮操作失灵。断路器开关互锁保护，是只允许一路开关合闸通电，此时如果另一路也合闸、有电，则两路都将同时掉闸断电。

总之一旦发生保护性跳闸，用户应根据情况进行处理，排除故障，恢复供电。

12.3　光伏发电应用

12.3.1　光伏发电应用的分类

光伏发电可以分为独立光伏发电系统和并网光伏发电系统，如图 12.42 所示。

独立光伏发电系统在通信和工业应用目前有：

(1) 微波中继站；

(2) 光缆通信系统；

(3) 无线寻呼台站；

(4) 卫星通信和卫星电视接收系统；

(5) 农村程控电话系统；

(6) 部队通信系统，铁路和公路信号系统；

(7) 灯塔和航标灯电源；

(8) 气象、地震台站；

(9) 水文观测系统；

(10) 水闸阴极保护和石油管道阴极保护。

在农村和边远地区应用有：

(1) 独立光伏电站(村庄供电系统，农村社团)；

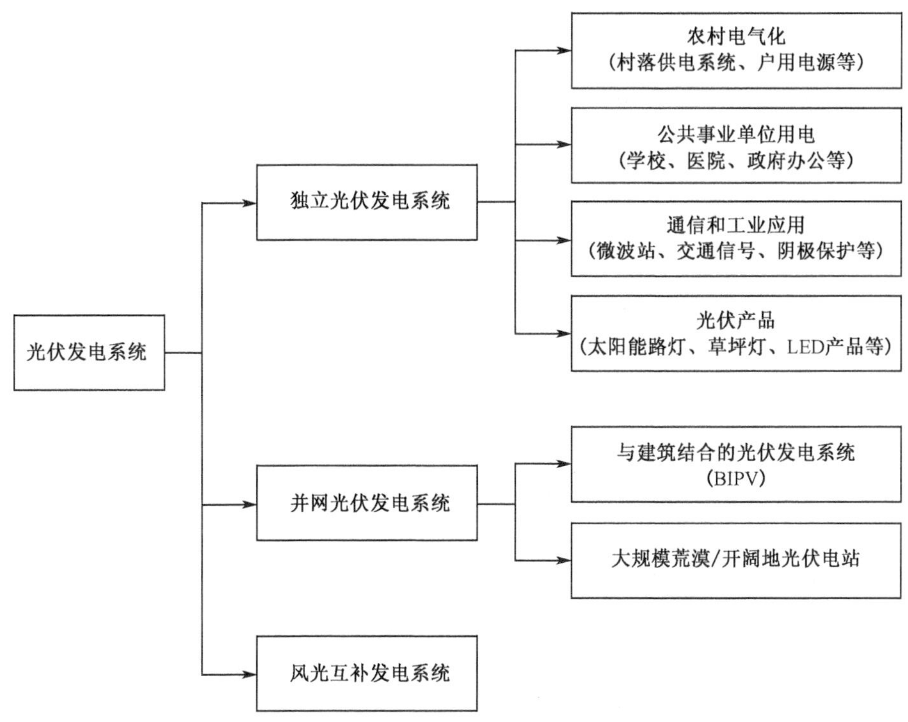

图 12.42　光伏发电系统

(2) 小型风光互补发电系统；

(3) 太阳电池户用系统；

(4) 太阳电池照明灯；

(5) 太阳电池水泵；

(6) 农村社团(学校、医院、饭馆、旅社、商店等)。

并网光伏发电系统包括城市与建筑结合的并网光伏发电系统(BIPV)和大型荒漠光伏电站，并网光伏系统已经是光伏应用的主流形式，我国到 2011 年年底的并网光伏系统装机容量约有 3.1GW，约占光伏应用市场的 93.5%。

太阳电池商品及其他应用还包括：

(1) 太阳电池路灯、庭院灯、草坪灯；

(2) 太阳电池钟；

(3) 太阳电池城市景观、喷泉、信号标识、广告灯箱等；

(4) 太阳电池帽；

(5) 太阳电池充电器；

(6) 太阳电池手表、计算器；

(7) 汽车电池换气扇;

(8) 太阳电池电动汽车,游艇和玩具。

12.3.2 典型的光伏发电应用案例

1) 光伏直流照明系统(见图 12.43、表 12.7)

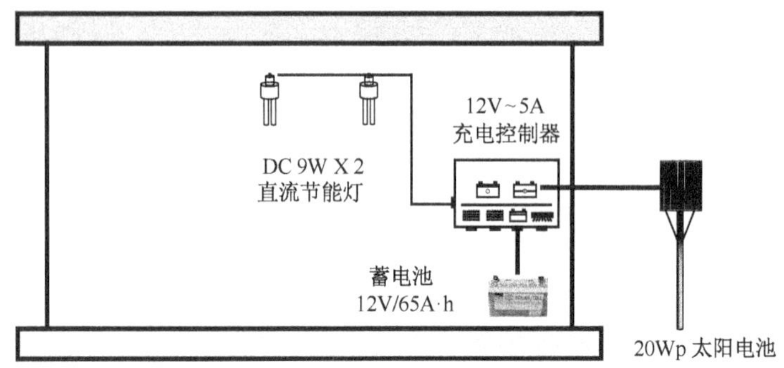

图 12.43　典型的太阳能直流照明系统

表 12.7　太阳能照明系统的设备配置案例和技术参数

设备	型号	技术参数	数量
太阳电池	S-50D	17V/2.95A/50Wp	1
支架	SS-50-1.5	1.5m(高)	1
阀控密封蓄电池	6GFM-65	12V/65A·h	1
直流节能灯	DC12-9	12V/9W	3(1 只备用)
充电控制器	JK-12/5-5	12V/5A	1

2) 光伏交流户用电源(见图 12.44、表 12.8)

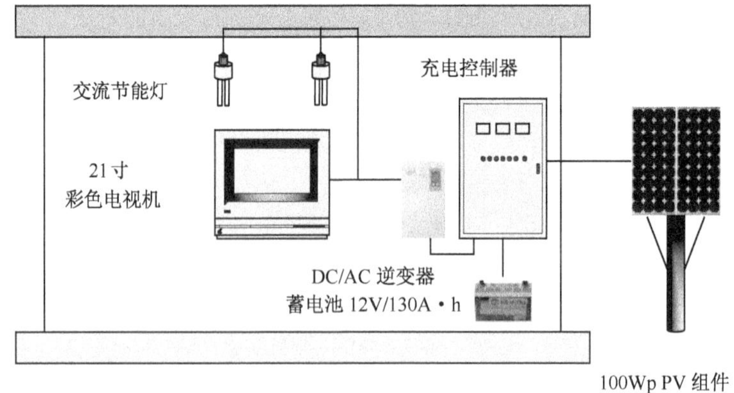

图 12.44　典型的交流太阳能户用电源系统

表 12.8　交流太阳能户用电源的设备配置案例和技术参数

设备	型号	技术参数	数量
太阳电池	S-50D	17V/2.95A/50Wp	2
支架	SS-100-1.5	1.5m(高)	1
阀控密封蓄电池	6GFM-65	12V/65A·h	2
逆变器	SQ12-100	12V/100V·A	1
交流节能灯	AC-9W	220V/9W3	(1 只备用)
充电控制器	JK-12/10-10	12V/10A	1

3) 光伏卫星电视系统(见图 12.45、表 12.9)

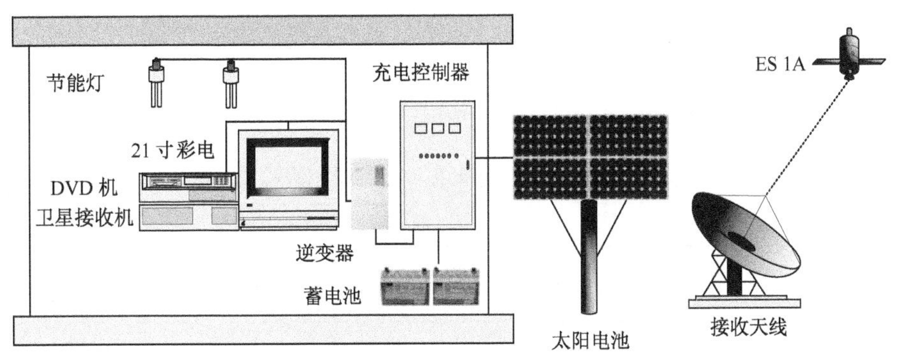

图 12.45　典型的太阳能卫星电视系统

表 12.9　太阳能卫星电视系统的设备配置案例和技术参数

设备	型号技术参数	数量
晶体硅太阳电池	S-50D17V/2.9A/50Wp	4
支架	SS-200-1.8 1.8m 高	1
阀控密封蓄电池	6GFM-65 12V/65A·h	4
逆变器	SQ24-500 24V/500V·A	1
交流节能灯	AC-9W 220V/9W3	(1 只备用)
充电控制器	JK-24/10-10 24V/10A	1
卫星接收系统	1.5m 天线,馈源,高频头,卫星接收机,21in 彩电,录像机	1 套

4) 集中型光伏村落电站(见图 12.46、表 12.10)

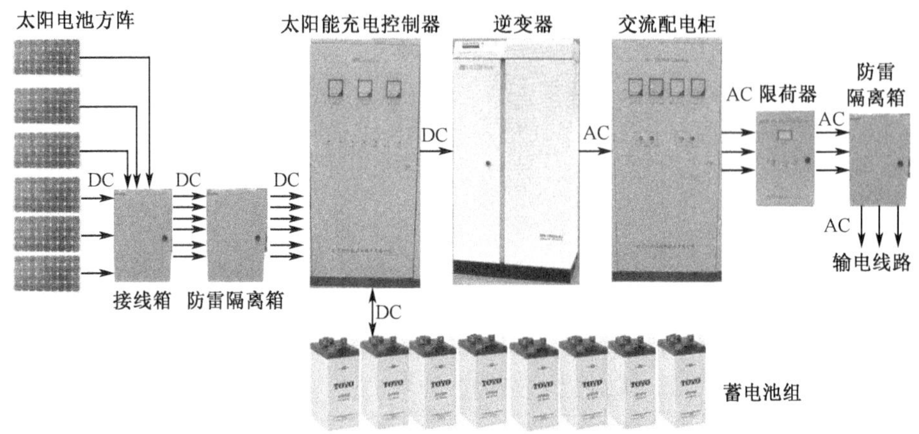

图 12.46 典型的太阳能村落电站

表 12.10 30kW 独立光伏电站设备配置案例和技术参数

土建工程			
项目	技术特性	数量	备注
机房	被动式太阳房	$135m^2$	
方阵场	水泥基础+电缆沟	$450m^2$	
长途话路	拨号	1 条	
柴油机房	普通砖混结构	$50m^2$	
厕所	土坯房	$15m^2$	
水井	20～30m	1 眼	
围墙	网围栏	400m	
接地	接地电阻<10Ω	10 个方阵	
输电线路	干线 $35mm^2$ 支线 $16mm^2$	干线 1000m 支线 2000m	干线 3 相 4 线, 支线单相
进户线和电表箱		150 户	
机电设备			
项目	型号	技术参数	数量
太阳电池(含支架)	S80D	80Wp(17V)	252 块(18 串,14 并)
蓄电池	GFM800	2V/800A·h	220 只 (110 只串联,2 组并联)
充电控制器	JKCK-220V/100A	220V/100A1	1
逆变器	SN220-20K	220V/20kV·A	1
交流配电系统	JKPD380/100-3CH	3 相 100A	1

续表

机电设备			
项目	型号	技术参数	数量
电子限电装置	JKXB-50A3CH	3 相 50A	1 只
防雷隔离箱	JKFL-7	7 路	2 只(输入/输出)
高效节能灯	AC-9W	220V/9W	2400 盏
计算机数据采集系统	JKSC-Ⅱ	Fix 平台	1
备用柴油机	闭式水冷	55kW	1(可选)
整流充电系统	JKZL-60K-3CH	60kW	1(可选)
电缆			若干
电站用工具、仪表			一套

5) 风光互补村落电站(见图 12.47、表 12.11)

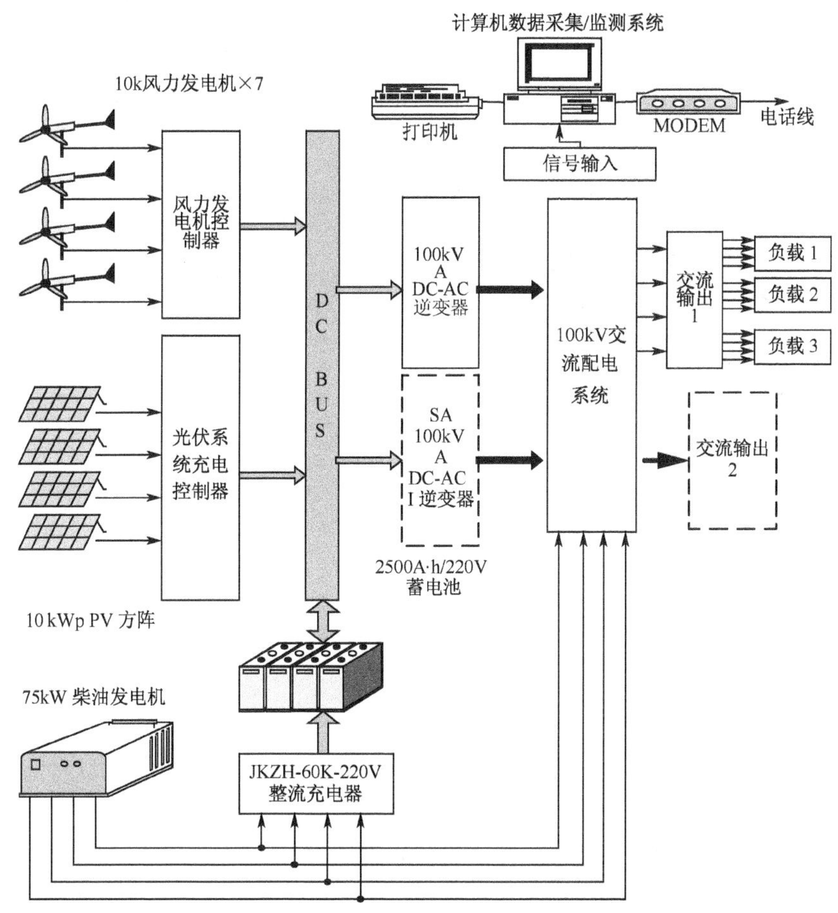

图 12.47　风光柴混合发电系统

表 12.11　典型的 55kW 风光互补发电系统

设备	技术特性	数量	说明
控制室和蓄电池室	被动式太阳房	$80m^2$	
柴油机房	砖混结构	$50m^2$	
风力发电机机座和电缆沟道	混凝土结构	5 个机座，600m 电缆沟	
太阳电池方阵基础和电缆沟道	混凝土结构	10kWp 方阵基础，120m 电缆沟	
防雷接地	接地电阻小于 10Ω	7 套	5 台风机塔架，太阳电池方阵和控制室
输电线路	干线 $35mm^2$ 支线 $16mm^2$	干线 1000m，支线 2000m	干线三相 4 线，2 个方向，支线单相
用户配电箱及进户线	进户线 $4mm^2$，进户电表 2.5A	120 户	
风力发电机	10kW/台	5 台	XBWLF10a-R220
风机塔架	钢制	5 个	
太阳电池	进口组件	10kWp	ASE-300-DGF/50
太阳电池支架	镀锌铁架	6 组	3A
蓄电池	固定型铅酸蓄电池	220V/1000A・h	GGM-1000×110 只
风机控制器	10kW	5 台	XBWLVCS-10
光伏控制器和直流总线	光伏控制器 10kW 直流总线 60kW	1 台	JKZK-5K-220V
DC/AC 逆变器	80kV・A(三相、正弦)	1 台	SA80K
整流充电器	60kV・A	1 台	JKZH-60K-220V
交流配电系统	60kW	1 台	JKJP-60K-3CH
输出配电箱	60kW(双路)	1 台	JKJPX-60K-3CH
风速风向测试系统		1 套	EL15，ENR，HYA-W，Pole，Cable
微机监控系统	Fix 平台	1 套	PII300
柴油发电机	75kW(闭式水冷)	1 台	R4100D-75GF
电缆		若干	
专用工具、仪表		表 1 套	

6）直流光伏水泵系统（见图 12.48、表 12.12）

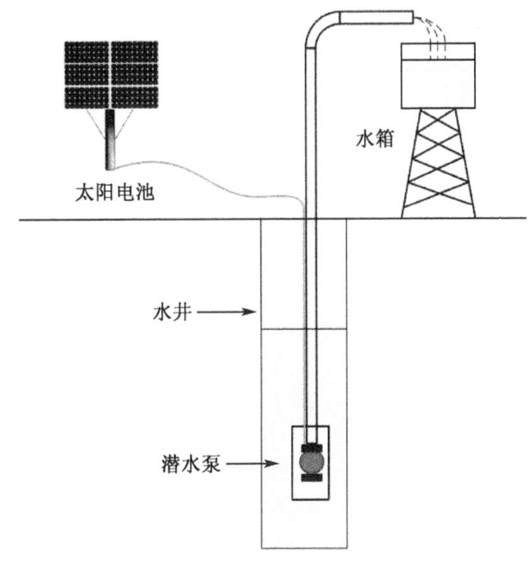

图 12.48　典型的太阳能水泵系统

表 12.12　直流太阳能水泵技术参数

设备	技术参数	设备	技术参数
太阳电池/Wp	1100	流量/(m^3/d)	20
水泵功率/W	750	水箱体积/m^3	30
水泵特点	直流 MPPT	对应日照资源	5kW · h/(m^2 · d)
扬程/m	30	设计日供水	20m^3

注：MPPT 为太阳电池最大功率跟踪功能。

7）交流光伏水泵系统（见图 12.49、表 12.13）

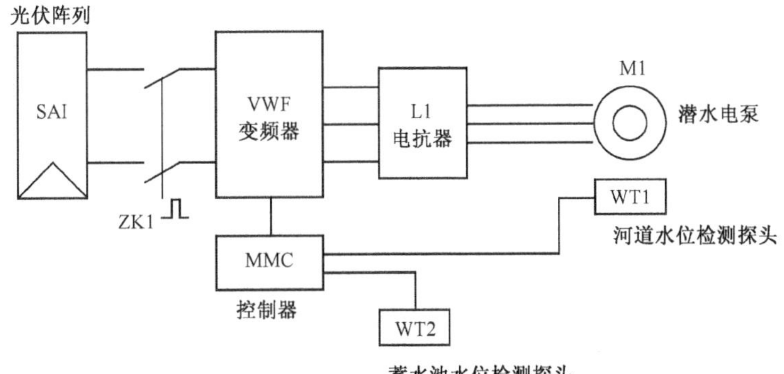

图 12.49　交流光伏水泵系统

表 12.13 交流光伏水泵系统案例与技术参数

设备	技术参数
太阳电池	共 96 块 75Wp 组件，其中 32 块串联（工作电压 545V），三组并联（额定工作电流 13.2A）；总功率 7200Wp
水泵	万事达 R95-VC-55 水泵，电机 5.5kW，额定电流 13.7A，扬程 $3m^3$/280m，$4m^3$/255m，$5m^3$/180m
变频器	西门子 MICROMASTEREco 变频器，额定功率：7.5kW，额定输出电压：三相 $380V_{ac}$，额定输出电流：18A
电抗器	配置电抗器主要是因为电缆线较长（150m 左右，总扬程为 120m），以防输出电路存在的分布电容对变频器造成损坏。在短距离时可以不配（小于 50m）
控制器	主要负责变频器的稳定运行和机泵打干保护，其可根据日照强度的变化自动改变频率给定，以稳定阵列电压
水位探头	水箱装满水位探头，防止水箱装满仍在泵水；机井水位下限探头，防止水泵无水干打
水箱体积	$40m^3$
当地日照资源	6kW · h/d
设计日供水	120m 扬程，$30m^3$/d

8）太阳能路灯（见图 12.50、表 12.14）

图 12.50 北京郊区安装的太阳能路灯和村庄灯

表 12.14 太阳能路灯（庭院灯）系统配置案例

太阳能路灯	太阳能庭院灯
太阳电池 140～160W	太阳电池 70～80W
蓄电池 24V/(80～100A · h)	蓄电池 12V/(80～100A · h)
控制器 24V/10A	控制器 12V/10A
灯具（光源）35W 高压钠灯或金卤灯	灯具（光源）18W 节能灯
灯杆 6～8m	灯杆 4～5m
每日工作时间 8h	每日工作时间 8h

9）与建筑结合的并网光伏发电系统（BIPV）（见图 12.51）

图 12.51　典型的与建筑结合的并网光伏发电系统

①太阳电池组件；②保护装置；③线缆；④并网逆变器；⑤用电、发电计量表

10）大型并网光伏电站（LS-PV）（见图 12.52、表 12.15）

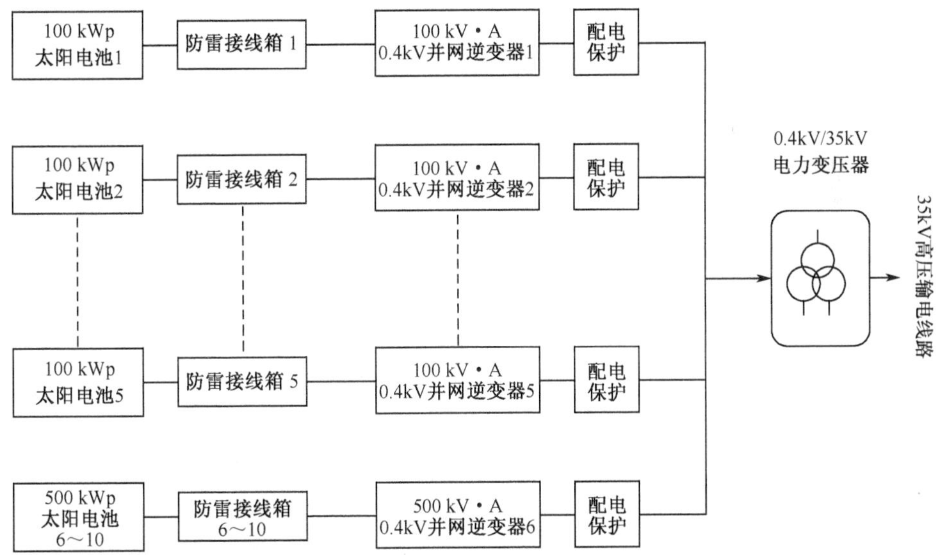

图 12.52　典型的大型与高压并网的荒漠光伏电站

表 12.15 1MW 高压并网光伏电站的设备配置案例

编号	项目	技术参数
1	太阳电池	S-165DJ-T12 块串联为一组，额定工作电压 420V，52 组并联为 100kWp 子阵，共 10 个子阵
2	方阵接线箱	每 4 组一个接线箱，共 130 个接线箱
3	100kW 自动跟踪系统	9 个子阵为固定方阵，1 个子阵为跟踪方阵
4	并网逆变器	100kV·A×5 台，加一台 500kV·A 逆变器
5	配电设备	汇流、检测单元
6	变压器	1000kV·A(0.4kV/35kV)三相全密封电力变压器一台
7	电网接入系统	开关、断路器及保护装置
8	电站占地	42000m^2(63 亩)征地 100 亩
9	数据采集、显示和远程通信系统	一套
10	机房	500m^2；也可以不建机房，全部采用户外安装的设备，做到无人值守
11	围栏(或围墙)、大门	高 1.8～2.0m，全长 1200m；大门一座
12	方阵基础	混凝土太阳电池方阵基础
13	电缆	若干

12.4 光伏发电应用系统的设计

光伏发电系统的设计分为如下几个步骤：

(1) 当地气象、地理和当地水平面辐射数据的收集；

(2) 太阳电池方阵面所接收的太阳辐射计算；

(3) 独立系统需要收集负载数据；

(4) 并网发电系统需要收集建设地点及其电网的数据；

(5) 计算或确定太阳电池的用量；

(6) 确定系统的其他硬件配置和工程要求；

(7) 发电系统的工程设计和部件设计；

(8) 项目概算书；

(9) 项目的发电量预测和财务分析。

如果是编制可行性研究报告，还需要增加项目的背景材料、目的、意义，还要进行系统的投入产出预测和经济、环境效益评估等。下面仅就不同光伏发电系统的技术设计进行描述。

12.4.1　独立光伏发电系统设计

1) 独立光伏系统的设计步骤

独立光伏发电系统包括太阳能户用电源、村落集中电站、通信电源系统以及大部分光伏应用产品。设计步骤如下：

(1) 从当地气象站取得水平面 10 年平均月总辐射量、直接辐射量和散射辐射量的数据，当地经、纬度和海拔的数据；

(2) 采用辐射量计算专用软件，从水平面的辐射数据计算出太阳电池倾斜方阵面上实际接收到的辐射量($kW \cdot h/m^2$)的统计平均年值、月值和日值；

(3)统计负载的种类、功率、电压、电流和每日工作时间，并根据负载需求计算负载日平均总耗电量($kW \cdot h$)；

(4) 根据负载的电压要求或负载的功率要求确定系统的直流侧电压；

(5) 根据当地气象特点、负载的种类和负载对于供电保证率的要求，确定蓄电池的类型和存储天数；

(6) 根据系统直流侧电压、负载的平均日耗电量、蓄电池的储存天数和 DOD 确定蓄电池的容量(电压(V)和容量($A \cdot h$))；

(7) 根据太阳电池方阵面接收到的平均日辐射量和负载日耗电量，计算太阳电池的电流需求(A)；

(8) 根据系统电压和太阳电池组件的工作电压确定太阳电池的串联数，根据太阳电池的电流需求和组件工作电流确定太阳电池组件的并联数，并计算出太阳电池的总的功率需求；

(9) 根据系统的特点和容量确定系统的硬件配置，绘制系统单线电原理图；

(10) 根据系统的硬件配置，确定各个系统部件的选型和技术参数；

(11) 根据设计结果做出项目概算；

(12) 用专用软件模拟系统运行，得出全年能量平衡图。

2) 独立光伏系统的设计实例

项目地点：北京市郊区

项目内容：家用别墅独立光伏系统

纬度：39.8°

经度：116.5°

海拔：32m

地面状态：平原

连续最长阴雨天和雨季所在月份：8 月

全年最高气温及其所在月份：25.0℃，7 月

全年最低气温及其所在月份：−4.3℃，1 月

(1) 倾斜方阵面辐射量的计算。首先从气象站取得水平面上的各月太阳总辐射数据,然后利用辐射量计算软件计算倾斜太阳电池方阵面上的辐射量:得到倾斜面辐射量比水平面辐射量全年增加13.4%(表12.16)。

表12.16　北京地区倾斜方阵面辐射量

当地经纬度和太阳电池方位			
地点		北京	
纬度/(°)N		39.9	
安装方式		Fixed	
方阵倾角/(°)		45.0	
方位角/(°)		0.0	
太阳辐射和气候条件			
月份	水平面上的月辐射量/[kW·h/(m²·d)]	月平均气温/℃	方阵面上的月辐射量[kW/·h/(m²·d)]
一月	2.08	−4.3	3.74
二月	2.89	−1.9	4.25
三月	3.72	5.1	4.36
四月	5.00	13.6	5.02
五月	5.44	20.0	4.85
六月	5.47	24.2	4.65
七月	4.22	25.9	3.69
八月	4.22	24.6	3.98
九月	3.92	19.6	4.27
十月	3.19	12.7	4.22
十一月	2.22	4.3	3.62
十二月	1.81	−2.2	3.35
每年			
水平面太阳辐射量	MW·h/m²		1.34
方阵面太阳辐射量	MW·h/m²		1.52
平均气温	℃		11.8

(2) 测算负载耗电见表12.17。

表12.17　测算负载耗电

名称	数量	负载/W	合计负载/W	工作时间/(h/d)	功耗/W·h
照明	8	11	88	5.00	440
电视接收机	1	25	25	5.00	125
彩色电视	1	95	95	5.00	475
水泵	1	750	750	1.00	750
电冰箱	1	100	100	10.00	1000
洗衣机	1	300	300	1.00	300
微波炉	1	1000	1000	0.50	500
电脑	2	100	200	6.00	1200
打印机	1	250	250	0.50	125
传真机	1	150	150	1.00	150
合计			2958		5065

(3) 系统直流电压的确定。根据负载功率确定系统的直流电压(蓄电池的电压),对于上述系统选用48V电压。确定的原则是,在条件允许的情况下,尽量提高系统电压,以减少线路损失。①直流电压的选择要符合我国直流电压的标准等级,为12V、24V、48V等;②直流电压的上限最好不要超过300V,以便于选择元器件和充电电源。

(4) 确定蓄电池的存储天数和DOD。这里确定电池储存天数为3天,蓄电池DOD为50%。

(5) 太阳电池功率计算。①太阳电池选用秦皇岛华美光伏电源系统有限公司的组件,型号为S-70D,开路电压:21.5V;短路电流:4.55A;峰值电压:17V;峰值电流:4.14A;峰值功率:70Wp。②全年峰值日照时数为1520h(1520kW·h/(m^2·a)),平均峰值日照时数为4.16h/d。③根据系统48V电压要求,每块标准组件为12V电瓶充电,则太阳电池的串联数为4块。④每日负载耗电量为105.5A·h。⑤所需太阳电池的总充电电流为105.5A·h×1.02/(4.16h×0.9×0.8)=35.93A。蓄电池的充电效率为0.9,逆变器效率为0.8。1.02是20年内太阳电池衰降、方阵组合损失、尘埃遮挡等综合系数。⑥根据总充电电流要求,确定太阳电池的并联数为35.93A÷4.14A/块=8.7块。取9块太阳电池板。按每块太阳电池板提供70峰瓦,太阳电池的总功率为(9×4)×70=2520(峰瓦)。

(6) 蓄电池的容量计算。蓄电池选用江苏双登全密封阀控式工业用铅酸蓄电池(引进美国GNB公司全套设备)。蓄电池的容量=日负载耗电量×蓄电池储存天数/DOD。选用前面的数据,计算电池容量为633A·h,取600A·h。因此选用GFM-600型蓄电池(10h放电率的额定容量为600A·h)。

3) 太阳电池方阵前后间距的计算

当光伏电站功率较大时,需要前后排布太阳电池方阵,或太阳电池方阵附近有高大建筑物或树木。这种情况下,需要计算建筑物或前排方阵的阴影,以确定方阵间的距离或太阳电池方阵与建筑物的距离。一般确定原则是:冬至当天早 9:00 至下午 3:00 太阳电池方阵不应被遮挡。太阳电池方阵布局如图 12.53 所示。该图也给出一些参量及角度的定义。

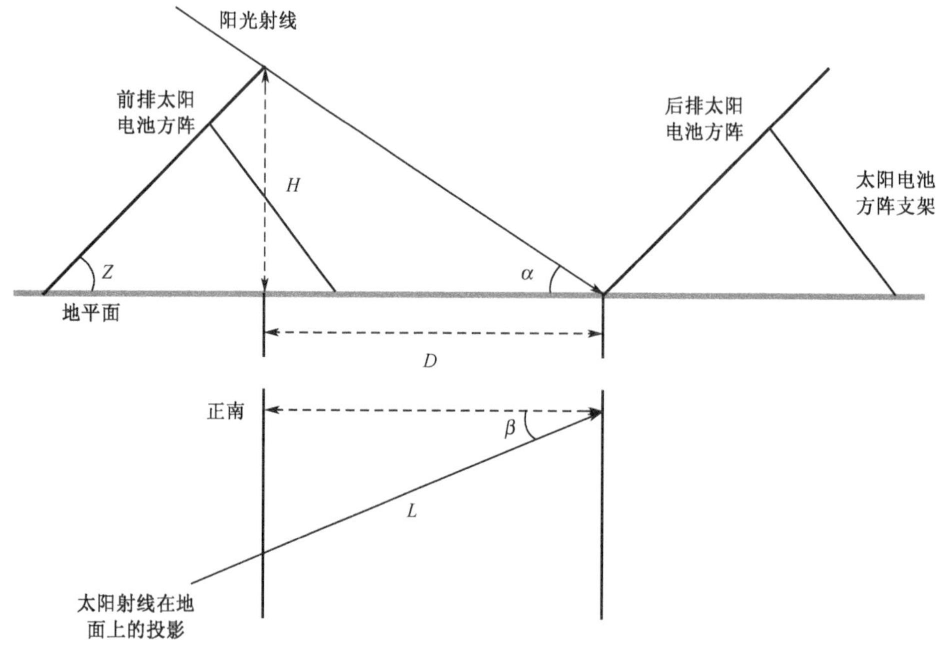

图 12.53　太阳电池方阵前后间距布局图

计算太阳电池方阵间距 D,可以从下面 4 个公式求得

$$D = L \times \cos\beta \tag{12.77}$$

$$L = H/\tan\alpha \tag{12.78}$$

$$\alpha = \arcsin(\sin\Phi\sin\delta + \cos\Phi\cos\delta\cos\omega) \tag{12.79}$$

$$\beta = \arcsin(\cos\delta\sin\omega/\cos\alpha) \tag{12.80}$$

式中参数的定义如前。首先计算冬至上午 9:00 太阳高度角和太阳方位角,冬至时的赤纬角 δ 是 $-23.45°$,上午 9:00 的时角 ω 是 45°,于是

$$\alpha = \arcsin(0.648\cos\Phi - 0.399\sin\Phi) \tag{12.81}$$

$$\beta = \arcsin(0.917 \times 0.707/\cos\alpha) \tag{12.82}$$

随后即可求出太阳光在方阵后面的投影长度 L,再将 L 折算到前后两排方阵之间的垂直距离 D。举例,北京地区太阳电池方阵前后的间距。北京地区的纬度 Φ=

39.8°。如太阳电池方阵高 2m，当 $\delta=-23.45$，$\omega=45$，代入式(12.81)和式(12.82)，求出 $\alpha=14.04$，$\beta=42.0$，太阳电池的方阵间距为，应用式(12.77)，$D=H\times\cos\beta/\tan\alpha=5.94\text{m}$。

4) 不同类型负载的特点

设计光伏发电系统和进行设备选型之前，要求充分了解负载的特性。负荷最为重要的特性包括：直流/交流、冲击性/非冲击性、重要/一般；不同类型的交流负载具有不同的特性。对于电阻性负载，如白炽灯泡、电子节能灯、电加热器等，电流与电压是同相，无冲击电流。而对于如电动机、电冰箱、水泵等这类电感性负载，电压超前于电流，电流有冲击性。对于电力电子类负载，如荧光灯(带电子镇流器的)、电视机、计算机等，也有冲击电流。其中电感性负载，如电动机的浪涌电流是额定电流的 5～8 倍，时间为 50～150ms。电冰箱的浪涌电流是额定电流的 5～10 倍，时间为 100～200ms。彩电的消磁线圈和显示器的浪涌电流是额定电流的 2～5 倍，时间为 20～100ms。

关于负荷参数和对电源的要求，有电压、电流、功率、功率因数、波形、频率等。逆变器的波形一般有三种，即正弦波、准正弦波和方波。一般方波逆变器或准正弦波逆变器大多用于 1kW 以下的小功率系统，1kW 以上的大功率系统多数采用正弦波逆变器。电力电子类负载的峰值电流(振幅系数大于 1)和工作波形如图 12.54所示。

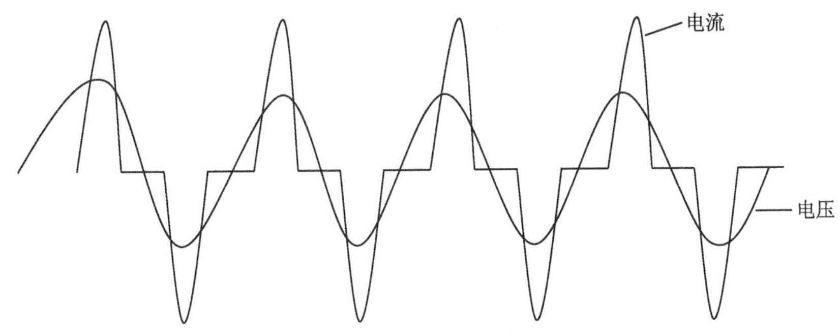

图 12.54　电力电子类负载的工作波形

5) 光伏发电系统的设备配置和选型

控制器：根据系统功率、电压、方阵路数、蓄电池组数和用户特殊要求来确定控制器的类型。通常，太阳能户用电源一般采用单路脉宽调制控制器，大功率光伏电站一般采用多路控制器，通信电源和工业领域系统一般采用带有通信功能的智能控制器。上述独立电源系统实例中的太阳电池用量为 2520Wp，负载约为 3000W，控制器选 48V 多路控制，输入/输出的最大允许电流为 100A。

逆变器：根据系统的直流电压确定逆变器的直流输入，根据负载类型确定逆变器的功率和相数，根据负载的冲击性决定逆变器的功率余量。一般来说，独立光伏村庄供电系统的负载种类是不可能完全预知的，因此选用逆变器的时候一定要留有充分的余量，以保证系统的耐冲击性和可靠性。上述独立发电系统中负载为3000W，考虑到有计算机、电视机等冲击性负载，选用48V/5kV·A正弦波逆变器。

备用电源：独立光伏发电系统的备用电源一般是柴油发电机组，备用电源的功能主要有两个：当阴雨天过长或负荷过重造成蓄电池亏电时，通过整流充电设备为蓄电池补充充电；另一个作用是当光伏发电系统发生故障，如逆变器故障导致无法送电时，由备用电源直接向负载供电。一般来说，只有20kW以上的大型光伏电站和不允许断电的通信系统才考虑配有备用柴油机，柴油发电机的容量应当与负载相匹配。

数据采集系统：数据采集系统用于采集、记录、存储、显示系统所在地的太阳能辐射、环境温度和系统运行数据，同时具有数据传输的功能。一般数据采集系统也只在大型光伏试验电站和无人值守的通信台站配备。

6）光伏发电系统的防雷接地设计

（1）雷击的危害。

雷电是一种大气物理现象，是大气与雷云之间或雷云之间的放电。雷云对地的闪击产生很大的危害。描述雷击的主要特征是雷电流和伴随雷电流产生雷击电磁脉冲（lighting electromagnetic pulse，LEMP），即感应雷。雷电流和LEMP是雷击放电的两种形式。雷电流通过电流脉冲波形式出现，LEMP以辐射电磁场的形式出现。当有通路时表现为雷电流脉冲波，同时伴随产生LEMP辐射电磁场。通常把雷电流产生的影响叫直击雷。把LEMP产生的影响叫感应雷。

① 直击雷的危害。雷电放电主要通道通过被保护物，被保护物被直击雷击中。太阳电池方阵或机房建筑物被雷电直接击中会造成设备及人员伤亡等极大危害。

② 感应雷的危害。雷电放电主通道不是经过被保护物，闪电过程中产生强大的瞬变电磁场在附近的导体上电磁脉冲，即感应雷。LEMP可通过两种感应方式侵入导体。一是静电感应，在雷云中电荷积聚时，就近的导体会感应相反的电荷，当雷击放电时，雷云中电荷迅速释放，而导体中的静电荷在失去雷云电场束缚后也会沿导体流动寻找释放通道，就会在电路中形成LEMP。二是电磁感应，在雷云放电时，迅速变化的雷电流在其周围产生强大的瞬变电磁场，附近的导体中就会产生很高的感生电动势，在电路中形成LEMP。LEMP沿导体传播，损坏电路中的设备或设备中的器件。光伏发电系统中电缆多，线路长，给LEMP的产生、耦合和传播提供了良好环境。而光伏发电系统设备随着科技的发展，智能化程度越来越高，低压电路和集成电路也用得很普遍，抗过电压能力越来越差，极易受LEMP的袭击，并且损害的往往是集成度较高的系统核心器件，所以更不能掉以轻心。由于LEMP可以来自云中放电，也可以来自对地雷击。而光伏发电系统与外界连接有

各种长距离电缆可在更大范围内产生 LEMP，并沿电缆传入机房和设备，所以防感应雷是光伏发电系统防雷的重点。

(2) 光伏发电系统的防雷措施。

① 直击雷的防护。为了尽量减少 LEMP 的产生，一般采用抑制型或屏蔽型的直击雷保护措施，如避雷带、避雷网和避雷针等，以减小直击雷击中的概率。并尽量采用多根均匀布置的引下线，因为多根引下线的分流作用可降低引下线沿线压降，减少侧击的危险，并使引下线泻流产生的磁场强度减小。引下线的均匀布置可使引下线泻流产生的电磁场在建筑物空间内部部分抵消，也可以抑制 LEMP 的产生强度。接地体宜采用环型地网，引下线宜连接在环型地网的四周，这样有利于雷电流的散流和内部电位的均衡。

② 感应雷的防护。LEMP 一般通过电力电缆和通信电缆的金属外皮和天馈线侵入系统。所以对于进出电缆防雷防护的主要措施是：一是，进出电缆必须带金属屏蔽层，进出户外电缆的金属外屏蔽层需与联合接地体等电位联结；二是，在电源上逐级加装避雷器，实行多级防护，使 LEMP 在经过多级泄流后的残压小于电站设备的耐压值；三是，在建筑物内的设备综合布线保护管采用金属管避雷器的防雷能力与安装方式有密切关系，主要是引线阻抗会产生额外的残压。应尽可能地缩短电力线与避雷器间的连线以及避雷器与接地汇流排板间连线的长度。多级布置避雷器可减小引线阻抗产生的额外残压，因为前级避雷器已将大部分雷电流泄放入地，在后级避雷器中泄放的雷电流较小。一般来说，后级泄放的雷电流 I2 为前级 I1 的 20%左右，所以必然导致引线上的附加残压减小。

(3) 光伏发电系统的接地要求。

电气设备的任何部分，都须与大地通过金属接地线有良好的电气连接，实现接地。埋入地中与大地直接接触的金属体或金属体组，称为接地体或接地极。通常埋在地下的钢管、角钢或钢筋混凝土基础等都可作为接地极使用。

① 接地体。接地体宜采用热镀锌钢材，其规格要求如下：钢管的直径 50mm，壁厚不应小于 3.5mm。角钢不小于 50mm×50mm×5mm。扁钢不小于 40mm×4mm。垂直接地体长度宜为 1.5～2.5m，它们之间的间距为其自身长度的 1.5～2 倍。在土壤电阻率不均匀的地方，下层的土壤电阻率低，可以适当加长。当垂直接地体埋设有困难时，可设多根环形水平接地体，彼此间隔为 1～1.5m，且应每隔 3～5m 相互焊接连通一次。接地体之间所有焊接点，除浇注在混凝土中的以外，均应进行防腐处理。接地装置的焊接长度：对扁钢为宽边的 2 倍，对圆钢为其直径的 10 倍。接地体的上端距地面不应小于 0.7m，在寒冷地区，接地体应埋设在冻土层以下在沿海盐碱腐蚀性较强或大地电阻率较高难以达到接地电阻要求的地区，接地体宜采用具有耐腐、保湿性能好的金属接地体。

② 接地线和接地引入线。接地线宜短直，截面积为 35～95mm^2，材料为多股

铜线。接地引入线长度不宜超过 30m，材料为镀锌扁钢，截面积不宜小于 40mm×4mm 或不小于 $95mm^2$ 的多股铜线。接地引入线应作防腐，绝缘处理，并不得在暖气地沟内布放，埋设时应避开污水管理和水沟，裸露在地面以上部分，应有防止机械损伤的措施。

③ 接地电阻。如果采用地网，地网的接地电阻值应小于 5Ω，对于年雷暴日小于 20d 的地区，接地电阻值可小于 10Ω。采用架空避雷线和避雷针的接地电阻值应小于 10Ω。采用避雷器的接地电阻值应小于 10Ω。

12.4.2　交流总线独立混合发电系统介绍

交流(AC)总线的独立混合发电系统适合于边远地区多种发电装置联合供电的、用户居住分散的较大型村落电站，更适合于 24h 连续供电。

AC 总线需要有一个由以蓄电池为基础的直流总线建立起来的可再生能源发电系统，直流总线通过双向逆变器，建立起三相交流微电网，即交流总线。其他发电装置可以就近安装在各个负载群附近，以并网方式与交流总线连接，扩容非常方便，连接新的负载也非常方便，整体运行效率远高于 DC 总线，如图 12.55 所示。

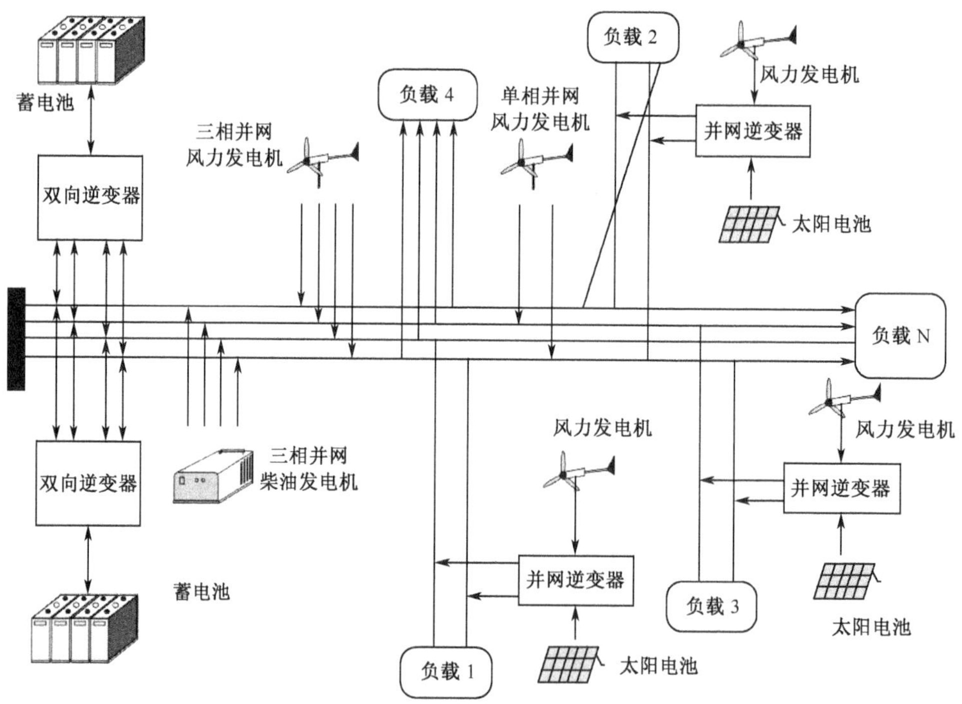

图 12.55　AC 总线混合发电系统

AC 总线由与蓄电池连接的双向逆变器建立，当白天日照很强或风力很大时，AC 总线上的负荷不足以消耗 AC 总线上发电设备的电力，多余的电力将通过双向逆变器为蓄电池充电；当负载需求大于 AC 总线上发电设备的出力时，如夜间太阳电池不发电时，蓄电池将通过双向逆变器向 AC 总线供电。

12.4.3　并网光伏发电系统设计

与建筑结合的并网光伏发电系统(BIPV)的建筑形式，有如下几种安装方式。

采用普通太阳电池组件，安装在倾斜屋顶原来的建筑材料之上。

采用特殊的太阳电池组件，作为建筑材料安装在倾斜屋顶上。

采用普通太阳电池组件，安装在平屋顶原来的建筑材料之上。

采用特殊的太阳电池组件，作为建筑材料安装在平屋顶上。

采用普通或特殊太阳电池组件，作为幕墙安装在南立面上。

采用特殊的太阳电池组件，作为建筑幕墙安装在南立面上。

采用特殊的太阳电池组件，作为天窗材料安装在天窗上。

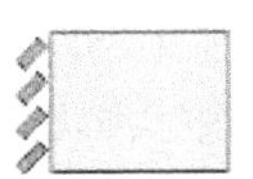

采用普通或特殊太阳电池组件，作为遮阳板安装在建筑上。

1) BIPV 的专用太阳电池组件

太阳电池与建筑相结合不同于单独作为发电装置使用，作为建筑的一部分，除了发电，还要考虑其他的功能。

(1) 使室内与室外隔离；

(2) 防雨，抗风，遮阳；

(3) 隔热，隔噪声；

(4) 美观,能够作为建筑材料供建筑设计师选择;太阳电池还可以与各种不同的玻璃结合制作成特殊的玻璃幕墙或天窗,如隔热玻璃组件、隔音玻璃组件、防紫外线玻璃组件、夹层安全玻璃组件、防盗或防弹玻璃组件、防火组件等。

2) BIPV 对太阳电池提出了一些特殊要求

(1) 颜色的要求。当太阳电池作为南立面的幕墙或天窗时,就会对太阳电池的颜色提出要求。对于单晶硅电池,可以用腐蚀绒面的办法将其表面变成黑色,安装在屋顶或南立面显得庄重,而且基本不反光,没有光污染的问题。对于多晶硅太阳电池,不能采用腐蚀绒面的办法,但可以在蒸镀减反射膜的时候加入一些微量元素,来改变太阳电池表面的颜色,可以变成黄色、粉红色、淡绿色等多种颜色。对于非晶硅太阳电池,其本色已经同茶色玻璃的颜色一样,很适合作玻璃幕墙和天窗玻璃。

(2) 透光的要求。当太阳电池用作天窗、遮阳板和幕墙时,对于它的透光性就有了一定的要求。一般来讲,晶体硅太阳电池本身是不透光的,当需要透光时,只能将组件用双层玻璃封装,通过调整电池片之间的空隙来调整透光量。由于电池片本身不透光,作为玻璃幕墙或天窗时其投影呈现不均匀的斑状。当然晶硅电池也可以作成透光型,即在晶体硅太阳电池上打上很多细小的孔,但是制作工艺复杂,成本昂贵,目前还没有达到商业化的程度。

非晶硅太阳电池可以制作成茶色玻璃一样的效果,透光效果好,投影也十分均匀柔和。如果是将太阳电池用作玻璃幕墙和天窗,选非晶硅太阳电池更为适合。

(3) 尺寸和形状的要求。因为太阳电池要与建筑结合,在一些特殊应用场合会对太阳电池组件的形状提出要求,不再只是常规的方形。如圆形屋顶要求太阳电池呈圆带状,带有斜边的建筑要求太阳电池组件也要有斜边,拱形屋顶要求太阳电池组件能够有一定的弯曲度等。

3) 开展 BIPV 应当注意的一些问题

德国虽然已经完成了 10 万光伏屋顶计划,全国光伏建筑的累计安装量已经超过 400MWp(是我国太阳电池累计安装量的 8 倍),取得了丰富的经验,但也发现了不少的问题。德国大多数光伏建筑都是由专业建筑师设计的,在外观上、建筑功能上以及在透光性和与建筑和谐一致上的确设计得无可挑剔。但是这些建筑师也忽略了或者说不了解太阳电池的发电特性,如太阳电池的朝向、被遮挡和温升等问题。

(1) 太阳电池安装的朝向。太阳电池与建筑相结合有时不能自由选择安装的朝向,不同朝向的太阳电池的发电量是不同的,不能按照常规方法进行发电量计算。假定向南倾斜纬度角安装的太阳电池发电量为 100,其他朝向全年发电量均有不同程度的减少。可以根据图 12.56 对不同朝向太阳电池的发电量进行基本估计。

(2) 太阳电池的遮挡。太阳电池与建筑相结合,有时也不可避免地会受到遮挡。遮挡对于晶体硅太阳电池的发电量影响很大,若晶体硅电池组件被遮挡了十分之一的面积,功率损失将达到 50%。对于非晶硅的影响会小得多,受到同样的遮挡，功率损失只有 10%（图 12.57）。如果太阳电池不可避免会被遮挡，应当尽量选用非晶硅太阳电池。

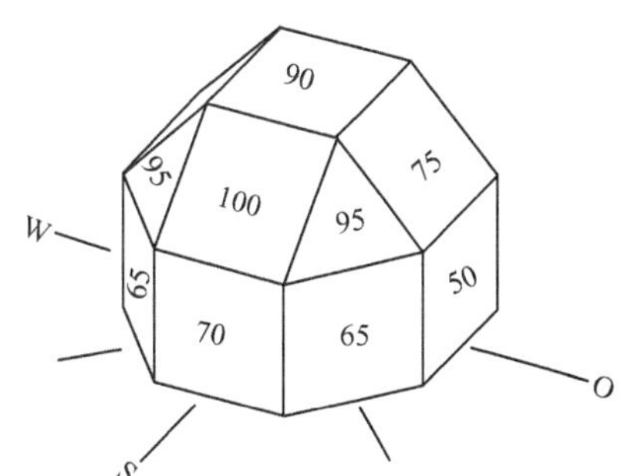

图 12.56　太阳电池不同朝向的相对发电量

（3）太阳电池的温升和通风。太阳电池与建筑相结合还应当注意太阳电池的通风设计，以避免太阳电池温度过高造成发电效率降低（晶体硅太阳电池的结温超过 25℃时，每升高一度功率损失大约千分之四）。太阳电池的温升与安装位置和通风情况有关，德国太阳能学会就此种情况专门进行了测试，以下给出不同安装方式和不同通风条件下太阳电池的实测温升情况。

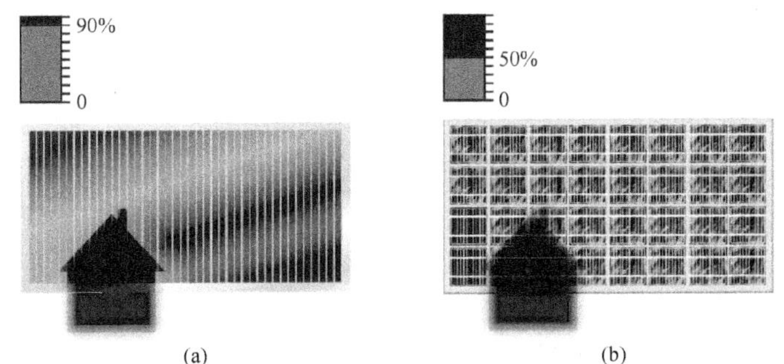

图 12.57　非晶硅(a)和晶体硅(b)太阳电池被遮挡时的功率损失

作为立面墙体材料，没有通风，温升非常高，功率损失9%。

作为屋顶建筑材料，没有通风，温升很高，功率损失5.4%。

安装在南立面，通风较差，温升很高，功率损失4.8%。

安装在倾斜屋顶，通风较差，温升很高，功率损失3.6%。

安装在倾斜屋顶，有较好的通风，温升很高，功率损失2.6%。

安装在平屋顶，通风较好，温升很高，功率损失2.1%。

普通方式安装在屋顶，有很大的通风间隙，几乎没有温升。

4) BIPV 的电气连接方式

德国和荷兰的光伏屋顶计划大多数是安装在居民建筑上的分散系统,功率一般为 1～50kWp。由于光伏发电补偿电价不同于用户的用电电价,所以采用双表制,一块表记录太阳电池馈入电网的电量,另一块记录用户的用电量(图 12.58)。也有一些功率很大的系统,如德国慕尼黑展览中心屋顶 2MWp 的 BIPV 系统和柏林火车站 200kWp 的系统。对于小系统,一般只用一台并网逆变器;对于大系统,一般采用多台逆变器。柏林火车站 200kWp 的 BIPV 系统分为 12 个太阳电池方阵,每个方阵由 60 块 300W 的太阳电池组件构成,每个方阵连接一台 15kV · A 的逆变器,分别并网发电。慕尼黑 2MWp 的 BIPV 项目则不同,2MWp 由 2 个 1MWp 的系统分一期、二期建成。每个 1MWp 的系统采用公共直流母线,3 台 300kV · A 的逆变器按照主从方式工作,当光强较弱时只有一台逆变器工作,阳光最强时三台逆变器都工作,这样就使逆变器工作在高负荷状态,具有更高的转换效率。

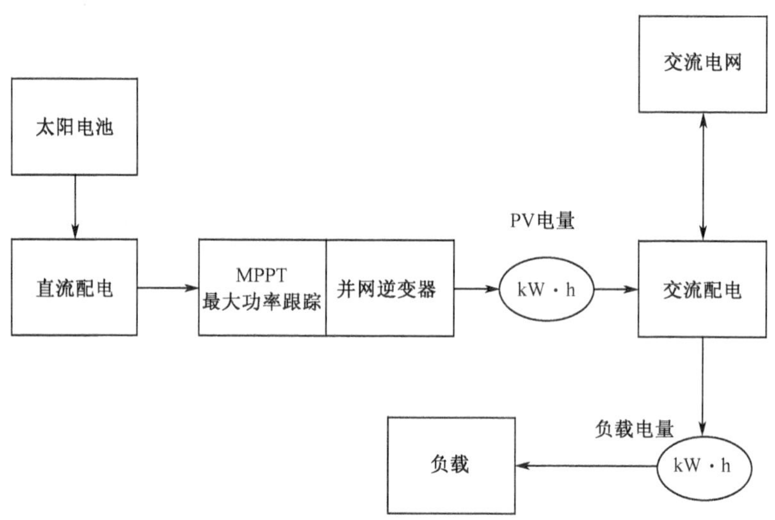

图 12.58　并网光伏发电图示(双电价接线方式)

并网光伏发电可以采用发电、用电分开计价的接线方式,也可以采用“净电表”计价的接线方式。德国和欧洲大部分国家都采用双价制,电力公司高价收购太阳能发电的电量(平均 0.55 欧元/kW · h),用户用电则仅支付常规的低廉电价(0.06～0.1 欧元/kW · h),这种政策称之为“上网电价”政策。这样的情况下,光伏发电系统应当在用户电表之前并入电网。美国和日本采用初投资补贴,运行时对光伏发电不再支付高电价,但是允许用光伏发电的电量抵消用户从电网的用电量,电力公司按照用户电表的净值收费,称之为“净电表”计量制度。此时,光伏发电系统应当在用户电表之后接入电网。

由于中国目前还没有实行光伏发电的高电价，因此，本项目采用"净电表"配电方式。双价制接线方式和"净电表"制接线方式的示意图如图 12.59 所示。

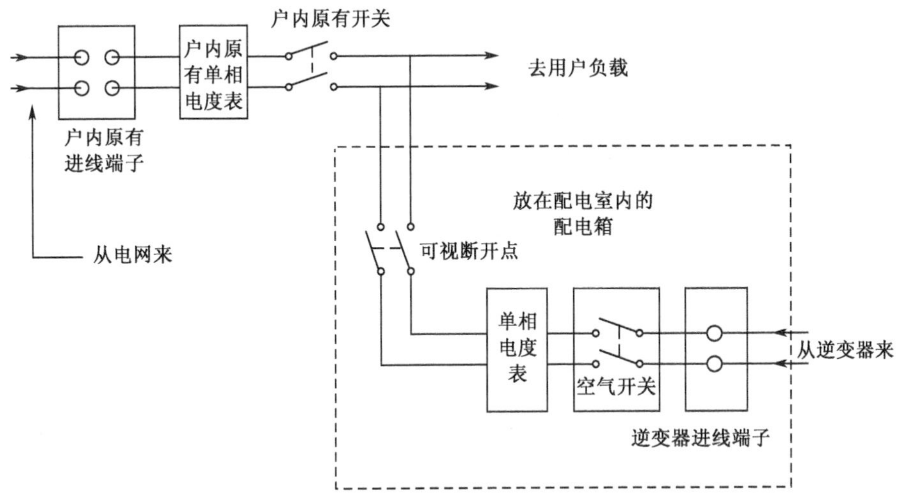

图 12.59　净电表计量单相线路连接图

如果系统是三相线路，原理也是一致的，净电表计量连接如图 12.60 所示。

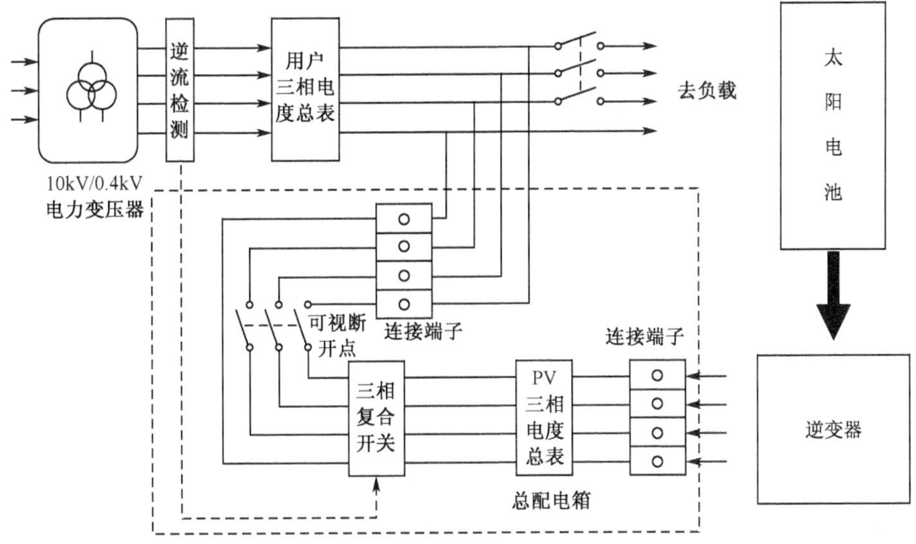

图 12.60　净电表计量三相线路连接图

12.4.4　光伏水泵系统设计

1) 太阳能水泵的基本概念

光伏水泵既不属于并网光伏系统，也不属于常规独立光伏电源，而是属于不带蓄电池的直接连接(directlycoupled)光伏系统。光伏水泵由于其安装方便、不带蓄电池、不受电源和地点限制以及可移动性，已经广泛用于人畜饮水和移动灌溉。不同的抽水用途应当采用不同的水泵，水泵的参数总结于表 12.18。

表 12.18　水泵参数

参数＼泵型	手压泵	地面自吸泵	直流潜水泵	交流潜水泵(多级离心泵)
扬程/m	<20	<5	20～50	50～400
流量/(m^3/d)	<50	25～100	10～100	10～100

光伏水泵基本结构如图 12.61 所示。设计一套光伏水泵，首先需要知道对于水的需求和水泵系统的特点。

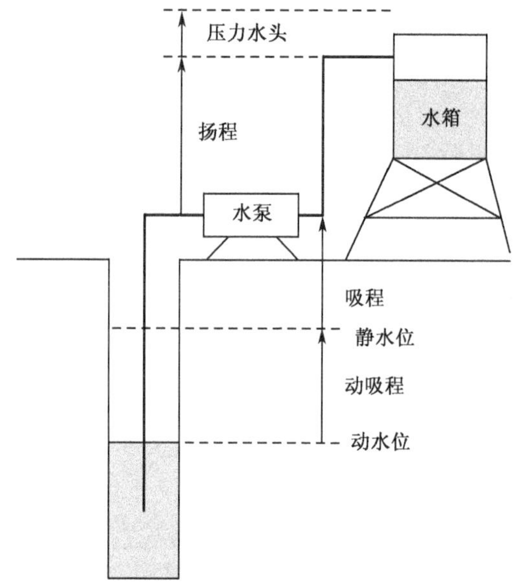

图 12.61　水泵的基本特征

吸程：包括净吸程(净水位以上)和动吸程(动水位到净水位的吸程)，离心泵靠形成真空后的大气压力吸水，最高理论吸程是 10.33m，但实际设计吸程还要考虑气蚀余量和安全量。吸程＝标准大气压(10.33m)－汽蚀余量－安全量(0.5m)。一般离心泵的设计吸程应当在 1～5m。

扬程：单位重量液体通过泵所获得的能量，在设计时是指从水泵中心线提升到出水点或者蓄水箱的水面之间总的垂直距离，单位是 m。

压力水头：对于密闭的出水系统或需要加压的系统应当由用户提出数据，而对于一般的敞开系统，压力水头为零；

总水头（总扬程）：总水头＝动吸程＋净吸程＋扬程＋压力水头，单位是 m。

流量：是泵在单位时间内输送出去的液体量（体积或质量），用 Q 表示，单位是 m^3/s，m^3/h，m^3/d，L/s 等。

太阳能水泵的设计步骤，可以有两种办法计算太阳电池的用量，第一个办法是从水泵的功率测算太阳电池的用量，而第二个办法则是从总耗能来推算水泵功率和太阳电池的用量。

2）从水泵功率测算太阳电池用量

（1）收集用户信息：确切知道井深、动水位、净水位、水箱高度或扬水高度、每日需水量、太阳能资源等；

（2）根据用户提供的信息计算出水泵的总水头（或总扬程）和流量；

（3）根据总水头（或总扬程）、流量和水泵厂家的水泵参数选择水泵的功率，并确定采用直流水泵还是交流水泵。如果是交流水泵还应当选择合适的逆变器或变频器；

（4）根据所选定的水泵功率和根据流量测算出的每日工作时间，计算总的耗电量。计算耗电量时还要考虑系统效率；

（5）根据耗电量确定太阳电池的用量。

表 12.19、表 12.20 及图 12.62 给出了 Grundfos 公司 SP14A 和广东万事达水泵流量、扬程和功率的对应参数，可计算出太阳电池用量。

表 12.19　Grundfos 公司 SP14A 水泵系列技术参数

水泵型号	电机功率/kW	流量/(m^3/h)	扬程/m
SP14A-5	1.5	2～18	16～34
SP14A-7	2.2	2～18	18～48
SP14A-10	3.0	2～18	25～66
SP14A-13	4.0	2～18	34～88
SP14A-18	5.5	2～18	45～120
SP14A-25	7.5	2～18	80～160

表 12.20　广东万事达水泵流量、扬程和功率的对应参数

水泵型号	电机功率/kW	流量/(m^3/h)	扬程/m
150QJ12-25/2	1.5	8m^3/30m	12m^3/25m 16m^3/18m
150QJ12-38/3	2.2	8m^3/45m	12m^3/38m 16m^3/27m
150QJ12-51/4	3.0	8m^3/60m	12m^3/51m 16m^3/36m

续表

水泵型号	电机功率/kW	流量/(m^3/h)	扬程/m
150QJ12-76/6	4.0	$8m^3$/89m	$12m^3$/76m $16m^3$/54m
150QJ12-102/8	5.5	$8m^3$/119m	$12m^3$/102m $16m^3$/72m
150QJ12-140/11	7.5	$8m^3$/164m	$12m^3$/140m $16m^3$/100m

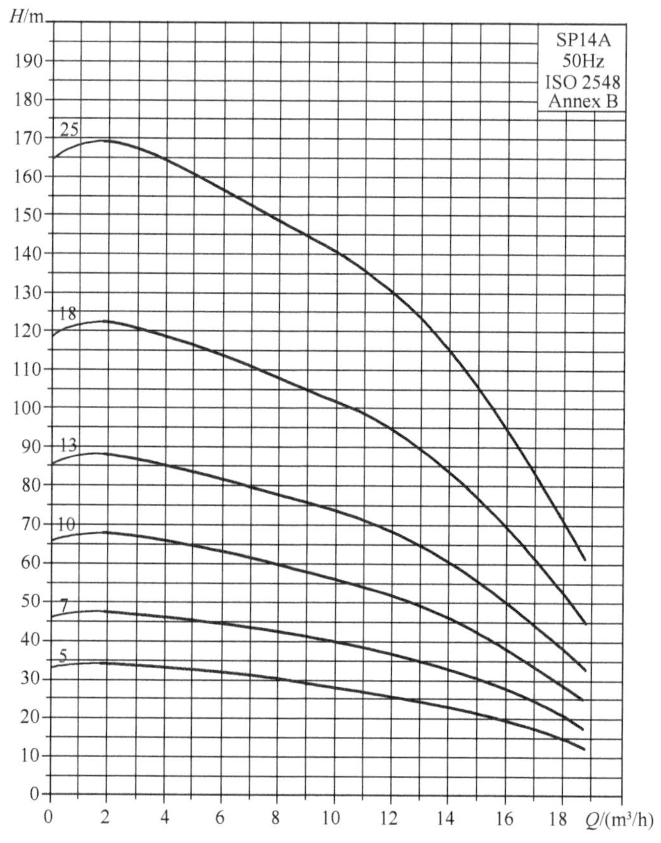

图 12.62　SP14A 系列水泵参数图

假如流量为 $8m^3$/h(大约 $30m^3$/d),扬程为 30m,从图中的扬程(纵坐标)-流量(横坐标)交叉点可知应当选 SP14A-5 型水泵,水泵功率为 1.5kW,则太阳电池应选大约 2kWp。

按照流量为 $8m^3$/h(大约 $30m^3$/d),扬程为 30m,从图中可知应当选 150QJ12—25/2 型水泵,水泵功率也是 1.5kW,则太阳电池应选大约 2kWp。

3) 从能量需求推算水泵的功率和太阳电池的用量

在手头没有水泵手册的时候,也可以直接从所需的扬程和流量推算水泵的功率和太阳电池的用量。这种方法对于编制太阳能水泵的设计软件是必不可少的。

(1) 计算每日提水需要的能量

$$E_{pump}=86400\rho gQh(1+f)/(3600\times1000)(kW\cdot h) \tag{12.83}$$

其中，ρ 为水的密度（$1000kg/m^3$）；g 为重力加速度（$9.81m/s^2$）；Q 为每天流量或需求量（m^3/d）；h 是总扬程（m）；f 是水管摩擦损失系数（5%～10%）。将小时换算成秒，一天等于 86400s。

例如，一个村庄每天需水 $30m^3$，总扬程 30m，摩擦系数取 7%，则 $E_{pump}=2.6kW\cdot h$。

(2) 计算系统所需总能量。有了能量需求，还要考虑系统部件的效率。如水泵、电机、逆变器等，光伏提水系统的效率，即“电水”效率，是提升水所需要的机械能与电动机的输入电能之比。表 12.21 列出了不同类型水泵的效率。表中的效率值是对匹配好的系统而言的。如果水泵与水头匹配差，其效率要降低。如果太阳电池在低光强情况下工作或提水系统与控制器类型不相匹配，其效率也低。据报道，一些新的水泵效率可以高达 75%。

表 12.21　不同水泵的效率(含电机效率)

水泵类型	水头	水泵效率/%
地面安装的离心泵	0～5	10～25
多级潜水泵	5～20	20～40
排水泵	20～100	30～45

如果采用的是交流水泵，则还要考虑逆变器或变频器的效率，于是，光伏水泵系统的最终能量需求 E_{sys}（kW · h）按如下计算：

$$E_{sys}=E_{pump}/(\eta_{pump}\times\eta_{inverter}\times\eta_{vol}\times\eta_{other}) \tag{12.84}$$

其中，E_{pump} 是抽水能量需求；η_{pump} 为水泵系统效率（含电机效率）（10%～50%）；$\eta_{inverter}$ 是逆变器（或变频器）效率（80%～90%）；η_{vol} 为太阳电池的匹配效率（90%）；η_{other} 是包括其他损失的效率（90%～95%）。用上面的参数为例，计算 $E_{sys}=2.6/(0.4\times0.85\times0.9\times0.9)=9.44(kW\cdot h)$。

(3) 计算倾斜太阳电池方阵面上的辐射量。一般来讲，太阳电池倾斜方阵面上的辐射量要比水平面辐射量大 10%～15%，如果水平面太阳辐射是每天 4 个峰值小时，则太阳电池方阵面上的辐射量则大约为 4.5 峰值小时（相当于太阳辐射资源为每日 $4.5kW\cdot h/m^2$）。

(4) 推算太阳电池用量，P_s＝总能量/(峰值小时 · 天)＝$E_{sys}/4.5=2.1kW$。

(5) 推算水泵功率。水泵功率可按照太阳电池功率的 70%选取，上例大约 1.5kW，然后根据这样的功率确定合适的扬程和流量，上例扬程 30m，流量 $30m^3/d$（大约 $8m^3/h$）。查水泵手册，也选择 Grundfos 的 SP14A-5 型水泵。

12.4.5 太阳能路灯的设计

1) 太阳能路灯的容量需求

(1) 太阳能路灯的负载需求由表 12.22 所示。

表 12.22 太阳能路灯(庭院灯)的基本要求

太阳能路灯		太阳能庭院灯	
灯具(光源)	35W 金卤灯	灯具(光源)	18W 节能灯
灯杆	6～8m	灯杆	4～5m
每日工作时间	8h	每日工作时间	8h
每日耗电	280W · h	每日耗电	144W · h
连续阴雨天	3d	连续阴雨天	3d

(2) 太阳能路灯部件的容量设计。太阳能路灯属于没有备用电源的独立供电系统,所有的能量全部来自太阳。因此,太阳能路灯的容量匹配和设计就显得十分重要。太阳电池的用量主要同使用地点的太阳能资源和负载耗电有关,容量设计如下。

2) 太阳能路灯的容量设计

首先应当从当地气象局拿到水平面上的各月总辐射量,然后采用专用软件,如加拿大环境资源部和美国宇航局(NASA)联合开发的 RETScreen 进行倾斜太阳电池方阵面上的辐射量的计算,以北京地区为例。倾斜面辐射量比水平面辐射量全年增加 13.4%,见表 12.23。

表 12.23

RETScreen®Solar Resourceand System Load Calculation-Photovoltaic Project			
当地经纬度和太阳电池方位			
地点		北京	
纬度/(°)N		39.9	
安装方式		Fixed	
方阵倾角/(°)		45.0	
方位角/(°)		0.0	
太阳辐射和气候条件			
月份	水平面上的月辐射量 /[kW · h/(m^2 · d)]	月平均气温 /℃	方阵面上的月辐射量 /[kW · h/(m^2 · d)]
一月	2.08	−4.3	3.74
二月	2.89	−1.9	4.25

续表

太阳辐射和气候条件			
月份	水平面上的月辐射量 /[kW·h/(m²·d)]	月平均气温 /℃	方阵面上的月辐射量 /[kW·h/(m²·d)]
三月	3.72	5.1	4.36
四月	5.00	13.6	5.02
五月	5.44	20.0	4.85
六月	5.47	24.2	4.65
七月	4.22	25.9	3.69
八月	4.22	24.6	3.98
九月	3.92	19.6	4.27
十月	3.19	12.7	4.22
十一月	2.22	4.3	3.62
十二月	1.81	−2.2	3.35

每年		
水平面太阳辐射量	MW·h/m²	1.34
方阵面太阳辐射量	MW·h/m²	1.52℃
平均气温	℃	

负载的耗电(按 8h/d)计算,太阳能路灯日耗电为 35W×8h=280W·h,村庄灯日耗电 144W·h。系统直流电压的确定:太阳能路灯用 24V,村庄灯是 12V。蓄电池的存储天数为 3 天和 DOD=50%。

3) 太阳电池容量设计

(1) 依上海太阳能科技有限公司的太阳电池组件为例。

型号为:S-70D,开路电压:21.5V,短路电流:4.55A,峰值电压:17V,峰值电流:4.14A,峰值功率:70Wp。

(2) 全年峰值日照时数为 1520h,平均每日峰值日照时数为:1520÷365=4.16(h)。

(3) 每块标准组件设计为 12V 电瓶充电,2 块组件串联为 24V 蓄电池充电,1 块组件为 12V 蓄电池充电。

(4) 每日负载耗电量,应是耗电/蓄电池电压。对于路灯为 280W·h/24V=11.7A·h,村庄灯为 144W·h/12V=12.0A·h。

(5) 所需太阳电池的总充电电流按例计算为 11.7A·h×1.02/(4.16h×0.9)=3.28A。其中,0.9 是蓄电池的充电效率。考虑太阳电池衰降、功率偏差、尘埃遮挡等综合损失为 5%。应有系数 1.05。

(6) 所需太阳电池的并联数为 3.28A÷4.14A/块=0.8 块,选定 1 块 S-70D 太阳电池并联。

(7) 所需太阳电池的串联数,太阳能路灯是 24V/12V=2 块,村庄灯是 1 块。

(8) 所需太阳电池的总功率为太阳能路灯:(2×1)块×70 峰瓦/块=140 峰瓦,太阳能村庄灯:(1×1)块×70 峰瓦/块=70 峰瓦。

(9) 蓄电池的容量设计太阳能路灯:11.7A·h/d×3d÷0.5=70.2A·h,太阳能村庄灯:12.0A·h/d×3d÷0.5=72.0A·h,0.5:蓄电池放电深度。太阳能路灯选用 6GFM-80 型蓄电池 2 只(24V/80A·h);太阳能村庄灯选用 6GFM-80 型蓄电池 1 只(12V/80A·h)。

(10) 控制器的选型:太阳能路灯控制器选用 24V/10A,村庄灯控制器选用 12V/10A。

4) 光源的选型

光源并不是太阳能路灯配置中最贵的部件,但却是最为关键的部件,从目前的故障率来看,光源的故障率是所有太阳能路灯部件中最高的,因此光源的选型、设计和安装是非常重要的。表 12.24 列出了不同光源的一些基本特性。

表 12.24　不同光源的基本特性

单位	白炽灯	白光 LED	直管型荧光灯	直流紧凑型荧光灯	交流紧凑型荧光灯
功率范围/W	10～200	0.04～10*	8～65	5～40	3～55
平均光效/(lm/W)	15	30～50	60	60	60
额定寿命/h	1000	100000(50%光衰)	6000	6000	6000
色温/K	2500	>5000	2500～6500	2500～6500	2500～6500
显色指数/Ra	96	75	80	80	80
单位	低压钠灯	高压钠灯	高压汞灯	无极气体灯	金卤灯
功率范围/W	18～200	35～400	50～500	5～50	35～1600
平均光效/(lm/W)	60～80	60～80	45	60	60～80
额定寿命/h	12000	12000	10000	>20000	8000
色温/K	2100	2800	5500	5000	4000～6000
显色指数/Ra	30	30	50	80	60～80

* 为单颗 LED 灯功率。

目前已经用于北京市“亮起来”工程的光源有:白光 LED、直流荧光灯、低压钠灯、高压钠灯、无极灯和金卤灯。表 12.25 列出现有各种光源的优缺点如下。

表 12.25　各种光源的优缺点比较

光源	优点	缺点
白光 LED	理论寿命长，色温合适，无冲击电流，低压工作，安全性好	定向性强，照度不均匀；光效偏低；作为照明用时需要多颗并联使用；必须采用恒流源；如果恒流源或散热不好将严重影响寿命；价格昂贵
直流荧光灯	价格便宜，色温合适，光效可以接受，照度均匀	属于紧凑型，不易散热，夏季极容易损坏，寿命偏低
低压钠灯	光效高，穿透力强，照度均匀，寿命长	价格偏贵，色温偏低，小功率光效偏低，直流电子镇流器时有故障
高压钠灯	光效高，照度均匀，寿命长	价格稍贵，色温偏低，小功率光效偏低，直流电子镇流器时有故障
无极灯	超长寿命，色温合适，光效可以接受，照度均匀	价格稍贵，安装的不多，可靠性有待观察
金卤灯	寿命长，色温合适，光效高，照度均匀	价格偏贵，透雾性不强，光源的可靠性有待观察

综合考虑价格、寿命、可靠性、光效、功率范围、均匀度和色温，村庄灯以直流节能灯和无极灯为首选，路灯则以金卤灯、无极灯和高压钠灯为宜。为了解决好直流节能灯的故障率问题，也可以考虑采用分体式灯具，将直流电子镇流器和灯管分开安装，便于散热。

对于新光源，高亮度的 LED(lighte mission device)，作为景观和显示光源已经表现出很好的节能效果和高可靠性。但是作为以照明为目的的太阳能路灯，如果要达到同其他高光效光源相同的照明效果，LED 并不能节能，其光效无优势。对于某些只要"灯下亮"就可以接受的照明场合，可以采用比其他光源功率低的 LED 光源，从而达到节能的效果，如某些区县采用 10W LED 光源(50W 太阳电池)作为村庄灯，就是一个例子。LED 光源目前最大的优势在于其超长的寿命，在采取一定措施的条件下，如增加反光板和适当调整 LED 灯条的照射角度，也可以弥补 LED 自身的缺点，达到较好的照明效果，但真正要做到 LED 光源的高可靠和长寿命，灯具的散热和恒流驱动一定要过关。

5) 太阳能路灯控制器

除了光源，路灯控制器也是非常重要的部件。路灯控制器的作用包括光控开关机，路灯工作定时，控制蓄电池的充放电，单/双灯模式控制，蓄电池容量监测，以及短路、过流、防极性反接、防反充、线路防雷等各种保护功能。控制器的设计和质量直接关系到路灯的工作效率和可靠性。

(1) 控制器的主要功能。一台高质量的路灯控制器应当具有如下功能：①光控自动开、关机。光控开机，定时开、关机(2h、4h、6h、8h、10h、12h)，手动开、关机；

②脉宽调制三段充电控制(带温度补偿功能);③单/双灯工作模式选择,交/直流灯具选择和 12V/24V 选择;④蓄电池 SOC 放电过程自动控制,蓄电池过放电保护;⑤防反充保护,防反接保护,过流和短路保护及手动程序复位;

(2) 充电控制和放电过程控制模式。提高充电效率,如何有效地防止蓄电池的过放电,则是设计控制器的关键。充电过程控制模式是采用脉宽调制三阶段充电方法,前面已详细介绍了脉宽调制三阶段充电方式的控制器,它比简单的充满断开控制器的充电效率要高出 30%。

三阶段充电方式包括:均衡充电、快速充电和浮充电。蓄电池没有发生过放电,正常工作时采用浮充电,可以有效防止过充电,减少水分的散失;当蓄电池的 DOD>70%,则实施一次快速充电,有利于完全恢复蓄电池的容量;一旦 DOD>40%,则实施一次均衡充电,不但有利于完全恢复蓄电池的容量,轻微的放气还能够起到搅拌作用,防止蓄电池内电解液的分层。该方法可以最大限度地利用太阳电池,大大提高充电效率,还能够保证蓄电池始终处于良好的工作状态。

(3) 硬件设计方案。根据系统的功能要求,采用单片机设计了太阳能路灯控制器,电路原理图如图 12.63所示。

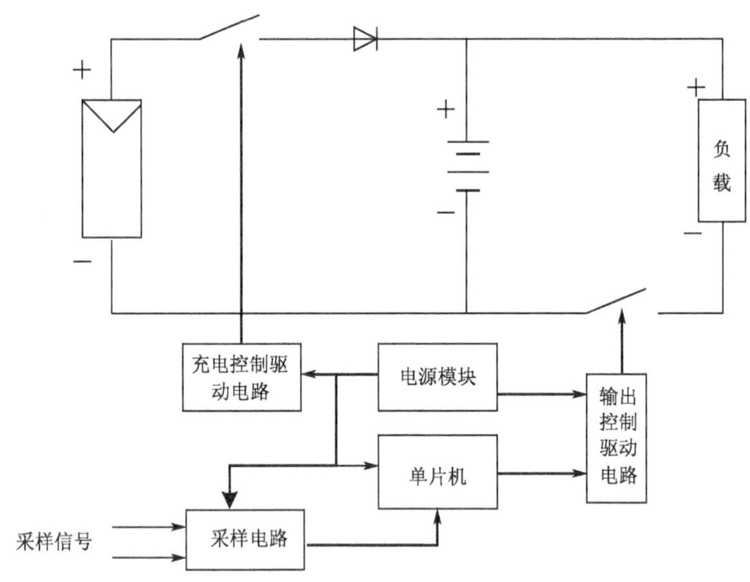

图 12.63 太阳能路灯控制器原理图

① 控制器的核心是一片 AT89S52 单片,此单片机低成本、低功耗、高性能、易扩充,但此芯片不带有脉宽调制口,因此,在本方案中脉宽调制充电方式采用软件来实现。

② 温度检测采用 DALLASTO-92 封装的 DS18B20。此芯片和 CPU 的连接简单,仅仅通过一个管脚和单片机进行通信,测量温度为－55～125℃。

③ 太阳电池在白天有太阳时给蓄电池充电,另外作为光敏元件,从太阳电池两端的电压大小,即可判断天黑还是天亮,能使太阳能路灯具备天黑灯自动点亮的功能。

④ 蓄电池电压检测和太阳电池电压检测采用 LM331 作为 A/D 转换模块,其动态范围宽,可达 100dB;线性度好,最大非线性失真小于 0.01%,工作频率低到 0.1Hz 时尚有较好的线性;变换精度高,数字分辨率可达 12 位。

⑤ 控制通道的设计,单片机对充电和放电功率 MOFFET 管的控制电路采用了光耦芯片 TLP250,同时两个交流灯的开关采用双向可控硅来作为开关元件,可控硅和单片机之间采用光耦芯片作为隔离和驱动,输出通道由于采用了光隔离技术使系统的可靠性和抗干扰能力得到提高。

6）太阳能路灯的安装和施工

太阳能路灯的硬件固然重要,太阳能路灯的安装施工、工程管理和质量控制也是非常重要的。太阳能路灯安装在室外,应当注意的问题很多。图 12.64 是较为典型的太阳能路灯安装结构,应兼顾下述各项功能:

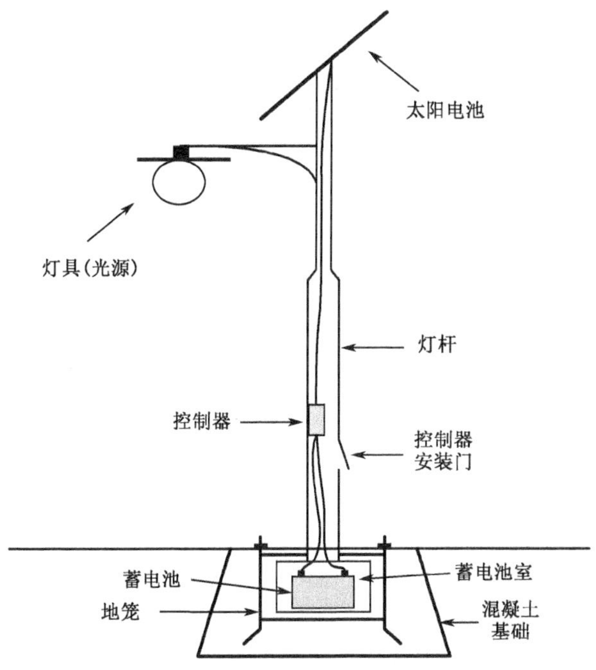

图 12.64　太阳能路灯安装示意图

(1) 太阳能路灯所有外露部分的防腐和连接部件的抗风；

(2) 太阳电池板的防鸟，防盗；

(3) 路灯进出线和控制室的防雨；

(4) 蓄电池的冬季保温和夏季降温；

(5) 蓄电池室的透气、防水和防盗；

(6) 灯具的防雨、防虫、防雹和便于维修和更换；

(7) 控制器要便于维修和检测。

12.5 微电网

12.5.1 微电网的概念

微电网是指由分布式电源、能量转换装置、负荷、监控和保护装置等汇集而成的小型发配用电系统，是一个能够实现自我控制和管理的自治系统。微电网可以看成是小型的电力系统，它具备完整的发电和配电功能，可以有效实现网内的能量优化。微电网有时在满足网内用户电能需求的同时，还需满足网内用户冷热能的需求，此时的微电网实际上是一个能源网。按照是否与常规电网联结，微电网可分为联网型微电网和独立型微电网。

联网型微电网：具有并网和独立两种运行模式。在并网工作模式下，一般与中、低压配电网并网运行，互为支撑，实现能量的双向交换。通过网内储能系统的充放电控制和分布式电源出力的协调控制，可以实现微电网的经济运行，对电网发挥负荷移峰填谷的作用；也可实现微电网和常规电网间交换功率的定值或定范围控制，减少由于分布式可再生能源发电功率的波动对电网的影响。利用能量管理系统，可有效提高分布式电源的能源利用率。在外部电网故障情况下，可转为独立运行模式，继续为微电网内重要负荷供电，提高重要负荷的供电可靠性。通过采取先进的控制策略和控制手段，可保证微电网高电能质量供电，也可以实现两种运行模式的无缝切换。

独立型微电网：不和常规电网相连接，利用自身的分布式电源满足微电网内负荷的长期供电需求。当网内存在可再生能源分布式电源时，常常需要配置储能系统以抑制这类电源的功率波动，同时在充分利用可再生能源的基础上，满足不同时段负荷的需求。这类微电网更加适合在海岛、边远地区等地为用户供电。

微电网技术的提出旨在中低压层面上实现分布式发电技术的灵活、高效应用，解决数量庞大、形式多样的分布式电源并网运行时的主要问题，同时由于具备一定的能量管理功能，并尽可能维持功率的局部优化与平衡，可有效降低系统运行人员的调度难度。特别地，联网型微电网的独立运行模式可以在外部电网故障时继续向系统中的关键负荷供电，提高了用电的安全性和可靠性。在未来，微电网技术是实现分布式发电系统大规模应用的关键技术之一。

从微观看，微电网可以看成是小型的电力系统，具备完整的发输配用电功能，可以实现局部的功率平衡与能量优化；从宏观看，微电网又可以认为是配电系统中的一个“虚拟”的电源或负荷。现有研究和实践表明，将分布式电源以微电网形式接入到电网中并网运行，与电网互为支撑，是发挥分布式电源效能的最有效方式，具有巨大的社会与经济意义，体现在：①可大大提高分布式电源的利用率；②有助于电网灾变时向重要负荷持续供电；③避免间歇式电源对周围用户电能质量的直接影响；④有助于可再生能源优化利用和电网的节能降损等多个方面。

为了满足不同的功能需求，微电网可以有多种结构，如图 12.65 所示。微电网的构成有时可以很简单，如仅利用光伏发电系统和储能系统一起就可以构成一个简单的由用户所有的微电网；有时其构成也可能十分复杂，如可能由风力发电系统、光伏发电系统、储能系统、以天然气为燃料的冷/热/电联供系统等分布式电源构成，一个微电网内还可以含有若干个子微电网。微电网可以是用户级，中压配电馈线级，也可以是变电站级，后两种一般属于配电公司所有，实际上是智能配电系统的重要组成部分。

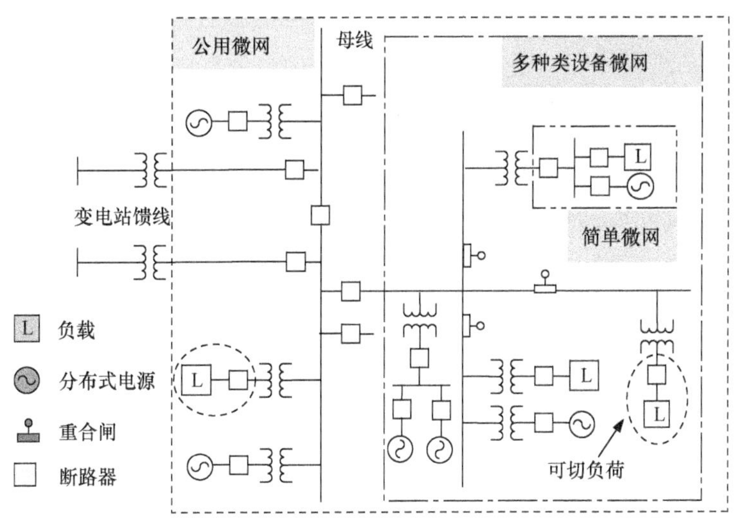

图 12.65　微电网结构示意图

相对于单一电源及储能构成的微电网，多种类电源构成的微电网的设计与运行则比较复杂，为此，网络中可考虑配备一定数量的可切负荷，以便在紧急情况下的孤岛运行时维持微电网的功率平衡。最后是公用微电网，在公用微电网中凡是满足一定技术条件的分布式电源和微电网都可以接入，根据用户对可靠性的要求进行负荷分级，紧急情况下首先保证高优先级负荷的供电。微电网的分层结构可解决微电网运行时的归属问题，对于简单微电网可以由用户所有并管理，而公用微电网则可由供电公司运营，对多种类设备微电网可由微电网业主运营。对属于用户的微电网，只需要达到公共连接点(PCC)处的并网要求即可并网运行，供电公司则负责监测 PCC 的各种信息量并提供辅助服务。

微电网的出现将完全改变配电系统的结构和运行特性，许多与输电系统安全性、保护与控制等相类似的问题也同样需要关注，但由于二者在功能、结构和运行方式上的不同，关注的重点与研究方法也将截然不同。微电网的最终目标是实现各种分布式电源的无缝接入，即用户感受不到网络中分布式电源运行状态改变(并网或退出运行)及出力的变化而引起的波动，表现为用户侧的电能质量完全满足用户要求。实现这一目标关系到微电网运行时的一系列复杂问题，包括：①微电网的优化规划设计；②微电网的保护与控制；③微电网经济运行与能量优化管理。

12.5.2 微电网研究与发展状况

“微电网”这个概念及其相关技术获得了世界很多国家的重视和推广，北美、欧盟、日本等国家和地区已加快进行微电网的研究和建设，并根据各自的能源政策和电力系统的现有状况，提出了具有不同特色的微电网概念和发展规划，在微电网的设计、运行、控制、保护、能量管理以及对电力系统的影响等方面进行了大量研究工作，已取得了一定进展。

欧盟第五框架计划(1998～2002)资助了“The Microgrids: Large Scale Integration of Micro-Generation to Low Voltage Grids activity”项目，研究内容涉及九个方面：稳态与动态仿真工具；区域微源控制器的开发；微电网中心控制器的开发；紧急功能模块的开发；安全性与保护需求；通信设施与通信协议；微电网管制、商业化运行与环境影响；微电网实验室建设；示范工程的系统性能评估。在此研究基础上，欧盟第六框架计划(2002～2006)资助的“Advanced Architectures and Control Concepts for More Microgrids”项目，计划通过微源和负荷控制器设计、各种控制策略的开发、各种微电网结构的设计、多微电网接入技术研究、商业化问题的解决、技术和商业协议以及硬件设备的标准化、对实际微电网的现场测试和系统性能的评估、对电网设施发展影响的预测这八个领域的研究，力求深入和扩展对微电网概念的理解，寻求新的微电网控制策略和结构设计方法，开发适合微电网管理运行的工具，以达到增加电网中分布式电源应用比例这一最终目标。

美国权威研究机构 CERTS 对微电网的概念及热电联产式微电网的发展作出了重要贡献。CERTS 在威斯康星麦迪逊分校建立了自己的实验室规模的测试系统，并与美国电力公司合作，在俄亥俄州 Columbus 的 Dolan 技术中心建立了大规模的微电网平台。美国电力管理部门与通用电气合作，建成了集控制、保护及能量管理于一体的微电网平台。此外，加利福尼亚州也建成了商用微电网 DUIT。北方电力和国家新能源实验室(NREL)在 Vermont 州建立了乡村微电网，用于检验微电网安装于乡村时所需要的技术革新和难点。

日本在分布式发电应用和微电网展示工程建设方面已走在了世界的前列，为推动微电网相关研究，日本由新能源综合开发机构（New Energy and Industrial Technology Development Organization，NEDO）统一协调国内高校、企业与国家重点实验室对新能源及其应用的研究，建立了多个微电网示范工程。

近年来我国社会发展的目标已经发生了重要变化，建设资源节约、环境友好、可持续发展的社会成为全国上下的共识。作为新能源应用的有效形式，分布式发电智能微电网相关技术的研究得到了国家的高度重视。2008 年国家科技部通过国家重点基础研究发展计划项目专门资助了分布式发电供能系统的相关基础研究，重点解决微电网发展过程中所遇到的一系列关键技术问题。国家高技术研究发展计划项目也支持了多个项目，其内容涉及微电网控制策略、能量管理、储能、示范工程建设等多个方面。到目前为止，天津大学、中国科学院电工研究所、合肥工业大学、中国电力科学研究院等高校和研究机构，均建立了微电网测试平台，以进行微电网领域的相关研究工作。但总的来看，微电网的研究在中国仍处于起步阶段，离商业化还有一定的距离。但随着中国电力体制改革的深入完善、电网结构的不断调整和发展方式的逐步转变，将给微电网建设和发展带来巨大的发展机遇。微电网作为智能电网的有机组成部分，着眼中国实际国情，将包容性、灵活性、定制性、经济性和自治性作为微电网发展的基本方向，立足技术的开发与创新，将实用化、商业化作为目标，积极推进微电网在中国的发展和应用意义重大。

12.5.3　微电网的关键技术

微电网中的分布式电源（包括储能设备）按照是否通过逆变器接口可分为以下两大类。

（1）使用逆变器接口：光伏发电、燃气轮机、燃料电池、蓄电池、飞轮储能超级电容等。

（2）无逆变器接口：直接并网风电机组、柴油发电机、小水电机组等。

由微电网的定义可知，微电网有如下四个特点：

（1）微电网中的分布式电源互相之间一般有一定的地理距离。由于微电网中常采用多种分布式能源，而太阳能发电、风力发电等方式受天气条件制约，所以一般要根据其实际地理条件选择分布式电源安装位置，因地制宜是分布式电源安装的基本原则之一。

（2）微电网中使用大量的电力电子装置作为接口，使得微电网内的分布式电源相对于传统大发电机惯性很小或无惯性。同时，由于电力电子装置响应速度快且输出阻抗小，导致逆变器接口的分布式电源过负载能力低。

（3）由于微电网惯性很小或无惯性，在能量需求变化的瞬间分布式电源无法满足其需求，所以很多微电网需要依赖储能装置来达到能量平衡，储能装置常常是维持系统暂态稳定必不可少的设备。

（4）无论是联网型微电网还是独立型微电网，由于其电源构成、结构方式、运行模式等与常规电网都有很大的不同，其在规划与设计、保护与控制、运行优化与能量管理、仿真分析等方面都有其自己的特点，需要采用专有的方法或技术加以解决。

1）微电网规划与设计

微电网工程的建设需要充分的技术和经济分析，技术可行性分析决定了微电网工程能否建立，经济可行性分析则是微电网是否具备建设和运行经济性的关键。相对于传统电网，微电网建设运行更为复杂，需要考虑风/光/气、冷/热/电等不同形式能源的合理配置与科学调度，这使得微电网规划设计的不确定性和复杂度都大大增加，尤其是目前微电网还面临着分布式电源成本高、技术经验不足，必须合理确定微电网结构及容量配置，保证微电网以较低的成本取得最大的效益。因此，微电网规划设计对于微电网工程建设至关重要。

与微电网规划设计有关的软件，按功能可划分为微电网能源优化规划和微电网仿真分析两大类。

代表性的微电网能源优化规划软件有：

（1）DER-CAM。分布式能源客户选择模型（distributed energy resources customer adoption model，DER-CAM）是 CERTS“微电网研究与示范工程项目”进行的软件开发项目之一。该模型最早由伯克利实验室的 Chris Marnay 等于 2000 年提出的分布式电源客户选择经济模型发展而来。目前该模型能够考虑光热（solar thermal）、光电（PV）、传统/新型发电机、CHP、热/电储能、热泵（heat pump，HP）、吸收式制冷机（absorption cooling）、电动汽车（electrical vehicle，EV）等多种分布式能源和储能设施。

（2）HOMER。HOMER 是美国可再生能源实验室资助的于 1993 年开发的混合型可再生能源建模分析软件，用于辅助设计混合发电系统并比较不同的发电技术。HOMER 模型能够体现微电网系统的特性及全寿命周期成本，搭建不同的系统结构并对其进行技术经济性比较，同时对输入数据的不确定性进行定量分析。

（3）H2RES。H2RES 是由克罗地亚萨格勒布大学于 2000 年开发的能源规划程序。该程序能够模拟不同研究场景（不同可再生、间歇式能源渗透率、不同发电技术）下能源需求（水、电、热、氢）、储能（氢储能、抽水蓄能、蓄电池）与供给（风、光、水力、地热、生物质、化石燃料或电网）之间的平衡。H2RES 模型尤其适合提高海岛、偏远山区等独立型系统或与电网连接比较脆弱的并网型系统的可再生能源渗透率及利用率。

代表性的微电网仿真分析软件主要有：

(1) HYBRID2。HYBRID2 是 NREL 于 1996 年资助开发的混合发电系统仿真软件。HYBRID2 采用概率时序仿真模型，能够对风/光/柴/蓄混合发电系统进行技术、经济分析，可用于并网、孤岛混合发电系统的工程级仿真。

(2) μGrid。μGrid 是由佐治亚理工学院正在开发的微电网仿真工具。针对微电网设备类型繁多、结构灵活而导致微电网仿真建模工作的挑战，μGrid 具备较强的建模仿真分析功能，包括考虑三相不平衡、不同步、设备老化等因素的三相、单项及二次电路建模、分析。同时，μGrid 还能对微电网元件及其对微电网系统稳定性影响的动态特性进行分析校验。

这些软件还有很大局限性，处在持续完善阶段。

2) 微电网保护与控制

微电网保护与控制对保证微电网可靠、安全与稳定运行具有重要理论和实际意义。微电网保护既要克服微电网接入对传统配电系统保护带来的影响，又要满足含微电网配电系统对保护提出的新要求，同时微电网保护必须与微电网的运行特性、控制原理及对故障的响应特性结合起来。

微电网控制可分为系统级控制(并网和独立控制)和设备级控制(分布式电源及其相应变流器控制)。同时微电网中大量电力电子装置的存在，使微电网或本地配网某些电能质量指标得到改善的同时，也可能使其他方面的指标恶化，微电网的控制一般还包含电能质量综合控制。

设备级控制主要是逆变器控制，主要提出了电压源型控制和功率型控制两种方式：①电压源型控制又可分为恒频恒压控制(V/f 控制)和下垂控制(Droop 控制)，其中 V/f 控制逆变器输出端口电压幅值和频率维持不变，该控制方式主要应用于微电网独立运行时，电网建立单元采用该控制方法建立微电网交流母线电压和频率，但是该控制方式不能作为逆变器并网运行的控制方式；Droop 控制时，逆变器出口电压和频率随输出功率发生变化，类似于传统的同步发电机运行特性，采用该控制方式的分布式电源可以运行在并网和独立两种模式下。②功率型控制实质为直接电流控制方式，其控制目标是逆变器与交流母线之间的交换功率，该类控制一般都会采用双环控制，内环基本都为电流闭环，外环则由分布式电源的特性和功能来决定，如最大功率跟踪(MPPT)、恒功率(PQ)及下垂等，其中 MPPT 主要适用于光伏、风力发电等间歇性分布式电源，PQ 主要应用于燃料电池等可控单元，Droop 控制能对系统频率和电压变化作出动态响应，对电网起支撑作用，主要应用在蓄电池储能单元。采用功率型逆变器控制的分布式电源只能工作于并网运行状态，即其能稳定运行的前提是逆变器交流侧有电压和频率参考。

微电网系统级控制通常与微电网运行模式相关，在微电网不同运行方式下，微电网控制功能和实现目的不同。

(1) 并网运行时,由于外部电网提供电压和频率支撑,微电网控制研究和关注的重点是由不同类型分布式电源组成的微电网能否实时执行中心控制器的功率指令,目前国内外学者主要提出基于中心控制器的分层控制策略。日本提出一种微电网的两层控制结构,中心控制器首先对分布式发电功率和负荷需求量进行预测,然后制订相应运行计划,并根据采集的电压、电流、功率等状态信息,对运行计划进行实时调整,控制各分布式发电、负荷和储能装置的起停。欧盟多微电网项目"多微电网结构与控制"中提出了三层控制结构,最上层的配电网络操作管理系统主要负责根据市场和调度需求来管理和调度系统中的多个微电网;中间层的微电网中心控制器(微电网 CC)负责最大化微电网价值的实现和优化微电网操作;下层控制器主要包括分布式电源控制器和负荷控制器,负责微电网的暂态功率平衡和切负荷管理;整个分层控制采用多代理技术实现。

(2) 独立运行时,为保证微电网内电压和频率稳定,实现微电网内各分布式电源的协调控制,国内外学者主要提出主从控制和对等控制两种解决措施。主从控制模式,是指在微电网处于孤岛运行模式时,其中一个分布式发电(或储能装置)采取电压源型控制方式,为微电网中其他分布式发电提供电压和频率参考,而其他分布式发电则采用功率型控制方式。如希腊 NTUA 微电网,德国 MVV 微电网,日本 Wakkanai 微电网等,微电网内均采用蓄电池等储能单元作为主控制单元,快速跟踪微电网内负荷波动,维持微电网内功率平衡及电压/频率稳定。对等控制模式,是指微电网中所有的分布式发电在控制上都具有同等的地位,各控制器间不存在主和从的关系,每个分布式发电都根据接入系统点电压和频率的就地信息进行控制,下垂控制是实现对等控制策略的一种有效方法。

随着许多高科技电力用户对电能质量要求的逐步提高和实际电力系统电能质量的逐步恶化,电能质量问题受到了越来越多的关心和重视。目前主要研究了分布式电源对不同电能质量指标的影响,例如小型风力发电对电压波动与闪变的影响、逆变器接口的分布式电源设备对电网谐波的影响、单相分布式电源设备对三相不平衡的影响等。

3) 微电网运行优化与能量管理

目前,微电网能量管理系统主要有集中调度和分散控制两种模式。

集中调度模式由上层中央能量管理系统和底层分布式电源、负荷等就地设备控制器组成,两层之间要求双向通信。上层中央能量管理系统还可与地区电网调度系统之间实现信息交互,基于市场价格信息、微电网内间歇式分布式电源的出力预测、微电网负荷预测结果等,按照不同的优化运行目标和约束条件,同时融合需求侧响应和辅助服务功能,实时制定微电网优化运行调度策略,并向底层设备控制器下达控制指令。

当采用分散控制模式时,微电网内能量优化的任务主要由分散的设备层控制器完成，每个设备层控制器的主要功能并不是最大化该设备的使用效率，而是与微电网内其他设备协同工作，以提高整个微电网的效能。

12.5.4　独立型微电网系统

独立型微电网(isolated micro-grid)与大电网没有连接，并且通过多能互补的供能供电方式，保证良好的供电可靠性和系统可扩展性，适合在我国有人居住岛屿、边远农牧区等地区推广应用。

独立型微电网系统具有以下典型特征：

(1) 与大电网没有物理连接，系统电压等级不高，网络结构薄弱。

(2) 电源类型“因地制宜”，可再生发电渗透率较高。

(3) 负荷以生产、生活用电为主，波动大，峰谷差、季节差较大。

(4) 通常对电能质量要求不高。

由于独立型微电网没有大电网依托，在微电网中必须有一个发电单元承担起建立微电网的任务，即建立微电网的频率和电压，为其他发电单元及负荷提供参考，该发电单元称为组网单元，或称为主控单元。与组网单元相对应的一个概念是并网单元，即以微电网的频率和电压作为参考，接入微电网提供可控的有功功率或无功功率。

从微电网独立运行的组网方式来看，现有示范系统的技术方案可归为三类：①同步发电机作为组网单元，控制微电网系统频率和电压，其他发电单元并网发电；②储能逆变器或含储能的光伏电站作为组网单元，其他发电单元并网；③同步发电机和储能逆变器交替组网。

1. 同步发电机组网方案

同步发电机组网方案通常以燃油发电机组、小型水电机组等发电单元作为调频机组，光伏、风电、生物质等可再生发电系统并入微电网提供电量或满足在特定时间段内的负荷功率需求。丹麦 Bornholm 岛智能电网曾经脱离北欧电网孤岛运行长达 3 个月，35MW 的热电联产机组(CHP)在此期间作为组网单元，由于不可控风电机组对电网冲击较大，仅允许接入 2MW 以下，而可控制型风电机组的接入容量达到 12MW。我国青海玉树电网远离大电网孤岛运行，包含 13MW 水电机组和 2MW 光伏电站，水电机组作为组网单元，2MW 光伏电站的输出有功功率和无功功率均可接受电网调度。国外以同步发电机组网的微电网系统还有许多，例如日本冲绳县宫古岛柴/风/光/生物质/储能微电网示范系统、美国夏威夷拉奈岛柴/光/储微电网示范系统等。我国沿海不少有人居住岛屿，使用柴油发电机组供电，可以通过发展多能互补微电网系统，缓解供电压力、降低发电成本。

同步发电机组网技术相对比较成熟，传统大电网就采用这种方式。微电网电

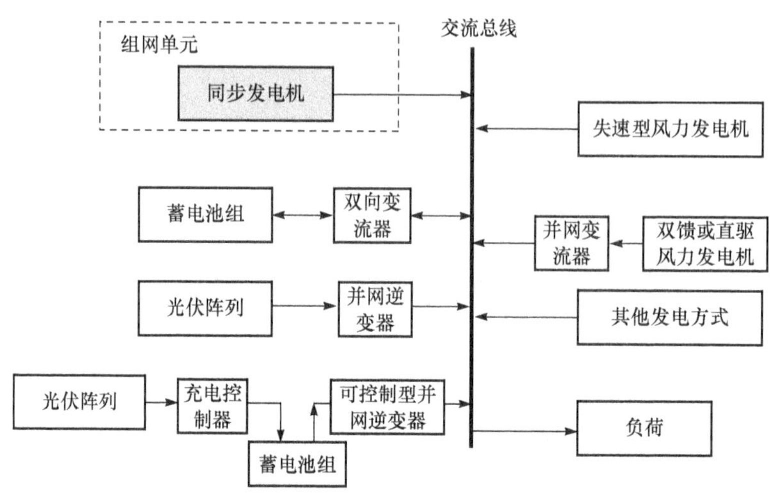

图 12.66　同步发电机组网方案

源的组成配置较简单，可控型发电单元承担主要甚至全部负荷，不可控型发电单元可以简单地限制在适当比例范围以内，储能单元按照改善电能质量、平抑短时功率波动进行配置，例如 Bornholm 岛智能电网不包含储能单元，在孤岛运行期间不可控风电机组容量被限定在 10%以下。微电网运行控制相对简单，系统稳定性好，并且可以借鉴传统电网的运行经验，例如 Bornholm 岛、青海玉树电网均采用人工调度。然而，为了提高可再生发电利用率、实现微电网经济运行，还需要突破可控制型光伏发电系统、可控制型风电机组、储能系统双向变流器、多种电源能量管理、用户侧负荷管理等关键技术，目前国内外刚刚开始这方面研究。

从经济性上来看，同步发电机组网方案一般具有较低的初投资成本，但是考虑到燃料费、维护费等运行成本，其生命周期成本可能较高。我国南方岛屿柴油发电成本在 2 元/(kW·h)以上，青海、西藏等高海拔地区甚至高于 4 元/(kW·h)，接近甚至超过同一地区的光伏或风力发电成本，并且预计油价还会持续上涨，从而进一步推高柴油发电成本，与光伏、风电等可再生发电系统组成微电网联合供电，可以起到降低发电成本的作用。水电站发电成本不高，青海、西藏等水资源丰富的地区建有不少小型水电站，但在连续数月的枯水期，供电能力受限甚至停运，光伏、风电等可再生发电系统则可以承担枯水期的供电需求。由于同步发电机必须长期带负荷工作，当光伏、风电出力较大而负荷较小时，不得不弃光、弃风，在光伏、风电发电成本较低的情况下，这也意味着发电收益的损失。因此，同步发电机组网方案应当充分利用光伏、风电等较成熟的可再生发电技术，减少燃油或燃气用量，降低发电成本。

2. 储能逆变器组网方案

在储能逆变器组网方案中，储能系统作为调频发电单元，由储能逆变器向其他发电单元提供频率、电压信号，储能装置起到在发电单元和负荷之间平衡功率、能量差额的作用。希腊基斯诺斯岛在 2009 年建成独立型微电网系统，由 48V/1000A · h 铅酸蓄电池组和 3 台 5kV · A 电压源双向逆变器(Sunny-Island 5048)组建三相交流微电网，7×2kW 的光伏系统通过电流源并网逆变器(Sunny-boy)从交流侧分散接入微电网运行，1 台 12kW 柴油发电机组作为微电网系统的冷备用，整套系统为 12 户住宅供电。我国 2011 年年底在青海代格村灾后重建中建成 60kW 光伏双模式供电系统，由 1200kW · h 铅酸蓄电池组和 1 台 150kV · A 电压源/电

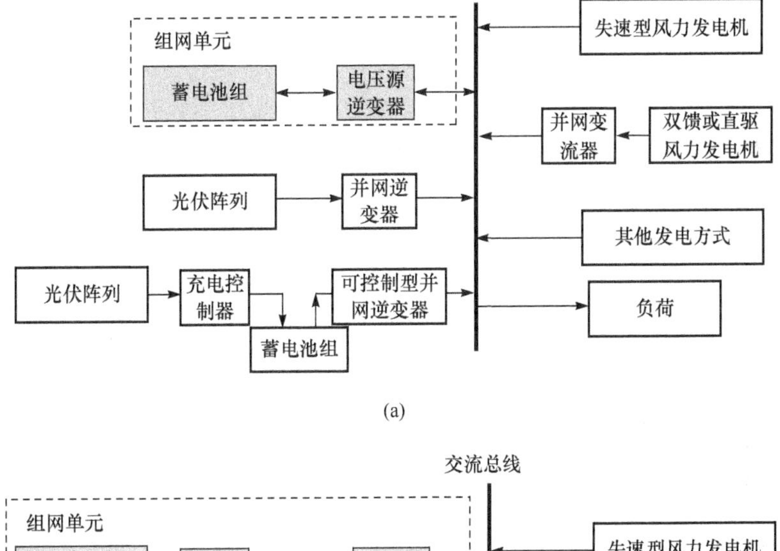

(a)

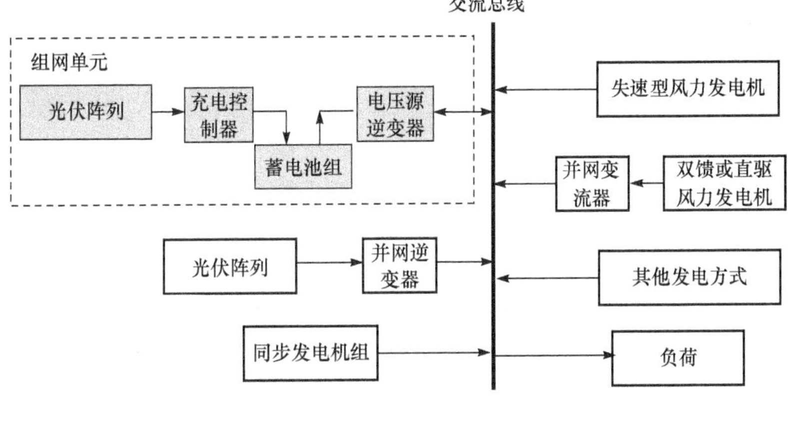

(b)

图 12.67　储能逆变器组网方案

(a)方案一；(b)方案二

流源双模式三相逆变器(中国科学院电工研究所研制)组建交流微电网,60kWp 光伏阵列通过 1 台 100kW 充电控制器接入直流母线,该村还规划建设百千瓦级光伏屋顶系统,从交流侧接入微电网运行。由于储能系统的快速电量吞吐能力和逆变器的四象限调节能力,能够有效提高系统稳定性和可再生发电系统接入容量,储能逆变器组网方案具有广阔的推广应用前景,目前在国内外还处于示范阶段,系统容量普遍在数百千瓦以内。

目前国内外正在进行储能逆变器组网技术研究和关键设备研制。

(1) 电压源逆变器是实现组网功能的关键设备,德国 SMA 公司的 Sunny Island 系列逆变器通过模拟同步发电机的下垂特性实现无互联通信线的组网和并机功能,并实现了最多 36 台 5kW 逆变器的并联组网。2011 年,中国科学院电工研究所研制出 250kV · A 自同步电压源逆变器,并基于下垂控制技术实现了多机并联组网。如果储能系统不用于组建微电网,仅是用于平衡功率或能量差额,则可以采用电流源型的双向变流器,国内外已有不少这类产品。

(2) 在光伏与储能直流耦合系统(方案二)中,光伏/储能充电控制器是实现 MPPT 跟踪、储能充电控制等功能的关键设备,中国科学院电工研究所已经研制出 150kW 充电控制器,是目前世界上单机功率最大的光伏 DC-DC 充电控制器。

(3) 微电网能量管理系统是实现电源、负荷和网络的智能化、自动化运行控制的关键系统之一,美国 GE 公司、德国 IWES、日本 NEDO 等均各自开发了微电网能量管理系统,数据采集及通信系统大多采用 RS485、ModBus、InterBus、以太网、无线网等成熟通信技术实现,微电网能量管理策略是当前研究热点。储能系统组网方案的系统集成、关键设备、能量管理等技术还存在较大挑战,在百千瓦级系统建设和设备研制方面,我国已经积累了一些技术和经验。

储能逆变器组网方案通常初投资成本较高,但是考虑到没有燃料费用、维护成本较低、可再生发电利用率高,这类微电网系统有可能在边远地区会有很好的经济性。光伏电站、风电场初投资成本较高,但主要设备的使用寿命在 20～30 年,运行维护费用很少。蓄电池使用寿命与运行状况有关,通常需要几年更换一次,因此关键设备的更换周期和更换成本是微电网系统经济性分析的一个重要考虑因素。铅酸蓄电池是目前最成熟、价格最低、应用最广泛的储能电池,一般每 3 年需要更换一次,如果对铅酸蓄电池组的充/放电深度和频度进行优化控制,则更换周期可延长到 5 年以上。大容量磷酸铁锂电池在国内的一些示范工程也已经开始试用,例如比亚迪坪山园区 1MW×4h 锂电池储能电站、中国电力科学研究院张北微电网实验室 100kW×4h 锂电池储能系统等,磷酸铁锂电池比铅酸蓄电池寿命更长,但目前价格也更高。日本宫古岛微电网系统试用了 3790kW · h 钠硫电池,丹麦 RISØ 实验室试用了 15kW×8h 全钒液流电池,还有一些微电网示范系统配置了数百千瓦秒的超级电容器用于平抑秒级功率波动,这些新型蓄电池除了技术尚待发展和验证以外，当前过高的成本也制约了其大规模使用。抽水蓄能是一种比较成熟的储能措施，实际工程除了需要具备现场条件以外，还要考虑上下游水库建设成本、抽水蓄能效率等经济性问题。

3. 交替组网方案

交替组网方案是同步发电机组网模式和储能逆变器组网模式的一种折中方案，我国东福山岛风/光/柴及海水淡化系统、广东东澳岛兆瓦级光/风/柴/蓄微电网系统等均采用了交替组网方案。从经济性上来看，交替组网方案的初投资成本低于储能逆变器单独组网模式，在微电网采取最优控制的情况下发电成本低于同步发电机单独组网模式。另外，交替组网方案的控制更加复杂，并且发电成本依赖于是否进行优化控制，例如白天最大化利用光伏发电、夜间最大化利用风力发电，实际工程中还很难做到优化控制。由于柴油发电机工作噪声较大，在一些示范工程中居民要求不得在夜间使用柴油发电机，这也是实际工程应用中需要考虑的限制因素。

4. 独立微电网系统组成与配置原则

1）因地制宜选择供电模式

在可再生资源丰富地区，优先发展可再生发电，如光伏发电、风力发电、生物质发电等。在水资源丰富地区，可采用水电机组组网模式，或者交替组网模式，还可以考虑抽水蓄能作为储能措施。在燃油或燃气发电机组网模式下，应保证柴油、汽油、天然气等燃料供应充足，必要时需要考虑燃料储存措施。在高海拔地区，由于降容问题，应慎重使用燃油、燃气发电机。

2）满足长期独立运行要求

首先，各类电源的容量配置不仅要满足负荷的年总电量需求，也要考虑到电源与负荷的季节差异、昼夜差异，例如枯水期对水电机组出力的影响，昼夜交替对并网光伏系统出力的影响，冬季照明和取暖负荷较重等。其次，组网发电单元应有连续可靠的一次能源供应，并且具有在故障条件下单独向全部负荷或关键负荷供电的能力，在故障后的黑启动能力，必要时需配备冷备用机组。再次，考虑到独立型微电网一般建在边远农牧区、沿海岛屿，以照明、取暖等生活负荷为主，可以承受每天数分钟的间歇性停电，如果微电网包含对供电质量敏感的负荷，则应采取相应措施加强电能质量。

3）接纳大量可再生发电

光伏、风电的输入能源均具有随机波动性，直接并网发电对微电网稳定运行会带来冲击，而可控制型光伏系统、风电机组消除了这种冲击影响，甚至能够参与微电网控制和调度。在不含储能系统的微电网中，不可控发电单元的渗透率可限制在 10%以内，可控制型发电单元不进行限制；在含储能系统的微电网中，需根据储能系统容量、负荷水平和微电网安全稳定性要求，具体分析不可控发电单元的渗透率。对于生物质发电及其他可再生发电单元的渗透率，也可以根据资源有效性、发电特性和对微电网影响进行具体分析得出。

4）维持适当较低的发电成本

首先，光伏、风电等可再生发电成本逐年降低，我国西部地区光伏上网电价 1.15 元/(kW·h)，风电上网电价不高于 0.61 元/(kW·h)，在资源丰富地区已经与常规发电可竞争，而另一方面燃油、燃气发电成本较高，并且燃料费用逐年上升，从降低发电成本的角度，应尽量多用光伏、风电等可再生发电系统。其次，目前光伏、风电、储能等投资成本仍然较高，发电效益在运营期内逐渐收回，在投资额比较紧张的情况下，可以采取适当的折中方案。再次，微电网能量管理应以发电成本最低为控制目标之一，推荐配备智能化、自动化的微电网能量管理系统。

5）按需配置储能系统

在同步发电机组网模式下，储能设备不是必需的，为了减小负荷、不可控发电单元功率变化的影响，可配置数秒到数十分钟的储能系统，额定功率不低于负荷和/或不可控发电单元的最大功率变化量。在储能逆变器组网模式下，储能系统应满足特定时间内负荷电力电量需求，额定功率不低于该时间段内全部负荷或关键负荷总功率，储能时间可达到数小时甚至数天。

12.5.5 独立型微电网系统典型案例

玉树州是青海省唯一远离电网的自治州，全州下辖 6 县，共 31 万人口，仅靠 13 座小型水电站组成的 4 个孤立电网供电。2009 年 7 月，中国科学院电工研究所完成玉树光伏电站调研与现场查勘，并论证在玉树州玉称电网建设水/光互补微电网工程的可行性。2009 年年底，青海省玉树州水/光互补微电网发电示范项目列入“金太阳示范工程”首批资助名单。

2011 年 12 月建成 2MW 光伏电站(含储能)，与当地 12MW 水电站形成互补发电系统，向玉称电网供电，实现了小水电和光伏发电在负荷峰谷时段、丰水枯水期等多种情景下的互补发电运行。

1. 系统组成结构

玉树微电网系统在正常运行时由同步发电机组网，2MW 光伏电站的输出有功和无功功率可以接受微电网调度；在电网故障时，2 个双模式光伏发电单元又可单独组网，带 300kW 以下的关键负载。玉树光伏电站总容量为 2.01204MWp，配备总容量 15.2MW·h 的铅酸蓄电池，光伏阵列采用平单轴跟踪式系统，其中包括 3 种光伏发电系统。

(1) 功率可调度发电单元：由 1 条 100kWp 光伏阵列、150kW 光伏充电控制器、760kW · h 蓄电池组组成的直流支路，接入 1 台 175kV · A 功率可调度逆变器，共有 15 个单元。

(2) 双模式发电单元：由 1 条 100kWp 光伏阵列、150kW 光伏充电控制器、760kW · h 蓄电池组和 150kV · A 双模式逆变器组成，共有 2 个单元。

(3) 自同步电压源发电单元：由 1 条 100kWp 光伏阵列、150kW 光伏充电控制器、760kW · h 蓄电池组和 200kV · A 自同步电压源逆变器组成，共有 3 个单元。

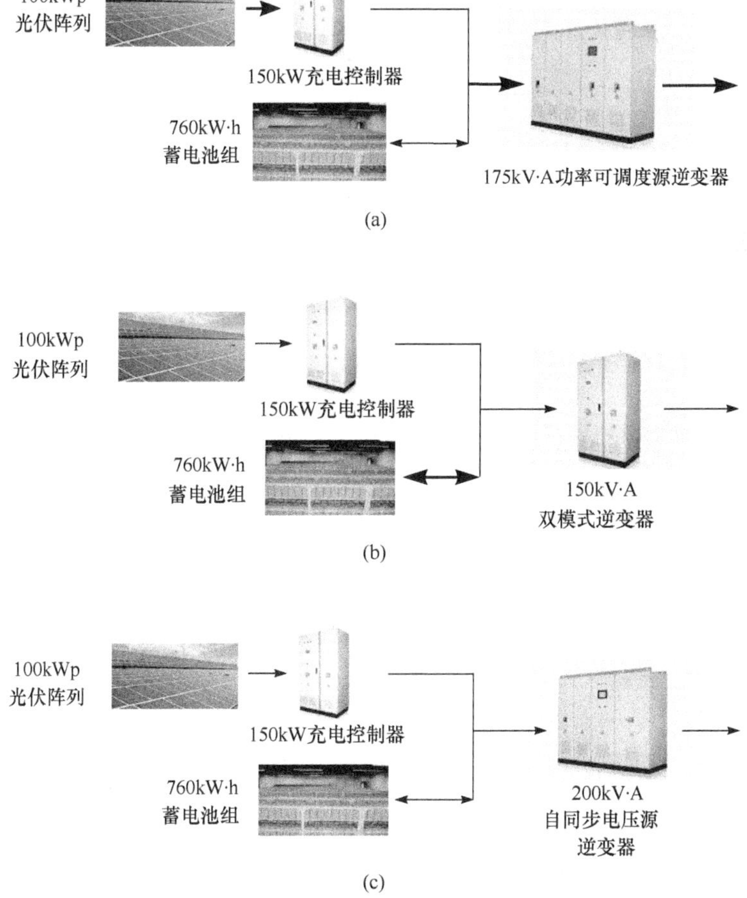

图 12.68　三种光伏发电单元组成结构图

(a)功率可调度光伏发电单元；(b)双模式光伏发电单元；(c)自同步电压源光仪发电单元

2MW 光伏电站通过变压器升压至 10kV，汇总至综合楼 10kV 母线上，再升压至 35kV，以单回 35kV 线路接入玉称电网的禅古电厂 35kV 母线。在玉树地震前，玉称电网水电装机容量 17MW，地震后部分水电站报废，目前水电可用容量约 12MW。2MW 光伏电站接入后，光伏占总可用发电容量的比例为 14.3%，通过增加储能装置以及接受电网调度，整个系统可达到稳定运行。

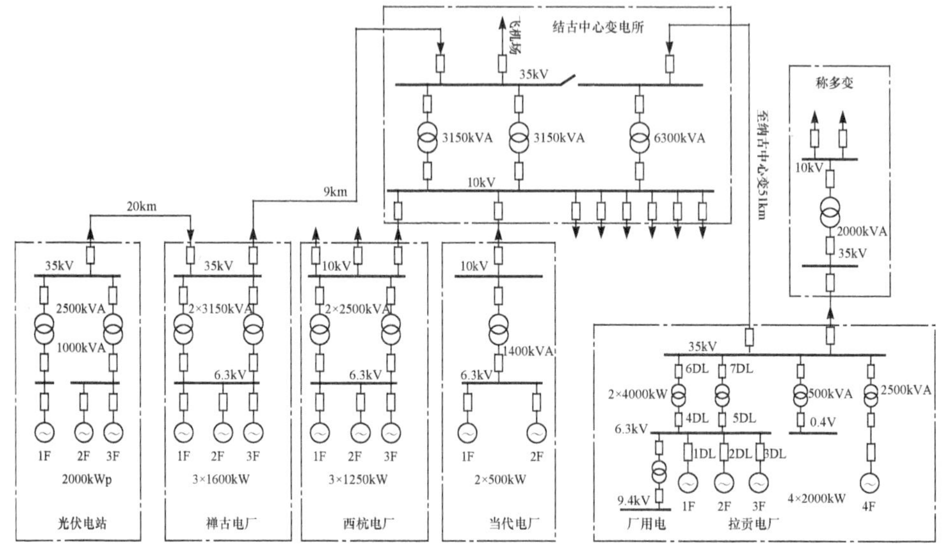

图 12.69　三种光伏发电单元组成结构图

2. 运行控制策略

按照最大限度的提高光伏系统利用率，设计光伏电站和水电站的互补运行方案。综合考虑储能的使用寿命和投资规模，来确定铅酸蓄电池容量和充放电控制策略。在制定系统组成结构和运行控制策略时，还考虑了电力负荷增长等因素。

总体来看，玉称电网的水电装机容量可以满足白天负荷功率需求，但是低于晚高峰用电功率需求，长期来看发电量不足。依据业主要求，玉树 2MW 光伏电站主要用来满足晚高峰(3 小时)的用电需求。

光伏电站与水电站的互补运行模式为：白天，水电站支撑电网运行，光伏阵列所发电能储存在蓄电池中，在水电站出力不能满足负荷需求时，光伏电站按照调度指令向电网输送电力；夜间负荷晚高峰时期，水电站和光伏电站均按照调度指令向电网输送电力，在发电功率不足情况下采取减负荷措施；深夜负荷低谷时期，如果光伏电站的蓄电池放电深度已接近或达到 50%，光伏电站停止发电，水电站维持电网运行。

在互补工作模式下，光伏系统每日发电量直接供给负载或存储到储能装置中，当光伏系统电量不足时投入使用，充分利用了太阳能资源。水电站负责支撑电网电压和频率，根据负荷状况和水资源状况，在必要时由光伏电站增加出力，水电站节水，从而节约水电资源。

3. 关键设备情况

在该项目中，数百千瓦的电压源型逆变器产品和充电控制器产品在国内外均属于空白，中国科学院电工研究所和北京科诺伟业公司首次研制了 150kV·A 双模式逆变器、200kV·A 自同步电压源逆变器和 150kW 充电控制器，2011 年 10 月，这些关键设备在玉树现场投入运行。

图 12.70　200kV·A 自同步电压源型逆变器样机和 150kW 充电控制器样机

图 12.71　玉树 2MW 光伏电站

12.5.6　联网型微电网系统

联网型微电网(MG connected regional grid)是指，微电网以联网运行模式为主，在大电网正常情况下，微电网和大电网联网运行。当检测到大电网故障或电能质量不满足要求时，微电网与大电网断开，转入孤岛运行模式，由微电网内的分布式电源给微电网内关键负荷继续供电，保证重要负荷的不间断电力供应，维持微电网内自身供需能量平衡。待大电网故障恢复或者电能质量满足要求时,微电网重新并网,继续以联网模式运行。

联网型微电网主要有以下几个技术特点:

(1) 联网模式下并网点功率可控。运行于联网模式时,微电网一般被要求控制为一个"好公民"或者"模范公民",即要求微电网对大电网表现为一个单一可控的单元,从而减小分布式电源并网对电网的影响。这主要依赖于微电网先进的控制技术及内部的可控发电单元或储能装置。

(2) 孤网模式下可持续稳定运行。孤网模式下微电网内电源能够支撑重要负荷的连续持续运行,同时微电网监控系统需要从整体上负责系统运行的控制和协调,包括完成自动频率控制、自动电压控制、自动稳定控制,必要时的黑启动等。

(3) 能够在两种运行模式之间无缝切换。微电网控制器需要根据实际运行条件的变化实现两种模式之间的自动平滑无缝切换,即切换过程不需要人为干预,也不会导致对用户的供电中断。

根据外部电网对微电网的接入要求,按照联网运行模式下微电网与大电网的交换功率,联网模式下微电网运行方式主要有不控方式、定交换功率方式、零负荷方式、可控负荷(电源)方式和经济运行方式等几类。

(1) 不控方式下,微电网与常规电网并网运行时向电网提供多余的电能或由电网补充自身发电量的不足,在电网没有特殊规定时,微电网内储能装置不动作,并网点功率会随着微电网内负荷及电源出力的波动出现随机性变化。这种运行方式对电网的影响相对较大,但对微电网而言有时可能却是最经济的一种运行方式。

(2) 定交换功率方式下,控制微电网与大电网联络线上的交换功率恒定,微电网对大电网来说,表现为一个功率恒定的电源或者负荷。

(3) 零负荷方式下,微电网能够通过自身的控制维持微电网内部的电量平衡,与大电网的交换功率为零,大电网起到事故备用的作用,是定交换功率运行方式的一个特例。

(4) 可控型负荷(电源)方式下,微电网根据调度的指令,通过自身内部的协调控制,调整自身和大电网的功率交换,对大电网而言表现为一个可调的负荷或电源。

(5) 经济运行方式下,微电网根据损耗和经济性等控制目标,通过优化算法,实现微电网的最经济性运行。

不控方式下微电网与分布式电源直接接入类似,会对大电网的运行和规划造成复杂的影响。其他几种运行方式能很好地减轻分布式电源并网对电网的冲击,但是控制较为复杂,对控制器的设计和储能装置的容量要求较高。

联网型微电网内的分布式电源的优化配置,需满足以下几个基本原则:

(1) 结合当地的资源条件和气象条件,确定微电网内分布式电源的类型及安装容量。首先，充分利用当地的资源条件和能源消耗特点，确定分布式电源的类型，如在日照强度较高的地区，可选择较多容量的太阳能电池板；在风光资源在时间和空间分布上具备互补性的地区，安装一定容量的光伏和风力发电；在热能需求量较大的地区，可选用热电联产的微型燃气轮机。其次，根据用户所在地的地理位置、地形条件、气象条件、资源条件、组件（包括风力发电机、太阳能电池、蓄电池、柴油发电机、转换器等）实际的工作特性以及用户用电需求等来确定系统各部分容量，使系统各部分尽可能工作在理想状态下。

(2) 在明确微电网联网运行方式（定交换功率、零负荷、可控负荷等）的前提下，对微电网内的分布式电源进行优化配置。

对于定交换功率型和零负荷型微电网，需要对可控型的分布式电源的容量进行优化配置，保证微电网内部自身能量的平衡。对于以可再生能源分布式电源为主的微电网，需要对可再生能源的输出功率和负荷急剧波动时，平滑输出功率所需的蓄电池容量进行优化配置。

除了零负荷或向电网吸收功率的微电网外，向电网输出功率的微电网和包含可再生能源分布式电源的不可控型微电网接入大电网，都将对大电网造成一定的影响。由于联网运行是联网型微电网的主要工作模式，所以在对微电网内各种分布式电源的容量进行规划时，首先需要考虑微电网接入对大电网的影响，使电网能够安全经济运行，从而对微电网的规模进行限制。不可控型微电网的规划模型，通常以各种分布式电源的安装容量为决策变量，以微电网接入电网后，配电网的电压和短路电流限制、系统的功率平衡、分布式电源出力、线路的输电容量和接入点的短路容量等为约束条件，以系统的网损最小和微电网的总投资以及环境效益最优为目标，通过对该规划模型进行优化求解进而确定各微电源的最优容量。

(3) 微电网内各种微电源的优化配置需满足微电网双模式运行的需要。联网型微电网具有并网运行和孤岛运行两种运行模式，在确定微电网内各种微电源的容量时，还要保证微电网由并网转孤岛状态时以及微电网短时的孤岛运行状态下系统的稳定性、经济性和可靠性。考虑极端天气情况下，微电网孤岛运行的时间，从而确定微电网内储能装置及可控微源容量。

(4) 在有条件建设热电联产的地区，必须同时考虑热负荷的需求。为缓解能源紧张问题，加大燃气能源利用力度，近年来，冷热电联产作为一种燃气资源高效利用的先进技术受到越来越广泛的关注。包含冷热电联产的微电网在规划设计时，要实现冷热电负荷之间的灵活匹配，提高系统整体的经济和社会效益。

12.5.7　联网型微电网系统典型案例

1. 丹麦 Bornholm 岛 Edison 项目

Bornholm 岛为波罗的海中的一个小岛屿，其发电装置包括 34MW 的柴油发电机，25MW 燃油汽轮发电机，35MW 热电联产、2MW 沼气发电以及 30MW 的风力发电机，为岛内的 28000 户居民提供电力供应(峰值负荷为 55MW)。岛内包括 950 个 10/0.4kV 的变电站，16 个 60/10kV 的变电站，并通过一个 132/60kV 的变压器与瑞典电网相连。该示范平台用于多微电网的建模、负荷和发电预测、基于潮流计算的安全运行准则、运行过程的仿真、有功和无功平衡、黑启动和重新并网研究等。资助和运行机构为 ELTRA。孤网运行时由热电联产机组作为主网单元，此时不可控的风力发电机组的接入容量不得超过 10%，可控风力发电机只有 12MW，实际接入孤岛微电网的风力机不超过 15MW。该项目传统发电机组占比较大，且孤岛运行时风电运行出力受到很大的限制，部分关键技术还需要取得进一步的突破。

2. 希腊国家可再生能源中心(CRES)及其实验室

希腊国家可再生能源中心(CRES)及其实验室的实验微电网系统配置如下：

(1) 2 个多晶硅光伏方阵，1.1kW + 4.4kW，4.4kW 方阵向南倾角 45°(当地纬度 37°58′)，1.1kW 方阵为双轴追日系统，各自通过单相并网逆变器并入微电网；

(2) 一组 96V/400A·h 铅酸蓄电池通过一台 96V/9kW 的三相双向逆变器与微电网并网；

(3) 一组 60V/690A·h 铅酸蓄电池通过三台 SMA 单相双向逆变器组成三相电源并入微电网；

(4) 一台三相 12.5kV·A 柴油发电机组，输出 400V/50Hz 交流；

(5) 一套 5kW 质子交换膜燃料电池系统通过三台单相电压源并网逆变器(不是双向逆变器)并网，逆变器是 Conergy 的产品；

(6) 13kW 三相平衡阻性负载、三相容性负载、2.2kW 感性负载和 2 台单相水泵。

这个微电网系统可以通过遥控方式与主电网相连接或断开，设备之间的通信和控制通过 Interbus 标准工业总线完成，设备通信采用 RS485 协议。数据采集和监控采用 SCADA 标准过程控制和调度自动化平台，可以在数据和控制界面观察所有微电网中各个设备的运行状态，而且能够随意设定参数和控制设备的启停。

微电网可以联网运行也可以计划性孤岛运行。从孤岛运行切换到联网运行，完全可以做到无缝切换，但联网运行时主电网突然断电，从断电到转到孤岛运行需要经过 1.2s。

3. 美国 MAD River Park 项目

MAD River Park 项目供电区域为 6 个商业、工业厂区和 12 个居民区，分布式电源包括两台 100kW 的生物柴油机、两台 90kW 的丙烷柴油机、30kW 的燃气轮机。之后，将会陆续加入燃料电池、风力发电机、飞轮等分布式电源和储能装置，结构如图 12.72 所示，接入 7.2kV 配网，既可独立运行，也可并网运行。资助和运行机构为北方电力 Northern Power Systems 和 NREL。

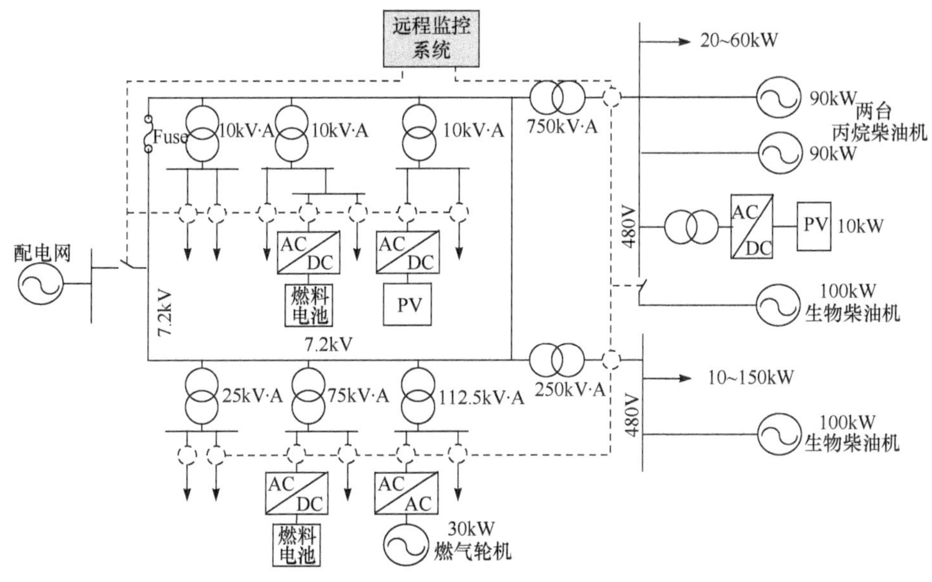

图 12.72　MAD River 微电网结构

4. 美国夏威夷拉奈岛微电网示范系统

拉奈岛(Lanai island)光伏微电网示范系统由 1.2MW 单轴跟踪光伏系统、储能系统、光伏逆变器、配电系统和升压变组成，最终并入当地电网。当地目前是由柴油发电机组供岛上用电，拉奈岛光伏微电网系统能提供岛上 10%的电力需求，穿透率达 30%。拉奈岛光伏微电网系统的工作模式设计为 600kW 恒功率输出模式，当光伏阵列输出功率大于 600kW 时，光伏阵列为储能系统(液流电池)充电，光伏微电网系统输出维持在 600kW；当太阳辐射较弱，光伏阵列输出低于 600kW 时，储能系统放电，使光伏微电网输出仍维持在 600kW。

5. 日本 Hachinohe 项目

如图 12.73 所示，在日本 Hachinohe 项目中，污水处理厂配有 3 个 170kW 燃气轮机，80kW 光伏发电系统，20kW 风力发电机，100kW 铅酸蓄电池，接入 200V 电压等级，发出电力通过 5km 的私营配线输送到 4 个学校、水利局办公楼和市政办公楼，学校内也有小型风力发电机和光伏发电系统。Hachinohe 微电网通过单点接入电网，不允许反向潮流，并且与电网之间的功率交换维持恒定。既可并网运行也可独立运行。控制目标是6min内供需不平衡控制在3%以内。在测试过程中,该目标完成率为99.99%。在2007年11月独立运行一周。

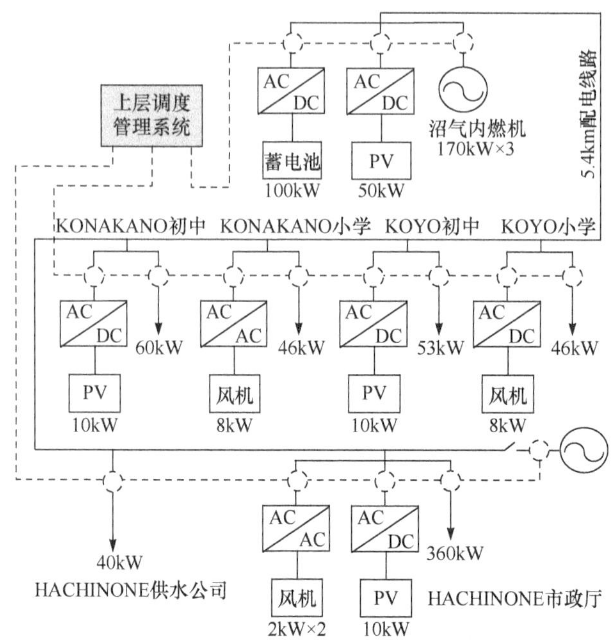

图 12.73　Hachinohe 微电网结构

6. 日本群马县太田市高密度高渗透率太阳能应用实证系统

太田市高密度高渗透率太阳能应用实证系统项目于2002～2004年由日本NEDO建设,2004～2010年进行示范运营和实证(图12.74)。项目地点方圆5km,共覆盖553户居民光伏建筑,合计装机容量2129kW,接入当地配电侧电网。

图 12.74　日本群马县太田市高密度高渗透率太阳能应用实证系统

项目的实证目的是研究配电侧光伏并入电网时避免弃光和功率抑制,研究新型孤岛保护技术、研究高次谐波分析评价技术以及仿真技术等。实证了每户家庭不同装机容量(3kW、3～3.5kW、3.5～4.0kW、4.0～4.5kW)、不同安装方位(东、南、西、东＋南、东＋西、南＋西、东＋南＋西)光伏与建筑结合方式和性能；实证期间，每个家庭系统安装了 9kW 铅酸蓄电池储能单元，控制策略是光伏发电馈入电网时容易导致电压升高，储能系统白天起到稳定电压作用，晚上放电使用。

项目利用光纤对 550 户家庭系统发电和用电信息收集到统一的管理服务器上进行集中管理和监视。

实证期间的购电电价为深夜低谷电价 9 日元/(kW·h)，白天高峰电价 40 日元/(kW·h)，一般时间平均电价 24 日元/(kW·h)；光伏上网电价 24 日元/(kW·h)。项目采用双表单向计量。

《半导体科学与技术丛书》已出版书目

（按出版时间排序）

1. 窄禁带半导体物理学	褚君浩	2005 年 4 月
2. 微系统封装技术概论	金玉丰 等	2006 年 3 月
3. 半导体异质结物理	虞丽生	2006 年 5 月
4. 高速 CMOS 数据转换器	杨银堂 等	2006 年 9 月
5. 光电子器件微波封装和测试	祝宁华	2007 年 7 月
6. 半导体科学与技术	何杰，夏建白	2007 年 9 月
7. 半导体的检测与分析（第二版）	许振嘉	2007 年 8 月
8. 微纳米 MOS 器件可靠性与失效机理	郝跃，刘红侠	2008 年 4 月
9. 半导体自旋电子学	夏建白，葛惟昆，常凯	2008 年 10 月
10. 金属有机化合物气相外延基础及应用	陆大成，段树坤	2009 年 5 月
11. 共振隧穿器件及其应用	郭维廉	2009 年 6 月
12. 太阳能电池基础与应用	朱美芳，熊绍珍 等	2009 年 10 月
13. 半导体材料测试与分析	杨德仁 等	2010 年 4 月
14. 半导体中的自旋物理学	M. I. 迪阿科诺夫 主编 (M. I. Dyakanov) 姬扬 译	2010 年 7 月
15. 有机电子学	黄维，密保秀，高志强	2011 年 1 月
16. 硅光子学	余金中	2011 年 3 月
17. 超高频激光器与线性光纤系统	〔美〕刘锦贤 著 谢世钟 等译	2011 年 5 月
18. 光纤光学前沿	祝宁华，闫连山，刘建国	2011 年 10 月
19. 光电子器件微波封装和测试（第二版）	祝宁华	2011 年 12 月
20. 半导体太赫兹源、探测器与应用	曹俊诚	2012 年 2 月
21. 半导体光放大器及其应用	黄德修，张新亮，黄黎蓉	2012 年 3 月
22. 低维量子器件物理	彭英才，赵新为，傅广生	2012 年 4 月
23. 半导体物理学	黄昆，谢希德	2012 年 6 月
24. 氮化物宽禁带半导体材料与电子器件	郝跃，张金凤，张进成	2013 年 1 月
25. 纳米生物医学光电子学前沿	祝宁华 等	2013 年 3 月

26. 半导体光谱分析与拟合计算　　　　陆　卫　傅　英　　　　2014年2月
27. 太阳电池基础与应用(第二版)(上册)　朱美芳,熊绍珍　　　　2014年3月
28. 太阳电池基础与应用(第二版)(下册)　朱美芳,熊绍珍　　　　2014年3月